广东省海岛保护与开发管理

钱宏林 谢 健 娄全胜 高 杨 等 编著

海洋出版社

2016年·北京

图书在版编目（CIP）数据

广东省海岛保护与开发管理/钱宏林等编著．—北京：海洋出版社，2016.10
ISBN 978-7-5027-9601-3

Ⅰ．①广… Ⅱ．①钱… Ⅲ．①岛-资源保护-研究-广东②岛-资源开发-研究-广东Ⅳ．①P74

中国版本图书馆CIP数据核字（2016）第245495号

责任编辑：杨传霞　任　玲
责任印制：赵麟苏

海洋出版社　出版发行

http：//www.oceanpress.com.cn
北京市海淀区大慧寺路8号　邮编：100081
北京画中画印刷有限公司印刷　　新华书店发行所经销
2016年10月第1版　2016年10月北京第1次印刷
开本：889mm×1194mm　1/16　印张：31
字数：850千字　定价：270.00元
发行部：62132549　邮购部：68038093　总编室：62114335

海洋版图书印、装错误可随时退换

作者简介

钱宏林，男，1957年12月生，籍贯广东。毕业于山东海洋学院（现中国海洋大学），海洋生物专业。硕士研究生学历，中共党员。国家海洋局南海分局局长、党委副书记（兼）、中国海监南海总队政委（兼）、国家海洋局南海维权技术与应用重点实验室主任。高级工程师、教授、研究员，博士生导师。政协广东省十一届委员会委员。

国际海洋科学研究委员会（SCOR）和政府间海洋学委员会（IOC）赤潮工作组中国委员会委员，中国海洋学会理事，中国海洋学会赤潮研究与防治专委会主任，中国海洋湖沼学会理事，中国海洋发展研究会常务理事，中国海洋经济学会副理事长，中国水产学会理事，中国海洋信息学会副会长，南中国海赤潮学会副会长，广东省水产学会副理事长，广东省渔业协会副理事长，广东海洋文化研究会副会长和广东省生态学会常务理事等。《热带海洋》、《生态科学》、《海洋环境科学》、《海洋与渔业》等学术期刊编委。

上海海洋大学博士生导师，中国海洋大学、华南理工大学、暨南大学和广东海洋大学兼职教授，国家海洋局海洋政策兼职研究员，国家海洋局海洋环境监测中心客座研究员等。

参加并组织实施了多项国家专项、重点和重大工程项目，国际合作重大项目，国家科技攻关，国家自然科学基金重点和重大项目。1978年至1980年参加国家重大工程项目"7·18"工程（为"东风5号"运载火箭全程飞行试验提供落点的水文、气象及环境要素调查）海洋浮游生物室内分析工作；1980年至1995年参加国家"六五"重点科研项目（广东省海岸带和海涂资源的综合调查）和"八五"国家科技攻关计划项目（广东省海岛资源综合调查与开发试验）、《中国海湾志》广东省海湾调查；1985年以来，参加和组织实施多项国际合作重大项目，如中美海气联合调查研究（西太平洋考察）、中日副热带环流调查和南海季风试验调查等；1987年至1995年参加和组织实施国家自然科学基金"六五"重点项目（深圳湾赤潮发生规律成因研究）和"七五"重大项目（中国东南沿海赤潮发生机理研究）；1996年至今进行"九五"重大项目（中国沿海典型增养殖区赤潮生消过程及防治对策研究）；"六五"开始至今参加在国内外均有较大影响的海洋"一网三系统"建设，该网络系统已具规模；1996年以来参加和领导国家许多专项工作，如：大陆架专属经济区勘测调查、126专项、全国第二次污染基线调查等。此外，还参加国家海洋局许多重大任务，如南海断面调查、南海污染监测、黄岩岛和南沙群岛及周围海域环境资源调查、南海中部海洋环境综合调查、污染应急调查和许多横向工程调查；组织实施广东省人工鱼礁建设等。

出版专著10本，在国内外发表论文110多篇。1983年获得国家海洋局科研成果一等奖（集体），1988年获广东省科技进步特等奖（集体），1993年获国家海洋局科技进步三等奖，1993年获广东省教委科技进步二等奖，1995年获国家教委科技进步三等奖。

主要作者名单

(按姓氏笔画排列)

王银霞　李明杰　陈绵润　陈启东　张晓浩
张胜鹏　苏　文　林静柔　娄全胜　钱宏林
高　杨　唐　玲　黄华梅　谢　健　谢素美

前 言

海岛位于大陆向海洋过渡的结合地带,在维护国家海洋权益、拓展海洋发展空间、发展壮大海洋经济、加强海洋生态环境保护等方面具有非常重要的意义。

党的十八大提出"大力推进生态文明,建设海洋强国"的战略目标,广东省委省政府提出"充分发挥海洋资源优势,努力建设海洋经济强省"的决定,指出"广东省在 2015 年基本实现海洋经济强省,2020 年全面实现海洋经济强省"。近年来,广东省着力围绕"一带一路"战略目标,大力发展海洋经济,海岛在海洋经济发展中起到了非常重要的作用。广东省管辖海域内海岛众多、资源丰富、环境优美,然而部分海岛仍然存在生态破坏严重、开发利用不规范、保护力度较低、区域经济发展不平衡等现象。2010 年,《中华人民共和国海岛保护法》颁布实施,海岛保护与开发管理配套制度不断完善,海岛的保护得到进一步加强,海岛开发秩序逐渐规范。近年来,国家海洋局先后开展了海岛整治修复、海洋公园建设、生态红线划定、海洋生态文明示范区建设和海岛生态建设实验基地等试点工作,国家海洋局南海规划与环境研究院积极响应国家和地方政府号召,在广东省各地市进行了这些方面的研究和试点工作,其中涉及海岛的整治修复、海洋公园、海洋生态文明示范区和生态建设实验基地共有 10 多项。在项目实施过程中,我们认真研究、多方借鉴、实地踏勘、付诸实践,在海岛保护与开发管理方面积累了一些知识、经验和研究成果。有必要将这些经验积累整理成册,以为抛砖引玉之举,为广东省海岛保护与开发管理提供参考,并期望得到各方同仁的不吝指教。

全书共分三篇。第一篇为海岛概况,含第 1 章至第 2 章,从海岛的定义、基本特征和分类等方面入手,简要介绍了广东省海岛社会经济、自然资源、开发利用现状及存在的问题,列出广东省典型海岛及东沙群岛的基本情况。第二篇为海岛保护,含第 3 章至第 9 章,从广东省海岛分类保护、领海基点海岛保护、海岛保护区(包含国家级海洋公园)建设、海岛生态红线划定、海岛生态整治修复、海岛生态建设实验基地、海岛生态文明示范建设等方面详细阐述广东省海岛保护的各方面内容,并给出广东省在海岛保护方面的案例进行分析。第三篇为海岛开发管理,含第 10 章至第 13 章,通过借鉴国内外海岛开发典型案例,探讨广东省无居民海岛使用申请的技术体系,提出广东省无居民海岛的开发利用功能定位与布局，并分析广东省典型海岛开发案例，探讨海岛使用权出让管理经验，总结广东省海岛开发利用管理和保障措施。

本书主要执笔人员有钱宏林、谢健、娄全胜、高杨、李明杰、唐玲、王银霞、陈启东、黄华梅、陈绵润、张晓浩、谢素美、张胜鹏、苏文、林静柔等。全书由钱宏林策划，谢健、娄全胜负责组织实施，高杨统稿并校对。

本书在编著过程中，得到了国家海洋局的大力支持；得到了国家海洋局南海规划与环境研究院、国家海洋局南海调查技术中心和国家海洋局南海信息中心等单位同仁的热心指导和帮助；在有关海岛保护和开发具体项目实施过程中，得到了广东省地方相关管理部门的大力帮助，在此一并致谢。初稿完成后，国家海洋局南海分局马应良教授和李仲钦教授对全书提出了详细的修改意见和建议，在此一并表示衷心感谢！

本书得到了海洋公益性行业科研专项"西沙群岛典型岛礁变迁立体监测、评估与示范"（编号：201205040）、国家自然科学基金青年科学基金项目"西沙群岛宣德环礁珊瑚礁白化遥感监测及其环境胁迫的脆弱性研究"（编号：41406113）和国家海洋局南海分局海洋科学技术局长基金项目"广东省海岛保护与开发管理研究"（编号：1671）的资助。

最后，感谢国家海洋局南海分局、广东省海洋与渔业局的领导和相关处室领导及各海岛同仁在近年来对国家海洋局南海规划与环境研究院在海岛保护与开发管理工作以及本书编著工作的大力帮助和指导。

限于编者水平，书中难免有错误和不足之处，敬请广大读者批评指正！

钱宏林

2016 年 8 月于广州

目　录

第一篇　海岛概况

第1章　海岛概述 (4)
1.1　海岛的定义和基本特征 (4)
1.1.1　海岛的定义 (4)
1.1.2　海岛的基本特征 (4)
1.2　海岛的分类 (4)
1.2.1　大陆岛 (4)
1.2.2　冲积岛 (5)
1.2.3　海洋岛 (5)
1.3　海岛的分布 (6)
1.3.1　世界海岛的分布 (6)
1.3.2　中国海岛的分布 (7)
1.3.3　广东省海岛的分布 (7)
1.4　海岛的战略地位与作用 (8)
1.4.1　海岛的战略地位 (8)
1.4.2　海岛的功能与作用 (8)
1.5　海岛保护与开发面临的机遇和挑战 (9)
1.5.1　海岛保护与开发面临的机遇 (9)
1.5.2　海岛保护与开发面临的挑战 (10)

第2章　广东省海岛社会与自然概况 (12)
2.1　广东省海岛概况 (12)
2.1.1　粤东区 (12)
2.1.2　大亚湾区 (13)
2.1.3　珠江口区 (13)
2.1.4　川岛区 (17)
2.1.5　粤西区 (17)

2.2　广东省海岛社会经济概况 …………………………………………………… (17)
2.3　广东省海岛自然概况 ………………………………………………………… (20)
2.4　海岛资源概况 ………………………………………………………………… (21)
　　2.4.1　生物资源 ……………………………………………………………… (22)
　　2.4.2　岸线资源 ……………………………………………………………… (22)
　　2.4.3　旅游资源 ……………………………………………………………… (23)
　　2.4.4　港湾资源 ……………………………………………………………… (25)
　　2.4.5　淡水资源 ……………………………………………………………… (26)
　　2.4.6　海洋能源 ……………………………………………………………… (26)
　　2.4.7　矿产资源 ……………………………………………………………… (26)
2.5　海岛的开发利用现状 ………………………………………………………… (27)
　　2.5.1　渔业开发现状 ………………………………………………………… (27)
　　2.5.2　农业开发现状 ………………………………………………………… (28)
　　2.5.3　交通运输开发现状 …………………………………………………… (29)
　　2.5.4　海岛旅游开发现状 …………………………………………………… (29)
　　2.5.5　土地资源开发现状 …………………………………………………… (30)
　　2.5.6　工业和乡镇企业 ……………………………………………………… (31)
2.6　广东省海岛开发存在的主要问题 …………………………………………… (32)
　　2.6.1　海岛生态破坏严重 …………………………………………………… (32)
　　2.6.2　无居民海岛开发利用仍存在随意现象 ……………………………… (32)
　　2.6.3　海岛保护力度不够 …………………………………………………… (32)
　　2.6.4　海岛区域社会经济发展不平衡 ……………………………………… (32)
2.7　广东省典型海岛基本情况 …………………………………………………… (33)
　　2.7.1　广东省典型有居民海岛基本情况 …………………………………… (33)
　　2.7.2　广东省典型无居民海岛基本情况 …………………………………… (63)
2.8　广东省特殊海岛——东沙群岛 ……………………………………………… (85)
　　2.8.1　地理区位和环境 ……………………………………………………… (85)
　　2.8.2　历史沿革 ……………………………………………………………… (100)
　　2.8.3　社会经济概况 ………………………………………………………… (103)
　　2.8.4　自然资源概况 ………………………………………………………… (104)
　　2.8.5　保护和开发利用现状 ………………………………………………… (107)
　　2.8.6　东沙群岛的探测与研究 ……………………………………………… (110)

第二篇　海岛保护

第3章　广东省海岛分类保护 (119)

3.1　严格保护特殊用途海岛 (119)
- 3.1.1　严格保护领海基点海岛 (119)
- 3.1.2　推进海岛的保护区建设 (121)
- 3.1.3　积极保护国防用途海岛 (123)
- 3.1.4　加强保护有居民海岛特殊用途区域 (123)
- 3.1.5　其他具有特殊用途或者特殊保护价值的海岛 (124)

3.2　加强有居民海岛生态保护 (124)
- 3.2.1　加强生态保护 (124)
- 3.2.2　防治海岛污染 (126)
- 3.2.3　合理开发利用 (128)
- 3.2.4　改善人居环境 (128)

3.3　适度利用无居民海岛 (129)
- 3.3.1　旅游娱乐用岛 (130)
- 3.3.2　交通与工业用岛 (132)
- 3.3.3　渔业用岛 (133)
- 3.3.4　可再生能源用岛 (133)
- 3.3.5　城乡建设和公共服务用岛 (135)
- 3.3.6　其他海岛 (135)

第4章　广东省领海基点海岛保护 (136)

4.1　广东省领海基点海岛 (136)
- 4.1.1　南澎列岛(1)领海基点岛概况与现状 (137)
- 4.1.2　南澎列岛(2)领海基点岛概况与现状 (138)
- 4.1.3　石碑山角领海基点概况与现状 (139)
- 4.1.4　针头岩领海基点岛 (139)
- 4.1.5　佳蓬列岛领海基点岛 (140)
- 4.1.6　围夹岛领海基点岛 (141)
- 4.1.7　大帆石领海基点岛 (142)

4.2　领海基点海岛保护工程和措施 (143)
- 4.2.1　领海基点海岛保护工程 (143)
- 4.2.2　保护措施 (146)

第5章 广东省海岛保护区建设 (148)

5.1 海岛保护区情况 (148)
5.1.1 海岛保护区数量 (148)
5.1.2 海岛保护区面积 (149)
5.1.3 海岛保护区类型 (150)
5.1.4 海岛保护区分管部门 (150)

5.2 海岛类海洋自然保护区建设 (151)
5.2.1 海洋自然保护区定义 (151)
5.2.2 我国的海洋自然保护区 (151)
5.2.3 南澎列岛海洋生态国家级自然保护区 (154)

5.3 海岛类国家级海洋公园建设 (162)
5.3.1 海洋特别保护区定义 (162)
5.3.2 我国的海洋公园 (162)
5.3.3 广东海陵岛国家级海洋公园 (163)
5.3.4 广东特呈岛国家级海洋公园 (170)
5.3.5 广东南澳青澳湾国家级海洋公园 (179)

5.4 存在问题和建议 (185)
5.4.1 明确立法指导原则，健全法律体系 (185)
5.4.2 完善海洋保护区管理体制 (185)
5.4.3 合理统筹保护区总体规划与布局 (185)
5.4.4 积极参与国际合作 (186)
5.4.5 科学建设海洋保护区生态监控体系 (186)

第6章 广东省海岛生态红线划定 (187)

6.1 生态红线内涵及划定体系 (187)
6.1.1 生态红线的内涵 (187)
6.1.2 海洋生态红线的划定体系 (187)
6.1.3 海洋生态红线区确定 (189)

6.2 海岛生态红线划定示范 (192)
6.2.1 海洋生态红线区识别及划定方案 (192)
6.2.2 南澳岛海洋生态红线划定示范 (194)
6.2.3 横琴岛海洋生态红线划定示范 (209)
6.2.4 海岛海洋生态红线制度实施要求和保障措施 (220)

第7章 广东省海岛生态整治修复 (222)

7.1 海岛生态整治修复的内涵和基础理论 (222)

7.1.1 生态修复与生态恢复 ………………………………………………………… (222)
7.1.2 生态修复与生态重建 ………………………………………………………… (223)
7.1.3 海岛生态整治修复理论概述 …………………………………………………… (223)
7.1.4 海岛生态整治修复和保护的意义 ……………………………………………… (223)

7.2 海岛生态整治修复的技术 …………………………………………………………… (225)
7.2.1 海岛生态整治修复技术概述 …………………………………………………… (225)
7.2.2 海岛生态整治修复技术路线 …………………………………………………… (226)
7.2.3 海岛生态整治修复关键技术与方法 …………………………………………… (230)

7.3 海岛生态整治修复的管理现状、存在问题及对策建议 …………………………… (239)
7.3.1 我国海岛生态整治修复的管理现状 …………………………………………… (239)
7.3.2 广东省海岛整治修复管理现状 ………………………………………………… (241)
7.3.3 广东省海岛生态整治修复存在的主要问题 …………………………………… (242)
7.3.4 广东省海岛生态整治修复的对策和建议 ……………………………………… (243)

7.4 广东省典型海岛生态整治修复工程实践 …………………………………………… (243)
7.4.1 珠海市横琴岛综合整治修复及保护项目 ……………………………………… (243)
7.4.2 汕头市南澳岛生活垃圾资源化处理项目 ……………………………………… (249)
7.4.3 台山市下川岛综合整治修复项目 ……………………………………………… (254)
7.4.4 东莞市虎门镇威远岛西南侧海岸景观综合整治项目 ………………………… (260)
7.4.5 阳江市南鹏岛整治修复及保护项目 …………………………………………… (263)

第8章 广东省海岛生态建设实验基地 …………………………………………………… (270)
8.1 海岛生态建设实验基地的内涵 ……………………………………………………… (270)
8.1.1 背景 ……………………………………………………………………………… (270)
8.1.2 目的和意义 ……………………………………………………………………… (270)
8.1.3 目标和原则 ……………………………………………………………………… (272)

8.2 海岛生态建设实验基地功能定位 …………………………………………………… (273)
8.2.1 应对气候变化与防灾减灾实验基地 …………………………………………… (273)
8.2.2 海岛高新技术及装备试验示范 ………………………………………………… (274)
8.2.3 海岛及其周围海域生态系统稳定与演化研究示范基地 ……………………… (274)
8.2.4 海岛物种生物多样性保护与优化基地 ………………………………………… (275)
8.2.5 海岛可持续发展模式及技术示范 ……………………………………………… (275)
8.2.6 海洋基础科学研究开放实验基地 ……………………………………………… (275)

8.3 广东省海岛生态建设实验基地案例分析 …………………………………………… (276)
8.3.1 许洲基本情况 …………………………………………………………………… (276)
8.3.2 许洲功能区划分 ………………………………………………………………… (279)

8.3.3 许洲保护和利用控制性指标 …… (280)
  8.3.4 许洲生态建设实验基地初步方案 …… (282)

第9章 广东省海岛生态文明示范建设 …… (284)

9.1 生态文明概述 …… (284)
  9.1.1 生态文明内涵 …… (284)
  9.1.2 生态文明建设任务 …… (284)
  9.1.3 生态文明示范区建设意义 …… (285)
  9.1.4 生态文明示范区建设必要性 …… (286)
  9.1.5 生态文明示范区建设内容 …… (287)
  9.1.6 国家级海洋生态文明示范区申报流程 …… (288)

9.2 海岛生态文明建设案例分析 …… (289)
  9.2.1 南澳岛海洋生态文明建设 …… (289)
  9.2.2 横琴岛海洋生态文明建设 …… (293)

第三篇　海岛开发管理

第10章 国内外海岛开发典型案例分析 …… (303)

10.1 国外海岛开发案例 …… (303)
  10.1.1 欧洲小岛屿之海洋渔业发展 …… (303)
  10.1.2 东南亚交通与工业用岛 …… (304)
  10.1.3 岛屿观光旅游 …… (308)
  10.1.4 岛屿能源科技发展 …… (318)
  10.1.5 海洋生态岛建设 …… (322)
  10.1.6 人工海岛 …… (326)
  10.1.7 无居民海岛及海域管理 …… (332)

10.2 国内海岛开发案例 …… (336)
  10.2.1 旅游娱乐海岛开发案例——厦门鼓浪屿 …… (336)
  10.2.2 自然保护区内海岛——石臼陀 …… (340)
  10.2.3 海域养殖/放养案例——獐子岛 …… (342)

第11章 广东省无居民海岛使用申请技术体系 …… (345)

11.1 无居民海岛使用申请审批技术工作流程 …… (345)
  11.1.1 无居民海岛保护和利用规划 …… (345)
  11.1.2 相关专题研究 …… (345)
  11.1.3 无居民海岛开发利用具体方案 …… (345)

11.1.4　无居民海岛使用项目论证报告 …………………………………………（347）
11.2　海岛专题调查研究 ………………………………………………………………（347）
　　11.2.1　地形测量 …………………………………………………………………（347）
　　11.2.2　环境资源现状调查 ………………………………………………………（349）
　　11.2.3　基础设施建设专题研究 …………………………………………………（350）
　　11.2.4　海岛防灾减灾及生态专题研究 …………………………………………（352）
　　11.2.5　海岛开发利用方案设计 …………………………………………………（352）
11.3　海岛保护和利用规划 ……………………………………………………………（353）
　　11.3.1　规划编制要求 ……………………………………………………………（353）
　　11.3.2　规划编制内容 ……………………………………………………………（354）
　　11.3.3　规划组织编制与审批 ……………………………………………………（357）
　　11.3.4　规划的实施 ………………………………………………………………（357）
11.4　海岛开发利用具体方案 …………………………………………………………（358）
　　11.4.1　方案设计要求 ……………………………………………………………（358）
　　11.4.2　方案编制内容 ……………………………………………………………（359）
　　11.4.3　方案组织编制与审批 ……………………………………………………（361）
11.5　海岛开发利用项目论证 …………………………………………………………（362）
　　11.5.1　论证报告编制内容 ………………………………………………………（362）
　　11.5.2　论证报告组织编制与审批 ………………………………………………（364）
11.6　海岛使用价值评估 ………………………………………………………………（364）
　　11.6.1　评估的基本原则 …………………………………………………………（365）
　　11.6.2　评估方法 …………………………………………………………………（365）
　　11.6.3　评估报告内容 ……………………………………………………………（369）
　　11.6.4　评估报告组织编制与审批 ………………………………………………（370）

第12章　广东省无居民海岛开发利用 ……………………………………………（382）

12.1　海岛开发利用指导思想与原则 …………………………………………………（382）
　　12.1.1　指导思想 …………………………………………………………………（382）
　　12.1.2　基本原则 …………………………………………………………………（382）
12.2　海岛开发利用功能定位 …………………………………………………………（384）
　　12.2.1　广东省海岛分类体系 ……………………………………………………（384）
　　12.2.2　有居民海岛生态保护 ……………………………………………………（384）
　　12.2.3　无居民海岛功能定位的定义及必要性 …………………………………（385）
　　12.2.4　无居民海岛功能定位方法 ………………………………………………（387）
　　12.2.5　广东省无居民海岛功能定位 ……………………………………………（389）

12.3 典型海岛开发利用案例 ………………………………………………… (393)
   12.3.1 旅游娱乐用岛——大三洲、小三洲 ……………………………… (394)
   12.3.2 私人开发滨海旅游的成功范例——放鸡岛 …………………… (402)
   12.3.3 旅游娱乐用岛——野狸岛 ……………………………………… (406)
   12.3.4 交通与工业用岛——纯洲 ……………………………………… (414)
   12.3.5 交通与工业用岛——大铲岛 …………………………………… (423)
   12.3.6 交通与工业用岛——马鞍洲 …………………………………… (437)
   12.3.7 海岛开发有关问题的处理 ……………………………………… (442)
   12.3.8 开发海岛的保护措施 …………………………………………… (448)
   12.3.9 开发海岛的保障措施 …………………………………………… (450)
12.4 海岛使用权出让管理经验探讨——以大三洲、小三洲为例 ………… (452)
   12.4.1 翔实编制无居民海岛使用申请材料 …………………………… (452)
   12.4.2 规范无居民海岛使用审批程序 ………………………………… (453)
   12.4.3 采取申请审批方式出让无居民海岛使用权 …………………… (453)
   12.4.4 存在问题分析 …………………………………………………… (453)
   12.4.5 下一步建议 ……………………………………………………… (454)

第13章 广东省海岛开发利用管理和保障措施 …………………………… (456)

13.1 广东省海岛开发利用管理措施 …………………………………………… (456)
   13.1.1 强化组织领导保障 ……………………………………………… (456)
   13.1.2 实施海岛保护规划制度 ………………………………………… (456)
   13.1.3 建立海岛保护体系 ……………………………………………… (457)
   13.1.4 完善海岛综合管理体制机制 …………………………………… (459)
   13.1.5 加强海岛开发利用和保护的能力建设 ………………………… (459)
   13.1.6 加强用岛项目的管理和监督 …………………………………… (460)
13.2 广东省海岛开发利用保障措施 …………………………………………… (463)
   13.2.1 加强海岛价值评估方法和体系研究 …………………………… (463)
   13.2.2 建立海岛使用权出让新模式 …………………………………… (469)
   13.2.3 加强广东省海岛防灾减灾系统建设 …………………………… (470)
   13.2.4 加大海岛开发和保护资金的投入力度 ………………………… (473)
   13.2.5 加强海岛开发利用人才和专业队伍建设 ……………………… (475)

参考文献 ……………………………………………………………………………… (476)

第一篇
海岛概况

第1章 海岛概述

1.1 海岛的定义和基本特征

1.1.1 海岛的定义

打开世界地图可以看到，地球上的陆地，一块块地散布在世界的海洋上。根据1982年的《联合国海洋法公约》第121条规定："岛屿是四面环水并在高潮时高于水面的自然形成的陆地区域。"2010年我国开始施行的《中华人民共和国海岛保护法》（以下简称《海岛保护法》）中海岛的定义与《联合国海洋法公约》规定的相同，但更明确其范畴包括有居民海岛和无居民海岛。《海岛保护法》中明确"海岛是指四面环海水并在高潮时高于水面的自然形成的陆地区域，包括有居民海岛和无居民海岛"。

海洋约占地球总面积的70.8%，陆地占29.2%，不同面积大小的陆地均被海洋包围。就被海水包围这一点来说，岛屿与大陆并无不同，因此，被海包围不是岛屿所独有。任何大陆，例如欧亚大陆，也是被海包围。由于被海水包围的陆域面积大小不同，其大陆性与海洋性的程度也不相同，因此在分类中区别了洲与岛的范围，把面积不大的海岛划到了海洋的范畴。在全球总面积约29.2%的陆地中，总计有20多万个大小岛屿，总面积约996.35×10^4 km²，占地球总面积的6.6%（刘锡清，2000）[另据吴士存（2006），全球岛屿为10万个，面积超过970×10^4 km²，占地球总面积的1/15]。如按970×10^4 km²计，则约相当于我国陆域国土面积。如此大的面积，即使分散也依然能对世界政治经济产生重大影响。

在世界海洋中，最大的格陵兰岛与最小的海岛之间，面积相差悬殊，因而有"小岛"划分的问题。所谓小岛，在1986年11月，由联合国教科文组织、联合国环境规划署、联合国国际贸易与发展会议、美国和加拿大人与生物圈国家委员会共同发起，由美国人与生物圈计划加勒比海岛屿理事会具体组织，在波多黎各举行"小岛持续发展及管理洋际研讨会"，会议明确了小岛的概念，即陆地面积在1×10^4 km²以下，人口不足50万人的岛屿，均列为小岛的范畴（MAB，1990）。

在海洋中还有比岛屿更小的岩礁，如何确定"岩礁"是否能够维持人类居住或其本身的经济生活，有的学者提议以面积的大小来区分是"岩礁"或"岛屿"。美国地理学家克里昂萨克·克蒂凯萨利在《岛屿及特殊情况》（*Islands and Special Circumstances*）一书中提出"岩

"礁"是面积小于 0.001 mile²[①] 的地区。如果一个较大的地区,但仍没有超过 1 mile²,就被认为是"小岛"。"小岛"是介于 1～1 000 mile² 的地区。而"岛屿"则大于 1 000 mile²。

1.1.2 海岛的基本特征

海岛具有以下基本特征。

1) 类型复杂多样

按海岛成因,可分为大陆岛、冲积岛和海洋岛,与地质活动、外力侵蚀堆积等密切相关。

2) 海洋性气候突出

海洋的潜热和水汽在大气环流影响下对气候起着巨大的调节作用,使海岛的海洋性气候比沿海陆地更为突出,呈现夏季气温比大陆低、冬季气温比大陆高、常风大、波浪强、光热资源丰富等特征。

3) 生态脆弱性

海岛生态脆弱性可分为固有脆弱性和特殊脆弱性。所谓固有脆弱性是指由于陆海作用引起的脆弱性,是海岛生态环境在陆海动力作用下表现出的因自适应而受到损害的性质,是所有海岛环境的共性,主要表现为气候变化和海平面的上升或下降;而特殊脆弱性则是指在大量的和不同的人类开发活动影响下的海岛环境因适应而受到损害的性质,主要表现为海岛地形地貌的改变、海岛植被的破坏、自然灾害等,可因经济调控、计划和政策等人类决策的变化使损害发生变化,即是可变化、可控制的。

1.2 海岛的分类

海岛根据不同方面的属性有多种分类方法。①按海岛成因,可分为大陆岛、冲积岛和海洋岛;②按形态分,可分为群岛、列岛和岛;③按物质组成,可分为基岩岛、沙泥岛和珊瑚岛;④按离岸距离,可分为陆连岛、沿岸岛、近岸岛和远岸岛;⑤按面积大小,可分为特大岛、大岛、中岛和小岛;⑥按所处位置,可分为河口岛、湾内岛、海内岛和海外岛;⑦另外还可以按有无居民和有无淡水划分海岛。

以下按照海岛的成因类型,对大陆岛、冲积岛和海洋岛进行概述。

1.2.1 大陆岛

大陆岛,指地质构造上和大陆有密切联系的岛。大陆岛原是大陆的一部分,在地质历史上曾和大陆连在一起,由于地壳下沉或海面上升,才与大陆分离,成为岛屿。因此,大陆岛多分布于大陆边缘,它的基础多固定在大陆架上或大陆坡上,大陆岛的地质、地貌和其他自然条件与大陆相似。大陆岛一般面积较大,位于大陆附近,地势较高。太平洋中的大陆岛主要分布在亚洲大陆和澳大利亚大陆外围,如日本群岛和新西兰的南岛、北岛等。印度洋的斯

---

① 1 mile² 约为 2.59 km²。

里兰卡岛、马达加斯加岛,大西洋的大不列颠群岛,北冰洋的新地岛,地中海中的科西嘉岛等都是大陆岛。中国大陆岛总数是6 000多个,占中国海岛总数的90%之多,面积占中国海岛总面积的99%左右。中国的大陆岛绝大多数为基岩岛,主要分布于大陆沿岸和近海,如我国的台湾岛、海南岛。基岩岛由花岗岩组成为主,火山岩、变质岩及沉积岩组成次之。岛上岗丘起伏,岛的四周多为基岩海岸或垒石岸,礁岩砾石发育。

大陆岛的形成原因主要有:① 因构造作用,如断层或地壳下沉,致使沿岸地区一部分陆地与大陆相隔成岛;或因陆块分裂漂移,岛与原先的大陆之间被较深、较广的海域隔开。前者如中国的台湾岛、海南岛,欧洲的不列颠群岛,北美洲的格陵兰岛和纽芬兰岛等;后者如马达加斯加岛、塞舌尔群岛等。② 由冰碛物堆积而成。原为大陆冰川的一部分,后因间冰期气候变暖,冰川融化,海面上升,同大陆分离,如美国东北部沿岸和波罗的海沿岸的一些岛屿。③ 由海浪冲蚀而成的冲积岛,其高度与大陆相一致,周围有海蚀地形,存在的时间短暂,在波浪的冲蚀下很快就会消失。

1.2.2　冲积岛

冲积岛,指河流携带的物质在海岸河口堆积而成的岛,由于它的组成物质主要是泥沙,故也称沙岛。陆地的河流流速比较急,带着上游冲刷下来的泥沙流到宽阔的海洋后,流速就慢了下来,泥沙就沉积在河口附近,积年累月,越积越多,逐步形成高出水面的陆地。世界上许多大河入海的地方,都会形成一些冲积岛。我国许多河流的河口都有冲积岛,共有400多个。形成的原因很多,概括为以下几种:① 由河口心滩发展起来的。② 由沙坝扩大而成的。以上两种冲积岛在珠江口均很发育。③ 与潮汐有关。如长江口处涨潮落潮的流路不一,涨潮主流偏北,落潮主流偏南,这两股双向潮流之间的缓流区有利于泥沙沉积,同时江流海潮交汇,物理化学条件也有利于泥沙沉积。因此在长江河口段,冲积岛很多,最大的是崇明岛。④ 由沙嘴发展而成的,如台湾西海岸的许多沙岛,这些沙岛的分布往往与海岸平行。冲积岛的地质构造与河口两岸的冲积平原相同,地势低平,在岛屿四周围绕着广阔的滩涂。形成初期不稳定,但有的却发展很快。

1.2.3　海洋岛

海洋岛,指发育过程与大陆无直接联系的,在海洋中单独生成的岛屿。海洋岛的面积比大陆岛小,与大陆在地质构造上没有直接的联系,分布地区一般离大陆较远。海洋岛按其组成物质和成因,又可分火山岛和珊瑚岛。

1.2.3.1　火山岛

火山岛是由海底火山喷发物堆积而成,这些岛屿一般面积较小,有许多火山喷发的地方都形成崎岖不平的丘陵,地势高峻。火山岛有的由单个火山堆积而成,如太平洋的皮特克恩岛;也有的是几个火山共同堆积而成的,如夏威夷岛由8座火山堆积而成,其中最大的是冒纳罗亚火山,它沉没在海面以下有4 600 m,露出在水面上的部分高达4 166 m。火山岛形成后,经过漫长的风化剥蚀,岛上岩石破碎并逐步土壤化,因而火山岛上可生长多种动植物。

但因成岛时间、面积大小、物质组成和自然条件的差别，火山岛的自然条件也不尽相同。澎湖列岛上土地瘠薄，常年狂风怒吼，植被稀少，岛上景色单调。绿岛上地势高峻，气候宜人，树木花草布满山野，多姿多彩。

火山岛在环太平洋地区分布较广，著名的火山岛群有阿留申群岛、夏威夷群岛等。火山岛按其属性分为两种：一种是大洋火山岛，它与大陆地质构造没有联系；另一种是大陆架或大陆坡海域的火山岛，它与大陆地质构造有联系，但又与大陆岛不尽相同，属大陆岛和大洋岛之间的过渡类型。我国的火山岛就属于后一种，主要是玄武岩和安山岩火山喷发形成的。玄武岩浆黏度较稀，喷出地表后，四溢流淌，由此形成的火山岛的坡度较缓，面积较大，高度较低，其表面是起伏不大的玄武岩台地，如澎湖列岛。安山岩属中性岩，岩浆黏度较稠，喷出地表后，流动较慢，并随温度降低很快凝固，碎裂的岩块从火山口向四周滚落，形成地势高峻、坡度较陡的火山岛，如绿岛和兰屿。如果火山喷发量大，次数多，时间长，自然火山岛的高度和面积也就增大了。我国的火山岛较少，总数不过百十个左右，主要分布在台湾岛周围；在渤海海峡、东海陆架边缘和南海陆坡阶地仅有零星分布。台湾海峡中的澎湖列岛是以群岛形式存在的火山岛；台湾岛东部陆坡的绿岛、兰屿、龟山岛，北部的彭佳屿、棉花屿、花瓶屿，东海的钓鱼岛等岛屿，渤海海峡的大黑山岛，西沙群岛中的高尖石岛等则都是孤立海中的火山岛。它们都是第四纪火山喷发而成，形成这些火山岛的火山现代都已停止喷发。

1.2.3.2 珊瑚岛

珊瑚岛也属于海洋岛。指由珊瑚礁构成的岛屿，主要分布在热带和亚热带海洋。这些岛屿地势低平，海拔一般 4~5 m，面积很小。在地壳相对稳定的情况下，因海浪不断地把珊瑚遗骸和其他海生动物的贝壳抛在礁盘上，逐渐堆积，便成为高出水面的珊瑚岛，随着时间的推移逐渐扩大和加高，同时形成与礁盘固结在一起的钙质胶结海岸，及平行于海岸并高出海面的沙堤。受到这种海岸的保护，珊瑚岛比较稳定不易变动。在面积较大的珊瑚岛上，能蓄存淡水，生长植物，如棕榈树。岛上多为鸟类栖息的场所，并覆盖许多鸟粪层。但大海啸和巨浪来临时，珊瑚岛仍有被淹没的可能。在我国，珊瑚岛主要分布在南海海域。

1.3 海岛的分布

1.3.1 世界海岛的分布

根据《联合国海洋法公约》，岛屿是指四面环水并在高潮时高于水面的自然形成的陆地区域而且能维持人类居住或者本身的经济生活。从客观上来说，可使用的食物、淡水和居住场所就是能够支持人类居住的岛的主要特征。只要这3个基本条件存在，我们就可以认为此岛能够维持人类居住，而无论其可以维持多久，也不论这种居住是暂时性的还是永久性的。在狭小的地域集中2个以上的岛屿，即成"岛屿群"，大规模的岛屿群称作"群岛"或"诸岛"，列状排列的群岛即为"列岛"。而如果一个国家的整个国土都坐落在一个或数个岛之上,则此国家可以被称为岛屿国家,简称"岛国"。

全球岛屿总数达 5 万个以上,总面积约为 $997×10^4$ km^2,约占全球陆地总面积的 1/15。从地理分布情况看,世界七大洲都有岛屿。其中北美洲岛屿面积最大,达 $410×10^4$ km^2,占该洲面积的 20.37%;南极洲岛屿面积最小,才 $7×10^4$ km^2,只占该洲面积的 0.5%。南美洲最大的岛是位于南美大陆最南端的火地岛,为阿根廷和智利两国所有,面积 48 400 km^2;南极洲最大的岛屿是位于别林斯高晋海域的亚历山大岛,面积 43 200 km^2。

世界上主要的群岛有 50 多个,分布在 4 个大洋中。太平洋海域中群岛最多,有 19 个;大西洋有 17 个,印度洋有 9 个,北冰洋有 5 个。世界上最大的一个群岛是位于西太平洋海域的马来群岛,整个群岛有大小岛屿 2 万多个,分属印度尼西亚、马来西亚、文莱、菲律宾、东帝汶等国。马来群岛东西宽 4 500 km,南北长 3 500 km,总面积 $240.7×10^4$ km^2。岛上山岭多,地形崎岖;地壳不稳定,常有地震火山爆发。海峡较多,是东南亚到世界各地的重要通道。

1.3.2 中国海岛的分布

根据《全国海岛保护规划研究报告》,我国的海岛位于亚欧大陆以东,太平洋西部边缘。自北向南为我国的辽宁、河北、天津、山东、江苏、上海、浙江、福建、台湾、广东、广西和海南等省、自治区、直辖市(以下简称省、区、市),东部与朝鲜半岛、日本为邻,南部周边为菲律宾、马来西亚、文莱、印度尼西亚和越南等国家所环绕。海岛分布在南北跨越 38 个纬度,东西跨越 15 个经度的海域范围中。我国最北端的岛屿是辽宁省的小笔架山,最南端的岛群是海南省的南沙群岛。

我国海岛分布不均,若以海区分布的海岛数而论,东海最多,约占 66%;南海次之,约占 24%;黄、渤海岛屿最少,只占 10%。若以各省(区、市)海岛分布的数量而论,浙江省海岛最多,约占全国海岛数的 43.9%;其次是福建省,约占 22%;往下依次是广东省、广西壮族自治区、山东省、辽宁省、海南省、台湾省、河北省、江苏省、上海市和天津市。就地区而言,长江口以北海岛占总数的 10.2%,而长江口以南海岛占总数的 89.8%。

除了上述分布特征外,我国海岛还有以下 4 个特征:①大部分海岛分布在沿岸海域,距离大陆小于 10 km 的海岛约占我国海岛总数的 68% 以上;②基岩岛的数量最多,占全国海岛总数的 93% 左右;沙泥岛(冲积岛)占 6% 左右,主要分布在渤海和一些大河河口处;珊瑚岛数量很少,仅占 0.4%,主要分布在台湾海峡以南海区;③岛屿呈明显的链状或群状分布,大多数以列岛或群岛的形式出现;④面积小于 5 km^2 的小岛数量最多,约占我国海岛总数的 98%。

1.3.3 广东省海岛的分布

从地理分布上来看,广东省海岛东起南澳县的赤仔屿,西至遂溪县的调神沙,北至饶平县的东礁屿,南到徐闻县的二墩,自东向西分布在广东省海域内,呈列岛、群岛分布,主要有南澎列岛、勒门列岛、港口列岛、中央列岛、辣甲列岛、沱泞列岛、担杆列岛、佳蓬列岛、三门列岛、隘洲列岛、蜘洲列岛、万山列岛、高栏列岛、九洲列岛、南鹏列岛、川山群岛和东沙群岛等。

1.4 海岛的战略地位与作用

1.4.1 海岛的战略地位

海岛位于大陆向海洋过渡的结合地带，以其特有的区位、资源和环境优势，在国家经济建设中占据重要地位。自古以来，岛屿就是人类从事生产活动的重要场所，并逐步培育出独有的社会经济文化特征。在海洋权益引起广泛重视的今天，海岛不仅是中国陆域的生态屏障、维护国家海洋权益的战略要地，也是海陆统筹发展的重要基地、建立国际交往海洋大通道的前沿阵地，以及区域可持续发展的战略资源宝库。无论从推进中国海洋经济发展还是维护国家安全的角度出发，海岛对于中国都具有重大战略地位。

我国是一个海洋大国，海域辽阔，海岛众多，拥有 $300×10^4$ km^2 的管辖海域，面积大于 500 m^2 的海岛有 6 900 余个，其中约94%为无居民海岛，面积在 500 m^2 以下的岛屿和岩礁数量巨大，约有上万个。这些海岛及其附近海域所储存的自然资源，是中华民族生存和发展的宝贵财富。

从国家权益来讲，海岛是划分内水、领海及其他管辖海域的重要标志，并与毗邻海域共同构成国家领土的重要组成部分；从国家发展来讲，海岛是对外开放的门户，是建设深水良港、开发海上油气、从事海上渔业和发展海上旅游等重要基地；从国家安全来讲，海岛地处国防前哨，是建设强大海军、建造各类军事设施的重要场所，是保卫国防安全的屏障。

随着陆地资源的日渐枯竭，全球都面临着人口、资源、环境与发展的巨大压力，沿海各国越来越清醒地认识到拓展海洋发展空间的重要性，海岛作为海洋生态系统的重要组成部分，其特殊的地理位置和资源环境，关系到沿海国家甚至是全球未来的可持续发展，战略地位十分突出。

1.4.2 海岛的功能与作用

海岛是中国对外贸易的海上战略要道，历来为兵家必争之地，是国家现代化建设的重要组成部分。海岛在我国政治、经济和国防安全中具有重要的战略地位，对维护国家权益和民族利益意义重大。合理保护和规划开发海洋和海岛是开发战略与经济发展的需要，对海洋经济和海洋国土具有重要意义。

1.4.2.1 区位作用

海岛是海洋国土的组成部分，海陆结合部、大陆的前沿、连接海陆的"岛桥"、对外交流的窗口和通商要地。

1.4.2.2 资源作用

在海岛及其周围海域中，有着丰富的海洋生物、港口、旅游、油气和矿产、海洋能、风能和海洋空间资源。这些资源成为海岛经济可持续发展的基础，是发展海岛经济的前提条件。

1.4.2.3　国防作用

我国众多的海岛，按成因类型多数是大陆岛，分布在近海、海湾和河口海域，在军事上是大陆的屏障，成为捍卫祖国陆疆的门户。海洋的军事价值来源于海洋的宏观及其特殊环境，通过岛屿控制海上交通线及其附近海域，还可以屯驻大量兵力，成为不沉的航空母舰。

1.4.2.4　政治作用

根据《联合国海洋法公约》，一个海岛按领海范围 12 n mile 计算，其海域面积有 1 550 km^2，按 200 n mile 专属经济区计算，则有 $43×10^4$ km^2 海域。一些海岛还是领海基线的基点。因此，海岛成为海域划界维护国家海洋权益的标志，而海域划界的分歧往往与岛屿归属争议交织在一起。在我国已经公布的领海基点中，绝大部分的领海基点位于海岛上，有的一个海岛上有 3 个领海基点。此外，在我国，有些海岛还是国家重力点、天文点、水准点、全球卫星定位控制点所在地。

1.5　海岛保护与开发面临的机遇和挑战

1.5.1　海岛保护与开发面临的机遇

以 1982 年《联合国海洋法公约》的通过作为标志，世界进入了海岛保护的时代，海岛保护与开发也面临着非常有利的发展形势。从国际背景看，自《联合国海洋法公约》生效以来，世界沿海国家越来越关注海岛，通过立法、规划和管理加强海岛的保护和建设，形成了丰富的可供借鉴的海岛保护工作经验。从国内情况看，党中央、国务院高度重视海岛的保护与发展，对建设海洋强国、实施海洋战略、发展海洋产业、保护海洋资源作出了一系列决策部署，为海岛保护与管理以及经济社会发展提供了有利条件。近年来，我国海岛的开发利用取得了丰硕成果，港口设施、渔业设施、旅游设施和以海岛为中心建立的海洋生态保护区都极具特点。

海岛自然资源丰富，既是开发海洋的天然基地，也是国民经济走向海洋的据点和海外经济通向内陆的"岛桥"。海岛是壮大中国海洋经济，拓展发展空间的重要依托，特别在国家确立建设海洋强国的战略决策，将海洋经济作为新的国民经济增长点以来，海岛的经济地位更加突出。同时，作为海洋生态系统的重要组成部分，海岛是维护海洋生态系统平衡的重中之重，也是开展海洋环境管理与维护的重要基础平台。自《海岛保护法》施行以来，国家海洋局出台了与《海岛保护法》相关的一系列配套制度文件，涉及海岛的使用、登记、规划、地名信息、执法监察等方面，不但从立法的角度界定了海岛保护与海岛开发利用，而且为海洋工作者创造了海岛管理有法可依的新局面。有关主管部门先后采取了一系列卓有成效的海岛管理措施，规范了海岛开发利用审批程序，设立了海岛管理机构，制定了海岛保护规划，启动了海岛生态修复工程，完成了海岛地名普查，建立了海岛定期巡查制度等，取得了一定成效。

1.5.2 海岛保护与开发面临的挑战

海岛是经济社会发展中一个特殊的区域，在国家权益、安全、资源、生态等方面具有十分重要的地位。但长期以来，由于基础设施落后、交通不便等原因，海岛社会经济发展相对滞后；在沿海发达地区的"集聚效应"作用下，海岛地区的资源逐渐向大陆集聚，导致海岛地区出现经济发展衰退、劳动力流失的现象，甚至有些海岛已经成为"空心岛"。中国正处在海岛开发的起步阶段，无序的开发活动也对海岛地区脆弱的生态环境造成了不可逆转的影响。当前是海岛保护事业发展的关键时期，必须准确把握国际国内海岛工作发展形势，充分认识中国海岛保护工作面临的困难和问题。《全国海岛保护规划》指出，中国海岛保护工作面临海岛生态破坏严重、海岛开发秩序混乱、海岛保护力度不足、海岛经济社会发展滞后四大问题。

1.5.2.1 海岛生态破坏严重

炸岛炸礁、填海连岛、采石挖砂、乱围乱垦等活动大规模改变海岛地形、地貌，甚至造成部分海岛灭失；在海岛上倾倒垃圾和有害废物，采挖珊瑚礁，砍伐红树林，滥捕、滥采海岛珍稀生物资源等活动，致使海岛及其周边海域生物多样性降低，生态环境恶化。

1.5.2.2 海岛开发秩序混乱

无居民海岛开发利用缺乏统一规划和科学管理，导致开发利用活动无序无度；一些单位和个人随意占有、使用、买卖和出让无居民海岛，造成国有资源资产流失；在一些地方，管理人员及其他人员登岛受到阻挠，影响国家正常的科学调查、研究、监测和执法管理活动。以广东省海岛为例，海岛管理支撑队伍偏弱。近两年国家和广东省成立了专门的海岛管理机构，但沿海地市都没有成立专门的海岛管理机构，海岛管理职能主要由海域管理科室承担。除此之外，广东海岛保护开发的科技支撑力量薄弱，至2013年全省内仅有2个海岛保护规划编制技术单位、4个无居民海岛使用论证单位，这与日益增多的海岛开发保护任务极不适应。

1.5.2.3 海岛保护力度不足

一些海岛具有很高的权益、国防、资源和生态价值，这些特殊用途海岛需要严格保护，但由于缺乏有力的保护与管理，有些海岛已经遭受破坏，存在严重的国家安全隐患。海岛保护开发涉及旅游、农林渔业、交通运输、工业、能源等多个产业，迫切需要有关部门出台相应的海岛管理规范。当前，海岛开发普遍存在方式单一、手段粗放、效率低下等问题，如填海连岛、开山取石、采伐林木行为，不仅改变了海岛地形地貌，而且损害了海岛及其周边海域的环境，造成海岛资源的极大浪费。

1.5.2.4　海岛经济社会发展滞后，海岛地区基础条件很差

集中体现在海岛产业结构单一，多以传统的捕捞业和养殖业为主，生产附加值低；受地理位置、自然环境影响，绝大多数海岛可利用陆域资源有限，缺乏淡水，交通、通信、电力等基础设施落后，生存条件和人居环境较差，抵御自然灾害的能力弱，制约了海岛的保护开发与管理。政府公共服务保障能力不足，防灾减灾能力缺乏，居民生活与生产条件艰苦，边远海岛的困难尤其突出。

第2章 广东省海岛社会与自然概况

2.1 广东省海岛概况

广东省沿海地区位于南海北部，东起闽粤交接的大埕湾，西至与粤桂交接的北海湾，南至粤琼分界的琼州海峡。海岛数量众多、资源类型丰富，是广东建设海洋经济强省的前沿阵地和后方基地。根据《广东省海岛地名志》（2013），广东省管辖海域内的海岛有1 973个，其中，面积大于500 m^2 的海岛824个；另有干出礁1 119个。海岛海岸线总长近2 400 km，海岛总面积1 500 km^2 余，占广东陆地面积的8.9%。全省海岛面积大于100 km^2 的大岛有5个：东海岛、上川岛、南三岛、南澳岛、海陵岛；面积在5~99 km^2 的海岛有25个；面积在500 m^2 至5 km^2 的海岛有794个，占全省海岛总数的40.24%；面积在500 m^2 以下的海岛有1 119个，占56.72%，均为无居民海岛。根据《广东省海岛保护规划（2011—2020年）》，广东省的有居民海岛48个（含东沙岛），县级海岛3个（南澳岛、达濠岛、东海岛），乡镇级海岛14个、村级海岛31个。全省74.8%的海岛分布在距离陆地海岸线10 km以内的沿岸海域。

从地理分布来看，广东省海岛东起南澳县的赤仔屿，西至遂溪县的调神沙，北起饶平县的东礁屿，南到徐闻县的二墩。海岛分布的海域广阔，主要集中分布在离岸30 n mile以内，呈列岛、群岛分布，主要的列岛或群岛有：南澎列岛、勒门列岛、港口列岛、中央列岛、辣甲列岛、沱泞列岛、担杆列岛、佳蓬列岛、三门列岛、硇洲列岛、蜘洲列岛、万山列岛、高栏列岛、九洲列岛、南鹏列岛、川山群岛、东沙群岛。此外，在海域中分布比较集中的海岛，还有汕尾市遮浪角西南、红海湾东南角海域，由主岛竹竿屿等7个岛和众多岩礁组成的菜屿岛群；在徐闻县东北部海域，以新寮岛为主的后海岛、冬松岛、公港岛、北沙岛、土港岛、金鸡岛、水头岛、北灶岛、盐灶岛、长坡岛、六极岛、雷打沙、白母沙和近10个干出沙以及众多的礁岩。《广东省海岛保护规划（2011—2020年）》依据海岛分布的紧密性、生态功能的相似性、属地管理的便捷性，将广东省海岛分为粤东区、大亚湾区、珠江口区、川岛区、粤西区5个一级区（见图2-1）。

2.1.1 粤东区

粤东区共有海岛518个，分布范围广阔，东起大埕湾，西至红海湾，包括东沙群岛（见图2-2），是潮州市、汕头市、揭阳市、汕尾市海洋经济发展的前沿阵地，对粤东海洋经济区融入海西经济区、珠江三角洲经济区具有重要的区位意义。粤东区以保护领海基点所在海岛、

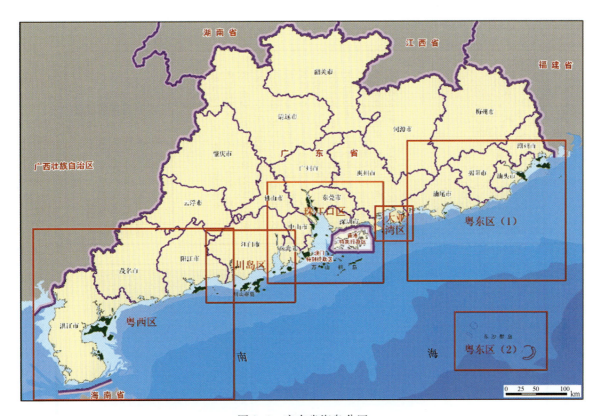

图 2-1　广东省海岛分区

资料来源：《广东省海岛保护规划（2011—2020 年）》

珍稀物种、海岛生态为主，发展海洋渔业、交通运输、临港工业、旅游娱乐。此外特殊用途海岛东沙岛，与 2 座珊瑚礁滩和 1 个环礁组成东沙群岛，位于国际航海要冲，战略地位重要，具有丰富的旅游资源、海洋生物资源、矿产资源。

2.1.2　大亚湾区

大亚湾区共有海岛 168 个，位于大亚湾、大鹏湾海域（图 2-3），隶属惠州市、深圳市管辖。大亚湾区海岛及其周边海域具有丰富的海洋生物资源、港湾资源和旅游资源，对大亚湾海洋生态保护和开发具有重要意义。大亚湾区以保护领海基点所在海岛、水产资源为主，适度发展港口与临港工业、旅游娱乐。

2.1.3　珠江口区

珠江口区共有海岛 249 个，位于珠江口沿岸、近岸海域（图 2-4），分别隶属深圳市、东莞市、广州市、中山市、珠海市管辖。该区域具有丰富的港湾资源、滩涂资源、旅游资源、水产资源，佳蓬列岛具有独特的珊瑚礁生态系统。该区域海岛保护价值突出，开发潜力巨大，对珠江口沿海地区的经济社会发展、海洋生态保护具有极为重要的意义。珠江口区以保护领海基点所在海岛、珍稀物种、典型海洋生态系统为主，发展大型港口与临港工业基地、海岛海洋旅游和现代海洋渔业。

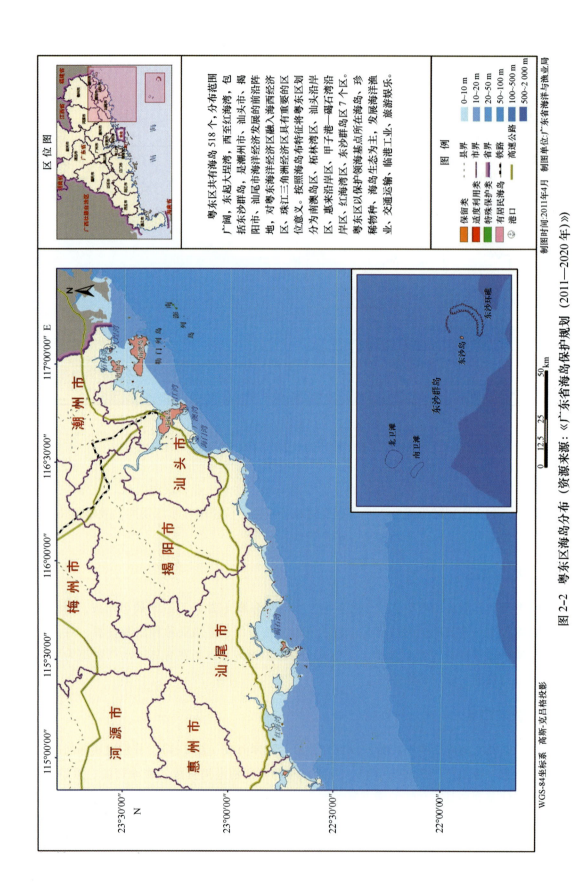

图 2-2 粤东区海岛分布（资源来源：《广东省海岛保护规划（2011—2020年）》

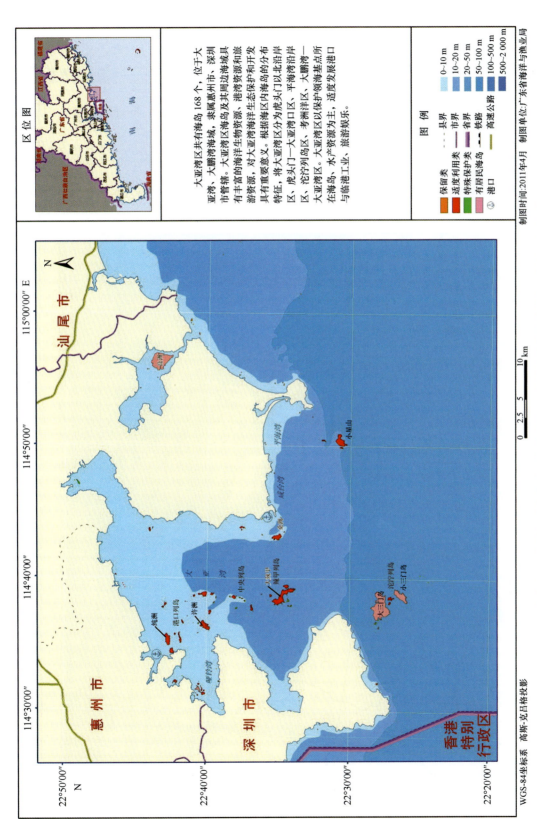

图 2-3 大亚湾区海岛分布（资源来源：《广东省海岛保护规划（2011—2020年）》）

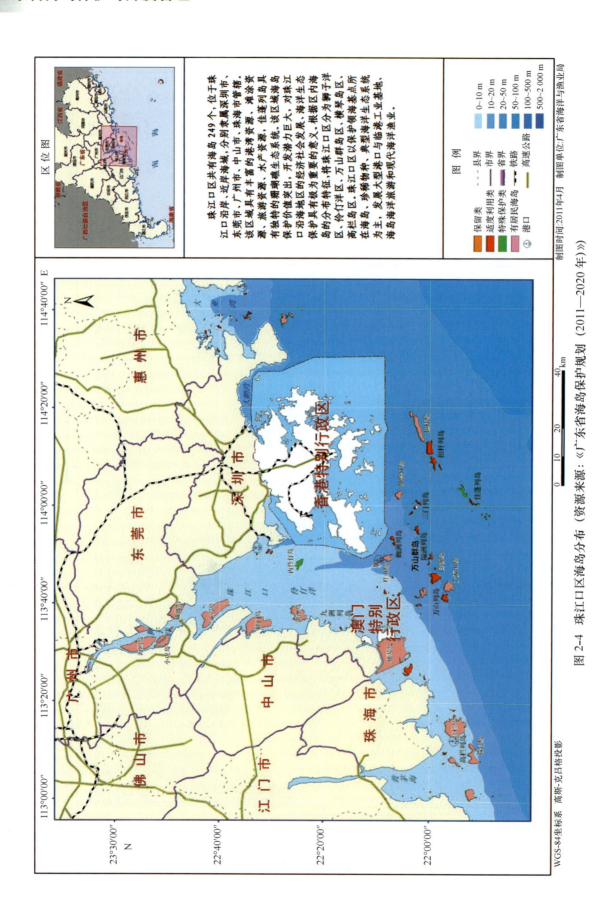

图 2-4 珠江口区海岛分布（资源来源：《广东省海岛保护规划（2011—2020 年）》）

2.1.4 川岛区

川岛区共有海岛267个,位于黄茅海西岸、广海湾、镇海湾沿岸,南至领海基线附近海域(见图2-5),隶属江门市管辖,主要分布在川山群岛及其周边海域。该区域具有丰富的海洋生物资源、旅游资源、滩涂资源,是江门市海洋经济发展的桥头堡,具有重要的区位条件和辐射意义。川岛区以保护领海基点所在海岛、珍稀物种为主,发展海洋渔业、旅游娱乐和可再生能源利用。

2.1.5 粤西区

粤西区东起阳东县海域,沿陆地海岸向西经海陵湾、博贺湾、水东湾、吴川沿岸海域、湛江湾,至雷州半岛沿岸海域(见图2-6),共有海岛227个,其中,有居民海岛13个,无居民海岛214个,分别隶属阳江市、茂名市、湛江市管辖。该区海岛拥有良好的旅游资源、港口资源、海洋生物资源等,地处环北部湾地区、大西南地区以及东盟合作发展的门户和桥头堡。粤东区以保护珍稀物种、典型海洋生态系统为主,发展海岛综合休闲旅游、临港工业、现代海洋渔业及可再生能源利用等新兴产业。

2.2 广东省海岛社会经济概况

广东海岛分布的海域广阔,地处福建、台湾、广西、海南等省(区)海域之间,毗邻港澳,邻近印支半岛,面向东南亚,扼来往于西北太平洋至东南亚、印度洋各国的交通要冲,是祖国南大门的海防前哨阵地,是扩大对外开放的"窗口",是对外贸易、交通、施建海洋工程、进行海洋科学试验的前沿基地,也是广东省战略后备土地资源。长期以来,海岛受地理位置、自然环境等的影响,绝大多数偏远孤立、可利用陆域资源有限,缺乏淡水,交通、通信、电力等基础设施落后,生存条件和人居环境较差,抵御自然灾害的能力较弱,经济基础薄弱,制约了海岛的保护与管理。

广东海岛背靠广阔的腹地,依托大陆城镇,特别是经济实力强大的珠江三角洲经济区,为加强海岛生态建设和加快海岛的海洋生物资源、港湾资源、旅游资源等的开发提供了强有力的支持。随着广东省沿海地区空间资源的日趋紧张,以及海洋开发的深度、广度不断拓展,充分发挥海岛的区位优势,开发、建设海岛,将海岛资源价值转化为经济价值,通过以海带岛、以陆带岛、以岛带岛、联动开发等方式,以海岛为依托发展第二海洋经济带,大力发展海岛特色产业,加快海岛社会事业发展,改善民生,推进海岛对内对外开放,是保持广东省国民经济又好又快发展的重要保证,也是改善和保障民生之计。2010年,国务院批准广东省为国家海洋综合开发示范区,为广东省海洋经济的发展带来了契机,及时注入新的发展活力。海岛作为广东省迫切需要拓展的第二海洋经济带,已成为广东省转变经济发展方式的战略要地,突破限制经济发展的资源和空间的瓶颈的利刃。广东省有雄厚的综合经济和科技实力做后盾,在充分利用国内外海岛保护与利用的成功经验的基础上,海岛保护、开发利用及管理迎来了前所未有的发展机遇。拥有超过4 000 km海岸

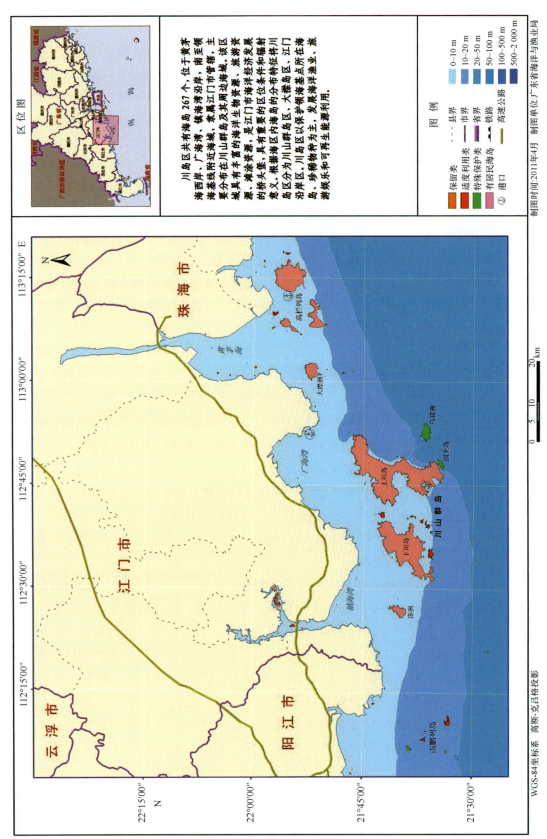

图 2-5 川岛区海岛分布（资源来源：《广东省海岛保护规划（2011—2020年）》）

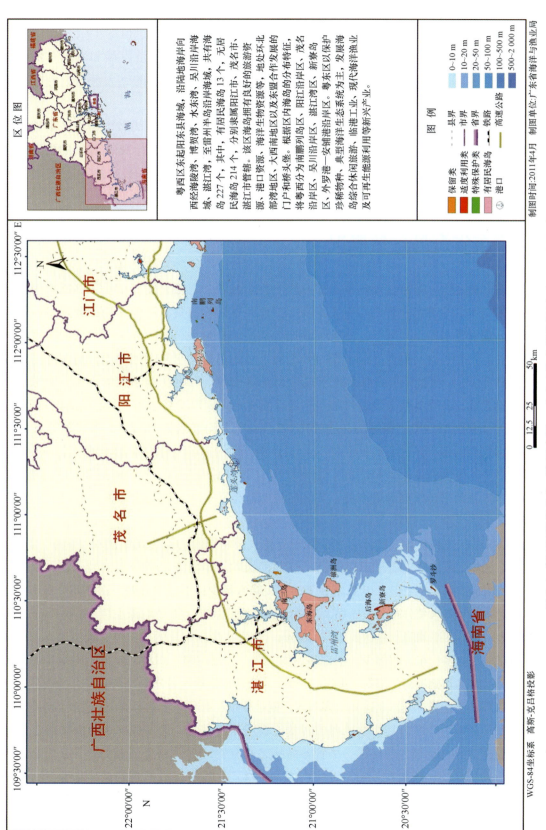

图 2-6 粤西区海岛分布（资源来源：《广东省海岛保护规划（2011—2020年）》）

线的广东海洋经济总产值，已连续近20年位居全国之首。据广东省海洋与渔业局统计，2014年全省海洋地区生产总值达1.35万亿元，约占全省地区生产总值的19.5%，海洋经济第一、第二、第三产业比例是1.7∶47.1∶51.2。广东在海洋经济发展和海洋开发中积累了丰富的经验，具有进一步转变海洋经济发展方式和提升竞争力的巨大潜力，为广东海岛的保护和综合开发提供了有利条件和坚实基础。

同时，由于海岛幅员相对较小、淡水资源短缺、资源环境承载能力较弱、经济基础薄弱等限制因素，广东省海岛保护、开发、建设和管理仍面临巨大的挑战。海岛保护的机遇与挑战并存，必须立足保障科学发展、增强海岛保护的战略意识、危机意识，切实加强海岛的保护和利用，积极探索海岛利用的新模式，促进海岛资源可持续利用。

2.3 广东省海岛自然概况

广东省海岛总体上分布在亚热带南部和热带北部海域，距离大陆海岸线10 km之内的海岛占总数的72%，呈列岛、群岛分布。海岛所在地区气候普遍具有高温多雨的亚热带海洋气候特点，呈现夏季气温比大陆低，冬季气温比大陆高，常风大、波浪强、光热资源丰富等气候特征。岛屿的年平均气温在21.1~23.4℃之间，总的趋势是自东向西递增，约每升高一个纬度气温降低1℃。尽管广东的海岛位于热带和亚热带内，但因受到季风的影响，四季的气温变化仍很明显。冬季岛屿上最冷月的月平均气温在13.4~17.2℃之间。东部的岛屿较低，2月的月平均气温仅13.4℃；西部的岛屿较高，2月的月平均气温为16.2℃，两者相差2.8℃。夏季月平均气温的特点是：各岛屿间的气温差异小，逐月间的气温变化幅度也不大。7月各岛屿间的月平均气温在27~29℃之间。以南澳岛的27.1℃为最低，黄茅洲的29.2℃为最高。除南澳岛以8月的平均气温为最高外，其余岛屿的最高月平均气温均出现在7月（广东省海岛资源综合调查大队，1995）。

广东位于季风气候区内，降水主要来源于夏季风影响期间的天气系统活动过程中。因此，降水的季节分配受着季风进退早迟以及活动强弱的影响。年内降水量分布的特点是：夏半年（4—9月）雨水集中，冬半年（10月至翌年3月）降水稀少；干湿季分明。在空间分布上，整个海岸和岛屿，年降水量分布的差异很大。降水最少的黄茅洲，年平均降水量1 195.7 mm，降水最多的上川岛，年平均降水量达到2 124.8 mm。年降水量分布总的趋势是，远离海岸的岛屿少，近海岸的岛屿多；东、西部少，中部多。如闸坡、大万山和上川岛，年平均降水量均超过1 700 mm，南澳岛和硇洲岛，都在1 400 mm以下。之所以形成这种布局，与岛屿北面大陆的地形对成云致雨是否有利有关，上述几个多雨区，就是分布在有利降水的云雾山和莲花山南侧。

因受季风影响，广东海岛年内风向的转变比较明显。另外，最多风向也受海岸线走向的影响，使偏东北风占有很大的比重。尽管各岛屿之间有着地形、离海远近的差异，但是，全年的最多风向仍比较一致地在东—东北方向之间的45°范围内。所不同的是，离海岸远的岛屿，最多风向的频率要高于离海岸近的岛屿或沿海岸地带。这表示远离海岸的岛屿受大陆影响小，风向比较稳定。如担杆岛，最多风向为东北，频率达到31%，而上川和隆澳的最多风向频率只有13%和14%。一般的岛屿和沿海岸地带，其最多风向的频率，在20%左右。年内各月的盛行风向，各岛屿均反映出冬夏季风转换的现象。仅仅在转换的时间，以及盛行风向的出现频率方面有所不同而已。另外，以冬夏季风的强度相比较，冬季风的强度（盛行风向的出现频率）要大于夏季风。如上川岛、闸坡，11月至翌年2月为稳定的冬季风控制期间，盛行风向为东北偏东风，出现频率在20%以上；3—4月和9月，属季风转换期，冬季风开始减退，出现频率降至20%以下；5—8月是夏季风盛行期，盛行偏南风，出现频率在15%以下。值得指出的是，冬季风最强的1月，其东北偏东风的出现频率，高达26%，夏季风最强的7月，偏东风出现频率只有14%，说明该岛屿受夏季风的影响要比冬季风为大。珠江口海区的大万山岛，夏季风影响期长达7个月，4—10月，盛行风向（东风）的出现频率，最高可达42%；冬季风真正控制期为11月至翌年3月，盛行风向最高频率为27%。湛江—茂名海区的硇洲岛，10月至翌年3月均以东北偏东风为最多，12月出现频率最高，达37%；4月和9月为季风转换期盛行东风，出现频率约20%；夏季风控制时期的5—8月盛行东南风，出现频率最高仅21%（7月）（广东省海岛资源综合调查大队，1995）。

广东大部分海岛由基岩丘陵组成，地貌类型包括低山、丘陵、台地、平原、风成沙地、潮间带滩地、水下浅滩。从海岛的物质组成来看，广东海岛可分为基岩岛、沙洲岛、珊瑚岛、火山岛4种类型，以基岩岛数量最多，占全省海岛总数的95.0%；沙洲岛占4.8%；珊瑚岛、火山岛均各1个，分别是东沙、硇洲岛。广东省海岸带在大地构造上处于华南褶皱系的南缘，地质构造主要为东西向、南北向和华夏向构造为主，以东西向和华夏向构造为主，组成广东海岸带的构造骨架。广东省海岸按地貌类型可分为山地丘陵海岸、山地丘陵溺谷湾海岸、台地海岸、台地溺谷湾海岸。海岸主方向为东西向，次方向为南北向，海湾方向以华夏向为主。岩石岬角和凹入海湾的弧形沙质海岸发育，岬湾海岸和沙坝潟湖海岸地貌分布广。在大、中、小型河流发育三角洲海岸，如在珠江河口发育泥质海岸，其他中小河流大多发育三角洲砂质海岸。

广东海岛及其海域生态系统具有旺盛的生产力。海岛自然地带植被具有多层次结构和生物生长量大的特点。海岛周边海域入海河流众多，营养物质丰富，为海洋生物的繁衍、生长提供了丰富的营养源。同时，海岛及其海域生态系统也具有一定的脆弱性，海岛孤悬海外，生态系统相对独立，易受外界干扰而出现退化；海岛自然林受到人为砍伐，人工林树种单一。

总之，广东海岛比较集中，部分海岛毗邻港澳，区位优势突出，背靠广阔腹地，依托大陆城镇，保护与利用条件优越；生物种类繁多，不同类型的岛体、岛岸线、植被和周边各种生物群落和非生物环境共同构成了具有南海特色、相对独立的海岛生态系统，一些海岛海域还具有珊瑚礁、红树林、海草床等典型生态系统；海岛及其海域自然资源丰富，有港湾、旅游、渔业、生物、海洋能等优势资源和潜在资源，开发潜力巨大。

2.4 海岛资源概况

根据《广东省海岛保护规划（2011—2020年）》，广东海岛具有类型丰富的港湾资源、海洋生物资源、旅游资源和矿产资源等。全省海岛形成了近50个大、小港湾。广东海岛周边海域生物种类繁多，是海洋生物栖息、繁衍的重要场所。广东海岛植被类型以次生林和灌木丛为主，有野生维管束植物1 360种，其中以被子植物为主，占总种数的92.1%。海岛旅游景观特色鲜明，形成了山水风景、天然浴场、历史古迹、古建筑群、名人故居、民俗风情等类型多样的旅游资源。广东海岛矿产资源丰富，包括近海油气资源、浅海近岸砂矿型黑色金属、稀有金属以及新能源等（中国海岛志编纂委员会，2013）。

2.4.1 生物资源

广东海岛位于南海北部海域，南北海流交汇，受大尺度潮流影响，且有珠江、韩江、鉴江等大陆江河淡水携丰富营养物质注入，海洋生物种类繁多，生物量大。全省大陆和海岛岸线、海底地形复杂多变，明礁、干出礁众多，适宜海洋生物栖息、繁衍。根据海岛资源调查的统计，广东省海岛周边海域分布有浮游植物406种，浮游动物208种，鱼卵仔稚鱼58种，底栖生物828种，潮间带生物763种，海洋鱼类1 065种。其中，常见的经济价值较高的鱼类100多种。各种海洋生物种类和数量存在明显的季节变化和空间分布不均，海洋生物初级生产力旺盛，生长时间长，为发展资源增养殖、海洋医药提供了有利的条件。

海洋渔业资源包括海洋捕捞渔业资源和增养殖渔业资源。广东海岛、礁盘众多，环境状况良好，游泳生物种类繁多。游泳生物为广东岛屿周围海域主要的海洋捕捞渔业资源，约占广东省海捕产量的97%。而鱼类又是游泳生物中的主要类群，约占游泳生物总量的90%。海洋捕捞已记录的渔获物中有鱼类416种、头足类33种、甲壳类238种。广东海岛周围海域主要捕捞渔业资源特征有：生物种类丰富多样，种数多，多数种类为暖水性种类，少数为暖温性种类，极个别为冷温性种类，沿岸、河口性的种类多，但个体小。许多大陆架海域的经济种类每年洄游至岛屿周围繁殖、索饵，其成体出现少，幼体出现多；多数种类的分布广泛、分散、不作长距离的洄游，因而在不同的岛屿周围海域可捕到同一种类；中上层鱼类资源衰退明显，出现大宗群体少的现象；咸淡水鱼类和海水鱼类混合区域，为沿岸、河口的重要渔场。

广东海岛的气候具有亚热带海洋性的特点，海岛植被与气候、环境相适应，形成因地理环境变化而相异的植物资源，植被类型以次生林和灌木丛为主。由于人类活动干扰，海岛原生性植被，尤其是自然林，分布极少，海岛邻近海域的红树林和湿地面积也在逐渐减少；部分面积较大的海岛营造了较大面积的人工林和滨海防护林，但人工林的林相结构差，树种单一；部分沙洲岛还种植有木麻黄林等沙生植物，以稳定沙洲岸线，如徐闻东部海域的罗斗沙。海岛植物资源对维持海岛生态系统平衡有重要的生态作用，但这种生态作用正随着植被的覆盖率、类型结构等因素的变化而减弱。

2.4.2 岸线资源

广东省大陆海岸线东起潮州市饶平县的大埕，西至湛江廉江市的英罗港，根据《广东省海岸保护与利用规划》，广东省大陆海岸线长4 114.3 km，岸线总长位居全国第一位。根据岸线自然属性划分为砂质岸线、粉砂淤泥质岸线、基岩岸线、生物岸线、人工岸线和河口岸线等，其中广东省人工岸线2 579.81 km，占全省大陆岸线的62.7%，开发利用程度较高。各种海岸类型长度及比例见表2-1。

表 2-1　广东省海岸自然属性分类

海岸类型	长度（km）	比例
砂质岸线	703.35	17.10%
粉砂淤泥质岸线	30.44	0.74%
基岩岸线	390.40	9.49%
生物岸线	375.23	9.12%
人工岸线	2579.81	62.70%
河口岸线	35.07	0.85%
总计	4114.3	100.00%

资料来源：《广东省海岸保护与利用规划》。

根据《广东省海岛地名志》（2013），广东省共有海岛1 973个，其中，有居民海岛57个，无居民海岛1 916个，海岛岸线总长近2 400 km，海岛总面积约为1 500 km² 余。

2.4.3　旅游资源

广东海岛地处热带、南亚热带，气候宜人，自然环境优美。既有蓝天碧海、环境幽静的独特条件，又有迷人的海湾沙滩、风光旖旎的海岛、独特的造型石景、珍稀生物，共同构成了绚丽多彩的自然景观。同时，还有大量的名胜古迹和宗教庙宇等人文景观。丰富的旅游资源为海岛发展旅游业，开展观光游览、度假休闲、水上活动、生态旅游、海底潜泳等旅游活动，提供了重要的物质基础。

2.4.3.1　海滨沙滩

许多海岛有海滨沙滩，沙滩细软洁净，海水清澈，适合海水游泳、海洋娱乐、海滨疗养等旅游活动。如海陵岛闸坡的大角环—马尾、南澳岛青澳湾、达濠岛东湖湾、妈屿岛、莱芜岛、三灶岛金沙滩、荷包岛大南湾、上川岛飞沙滩、东海岛飞龙滩、南三岛天然乐园等（见图2-7）。

2.4.3.2　地貌景观

广东海岛由于成因不同，地貌景观多姿多彩。巨型石块，有的孤悬山巅，有的堆叠山腰，也有滚落堆积在山谷或山麓地带，形成造型奇特的景观或幽深的石洞。如南澳岛奇特石景、汕头礐石景区、青云岩、上川岛南部石蛋景色，三角洲岛，九洲岛，大万山岛，龙穴岛等（见图2-8）。

2.4.3.3　游艇区及潜水景点

一些海岛有游艇区及潜水景点，如桂山—外伶仃港、澳游艇垂钓活动区、硇洲岛潜水旅游点和大放鸡岛潜水点等。

图 2-7 南澳岛沙滩和上川岛飞沙滩

图 2-8 汕头礐石和南澳岛石景

2.4.3.4 生物旅游资源

一些海岛及周围海域，由于区位和环境关系，受人类活动影响较少，使一些具有地方特色的珍稀动植物得以生长繁衍，为海岛旅游开发提供了宝贵的旅游资源，如南澳岛黄花山国家森林公园、内伶仃岛猕猴保护区、担杆岛猕猴保护区和上川岛车旗顶保护区等。

2.4.3.5 人文景观旅游资源

一些海岛具有历史古迹、古建筑群、名人故居、民俗风情等类型多样的旅游资源。广东海岛拥有丰富的文化旅游资源，包括考古遗址、古墓、古建筑、纪念地、宗教庙宇、近代现代建筑工程、民俗风情等。这些资源是古今人类文化活动的结晶，深受历史、民族、意识形态和自然环境等多种因素的影响，形成海岛风情、民俗文化、语言文化、信仰文化、航海文化等，内容更加丰富多彩，具有重要的文化价值。

据考古发现的遗址及文物材料记载，新石器时代广东海岛已有人类活动，在阳江市海陵岛闸坡、珠江口多个海岛发掘出石器、瓷片等物，在高栏岛宝镜湾发现大型岩画。南宋末年，元兵进攻中原。宋军节节败退，逃亡时曾驻扎在南澳、横琴等岛，留下很多南宋史迹和古墓古建筑。明清时代以来，海盗横行，广东海岛是重要海防前哨和基地。为防御外敌，修筑了很多关隘工事，造就了民族英雄戚继光、郑成功等的光辉史迹，许多诗人墨客留下了甚多的摩崖石刻。宗教活动及其建筑艺术对游客有着极大吸引力，成为一种重要的人文景观旅游资源，如上川岛方济各圣山、南澳岛云盖寺、妈屿天后庙等（图2-9）。

图2-9　汕头妈祖庙和南澳岛宋井

2.4.4　港湾资源

港湾是一项宝贵的海岛空间资源，是海岛开发的重要基础。广东海岛多有优良的港湾条件，适宜发展港口交通运输。粤东海岛的港湾以基岩山地溺谷湾为主，近岸水深，港池宽阔。珠江口的万山群岛、高栏列岛均有优良的港湾，潮流作用强，水下地形较稳定，多条深槽和国际航道穿行岛屿之间，港湾风浪较小，是大型深水港的优良选址。粤西的海陵湾、湛江港，湾内有海岛掩护，泊稳条件好，泥沙回淤小，海岛面积较大，且邻近陆域土地资源丰富，适宜建设深水港及临港工业。此外，有的相邻海岛可以相连，如桂山岛与中心洲、牛头岛相连，有的海岛还可以与大陆相连，如高栏岛与南水建堤相连，形成深水近岸的良港。广东省主要的海岛港湾有56个，见表2-2。

表2-2　广东省主要海岛港湾资源

序号	海区	主要港湾
1	粤东区	南澳岛的后江湾、深澳湾、竹栖澳湾、青澳湾、烟墩湾、云澳湾；南澎岛的南澎北湾；海山岛的柘林湾；达濠岛的汕头港、广澳湾和后江湾等
2	大亚湾区	澳头湾、范和港、大鹏湾、巽寮湾、烟囱湾等，以及大辣甲的南湾、大三门岛的北扣湾、妈湾
3	珠江口区	内伶仃岛的北湾和东湾，外伶仃岛的庙湾、塔湾，担杆岛的担杆头湾、担杆中湾；二洲岛的油柑湾、北槽湾；直湾岛的直湾、马鞍湾；北尖岛的海鳅湾、蟹旁湾；庙湾岛的下风湾，蜘洲列岛的细洲湾、蜘洲湾；桂山岛的一湾，三门岛的三门湾、竹洲岛的后湾，白沥岛的白沥湾，大万山岛的万山湾，小万山岛的门头湾，东澳岛的东澳湾、大竹湾，淇澳岛的金星门湾；荷包岛的荷包湾和笼桶湾等
4	川岛区	上川岛的沙堤湾、三洲湾；下川岛的南澳港、挂榜湾等
5	粤西区	陵岛的闸坡港、南鹏岛的码头湾、南三岛的湛江港、特呈湾；东海岛的东北岸蔚律港、硇洲岛的南港、赤豆寮岛的企水港

资料来源：《广东省海岛资源调查综合报告》。

2.4.5 淡水资源

淡水是人们生活生产不可短缺又不可替代的资源,淡水已经成为经济建设的重要资源。对于广东的海岛来说,淡水资源显得尤其珍贵,淡水已经成为限制经济发展的一种重要因素。大部分海岛的淡水来源主要是大气降水,总的水资源状况是地表缺水、地下水欠丰,供水不稳定。全省海岛年均降水量介于 1 100~2 200 mm 之间。在亚热带季风气候条件下,大气降水时间分布不均匀,夏半年(4—9月)集中了全年雨量的80%,而冬半年(10月至翌年3月)仅为20%,年降水量中较多以暴雨形式。海岛面积小,环境水容量有限,夏半年的雨量往往不能有效利用,冬半年则显得干旱,加重海岛缺水现象。

除少部分面积和地形起伏较大的海岛,植被覆盖良好,有常年性河流之外,大部分海岛由于岛陆面积小,蓄水条件差,降水形成的地表径流大部分汇入海洋,难以利用,少部分降水下渗补给形成的地下水资源是海岛淡水资源的一个重要组成部分。虽受集水面积的制约和地表径流直接入海的影响,地下水储量有限,但不少岛屿的地下水源仍是可供开采的主要水源。

2.4.6 海洋能源

海岛常规能源储量有限,从大陆引进能源的成本很高,充分利用海岛丰富的海洋能源是解决满足海岛开发所需能源的重要途径。海岛的可再生能源主要包括风能、太阳能,以及潮汐能、波浪能、潮流能、温差能、盐差能、海流能、化学能等为代表的海洋可再生能源。其中,风能是目前已实际利用的主要能源类型。

广东沿海风力较大,海岛的风能资源丰富。根据广东省海岛综合调查对全省风能资源的分析,南澳岛、担杆岛、黄茅洲、上川岛等岛屿的年平均风速均在 6 m/s 以上,有效风能密度均在 200 W/m^2 以上,有效风速小时数在 5 000 h 以上,有效风速频率也都在67%以上,属风能资源丰富区。邻近大陆的岛屿,或岛上环境较闭塞的地方,其风能储藏量较小,但按其年有效风能密度、有效风速时数等指标来看,仍属风能较丰富区,如南澳岛的隆澳和海陵岛的闸坡。

据广东省海岛综合调查对全省海岛太阳能资源的分析,除南澳岛位于太阳能较丰富区、阳江海区的闸坡位于太阳能欠缺区外,其余海岛位于太阳能可利用区(年太阳总辐射量介于 1 280~1 510 kW·h/m^2)。广东海岛及其海域太阳能资源在年内的分配不均匀,夏半年各月多于冬半年各月,其中7月是全年太阳能最集中的月份,7月各岛屿太阳总辐射在 134~170 kW·h/m^2。各海岛年均日照时间约为 1 800~2 300 h,南澳岛、汕尾海区的海岛和硇洲岛年均日照时间较多。

2.4.7 矿产资源

广东海岛矿产资源丰富,包括近海油气资源、浅海近岸砂矿型黑色金属、稀有金属等。目前已发现的矿产资源有20多种,具工业开采价值的有泥炭土、钛铁矿、稀有金属、建筑材料及其他非金属矿产资源。

黑色金属矿产资源：包括铁矿、锰矿、钛铁矿。珠海三灶岛月堂发现铁矿，南澳岛黄花山水库附近发现锰矿，广东海岛铁矿和锰矿品位不高，不具有工业开采价值。钛铁矿分布广泛，多数与锆英石共生，可综合利用。

有色金属及贵金属矿产资源：包括钨、锡、铜、铅、锌、金、银等矿种。钨矿主要见于南澳岛芦子尾、淇澳岛、横琴岛、三灶岛等地，为钨石英脉型。锡矿仅见于高栏岛，原生矿为含锡石石英脉。铜铝锌多见于南水岛、淇澳岛、东虎屿。金银矿见于淇澳岛、三灶岛、高栏岛。

稀有金属矿产资源：有独居石、锆英石、磷钇矿、天河石等，其中独居石、锆英石等滨海海砂矿资源丰富，为广东沿海的优势矿产资源。

非金属矿产资源：包括泥炭资源，硫、水晶、高岭土等，以及建筑材料。

2.5 海岛的开发利用现状

广东海岛资源丰富，但由于各种自然因素的限制，至1989年广东省海岛资源综合调查前，除少数条件好的大岛开发较早、经济和社会比较发达外，其余海岛基本处于自然状态。近年来，各级政府颁布了灵活的海岛开发政策和措施，设立了试验区、开发区，建造港口，发展旅游、海水增养殖和海洋捕捞。有居民海岛城镇建设加快，海岛经济利用程度迅速提高。无居民海岛开发利用的方式涉及渔业、公共服务、旅游娱乐、可再生能源、交通运输及工业仓储、其他用途6类，渔业用岛26个、公共服务用岛52个、可再生能源用岛1个、交通运输及工业仓储用岛33个、旅游娱乐用岛5个、其他用途海岛67个，合计开发利用无居民海岛184个［《广东省海岛地名志》（2013）］。

海岛渔业生产已形成海岛渔港、滩涂养殖、网箱养殖、水产种苗培育等多样化开发途径，生产能力逐步提高；海岛旅游日益得到重视，建设了大批海岛旅游景点和设施，开展了整岛开发模式探索；海岛港口建设取得较快发展，高栏岛、龙穴岛、达濠岛、东海岛等海岛的大型港口发展势头迅猛，中小型货运、客运港逐步建立、完善；海岛工业门类增多，如电力、船舶工业、工程建筑、交通运输、海岛仓储等，规模不断扩大。

2.5.1 渔业开发现状

广东海岛所在地区的气候、岛岸地形地貌、海水水质等优越的自然条件给渔业捕捞和海洋增养殖等海洋渔业活动提供了良好的基础。海岛水产增养殖与大陆沿岸地区比较，开发起步相对较晚。按照地理区位情况，海岛海洋渔业的发展情况如下。

粤东海区：主要包括海洋捕捞和海水增养殖，主要海洋渔业活动集中在南澳岛、柘林湾、甲子港、碣石湾等海湾沿岸海岛。南澳岛建有多个渔港，其中云澳渔港是综合性的国家中心渔港，目前已具有一定的规模，南澳岛周边分布有较多的海水养殖区，以北部海湾分布较多。柘林湾的海岛建有柘林港、三百门渔港、海山渔港等渔港，以近海作业为主，岛群周边形成滩涂、浅海、垦区、网箱养殖并举的养殖产业布局。碣石湾沿岸海岛渔业以增养殖为主，并在金厢角和田尾山等海域建设人工鱼礁；亿达洲鲍鱼养殖基地和海马养殖基地亦在海湾内，加之金厢至烟港口海域有国家海洋部门划定的人工优化生态系统及综合开发试验区，有利于恢复海洋渔业生态系统，更高效开发利用渔业资源。

大亚湾海区：以海水增养殖为主，主要海洋渔业活动集中在澳头湾、港口列岛周边海域，中央列岛、辣甲列岛周边海域也有分布，澳头湾建有小鹰嘴港、澳头渔港，但是由于澳头湾、荃湾半岛港口开发以及近岸城镇的发展，海岛周边海域的水质受到一定程度的影响。大亚湾港口列岛海域海水增养殖规模不断扩大，产量逐年提高，浅海养殖主要分布在纯洲、沙鱼洲邻近海域；网箱养殖发展较快，但较为零散，主要分布在许洲西北侧海域。

珠江口海区：包括渔港建设、增养殖、捕捞等。目前已建有东澳、万山、桂山、庙湾、外伶仃、担杆头、南水、荷包等渔港，是珠江口海洋捕捞的重要基地。万山群岛的海岛海湾具有海水交换性好等特点，大蜘洲、竹洲、横岗岛、桂山岛等海岛的部分海湾已成为网箱养殖基地。海水增殖的品种主要有贝类和海珍品，包括青洲水道西、青洲与头洲之间海域的浅海贝类增殖和各海岛沿岸的海珍品护养。万山渔场是珠江口沿海的重要渔场，具有捕捞价值的鱼类达200多种，海洋捕捞产业是该海域海洋经济的主要产业之一，主要作业方式有底拖网、刺钓等。珠江口西部的浅海养殖主要分布在草堂湾、长栏湾、高栏列岛东部的鸡啼门出海口等海域，增殖区以贝类增殖为主，集中于黄茅海内。近年来，结合口门整治，珠江口西部滩涂围垦发展较快，但为满足陆域城市建设和港口及其相关产业发展的需要，围垦后形成的陆域不再为养殖所用，因此该区的滩涂养殖数量和产量均有所减少。

川山海区：海洋渔业是川山群岛的传统产业，主要有海洋捕捞和海水养殖。上川岛沙堤渔港是国家中心渔港，目前已初具规模，是海洋捕捞的区域性重要基地；海水养殖包括海水增养殖、网箱养殖，海水增养殖集中在广海湾与川山群岛之间海域以及上川岛大湾海等良好港湾，增养殖类型以贝类为主，其中翡翠贻贝养殖规模较大。

粤西海区：海洋渔业是粤西海区海岛的传统产业，主要有海洋捕捞和海水养殖。闸坡渔港是国家中心渔港，附近海域已形成以对虾、牡蛎、泥蚶、翡翠贻贝、文蛤和海水鱼类养殖为主，养殖、增殖和护养并举，水面、水体、海底、沿海岸带逐渐开发利用的多元化养殖新格局，建成海陵湾桩架吊养牡蛎基地、闸坡旧澳湾网箱养殖基地等著名的养殖基地；硇洲渔港是国家中心渔港，正逐步建成集渔船避风、水产品加工、补给、休闲渔业等多种功能为一体，具有区域性、开放性和示范性的现代渔港综合经济区。雷州半岛沿岸海区和海岛，也多有海水养殖分布，如雷州湾、新寮岛及其周边海岛、流沙湾等。

2.5.2 农业开发现状

近几十年来，广东海岛农业生产结构逐步调整，种植业在大农业经济中的比例有所下降，渔业迅速发展，经济地位突出，林、牧、副业也有增长，但比例不高。

种植业是广东海岛土地利用的主要方式之一。海岛种植的农作物较为集中，作物种类主要是水稻、番薯、花生和蔬菜，主要分布在东海、南三等16个海岛上，其他有居民海岛种植农作物面积不多。海岛种植业生产发展存在较多问题，如岛上生产环境条件较差、风旱威胁严重，耕地面积迅速减少，农地产出率低，岛际单产水平差距大等。

广东省面积较大的海岛，如东海岛、南三岛等先后兴建了东海、东简、南三等多个规模较大的林场，其中东海林场面积1 382 hm^2，有林地1 220 hm^2，林木蓄积量4.96×10^4 m^3，该林场结合实际，改造低产林，营造丰产林，已成为以林为主，多种经营的综合性林业基地。此外，南澳岛的黄花山林场有世界珍稀的竹柏林和国内外珍贵的红枫、杜鹃、瑞香、黄杨等各种野生盆景植物，已于1992年被国家林业部批准建立为国家森林公园。种植业在粤西海区海岛开发利用中仍占有重要地位，主要集中在湛江湾附近的海岛，如硇洲岛、南三岛、新寮岛等，面积较大的海岛上多种植有大片桉树林，是重要的造纸工业原料。

广东海岛水热条件优越，饲用植物资源丰富，浅海滩涂广布，利于畜禽饲养。海岛畜禽业有了一定发展，海陵、南三、淇澳岛等，建立了养鸡、鸭、鸽等生产基地。

2.5.3 交通运输开发现状

为了适应海岛经济发展需要，创造良好的投资环境，各岛重视交通建设，扩大对外运输的港口码头、修建岛上公路、连陆通道和车渡码头，形成海陆结合的交通运输体系。海岛公路按交通运输利用程度与其他陆路交通联网状况分为：一是连陆公路，如海陵公路、东海公路、达濠公路等，这类公路运输利用率高。二是有汽车渡口与大陆公路相连，如南澳岛、上川岛、下川岛等。这类岛屿一般面积较大，有班车相通，公路运输较为重要。三是岛上专用公路，如采石场至港口运输货物专线。

近期重点建设南沙疏港铁路、湛江东海岛铁路支线、汕头南澳大桥、珠海港高栏港区等码头项目、湛江东海岛港区码头项目等交通运输项目，涉及的海岛有广州龙穴岛、湛江东海岛、汕头南澳岛、珠海高栏岛等海岛。

2.5.4 海岛旅游开发现状

广东滨海旅游资源丰富多样，海岛旅游业已成为发展海岛经济的重要途径。广东海岛既有蓝天碧海、风光旖旎、环境优美的独特条件，又有迷人的海湾沙滩、独特的造型石景、珍稀动植物，共同构成了绚丽多彩的天然美景。目前，全省海岛旅游业已有一定的规模，在主要有居民海岛和一些条件较好的无居民海岛，已建立一些富有地方特色的旅游区，客源以国内游客为主。但由于受旅游开发政策、资金、区域经济发展水平和消费需求等多方面因素的限制，大部分海岛至今保持原貌，海岛旅游开发仍为资源驱动型。

粤东海区：目前，该区域海岛以旅游为主导的现代服务业迅速兴起，依托优美的自然景观、独特的历史人文资源，建成一批旅游景点及配套设施。如南澳岛的青澳湾度假旅游区、总兵府景区、金银岛景区等，旅游已成为南澳的优势产业，初步形成南澳旅游热线。达濠岛旅游业已初具规模，主要有休闲、度假、观光等，已建礐石风景名胜区、青云岩景区、妈屿岛海滨浴场、东湖海滨浴场、澳头红树林生态区等一批旅游休闲景区。遮浪岩及其邻近海域景色优美，风浪较大，已设为海上帆板训练基地，是汕尾市重要的滨海旅游区之一。红海湾的龟龄岛是兼具历史文化特色和优美环境的海岛，周边海域具有丰富的礁盘生物资源，保护价值较大，是潜在的开发区域。

大亚湾海区：该区域海岛具有丰富的生态旅游资源，大辣甲、小辣甲、赤洲、三角洲、宝塔洲等众多海岛拥有优美的沙滩，植被保持较好。旅游活动主要在大辣甲、三角洲、宝塔洲等海岛，建有较完善的旅游设施，其中大辣甲建有登岛码头，旅游活动的规模较大。但大亚湾海区的海岛多位于大亚湾水产资源自然保护区中，旅游活动必须与保护相协调。

珠江口海区：海岛旅游是珠江口海区开发的重要内容。该区域海岛交通便利，旅游资源丰富，拥有巨大的市场和广阔的发展空间，海岛旅游开发具有很大的潜力。海岛旅游开发主要分布在上横挡、下横挡、威远岛、淇澳岛、野狸岛、九洲列岛、高栏列岛、东澳岛、外伶仃岛等。上横挡、下横挡、威远岛位于虎门前哨，岛上保存有炮台、门楼、官厅等历史遗迹，已设为旅游区。珠海市区沿岸的淇澳岛依托红树林自然保护区、白石街、苏兆征故居等自然和人文景观，环境优良，逐步建设集休闲度假、生态旅游、历史文化等多样化的旅游区。香洲湾的野狸岛、九洲列岛离陆较近，已分别建成海滨公园、省级旅游区，野狸岛上新开工建设珠海歌剧院，与珠海情侣路滨海景观带相得益彰，休闲文化旅游开发潜力极大。万山群岛以东澳岛旅游综合开发试验区为龙头，东澳岛、外伶仃岛、桂山岛、大万山岛均已开发了各具特色的旅游区或旅游景点，还开辟了广州—万山群岛环海游、邮轮停泊外伶仃岛和东澳岛海上风光游等旅游路线。高栏列岛海域的旅游资源主要为滨海浴场，目前主要已建有高栏岛飞沙滩旅游区、荷包岛大南湾旅游区。

川山海区：该区域海岛旅游开发较早，类型多样，内容丰富，目前已具有一定的规模，基础设施建设较为完善。上川岛飞沙滩和下川岛王府洲旅游度假区是省级旅游区，有较高的知名度，设有海水浴场以及海上运动和休闲娱乐设施。川山海区西部的漭洲、东部的乌猪洲也是潜在的海岛旅游开发重点区域。

粤西海区：该区拥有省内多个面积较大的海岛，如东海岛、南三岛、海陵岛、硇洲岛等，旅游资源类型丰富，海岛旅游开发较早，目前已形成具有一定区域影响力的旅游区。如海陵岛已建成"南海一号"博物馆、闸坡大角湾旅游度假区、金沙滩旅游区、十里银滩旅游区、马尾岛海水浴场等旅游景点，逐步建设成阳江市滨海旅游的产业集群；大放鸡旅游区、东海岛龙海天省级旅游度假区、南三岛森林公园旅游区、硇洲岛灯塔海景等旅游区，均具有独特的资源、生态特色。

2.5.5 土地资源开发现状

广东海岛土地利用基本可分两种情况：一是在有人居住的岛屿上，因人口稠密，土地利用率高，除难利用地外，其他土地已均利用，但近年来，部分交通条件较差的地方不少农田被丢荒，在上川岛、海陵岛、桂山岛均可见丢荒的农田；二是在无人居住的荒岛上，大量土地尚未开发利用。

据广东省海岛资源综合调查，广东海岛礁滩面积共 385.6 km^2，已利用面积 70 km^2，主要为红树林占地、养殖地、海水浴场和码头用地，未利用礁滩包括沙滩、泥滩和难利用的砾石滩及礁石滩。海岛陆地面积 1 414 km^2，占全省陆地面积的 0.79%，其中已利用土地共 1 098 km^2，土地利用率为 77.6%，主要有防护林、盐田、养殖池塘、耕地、园地、林坡地、陆地水域、居住建设用地和特殊用地等。未利用地包括沙荒地、荒地、黄坡地和裸岩地等。

海岛土地开发利用仍存在不少问题，主要是开发资源没有适度限制，破坏自然环境。如把海岛当作沙石开采利用、滥采矿产、岛内挖塘纳咸养殖、不合理围垦等。

2.5.6 工业和乡镇企业

广东省许多有人居住海岛均有港口资源，目前已建有港口和码头 50 多个。近年来，依托港口的临港工业所占的比重也越来越大，这些产业中包括国家重大产业调整的项目如钢铁、炼化项目等（中国海岛志编纂委员会，2013）。

粤东海区：达濠岛广澳港区作为汕头市实施从内海向外海战略转移的主要港区，正在打造我国东南沿海深水大港，目前已建成 5 个万吨级以上泊位。荃湾半岛的石化工业和港口建设已具规模。马鞭洲港区已建成并投入使用的 30 万吨级原油泊位 2 个、15 万吨级原油泊位 3 个、原油罐区库容 90×10^4 m^3，是目前全国规模最大的原油接卸基地。风电工业是南澳岛的特色工业，经过近 20 年的发展，目前南澳岛的风电装机总容量达 12.9×10^4 kW，年风力发电量近 3×10^8 kW·h，风电场主要分布在岛陆上，目前，岛陆风电场建设空间已趋饱和。白沙半岛已建有红海湾风电场，一期工程已于 2003 年建成投产，并已扩容至 2.04×10^4 kW·h，是广东省首个被正式批准的清洁发展机制项目。陆丰核电站位于碣石湾东南部的田尾山，目前已开工建设。达濠岛是汕头市"一市两城"发展战略中新南区的重要组成部分，位于汕头经济特区范围内，汕头保税区、华能电厂等一批重点项目已建成运行。

珠江口海区：珠江口海区依托全国沿海主枢纽港广州港、深圳港、珠海港，是腹地广阔的海陆交通枢纽，加之良好的深水岸线和深槽、水道，港口、临港工业开发无疑成为其开发利用的主要方式。该海区海岛港口、临港工业开发主要分布在沙仔岛、小虎岛、龙穴岛、大铲岛、桂山岛、高栏岛。

沙仔岛作业区以汽车滚装、杂货运输为主，小虎岛作业区以能源、液体化工运输为主，南沙作业区（龙穴岛）以外贸集装箱运输为主，相应发展保税、物流、商贸等功能，并结合临港工业开发承担大宗散货的运输。龙穴岛造船基地是全国三大造船基地之一，龙穴岛也是广州地区主要的深水泊位及临港工业发展区。上述 3 个海岛港口作业区是广州港南沙港区的主要作业区。深圳西部的大铲湾港区作为深圳港未来发展的重点港区，大铲岛、东矶洲和西矶洲已建有的 LNG 发电厂、修造船厂等临港工业设施和海关将极大地推动大铲湾港区的建设和发展。由原桂山岛、牛头岛、中心洲通过围填海连接起来形成新的桂山岛，水深、避风条件较好的桂山港区，该港区为深水港区，目前由一湾渔业、客运、军用及辅助船舶码头区，三湾油品仓储、中转区和牛头岛、中心洲石料出口简易码头三部分组成。一湾、牛头岛、中心洲已建成 9 个以陆岛运输为主的万吨级以下生产性泊位，其中牛头岛、中心洲的简易石料码头主要向香港供应石料；三湾为中燃阿吉普供油基地，已建成 1 个 5 万吨级多点系泊成品油泊位及 2 个 500 吨级成品油泊位。依托高栏岛建成的高栏港区已开发南迳湾和南水 2 个作业区。南迳湾作业区已建成珠江三角洲地区油气品转运基地，南水作业区依托电厂、钢厂等建成企业专用码头及公用码头；高栏港区共有生产性泊位 19 个，其中深水泊位 9 个，年货物通过能力 $1 786 \times 10^4$ t；加之高栏岛面积大，与南水已建成连岛大堤，交通条件便利，基础设施建设较好，并已规划在连岛大堤东侧建设重石化工业区，高栏岛将形成高栏半岛，港口与临港工业开发前景十分广阔。

粤西海区：粤西海区深水条件优良，港口较多，多集中在大陆沿岸地区，主要有阳江港、博贺港和湛江港等，依托海岸港口的资源优势，逐步促进海岛临港工业的发展。海岛临港工业处于发展初期，目前只有少量饲料加工、有色金属加工及农海产品加工项目，生产规模较小。钢铁、石化等大项目将带动东海岛的机械装备制造业、加工业和其他新兴海洋产业发展，并由此使东海岛及其邻近的硇洲岛、南三岛等海岛的产业结构发生根本性转变。

2.6　广东省海岛开发存在的主要问题

随着沿海经济社会的快速发展以及国家"实施海洋开发"战略的落实，海岛的重要性日益显现，广东开发利用海岛的情况越来越多。目前，由于缺乏科学合理的规划，广东海岛开发存在随意现象，在开发利用海岛的活动中已经出现一些急需解决的问题，影响海岛资源的可持续利用和海岛经济社会的健康发展。

2.6.1　海岛生态破坏严重

海岛孤悬海外，地理环境独特，生态系统脆弱。近年来，炸岛炸礁、填海连岛、采石挖砂、滩涂围垦等开发利用活动致使部分海岛景观和生态遭受严重破坏；一些地方不合理建造海岸工程，随意改变海岛海岸线，破坏了海岛及其周边海域的生态和环境；一些地方采挖海岛海岸珊瑚礁，砍伐海岛周边红树林，滥捕、偷盗海岛上的珍稀动植物，致使海岛生物多样性降低，生态日益恶化。

2.6.2　无居民海岛开发利用仍存在随意现象

无居民海岛开发缺乏统一规划和科学管理，部分海岛待定名，或命名不规范，海岛资源保护意识比较淡薄；一些单位或者个人将无居民海岛视为无主地，随意占用、使用和出让，随意建造建筑物；个别海岛存在管理权属争议，制约着海岛及其周边海域的开发利用。随意开发利用无居民海岛资源，不仅造成海岛景观生态破坏，还造成国有资产性资源的流失。

2.6.3　海岛保护力度不够

国家在广东的一些海岛上设有不同等级的测控点、助航站、领海基点等设施；有的海岛或其周边海域具有典型生态系统，如红树林湿地生态系统、珊瑚礁生态系统等；有的海岛是一些珍稀、濒危动植物的繁衍和栖息地，如内伶仃岛的猕猴、担杆岛的罗汉松等；有的海岛上具有科学文化价值很高的历史遗迹和自然景观，如海滩岩田等。这些海岛关系到国家主权和生态安全，需要严格保护。但目前却普遍缺乏有力的保护与管理，存在国家海权或国防安全隐患，也不利于维护和改善海岛生态平衡。

2.6.4　海岛区域社会经济发展不平衡

部分沿岸或者近岸的海岛开发过度，海岛景观生态遭到破坏，进一步开发已经缺乏空间；一些远离大陆的海岛交通不便，土地有限，淡水短缺，开发条件、生存条件与临近的大陆沿海地区相比差距较大，居民的基本生产和生活成本高，人居条件差；一些海岛抵御自然灾害的条件较差，缺乏自然灾害应急能力。

2.7 广东省典型海岛基本情况

2.7.1 广东省典型有居民海岛基本情况

根据《广东省海岛地名志》（2013），广东省有居民海岛共57个，主要集中在距离陆地较近的大岛上，面积大于50 km² 的海岛有8个，按面积大小顺序分别是东海岛、上川岛、南三岛、南澳岛、海陵岛、达濠岛、横琴岛和下川岛。

根据《广东省海岛保护规划（2011—2020年）》，广东省有居民海岛共有48个，具体见表2-3。

本节主要对典型的有居民海岛进行介绍。

表2-3　广东省有居民海岛统计

序号	行政隶属	海 岛 名 称	数量（个）
1	潮州市	海山岛、西澳岛、汛洲岛	3
2	汕头市	南澳岛、达濠岛、妈屿岛	3
3	汕尾市	小岛、东沙岛	2
4	惠州市	盐洲、大三门岛、小三门岛、大洲头	4
5	东莞市	威远岛、木棉山岛	2
6	广州市	龙穴岛	1
7	中山市	横门岛	1
8	珠海市	淇澳岛、横琴岛、桂山岛、东澳岛、大万山岛、外伶仃岛、担杆岛、高栏岛、荷包岛、南水岛（已连陆）、三灶岛（已连陆）、大杧岛	12
9	江门市	上川岛、下川岛、漭洲、大襟岛、盘皇岛	5
10	阳江市	海陵岛、丰头岛	2
11	茂名市	水东岛（大洲岛）	1
12	湛江市	东海岛、硇洲岛、南三岛、特呈岛、东头山岛、后海岛、冬松岛、公港岛、新寮岛、六极岛、土港岛、金鸡岛	12

资料来源：《广东省海岛保护规划（2011—2020年）》。

2.7.1.1 南澳岛

1）海岛概况

根据《广东省海岛地名志》（2013），南澳岛地理坐标为23°26.4′N，117°02.7′E。位于汕头市北港口东南6.75 km处。曾名井澳、南澳山。因岛上有古井，岛周多澳（泊船处），故名井澳。南澳岛位置见图2-10。

南澳县是广东唯一的海岛县，该岛是汕头市第一大岛，也是广东"十大美丽海岛"之一。南澳岛岸线长93.65 km，岛屿面积106.047 km^2，高587 m。基岩岛，由燕山期花岗岩和上侏罗纪火山岩组成，大部分为低山丘陵，受风雨侵蚀，南部表层泥沙流失，岩石裸露，周围多陡岸和港湾。岛上常见植物分属102科。共分9个植被型组和26个群系。周围海域生物资源包括海藻类85中、贝类375种、虾类43种、蟹类20种、鱼类471种、头足类29种。

南澳岛为汕头市南澳县人民政府所在地，隶属于汕头市海澄区。2011年，岛上户籍人口72 659人。岛上的青澳湾是广东省两个A级沐浴海滩之一。有风电场，还有历史悠久的总兵府、南宋古井、太子楼遗址以及文物古迹50多处，寺庙30多处。该岛交通方便，环岛公路68 km，各景区点实现通车，每天有轮渡、高速客船、直达客车往返于汕头、澄海莱芜、饶平等地。现连接大陆的南澳大桥正在建设中。属南澳岛候鸟自然保护区。

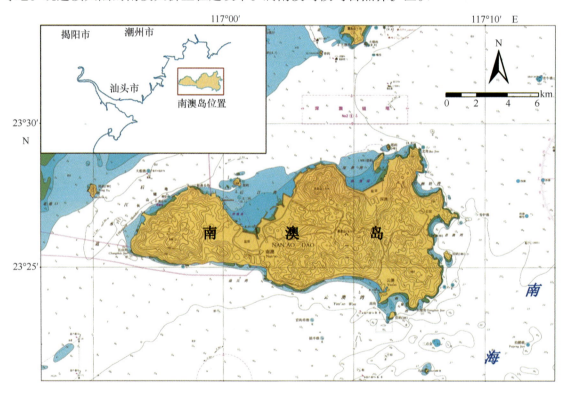

图2-10 南澳岛地理位置

2）海岛资源

（1）港湾资源

南澳岛岸线曲折，长达77 km，为广东沿海各地之冠，大小港湾66处。南澳岛港口码头濒临国际主航线，战略位置十分重要。南澳港为国家一类口岸，现有港口码头10多处，主要是长山尾轮渡码头、前江扩建码头、前江旧货运码头、鹿仔坑油气专业码头、巨瀛水泥厂专用码头、猴鼻尖货运码头等。另外，在建或拟建的还有布袋澳油气码头（烟敦湾）、银狮油脂码头等。现港口吞吐能力为9×10^4 t，集装箱160 TEU。

（2）岛屿生物资源

南澳岛全岛基本被草本植被所覆盖，植物资源有46种，隶属于38属，26科。植被主要由天人菊群落、鬣刺盐地鼠尾粟-厚藤群落及草海桐-野香茅群落3个群落组成。同时，独特的离岸海岛生境为许多生物类群提供了良好的栖息、索饵和繁衍场所，在岛屿停留过的各种候鸟、旅鸟、留鸟和繁殖鸟等有90多种，隶属于32科，14目。

（3）旅游资源

南澳县是广东省唯一的海岛县，也是全国唯一被评为"国家AAAA级旅游景区"的海岛，2010年荣获"广东省滨海旅游示范景区"称号，是首批13个滨海旅游示范景区之一，也是粤东地区唯一获评单位。同时已评定国家级森林公园1处，省级旅游度假区、自然保护区和文物保护单位各1处。全县由主岛和周边22个小岛组成，总面积111.53 km^2，海域面积4 600 km^2。生态环境优越，旅游资源丰富，具备了发展现代旅游业的"阳光、海水、沙滩、绿色、清新空气"5要素，自然旅游资源和人文旅游资源组合优良，具有"海、山、史、庙"主体交叉特色。全岛拥有阳光、海水、沙滩、山峦、森林、动植物、海岸、岛屿岛礁、奇石、气候、海防文化、宗教和潮汕文化等10多种类型的旅游资源，构成良好的旅游资源组合结构。

（4）风能资源

南澳素有"风县"之称，年平均风速达8.44 m/s，年有效风速（3~20 m/s）时数达7 215 h，年平均有效风能密度为678 W/m^2，几个典型的风电场实测数据表明，每年的10月至翌年3月，月平均风速为7.0~14.4 m/s。

3）海岛基础设施和公共服务建设

（1）交通运输

南澳县通车里程达到205.67 km，其中二级公路47.8 km，三级公路41.45 km，全县有203.57 km的公路有路面铺装。南澳的路网密度全省第一，形成"一环一横二纵"的公路网骨架，也即环岛路、长青公路、云深公路和东升路。另外，岛内有环南澳岛公共巴士，南澳岛每天6班船往返南澳长山尾—澄海莱芜，2000年开通了快船轮渡。

南澳大桥于2015年1月1日正式通车运营，全长11.08 km，其中桥长9.341 km，接线公路1.739 km，全线采用设计速度60 km/h的二级公里标准，路基宽度12 m，桥梁净宽11 m。这是广东省第一条真正意义上的跨海大桥，将从根本上解决制约南澳发展和岛上居民进出岛难的陆岛交通"瓶颈"问题。

（2）水利设施建设

南澳现有制水厂7处，设计日供水能力合计4.4×10^4 t，供水范围除个别高山偏僻山村外基本上覆盖了全岛，县城及各乡镇、管区自来水覆盖率达97%。南澳县城、云澳镇区、深澳镇区排水均采用合流制。雨水与生活污水混合经排水管、排水明渠或暗渠直排入海。县城后宅部分主要道路下有敷设排水管或涵渠，污水未经处理直接排放。

（3）电网系统建设

南澳县现状用电主要是从莱芜海底电缆过海供电，2000年全县总用电量2 656×10^4 km·h，最高负荷 0.62 kW，其中生产用电量和生活用电量基本相当。

岛上现有各型风力机 132 台，装机总容量 54 330 kW，年可发电 $1.4×10^8$ kW·h，主要分布在东半岛中部 7 个风电场。所有风能发电厂利用风能发电后并入省网，不直接供给岛内用电。现有的火力发电厂和水利发电站发电量极小，如火力发电厂最高发电年份 1995 年总发电量仅 $388×10^4$ kW·h，基本作为备用电源。

供电设施与线路方面，现有 110 kV 和 35 kV 过海电缆两条，均在长山尾登陆。

（4）防灾减灾工程建设

南澳主岛呈葫芦形，形成东西两个半岛，各有主峰一处，地势都是主峰向四面倾斜，因此暴雨洪水由山顶倾斜入海。岛内主要洪涝灾害主要来自于两个方面，即山体雨水排洪和外围海潮、台风等对城镇的影响。目前对山体雨水的防治首先结合水库建设进行蓄洪引洪，已建成黄花山水库引洪工程、果老山水库引洪工程等一批防洪工程，同时对平原低洼地区结合田间排放系统进行治涝，对西畔大坑、东畔大坑、深澳大坑、青澳大坑等都进行了截流排洪工程建设。城镇外围防潮防风方面，结合农田、盐田、道路建设建成围垦与堤防工程若干。

（5）公共文化

目前岛上已有广东省唯一县级海防史专题博物馆，并正在规划建设"南澳Ⅰ号"明代沉船博物馆和"南澳Ⅰ号"数字化博物馆等。南澳县海防史博物馆为广东省唯一县级海防史专题博物馆。

4）海岛特色经济开发建设

（1）海洋渔业

南澳县作为以海洋捕捞为主的"全国水产百强县"，逐步依靠科技进步，建设全国科技兴海示范基地，开辟出一条海洋渔业可持续发展的新路子。目前，全县海水养殖面积达到 4 万多亩①，太平洋牡蛎、龙须菜、鲍鱼养殖呈现出迅猛发展的势头，初步形成了规模化和基地化，并建成了全国最大的县级太平洋牡蛎养殖基地和全省最大的藻类养殖基地，以及 2 个省级无公害海水养殖基地。

（2）电力

从 1988 年开始发展风电起，南澳县在海洋战略性新兴产业领域内已实现了从无到有的重大突破，2006 年至 2011 年期间装机容量和发电量大幅度提高。目前，南澳县南亚风电场 33 MW 扩建项目经广东省发改委核准建设，风电项目位于南澳县大王山、竹笠山、葫芦山，对原五、六期风电场进行扩容技术改造。项目建设规模为 33 MW，拟安装 22 台单机容量为 1.5 MW 风力发电机组，该项目预计总投资约 30 646 万元，已投入项目资金约 14 845 万元，完成投资 48%，工程预计 2013 年 3 月竣工，年上网电量为 $8 235×10^4$ kW·h；另外国电电力发展股份有限公司、中国华电集团新能源发展有限公司、大唐国际发电股份有限公司广东分公司 3 家公司决定在南澳海域开发海上风电项目。

---

① 1 亩约为 666.7 m^2。

（3）海岛旅游业

全县可供旅游沙滩60多处，如青海湾、竹栖肚、云澳湾、赤石湾、钱澳湾等，同时南澳特殊的历史为今人留下许多古迹，成为南澳重要人文景观，包括总兵府、宋井-太子楼、叠石岩-屏山岩、长山尾炮台、戍台陵（清戍台澎故兵墓园）、雄镇关等。

除此之外，还有海岛景观旅游、亚热带植物景观旅游、渔家风情旅游、南澳风力发电场游览等。

2.7.1.2 横琴岛

1）海岛概况

根据《广东省海岛地名志》（2013），横琴岛地理坐标为22°06.9′N，113°30.6′E。位于珠海市香洲西南，伶仃洋西南侧，东北与澳门相望，北距大陆430 m。曾名仙女澳、横琴山、大横琴岛、小横琴岛。原为南北二岛，北岛小，南岛大，且南岛南部有山似横琴，二岛统称为横琴岛。后南岛改称大横琴岛，北岛遂称小横琴岛。1969—1972年珠海县与顺德县合作于二岛间围垦造田，筑成东西大堤，二岛连为一体，1986年统称横琴岛。为珠海所属岛屿中最大的海岛。该岛为横琴镇人民政府所在海岛，隶属于珠海市香洲区。岛内有3个社区，12个自然村。1992年，广东省人民政府批准成立省级横琴经济开发区，1998年底确定为珠海五大经济功能区之一。现已建成连接市区的横琴大桥、与澳门相连的莲花大桥和国家一类口岸横琴口岸，实现了桥通、路通、水通、电通、邮通和口岸通，为经济发展打下了良好的基础。随着横琴大桥和莲花大桥的相继通车，横琴岛已经与珠海市区和澳门连成一体，成为内地通往澳门的第二个陆路通道。横琴岛位置见图2-11。

横琴岛为基岩岛。岸线长48.55 km，面积84.143 5 km^2，高457.7 m。岛由花岗岩构成，地势南部高，北部较低，中部低平。南部为山丘地貌，北部为东西向狭长形丘陵地，中部围垦成田。横琴处于北回归线以南，气候温和，属南亚热带季风气候区。

2）海岛资源

（1）岛屿生物资源

横琴岛植物种类有896种，其中蕨类植物有27科40属58种，裸子植物有7科11属14种，被子植物有137科555属824种。在这些植物中，外来入侵植物有48种，栽培种类有254种，野生植物有594种。在野生植物中，蕨类植物有25科37属55种，裸子植物有1科1属2种，被子植物有113科375属537种。外来入侵植物有48种，其中大多为菊科植物，有17种，占本区域所有外来入侵植物总数的35.4%。

横琴岛调查到的陆生野生动物共有108种，其中两栖类7种隶属于1目4科，爬行类21种隶属于2目7科，鸟类62种隶属于10目27科，哺乳类18种隶属于6目10科。

（2）旅游资源

横琴岛是珠海最大的海岛，横琴岛海湾众多，沙滩绵延，怪石嶙峋，空气清新，横琴岛原始的海岛植被保存完好，一派田园风光，是一片未开发的"处女地"，可以形容为"山不奇水奇，树不奇石奇，地不奇岛奇"，有雨后处处是瀑布、块块奇石都是景的自然景观，加

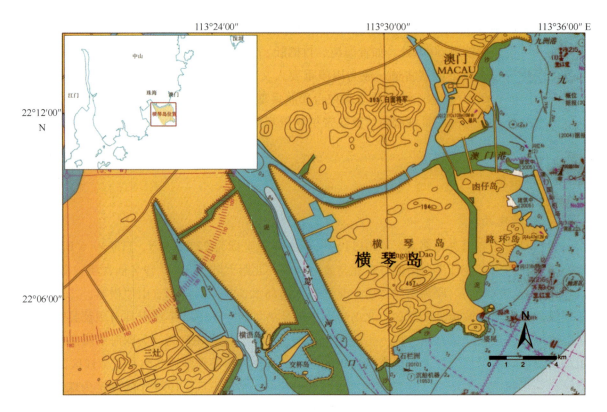

图 2-11 横琴岛地理位置

上横琴与澳门三岛一河之隔，成为中西文化交融的独特风景线，岛上还有"南海前哨钢八连"营地、十字门古战场遗迹和许多美丽传说。

另外，横琴岛设有国家一类口岸横琴口岸，有连接澳门的莲花大桥，还有世界级超级大型综合主体旅游度假区——长隆国际海洋度假区，拥有全省最大汉白玉浮雕的旅游文化广场、以石文化为背景的石博园、我国面积最大的海洋湿地生态文化主体乐园——海洋乐园、天湖景区、三叠泉风景区、东方体育度假世界、宝典园、横琴生蚝生态园等风景旅游景点。

(3) 风能资源

横琴岛风力充沛，拥有丰富的自然风能资源，全岛可开发利用的风场面积达 20 km² 以上，有效风能密度超过 200 W/m²，风能开发潜力大。目前，装机容量 15.75 MW 的横琴风电场已在大横琴山上建成，终期总容量 50 MW。随着横琴风电厂的建成，每年可以为横琴乃至珠海、澳门提供电能。横琴有潜力拓展出一条开发绿色能源的新路。

3) 横琴岛开发建设机遇和开发定位

推进横琴开发是国家的一项重大战略举措，为推进国家改革开放和现代化建设担负着特殊的作用。国家给横琴开发以超常规的政策支持，一些政策安排为全国独创，体现了很强的特殊性。

横琴新区的开发建设，遵循温家宝提出的"谋而后动"的指示，坚持规划先行，遵循区域开发建设系统性的协调观，高起点全方位编制各类规划。横琴新区成立以来，围绕生态、环境、城市建设等方面，先后委托国内著名的科研和设计单位，完成了一大批与横琴开发建设紧密相关的重要规划。主要有：《横琴总体发展规划》、《横琴新区城市总体规划（2009—2020年）》、《横琴新区控制性详细规划》、《横琴新区生态岛建设总体规划》等。

2009年8月14日，国务院正式批复《横琴总体发展规划》，这是继国务院批准广东省实施《珠江三角洲地区改革发展规划纲要（2008—2020年）》后，中央支持珠三角进一步深化改革和扩大开放的重大举措，横琴新区的开发建设上升为国家战略。横琴新区也成为继上海浦东新区、天津滨海新区之后的第三个国家级新区。《横琴总体发展规划》提出，要逐步把横琴建设成为"一国两制"下探索粤港澳合作新模式的示范区，深化改革开放和科技创新的先行区，促进珠江口西岸地区产业升级发展的新平台的发展定位，提出努力将横琴新区打造成为现代时尚型和生态型的海滨新城区，促进横琴新区实现"连通港澳、区域共建的开放岛"、"经济繁荣、宜居宜业的活力岛"、"知识密集、信息发达的智能岛"、"资源节约、环境友好的生态岛"。

4）海岛基础设施和公共服务建设

（1）交通运输

近年来，横琴新区已建成了横琴大桥，打通了与珠海主城区的陆路联系；修建了莲花大桥和国家一类口岸（莲花口岸），打通了与澳门的陆路联系；基本建成了环岛路，贯通全岛并与内陆相连；在红旗村东部建有吞吐量300吨级的客运码头，开通了到澳门路环航线和横琴环岛航线。

（2）电网系统建设

横琴新区现有110 kV变电站2座（石山变电站和横琴琴韵变电站），其中横琴琴韵变电站由广东电网公司投资3.35亿元兴建，项目位于横琴环岛北路南侧，占地面积10 672 m^2，将建设4台$18×10^4$ kV·A主变压器，9条220 kV线路，12条110 kV线路，项目于2011年年底建成投产，目前成为横琴新区主要供电电源，为横琴在未来发展和澳门中长期用电增长需求提供电力保障。

5）海岛特色经济开发建设

（1）海岛旅游业

目前，横琴滨海旅游产业已建成的主要项目如下。

海洋乐园：位于横琴新区西南的二井湾，占地面积超过80 hm^2，紧邻珠海市最大的国家级红树林湿地生态保护区，是珠海市水产科研与种苗中心基地的重要组成部分。

石博园：世界首屈一指的石文化主题休闲娱乐园，坐落在横琴岛蛇仔湾，面积1 000余亩，总投资1.1亿元人民币。石博园已建成一个既有中西文化品位，又有良好生态的现代主题公园。

目前，在建的旅游业重点项目包括：长隆国际海洋度假区、二井湾湿地公园和珠海富盈商务度假中心等一批具有国际水准的滨海休闲度假区；以横琴口岸为中心的临海综合交通枢纽项目。预计仅长隆海洋度假区全面建成后，每年将吸引超过2 000万来自世界各地的游客。

横琴正在开辟海洋休闲旅游片区，建设具有国际水准的度假酒店、海上运动基地、主题游乐场、国际邮轮码头等海洋休闲项目，在横琴南海域增设的横琴南填海区未来计划用于发展高端商务服务以及与港、澳合作建设国际化高档休闲旅游胜地，主要建设具有国际水准的度假酒店、影视基地以及海上运动、主题游乐、邮轮码头等休闲项目。

（2）海岛油气业

中国海洋石油天然气终端处理场项目是目前横琴新区海洋油气方面大型的龙头项目，该项目由中国海洋石油总公司投资建设，总投资约70多亿元人民币，主要开发南海东部番禺和惠州两个油气田的天然气资源，中国海洋石油天然气终端处理场项目在珠海横琴的落户，将给横琴科技园带来生机和其他上下游项目的机遇，为横琴和珠海的发展起到积极的推动作用。

（3）海洋战略新兴产业

横琴已进驻横琴口岸商务服务区的横琴总部大厦、横琴国际贸易大厦、美丽之冠横琴梧桐树大厦、华融大厦等总部经济项目，充分利用优惠政策，以发展总部经济为主要路径，通过集中高端商务、信息及物流管理服务机构，吸引港澳和国际著名跨国公司、金融机构、企业财团在横琴口岸商务区设立总部或分支机构，形成临海高端服务业高度聚集区。结合港澳自由港优势以及横琴新型口岸通关的制度优势，建立人员、物资高效流动区域，促使横琴口岸商务服务区发展成集口岸服务、海洋交通枢纽、配套物流于一体的现代综合型服务口岸。

2.7.1.3 盐洲岛

1）海岛概况

根据《广东省海岛地名志》（2013），盐洲岛地理坐标为22°43.4′N，114°56.3′E（见图2-12）。隶属于惠州市惠东县，近黄埠镇距离0.18 km。又名大洲岛、大洲、牛鼠洲、鲤鱼洲。因与附近海岛相比，它是面积最大的一个岛，故称大洲岛。又因该岛在400多年前曾开拓盐田，故名盐洲。盐洲岛为基岩岛，由第四系细砂、砂砾层构成，地势平坦。岸线长度11.1 km，陆域面积3.676 7 km²，海拔4.4 m。有长16 km的防潮海堤。周围为浅海泥滩，全岛大部分为盐田。土壤类型主要有滨海沙土和滨海盐土2个土类、3个亚类、6个土属、6个土种。附近水深小于6 m。岛上植被类型为红树林和芦苇。红树林群落为秋茄、白骨壤林、红海榄林。岛上还有零星的人工绿化植被。盐洲北部的白沙村沿海滩涂有成片分布的红树林，一直是鹭鸟的栖息地，主要有白鹭、灰鹭、黄嘴鹭等。截至2011年年底，岛上有户籍人口11 000人，常住人口7 000人。岛上有村庄，建有许多民房，居民大部分靠捕鱼为生。岛上有食盐加工厂、加油站、学校和卫生所。

2）海岛资源

盐洲岛滩涂分布广泛，红树林发育良好，引来成千上万只鹭鸟在红树林上空盘旋，被誉为"鹭鸟天堂"，是黄埠的海上奇观。红树林林下湿地生态系统稳定，生态环境较好，退潮的时候可以看到大量小螃蟹在滩涂上爬行。保持完好的红树林湿地生态系统是当地的生态旅游的特色。

考洲洋内盐洲镇历史悠久，有大量保存完好的明清历史遗迹，具有一定的历史意义和旅游价值（见图2-13）。有海景大桥、明清古庙宇、鲛月渡口、小红场、现代化海产品养殖基地、红树林等景观，渔排尝海鲜等让每一位来客品尝到原生态、高品质、有底蕴的特色大餐。考洲洋区域海洋盐业也有着悠久辉煌的历史，传统的制盐技术正吸引着越来越多游人的目光。

图 2-12　盐洲岛地理位置

3）海岛基础设施和公共服务建设

（1）交通运输

盐洲公路于 2002 年 10 月修建，有县道 2 条，公路宽度为 7 m；盐洲—黄埠公路属于二级公路，长 2 km；盐洲—铁涌公路，长 15 km。金（洲）前（寮）大道全长 1.2 km，宽 30 m，路面平直。渡口所至中心区小广场的道路为新南路与金前大道，全长 1.1 km，是岛内的交通要道。1992 年建成的盐洲南部跨海大桥是盐洲至铁涌的桥梁，主桥长 320.4 m，宽 7 m，可行驶 20 t 载重车及 80 t 平板车。

盐洲—黄埠北部跨海大桥总投资 1.999 7 亿元，于 2013 年 2 月 2 日正式通车（见图 2-14）。盐洲跨海大桥北起黄埠镇望京洲村，南连盐洲联新村李甲海堤，是惠东县 2008 年十大重点建设项目之一。跨海大桥主体长 1.105 km，桥面宽 23.5 m，双向四车道。大桥开通后，进一步发挥了盐洲作为黄埠吉隆"后花园"的作用。

盐洲东北部有一个汽车轮渡口，是盐洲的重要出入口（见图 2-15）。

（2）水利设施建设

盐洲广场附近建有自来水厂 1 座，为直供式自来水，水源引自苦竹坑水库。海岛供水管网设施现已逐步完善，从跨海主水管到各村，全长 6 km，再分支安装到各家各户，形成供水管网。全岛居民都可用上自来水。

图 2-13 盐洲岛资源分布

图 2-14 盐洲跨海大桥

图 2-15　盐洲主要交通渡口

（3）电网系统建设

1981 年盐洲开始利用南方电网筹建跨海高压线塔，并于当年建成输电，全岛供电正常。

（4）防灾减灾工程建设

岛内地势平坦，平均海拔不足 1.2 m，环岛四周有高程 2.5 m 左右的旧堤，盐洲海堤具有纳潮、防洪、排涝、通航四大功能。由于盐洲海堤始建于新中国成立以前，建设标准低，堤身单薄，难以抵御风暴潮雨的袭击，已威胁着海岛 1.1 万多群众的生命财产安全。盐洲正开展堤坝整治加固工程，目标是通过对盐洲岛周边堤坝的整治，加固环岛堤坝的防风抗浪能力。

4）海岛特色经济开发建设

（1）海洋养殖

考洲洋自然环境独特，水域资源条件优越，水产资源丰富，是粤东沿海重要水产增殖水域之一。已被广东省确定为海洋渔业可持续发展示范区之一。主要为网箱养殖、土池养殖、围网养殖、牡蛎养殖以及其他贝类增养殖等（见图 2-16）。

考洲洋是惠东海水网箱养殖基地，网箱养殖 1.25 万箱，年产量近 2 000 t。考洲洋 3 000 hm² 余的海面已经有 130 hm² 用于海水养殖，绵延 2 km 的鱼排俨然海上鱼街，蔚为壮观。

（2）海岛旅游开发

盐洲的海岸滩涂上生长有一片茂密的红树林。茂密的红树林里栖息着近 5 000 只白鹭，每到落日时分，晚霞映红了红树林，鹭鸟纷纷归巢，形成了百鸟归巢的景观（见图 2-17）。红树林抗盐碱、耐水淹，在护岸固土、防风防浪、维护发展渔业的生态环境、保护农田、调节海湾气候等方面起着重要的作用。1943 年日军登陆盐洲烧杀抢掠，白沙村 400 多名村民来不及逃走，躲进红树林里避难。日军明知人们躲进了红树林，却恐有埋伏不敢进去，只好用机枪扫射，茂密的红树林让村民无人受伤，白沙村人也把红树林视为"保护神"，把鹭鸟视为"吉祥鸟"，因此保护生态的自觉意识很强。红树林和鹭鸟也是盐洲岛观光旅游的重要景点。

广东省海岛保护与开发管理

图 2-16 盐洲岛周边的养殖

盐洲镇历史悠久，自明朝万历年间起，福建沿海一带的渔民便陆续在岛上定居。岛上建于明代的盐洲烽火台，就是当年这一带渔民为防御海盗入侵而建造的。另外，数百年历史的明清建筑三王宫、玉虚宫、协天宫和天后宫等庙宇约有二三十座，而且大都保存完好，这些明清建筑都具有一定的历史意义和旅游价值（见图 2-18）。

考洲洋区域海洋盐业有着悠久辉煌的历史，考洲洋周边的海湾农村，格状的盐田铺满浅水，波光粼粼，盐民光着脚丫拖着盐耙，在盐田上来回扒盐。这是古老的海水制盐，有 900 多年的历史。作为惠州最后一片制盐土地，考洲洋周边的盐田具有标本意义，向人们展现出古老而传统的海水制盐技术。

2.7.1.4 东海岛

1）海岛概况

根据《广东省海岛地名志》（2013），东海岛地理坐标为 21°01.9′N，110°24.9′E（见图 2-19）。位于湛江市麻章区湛江港南部海域，距大陆最近点 2.69 km。又名西湾岛，曾名湛川岛、椹川岛、东海洲、蔚律岭。因处遂溪县东南面，故名东海岛。东海岛为沙泥岛。岸线长 139.66 km，面积 248.852 9 km²，高约 110.8 m。该岛为民安镇、东山镇、东简镇 3 个镇人民政府驻地，2011 年，共有户籍人口 179 047 人。该岛规划为石化、钢铁工业基地，东岸龙海天沙滩为湛江旅游胜地。

东海岛属湛江市经济技术开发区管辖。以雷州方言、雷州音乐、雷歌雷剧、人龙舞等诸多文化内容为载体，铸就了"雷州文化"的组成部分。这里是中国"第五大岛"、广东省"第一大岛"。当地民俗、民居和方言都具有鲜明的"雷州文化"特色，是最具代表性的"雷

图 2-17 盐洲岛自然景观

图 2-18 盐洲岛特色历史文化及古迹

州文化"地区之一。

岛内有东山、东简、民安3个镇。地势东高西低,东为玄武岩台地,西为海积平原。东端距海滩2 km,有海拔111 m高的龙水岭火山锥,面积500 m×500 m,为火山碎屑岩及少量玄武岩构成,是天然航海陆标。蔚鹁港和北山港为岛内最大渔港。蔚鹁附近6.5 km岸线,水深26~40 m,其中40 m深水航道650 m。岛内有尚待开发的土地40余万亩,地势平坦,标高4~14 m,为坚硬的火成岩基地。地下水日开采量可达$50×10^4$ m^3。盛产鱼、盐,有庵里、红旗盐场,海水养殖以鲍鱼和对虾著称。1961年建成东北大堤,与陆地连接。

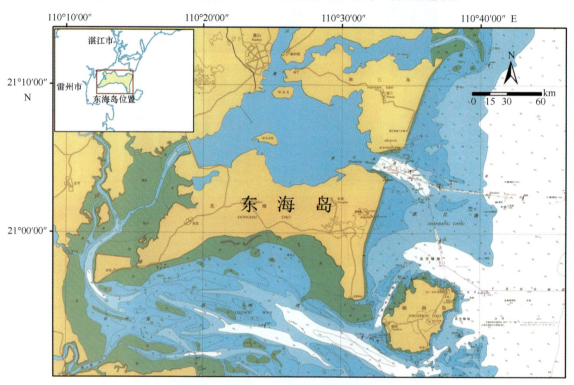

图2-19 东海岛地理位置

2) 海岛基础设施建设

(1) 交通

小型码头有东南码头和硇洲港码头。目前,东海岛1万吨级起步码头正在建设中,20万吨级矿砂中转码头已开展前期工作。东海港是中国大陆通往东南亚、非洲、大洋洲航程最短的港口,距离香港221 n mile,距离新加坡1 320 n mile。

东海岛有6.8 km东海大提与湛江市区的公路、铁路网络连成一体。岛上28 km的中线公路贯通全岛,湛林路、海明路、涛声路、疏港路、东南大道等道路已铺通。湛江北站至蔚律港铁路专线在建设中。

东海岛跨海大桥是湛江继海湾大桥之后又一重大跨海桥梁公路工程,包括东海岛跨海大桥在内的广东海大路口至蔚律港公路工程,连接已建成通车的湛江疏港公路、渝湛高速公路,与国道325线、207线和省道373线、374线相连,共同构成环绕湛江市区、湛江港区和东海岛钢铁基地的现代化公路网络。

（2）电力通信

东海岛 220 kV 输变电工程已完工，能满足大规模开发用电需要。另外硇洲镇新铺通了万伏海底电缆。全区已实现城乡电话程控化。

3）海岛经济开发

（1）旅游业

东海岛旅游资源丰富，旅游业发展较早，1994 年 7 月，广东省人民政府批准建设东海岛省级旅游度假区（见图 2-20），1995 年 5 月 31 日，旅游度假区正式对外开放。东海岛旅游区位于东海岛东部，它是由山峰、坡谷、丘陵、沙滩、绿林构成的天然旅游胜地。旅游区一带有防护林 55 000 亩，林带伸延于海滩边，郁葱起伏，犹如"绿色长城"，岸长沙软，沙滩带长 28 km，宽 150~300 m，仅次于澳大利亚的黄金海岸，是中国第一长滩，世界第二长滩。

图 2-20　东海岛旅游度假区

最具浓郁红土风情文化特色的民俗艺术——东海岛人龙舞起源于东海岛东山镇，始于明末清初，是流传 300 多年的民间大型广场表演艺术，其结构分为龙头、龙身和龙尾，由大人和孩童结合而成，规模可大可小，节数多少不等，被誉为"东方一绝"，2006 年入选首批国家非物质文化遗产名录。

（2）宝钢广东湛江钢铁基地

2012 年 5 月，经报请国务院同意，国家发展改革委员会结合兼并重组、压缩区域产能、城市钢厂搬迁和落实相关规划、推进布局调整，核准了广东湛江钢铁基地项目。项目建设地点为广东省湛江市东海岛，实施单位为宝钢湛江钢铁有限公司，建设规模为年产铁 920×10^4 t、钢 1 000×10^4 t、钢材 938×10^4 t，总投资为 696.8 亿元。宝钢湛江钢铁基地项目在广东累计压缩粗钢产能 1 614×10^4 t 的基础上实施，"减量置换"将有效改变当地钢铁产业发展模式。同时湛江项目未来将主要生产面向汽车、家电等领域的高端碳钢板材类产品，有助于满足"珠三角"对高端钢材的需求缺口。

(3) 中科合资广东炼化一体化项目

中科合资广东炼化一体化项目是目前国内最大的合资炼化项目，由中国石油化工股份有限公司与科威特国家石油有限公司，按股比50∶50合资建设。项目选址位于湛江经济技术开发区东海岛新区，总用地面积约 12.26 km², 其中首期用地 6.33 km²；首期总投资约 90 亿美元，规划炼油 $1\,500×10^4$ t/a，生产乙烯 $100×10^4$ t/a，配套建设湛江港东海岛港区 $30×10^4$ 吨级原油码头，2014 年建成投产。项目将实施循环经济模式，采用国际和国内先进的生产工艺和污染控制技术，并严格按照国际最先进的环保标准进行设计和管理，把该项目建设成为中国石化工业的标志性、示范性工程，打造成为国家级循环经济示范区。

2.7.1.5 上川岛

1）海岛概况

根据《广东省海岛地名志》（2013），上川岛地理坐标为 21°40.4′N，112°47.2′E（见图 2-21）。位于台山市海宴镇东南 9.33 km，隶属于广东省江门市台山市，与下川岛及其他小岛组成川山群岛，其东邻港、澳地区及珠海经济特区，距香港、澳门分别为 87 n mile 和 58 n mile，距大陆山嘴码头为 9.8 n mile。北宋称上川洲，南宋称穿洲，明称上川山，清光绪十九年（1893 年）改今名。上川岛是惯称，据说，从本县南部的广海、海宴等沿海大陆向南眺望，有两个岛屿被两条川隔开，一在东，一在西，东者为上，川者水也，该岛在东，故名上川岛。2011 年有户籍人口 15 523 人，常住人口 14 934 人。该岛在唐宋已有人定居，明洪武四年（1371 年）后曾被海禁，居民内徙。松海禁后，上川岛又继续得以开发。

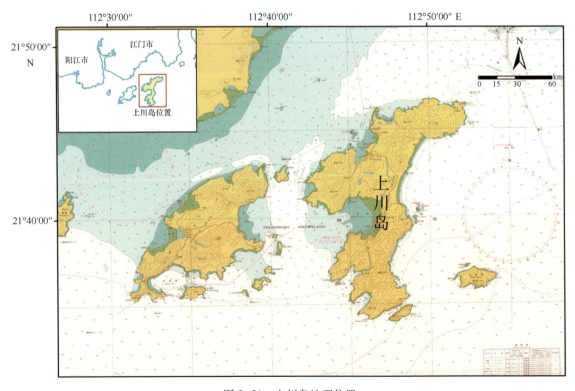

图 2-21 上川岛地理位置

岛呈哑铃形，南北走向，地势南北高中间低，除中部和北部三洲圩附近有小块平地外，余为连绵山丘地，山坡较陡，南部多露岩，山顶多巨石矗立。基岩岛。岸线长 147.01 km，面积 137.371 5 km²，海拔 494.1 m。主峰车骑顶位于东北端，与西部的里子秃、南部的大岗顶形成三足鼎立之形。南岸曲折陡峭，沿岸多湾。村庄附近及山谷间为水稻土，较肥沃。车骑顶和米筒湾两处有原始森林，栖息着猕猴。余为浅薄沙土，长有杂草、灌木和稀疏乔木。岛体主要由燕山期花岗岩构成，中部及边缘低洼处覆盖第四系海相细砂层。

上川岛是广东"十大美丽海岛"之一。

2）海岛资源

上川岛多海滩，如东海岸的金沙滩、飞沙滩、银沙滩等。其中飞沙滩已开发，为上川岛旅游接待中心，旅游区的基础设施完备，建有酒店多座，并设有滑落伞、水上摩托艇等娱乐设施。

飞沙滩旅游区为国家 AAAA 级旅游景区。位于上川岛中部小平原的东海岸，素有"东方夏威夷"之美誉，是每天出现在中央电视台《天气预报》栏目的中国十大浴场之一，其水质经国家海洋局评定名列广东前茅，1994 年被评为首批"省级旅游度假区"，2009 年被评为"国家 AAAA 级景区"。飞沙滩是岛上唯一开发的沙滩，全长 4 800 m，宽 420 m，面临浩瀚的南海，水质晶莹透明，无污染，无鲨鱼，平缓地向大海延伸。由于大风起时，沙滩飞起一层洁白细沙，因此得名"飞沙滩"。

金沙滩位于上川岛的东海岸，距飞沙滩北端约 1 000 m，是上川岛最长的天然优质沙滩。目前，银基集团准备在金沙滩南端打造一个"高端精致的度假地"，"健康管理的舒适度假区"，总共占地面积为 377.96 亩，引用"泛酒店概念"，设有"滨海度假酒店""度假公寓""美食餐厅""温泉养生 SPA"等，利用山、海、湖、滩资源，做一个真正与自然融合的度假港湾。

上川银沙滩又名高冠湾，位于上川岛东南部，距飞沙滩旅游区 1 km。

岛西北侧有明朝（1639 年）建的方济阁·沙勿略墓园，1869 年英女王重建，距今 500 多年历史，占地约 1 000 m²，现不对外开放。岛东北部有猕猴省级自然保护区，保护状态良好，管理部门允许少量游客进入参观。三洲港北侧建有上川岛国家级气象站，于 1957 年 11 月 1 日建站。岛上水产丰富，沙堤渔港是广东五大渔港之一。上川岛是一个风情小岛，以飞沙滩为中心，形成"沙滩海水阳光、领略海岛风情、吟赏山湖野趣"的三大旅游主题。

600 多年的人文历史，见证了上川岛的沧海桑田，也赋予了上川岛深厚的文化底蕴。上川岛，因美丽的沙滩而有"东方夏威夷"的美称，传教士、海盗、宝藏、山歌等也为这个岛屿增添了神秘色彩。

同时，上川岛也是海上丝绸之路的重要驿站，在第一次地理大发现后，葡萄牙人开辟了从好望角至日本的贸易航线，而上川岛处于该航线的中间地带。1548 年，明朝荡平了葡萄牙人在浙江近海的贸易据点，此后，上川岛很快发展为中国与西方之间的商品交流中心。光绪十九年（1893 年），这里曾一度为古代海上丝绸之路的重要驿站。近年，台山市博物馆对从该岛发现的 300 多件瓷片标本进行鉴定，初步断定它们是明代的瓷器。专家认定，在该区域分布着长约 230 m，中心区域近 100 m 的瓷器残片堆积区。

上川岛北边沙螺湾分布有珍稀的生物资源——国家二级保护动物猕猴，1990 年 1 月成立了川岛猕猴省级自然保护区，保护区东与飞沙滩旅游区相邻，东、西、北三面临海，总面积超过 2 000 hm^2，保护猕猴及其栖息环境。

3）海岛基础设施建设

岛上交通便利，公路和简易公路贯通南北，连接码头和主要居民点。由沙堤港经三洲湾至广海每日有客轮对开。岛上建有多座水库蓄雨水，淡水资源丰富。上川岛现已通过海底电缆由大陆供电，已建成 100 座风力发电机，现已进入调试阶段，投入使用后不仅可满足岛上用电，还可输送到大陆。

4）海岛经济开发

该岛主要开发农业、渔业和旅游业。农田主要位于山谷低洼处，面积较广阔。渔业主要为养殖和捕捞，岛西南侧为沙堤渔港，有多座用于渔业、货运、仓储的码头。沙堤港北侧有面积较小的网箱养殖。

另外，上川岛有一风电场，上川岛风电场主要由 100 台单机容量为 850 kW 的风力发电机组组成，总装机容量 85 MW。上川岛风电场主要任务是发电，兼有旅游等综合效益。上川岛风电场的开发建设不仅能给海岛的旅游业带来新的景点，促进当地旅游业的发展，而且会促使海岛电网与大陆电网相连，同网同价，降低海岛人民生活及各方面事业的用电成本。有助于海岛产业结构的调整，促进当地的经济发展，提高海岛人民的生活质量，具有良好的社会效益和综合经济效益。

2.7.1.6 南三岛

1）海岛概况

根据《广东省海岛地名志》（2013），南三岛地理坐标为 21°09.9′N，110°32.4′E（见图 2-22）。位于湛江市坡头区湛江港北部海域，距大陆最近点 380 m，与市区霞山区隔海对峙，相距 2 km，是最接近市区霞山区的海岛。曾名鹭洲岛。明、清属吴川县南三都，意为位于南方的第三都，因此，自明代以来，一直惯称为南三岛。该岛基底为花岗岩，地势较平坦。表层为黄沙，防护林带长 20 km，宽 2~3 km。沙泥岛。岸线长 88.39 km，面积 119.232 4 km^2，高约 30.3 m。岛岸曲折多湾。岛周围水深 2~5 m，产黄花鱼、膏蟹和海蜇等。岛上白沙坪为南三镇人民政府驻地，有 163 个自然村，2011 年，有户籍人口 89 691 人，是湛江市蔬菜基地之一。

南三岛是广东"十大美丽海岛"之一，是我国第七大岛，湛江市第二大岛，也是广东省第二大岛。

2）海岛资源

自然旅游资源：南三岛天然乐园，濒临浩瀚的南海，2001 年被评为湛江市八景之一，命名为"南三听涛"。东面沿海岸有长超过 20 km、宽 2~3 km 的木麻黄防护林带，号称"绿色

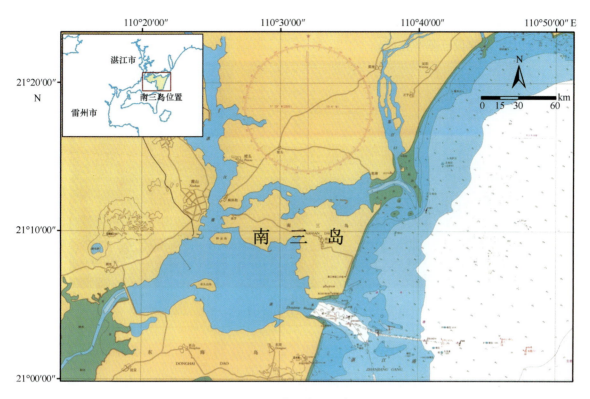

图 2-22 南三岛地理位置

长城"。林带之外，有长 20 km，宽 200~300 m 的沙滩长廊。

人文旅游资源：南三岛岛内有很多名胜古迹。有广州湾靖海宫和陈氏小宗祠，均为湛江市文物保护单位。还有龙女庙和龙女庙碑记、南三灯塔、冼吴庙等。岛上的靖海宫，始建于明朝。法国强迫清政府租借广州湾，引发了南三人民抗法斗争，靖海宫是这一历史事件的实物见证。田头村陈氏小宗祠，清代始建，是抗法民团旧址。南三灯塔是 1898 年法国入侵广州湾始建。岛上老梁村红坎岭是法国军队南营遗址，当年南三人民云集千人于此首举反法斗争。

3）海岛基础设施建设

1958 年，南三 10 岛连接工程完成；1959 年，通信电缆跨海连接南三，岛内首通电话，岛内第一条公路建成，第一次通行汽车；岛内人民花近 10 年时间完成的 5 万余亩木麻黄防风林绿化带初见成效，结束了岛内困扰民生已久的"沙害"；1962 年，岛内建成潮汐发电试验站，首次向巴东圩居民供电；到 1977 年，随着跨海供电电缆建成，南三全岛通电；1987 年，南三车渡启用，汽车可开上渡船从霞山驶达南三岛；1998 年，车渡码头扩建完成投入使用；2000 年，在驻军支持下，岛内的海丰公路建成通车。

目前，南三岛村级道路已全部实现硬底化，村村通公路。新建南三岛贯岛公路全长 18.6 km，西起渡口所，东至南三岛旅游区，为双向二车道。南三大桥已于 2011 年 9 月建成通车（见图 2-23），岛内客车、货车、运输车等可以随时方便出入，直达市区。

近年来，基础设施建设正逐步展开，结合近期开发建设需求，重点启动了环岛公路、自来水厂、垃圾中转站、污水处理厂等重大基础设施建设的前期工作。目前，田头垃圾中转站、巴东垃圾中转站建设已基本完成。

图 2-23　南三大桥

4）海岛发展与规划

南三岛，作为一个具有得天独厚滨海旅游资源的美丽海岛，是湛江市发展"五岛一湾"滨海旅游产业的主战场，也是湛江市全力打造的旅游经济最大增长极。2014 年 8 月，湛江市南三岛滨海旅游示范管理委员会挂牌成立。继续大力实施"生态建岛，旅游兴岛，和谐稳岛"的发展战略，把滨海旅游与生态海岛结合起来，多渠道、多方式推进海岛开发。目前，对南三岛内五里河等 4 个片区的控制性详细规划编制工作正在开展，各片区的用地功能定位得到进一步明确。

《南三镇总体规划》（原《南三岛分区规划修编》）已经通过市城市规划局组织的规委会审核。根据规划设计方案，南三岛将建设成为以滨海度假、冬休养老、邮轮母港为特色，集高端居住、商务会议、休闲度假、养生康体、主题游乐于一体的多元化亚热带滨海休闲海岛。同时，该区还着手编制了《南三岛旅游度假区招商引资规划》，将全力打造中国最大的海岛旅游综合体。目前，全区正在推动建设基础设施项目 9 项、旅游项目 12 项，总投资超过 300 亿元。

2.7.1.7　海陵岛

1）海岛概况

根据《广东省海岛地名志》（2013），海陵岛地理坐标为 21°37.5′N，111°54.0′E（见图 2-24）。隶属于阳江市，北距阳江市平岗镇 1.75 km。曾名螺岛、海陵山岛。1984 年登记的《广东省阳江县海域海岛地名卡片》记载：因为该岛形状像海中角螺，南宋之前称为螺岛。南宋年间，张太傅尸骨葬于该岛。人们为了纪念这位忠臣，将螺岛更名为海陵山岛。中华人民共和国成立后，党和政府关心人民生活，尊重历史正式拟定为海陵岛，并将该岛划为一区，现又分为海陵镇和闸坡镇。海陵岛为基岩岛，是广东的第四大岛，岸线长度 81.78 km，陆域面积102.995 3 km²。海陵岛四面环海，属亚热带海洋气候，年平均气温22.3℃，年降雨量1 816 mm，年晴天310 d。岛上长有草丛、乔木和灌木。

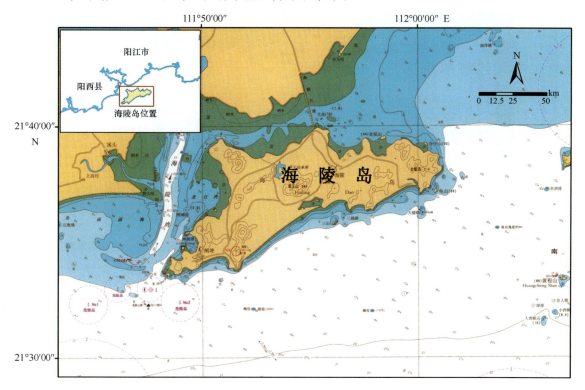

图2-24　海陵岛地理位置

海陵岛有"南方北戴河"和"东方夏威夷"之称，海陵岛是广东"十大美丽海岛"之一。2005—2007年，连续3年被中国国家地理杂志社评为中国十大最美海岛之一。截至2011年年底，岛上有户籍人口94 486人，常住人口95 000人。1992年6月18日，"海陵岛经济开发试验区"正式成立，海陵岛的经济开发建设掀开了新的一页。海陵岛渔业资源丰富，素有"广东鱼仓"之称。闸坡渔港是闻名全国的十大渔港之一。岛上的自然景观和人文景观，除宋太傅张世杰庙址和陵墓、古炮台、镇海亭、北帝庙、灵谷庙、观音岩、新石器文化遗址等名胜古迹外，还有大角湾、马尾岛风景区、十里银滩风景区及金沙滩风景区。海陵岛现已填海连陆。岛内有中巴、电瓶车、黄包车，以及载人机动艇、快艇等交通工具。

2）海岛资源

海陵岛渔业资源丰富，素有"广东鱼仓"之称。闸坡渔港早已是闻名全国的十大渔港之一。

海陵岛有丰富的湿地资源，海陵岛国家海洋公园滨海湿地面积共约346.52 hm²，包括潮间带面积57.75 hm²（其中砾石海滩7.25 hm²，沙质海滩50.5 hm²）、低潮线至-6 m等深线间的浅海水域288.77 hm²。

海陵岛海洋生态旅游资源丰富，基本类型相对比较集中。海洋水域和旅游资源有很大的开发价值；旅游商品和人文活动资源数量较多（见图2-25）。

图 2-25 海陵岛旅游发展总体规划

资料来源：海陵岛旅游发展规划（2010—2020 年）

海陵岛大角湾：位于海陵岛闸坡镇东南的大角环（又称大角湾），是海陵岛知名度最高的景点（图 2-26）。美丽的大角环海滩长 2.45 km，宽 50~60 m，形似巨大的牛角，故名大角环（湾）。两边大角山与望寮岭拱卫，湾内风和浪软，峰顶时有云雾缭绕，正所谓山无水不秀，峰无云不媚，景观层次丰富。

图 2-26 闸坡美景

南海一号："南海一号"是一艘南宋时期的木质古沉船，沉没于广东阳江市东平港以南约 20 n mile 处。1987 年在广东阳江海域发现，初步推算，"南海一号"古船是尖头船，整艘商船长 30.4 m、宽 9.8 m、船身（不算桅杆）高约 4 m，排水量估计可达 600 t，载重可能近 800 t，是目前发现的最大的宋代船只。这艘沉船的发现对我国古代造船工艺、航海技术研究以及木质文物长久保存的科学规律研究，提供了最典型标本。

广东海上丝绸之路博物馆：广东海上丝绸之路博物馆位于阳江"十里银滩"上，属本规划范围内的东北部沙滩上，占地 13×10^4 m^2，博物馆藏品规模确定为 3 万件。

3) 基础设施建设

公路交通：目前海陵岛经济开发试验区公路运输形成了以闸坡、海陵两镇为中心，连接全区的公路运输网，岛内主要道路为 S277（岛西路）全长 12 km，太傅公路（岛东路）全长 10 km，正在建设的环岛公路将贯通全区，使海陵岛整体上与外部形成较为通畅的公路网络。拟建广东海陵岛国家海洋公园，有旅游大道、海滨路和康乐大道等宽畅的交通道路和沿岸木栈道等交通条件，同时阳江闸坡汽车客运站位于旅游大道中，旅游交通十分便利。

铁路交通：海陵岛没有自己的火车站，最近的阳春火车站北达广州、深圳、九龙，南到茂名、阳江、南宁、重庆，从阳春湾接轨至罗定通广西玉林铁路，乘火车的游客通过阳春中转到海陵岛。

水路交通：闸坡渔港是全国首批 6 个国家中心渔港之一，集出海、归航、抛锚、渔业生产和经营为一体；附近的阳江港是我国对外开放一类口岸，拥有 2 个万吨级泊位码头，可连接国际航道，通往广州、深圳、珠海、香港、澳门和世界各地。

海陵岛没有大河流，只有水库 11 座，山塘 22 座，总库容 874×10^4 m^3，其中有库容 500×10^4 m^3 的草王山水库和鸡坑水库，200×10^4 m^3 的水响水库等。海陵岛地下水天然资源蕴藏量 $1.324\ 1\times10^4$ m^3/d，水质较好，绝大部分都可饮用。海陵岛已经通过管道直接由江城区水厂供水。

海陵岛上建有阳江市电力工业局农电公司海陵供电所，电力资源十分充沛。电信线网已经全岛布设。

4) 开发建设

(1) 海岛旅游业

岛上分布着 12 处风景各异的天然海滩，一湾一景，各具特色，有着浓厚的历史文化和海洋文化内涵。"南海一号"全球瞩目，被考古学界称为"海上敦煌"的广东海上丝绸之路博物馆已成为广东省旅游新亮点。先后获得国家中心渔港、中国最美十大海岛、中国最具特色旅游目的地、中国最具国际影响力旅游目的地、中国最佳滨海旅游度假胜地、中国十大文化休闲旅游区、广东省"滨海旅游示范景区"等荣誉称号，2011 年获评国家海洋公园，2013 年，以"南海一号，丝路水道"的美誉，与香港岛、台湾岛等一同入选中国十大宝岛；2015 年 1 月 15 日，海陵岛红树林湿地公园正式获评国家级湿地公园。近年来，海陵岛将全力创建"海陵岛大角湾海上丝路旅游度假区"国家 AAAAA 级旅游景区并取得实质性进展，正式进入创建 AAAAA 级旅游景区预备名单。全区食、住、行、游、购、娱六大功能齐备，形成了高中档配套的旅游服务接待体系。2014 年全年接待国内外游客 624 万人次，旅游收入 42.5 亿元，分别同比增长 25.6% 和 26.5%，滨海旅游业呈现迅猛的发展势头。

近年来，海陵区着力打造"国内一流、世界知名的国际生态旅游岛"，凭借优越的自然环境和得天独厚的资源优势，吸引了保利、恒大、敏捷、顺峰、中山力信等各方客商加盟海陵岛的开发建设，出台了以基础设施建设、旅游项目建设、城市扩容提质为"三大抓手"加快海陵经济发展，全区重点项目建设如火如荼，2014年全区实现生产总值42.79亿元。同时，根据《阳江市游艇产业发展规划》，海陵岛重点规划北汀湾—旧澳湾为游艇产业园区，主要以游艇展览、展销、海上游艇体验为主，并通过与滨海旅游、海上垂钓、海下潜游、水上娱乐、餐饮服务及休闲购物等配套服务业的结合将游艇业打造成为阳江城市旅游的新亮点。未来几年，随着来海陵岛旅游游客的高端化发展，海陵岛将拥有一批五星级酒店群、体育公园、温泉度假区、游艇会所、旅游度假公寓等旅游休闲配套设施，成为广东滨海旅游的黄金海岸。

（2）海洋渔业

海陵岛海洋渔业资源十分丰富，有捕捞价值的海产达300多种；各类捕捞渔船上千艘，形成了拖、围、刺、钓、养等多种作业并举的渔业经济模式，培育和打造了闸坡国家级中心渔港的著名品牌。全区建成了精养高效的网箱养殖基地、连片开发的浅海滩涂养殖基地、高效优质的高位池养殖基地和种苗孵化基地"四大海养"基地，海洋渔业不仅作为岛上的支柱产业，而且成为一道亮丽的风景线。2014年全区水产品总产量19.49×10^4 t、总产值20.4亿元，分别比2013年同期增长4.04%、6.5%。其中，海水养殖产量12.67×10^4 t、产值10.39亿元，海洋捕捞产量6.76×10^4 t、产值7.54亿元。

海陵岛水产品加工业蓬勃发展。全区现有上规模的水产加工企业12家，水产加工能力35 200 t/a，后勤保鲜加工企业（如冰厂、冷库等）21家，制冰能力750 t/d，冻结能力390 t/d，冷藏能力5 800 t/次。水产加工业年产值近8亿元。闸坡渔港水产品交易市场面积已超过10 000 m^2。市场在全省水产品流通中发挥了桥梁和纽带作用，成为粤西水产品流通和信息服务基地。年水产品交易量10×10^4 t，交易额3.5亿元。

2.7.1.8 达濠岛

1）海岛概况

根据《广东省海岛地名志》（2013），达濠岛位于汕头市濠江区海域，西南距潮阳区80 m，地理坐标为$23°18.0'N$，$116°43.5'E$（见图2-27）。曾名踏头埔、踏头埠。明代称踏头埔，初开埠，称踏头埠，达、踏谐音。清康熙五十六年（1717年）建城，称达濠城，因此得名达濠岛。该岛为基岩岛，由花岗岩构成。西北—东南走向。岸线长68.53 km，面积87.8261 km^2，为汕头市第二大岛，高212.3 m。北面与汕头北区形成内海湾，西南面为濠江，东、南为大海。西北部和东南端以丘陵为主，其余多为滨海平原。西北部香炉山为全岛最高点，次高为青云岩所在的大望山。北部多为岩石岸。东、南多砂岸。岸线曲折，沿岸多湾，泥湾和后江湾为主要港湾。

2011年，岛上户籍人口159 611人，淡水充足。汕头保税区、广澳开发区在岛东南部。青云岩风景区素称海国风光第一山。礐石风景名胜区为省级重点风景名胜区之一。近年巨峰寺桃花节亦远近闻名。该岛北面有海湾大桥和礐石大桥连接北岸，西有磊口桥、濠江大桥横跨濠江，交通便利。深汕高速公路在岛上设有达濠和澳头两个出入口。324 国道经过西北。磊（口）广（澳）公路斜贯全岛。北面有南滨路连接礐石和澳头。岛东部有东湖路连接南滨路和磊广路。在礐石有轮渡通北岸。

图 2-27　达濠岛地理位置

2）海岛资源

达濠岛是一座紧靠大陆的陆连岛，呈西北—东南走向，岛岸线长，曲折多湾，有万吨级的广澳深水良港。达濠岛依山傍海，山为屏障，水为依托，风光旖旎，是汕头市闻名的旅游度假胜地。岛上旅游资源丰富，而且品位较高。生态旅游资源涵盖了当今全球公认的三大生态系统：海洋、森林、湿地，其中有中国沿海湿地面积最大的澳头红树林生态区。

风景名胜方面，有龟山、蛇屿守濠江"水口"的自然景观，有礐石、北山湾等省级风景名胜区和旅游度假区，其中礐石风景区为全市仅有的两处国家 AAAA 级风景区之一；青云岩风景区有"海国风光第一山"之美誉，东湖湾、北山湾、广澳湾、河渡湾等多处天然海滨沙滩，是游人听涛问月和戏水消暑的好去处（图 2-28）。

达濠岛人文旅游资源也很丰富。文化古迹方面，有建于明清时代的青云禅寺和达濠古城，其中达濠古城于 2010 年被列为省级文物保护单位；有青云岩和礐石摩崖石刻、祗园石刻等上百处名家石刻书法精品；还有宋代威武寨、明代郑成功驻兵处和英国领事馆旧址等多处历史遗迹。

图 2-28 达濠岛一角

2.7.1.9 下川岛

1) 海岛概况

根据《广东省海岛地名志》（2013），下川岛地理坐标为 21°39.2′N，112°35.5′E（见图 2-29）。位于台山市海宴镇南 6.37 km，隶属于江门市台山市。从广海、海宴等沿海大陆向南眺望，有两个岛屿，该岛在西，西者为下，故名下川岛。北宋前称下川洲，南宋称穿洲，明称下川山，清光绪十九年（1893 年）改今名。

岛屿呈北东—南西走向，地势北高南稍低，地形复杂，各高地切割强烈，山坡多呈洼状。基岩岛。岸线长 86.37 km，面积 82.693 4 km²，高 542.3 m。岛岸曲折多湾，从南至北依次有南澳港、南船湾、黄花湾、细澳湾、宁澳湾、北风湾、大涵湾等港湾，其中南澳港建有码头和防浪堤。该岛北部主要由寒武系变质页岩、砂岩，南部主要由加里东期混合花岗岩构成，尚有燕山四期花岗岩，表层为黄沙黏土，多露岩，山顶和山腰茅草丛生，谷地多灌木丛，偶有乔木分布。2011 年有户籍人口 17 782 人，常住人口 16 909 人。早在唐宋已有人定居，明洪武四年（1371 年）后曾被海禁，居民内徙。松海禁后，下川岛又继续得以开发。该岛有 18 个行政村，下川村是岛上面积最大的行政村。

下川岛是广东"十大美丽海岛"之一。

2) 海岛资源

下川岛人称"海上绿岛"，是一个半渔半农的海岛。

下川岛四面环海，海洋资源丰富，滩涂面积 5 万多亩。渔业生产发展较快，有远洋捕捞船 68 艘，开发滩涂养殖面积 1 100 hm²，现开发了沉箱养鱼、文蛤、对虾、血螺、网箱养鱼、海胆等养殖基地，其中沉箱养殖已列入全国"星火计划"项目。下川岛海产品种众多，盛产龙虾、石斑、贻贝、紫菜等 90 多个优质海产品。下川虾糕品质优良，驰名远近，销往新加坡及港澳等地，每年销售约 1 500 t。

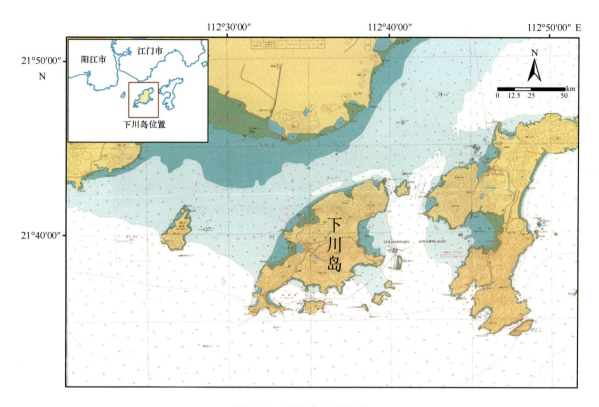

图 2-29 下川岛地理位置

1992 年将下川岛定为广东省旅游开发综合试验区,游览景点有海水浴场(见图 2-30)、龙女宫、九龙宫、天后宫、金钱龟出洞、七星伴月、海洛女神、金坡石等。独湾有下川唯一的客运码头,东湾、芙湾和独湾各有 1 座灯塔。下川岛南澳湾的王府洲旅游区,以对面的离岛—王府洲而得名,被人们誉为"度假天堂"。2009 年 1 月被评为国家 AAAA 级旅游景区(见图 2-31)。

3)基础设施建设

岛上交通便利,公路以略尾圩为中心连接各港口和主要居民点,下川岛至广海每日有客轮往返。岛上分布有多座水库,淡水来自雨水。过去靠柴油发电机供电,现已通过海底电缆由大陆供电。岛上已建成 57 座风力发电机,每台风机的装机容量为 750 kW,现已进入调试阶段,投入使用后可供给岛上和大陆用电。

下川岛基础设施日臻完善,新建了客运码头,岛上交通方便。客船进出海岛航程仅需 30 分钟,旅游航班从早上到晚上定时定点接送旅客,豪华快捷,安全舒适。岛上电力供应充足,淡水资源充足。全镇已使用程控电话和移动通信。岛中心是略尾墟,建有公园、活动广场、医院新大楼、中心幼儿园、敬老院等。

4)海岛开发建设

下川岛海域广阔,滩涂面积大、海产资源丰富,是广东省高科技水产养殖重点区,岛上交通、通信、能源等设施日臻完善,为加快海岛建设步伐及发展海洋经济奠定了良好基础。

图 2-30　下川岛沙滩浴场

图 2-31　下川岛美景

面对跨世纪发展，下川镇确立了以旅游为带动，以海洋为依托，以科技促发展的指导思想和"旅游旺岛，海洋富岛，资源依托，外力拉动"的发展战略，制定了一系列加快海岛建设的优惠政策，营造良好投资环境，努力推进"二次创业"，开发了一大批旅游观光景点景区，其中王府洲旅游区建有宾馆、酒店 40 多幢和别墅区 3 个，日接待能力 4 000 人次，每年接待中外游客 30 多万人次。编制了海岛旅游开发总体规划，推出了一大批开发项目，制定了一系列投资优惠政策，致力招商引资工作，营造海岛发展良好氛围，诚邀八方客商加入开发海岛行列，共同建设海上乐园。

2.7.1.10　硇洲岛

1）海岛概况

根据《广东省海岛地名志》（2013），硇洲岛地理坐标为 20°54.5′N，110°35.6′E（图

2-32)。位于湛江市麻章区东海岛东南3.44 km处,距大陆最近点18.9 km。曾名硇洲、硇洲。硇洲岛为当地人惯称。《广东省海域地名志》(1989)中叙述,据《太平寰宇》记载,北宋于此设硇洲镇,亦名硇洲寨。硇洲乃硇洲之误称。网站百度百科资料中记录,硇洲古称硇洲,宋末皇帝赵昺在岛上登基,升格为翔龙县后,始改硇洲。高雷地区现存最早的明万历年编纂的《高州府志》,《记事》中仍用硇洲地名。据说,直到清道光皇帝品尝硇洲鲍鱼后才钦定硇洲为硇洲。

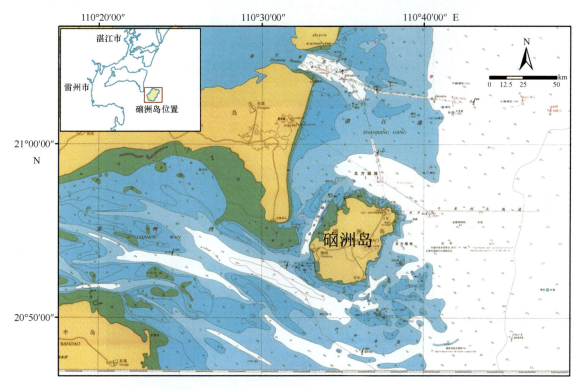

图2-32 硇洲岛地理位置

硇洲岛略呈长方形,近东北—西南走向,是广东省唯一的火山岛,由玄武岩夹凝灰岩构成,多黑岩出露(见图2-33)。岸线长44.11 km,面积49.770 7 km²,高约81.6 m。地形缓起缓伏,表层为红壤土,东南沿岸有防护林。岛上有10个小型水库和一些水井,无河流,水资源不足。岛岸曲折,多岩石滩。近岸水深0.1~10 m,多礁,盛产鲍鱼、龙虾等。为硇洲镇人民政府驻地,2011年,有户籍人口46 368人。居民以农业为主,兼浅海捕捞业。农产品有香蕉、甘蔗、花生、番薯等。古迹有宋皇村、宋皇井、翔龙书院和三忠祠等。

2)海岛资源

硇洲岛旅游资源丰富,有著名的硇洲灯塔(图2-34)、窦振彪石像等。

耸立在硇洲岛马鞍山上的硇洲灯塔,是世界仅有的2座水晶磨镜灯塔之一,也是世界著名的三大灯塔之一。另两座是伦敦和好望角的灯塔。硇洲灯塔高23 m,底宽5 m,顶宽4 m,整个塔由麻石砌成。它集古迹及近代先进的科学技术为一体,在浩瀚南海上放射出灿烂的光芒,照耀着来往船只的航道。硇洲灯塔是硇洲岛一大景观,每年都吸引着无数中外游客。

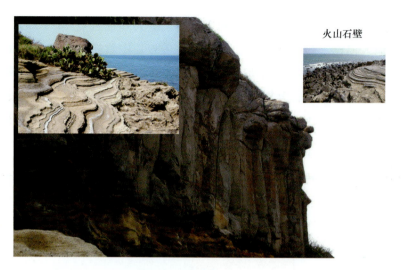

图 2-33 硇洲岛火山石壁

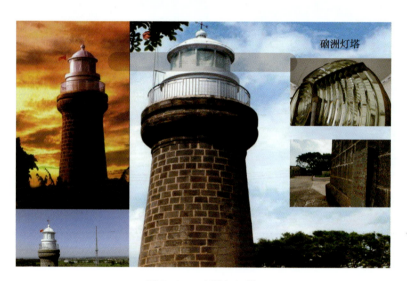

图 2-34 硇洲岛灯塔

硇洲岛北港糖房村判明坑还埋葬着一位鸦片战争时期的英雄——窦振彪，墓园内原排列石翁仲 8 个和石马、石狮等 8 个，墓规格之高，在粤西属罕见。

3）基础设施建设

岛上建有灯塔、灯桩共 8 座，其中山顶灯塔的高度 23 m，为世界著名的大型水晶灯塔。岛上有车渡及班船，交通方便。

目前，投资 7 000 多万元的硇洲海防战备公路改建工程已完工；投资 1.2 亿元的 11×10^4 V 变电站项目主体设施建设基本完成；硇洲陆岛码头建设项目正在开展前期工作。

4）海岛经济开发

（1）农渔业

根据硇洲镇 2013 年政府工作报告，硇洲岛积极引进先进的科学种植技术和推广节水灌溉农业，因地制宜地发展海岛香蕉种植业。2012年，全镇香蕉种植面积2.6万亩，产值1.98亿元。积极实施"可持续发展"、"科技兴海"战略，科学养殖、合理捕捞，取得了良好的渔业经济效益。2012年渔业总产量4.3×10^4 t，产值7.57亿元。海水养殖面积6 998亩，产值2.32亿元。海产品加工业蓬勃发展，全镇海产品加工厂15家，从业人员近1 100人，年加工各类海产品2.33×10^4 t。此外，还优化对虾、东风螺和鲍鱼为主的海水养殖模式，保持了海洋渔业经济良好的发展势头。

（2）第三产业

根据硇洲镇2013年政府工作报告，"旅游活镇"的发展战略效果显著，服务业发展加快，消费需求持续增大。存亮湾渔家乐旅游与硇洲灯塔和斗龙角海底潜水等旅游项目，大力拉动了海岛第三产业的持续发展。2012年全镇社会消费品零售总额3.9亿元。国税收入138万元；地税收入303万元；硇洲信用社2012年投放贷款2.6亿元，累计贷款余额3.17亿元；供销、农技等涉农部门积极开展"三农"服务，2012年销售涉农物资总额4 728万元。

2.7.2 广东省典型无居民海岛基本情况

2011年4月，中国首批176个可开发利用无居民海岛名录公布，其中，广东占60个。广东典型无居民海岛开发将从休闲旅游娱乐的海岛、交通与工业项目的海岛、公共服务项目的海岛以及农林渔业生产的28个海岛展开，其中休闲旅游娱乐的典型海岛有凤屿、官屿、猎屿、龟山岛、大辣甲岛、宝塔洲、桑洲、大虎岛、上横挡岛、下横挡岛、凫洲、大三洲、小三洲、坪洲、放鸡仔岛、罗斗沙共16个；交通与工业项目的典型海岛有金平龟屿、纯洲、锅盖洲、大铲岛、小铲岛、杧仔岛、三角山岛共7个；公共服务项目的典型海岛有舢板洲、黄麖洲、葛洲、小葛洲共4个；农林渔业生产的典型海岛有二洲岛1个。

2.7.2.1 凤屿

1）地理位置

位于23°27.6′N，116°54.9′E。凤屿位于南澳岛与汕头澄海沿岸之间的海域，邻近汕头东部经济带，隶属汕头市南澳县管辖。凤屿东邻南澳岛长山尾3.0 km，西临汕头莱长渡口9.0 km（见图2-35）。

2）自然概况

凤屿为基岩岛。岸线长度2.9 km，最高点高程90.1 m。凤屿中部和西部以丘陵地为主，北部和东部为坡地，面积为0.29 km^2，占凤屿面积的90.63%；东部和西部沿岸为滨海平地，面积为0.03 km^2，占凤屿面积的9.37%。此外，环岛岸线的潮间带以礁滩为主，面积为0.033 km^2，礁滩的类型主要有沙滩、礁石滩。凤屿中部和西部的丘陵地植被较为茂盛，次生林和针叶林及台湾相思、大叶相思、桉树等混交生长，林相良好，不少林段达到全郁闭程度，成为山林海景搭配协调的自然景观。凤屿东部、北部、南部风力大，蒸发强，地表和土体干燥，丘陵坡度较大，土壤贫瘠，曾因炸石导致冲沟发育，诱发水土流失，植被较为稀疏，仅有零星分布的草被、灌丛。凤屿的淡水资源以地下泉水为主。地下泉水的补给来源主要是大

图 2-35 凤屿

气降水。

3)开发利用情况

凤屿利用现状主要为渔民季节性生产居住,以及公共设施建设,土地利用类型主要包括林地、草地、建筑用地、未利用地 4 种类型。凤屿的北部和中西部沿岸分布有滨海平地,建有简易栅屋、水井 2 口、厕所 1 间、多功能综合用房 1 座、简易碎石路等建筑或者设施,以及渔民搭建的临时生活设施;北部和中西部岛岸分别建有石堤,形成简易的避风港,主要用于渔船停泊;南部低丘上建有航标灯塔及其配套的石梯、简易码头,岛的中南部山峰建有中继站,岛的中北部山峰建有测风塔;岛的中东部沿岸因炸石形成台地。

凤屿周边海域使用现状以渔业用海、旅游娱乐用海为主,其中,渔业用海位于凤屿西部海域,为开放式的贝藻类吊养,面积为 28.38 hm^2;旅游娱乐用海位于凤屿南部,是主要用于游艇中转停泊的旅游基础设施用海,面积为 14.568 hm^2。此外,凤屿南侧海域现正在建设南澳跨海大桥,凤屿最南端距离已建的大桥桥墩最近处约 600 m;凤屿南侧海域拟建南澳供水工程跨海输水管线。

4)主导功能定位

旅游娱乐用岛。

2.7.2.2 官屿

1)地理位置

23°23.3′N,117°06.4′E。位于汕头市南澳县云澳镇南 848 m,西北距大陆 17.26 km(见图 2-36)。

2)自然概况

基岩岛。岸线长度 1.75 km,陆域面积 0.106 5 km^2,最高点高程 34.4 m。该岛为海蚀低丘，由花岗岩构成，土壤贫瘠，长有草丛和灌木。植被以台湾相思、木麻黄林为主。

3）开发利用情况

岛上现有养殖基地、简易码头、一座灯塔和几所房屋。

4）主导功能定位

旅游娱乐用岛。

图 2-36　官屿

2.7.2.3　猎屿

1）地理位置

23°28.7′N，117°05.9′E。位于汕头市南澳县北 194 m，白沙湾东部，北距大陆 7.19 km（见图 2-37）。

2）自然概况

基岩岛。岸线长度 3 km，陆域面积 0.355 1 km²，最高点高程 100.5 m。岛西北沿岸以基岩为主，东南和西部沿岸为砂砾岸滩，附近海域多滩涂。岛上长有草丛、灌木以及相思树和松树等乔木。

3）开发利用情况

岛上保存有铳城、营房、炮台等历史文化遗址，邻近海域有浅海养殖。

4）主导功能定位

旅游娱乐用岛。

图 2-37　猎屿

2.7.2.4　龟山岛

1）地理位置

23°15.6′N，116°43.9′E。位于汕头市濠江区达濠岛西南 255 m，潮阳区东北 240 m（图 2-38）。

图 2-38　龟山岛

2）自然概况

基岩岛。岸线长度 758 m，陆域面积 30 873 m²，最高点高程 35.6 m。岛上长有草丛、乔木和灌木。

3)开发利用情况

现有一座小寺庙和几所简易房屋。邻近的达濠岛岸建有达濠渔港和盐田区。

4)主导功能定位

旅游娱乐用岛。

2.7.2.5 大辣甲岛

1)地理位置

22°34.6′N,114°39.0′E。位于惠州市惠阳区,大亚湾水产资源自然保护区内,距大鹏半岛鹿嘴岗最近距离4.81 km(图2-39)。

图2-39 大辣甲岛

2)自然概况

基岩岛。岸线长度12.2 km,陆域面积1.794 2 km²,最高点高程100 m。该岛形状狭长不规则,呈西北—东南走向,地势起伏。岛上有山丘,西北—东南排列,北部最高,南部次之,中部山丘较低;中部有小块平地,其余为山坡地。岛岸曲折,东岸多悬崖峭壁,沿岸多岩石浅滩。

3)开发利用情况

岛上生长乔木和灌木,淡水充足,有常住人口15人。岛北面有一养殖场,西面有一个旅游公司开发建设的旅游场所,东北面正在挖山开发中。岛上还建有边防工作站、风力发电设施和一所为养殖场使用的民房。现为滨海旅游区,南部海域为人工鱼礁布局区。

4)主导功能定位

旅游娱乐用岛。

2.7.2.6 宝塔洲

1) 地理位置

22°45.9′N,114°39.4′E。位于惠州市惠阳区霞涌街以南,大亚湾水产资源自然保护区内,距惠阳区霞涌街 360 m(图 2-40)。

2) 自然概况

基岩岛。岸线长度 1.09 km,陆域面积 0.057 1 km²,最高点高程 25 m。该岛呈西北—东南走向,表层为沙土,石质岸,较规则。岛上长有草丛、乔木和灌木。

3) 开发利用情况

有少量临时人员居住,岛上有宝塔,已建为旅游区,有陆岛客运码头,邻近海湾为霞涌度假旅游区、霞涌渔港。塔北面建有旅游商店。

4) 主导功能定位

旅游娱乐用岛。

图 2-40 宝塔洲

2.7.2.7 桑洲

1) 地理位置

22°35.1′N,114°43.1′E。位于惠州市惠东县,大亚湾水产资源自然保护区内,距平海镇 2.24 km(图 2-41)。

2) 自然概况

基岩岛。岸线长度 4.13 km,陆域面积 0.590 3 km²,最高点高程 85 m。该岛呈南北走向,属丘陵地貌,表层泥沙土,岛岸曲折,多石质岸,南岸陡峭。北部沿岸为砂砾滩,南为岩石滩。岛上主要植被类型是次生灌草丛和以马尾松为优势种的针叶林以及小部分的针阔混交林和人工植被。

3）开发利用情况

主要建筑物集中在西北侧和西侧沙滩后方陆域，包括已荒废的养殖池和水泥房，还有土地庙、简易仓储房屋、两层楼房各 1 座，目前均无人居住。岛的最高处建有灯塔。

4）主导功能定位

旅游娱乐用岛。

图 2-41　桑洲

2.7.2.8　大虎岛

1）地理位置

22°49.5′N，113°34.8′E。位于广州市南沙区东侧，距大陆 1.14 km（图 2-42）。

图 2-42　大虎岛

2）自然概况

基岩、沙泥岛。岸线长度 5.03 km，陆域面积 1.108 9 km^2，最高点高程 177 m。该岛长有草丛、乔木和灌木。

3）开发利用情况

截至 2011 年年底，岛上有常住人口 20 人。岛西北面建有供渔民休息居住的房屋，东南面有种植了龙眼和荔枝的农庄，东面有历史文化遗迹虎门炮台旧址。

4）主导功能定位

旅游娱乐用岛。

2.7.2.9 上横挡岛

1）地理位置

22°47.7′N，113°36.5′E。位于广州市南沙区东侧，距大陆 1.48 km（图 2-43）。

图 2-43 上横挡岛

2）自然概况

基岩岛。岸线长度 2 km，陆域面积 0.184 2 km^2，最高点高程 27.4 m。该岛呈南北走向，周边水深 0.4~18 m。岛上长有草丛、乔木和灌木。

3）开发利用情况

鸦片战争时期，林则徐、关天培在上横挡岛筑"永安"炮台，架拦江铁索东连威远岛，与下横挡岛形成著名的金锁铜关。现炮台遗址尚存，并有光绪年间的火药库、兵房等历史文物遗迹，因此被列为广州市南沙区爱国主义教育基地以及全国重点文物保护单位。2013 年南沙区政府对岛上的文物进行了修复。此外，岛上还有两口废弃的水井，为光绪年间岛上官兵唯一水源；岛上还建有码头和虎门大桥桥墩。

4）主导功能定位

旅游娱乐用岛。

2.7.2.10 下横挡岛

1）地理位置

22°47.3′N，113°36.5′E。位于广州市南沙区，距南沙区东侧 1.19 km（图 2-44）。

图 2-44　下横挡岛

2）自然概况

基岩岛。岸线长度 1.2 km，陆域面积 0.068 7 km²，最高点高程 25.3 m。该岛长有草丛、乔木和灌木。

3）开发利用情况

截至 2011 年年底，岛上有常住人口 20 人。由于该岛战略地位重要，是从虎门进入广州港的屏障，1839 年 6 月，林则徐于岛上筑炮台，现炮台遗址尚存。该岛主要用作旅游娱乐，现有旅店以及过山车、沙滩车、赛车等小型娱乐设施，还有码头和道路。岛上有水井一口，生活用水主要来自水井以及雨水，用电由发电机供给。

4）主导功能定位

旅游娱乐用岛。

2.7.2.11　凫洲

1）地理位置

22°44.7′N，113°37.1′E。位于广州市南沙区东侧，龙穴岛北侧，西北距离南沙区 500 m（图 2-45）。

2）自然概况

基岩岛。岸线长度 579 m，陆域面积 11 781 m²，最高点高程 23.9 m。该岛长有草丛和灌木。

3）开发利用情况

岛西北建有一座水泥砖房，无码头、道路和其他设施。

4）主导功能定位

旅游娱乐用岛。

图 2-45　凫洲

2.7.2.12　大三洲

1）地理位置

22°05.4′N，113°33.4′E。位于珠海市香洲区横琴岛东南 81 m，北距大陆 9.53 km（图 2-46）。

2）自然概况

基岩岛。岸线长度 538 m，陆域面积 11 904 m²，最高点高程 32.3 m。该岛东西走向，由花岗岩构成，表层为黄沙土，长有灌木。

3）开发利用情况

邻近海域开展人工养殖产业，岛上有渔网、鱼竿等渔业生产工具。

4）主导功能定位

旅游娱乐用岛。

2.7.2.13　小三洲

1）地理位置

22°05.5′N，113°33.4′E。位于珠海市香洲区横琴岛东南 330 m，北距大陆 9.46 km（见图 2-46）。

图 2-46 大三洲、小三洲

2）自然概况

基岩岛。岸线长度 497 m，陆域面积 13 376 m²，最高点高程 24.4 m。该岛呈三角形，由花岗岩构成，表层为黄沙土。岛上长有草丛、乔木和灌木。

3）开发利用情况

邻近海域开展人工养殖产业，岛上有渔网、鱼竿等渔业生产工具。

4）主导功能定位

旅游娱乐用岛。

2.7.2.14 坪洲

1）地理位置

21°36.2′N，112°39.1′E。位于江门市台山市下川岛东南 2.83 km，西北距大陆 17.87 km（图 2-47）。

图 2-47 坪洲

2）自然概况

基岩岛。岸线长度8.51 km，陆域面积0.855 3 km²，最高点高程87.8 m。岛形不规则，南端突出山丘为全岛最高点，东北部狭长，有陡峭斜坡和狭窄山脊。该岛由花岗岩组成，岛岸曲折陡峭，沿岸多岩石滩。岛的表层为黄沙土，长有草丛、乔木和灌木。

3）开发利用情况

岛上最高处建有灯塔，东岸有天然石质水池，南端最高处有台风信号杆，北部有一废弃房屋，曾为坪洲牧场旧址。此外，岛上还有已荒废的农田。邻近海域现为垂钓区。

4）主导功能定位

旅游娱乐用岛。

2.7.2.15 放鸡仔岛

1）地理位置

21°24.4′N，111°13.0′E。位于茂名市电白县电白港，东北距电白县大岭3.78 km（见图2-48）。

图2-48 放鸡仔岛

2）自然概况

基岩岛。岸线长度1.74 km，陆域面积0.096 1 km²，最高点高程22.7 m。该岛长有草丛、乔木和灌木。

3）开发利用情况

截至目前还没有进行开发利用。

4）主导功能定位

旅游娱乐用岛。

2.7.2.16 罗斗沙

1）地理位置

20°21.6′N，110°34.8′E。位于湛江市徐闻县前山镇外罗水道南部海域，距大陆 9.2 km（见图 2-49）。

2）自然概况

沙泥岛。岸线长度 10.9 km，陆域面积 1.787 4 km²，最高点高程 3.6 m。该岛原为形状多变的干出沙洲，1974 年后徐闻县植树固沙，终成沙岛。其西部原有两个海湾，分别名新洞、老洞，今为流沙淤积；东北部宽大而略高；西南部窄长而稍低。岛上表面平坦，由细沙组成，种有木麻黄树，每年 5—6 月有许多海鸟在此栖息产卵。岛附近水深 2~5 m。

3）开发利用情况

岛西北 2.5 km 处为网门作业区，盛产虾、蟹和海蜇等；岛西约 5 km 即外罗水道；岛北 3 km 处海流复杂，多暗沙。岛西北面还有一座灯塔，离灯塔不远处设有信号天线。

4）主导功能定位

旅游娱乐用岛。

图 2-49　罗斗沙

2.7.2.17 金平龟屿

1）地理位置

23°20.2′N，116°38.4′E。位于汕头港西，汕头市金平区西南 0.82 km，东距达濠岛 895 m（图 2-50）。

图 2-50　金平龟屿

2) 自然概况

基岩岛。岸线长度 547 m，陆域面积 8 910 m²，最高点高程 16.3 m。岛上长有草丛、乔木和灌木。

3) 开发利用情况

截至 2011 年年底，岛上有常住人口 2 人。汕头市港务局在该岛修建了油库，岛的西南方有码头，还有小型风力发电设施和太阳能发电设施及寺庙、房屋与信号塔。饮用水靠船舶运输。

4) 主导功能定位

交通与工业用岛。

2.7.2.18　纯洲

1) 地理位置

22°42.7′N，114°35.3′E。位于惠州市惠阳区，大亚湾水产资源自然保护区内，距荃湾 1.12 km（图 2-51）。

2) 自然概况

基岩岛。岸线长度 4.23 km，陆域面积 0.682 km²，最高点高程 73 m。该岛呈东西走向，东南较高。岛上多海滨低山丘陵，地势较低，岸坡平缓，岛岸多曲折，东南为石质岸，岸外为岩石滩；西北沿岸多沙滩。该岛由基岩构成，表层为黄沙土。岛上植被以热带、亚热带种类为主，其中主要有桃金娘科、桑科、大戟科、蝶形花科、梧桐科、芸香科、金缕梅科、山

图 2-51　纯洲

茶科、棕榈科和茜草科等热带性较强的种类。

3）开发利用情况

岛上有多处墓地，修建有水泥阶梯，中部北面现有一简易码头。邻近海域已建惠州港和石化基地。

4）主导功能定位

交通与工业用岛。

2.7.2.19　锅盖洲

1）地理位置

22°40.9′N，114°38.6′E。位于惠州市惠阳区，大亚湾水产资源自然保护区内，距大鹏半岛虎头咀 5.78 km（图 2-52）。

图 2-52　锅盖洲

2) 自然概况

基岩岛。岸线长度943 m，陆域面积52 558 m^2，最高点高程57.8 m。该岛多裸露，表层为沙石土，沿岸多岩石滩。

3) 开发利用情况

岛上长有草丛和灌木。岛西面现有一座灯塔。

4) 主导功能定位

交通与工业用岛。

2.7.2.20　大铲岛

1) 地理位置

22°30.8′N，113°50.6′E。位于深圳市南山区，内伶仃岛北侧，东距南山区1.11 km（图2-53）。

图2-53　大铲岛

2) 自然概况

基岩、沙泥岛。岸线长度4.89 km，陆域面积0.971 3 km^2，最高点高程112.8 m。该岛略呈长方形，西北—东南走向，东南高、西北低。东南向西北地形呈"脊背"形，中间高、两侧陡，海岛地表有较浅的基岩风化层覆盖，大部分为花岗岩，表层为赤红壤，有泉水一处。大铲岛属于南亚热带海洋性季风气候，岛上植被覆盖率较高，灌丛和台湾相思林乔木是岛上分布最普遍的植被类型。大铲岛上主要分布有林区（以台湾相思林、紫玉盘、蒲桃树、荔枝、布渣叶和苹婆等为主）、灌草丛（以九节、马缨丹、鬼画符和乌桕等为主）和草丛（以红毛草、牛筋草、五节芒、芦苇、类芦和马唐等为主）。在环岛路周围还分布有人工园林，种有芭蕉树、簕杜鹃、椰子树和荔枝树等。

3) 开发利用情况

岛上原有一个村落名"大铲村"，村落位于现大铲海关东南侧，原有村民150多人，早年以捕捞养殖为主要经济生产活动。1979年，大部分大铲村村民已迁往蛇口区域，岛上现已没有户籍人口和常住人口。大铲岛现有深圳前湾燃机电厂、大铲海关和中石油西二线门站。

岛上建有数个登岛码头；饮用水来自深圳市南山区市政自来水管网，电力供应一方面由外部接入，另一方面由前湾燃机电厂供应电源。

4）主导功能定位

交通与工业用岛。

2.7.2.21 小铲岛

1）地理位置

22°32.9′N，113°50.1′E。位于深圳市宝安区新安街道西南，东北距大陆 1.16 km（见图 2-54）。

2）自然概况

基岩岛。岸线长度 2.45 km，陆域面积 0.202 7 km²，最高点高程 78.7 m。该岛由花岗岩构成，中部高，东面和西北面向海突出部较平坦。岛上长有草丛、乔木和灌木，沿岸多磊石滩，有淡水。

3）开发利用情况

建有一座码头，海岛周边海域有养蚝活动。

4）主导功能定位

交通与工业用岛。

图 2-54 小铲岛

2.7.2.22 杧仔岛

1）地理位置

21°53.6′N，113°06.8′E。位于珠海市金湾区高栏列岛中部，大杧岛西南 610 m，东北距大陆 9.71 km（图 2-55）。

图 2-55　杧仔岛

2）自然概况

基岩岛。岸线长度 1.37 km，陆域面积 0.078 1 km²，最高点高程 64.4 m。岛上长有草丛、乔木和灌木。

3）开发利用情况

岛的东北侧和东南侧均填海修建了防浪堤并分别与大杧岛及荷包岛相连。

4）主导功能定位

交通与工业用岛。

2.7.2.23　三角山岛

1）地理位置

21°57.0′N，113°09.8′E。位于珠海市金香洲区高栏列岛中部东北端，东北距大陆 1.09 km（图 2-56）。

图 2-56　三角山岛

2）自然概况

基岩、沙泥岛。岸线长度 5.55 km，陆域面积 0.767 4 km²，最高点高程 141.7 m。岛上长有草丛、乔木和灌木。

3）开发利用情况

周边海域有蚝桩，养殖户在岛上建有简易房屋、棚架等临时建筑。

4）主导功能定位

交通与工业用岛。

2.7.2.24 舢板洲

1）地理位置

22°43.0′N，113°39.5′E。位于广州市南沙区东侧，龙穴岛东北侧，西侧距南沙区 3.18 km（见图 2-57）。

图 2-57　舢板洲

2）自然概况

基岩岛。岸线长度 334 m，陆域面积 4 883 m²，最高点高程 31.5 m。该岛长有草丛和灌木。

3）开发利用情况

现有规模较大的航标站，该航标站是 1840 年 6 月由英军建造的灯塔改建而成，上面有灯桩，高 15.8 m，设有时钟式水位计。岛上还建有水文观测站和水功能区界碑，为中国海事局爱岗敬业教育基地。岛东面还建有小型码头。无市政供电，由灯塔的发电机供电，淡水由陆地供应；有 1 名灯塔管理人员临时居住。

4）主导功能定位

公共服务用岛。

2.7.2.25 黄麞洲

1）地理位置

21°42.5′N，112°40.7′E。位于江门市台山市上、下川岛之间，西距下川岛 983 m，西北距大陆 8.53 km（见图 2-58）。

图 2-58 黄麞洲

2）自然概况

基岩岛。岸线长度 6.79 km，陆域面积 1.141 7 km²，最高点高程 143.9 m。该岛形似爬行乌龟，由变质砂页岩构成，南高北低。岛上表层为黄沙土，草木茂盛，岛岸曲折陡峻，除下东风湾有磊石滩外，余为岩石滩。

3）开发利用情况

岛上水源主要靠下雨汇集，有电网与上、下川岛联通。岛的北部建有 1 座变电房、5 座架空线塔，是连接上川岛和下川岛电网的结点；东部建有 1 座临时码头，为修建电网所用；西北有废弃房屋，为附近养殖户所用，并种有少量木瓜和香蕉等农作物。

4）主导功能定位

公共服务用岛。

2.7.2.26 葛洲

1）地理位置

21°43.5′N，112°13.3′E。位于阳江市阳东县，东平港大港环西南端，飞鹅咀东南0.8 km，东南距大澳咀2.1 km，北距阳东县东平镇0.81 km（图2-59）。

2）自然概况

基岩岛。岸线长度1.82 km，陆域面积0.197 6 km²，最高点高程68 m。岛屿西岸为岩石陡岸，东南、西北有岩石滩，北为沙砾混合滩。岛上有泉水两处，长有草丛、乔木和灌木。1975年，葛洲岛的东面海上建成530 m长的东防波堤，与小葛洲岛相连。

3）开发利用情况

1996年，葛洲岛的西北角建成360 m长的西防波堤。两座防波堤均属东平渔港基础设施。该岛北侧岸边建有储油库和供油码头，西端建有一座灯塔。

4）主导功能定位

公共服务用岛。

图2-59 葛洲、小葛洲

2.7.2.27 小葛洲

1）地理位置

21°43.6′N，112°13.8′E。位于阳江市阳东县，北距阳东县东平镇930 m（图2-59）。

2) 自然概况

基岩岛。岸线长度 340 m，陆域面积 7 267 m²，最高点高程 13 m。岛周多礁。岛上长有草丛和灌木。

3) 开发利用情况

建有一座凉亭，西端有堤坝与葛洲相连。

4) 主导功能定位

公共服务用岛。

2.7.2.28 二洲岛

1) 地理位置

22°00.1′N，114°11.9′E。位于珠海市香洲区担杆列岛中部，担杆岛西南 1.26 km，西北距大陆 28.51 km（见图 2-60）。

2) 自然概况

基岩岛。岸线长度 14.95 km，陆域面积 8.165 5 km²，最高点高程 473.7 m。岛呈长方形，东西走向。该岛由花岗岩构成，中间高，东南和西部低。岛的表层多露岩，间为黄沙黏土，长有草丛、灌木、竹丛和少量松树、相思树。岛上淡水资源充足，有野生猕猴。主要港湾有油柑湾和北槽湾。

3) 开发利用情况

分别建有码头，可泊 100 t 级船只。岛上曾有驻军。

4) 主导功能定位

基础设施用岛。

图 2-60　二洲岛

2.8 广东省特殊海岛——东沙群岛

2.8.1 地理区位和环境

2.8.1.1 东沙群岛概况

东沙群岛是南海诸岛中岛礁最少，也是最北的群岛，其位于 20°33′—21°35′N，115°43′—117°07′E 范围内，北距汕头港约 160 n mile，西北距珠江口约 170 n mile。东沙群岛位于南海北部大陆斜坡的东沙台阶上，由一系列礁盘组成，总长约 150 km，宽约 30 km，面积达 5 000 km²。东沙群岛包括 3 座珊瑚礁，由北向南依次为北卫滩、南卫滩及东沙环礁。东沙岛位于东沙环礁的西侧，为东沙群岛中唯一露出海面的珊瑚礁岛屿，位于东沙环礁西侧。它地处大陆架外坡断裂带交汇地，水深 300~400 m 级台阶上，由此沿断裂产生的火山，便成其发育的基础。从香港驶往日本、韩国等地的船只多经过其南部或北部；当东北季风期，这里成为良好的避风锚地。因此地理位置十分重要（见图 2-61）。

图 2-61 东沙群岛位置

根据相邻地区资料及物探资料推断，东沙群岛基座东北邻台湾浅滩，西北接珠江口盆地。南海北部大陆架第四系较厚，位于 113°—117°E 范围内的珠江口盆地坳陷区厚 300~400 m，最厚珠二坳陷达 530 m，隆起区一般为 100~200 m，最薄处是东沙群岛的北卫滩与南卫滩附近只有 70 m。东沙群岛地壳比较稳定，本区的地质构造主要受东北向构造带所控制，区域构造上属于北北东向台湾—菲律宾岛弧隆起带与北东—北北东向的闽粤沿海隆起带之间的沉降带内。在东沙群岛周边比较明显的大断裂有位于东沙岛北面的陆坡缘断裂，大致与 200 m 等深线一致走向，该断裂是一条地貌与构造的分界线，北侧为海西褶皱基底燕山活化带，是珠江口外盆地珠一坳陷的东北部，而南侧为燕山褶皱基底，属东沙隆起的一部分。另一条断裂是东沙东南断裂，大致与 1 000 m 等深线一致，呈北东向分布。第三条断裂是北卫滩断裂，位于东沙群岛北卫滩以东海区，大致呈北西 330°分布（见图 2-62 和图 2-63）。

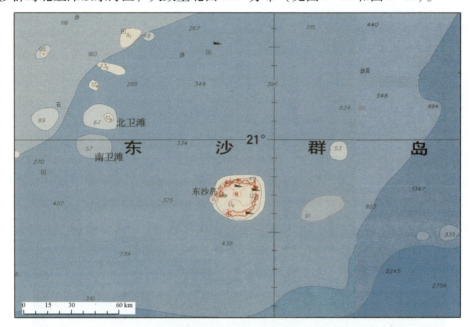

图 2-62　东沙群岛分布

1）东沙礁

该环礁位于 20°35′00″—20°46′45″N，116°41′25″—116°54′50″E 范围内，为东沙群岛的主体。它是岛、洲、礁、门一应俱全的典型圆形环礁。其东西向直径约 23.6 km，南北向直径 21.6 km，礁盘主体面积 127.4 km²。据估计，要形成这么大一座环礁，至少需要百万年以上的时间，属世界级的地理景观。

环礁内部为一浅潟湖，水深在 7.3～18 m 之间，点礁遍布，通过口门与外海相通。潟湖里有珊瑚礁 1 995 个，其中面积大于 100 m² 的珊瑚礁数量有 1 331 个。礁体东北部特别发育，东侧礁体宽约 2～3.5 km，长约 64.6 km，呈弧形，弧长约 46.3 km。东北部礁盘已出露水面，而北、东、南三侧的礁盘，则接近低潮海面。礁盘的西南与西北侧有两个口门，分别称之为南水道和北水道，其间便是东沙岛。南水道宽而深，水道中深水线可达 5.5 m，水道上珊瑚礁头较少，有利航行。北水道窄而浅，水深 3～3.6 m，有不少珊瑚礁头生长，有些已距海面 0.6 m 左右，不利航行。礁体外缘急倾入海底，向浅湖一侧则较缓。

2）东沙岛

东沙岛为东沙群岛中唯一的岛屿，位于 20°41′57″N，116°43′10″E，东沙环礁的西端，系呈西北—东南向，沙堤环绕的碟形沙岛。东沙岛古称"落漈""南澳气""气"，又称"大东沙"，因位于万山群岛之东，故称为"东沙"，潮汕渔民称之为"月牙岛"。明代郑和西下，1404 年路经东沙，当时称之为石塘，到 1703 年改用东沙，国外航海图称为普拉塔斯岛

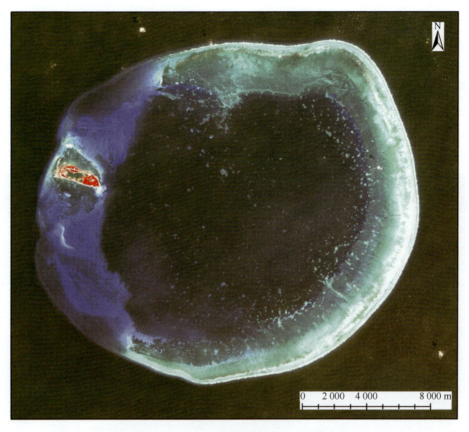

图 2-63　东沙岛及东沙环礁

(Pratas Island)。1907—1908 年，我国成功地捍卫了东沙群岛的主权；1926 年在东沙群岛建立气象台，对该岛行使实际管辖；1937 年日本占领该岛；抗战胜利后，划归广东省管辖，重建气象台和交通站。

东沙岛在南海诸岛中面积仅次于西沙永兴岛，长约 2.8 km，宽约 0.7 km，面积约 1.8 km^2，岸线长度为 6.19 km。平均海拔高度约 6 m，地势平坦，东北部的最高处达 12 m。岛上一片白色的细沙，并在其西北方出现一低潮露出的小沙洲。潟湖水深不超过 1.5 m，其开口向西。随潮汐起落，水多平静，风浪不兴，与环礁外之大涌大浪不同，潮汐时有泥沙向内淤积，近年更日渐变浅。此潟湖在退潮时深不及 1 m，其出口处之宽度仅 20 m 左右。湖底多为淤泥及有机残屑所覆盖，但水急之处仍为砂砾石所组成之底质。在好天气时，岛上高 12 m 的椰子树，成为显著目标，距离 10 n mile 即可看到该岛。岛上缺淡水，土壤也多为盐土。植被多为热带灌丛；动物相对较多，堆积了大量的鸟粪层。岛的四周被延伸的暗礁所包围，自古以来东沙附近海域是航海要道，容易发生航海事故，有丰富的水下文化遗产。

东沙岛以南 4.5 n mile 处的南水道，口门宽约 460 m，向内纵深约 2.8 km，其最小水深约 5.8 m；再向内，水深浅于 5.5 m。并有水深浅至 1.8 m 的珊瑚礁头散布在水道中。在水道的北侧，即东沙岛西端之西南约 2 n mile 处，有一沙嘴。东沙岛以北约 2.5 n mile 处的北水道，口门水深 5.8 m，向内纵深到 1.8 km 的地方，水深小到 3.7 m；再向内，水道中散布许多珊瑚礁头，水深浅至 1.8 m 以下。从东沙岛东南端向东南延伸的沙嘴，当西南季风期，成为良好的登陆点。从该岛的西北方经北部到东北方，离岸 22~49 n mile 之间的海流相当强烈；但在该岛以北约 23 n mile 处有湍流。

东沙岛海岸有自然岸线和人工岸线，自然岸线分为岛外缘海岸和岛内潟湖海岸，长度分别为 6 188 m 和 6 098 m，人工岸线长 1 131 m。自然岸线类型为珊瑚礁海岸，由珊瑚碎屑和贝壳风化而成的细砂组成，以淤泥粉砂海岸为主。潟湖潮间带为淤泥带，宽度几米至十几米，湖底多为淤泥及岛上陆生植物腐殖质，部分水流较急处为砂质底质。人工岸线主要为堤坝和栈桥，部分还延伸到海中（见图 2-64、图 2-65 和图 2-66）。

图 2-64　东沙岛影像

图 2-65　东沙岛碑

图 2-66 东沙岛潟湖

3）南卫滩

该滩位于 20°58′00″N，115°56′00″E，其西北距北卫滩约 2 n mile，东沙岛西偏北约 45 n mile 处，系呈西北—东南走向的沉水环礁。长达 16.7 km，宽约 10 km，已知最浅水深 58 m，滩外缘陡深。附近有强烈的激潮和湍流。在其西南部有 5 处浅滩，最浅一处水深达 11 m，这些浅滩处形成一片变色的海水。

4）北卫滩

该滩位于 21°06′30″N，116°05′00″E，东沙岛西北方约 43 n mile，系呈西北—东南走向的沉水环礁。长达 20.9 km，宽约 10 km，一般水深 60 余米，已知最浅水深为 10.9 m，滩面有沙，滩外缘陡深。附近有强烈的激潮和湍流。它与南卫滩之间有一水深达 300 m 以上的海谷。

2.8.1.2 东沙群岛环境资料

1）海水温度、盐度

东沙群岛海域表层温度分布均匀，环礁与周边区域温差小。图 2-67、图 2-68、图 2-69 是 2004 年 6 月由台湾省高雄市政府海洋局组织测量的东沙环礁附近海域水温和盐度分布图，各站点表层水温均为 28℃，随水深弧度递减；表层盐度约 34.1~34.2，随水深非等弧度变化，各点不一。

水温变化主要受到季节、日照、潮汐及南海内波的影响。东沙环礁内与环礁外（2006 年 7 月至 2010 年 9 月）的水温变化范围为 17~32℃，平均温度约为 26.4℃（与平均气温相仿），内环礁水温高于外环礁水温，小潟湖内因强烈日照以及几乎没有流动的浅水所致，曾观测到瞬间最高水温为 38.3℃。夏季 7—8 月水温最高，水温也受台风影响而变化。冬季水温 1 月最冷，东北季风锋面影响下也会造成水温明显下降。环礁内水温日变化约 1~2℃，主要受日照

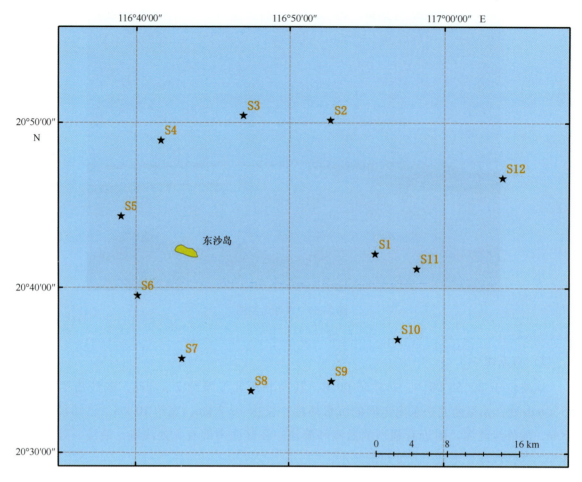

图 2-67　东沙环礁温盐测量点位（共 12 站）

及潮流所影响。南北航道水温日变化 2~4℃，比内环礁变化大一倍，显然是受到潮流带来的环礁外冷水团所影响。环礁外（东北角）观测到的水温，普遍比内环礁低，原因是吕宋海峡产生的内波，向西经南海传播至东沙环礁，地形浅化将底层较冷海水带至浅水区，水温常见到 3~9℃ 的陡降，在内波来袭时，有 3~6 h 的一波波冷水。水温调和分析相位显示，冷水由环礁外经南北航道，向环礁内传递扩散。冬季时，内环礁水温较外环礁冷，因为浅水水温容易受气温下降主导，外海水温因上下混合变化相对较温和。

温盐特性基本上与南海水团一致，东沙环礁位于南海北端，为南海水团所包围。环礁潟湖与岛上小潟湖，因受到地形影响而不利于内外海水交换，再加上水体体积不大，使得环礁内海域及小潟湖比外围之南海海水，更容易受季节与气候变化影响。观察东沙环礁潟湖的温盐特性（2011 年 4 月、7 月、10 月），4 月时与南海表水相符，7 月时温度升高，10 月时因台风外围环流影响而降雨造成盐度下降。东沙岛上小潟湖对气温与降雨的反应更敏感，其温度（18.4~36.7℃）较环礁潟湖平均高约 1~5℃，而盐度范围则为 32.4~34.4，其不同季节变化亦较环礁潟湖大，除降雨的效应外，亦有可能是因为岛上排放的淡水所导致的结果。

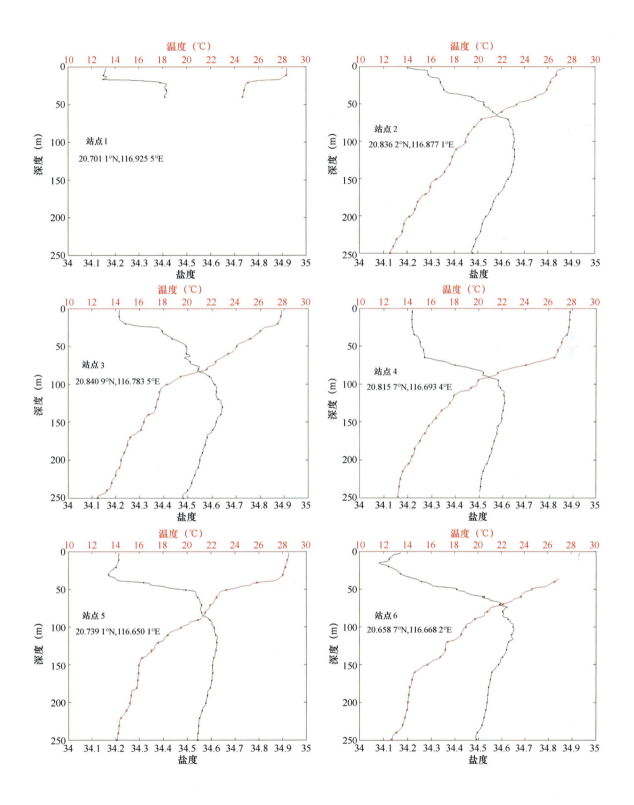

图 2-68 东沙环礁 12 站点温盐深变化（一）

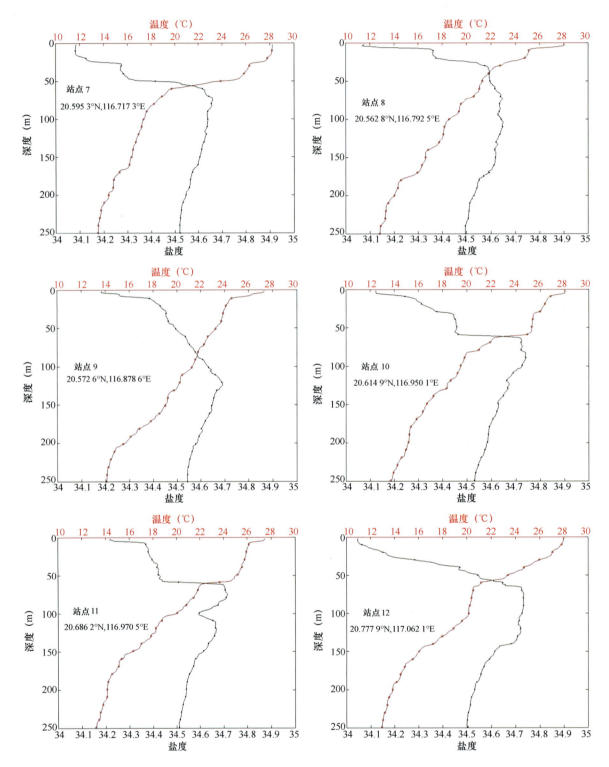

图 2-69　东沙环礁 12 站点温盐深变化（二）

2）潮位

东沙岛地处偏远，观测不易，长期观测数据常因仪器损坏而致中断。依据台湾省海军海洋测量局曾于1998年8月至1999年3月测量的东沙岛验潮数据，东沙岛附近海域潮型属全日潮型，各分潮资料详见表2-4。另依据分析结果及潮汐实测资料，东沙岛各潮位基准如表2-5所示。

表2-4　东沙岛主要分潮振幅

分潮	频率	振幅（m）	迟角（°）	分潮	频率	振幅（m）	迟角（°）
K1	0.042	0.236	308.87	N2	0.079	0.027	248.93
O1	0.038	0.205	259.58	MM	0.002	0.012	100.46
M2	0.081	0.119	264.25	NO1	0.040	0.011	312.43
S2	0.083	0.049	280.49	MU2	0.078	0.008	197.70
Q1	0.037	0.042	239.33				

表2-5　东沙岛各潮位基准

大潮平均高潮位	1.15 m	小潮平均低潮位	0.25 m
小潮平均高潮位	1.1 m	大潮潮差	0.9 m
平均海水面位	0.7 m	小潮潮差	0.8 m
大潮平均低潮位	0.3 m		

据台湾中山大学研究，潮位变化在东沙海域环礁内、外相似，因为潮波的波长达上千千米，东沙环礁水位像是一个点。观测到的最大日潮差150 cm，最小日潮差30 cm，日潮差的平均值约90 cm，日潮差随农历朔望有15 d的周期。调和分析结果得知，东沙海域以全日潮为主，主要分潮（振幅）为全日潮O1（27 cm）、K1（29 cm），半日潮M2（13 cm）、S2（5 cm）（图2-70、图2-71）。

3）波浪

（1）历年资料

东沙岛冬季盛行东北季风，北向浪约占全部波浪的65%，月平均波高在1.2 m以上，最高可达2.7 m。夏季盛行西南向波浪，月平均波高在1.0 m以上，最高可达2.2 m。根据台湾省气象局1997年6月至2000年6月实测数据，因受季风影响明显，以下分为夏季、冬季及全年平均说明。

（2）夏季

夏季波浪波高以0.5~1.0 m所占比例最多，占总数的39.6%，其次为1.0~1.5 m的波浪，所占比例为27.0%；在波浪周期方面，以周期6 s最多，占35.0%，其次为周期7 s，占32.5%。

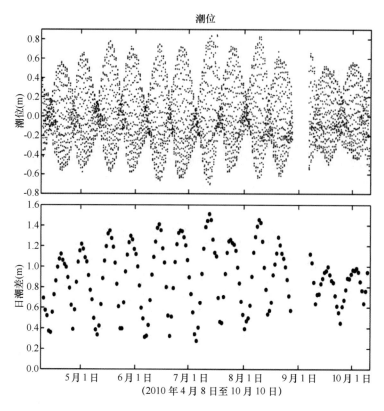

图 2-70　东沙潮位与日潮差时序

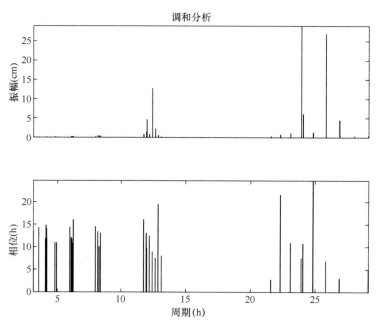

图 2-71　东沙水位调和分析之振幅（上）及相位（下）

(3) 冬季

冬季波浪波高以 0.5~1.0 m 所占比例最多，占总数的 37.4%，其次为 0.5 m 以下波浪，所占比例为 29.8%；在波浪周期方面，以周期 6 s 者最多，占 34.0%，其次为周期 7 s，占 28.2%。

(4) 全年平均

全年平均之波高以 0.5~1.0 m 所占比例最多，占总数的 38.5%，其次为 1.0~1.5 m 波浪，所占比例为 23.8%；在波浪周期方面，以周期 6 s 者最多，占 34.5%，其次为周期 7 s，占 30.3%。

(5) 短期观测波浪

冬季时，示性波高均小于 30 cm 以下。夏季观测期间，示性波高在 20 cm 以下，示性波周期在 2 s 以下。

(6) 台风波浪

台风波浪以 3~4 级涌浪最多，占全部波浪的 44%~47%，5 级波浪占 18%~31%，大于 5 级以上的波浪占 6%，最大浪高不超过 7 级。

据台湾中山大学研究，波浪周期主要分布在 6~10 s，环礁内外相似，表示受到大洋风浪所主导。波高在环礁内较小，为 0.2~1 m。航道受到东沙岛部分遮蔽，最大波高 4 m，平均波高约 1 m。环礁外波高较高，可达 5 m 以上，平均波高 1~2 m。冬季东北季风持续维持较大波高，5—9 月转西南季风波能转弱且有西南涌浪的讯号，7—9 月台风期有较大的波高（图 2-72）。

4) 台风

东沙群岛常为南海台风形成及过境区域，依其台风中心距东沙岛距离统计得表 2-6，经搜集整理日本气象台 1945—2000 年资料，由表 2-6 得知东沙岛附近的台风影响范围。

表 2-6 南海地区台风中心距东沙岛距离统计

年份	台风中心至东沙岛距离（km）					
	0~50	50~100	100~150	150~200	200~250	250~300
1945—1950	0	3	1	2	1	3
1951—1960	0	5	0	1	1	3
1961—1970	0	3	4	3	4	9
1971—1980	0	3	1	6	2	2
1981—1990	0	2	1	7	3	6
1991—2000	0	4	3	6	3	5

数据来源：日本气象局。

5) 海流

东沙岛海流在夏季时，表面流向为东北向，流速每小时约 0.2~0.5 n mile（约等于 0.37~

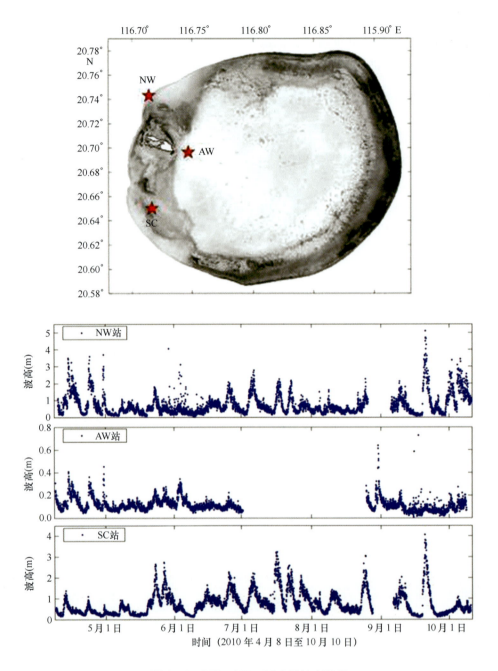

图 2-72 NW、AW、SC 3 站波高数据

0.93 km），冬季受东北季风的影响，流向转为西北向；环礁内的水流则受潮汐影响，涨潮时海水由环礁的西侧缺口进入环礁，退潮时呈相反流向。

在 2004 年短期观测时，冬季东沙岛近海地区流速缓慢，多在 40 cm/s 以下，海流由南边往北边流，至遇到东沙岛后，产生绕射现象而由两侧分流，其流向仍与涨退潮有一定关系；夏季时，近海地区流速几乎在 60 cm/s 以下，流速在 20 cm/s 以下者占 46.69%，20～40 cm/s 占 38.13%，而 40～60 cm/s 占 15.18%，其最大发生几率之流向为 WSW 向及 E 向，其次为 W

及 WNW 向。

(1) 风速风向

东沙地区1—4月及10—12月主要为东北季风，5—9月为西南季风，但6—8月受到台风侵袭影响则风向变化较大，台风最大风速可超过30 m/s。每年4月、5月，偏南夏季季风首先在南海南部出现，5月延伸到中部，6月可到达东沙岛海域。东沙岛年平均风速约5.8 m/s，最大风速介于12~28.5 m/s之间，当夏季4—9月之间，受西南季风影响，风向为SSW及SW，风速亦较冬季小，约为3.5~4.8 m/s之间；而冬季时因受东北季风侵袭，故风向以NNE及NE为主，风速则可能增强至9.2 m/s，最大风速亦曾出现过28.5 m/s。全年风向频率以东北向为最高，受季风影响十分明显。

(2) 气温

因为东沙岛小且四面环海，岛上无显著之凹凸地形，故全岛变化一致。全年年平均气温26.0℃，其中以7月平均气温29.4℃为最高，2月平均气温21.6℃为最低。而平均最高月均温亦出现在7月，为32.0℃，平均最低月均温则出现在1月，为19.0℃，显示东沙岛虽仍有冬寒夏暖之现象，但因其纬度较低，故月均温亦较高。表2-7是东沙气象统计的资料（1995—1999年）。日平均气压变化为966~1 027 hPa，年平均气压1 010 hPa。东沙纬度较大陆低，平均气压略高可能是温暖海水使水汽充足所致，气压在冬季高压锋面来临时有3~10 d的高值，夏季台风来临则有低压的极值。风速、风向、气温、气压情况见图2-73。

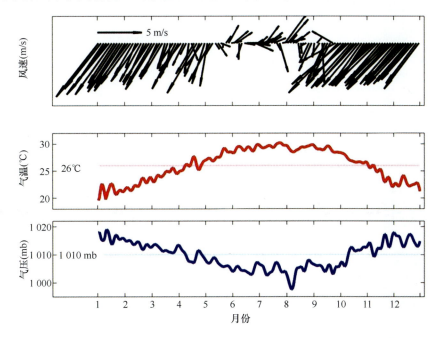

图2-73　东沙岛2006—2009年观测风速、风向、气温、气压日平均图

台湾中山大学对海流观测数据进行了分析，显示环礁内部流场相对较小，最大海流为34 cm/s，平均约6 cm/s。环礁外流速较强，以环礁外以及靠近南北航道的测站呈现较大的流速，测得最大海流为148 cm/s，平均约24 cm/s，北航道流速平均约21 cm/s，整体上环礁外的

表 2-7 东沙岛气象统计资料（1995—1999 年）

项目	1	2	3	4	5	6	7	8	9	10	11	12	平均	总和
月均温（℃）	21.9	21.6	24.4	25.9	27.5	29.0	29.4	29.1	28.3	27.0	24.9	22.4	26.0	
平均最高月均温（℃）	23.5	23.6	27.0	28.7	30.3	31.8	32.0	31.8	30.7	28.7	26.3	23.6	28.2	
平均最低月均温（℃）	19.0	20.2	22.5	23.9	25.5	26.9	27.2	27.1	26.2	25.6	24.4	21.4	24.2	
平均降水量（mm）	40.0	38.4	21.3	104.6	201.8	200.7	220.9	210.6	266.4	238.2	44.9	81.3		1 669.0
平均降雨日数（d）	7.6	9.2	5.6	7.6	12.0	13.2	14.4	14.6	15.0	11.0	7.4	8.0		62.8
平均风速（m/s）	7.3	7.0	5.0	4.8	4.0	3.5	3.9	4.3	4.8	7.1	8.1	9.2	5.8	
平均最多风向	NE	NE	NE	NE	SW	SSW	SW	SW	SW	NNE	NE	NNE	NE	
最大风速（m/s）	19.0	15.0	13.0	14.5	15.0	11.0	15.0	15.0	26.5	28.5	15.0	20.0	19.0	
相对湿度（%）	83.0	86.0	86.0	85.0	86.0	86.0	85.0	85.0	85.0	84.0	83.0	85.0	85.0	
云量	6.8	7.1	6.2	5.9	6.0	6.0	5.9	6.4	6.2	6.4	7.2	7.4	6.5	
雾日	0.0	0.0	0.0	0.0	0.0	0.0	0.0	0.0	0.0	0.0	0.0	0.0	0.0	0.0
气压（mb）	764.0	761.1	761.4	759.9	757.7	756.7	757.5	757.9	757.0	759.8	761.8	764.1	76.2	
能见度（km）	11.1	11.0	11.2	11.4	11.2	11.6	11.3	11.0	10.8	11.0	11.3	11.0	11.1	

数据来源：台湾省海军气象中心。

注：1 mb 为 100 Pa。

海流的强度约为环礁内的4倍。海流调和分析相位的结果可得知,潮流主要由环礁外逆时针经北航道传递扩散到环礁内。涨、退潮期间表层流场主要由北航道进出,退潮时段(图2-74)海流除了主要由北航道口出去外,同时在南航道有时会出现顺时针涡漩的流场。涨潮时段(图2-75),南航道除海流较缓外,南航道口的流速分布在空间上并不平均,较强的流速主要呈现在航道的南侧,且环礁内北侧与南侧海流呈现相反的方向。潮流椭圆(图2-76)显示海流主要是以全日潮为主(K1、O1),半日潮(M2)为辅,潮流椭圆主要受地形影响,椭圆的主轴以平行等深线为主。

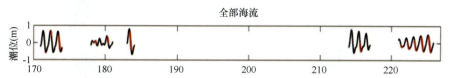

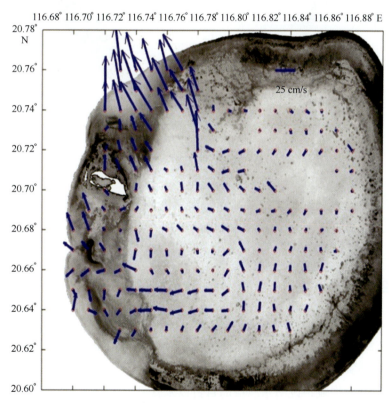

图2-74 退潮时段之海流空间分布

南海内波为全球海域少见的内波频繁且振幅特大的地区,由近年研究显示南海内波于大潮前后较易发生,内波垂直振幅超过150 m,周期约10 min至数小时,内波产生强劲的流场可达1.5 m/s且引起次表层温度变化约5~6℃。内波产生源于吕宋海峡,正压潮与吕宋海峡海底山脊作用,产生内潮,向南海及太平洋两侧行进。吕宋海峡产生之内潮于行经南海海盆时,依当时潮流强度不同,可能呈现不同程度的非线性特征,波长缩短且振幅加大。在地球自转的效应及非线性效应的作用下,内潮波形变陡,逐渐演变成内孤立波。当内潮及内波传播至接近东沙环礁附近大陆斜坡时,因非线性效应与地形作用强化成巨大振幅的非线性孤立

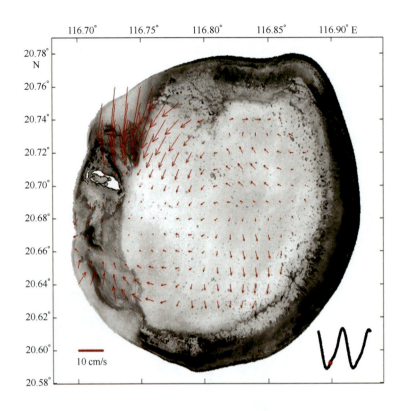

图 2-75 涨潮时段之海流空间分布

内波。在东沙环礁外缘之观测研究结果显示，南海内波会举升深层高营养盐的海水至表层，造成东沙附近海域叶绿素浓度大幅增高，且内波举升的冷水，有助东沙外环礁珊瑚群聚生态（见图2-77）。

2.8.2　历史沿革

东沙群岛早在秦汉时期已属于中国版图，已有2 000多年历史。在公元4世纪，晋代的《广州记》就把东沙群岛称为"珊瑚州"，记载有"昔人于海中捕鱼，得珊瑚"。唐、宋时起，中国一直对东沙群岛实施行政管辖。清代称它为"南澳气"和"沙头"。我国渔民世代在此以捕捞为生，进行开发作业，说明东沙群岛自古以来就是中国的领土。

然而，日本明治维新后走上对外扩张的道路，垂涎南海诸岛丰富的海洋资源和重要的战略位置。首个遭日本人非法占据的南海岛屿，即为东沙群岛的东沙岛。日本政府为扩大南洋殖民势力范围，纵容、支持日本人入侵东沙，建筑码头和小铁路，肆意掠夺磷质矿砂和海产品，在岛上竖立木牌，升起日本国旗，声称占领了"无主地"，将该岛命名为"西泽岛"。日本军舰满载日本移民和军火为其保驾护航，企图长期占据东沙。南澳总兵李准率领3艘军舰，前往西沙、东沙群岛巡视，在主要岛屿上"勒石为碑，宣示主权"。在巡视东沙时，发现日本人非法登岛，军方和当局一面派"飞鹰"舰再赴东沙，查清日本人强占事实，并拍摄照片为证，还收集包括英、法海军的相关海图等有关东沙岛各种文献，连同"飞鹰"号拍摄的照片，急送北京外务部。呈文指出：日本人"私占有据，若不设法争回，则各国必援均沾之

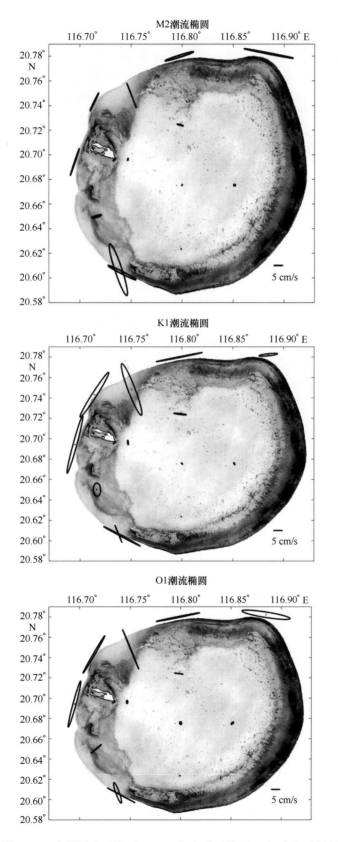

图 2-76 各测站全日潮（O1、K1）与半日潮（M2）之潮流椭圆

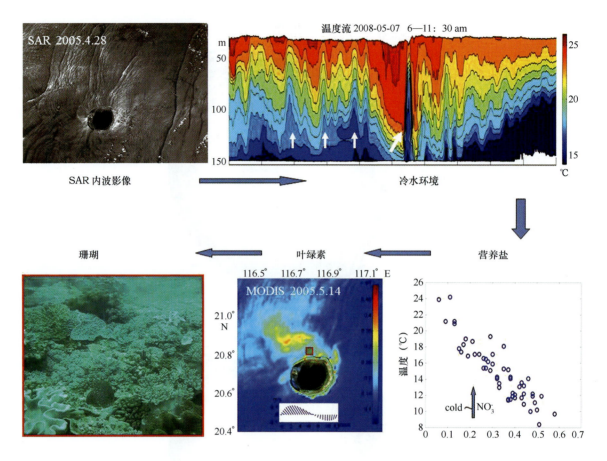

图 2-77 南海内波影响示意图

例，争思攘占，所关非细"，希望外务部"迅与日使交涉，饬将该国商民一律撤回，由我派员收管，另筹布置，一申主权"。一面积极备战，准备武力收回东沙岛，并威慑其他国家"争思攘占"我国南海诸岛的企图。日本政府狡辩该岛是"无主荒岛"，中国则出示《国图柔远记》《中国江海险要图志》以及中国和英国出版的一些地图据理力争，充分证明东沙群岛是中国领土，属广东管辖。日本领事在确凿证据面前哑口无言，只得承认东沙岛为中国固有领土。1909 年 10 月 11 日，中日双方签订了《东沙问题条约》，明确东沙群岛为中国固有领土，日本人立即撤出，将东沙岛归还中国。清政府在暮日余晖中不忘南疆国土，派遣军舰巡视南海诸群岛宣示主权，对入侵者采取断然措施，及时收回了东沙主权，是奠定今天东沙和平局面的保证。收复东沙群岛主权，维护了国家海洋权益。1910 年 7 月，清政府设立了"管理东沙岛委员会"，实施管理东沙岛事务，并颁发"办理东沙岛委员会之关防"。清政府还对东沙岛进行经济开发，曾同日本"大泽商会"签约合资开发水产品。水师则以东沙岛为基点派兵驻守，巡视洋面，以示保护，初步改变了我国南部海疆无人驻守的局面。

但没过几年，日本人又卷土重来。1917 年高雄海产商会又雇台劳工百余人乘渔轮登岛，盗采鸟粪和海草，令东沙再次易手。1925 年 8 月国民党海军登岛驱走日本浪人，并兴建双层气象大楼、无线电台及淡水制造厂房，对日本人捣毁的天后庙进行了修复，使东沙重返祖国怀抱。为防止日本人再登岛盗采磷矿，骚扰我渔民作业，1928 年北伐完成后，国民党海军即派兵长驻东沙。

第二次世界大战期间，东沙一度被日本攻占，交由日本海军马公要港部管辖。期间日军在岛上兴建飞机跑道，将潟湖开辟为水上飞机泊位，并兴建油库和岸防阵地。这些军事设施的建设，再次说明了东沙岛的重要战略地位。"二战"结束前夕，东沙岛遭盟军轰炸，随后当局及时将东沙收回，划归广东省管辖。1949年10月国民党退至台湾，继续留守驻军控制东沙，并在1979年将东沙群岛、南沙群岛一起划归台湾高雄市管辖。中华人民共和国成立后，未对东沙群岛采取军事行动，继续维持台湾当局守卫，将行政划归广东省汕尾市管辖。

2.8.3　社会经济概况

东沙群岛是南海诸岛中最北端的一群岛屿，物产丰富，地理位置重要，是通往台湾海峡、巴士海峡、巴林塘海峡等国际航线的必经之地，是扼守东北亚航运和西太平洋"石油生命线"的要冲，具有重要的战略地位。东沙位于台湾岛和海南岛间连线的中部，因居万山群岛之东，故称"大东沙"、"东沙群岛"。目前东沙岛无常住人口，有官兵常态驻守于岛上，近些年常有学者驻守进行科研。

清末时期，清政府颁布试办东沙岛章程，并拟定招募渔人试办渔业章程。闽粤地区每年有数百艘渔船到东沙附近进行捕捞作业，有很多渔民致富。清代渔民开发东沙资源有7项，包括鱼类、海龟、玳瑁、螺壳、海参、胶菜等。例如，渔民在潟湖珊瑚礁上采集胶菜运回大陆制造琼脂原料，年产数千担；渔民采集大马蹄螺等，取螺壳出售，日本、英国大量收购用来制作纽扣；当时潟湖里有大鲨鱼、石斑鱼、青衣等，年产5 000担以上；惠州渔民去东沙捕得的鱼类，常用生盐腌制成咸鱼运回大陆出售。东沙海参多，渔民将海参和鲍鱼一起采集。

1949年国民党退守台湾后，台湾当局长期把东沙群岛作为其布防重地和反攻大陆的重要跳板，在东沙群岛苦心经营了60多年。越战期间在美军的协助下，台空军在东沙岛上修建了一个拥有一条2 000 m跑道的永久机场，可供大型运输机和小型航空器起降，是目前东沙岛交通的主要设施。每周有固定航班来往高雄小港机场与东沙机场，另有空军运输机来往屏东空军基地与东沙机场，大大改善了岛上的补给条件。越战结束后，台军组建了东沙守备区，继续在岛上部署重兵。随着局势的变化，东沙在台军防卫系统中的地位和作用有所下降。1979年台湾当局将东沙岛划归高雄市管辖，2000年将原本由台湾海军陆战队负责的东沙岛防务转交给属于警察性质的台"行政院海巡署"，2007年，台湾当局又宣布在东沙岛建立"东沙环礁国家公园"，同年专门成立"海洋国家公园"，并计划投入巨资，将东沙打造成"马尔代夫"，同时打算申报"世界自然文化遗产"。随着台海局势的缓和，东沙的功能和作用正在发生微妙的变化。

目前岛上东光医院设备齐全，两座发电厂全天供电，气象台安装气象雷达，所提供的气象预报可满足渔民在邻近海区作业和飞机航行的需要。1987年建成的东沙渔民服务站，不仅为渔民服务，还为来岛的科研人员提供便利。东沙图书馆现藏书2万余册，是驻岛官兵阅览中心。岛上还有面积达2 000 m^{2}的家畜养殖中心。蔬菜栽培由岛上官兵亲自种植，蔬菜种类大致分为：甘蓝菜（结球很小）、结球白菜、番茄、四季豆、萝卜等，夏季则以栽培瓜类为主，如南瓜、丝瓜。偶尔种植西瓜，其他如红豆、辣椒、苋菜、空心菜等亦有栽培。

东沙岛人文景点主要有：①南海屏障碑，东沙岛在古代即是为南海船只提供休息的避风港，现代因其位置而成为战略要冲，长期有军队进驻，因而有战地色彩。东沙岛也具有人文古迹与部分的人为景观。②东沙大王庙：1948年冬季，关大王神像，随独木舟漂流而来，神像滴水不沾，当年驻守的陆战队官兵于是建庙奉祀，视为东沙的守护神。当年的独木舟仍保存于庙侧。庙柱的对联："一片忠心贯日月，满腔义气薄云天"；"赤面秉赤心骑赤兔追风驰驱时无忘赤帝，青灯关青史仗青龙偃月隐微处不愧青天"。该庙亦祀"南海女神"妈祖（元代封），今日驻守的台湾海巡部队除了奉献香火外，亦为像前挂上金牌。③东沙遗址，1995年发掘了东沙遗址，位于岛内潟湖的北岸，因潟湖属逐渐淤积的环境，数百年前应可停泊小船或舢板，岸边可作为休息、储物、处理鱼货、避风的场所。由出土的文物推测，古代先民的占据时间并非短暂。④南海屏障碑，在东沙岛南侧，1989年兴建，介绍东沙岛之战略位置，并简述东沙岛地形、气候。⑤汉疆唐土碑，1992年所建，位于南海屏障碑的周围，为加强疆土的维护、显示主权所用。鉴于东沙岛日烈风强，为防风化、碎裂，加强了保固，并环碑兴建一座范围11 m、高2.5 m的琉璃瓦凹型回廊。⑥东沙岛岛碑，于1954年1月建造，叙述东沙岛的历史沿革。⑦东沙精神堡垒，为早期建筑，在全岛各处均易见到，有奋发精神，激励军心之效。基座四周刻石碑记及"以国家兴亡为己任，置个人生死于度外"等题字。⑧东沙地籍测量纪念碑，位于指挥部前，1991年建成。⑨东沙图书馆，2005年时藏书已超越20 000册。⑩长青亭：岛上树木最苍翠之处。亭上有对联："沙坡云树象万千，独颂南疆不朽年"。⑪东沙公墓。东沙岛人文景点如图2-78所示。

2.8.4 自然资源概况

东沙群岛是南海诸岛中最北端的一群岛屿，物产丰富，是中国海域的重要渔场之一。东沙群岛及其附近海域资源丰富，有鸟粪层（磷酸矿）、鱼类、海草、珊瑚、玳瑁和海螺等。东沙岛植被具有典型的热带海岛相，岛上遍布矮小的热带灌木丛和草地，总面积0.61 km²。灌木丛以低矮的小灌木与藤蔓性的热带植物居多，灌木以草海桐和银毛树为主，藤本植物有无根藤，草本植物有盐生的刍蕾草和肉质的海滨大戟。至2008年，已调查获得的种类共有64科210种，大多数属泛热带性的种类，其中原生植物有104种。东沙岛记录的鸟类有38科183种，大多数鸟类是候鸟。栖息在东沙岛东、西部的鸟类特性不同，东部陆域面积较广，多为陆鸟。西部栖息地多为潟湖、沙洲与潮间带，多为水鸟。常见鸟类有鹭鸟、伯劳鸟、鹬鸟之类。在1866年，发现有大量白腹鲣鸟的繁殖族群，如今已经消失，遗留下来的鸟粪形成磷矿，也在日本侵占时开采殆尽。哺乳动物有东亚家蝠、家鼹鼠和大鼠。两栖类和爬虫类有盲蛇、壁虎。甲壳类动物有3科10种，软体动物13科26种，昆虫有73科186种，蜘蛛有8科11种。

东沙群岛拥有发育完整的环礁生态系统，是由珊瑚虫千万年成长堆积而成。海洋生物资源丰富，构成多样性的环礁海洋生态系统（图2-79），同时当地留有沉船遗迹，拥有丰富的资源与文化资产。由于东沙群岛附近海域复杂的地形、水流及风向，造就其丰富多样的海洋资源，包括建造东沙环礁的珊瑚、热带鱼、经济鱼类、贝类与藻类等，估计其中珊瑚约有300多种，热带鱼600多种，500种以上的贝类，以及约100种的海藻。海藻主要分布在潮间

图 2-78　东沙岛人文景点

带及浅海域，包括具有经济价值的江蓠、麒麟菜、海人草。东沙岛东侧长满海草，分布广泛，为各种海洋生物幼苗提供场所，在东沙海洋生态上扮演着重要角色。动物方面，除珊瑚外，另有甲壳类动物、棘皮动物、软体动物等无脊椎动物及鱼类等。鱼类以草食性鹰嘴鱼、隆头鱼、粗皮鲷等为主，其次以浮游动物为主食的雀鲷等。因珊瑚覆盖率较好，故海底常可见到无脊椎动物，已记录到软体动物54科204种，棘皮动物13科30种，甲壳动物21科43种。礁台表面地形十分平坦，偶尔有些大型礁块突起，大多数是以珊瑚碎屑和活珊瑚群体所构成。岛区陆地表面有大小不一的湿地，生物种类很多，包括许多种大型藻类和海草。甲壳类动物的种类与数量较少。

图2-79　东沙岛及附近海域水下景色

东沙群岛的东北部坡区、东南面陆坡下缘及深海盆地为铁锰结核高含量区。据对东沙群岛东南面陆坡的采样调查，铁锰结核形态长1~2.8 mm，壳层1~5 mm，化学成分为：锰16.29%~22.27%、铁18.81%~29.06%、铜1.65%~2.27%、镍0.7%~0.85%、钴1.86%~2.83%、钛0.05%~0.16%。海底石油蕴藏量丰富，石油资源量为$3×10^8$ t。发现了分布面积达430 km^{2}的巨型碳酸盐岩结壳，可能存在天然气水合物。

天然资源丰富又位于南海航道上的东沙环礁，自古以来不仅渔船络绎不绝，商船更是往来频繁，但此海域附近多滩洲暗礁，且夏季多有台风侵袭，航海事故迭有传闻，因此南海也就成为了世界上沉船最为集中的海域之一。据统计，从古至今交错于东沙环礁附近海域的船舶搁浅或沉没不在少数，因此可以合理地推测东沙环礁海域水下文化资产应该十分丰富，国际上许多海洋考古研究者对其具有高度研究兴趣，未来极具国际海洋考古合作研究的潜力。

2.8.5 保护和开发利用现状

近百年来,在东沙岛陆续有基础设施建设。1926 年在东沙岛建成的气象台、无线电台和灯塔,开始搜集测量各种气象观测数据。1927 年起由中国海军派员戍守东沙岛,1929 年广东省政府批准东沙岛海产招商承办章程;1935 年广东省建设厅派人往东沙岛考察,并设立东沙岛管理处;在抗日战争时期,东沙岛被日本侵占,建设的军事设施和建筑后来全被盟国军机炸毁。1946 年国民党海军驻守后即重建气象台和无线电台。1947 年广东省建设厅开发东沙岛海产,交南方渔业公司承办,批准开采期为 5 年。2000 年 2 月后,东沙由台湾省的"海岸巡防署"实施管理,成立"东沙指挥部",逐年完成许多重大建设,如卫星通信网络的建设,邮政代办所的成立,各据点旧营舍实施改建工程,医疗系统的创设,电厂的扩建,太阳能热水器安装,东沙海洋教育基地建设,生态修复等。为了切实保护当地的海洋生物资源,并促进东沙群岛永续发展,建立具专责机构管理的海洋保护区,以执行更完善、更具整合性的管理措施。2007 年,东沙环礁国家公园成立(图 2-80),东沙岛纳入"海洋国家公园管理处"管辖,为东沙群岛海洋环境保护和开发提供重要保障。目前东沙尚未开放观光旅游。

图 2-80　东沙环礁国家公园

水源方面,岛上地下水甚为充裕,地下水位高,离地深约 2.0~2.5 m 处即可获得水源,唯水质略咸,不宜饮用。岛中心附近则咸味较淡,岛上水源可供灌溉及洗涤之用。岛上有面积约 4 个篮球场大的集雨坪,用于收集雨水,经过滤消毒后储于储水槽,以供应淡水。另有小规模的海水淡化设备 1 套,可供缺乏淡水时应急淡化海水之用。现在有了海水淡化设备,一天可以制造 3×10^4 L,主要用来洗涤,饮用水还是得依靠台湾(多从高雄地区)的运补。

电力方面,有克强、聪良两个电厂,可提供岛上全天候电力供应。岛上主要电力设备由 3 组 200 kW 燃油发电机串联发电,另外岛上重要装备皆配有两套发电机(另一个备用)。于 2005 年 6 月 1 日已由"海巡署南巡局"扩充电力需求,公开招标 3 台 500 kW 发电机,于 2005 年底设置完成,取代原有的发电机。目前岛上平均每日 220 人左右留岛,在用电仅有

180~190 kW 的状况下，未来兴建新的码头，及后期开放驻岛的研究及观光使用需求方面，应仍足够；且为了减少环境污染排放，太阳能及风力发电等替代性能源的方案势在必行，详细用电量及替代方案进行了评估，撰写了"东沙岛能源替代及水资源多元化可行性评估"。

岛上建筑方面，设有机场、小艇码头、气象观测站、东光医院、东沙图书馆、渔民服务站、卫星追踪站，如图 2-80 至图 2-83 所示。

图 2-81　东沙岛重点地物分布（2013 年 7 月）

交通方面，东沙岛上主要道路为柏油路面，其余道路则用细砂路面，路况不佳。一般主

图 2-82　东沙机场及岛上道路

图 2-83　东沙岛海淡厂及渔民服务站

要交通工具为脚踏车，环绕全岛时间约需 30 min。现有 10.5 t 大卡车 1 部、小卡车 3 部（主要载运补给货物、水、垃圾及水肥）、箱型车 3 部、15 t 吊车 1 部及叉动车 2 部，以及高雄市政府赠送的大客车以营运岛上的唯一公车"东沙 1 号"。公交车途经飞机场、大王庙、气象台、东光医院、南海屏障碑、渔民服务站、发电厂与海水淡化厂等地。

东沙岛上设有小型机场，即东沙机场，设有一个宽 30 m、长 1 550 m 的跑道，跑道厚度约 0.23 m。岛上潟湖若逢朔望大潮或暴雨时，机场停机坪附近常发生淹水情形。另跑道混凝土受盐害影响，表面层劣化情形严重。目前往返台湾及东沙岛主要有军机和民航机来往，其中军机有台湾空军的 C-130 运输机，为物资补给与公务用，每月第二周的周二当日往返，其载客量为 70 人，载重为 8 000 kg；民航机为立荣航空客机，载客量限定为 56 人及 500 kg 货品，往返台湾省高雄国际机场，供驻防人员搭乘。

由于东沙岛海岸为深度 1~2 m 的浅礁地形，大型船只无法靠近，必须停靠外海再以小船接驳上岸，船只靠岸必须仰赖人力搬运货物上岸，重型机械则赖吊车支援。岛上有"海巡署"巡防艇码头，可停靠"海巡署"3 艘 20 吨级海岸巡逻艇，但目前"海巡署"仅编制 3 艘 10 吨级海岸巡逻艇和 3 艘 M8 快艇的巡防能力明显不足，已规划未来将有 9 艘各式舰艇在东沙海域巡航。目前往返的船只有每年 3 月、6 月、10 月各一航次的军用补给舰，主运武器、弹药、汽油，协助海上查缉工作的巡逻快艇，以及30天一航次、载运民生物资的民用商船。

东沙群岛海域原来海产丰富，一直为广东、福建、台湾和香港渔民捕捞作业的场所，但是渔民在捕捞作业中仍出现滥捕、滥炸行为，植物、动物、海草等均受到人为破坏，导致近年来鱼类资源已明显减少，珊瑚礁生态破坏较严重。东沙的珊瑚礁生态已有95%遭受严重破坏，渔业资源与生物多样性急剧恶化。1994年6月的调查中记录了石珊瑚类101种，而1998年的调查却发现大部分的造礁珊瑚已经死亡，直到2001年的调查发现东沙环礁的珊瑚覆盖率仍然非常低；另外，1998年调查也发现鱼类的种数明显减少，如果不及时采取行动加以保护，东沙环礁生态系的前景堪忧。近年来，有关南海生态和资源保护的问题，屡受国际人士的重视。

2.8.6 东沙群岛的探测与研究

早在清初时期，雍正年间陈伦炯编著的《海国闻见录》记载有关东沙环礁地形。"南澳气居南澳之东南，屿小而平，四面挂脚，皆嵝岵石，底生水草，长丈余。湾有沙洲，吸四面之流，船不可到，入溜则吸搁不能返。"文中描述东沙岛概况。日本人抢割海人草事件后，促使开始重视对中国南海区珊瑚礁的探测，后来对东沙环礁的专门探测日益深入。

高雄海洋局2004年6月曾组织利用侧扫声呐水下探测系统，对东沙环礁附近水下地形、地物及鱼群分布水深进行探测。采用台湾中山大学海下技术研究所的侧扫声呐（Kelin system 3000），精度足以感应体积2.0 m×2.0 m×2.0 m以内物体影像，探侧突出海床构造物。由于水下环境相对稳定，自然资源与文物一般保存更完整，具有更高的研究价值。在进行大规模水下搜寻时，海洋探测技术如侧扫声呐，可达到探测大规模海底地形、地物的能力，能够以最短时间，迅速找寻在海水中的目标物。配合水中定位系统以及差分式全球定位系统（DGPS），使能达到对于东沙环礁进行水下搜寻及探测目的，探测环礁水深范围约在10~50 m处。

侧扫声呐系统的设计是利用声能转换器以数组方式排列，在发射声波之后借由相位干扰而产生扇形声束，沿拖曳船只行进方向的两侧照射，然后借由反射原理传回回音频号，最后在记录器上显像。基本上，砂质沉积物与泥质沉积物反射系数有实质上的差异，而铁质的锚链或礁岩的反射系数与沉积物的反射系数有极大之差异。因此，可由侧扫声呐图像上灰阶的浓淡程度判定海床的地质状况与现有目标物（如锚链、礁岩等）的分布状况与位置。侧扫声呐系统对于位于水中与水底的静态目标物，有极佳侦搜与定位能力，并具有快速从事大范围搜索与极佳解像力的优点，可于极短的时间内侦测水下目标物存在的位置，并且可以精确测定出目标物的分布位置。此系统是应用声波反射原理来设计水下与海床探勘仪器，有效探勘范围约为探测航线两侧各百米宽的带状区域，理论分辨率最佳可达0.75 cm，故在海床地貌描绘、海床表层沉积物性质判别，以及位于海床上或水中目标物的搜寻等水下工作上用途极广。图2-84为测量站位分布，表2-8为此次测量收集的资料。

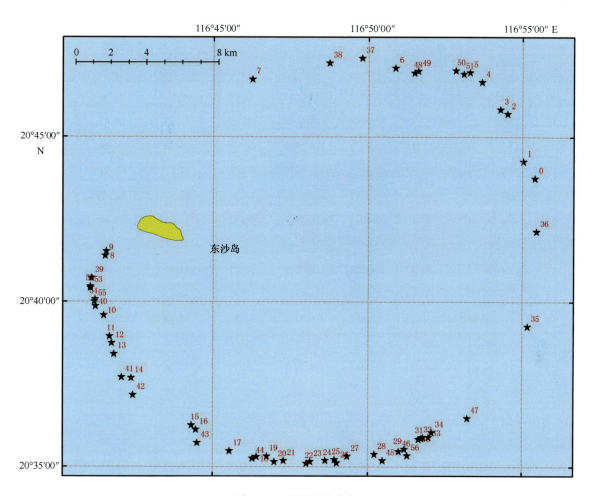

图 2-84 测量站位分布

表 2-8 各测量站点水深、鱼深

站位	日期	时间	经度 (°N)	经度 (°E)	宽度 (m)	水深 (m)	鱼深 (m)	鱼离底 (m)
0	2004-06-01	10：53：26	20.7293	116.9236	112.15	52.59	15.40	37.00
1	2004-06-01	11：02：19	20.7379	116.9173	104.77	50.15	15.20	35.00
2	2004-06-01	11：23：31	20.7619	116.9086	105.69	47.53	14.00	34.00
3	2004-06-01	11：26：42	20.7641	116.9048	91.85	45.45	14.00	32.00
4	2004-06-01	11：40：25	20.7779	116.8948	72.92	42.12	15.20	29.00
5	2004-06-01	11：47：28	20.7828	116.8881	109.38	44.40	15.00	29.00
6	2004-06-01	12：16：29	20.7849	116.8477	135.23	45.67	14.40	31.00
7	2004-06-01	13：05：06	20.7792	116.7707	128.31	53.11	17.30	37.00
8	2004-06-01	14：43：47	20.6922	116.6927	50.31	34.16	15.60	22.00
9	2004-06-01	14：45：42	20.6900	116.6922	42.00	35.94	15.40	23.00

续表

站位	日期	时间	经度(°N)	经度(°E)	宽度(m)	水深(m)	鱼深(m)	鱼离底(m)
10	2004-06-01	15：10：13	20.6599	116.6914	42.00	37.60	16.50	22.00
11	2004-06-01	15：19：13	20.6493	116.6946	105.69	37.08	16.50	21.00
12	2004-06-01	15：22：11	20.6458	116.6958	66.46	36.48	15.80	20.00
13	2004-06-01	15：26：37	20.6403	116.6970	108.00	44.88	17.30	29.00
14	2004-06-01	15：39：42	20.6282	116.7063	59.54	36.32	14.20	23.00
15	2004-06-01	16：10：50	20.6043	116.7387	96.92	35.01	13.20	22.00
16	2004-06-01	16：13：05	20.6021	116.7410	38.31	37.07	15.60	22.00
17	2004-06-01	16：28：53	20.5913	116.7589	97.85	54.49	18.90	34.00
18	2004-06-01	16：40：15	20.5885	116.7733	97.38	32.81	17.70	15.00
19	2004-06-01	16：44：26	20.5887	116.7789	81.22	35.75	22.00	15.00
20	2004-06-01	16：48：07	20.5859	116.7829	105.20	33.19	18.70	15.00
21	2004-06-01	16：51：43	20.5865	116.7879	56.79	33.26	16.90	16.00
22	2004-06-01	17：02：31	20.5851	116.8002	78.51	37.88	12.30	25.00
23	2004-06-01	17：04：09	20.5861	116.8022	137.33	35.23	12.80	22.00
24	2004-06-01	17：10：15	20.5866	116.8105	99.77	35.82	15.00	22.00
25	2004-06-01	17：13：58	20.5870	116.8154	84.39	37.88	14.20	24.00
26	2004-06-01	17：14：18	20.5854	116.8167	117.87	37.99	15.00	23.00
27	2004-06-01	17：18：59	20.5888	116.8222	91.63	34.54	13.00	22.00
28	2004-06-01	17：28：43	20.5898	116.8368	110.75	34.72	14.00	22.00
29	2004-06-01	17：40：38	20.5923	116.8531	105.66	39.86	14.00	27.00
30	2004-06-01	17：47：21	20.5973	116.8606	108.37	41.55	13.60	28.00
31	2004-06-01	17：48：21	20.5978	116.8620	80.32	40.02	14.40	26.00
32	2004-06-01	17：49：06	20.5983	116.8630	61.31	39.90	14.20	40.00
33	2004-06-01	17：50：55	20.5984	116.8661	113.08	39.21	14.40	26.00
34	2004-06-01	17：52：51	20.6008	116.8677	103.38	41.98	12.80	31.00
35	2004-06-01	18：50：23	20.6544	116.9197	99.69	43.16	14.00	29.00
36	2004-06-01	19：29：59	20.7024	116.9245	66.92	45.52	11.70	34.00
37	2004-06-01	21：33：38	20.7900	116.8298	182.77	55.93	25.50	30.00
38	2004-06-01	21：45：48	20.7875	116.8123	118.15	58.36	22.60	37.00
39	2004-06-02	0：24：56	20.6787	116.6847	91.38	70.71	17.90	56.00
40	2004-06-02	0：36：48	20.6645	116.6868	108.92	74.13	18.50	55.00

续表

站位	日期	时间	经度（°N）	经度（°E）	宽度（m）	水深（m）	鱼深（m）	鱼离底（m）
41	2004-06-02	1：12：07	20.6286	116.7011	91.78	59.83	15.00	47.00
42	2004-06-02	1：20：30	20.6196	116.7072	103.65	65.95	14.40	53.00
43	2004-06-02	1：50：02	20.5955	116.7417	230.77	74.75	15.00	78.00
44	2004-06-02	2：11：13	20.5877	116.7711	216.00	68.21	15.80	55.00
45	2004-06-02	3：03：43	20.5866	116.8414	125.54	57.60	13.40	44.00
46	2004-06-02	3：11：16	20.5912	116.8500	276.92	63.77	14.40	53.00
47	2004-06-02	3：43：20	20.6080	116.8868	157.85	64.43	11.90	55.00
48	2004-06-02	9：41：29	20.7825	116.8580	77.54	42.24	19.80	23.00
49	2004-06-02	9：43：15	20.7834	116.8601	26.15	34.88	20.80	17.00
50	2004-06-02	10：01：05	20.7837	116.8802	26.46	25.34	14.40	10.00
51	2004-06-02	10：33：14	20.7820	116.8845	34.15	24.33	13.00	12.00
52	2004-06-03	7：27：16	20.6744	116.6841	235.08	67.21	24.30	47.00
53	2004-06-03	7：27：36	20.6736	116.6841	194.46	68.34	24.30	47.00
54	2004-06-03	7：31：35	20.6679	116.6866	65.23	70.06	27.60	46.00
55	2004-06-03	7：56：07	20.6668	116.6862	194.46	96.12	22.00	76.00
56	2004-06-03	12：14：07	20.5891	116.8546	81.23	62.85	16.50	46.00

东沙环礁底部坐落于南海北部大陆斜坡，水深约 300~400 m 的台阶上。环状礁台区长约 46 km、宽约 2 km。环礁的西北及西南有天然缺口，形成南、北水道，是进入内环礁水域的主要通道。东沙岛周围的水深约 2~5 m，南北航道水深约 5~8 m，环礁内水深约 10~15 m，最深可达 22 m（图 2-85），等深线分布如同心圆般形状，外围较浅而中间较深，呈漏斗状，其水深分布与珊瑚礁的发育有关。

从这次东沙环礁侧扫声呐水下探测作业发现，东沙环礁于水面上即可看到很多沉船（搁浅船），因早期航海设备较简陋，以此推论，应仍有许多位于东沙环礁外围水深较深处的沉船，值得相关机构进一步探勘。探测还发现在环礁外围水深 30~80 m 处有许多疑似沉船或特殊的目标物，另亦发现东沙环礁地形多样性，例如东沙环礁地形变化大且具多样性，有珊瑚礁、沙岸、沿岸、峡谷等地形，亦有类似小峡谷或断层地形，值得进一步深入调查与研究。但这次东沙环礁海底地形图测绘主要在 10 m 以上的礁盘外围，环礁边缘与内环礁在水深 10 m 以浅之处，可以采用无人船、气垫船或机载雷达；水深 10 m 以深由于环礁地形变化大则建议以多波束测深系统进行测绘，现场测量均需采用 DGPS 定位求得精确坐标。

东沙环礁地形特殊且暗礁（珊瑚礁）多，东沙岛四周均为沙岸，故十分适合气垫船航行，速度快、吃水极浅且不需码头即可上岸补给、巡护与救难等，提升海域生态监测与巡护

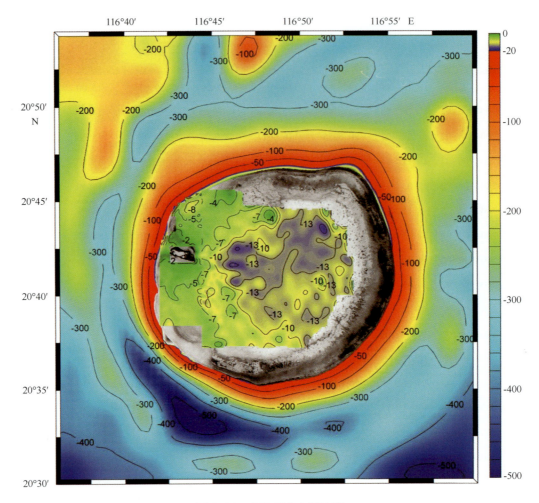

图 2-85 东沙环礁水深地形
数据来源：台湾中山大学东沙国际海洋研究站

能力。

水下栖息地分布主要以珊瑚礁为主体，珊瑚及珊瑚残骸遍布整个内环礁，1998年厄尔尼诺现象造成的海水升温，以及人为破坏，导致环礁内珊瑚白化情况相当严重，大部分珊瑚死亡导致礁区皆为珊瑚残骸。海藻、海草主要生长在东沙岛周边，内环礁东北浅水处也偶尔可见海藻、海草的分布。砂质海底主要分布于内环礁西南侧，环礁中间偶尔也可见到小片沙地。礁石海底以北航道及内环礁南侧较常见。早年内环礁珊瑚覆盖茂密，近年观察在水深较深处有些活珊瑚（图2-86）。据研究，东沙环礁外围水深0~25 m之间属于礁斜坡区，宽约数百米，其中水深0~15 m的坡度平缓，水深15~25 m以深则为陡坡。环礁外围的珊瑚群聚则属于良好状态（图2-87），主要分布在水深0~15 m的礁斜坡区，平均珊瑚覆盖率在75%~85%。环礁内部潟湖区水深5 m以浅的底质主要由珊瑚残骸组成，活珊瑚覆盖率极低（<5%）；水深5~10 m的珊瑚覆盖率稍高，约10%，以团块形的微孔珊瑚及菊珊瑚群体为主；水深10 m以深，则以蕈珊瑚和叶片形珊瑚为优势物种，珊瑚覆盖率约15%~20%。

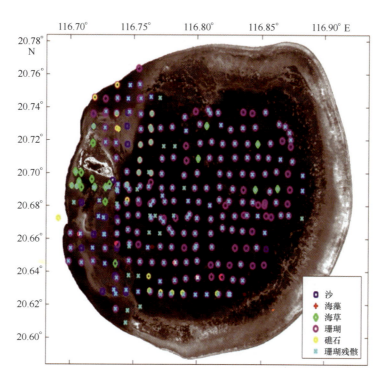

图 2-86　2008 年东沙内环礁栖息地类型分布

数据来源：台湾中山大学东沙国际海洋研究站

图 2-87　东沙环礁外缘栖息地照片，上图摄于东北角水深 18 m 海底，下图摄于北侧水深 15 m 海底

数据来源：台湾中山大学东沙国际海洋研究站

第二篇
海岛保护

第3章 广东省海岛分类保护

根据《广东省海岛地名志》(2013),广东省管辖海域内的海岛有1 973个,其中,有居民海岛57个,无居民海岛1 916个,海岛岸线总长近2 400 km,海岛总面积约为1 500 km² 余。

广东省海岛按成因可分为基岩岛、火山岛(仅1个,湛江硇洲岛)、沙洲岛和珊瑚岛(仅1个,东沙岛);根据离岸距离的远近可分为陆连岛、沿岸岛、近岸岛和远岸岛(仅1个,东沙岛);根据面积大小可分为特大岛、大岛、中岛和小岛;根据是否有人居住分为有人居住岛和无人居住岛等(张耀光,2012)。本书综合考虑海岛的区位、资源与环境、生态、保护与利用现状、基础设施条件等特征,兼顾海岛保护与发展实际,将广东省海岛分为有居民海岛、无居民海岛和特殊用途海岛。

海岛是连接内陆和海洋的"岛桥",也是开发海洋的后期服务基地,兼具海陆资源优势。广东省海岛具有很高的生态、资源、经济和权益价值,是实施南海开发的前沿基地,战略地位突出。但由于海岛幅员相对较小、淡水资源短缺、资源环境承载能力较弱、经济基础薄弱等限制因素,广东省海岛保护、开发、建设和管理仍存在很多问题,包括:海岛保护意识淡薄,重开发轻保护,生态遭受破坏;开发方式单一,开发手段粗放,资源综合利用程度较低;海岛偏远孤立、可利用陆域资源有限,缺乏淡水,交通、通信、电力等基础设施落后,生存条件和人居环境较差,抵御自然灾害的能力较弱,经济基础薄弱等。由于受地域和生态系统的限制,广东海岛环境资源的承载能力有限,因此,在开发利用海岛资源的同时,应充分考虑海岛环境的承载能力,尊重自然规律,保护海岛环境。为增强海岛保护的战略意识、危机意识,切实加强海岛的保护和利用,促进海岛资源可持续利用,应对广东省海岛进行分类别保护。

3.1 严格保护特殊用途海岛

特殊用途海岛是指具有特殊用途或者重要保护价值的海岛,主要包括领海基点所在海岛、国防用途海岛、自然保护区核心区内的海岛和有居民海岛的特殊用途区域等,属于需要严格保护的海岛。任何单位和个人不得开发利用特殊用途海岛。

3.1.1 严格保护领海基点海岛

领海基点对于维护我国的海洋权益具有重要的作用,如果领海基点消失,将意味着基点周围海域主权的丧失,目前,广东省划定了7个领海基点,其中有6个领海基点在海岛上,主要包括惠州针头岩（图 3-1）、珠海平洲、江门市围夹岛（图 3-2）、江门市大帆石（图 3-3）、汕头市南大礁和汕头市芹澎岛，另外一个领海基点在石碑山角（张耀光，2012）。领海基点是我国维护海洋权益的标志，近年来不时发生的炸岛、炸礁、炸山取石等严重改变海岛地貌和形态的事件，不同程度地影响了我国领海基点的安全，可能导致我国一些海域主权丧失的严重后果。

图 3-1　针头岩

图 3-2　围夹岛

广东省对领海基点的保护相当重视，建设了 6 个海洋特别保护区，划定了一定的保护范围用来保护领海基点所在海岛。6 个海洋特别保护区分别为针头岩海洋特别保护区、平洲海洋特别保护区、围夹岛海洋特别保护区、大帆石海洋特别保护区、南大礁海洋特别保护区和石碑山角海洋特别保护区，其中南大礁海洋特别保护区主要用来保护南大礁和芹澎岛。尤其是南大礁和芹澎岛两个海岛离陆较远，面积较小，海岛的存在和生态安全受到海浪侵蚀的威胁。虽然建立了特别保护区对领海基点保护，但由于领海基点所在海岛远离陆地，交通不便，难以做到较好的监视监测，领海基点所在海岛保护仍面临一些问题，需要进一步加强保护，

图 3-3 大帆石

包括以下几个方面。

广东省针对领海基点所在海岛设立的海洋特别保护区保护范围应报国务院海洋行政主管部门备案，在领海基点及其保护范围周边设置明显标志，并对领海基点制订相应的管理规定，任何单位和个人不得破坏或擅自移动领海基点标志。禁止在领海基点海岛保护范围内进行工程建设以及采石、挖砂、砍伐、爆破等其他可能改变该区域地形、地貌的活动；确需进行以保护领海基点为目的的工程建设，应当经过科学论证，报国务院海洋行政主管部门同意后依法办理审批手续。在不损害领海基点海岛地形地貌的前提下，可以在领海基点所在海岛适度建设宣传教育、科研基地，开展海洋权益宣传教育示范景点，实施领海基点海岛保护工程。

汕头市、揭阳市、惠州市、江门市和珠海市人民政府海洋行政主管部门应当按照法律规定，对所辖海域领海基点海岛及其周边海域生态系统实施监视、监测；任何单位和个人都有保护领海基点的义务，发现领海基点海岛以及领海基点保护范围内地形地貌受到破坏的，应当及时向当地人民政府或者海洋行政主管部门报告；受到破坏的领海基点以及领海基点保护范围内的地形地貌，应当及时予以维护或者修复，针对受风浪侵蚀能力较强的海岛如南大礁和芹澎岛，应建设海岛海岸防风暴潮工程，提高海岛抗风浪侵蚀能力，避免海岛灭失。

3.1.2 推进海岛的保护区建设

截至 2009 年年底，广东省约有 139 个海岛位于 10 个已建的海洋自然保护区内，占广东省海岛总数的 9.73%，保护对象涵盖海岛生态系统、珍稀或濒危物种、海洋生物资源、海岛地貌等类型，为保护、修复海岛及其周边海域生态系统发挥了重要作用。针对生态受损严重的海岛，广东省开展了生态修复整治工作，已取得一定成效。

如徐闻珊瑚礁国家级自然保护区主要用来保护北星岛、浮墩岛周边的珊瑚礁及其生态环境；深圳内伶仃-福田国家级自然保护区（图 3-4）保护了内伶仃岛的猕猴、红树林湿地及海岛生态；湛江红树林国家级自然保护区（图 3-5）保护了公港岛、新寮岛、冬松岛、金鸡岛、后海岛、东海岛、硇洲岛、特呈岛、南三岛、鸡笼山岛等岛屿的红树林和湿地生态系统等。另有部分海岛上有文化遗迹和自然遗迹保护区，如潮州海山岛海滩岩地质遗迹保护区、珠海大万山岛浮石湾侵蚀海岸保护区、珠海淇澳岛沙丘遗迹保护区、台山上川岛方济各文化遗迹保护区和阳西青洲岛自然景观保护区。

图 3-4　内伶仃-福田自然保护区湿地

图 3-5　湛江红树林国家级自然保护区

对有代表性的自然生态系统、珍稀濒危野生动植物物种的天然集中分布区、高度丰富的海洋生物多样性区域、重要自然遗迹分布区等具有特殊保护价值的未划入已有自然保护区的海岛及其周边海域，依法设立海洋自然保护区。对具有特殊地理条件和自然景观、生态系统敏感脆弱、具有重要生态服务功能和特定开发潜力、自然资源富集以及具有特定保护价值的自然、历史、文化遗迹分布等特征的海岛及其周边海域，依法设立海洋特别保护区。

自然保护区核心区内的海岛，除自然保护区用岛之外，一般不能用于其他用途；有条件开展旅游活动的国家级海洋自然保护区或地方级海洋自然保护区，其活动区域和开发规划应经国务院海洋行政主管部门或广东省海洋主管部门批准；开展旅游活动必须采取有效措施，防止损害保护对象，禁止开展与保护区保护不一致的旅游项目。加强海洋自然保护区内海岛的科学研究，选划并确定科学研究和考察的线路或通道。

建立保护区内海岛的登记制度，登记海岛保护对象的数量、分布、保护现状、海岛资源及生态状况、开发利用情况等基本信息，建立保护区内海岛的基础信息档案和管理档案。

开展海岛执法监察、巡查。加强对海洋自然保护区内海岛的执法监察、巡航巡视等执法队伍的建设，建立健全海岛保护区管理机构，开展海岛执法巡查，杜绝改变海洋自然保护区内海岛海岸线的行为。

以适度利用促进保护。鼓励海洋自然保护区内的单位和个人参加海洋自然保护区的保护管理，吸收当地居民参与保护区的共管共护；有条件的海洋自然保护区，可在保护区的缓冲区、实验区内的海岛，选择与保护对象、海岛自然生态特点相适应的主题，适度开展主题生态旅游，依托海洋自然保护区，建设海岛生态示范区；同时，必须控制自然保护区内海岛旅游人数。

加强海岛保护宣传教育。建立海洋自然保护区海岛宣传教育基地，加强海洋自然保护区内海岛的科学研究，选划和确定科学研究、考察线路与通道，积极开展海洋生态、资源和区域性洄游、迁徙物种保护的宣传交流和国际、区域合作。

3.1.3 积极保护国防用途海岛

国防用途海岛由国务院和中央军事委员会协商划定，或者由军队主管部门根据国务院和中央军事委员会的规定划定。根据《广东省海岛地名志》（2013），广东省有国防用途的海岛有20个。

广东省各级人民政府及其有关部门开展公民国防教育，强化公民保护国防用途海岛的意识。国防用途海岛必须用于国防目的，不得以国防用途名义从事其他活动；国防用途终止时，经军事机关批准后，应当将海岛及其有关生态保护的资料等一并移交广东省人民政府。

国防用途海岛的管理和使用单位依照国家有关法律、法规，保护国防用途海岛的自然资源和文物。采取有效措施保护和维持国防用途海岛的自然地形、地貌。

任何单位和个人不得非法登临、占用、破坏国防用途无居民海岛，不得非法进入有居民海岛上的国防用途区域。国防用途海岛内不得进行摄影摄像、勘察测量、描绘记述；经军事主管机关批准的除外。

目前，由于国际大形势，很多国防用的海岛已经废弃不用，处于无人管理状态，存在严重的安全隐患，针对废弃的国防用海岛，当地的海洋管理部门应加强与军队的沟通协调，推进废弃或闲置国防用途海岛的管理工作。

3.1.4 加强保护有居民海岛特殊用途区域

广东省领海基点所在海岛均为无居民海岛，但部分有居民海岛设置有国防设施和自然保护区等，应当划定特殊用途区域，在周边设置明显标志，明确保护范围和保护措施。

任何单位和个人不得非法进入特殊用途区域，因不可抗拒原因或紧急避险进入该区域的，应经管理部门同意并遵守区内各项规定，险情消失后必须立即退出特殊用途区域。禁止破坏有居民海岛特殊用途区域及周边地形、地貌；未经批准禁止在特殊用途区域内进行摄影、摄像、录音、勘察、测量、描绘和记述等活动。

安排有居民海岛建设项目或开辟旅游景点，应避开特殊用途区域范围。加强教育，引导海岛地区居民积极支持和配合特殊用途区域的保护与管理工作；对有居民海岛特殊用途区域的保护，要兼顾经济建设和当地群众的生产生活，因设立特殊用途区域或在特殊用途区域内开展相关活动而影响原海岛居民生产生活的，当地人民政府应当采取适当方式消除影响，对造成损失的，应当予以合理补偿。

3.1.5 其他具有特殊用途或者特殊保护价值的海岛

对有待明确其特殊用途或特殊保护价值的海岛，应保持其现有状态，防止海岛自然环境、资源遭到破坏。加快对其潜在特殊用途或价值的研究，提出有针对性的保护措施和方案。

3.2 加强有居民海岛生态保护

有居民海岛是指属于居民户籍管理的住址登记地的海岛。根据《广东省海岛地名志》(2013)，广东省的有居民海岛57个，其中县级海岛3个（南澳岛、达濠岛、东海岛）。

广东省有居民海岛生态保护主要包括保护海岛沙滩、植被、淡水、珍稀动植物及其栖息地或集中分布区域，通过对海岛资源环境的整体保护，调整海岛产业结构，优化开发利用方式，改善人居环境。有居民海岛生态保护首要目的是合理规划海岛资源、保障海岛居民生活、改善人居环境、保障居住安全；严格保护海岛沙滩、淡水、珍稀动植物及其生态栖息地、防止植被退化、生物多样性降低；禁止在海岛建设超过国家标准和地方制定的严于国家标准的污染物排放标准的项目，或者建设项目环境影响评价符合标准但造成污染物排放超过海岛允许排放总量的项目。

3.2.1 加强生态保护

目前，广东省有居民海岛57个，主要为近岸的面积相对较大的海岛。海岛生态系统具有一定的特殊性：①海、陆生态系统的复合性。海岛生态系统是由岛陆、岛基、岛滩和环岛浅海4个小生境，构成相对独立的海、陆俱备的复合生态系统。②资源的独特性。海岛四周环水，远离大陆，由于面积狭小，地域结构简单，海岛生态系统的生物多样性指数较小，物种数量有限，一定程度上限制了其生态系统内部与外界物种之间的交流。由于海陆隔离，往往具有特殊的生物群落，并保存有独特的珍稀物种。③淡水资源短缺。海岛面积狭小，河流短缺，岛陆集水面积小，地表淡水资源短缺。人均水资源很少。④生态的脆弱性。海岛生态系统稳定性差，易受外部环境因素破坏，造成严重的生态环境问题（穆治霖，2007）。

另外，由于海岛陆域地形坡度相对较大，水土流失严重，如果开发不当，极有可能破坏良好的生态系统，任何物种的灭失或者环境因素的改变，都将对整个海岛生态系统造成不可逆转的影响和破坏。有些岛屿开发过程中，过分地采取了采石、挖砂、修建大量人工建筑的开发方式，忽视了对海岛脆弱生态环境的保护，海岛生态资源受到了严重破坏，如惠州三门岛（图3-6）和珠海外伶仃岛（图3-7）。因此，合理开发海岛必须遵循生态经济规律，按照保护性开发的原则进行开发。

图 3-6 三门岛生态破坏状况

图 3-7 外伶仃岛生态破坏状况

广东省有居民海岛在开发利用过程中，无论是当地的管理部门还是海岛居民都应尽到更多的保护义务，以保证海岛的可持续利用。广东省海洋管理部门依据本省海岛特色和需求，制定了《广东省海岛保护规划》，创新地提出了主导功能的分类管理思路（即一个海岛只定主导功能，同时兼顾不影响主导功能的利用），较好地处理了海岛开发利用与保护的关系，提高了规划的可操作性。

加强海岛生态保护，需要保护海岛生态系统、生物物种、沙滩、植被、淡水、自然景观和历史遗迹等，维护海岛及其周边海域生态平衡；保护海岛周边海域渔业资源，实施伏季休渔、增殖放流、人工鱼礁等措施；适度控制海岛居住人口规模；广泛宣传和普及海岛生态保护知识，鼓励和引导公众参与生态保护。积极开展海岛生态资源调查，研究探索海岛生态保护科学技术，实施海岛生态修复工程，建立海岛生态保护评价体系和海岛保护规划许可制度，严格执行海岛保护规划，凡是不符合海岛保护规划的工程项目不得审批和建设。广东大部分海岛已经开始重视海岛保护和宣传，如南澳县一直致力于海洋环保和生态修复，2005年更争取到由GEG/UNDP/国家海洋局/NOAA启动的"中国南部沿海生物多样性管理项目"的支持，设立"东山—南澳海洋生物多样性管理示范区"，投资4万美元，采取创新性和适应性的海洋保护区和海岸带综合管理方法，减轻和防止对海岸带生态系统完整性造成的威胁，保护重点区域的海岸带生物多样性，南澳岛每年都开展海岛保护宣传（图3-8、图3-9）。横琴岛横琴新区成立以来，为培养公众的海洋意识多次开展大大小小各种宣传活动，主要包括"新横琴、新家园，亲近自然，保护湿地"海洋环保活动、"保护海洋资源从我做起，我为海洋资源来增殖"放生活动和"关爱横琴、关爱海洋"的爱心环岛游活动等（图3-10、图3-11）。这些活动都取得了良好的效果，得到了强烈的反响。

图3-8　南澳岛环保宣传

针对广东海岛资源特点，充分考虑各海岛的承载能力，避免由于方式不当或过度开发造成海岛资源的破坏和周围海域的环境恶化，应该加强海岛环境监测能力建设，布设一些海岛生态环境和海岛周围海域环境监测点，并将其纳入近岸海域环境监测网，定期监测和巡查。

3.2.2　防治海岛污染

海岛开发利用自主性、随意性较大，开发利用单位和个人的海岛保护意识不强，污染和损害海岛生态环境的事件频发。另外，由于海岛基础设施落后，缺乏基本的污水和废弃物处理设施，生活垃圾随意丢弃，海岛海域成为垃圾场，也使海岛污染成为目前必须面对的一个重要问题。

海岛开发利用，应制定海岛主要水污染物减排规划和固体废弃物（包括船舶垃圾）污染

图 3-9　南澳岛休渔宣传

防治规划，选取部分人口较为集中的海岛建设分散型污水处理工程和固体废弃物处置工程，开展海洋垃圾清理工作，对污水全部采取集中处理，防止污染海岛淡水和海水资源，增强海岛居民海洋环境保护意识。

图 3-10　横琴岛小学生海洋宣传

图 3-11　横琴岛中学生海洋宣传

过去南澳岛仅镇区内建有垃圾处理转运站，该岛农村地区垃圾随意堆放现象仍然十分严重。近年来，南澳县重视垃圾处理配套设施的建设，科学制定、严格实施垃圾专项整治工作，为岛上居民和游客创造优质的人居环境，已成功申请 2012 年度中央海域使用金海岛整治修复及保护项目——《广东省汕头市南澳县海岛生活垃圾资源化处理项目》。项目总投资预算为 3 880 万元，其中，中央分成海域使用金 2 000 万元，地方政府配套 1 880 万元，拟在南澳岛后宅镇羊屿村岸段进行整治修复后建设新的生活垃圾处理场。建成高起点的生活垃圾资源化处理场，能够全面清除城乡每天新产生的垃圾，并逐步清除历史堆积和填埋的垃圾，彻底消除环境污染源，维护环境安全和人们生存条件，创造和谐自然环境。

3.2.3 合理开发利用

随着广东人口的增长和经济发展，资源需求日益增长，周边海岛资源的开发利用成为发展广东海洋经济的重要内容之一。保护海岛和经济发展并非矛盾，在保护海岛的同时，从海岛实际出发，因地制宜，充分发挥海岛优势，适度合理开发利用。海岛的保护、开发和管理，应在不损害海岛生态系统完整性的前提下，使海岛资源得到科学、合理、持续的利用，坚决克服和杜绝开发利用活动中的随意性，提高海洋意识和管理水平，走规范化之路。

在海岛及其周边海域划定禁止开发区域和限制开发区域；实施总量控制制度，制定污染物排放、建设用地和用水总量控制指标；开发建设必须对自然资源，特别是土地资源、水资源、能源状况做出评价，开发建设不应超出海岛本身的环境容量；禁止在海岛建设超过国家标准或地方制定的严于国家标准的污染物排放标准的项目，或者建设项目环境影响评价符合标准但造成污染物排放超过海岛允许排放总量的项目；严格限制在有居民海岛沙滩建造建筑物和设施；严格限制在有居民海岛沙滩采挖海砂；严格限制单位和个人改变海岛海岸线和建设填海连岛工程；工程建设应当坚持先规划后建设、生态保护设施优先建设或者与工程项目同步建设的原则，并符合相关行业规划。

广东省珠海市横琴岛的开发利用相对较为合理，尤其重视海岛规划和管理。横琴区公共建设局组织编制了《横琴生态岛环境建设规划》《横琴生态岛水体及近岸海域生态建设规划》《横琴生态岛生态功能区划及污染物控制规划》《横琴生态岛水体及近岸海域生态建设规划》《大横琴山森林公园规划》等多个规划和《横琴新区环境质量本底监测与评价》《横琴岛动物资源本底调查》《横琴新区建设用地平整工程暨香港惰性物料填方利用可行性研究》等研究课题，为指导横琴新区的开发建设提供了技术支持。同时，横琴新区制定了《建设项目环保"三同时"监督管理暂行规定（试行）》《横琴新区防风工作预案》《横琴新区防汛工作预案》《横琴新区海洋自然灾害应急预案》等提高海岛防灾能力，保护海岛生态环境，促进海岛持续发展。

3.2.4 改善人居环境

岛屿和陆地之间被海水分割，且面积一般较小，受自然条件的限制，基础设施落后，广东省大多数海岛面临着缺水、缺电、交通不便等困难（韩立民等，2004）。薄弱的基础设施导致海岛经济落后于邻近大陆，难以形成规模效益经济，从而造成投资与引资渠道不畅，使海岛居民人居环境恶劣，缺少电厂、水厂、医院、学校、超市等生活设施外，海岛堤防等防灾减灾设施也极度缺乏，导致海岛居民生存和生活面临各种风险。

为满足海岛居民生活的基本需要，应支持海岛淡水储存、海水淡化和岛外淡水引入工程设施的建设，不宜过度开采地下水；广东沿海是受海洋灾害影响较为严重的地带，为保障居住安全，海岛防灾减灾工作尤为重要，应开展广东省海岛灾害风险和减灾能力调查，加强海岛灾害风险评估指标体系建设，编制广东省海岛综合灾害风险区划，采取防止台风、风暴潮和地质灾害等自然灾害侵袭的措施，加强避风塘、防波堤、海堤、护岸等设施建设，加快海岛沿海防护林体系，同时向公众宣传海岛灾害防御避险的实用技能。开发建设优先采用风能、太阳能、海洋能等可再生能源和雨水集蓄、海水淡化、污水再生利用等技术；大力发展海岛社会事业，完善公共基础设施、教育、医疗卫生、社会服务等社会事业建设。

汕头南澳岛是广东省唯一的县级海岛，也是广东省人居环境较好的海岛。南澳县自1986年起就把开发海岛风能列为海岛建设的一大工程，目前南澳岛为亚洲第一岛屿风电场（图3-12a），不但解决了本岛用电需求，还可以输送至周边区域，已成为海岛风能开发利用的典型。2015年1月1日通车的南澳大桥（图3-12b）和南澳环岛路（图3-12c），从根本上解决了制约南澳发展和岛上居民进出岛难的陆岛交通"瓶颈"问题，提高了海岛与城市基础设施的共享性，促进了汕头、南澳城乡一体化的协调发展。通过生态示范区和AAAA级旅游区建设（图3-12d），南澳县已逐步形成一个高产、优质、低耗、少污染的生产系统和环境舒适、景观优美的人居环境，值得开发利用其他海岛时借鉴。

(a) 南澳风电场

(b) 南澳跨海大桥

(c) 南澳环岛路

(d) 南澳美丽沙滩

图3-12　南澳岛

3.3　适度利用无居民海岛

无居民海岛是指不属于居民户籍管理的住址登记地的海岛。无居民海岛在经济上的价值越来越重要，尤其在发达地区，滨海的一些海岛纷纷被开发利用成为中转港区、仓储区、保税区、危险品保管区、船舶修理厂等。《中华人民共和国海岛保护法》的实施，对开发海岛，搞活海洋经济，不仅起到了催化剂的作用，而且使诸如上述的这些开发项目有了法律依据，必将更加活跃岛屿经济，产生不可估量的深远的社会效益和经济效益。开发海岛，一定要把保护环境放在首位。

广东海岛开发活动多集中于沿岸面积较大的海岛，大部分海岛仍有待开发。每一个海岛都有自身的资源特点和优势条件，因此，应在充分发挥优势上做文章，大搞"特色牌"，通过调整产业布局，大力扶持和发展海岛优势特色产业。广东省无居民海岛有1 916个，根据无居民海岛资源优势，广东省无居民海岛开发利用的方式可以分为渔业、城镇建设和公共服务、旅游娱乐、可再生能源、交通运输及工业仓储、其他用途等，目前，适合开发利用的无居民海岛共计177个。

随着广东省海洋经济发展，无居民海岛利用的深度和广度进一步加大，广东省海洋与渔业局根据国家海洋局关于印发《无居民海岛使用申请审批试行办法》的通知要求，结合广东省海岛实际情况编制了《广东省无居民海岛申请审批试行办法》。曾由于开发不当带来了一系列的问题，包括经济效益型无居民海岛无人问津，生态保护型与生态修复型无居民海岛遭到破坏，海洋权益型无居民海岛亟需保护等问题。如20世纪80年代初期，珠海市对小蜘洲岛和三角岛进行了矿石资源开发，造成生态资源严重破坏。为改变这种状况，广东省海洋与渔业局按照国家海洋局的要求，由业主单位依据国家海岛开发利用规定和技术标准，委托有资质的单位，加快制定《项目论证报告》和整岛修复的《开发利用具体方案》，并根据《广东省海洋综合开发规划》的要求，在整治修复的基础上，将小蜘洲岛、三角岛建设成集游艇、会所、潜水运动为一体的海岛休闲度假区，为海岛开发利用和综合整治提供了示范。

无居民海岛应当优先保护、适度利用。针对目前广东省无居民海岛出现的问题，应当加强管理，并采取相应的措施。主要包括：对已造成破坏的无居民海岛开展生态修复工程；规范海岛使用秩序，开发利用无居民海岛的单位和个人要依照法律规定，编制海岛开发利用具体方案，办理审批手续，取得无居民海岛使用权；严格按照批准的用途和方式开发利用海岛，禁止开展与开发利用具体方案不相符的开发利用活动。按照无居民海岛开发利用的主导用途，结合海岛实际情况，提出海岛保护和利用的具体措施。

对可利用无居民海岛进行选划与开发利用时应遵循以下原则：①严格限制炸岛、炸礁、填海连岛等严重改变无居民海岛地形、地貌的开发利用活动，禁止实体坝连岛；②鼓励生态旅游、生态养殖等海岛开发利用活动；③鼓励对边远海岛的保护与利用，支持在边远海岛建设避风塘、中转补给码头、科学研究站、生态监测站等设施；④支持海岛可再生能源示范工程建设；⑤根据海岛区域社会经济发展需要，因岛制宜发展海岛交通运输和海岛仓储产业；⑥保护海岛生态系统，促进海岛资源可持续利用；⑦维护国家海洋权益，保障国防用岛。

同时，针对不同开发利用类型的无居民海岛应根据其海岛特点和资源优势分别进行开发和保护。

3.3.1 旅游娱乐用岛

海岛旅游是以特定的海岛地域空间为依托，凭借岛上特有的自然和人文旅游资源，以满足游客需要，同时促进海岛社会经济、文化和社会全面健康发展为目标的旅游活动（赵文静等，2011）。

目前，世界上著名的海岛旅游胜地主要分布在热带、亚热带的4个区域上：①地中海沿岸，如西班牙巴利阿里群岛、法国科西嘉岛、意大利卡普里岛和马耳他岛等；②加勒比海沿岸，如墨西哥坎昆、巴哈马群岛和百慕大群岛等；③北美和大洋洲岛屿，如美国夏威夷群岛和澳大利亚大堡礁等；④东南亚岛屿，如新加坡、泰国普吉岛，马来西亚迪沙鲁和印度尼西亚巴厘岛等。

广东省目前已经开展工作的无居民旅游娱乐岛主要为珠海大三洲和小三洲（图3-13），另外南澳县的凤屿、官屿和猎屿用岛规划已经完成，正在开展下一步的方案和论证工作。广东省应借鉴国内外已开发的旅游海岛成功案例，取长补短，根据各海岛自然环境特征，在保护的基础上适度利用旅游娱乐用岛，以发展旅游业为主，兼顾与旅游产业链相关的项目。根据海岛旅游资源分布特点，将用岛范围分为非建设用岛区域和建设用岛区域，非建设用岛区域应严格保护，禁止建造建筑物、构筑物；倡导生态旅游模式。

图3-13　大三洲、小三洲

坚持规划先行，科学评价海岛资源环境承载力，合理确定旅游容量，避免造成对无居民海岛旅游资源的破坏，设定生态敏感区域，严格控制游客数量；充分考虑单个海岛的整体性及其与周边海岛的关联性，注重自然景观与人文景观相协调，各景区景观与整体景观相协调的设计理念，建筑风格应当与海岛自然景观协调，形成一岛一型、多岛互补的开发利用格局。

鼓励采用节能环保的材料，在建设和操作中，采用适当的、实用的、成本效率高的又没有不良影响的新技术，如住房和传感控制、低热传递玻璃窗装配、能量来自太阳能风能等可再生能源、节能电源控制、产生热量的再利用等。

严格执行建筑物建设控制线管理。为保持海岛特色，确保旅游设施建设与自然景观相协调，对海岛利用范围内的宾馆、餐馆、购物和娱乐等旅游服务设施的建设，从建筑高度、建筑安全距离、建筑风格、色彩等方面进行控制：①建筑物最大建筑高度不应超过利用海岛最大高程的2/3。②建筑物与最大高潮线之间距离应大于50 m。③建筑风格要富有现代地方特色，色彩宜清新淡雅，避免过于浓重，应与海岛景观协调（色彩、样式与周围景观地形地物协调)。④建设用岛区域建筑密度不得超过20%;建设用岛区域内地表改变率不超过50%。

3.3.2 交通与工业用岛

港口交通及临港工业用岛主要分布在沿海地区区位条件突出的海岛,如南澳岛主要的港湾有前江湾、后江湾、深澳湾、竹栖肚湾、青澳湾和云澳湾等,基本为山丘溺谷港湾,掩护条件较好,波浪作用强度相对较弱。湾口宽阔,一般没有拦门浅滩发育,水深5~12 m。

由于海岛岸线具有一定的离岸水深,海岛海岸成为发展造船工业的选用对象,如广州龙穴岛,是我国三大造船基地之一,对广东省船舶工业结构调整和产业升级起到相当大的作用,龙穴造船基地具有为大型船舶提供维修,为南海钻井平台提供改装、维修、保障的区位优势和战略优势。

广东省交通与工业用岛还有很多,如深圳的东孖洲、西孖洲建成的修船基地(图3-14),惠州的马鞭洲建成的原油泊位(图3-15),珠海桂山岛的桂山港区等。

图3-14 孖洲

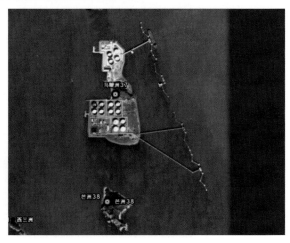
图3-15 马鞭洲

港口是对外交往和连接水陆交通的重要枢纽,它对现代经济和社会发展起着愈来愈重要的作用,应适度利用交通与工业用岛。

交通与工业用岛建设之前应先进行科学规划,如汕头的龟屿和饶平县的龙屿、开礁、小屿和大礁屿已完成了规划报批工作。集约、节约用岛,合理规划周边海域空间资源,按照工程建设规范要求,对工程建设进行科学的设计和论证。在建设交通运输、临海工业配套基础设施和仓储设施时加强科学论证、合理选址,用岛的规划和建设应符合国家现行的相关法律、法规、规章、技术标准和规范的规定,充分考虑与海岛的自然景观资源的协调,限制敞开式仓储模式,最大程度降低对海岛生态环境造成的不良影响。

控制建筑数量和规模。根据建设规模、建筑形式和仓储内容,科学分析交通运输方式和临海工业布局、仓储的用岛规模,制定不同的限制指标,合理确定仓储区的建设用岛面积,建设用岛面积占海岛总面积的比例控制在50%以内,保护海岛自然岸线,所利用的岸线长度占海岛岸线总长度的比例控制在40%以内;制定用岛的防灾减灾应急预案,加强船舶溢油事故的应急与防范。

强化环境保护。严格限制炸岛、炸礁、开山采石等活动，工程建设与生态保护措施同步进行，禁止实体坝连岛；实施清洁生产，统一处理生产、生活污水，有条件的要建污水处理厂，无条件的应以深海排放为主，工业废弃物进行无害化处理、处置，集中外运，严格执行大气质量标准；交通与工业建设过程中对海岛生态环境造成破坏的，必须做好生态修复工作。

3.3.3 渔业用岛

广东海岛渔业逐渐由传统的捕捞作业为主变为养殖、捕捞结合的利用方式。目前，广东海岛周边海域普遍存在过度捕捞的现象，直接导致渔业资源量下降，各营养级群落结构发生改变，同时不合理的捕捞方式对周边海洋生态系统造成了致命的破坏，如底层拖网搅动沉积物，造成底栖生物生存环境改变，另外由于部分捕捞船舶未设有油水处理设备，船舶油污水直接排海，污染了周围的海洋环境。不合理的海洋养殖占用、污染红树林生态系统，破坏海洋生态环境，高密度海水养殖产生的残饵、废物等造成海域营养盐含量增高，提高水体富营养化程度，引发赤潮，如广东特呈岛近几年大力发展海水网箱养殖，由于养殖密度过大，海水富营养化，藻类生长旺盛，对海洋生态环境造成严重影响（韩建华，2008）。

根据环境与资源的承载量，科学合理地安排渔业设施建设规模，适当控制围海用岛养殖方式；倡导生态增养殖技术，减小水产养殖对海岛周边海域水体的污染；加强重要的海洋生物洄游通道、索饵场、产卵场的保护；鼓励发展休闲渔业；集中处理和外运海岛上的废弃渔业生产设施；加强对海岛周边海域水质的监视监测。

通过发展海岛休闲渔业带动传统渔业转型较为成功的案例有珠海东澳岛。渔业是珠海传统海洋经济的重要内容，同一种海洋资源，不同的利用方式会带来不同的发展前景。目前，珠海正着力发展海钓这一国内新兴的海上旅游项目，规划建设海上垂钓中心，支持企业建设适合鱼类等海洋生物栖居的人工岛礁、专业垂钓船、海上浮式游钓休闲平台或海洋垂钓码头，建设国际海洋垂钓区，通过海钓的发展带动传统渔业的转型。珠海通过组织全国或国际海钓大赛以生态环保的赛事定位为出发点（图3-16），结合万山区实际情况，逐步实现全面禁捕，完善旅游基础设施建设。并通过对渔船、酒店、环境等方面的改善，促进岛上渔民转产转型。

3.3.4 可再生能源用岛

海洋能主要包括潮汐能、波浪能、海流能（潮流能）、海水温差能、海水盐差能。更广义的海洋能还包括海洋上空的风能，海洋表面的太阳能以及海洋生物质能等。海洋能的特点是开发利用没有环境污染，不占用宝贵的陆地空间，还可以进行各种综合利用，是一种有发展潜力的新能源，已引起许多海洋国家的重视。

广东海岛的海洋能资源丰富，但由于开发利用难度较大，目前的可再生能源利用主要集中在有居民海岛上，如1990年中科院广州能源研究所在珠江口大万山岛上研建的3 kW岸基式波力电站试发电成功，1996年研建成功20 kW岸式波力实验电站和5 kW波力发电船。广东汕头市的南澳岛充分利用海洋风能，自1986年起将开发海岛风能列为海岛建设的一大工

图 3-16　珠海通过发展休闲渔业带动传统渔业转型

程,目前南澳岛为亚洲第一岛屿风电场,不但解决了本岛用电需求,还可以输送至周边区域,已成为海岛风能开发利用的典型(图 3-17)。

图 3-17　南澳风电场

发展可再生能源用岛,可以促进海洋能源的开发利用,同时解决海岛缺水缺电的现状,促进海岛可持续发展利用,在海岛能源开发上,要充分利用海岛本地的风能、太阳能等新型环保能源的开发,确定最适合海岛开发的能源类型,减少海岛对外来能源的依赖,如在汕头市南澎岛、珠海市大万山岛、北尖岛、担杆岛、江门市漭洲等海岛,建设海岛可再生能源独立电力系统示范基地;在珠海市横琴岛、阳江市海陵岛、湛江市新寮岛等近岸海岛建设风能、太阳能、海洋能等可再生能源发电系统等。但要统筹安排和综合利用风能、太阳能等海洋可再生能源;海洋能工程设施的建设应当科学论证、合理选址,保持与海岛景观相协调,减少对生态环境的不利影响。

3.3.5 城乡建设和公共服务用岛

陆岛统筹规划、科学发展,综合平衡和控制区域开发强度,制定此类海岛管理制度,明确纳入城乡建设用岛管理权限及职责;严格限制填海连岛活动,确需实施的,应当经过科学论证;保护海岛植被、淡水、沙滩、自然岸线、自然景观和历史遗迹及周边海域的红树林、珊瑚礁和海草床。

适度利用公共服务用岛,主导功能为公共服务,兼顾休闲旅游、农林渔业等辅助功能。

支持利用海岛开展科研、教学、防灾减灾、测绘、观测等具有公共服务性质的活动;加强公共服务海岛的规划,合理设置海岛助航导航灯塔或灯柱、气象观测站、水文观测站、测速场等公共服务设施;重点扶持海岛生态修复和海岛防灾减灾等公共基础设施及公共服务领域的研究开发及重大工程项目。

建筑物或设施与周围植被和景观协调;按照规划以及海岛建筑物布局控制规范,限制建筑物、设施的建设总量、高度以及海岸线的距离。

加强海岛公共服务设施的保护。禁止损毁或者擅自移动设置在无居民海岛上的公共服务设施以及妨碍其正常使用。

3.3.6 其他海岛

一些离岸较远的无居民海岛虽然归国家所有,但是很难进入管理者的视野,由此,部分地方单位和个人甚至错误认为与之毗邻的海岛属于本地方、本单位,导致无居民海岛开发秩序混乱,海岛生态资源受到破坏,炸礁、炸岛、炸山取石和挖砂严重改变海岛地貌和形态的事件常有发生,严重影响广东海岛生态环境,甚至给国家领土主权和军事设施造成严重的损害。据统计,广东省面积在 500 m^2 以上海岛数量较 20 世纪 90 年代海岛资源综合调查时减少了 83 个,其中有 76 个是因炸岛炸礁、海洋工程、开山采石等急功近利的开发方式造成的。

在海岛的开发利用方向还未明确、主导用途尚未经充分科学论证的情况下,应保持其自然生态原始状态,防止海岛自然资源遭到破坏;任何单位和个人未经批准不得在保留类海岛进行采石、挖海砂、采伐林木及建设、旅游等活动。此外,市级管辖权属尚未明确的无居民海岛,应划入保留类海岛。

第4章 广东省领海基点海岛保护

依据《联合国海洋法公约》[①]和《中华人民共和国领海及毗连区法》[②]的规定，我国领海的宽度从领海基线量起为 12 n mile，领海基线由各相邻领海基点之间的直线连线组成。领海基点是计算领海、毗连区和专属经济区的起始点。领海基点所在海岛在维护沿海国海洋权益、保卫海防安全、开发利用海洋等方面有着重要的战略地位和价值。沿海国往往采取措施加强领海基点管理，对领海基点所在岛礁给予严格保护。我国目前公布的领海基点基本位于海岛或低潮高地上。2010 年实施的《中华人民共和国海岛保护法》[③]将领海基点所在海岛作为一种特殊用途海岛实行特别保护，并明确提出"领海基点所在的海岛，应当由海岛所在省、自治区、直辖市人民政府划定保护范围"，"禁止在领海基点保护范围内进行工程建设以及其他可能改变该区域地形、地貌的活动"，"禁止损毁或者擅自移动领海基点标志"等法律要求。2012 年国务院批准实施的《全国海岛保护规划（2011—2020 年）》[④]也将领海基点海岛保护作为一项重点工程，要求"严格保护领海基点海岛及其周边海域的生态系统，保持领海基点海岛地形、地貌的稳定"。

广东省领海基点海岛目前总体情况良好，但长期以来，一直没有制定涉及领海基点管理的专门法规条例，也没有采取强有力的保护措施，导致目前一些领海基点存在着不可忽视的问题和隐患。例如，经调查发现，部分领海基点所在海岛自然侵蚀严重，基点标志碑受到损毁。另外，由于宣传不到位，公众对领海基点的重要性缺乏认知，也导致了一些破坏行为的发生。随着我国海洋、海岛开发力度的不断加大，如果继续疏于管理，不开展必要的保护工作，将极有可能改变我国的领海基点位置，导致我国管辖海域大幅度减少。因此，加强对广东省领海基点海岛的保护十分重要，且势在必行。

4.1 广东省领海基点海岛

2012 年 9 月国家海洋局关于印发《领海基点保护范围选划与保护办法》[⑤]的通知，详细阐述了领海基点保护范围的选划、审批、保护与管理等内容，明确了各级海洋行政管理部门

[①] 1994 年 11 月第三次联合国海洋法会议最后会议上通过的《联合国海洋法公约》。
[②] 1992 年 2 月第七届全国人民代表大会常务委员会第二十四次会议通过的《中华人民共和国领海及毗连区法》。
[③] 2010 年 3 月第十一届全国人民代表大会常务委员会第十二次会议通过的《中华人民共和国海岛保护法》。
[④] 2012 年 3 月国务院颁布实施的《全国海岛保护规划（2011—2020 年）》。
[⑤] 2012 年 9 月国家海洋局颁布实施的《领海基点保护范围选划与保护办法》。

的职责。2014年2月，国家海洋局《关于推进领海基点保护范围选划工作的若干意见》，对进一步推进领海基点保护范围选划工作提出了明确的要求。基于上述文件和背景，根据《中华人民共和国海岛保护法》《领海基点保护范围选划与保护办法》等有关规定，2014年6月，广东省人民政府批准《广东省领海基点保护范围选划报告》①，并报国家海洋局备案。该领海基点保护范围选划报告对广东省的南澎列岛（1）、南澎列岛（2）、石碑山角、针头岩、佳蓬列岛、围夹岛、大帆石共7个领海基点海岛进行多个航次的调查，对这些区域的自然环境与资源现状、社会经济状况、岸滩稳定性、自然灾害、领海基点受威胁主要因素等进行了综合分析和评价，并选划了保护范围。广东省领海基点分布如图4-1所示。

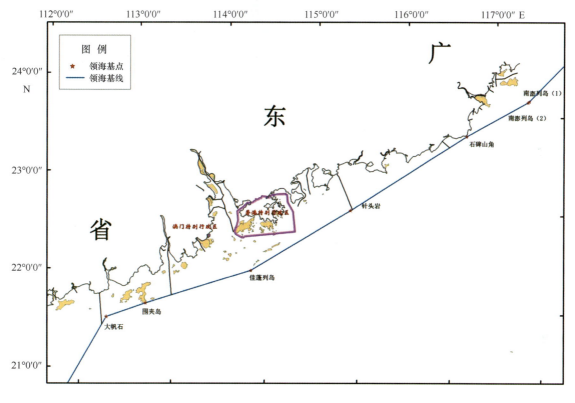

图4-1　广东省领海基点分布

参考《广东省领海基点保护范围选划报告》、我国近海海洋综合调查与评价专项成果广东省908专项中《广东省海岛（岛礁）调查项目无居民海岛调查研究报告》② 以及广东省领海基点保护范围公告③等资料简要介绍各领海基点岛的现状及领海基点范围。

4.1.1　南澎列岛（1）领海基点岛概况与现状

南澎列岛，由南澎岛、东澎、中澎、芹澎、赤仔屿等组成，被称为"粤东门户、南海要

---

① 2014年6月广东省人民政府颁布实施《广东省领海基点保护范围选划报告》。
② 2011年10月国家海洋局南海分局编撰《广东省海岛（岛礁）调查项目无居民海岛调查研究报告》（我国近海海洋综合调查与评价专项成果广东省908专项）。
③ 2014年8月18日广东省海洋渔业局网站公布广东省领海基点保护范围公告。

冲",属于广东省汕头市南澳县,位于南澳县东南方向。南澎列岛(1)领海基点保护范围包括领海基点位置所在鱼柜礁和周边的部分海域,面积总共 64 hm², 其中岛陆面积 0.165 3 hm², 海域面积 63.834 7 hm², 其地理位置示意图见图 4-2。

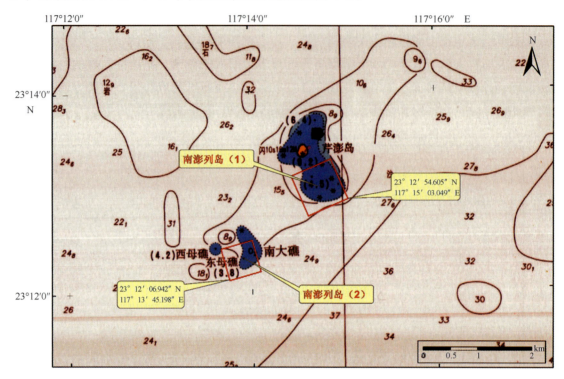

图 4-2 南澎列岛(1)和南澎列岛(2)领海基点岛位置示意图

该领海基点保护范围界址点坐标(纬度/经度)① 为 23°12′44.719″N,117°14′37.026″E;23°12′54.605″N,117°15′03.049″E;23°13′18.658″N,117°14′52.354″E;23°13′08.772″N,117°14′26.329″E。该区域位于广东南澎列岛海洋生态国家级自然保护区,周围海域水产资源丰富,是重要的农渔业区。目前南澎列岛(1)领海基点保护标志设置已基本完成。其中,芹澎岛建有房屋,人类活动主要以渔民为主;鱼柜礁、东母石仍然处于原始自然环境,天气好时常有钓客登上海岛钓鱼、露营。

4.1.2 南澎列岛(2)领海基点岛概况与现状

南澎列岛(2)领海基点的保护范围包括领海基点位置所在东母石和周边的部分海域,范围面积总共 36 hm²,其中岛陆面积 0.118 0 hm²,海域面积 35.882 0 hm²,其地理位置示意图见图 4-2。该领海基点保护范围界址点坐标(纬度/经度)② 为 23°12′06.942″N,117°13′45.198″E;23°12′11.973″N,117°14′05.584″E;23°12′30.817″N,117°14′00.142″E;23°12′25.786″N,117°13′39.755″E。目前南澎列岛(2)领海基点保护标志设置接近完成。

---

① 2014 年 8 月 18 日广东省海洋渔业局网站公布南澎列岛(1)领海基点保护范围公告。
② 2014 年 8 月 18 日广东省海洋渔业局网站公布南澎列岛(2)领海基点保护范围公告。

4.1.3 石碑山角领海基点概况与现状

石碑山角位于惠来靖海镇西南,属于广东省惠来县。石碑山角领海基点保护范围包括石碑山角南侧海域石碑山灯塔周围约 126 m,离岸约 10 m,保护面积 74.057 8 hm^2,其地理位置示意图见图 4-3。该领海基点保护范围界址点坐标(纬度/经度)[①] 为 22°56′15.222″N,116°29′32.286″E;22°56′18.872″N,116°29′53.330″E;22°56′03.202″N,116°29′55.924″E;22°55′50.282″N,116°30′05.337″E;22°55′40.079″N,116°29′32.417″E。目前石碑山角领海基点保护标志设置已完成。

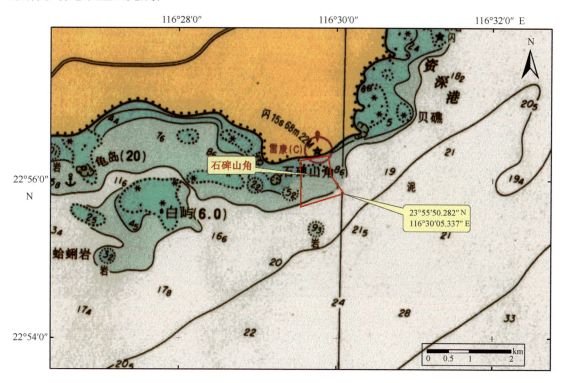

图 4-3 石碑山角领海基点岛位置示意图

石碑山角所在海岛由花岗岩组成,呈东—西走向,形如一只游弋在海上的海龟。岛上无淡水资源,也无植被资源,仅在潮间带区可见林立藤壶和石莼,整个海岛处于未开发利用的自然保护状态。其北面陆地为石碑山,石碑山岬角系粤东海岸线拐弯处伸入海洋的最突出陆地,对往来船只威胁甚大,旧时曾有许多船只在此触礁。石碑山领海基点附近海域的海底地貌形态主要为水下礁石,海岸地貌有岩滩和沙滩。该区域暗礁较多,地形非常复杂,涌浪较大,海水浑浊,能见度低,水下暗礁很难辨清。

4.1.4 针头岩领海基点岛

针头岩位于红海湾南部近岸海域,离陆地海岸 35 km,为花岗岩礁石,侵蚀剥蚀严重,

[①] 2014 年 8 月 18 日广东省海洋渔业局网站公布石碑山角领海基点保护范围公告。

海蚀地貌发育。针头岩领海基点的保护范围位于正南方约 40 km 范围，离岸约 34 km，保护面积 51.84 hm^2，其地理位置示意图见图 4-4。该领海基点保护范围界址点坐标（纬度/经度）[①] 为 22°19′10.461″N，115°07′12.487″E；22°19′10.287″N，115°07′37.640″E；22°18′46.884″N，115°07′37.452″E；22°18′47.058″N，115°07′12.300″E。目前针头岩领海基点保护标志设置已基本完成。

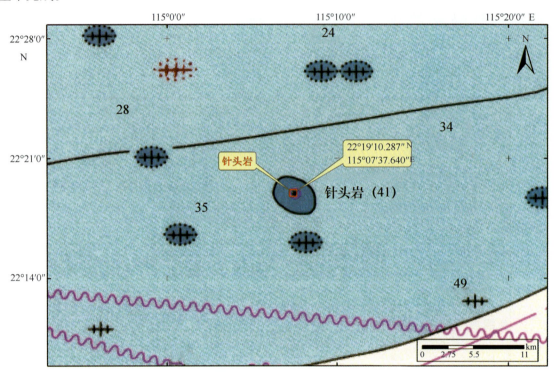

图 4-4　针头岩领海基点岛位置示意图

针头岩领海基点海岛及周边海域的主要开发利用活动有贝类养殖用海、渔业捕捞及远海垂钓活动。整岛呈东—西走向，由 2 块巨型基岩组成，中间被一条宽约 3 m、长约 20 m 的水道分隔，水道两侧石壁形如刀削，陡峭异常。东侧基岩高约 40 m，岸线长约 280 m，面积约为 4 674 m^2，其形如一座小山整体向西倾斜；西侧基岩东高西低，高处十分陡峭，不易攀爬，其岸线长约 170 m，面积约 1 462 m^2，整个海岛可到之处相对较小，位于其西面领海基点标志碑处，该地高程约为 6.5 m（85 高程，下同），地形起伏相对较小。岛上无淡水资源，也无植被资源，常有海鸟聚集为巢。其附近海域的海底地貌形态主要为水下岸坡，该区域只有针头岩海岛所在的一个礁石，出露海面的面积大约为 0.35 km^2，呈西北—东南向分布，最宽约 1 050 m，最窄约 270 m，海底地形简单，无其他地貌形态，沉积物类型以砂质粉砂为主。

4.1.5　佳蓬列岛领海基点岛

佳蓬列岛隶属珠海市万山海洋开发实验区担杆镇，由北尖、庙湾、平洲、文尾洲等主要

[①]　2014 年 8 月 18 日广东省海洋渔业局网站公布针头岩领海基点保护范围公告。

岛屿组成,该区域有大片珊瑚礁区。其中,平洲位于佳蓬列岛西南部,长 720 m,宽 550 m,岸线长 2.28 km,面积 13.5 hm², 最高点海拔 28.4 m,侵蚀低丘地貌类型,地形平坦,由花岗岩构成,西北和东南有较大石缝,南部石缝长年有水,仅低洼处见有植物,杂草多长于石缝。目前该岛人类活动极少,仍然保持原始生态环境,其周围海域水产和珊瑚礁资源较丰富。佳蓬列岛领海基点的保护范围包括领海基点所在位置平洲南部,领海基点方位碑所处平洲南部小山头以及南侧的部分海域,范围面积总共 37 hm²,其中岛陆面积 0.561 3 hm²,海域面积 36.438 7 hm²,其地理位置示意图见图 4-5。佳蓬列岛领海基点保护范围界址点坐标(纬度/经度)[①] 为 21°48′27.906″N,113°57′47.006″E;21°48′16.265″N,113°58′04.168″E;21°48′33.124″N,113°58′16.887″E;21°48′41.598″N,113°58′04.394″E;21°48′40.157″N,113°57′56.584″E。目前佳蓬列岛领海基点保护标志设置接近完成。

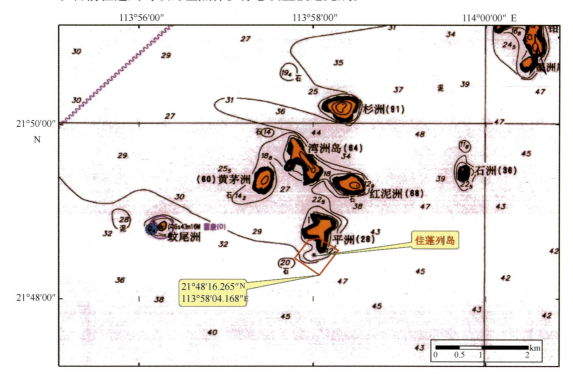

图 4-5　佳蓬列岛领海基点岛位置示意图

4.1.6　围夹岛领海基点岛

围夹岛位于川山群岛上川岛南部近岸海域,岛为东北—西南走向,由花岗岩构成,岸线长 8.07 km,面积 178.37 hm²,最高点海拔 203.1 m,近岸地势陡急,多为砾石滩,海蚀地貌发育,植被以灌草丛为主,其地理位置见图 4-6。围夹岛领海基点的保护范围包括领海基点南侧的部分山体以及部分海域,经过测算,整个保护区域的面积为 36 hm²,其中岛陆面积

---

① 2014 年 8 月 18 日广东省海洋渔业局网站公布佳蓬列岛领海基点保护范围公告。

13.933 4 hm², 海域面积 22.066 6 hm²。该领海基点保护范围界址点坐标（纬度/经度）① 为 21°33′49.714″N，112°47′44.594″E；21°33′57.098″N，112°48′03.892″E；21°34′15.150″N，112°47′55.998″E；21°34′07.766″N，112°47′36.699″E。

目前围夹岛领海基点保护标志设置已完成。围夹岛大部分区域仍然处于原始状态，尚未开发。经过实地调查，围夹岛现有人工构筑物为小码头、登岛水泥路、围夹岛地名碑、国家大地控制点、围夹岛灯塔、领海基点标志碑、磁偏角指示碑、废弃的炉灶等。围夹岛周围海域水产资源较丰富，是重要的渔业区。围夹岛以东约 2.1 km 处为乌猪洲海洋特别保护区，主要是保护龙虾种质资源及其生存环境，适当保障港口航运用海需求。

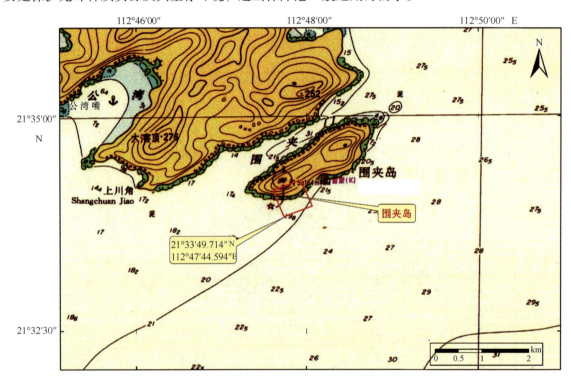

图 4-6 围夹岛领海基点岛位置示意图

4.1.7 大帆石领海基点岛

大帆石位于川山群岛镇海湾西南部海域，由花岗岩构成，为海蚀低丘，植被稀疏。大帆石领海基点的保护范围包括领海基点所在位置大帆石及附近海域，范围面积总共 36 hm²，其中岛陆面积 0.556 8 hm²，海域面积 35.443 2 hm²，其地理位置见图 4-7。

该领海基点保护范围界址点坐标（纬度/经度）② 为 21°27′35.877″N，112°21′17.483″E；21°27′36.082″N，112°21′38.314″E；21°27′55.582″N，112°21′38.096″E；21°27′55.377″N，112°21′17.264″E。大帆石附近海域的功能以渔业用海为主，主要有川山群岛渔业区、南鹏-

---

① 2014 年 8 月 18 日广东省海洋渔业局网站公布围夹岛领海基点保护范围公告。
② 2014 年 8 月 18 日广东省海洋渔业局网站公布大帆石领海基点保护范围公告。

上下川渔场区。海洋保护区主要有大帆石海洋保护区、头芦排海洋保护区、南鹏列岛海洋保护区。工程用海活动距离大帆石均较远，主要分布在广海湾和上下川岛沿岸海域。

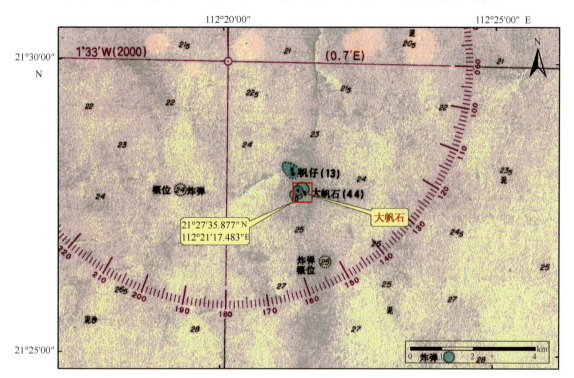

图 4-7　大帆石领海基点岛位置示意图

4.2　领海基点海岛保护工程和措施

2012 年颁布的《全国海岛保护规划》明确指出"对海岛进行分类保护"，再次强调"严格保护领海基点海岛"。《广东省海岛保护规划（2011—2020 年）》亦进一步明确要严格保护领海基点所在海岛，开展领海基点所在海岛的专项调查，划定领海基点所在海岛的保护范围，设置领海基点保护标志，建立领海基点所在海岛的档案；要实施领海基点所在海岛保护工程，禁止在领海基点所在海岛保护范围内进行工程建设以及采石、挖砂、砍伐、爆破等可能改变该区域地形、地貌的行为，整治修复领海基点以及领海基点保护范围内的地形地貌；实施领海基点所在海岛及周边海域生态系统监视监测工程，建立执法巡查制度，进行日常监督管理；开展领海基点保护的宣传教育，建立海洋权益宣传教育示范点。

4.2.1　领海基点海岛保护工程

《广东省海岛保护规划（2011—2020 年）》指出广东省领海基点海岛保护工程的主要任务为根据领海基点所在海岛保护技术标准和规范，划定领海基点所在海岛的保护范围，完成领海基点保护范围的标志设置工作，实施领海基点保护范围标志定期维护制度，对大帆石领海基点所在海岛及领海基点标志实施修复；在南澎列岛、针头岩、平洲、大帆石等开展领海基点所在海岛地形、地貌及其演变规律的长期连续观测与监视工作，保持领海基点所在海岛及其周边区域地形、地貌的稳定，提高岛岸抗风浪侵蚀能力；建设领海基点所在海岛的监视监测系统，并将其纳入广东省海岛监视监测体系的优先建设范围。下面简要介绍广东省领海基点海岛保护涉及的六大重点工程[①]。

4.2.1.1 领海基点所在海岛的资源和生态调查评价工程

获取南澎列岛（1）、南澎列岛（2）、石碑山角、针头岩、佳蓬列岛、围夹岛、大帆石等领海基点海岛的地形、地貌、资源、环境、生态和领海基点标志的基本情况，以及领海基点海岛保护工程需要的其他数据和资料。调查和评价领海基点海岛自然资源、环境和生态状况，为海岛保护、资源管理和权益维护提供科学依据。

4.2.1.2 领海基点所在海岛的特殊性保护工程

重点保护南澎列岛（1）、南澎列岛（2）、石碑山角、针头岩、佳蓬列岛、围夹岛、大帆石等海岛的领海基点海岛，禁止在领海基点保护范围内进行工程建设以及其他可能改变该区域地形、地貌的活动，确需进行以保护领海基点为目的的工程建设的，应当经过科学论证，报国务院海洋行政主管部门同意后依法办理审批手续。领海基点及其保护范围周边应当设置明显标志，禁止损毁或者擅自移动领海基点标志，确保领海基点标志明显和安全。根据领海基点海岛调查情况，对生态环境受损或标志碑破坏的海岛，维护领海基点标志，并进行修复。

4.2.1.3 领海基点海岛典型生态系统和物种多样性保护工程

在南澎列岛及其所在海域，维持南澎列岛的生物多样性，保护鲸豚类、海龟、龙虾、中国鲎等珍稀物种，开展海岛周边人工鱼礁区建设，实施海洋生物养护增殖行动，促进该区域海岛周边海域农牧化，保护海岛候鸟栖息地。在佳蓬列岛，尤其平洲及其海域，适当保障庙湾渔港、增养殖、人工鱼礁等渔业用海及旅游娱乐用海需求，保护珊瑚礁生态系统。在围夹岛、大帆石等领海基点岛及其所在海域，开展海洋生物护养增殖行动，保护龙虾等海洋生物的繁殖场、索饵场、洄游通道和栖息地，推动川山群岛海洋牧场示范区建设，维护海洋生物多样性。

4.2.1.4 领海基点海岛整治修复工程

领海基点海岛整治修复工程主要包括对大帆石领海基点海岛修复领海基点标志石碑，建设海岛灯塔，进行海岛岸线建设防护工程，以及对佳蓬列岛（平洲）领海基点海岛保护和修复佳蓬珊瑚礁生态系统等。

4.2.1.5 领海基点所在海岛的防灾减灾工程

对南澎列岛（1）、南澎列岛（2）、石碑山角、针头岩、佳蓬列岛、围夹岛、大帆石等领

---

① 主要引自2011年12月广东省人民政府颁布的《广东省海岛保护规划（2011—2020年）》。

海基点海岛进行灾害风险调查评估，编制灾害风险区划报告和灾害风险区分布图，提高实施海岛防风、防浪、防潮、排涝、护岸等防灾减灾设施建设，必要时并制定防灾减灾应急预案。重点加快佳蓬列岛、围夹岛、大帆石等领海基点所在海岛的海岸防风暴潮工程，提高海岛抗风浪侵蚀能力。

4.2.1.6 领海基点所在海岛的监视监测工程

领海基点所在海岛的监视监测工程建设内容包括领海基点所在海岛基本情况数据库及数据中心，监视监测业务构架、硬件建设、软件建设、传输网络、信息安全等。该工程不仅实施对领海基点所在海岛地形地貌进行长期连续观测，建设领海基点海岛综合监测站、自动监测站网，在无人长期值守的情况下自动采集水文、气象、环境等基础数据外，还将实现对广东省领海基点基本属性、标志、保护范围、监测资料的动态管理，并基于三维可视化技术，为领海基点数据管理提供定制分析功能。目前，佳蓬列岛、围夹岛领海基点的海岛监视监测系统已建设完成，如图4-8、图4-9所示。监视监测系统涉及的部分设备如表4-1所示。

图4-8 佳蓬列岛领海基点监视监测系统

图4-9 围夹岛领海基点监视监测系统

表 4-1　海岛监视监测系统部分设备清单

序号	设备名称	型号/规格	数量
1	多传感器远距离夜视监控一体化云台摄像机	YCA-LCT-D19G087BD	1台
2	红外防盗摄像机		1台
3	室外三鉴探测器		1个
4	视频分析盒		1个
5	以太网交换机	工业级5口	1个
6	视频传输服务器	YCA-V6600HF	1台
7	无线网桥	AC1100WCN5	2对
8	拾音器		1个
9	太阳能板		10块
10	风电发电机		1台
11	太阳能/风能控制器		1个
12	电源逆变器		3个
13	太阳能控制器		1个
14	铅酸蓄电池		10个
15	高音喇叭		1个
16	电源防雷模块		1块
17	信号防雷模块		1块
18	视频防雷模块		1块
19	三合一防雷模块		2套
20	设备安装电箱		1个

4.2.2　保护措施

目前，对于广东省领海基点海岛存在保护上的"两大难"和管理上的"两不顺"。其中，保护上的"两大难"指由于领海基点所在海岛受地理位置、自然环境等的影响，标志碑的设立和保护难、视频监控系统的维护难；管理上的"两不顺"是指《中华人民共和国海岛保护法》只规定了县级以上人民政府海洋行政主管部门对领海基点所在海岛进行监视监测，没有规定哪一级政府和其他相关部门承担此义务，造成职责不清，管理不顺；领海基点的保护范围选划工作主要依靠国家财政的投入，地方财政目前还没有专项资金和专项经费，领海基点海岛保护后续工作经费投入保障不顺。

领海基点的保护不是一蹴而就的，而是一项长期的业务工作，需要国家与地方、管理机构与技术单位共同努力与协作。针对广东省领海基点海岛保护上的"两大难"和管理上的"两不顺"问题，需要重点采取以下措施：一是完善法律法规，进一步明确各级政府和相关部门的职责，推动建立领海基点海岛保护工作齐抓共管的管理协调机制；二是积极协调当地政府和有关部门，加大对领海基点海岛保护工作的经费投入，用于加强对领海基点保护范围的监视监测、监督检查与评价，以及修复部分受损的领海基点等；三是加强宣传力度，增强公众参与保护领海基点的意识，提高公众参与领海基点保护区建设的积极性，营造保护领海基点、自觉维护国家领海权益安全的社会氛围。

第5章 广东省海岛保护区建设

5.1 海岛保护区情况

广东省的海岛保护区最早为1984年4月9日开始建立的广东内伶仃岛-福田国家级自然保护区，1988年5月晋升为国家级自然保护区，总面积约921.64 hm^2，它由内伶仃岛和福田红树林两个区域组成。其中，福田红树林区域是全国唯一一处在城市腹地、面积最小的国家级森林和野生动物类型的自然保护区。自2000年起的10年时间，广东省共建立14个海岛类保护区，为20世纪90年代的近3倍数量。自2011年5月19日国家海洋局公布首批国家级海洋公园至今，广东省共建有3个归属海洋行政主管部门的海岛类国家级海洋公园。

5.1.1 海岛保护区数量

在国家各有关主管部门和广东省各级人民政府的积极努力下，海岛类海洋保护区数量、保护面积和占各类海洋保护区的比例不断增加。截至2014年4月，广东省共建有各级、各类海洋保护区104处，其中海岛类海洋保护区24处，在广东省区域内的国家级海洋公园中海岛类海洋公园比例较高，达50%，见表5-1。广东省各海岛类海洋保护区基本信息见表5-2。

表5-1 广东省各级海洋保护区数量

广东省	保护区数量	海洋自然保护区		海洋特别保护区		海洋公园
		国家级	地方级	国家级	地方级	国家级
海洋保护区（个）	104	7	82	3	6	6
海岛类保护区（个）	24	2	16	1	2	3
海岛类占海洋保护区比例（%）	23.07	28.57	19.51	33.33	33.33	50.00

表5-2 广东省海岛类海洋保护区基本信息

序号	保护区名称	总面积（hm^2）	主要保护对象	级别	创建时间
1	广东内伶仃岛-福田国家级自然保护区	815.00	猕猴、鸟类、红树林	国家级	1984-04-09

续表

序号	保护区名称	总面积（hm²）	主要保护对象	级别	创建时间
2	广东珠海淇澳担杆岛省级自然保护区	7 363.00	红树林	省级	1989-11-01
3	硇洲海洋资源特别保护区	1 300.00	鲍鱼、龙虾、江瑶贝等海洋水产资源	市级	1990-01-01
4	南澳岛候鸟自然保护区	256.00	候鸟及其栖息环境	省级	1990-01-01
5	广东台山上川岛猕猴省级自然保护区	2 232.00	猕猴及生境	省级	1990-01-01
6	南澎列岛海洋生态自然保护区	35 679.00	海洋生态	国家级	1991-01-01
7	乌猪洲省级海洋特别保护区	8 000.00	珍稀海洋动物	省级	1997-12-01
8	大杧岛野生动物放养保护区	420.00	梅花鹿等野生动物及其生境	市级	2000-04-01
9	荷包岛次生林保护区	1 020.00	森林生态系统	市级	2000-04-01
10	西澳岛黄嘴白鹭自然保护区	545.00	鹭鸟及其生境	县级	2001-10-01
11	特呈岛海洋生态系统保护区	715.40	海洋生态系统	县级	2003-08-01
12	湛江南三岛鳖类自然保护区	2 186.00	鳖及其生境	县级	2003-11-01
13	茂名放鸡岛文昌鱼自然保护区	14 960.00	文昌鱼及其生境	市级	2004-01-01
14	阳西大树岛龙虾自然保护区	262.45	龙虾及其生境	县级	2004-02-01
15	南澳赤屿东南海域中国龙虾和锦绣龙虾自然保护区	212.40	中国龙虾及其生境	市级	2004-02-01
16	南澳平屿西南侧海域南方鲎自然保护区	157.30	南方鲎及其生境	市级	2004-02-01
17	阳西青州自然景观保护区	42.50	海洋景观	县级	2004-02-01
18	阳西青州龙虾自然保护区	1 190.00	龙虾及其生境	县级	2004-02-01
19	南鹏列岛海洋生态系统保护区	20 000.00	海洋水产资源	市级	2004-03-16
20	江门台山中华白海豚自然保护区	10 747.70	中华白海豚	省级	2007-01-01
21	上下川岛中国龙虾国家级水产种质资源保护区	42 000.00	中国龙虾	国家级	2007-12-12
22	广东海陵岛国家级海洋公园	1 927.26	海洋生态系统	国家级	2011-05-19
23	广东特呈岛国家级海洋公园	1 893.20	海岛陆地生态系统、滨海湿地生态系统	国家级	2011-05-19
24	广东南澳青澳湾国家级海洋公园	1 246.00	海洋生态系统	国家级	2014-03-13

5.1.2 海岛保护区面积

广东海岛类保护区面积共 155 170.21 hm²，约占省内海洋保护区面积的 21.75%。其中国家级海洋自然保护区的保护面积 36 494 hm²；国家级海洋特别保护区的保护面积 42 000 hm²，占海洋保护区面积比例达93.75%；国家级海洋公园保护面积为5 066.46 hm^2，见表5-3。

表5-3 广东省各级海洋保护区面积　　　　　　　　　　　　　　　　　单位：hm^2

广东省	总面积	海洋自然保护区		海洋特别保护区		海洋公园
		国家级	地方级	国家级	地方级	国家级
海洋保护区	713 369.70	163 837.17	188 147.50	44 800.00	304 565.60	12 019.46
海岛类保护区	155 170.21	36 494.00	63 609.75	42 000.00	9 300.00	5 066.46
海岛类占海洋保护区比例（%）	21.75	22.27	33.81	93.75	3.05	42.15

5.1.3 海岛保护区类型

广东省已建的海洋保护区包括海洋自然保护区和海洋特别保护区两大类别，海洋自然保护区89处、海洋特别保护区9处、海洋公园6处，海岛类保护区依次占其中的20.22%、33.33%和50%。在海洋自然保护区类别中分为海洋与海岸生态系统、海洋生物物种、海洋自然遗迹和非生物资源3种类型，广东省3种类型海岛类保护区数量分别为8处、9处和1处，依次占广东省海洋保护区总数的17.02%、24.32%和20%（表5-4）。

表5-4 广东省海洋保护区类型

广东省	海洋自然保护区			海洋特别保护区	海洋公园
	海洋与海岸生态系统	海洋生物物种	海洋自然遗迹和非生物资源		
海洋保护区（个）	47	37	5	9	6
海岛类保护区（个）	8	9	1	3	3
海岛类占海洋保护区比例（%）	17.02	24.32	20.00	33.33	50

5.1.4 海岛保护区分管部门

截至2014年4月，广东省海洋保护区主管部门分别为海洋、渔业（农业）、国土、林业部门。其中海洋部门主管的保护区数量最多，达61处，总面积530 980.68 hm^2，国土部门主管保护区数量最少，仅2处，面积3 280 hm^2。海岛类保护区分管部门为海洋、渔业（农业）和林业部门，海洋部门主管保护区16处，面积占64.78%，渔业（农业）部门主管保护区3处，单个保护区面积较大，占海岛类保护区总面积比例达32.08%，见表5-5。

表 5-5 不同主管部门负责管理的海岛类保护区基本情况

主管部门	数量（处）	占广东省海岛类海洋保护区总数的比例（/%）	面积（hm²）	占广东省海岛类海洋保护区总面积的比例/（%）
海洋	16	66.67	100 519.21	64.78
渔业（农业）	3	12.50	49 783.00	32.08
林业	5	20.83	4 868.00	3.14
合计	24	100	165 170.21	100

5.2 海岛类海洋自然保护区建设

5.2.1 海洋自然保护区定义

海洋自然保护区是针对某种海洋保护对象划定的海域、岸段和海岛区，建立海洋自然保护区是保护海洋生物多样性和防止海洋生态环境恶化的最为有效的手段之一。20 世纪 70 年代初，美国率先建立国家级海洋自然保护区，并颁布《海洋自然保护区法》，使建立海洋自然保护区的行动法制化；中国自 20 世纪 80 年代末开始海洋自然保护区的选划，5 年之内建立起 7 个国家级海洋自然保护区。建立海洋自然保护区的意义在于保持原始海洋自然环境，维持海洋生态系统的生产力，保护重要的生态过程和遗传资源。

5.2.2 我国的海洋自然保护区

中国海域纵跨 3 个温度带（暖温带、亚热带和热带），具有海岸滩涂生态系统和河口、湿地、海岛、红树林、珊瑚礁、上升流及大洋等各种生态系统。中国海洋生物物种、生态类型和群落结构表现为丰富的多样性特性。

加强海洋自然保护区建设是保护海洋生物多样性和防止海洋生态环境全面恶化的最有效途径之一。海洋和海岸保护区通过控制干扰和物理破坏活动，有助于维持生态系统的生产力，保护重要的生态过程。海洋保护区的主要作用是保护遗传资源。为了海洋物种和生态系统能够持续利用，必须既保护生态过程，又保护遗传资源。

原国务委员宋健 1988 年 6 月 28 日给时任国家海洋局局长严宏谟的信中指出，"建议海洋局的同志研究一下中国 18 000 km 海岸线上有否必要建立几个保护区"，"海洋必须开发。但是，如果一点原始资源都不保护，结果可能全部破坏，后代就什么大自然也看不到了"。

1988 年 7 月，中国确立了综合管理与分类型管理相结合的新的自然保护区管理体制。规定"林业部、农业部、地矿部、水利部、国家海洋局负责管理各有关类型的自然保护区"；11 月，国务院又确定了国家海洋局选划和管理海洋自然保护区的职责。1989 年初，沿海地方海洋管理部门及有关单位，在国家海洋局统一组织下，进行调研、选点和建区论证工作。1990 年 9 月国务院批准我国第一批国家级自然保护区有 5 个，即河北省昌黎黄金海岸自然保护区，主要保护对象是海岸自然景观及海区生态环境（图5-1）；广西山口红树林生态自然保护区，主要保护对象是红树林生态系统（图5-2）；海南大洲岛海洋生态自然保护区，主要保护对象是金丝燕及其栖息的海岸生态环境（图5-3）；海南省三亚珊瑚礁自然保护区，主要保护对象是珊瑚礁及生态系统（图5-4）；浙江省南麂列岛海洋自然保护区，主要保护对象是贝、藻类及其生态环境（图5-5）。1991年10月国务院又批准了天津古海岸与湿地、福建晋江深沪湾古森林两个海洋自然保护区。在这期间，一批地方级海洋自然保护区相继由地方海洋管理部门完成选划并经国家海洋局和地方政府批准建立。

图5-1 河北省昌黎黄金海岸自然保护区[①]

图5-2 广西山口红树林生态自然保护区[②]

---

① http：//www.shm.com.cn/travel/2006-01/11/content_1210495.htm
② http：//www.china-mangrove.org/point/26

图 5-3 海南大洲岛海洋生态自然保护区

图 5-4 海南省三亚珊瑚礁自然保护区[①]

---

① http：//www.sycoral.com.cn/index.asp

图 5-5 浙江省南麂列岛海岸自然保护区[①]

1995 年，我国有关部门制定了《海洋自然保护区管理办法》，贯彻养护为主、适度开发、持续发展的方针，对各类海洋自然保护区划分为核心区、缓冲区和实验区，加强海洋自然保护区建设和管理，此办法沿用至今。

5.2.3 南澎列岛海洋生态国家级自然保护区

5.2.3.1 保护区概况

南澎列岛海洋生态自然保护区位于南海东北端与台湾海峡西南端交汇的广袤海面上，地处福建、广东、台湾 3 省及东海与南海两海的交汇处，地理位置紧贴北回归线，区位优势明显，水文气候条件独特，海底地形地貌奇异，保护区内众多的岛屿、棋布的礁岩仍然保持着原始的自然状态。

1999 年南澳县人民政府以《关于同意设立南澎列岛—勒门列岛自然保护区的批复》（南府函〔1999〕2 号），批准同意设立县级自然保护区，2000 年汕头市人民政府以《关于同意设立南澎—勒门列岛升格为市级海洋自然保护区的批复（汕府函〔2000〕171 号）》，批准同意升格为市级自然保护区，2003 年广东省人民政府以《关于南澎列岛海洋生态自然保护区升格为省级保护区的批复》（粤府函〔2003〕196 号），批准同意南澎列岛海洋生态自然保护区升格为省级保护区。2012 年，经国务院办公厅《关于发布新建国家级自然保护区名单的通知》（国办发〔2012〕7 号）批准，南澎列岛海洋生态省级自然保护区升格为国家级自然保护区，成为广东省第 5 个海洋类型国家级自然保护区。该保护区的升格有利于完善广东省保护区网络，推动海洋生态保护事业的发展。保护区以南澎列岛周边海域为中心，总面积 35 679 hm^2，其中核心区、缓冲区和实验区面积分别为 12 581 hm^2、11 285 hm^2 和 11 813 hm^2，保护区内分布有屿仔、顶澎岛、旗尾岛、中澎岛、南澎岛、芹澎岛 6 岛，较大的岛屿为南澎、

[①] http://zjnews.zjol.com.cn/05zjnews/system/2010/05/17/016613854.shtml

中澎、顶澎和芹澎4岛（图5-6）。

图5-6　南澎、中澎、顶澎和芹澎4岛俯视图

5.2.3.2　典型生态系统

南澎列岛海洋自然保护区海域的底质极为特殊，以岩礁、砂、砂砾和砂泥等为主，由于受人类活动影响较小，基本保持原始自然状态。保护区典型的生态系统主要包括上升流生态系统、岩礁生态系统、珊瑚生态系统和海岛生态系统，其中上升流生态系统和珊瑚生态系统是地球上最具生命力的四大海洋生态系统中的两大系统。

1）上升流生态系统保护区

它所在上升流区范围较大，主要分布在福建漳浦礼士列岛至粤东甲子海域，以南澎列岛为中心。主要表征是夏季出现低温、高盐水团；表层水溶解氧的浓度和饱和度合适、营养盐较高，导致浮游植物高密集，初级生产力高，浮游动物生物量总量大。保护区范围的上升流仅出现在夏季近岸水体，是西南方向的离岸风引起底层水向上涌升补偿所形成的，属于风生上升流，在夏季形成中心渔场。

2）岩礁生态系统保护区

该区内有大量的明礁、暗礁和干出礁，有别于广东沿岸海域的底质多为泥质和泥沙质，该海域底质主要为岩礁（图5-7），海底起伏不平，并分布有砂、砂泥、砂砾及泥沙等。保护区独特的离岸海岛生境和海底特征，为许多生物类群，如附着性海藻、珊瑚类、附着性底栖生物、埋栖性底栖生物和游泳生物等，提供了良好的栖息、索饵和繁衍场所。

3）珊瑚生态系统

由于大陆沿岸悬浮物浓度高，使沉积物对柳珊瑚分布水深和群体大小影响较大，而保护区距离陆域岸线较远，因此保护区海域内柳珊瑚可以分布在水深较深水域，并形成较大的群

图 5-7　南澎岛岩礁潮上带区

体。保护区内的软珊瑚群体较小且种类单一，主要零星分布在顶澎、中澎、南澎和芹澎 4 岛水深浅水海域，偶见密集分布，分布密度可以达到 5 个/m²，见图 5-8。

(a) 猩红筒星珊瑚　　　　　　　　　(b) 硬棘软珊瑚

(c) 棘柳珊瑚　　　　　　　　　　　(d) 扁棘柳珊瑚

图 5-8　南澎列岛珊瑚

4) 海岛生态系统保护区

该区所在海域为我国南亚热带海域典型离岸岛屿群，主要由屿仔、顶澎岛、旗尾岛、中澎岛、南澎岛、芹澎岛 6 岛组成，同时，保护区内还有大量的明礁、暗礁和干出礁。岛上基本被草本植被所覆盖，植物资源有 46 种，隶属于 38 属，26 科。保护区独特的离岸海岛生境为许多生物类群提供了良好的栖息、索饵和繁衍场所。

5.2.3.3　重要生物资源

南澎列岛国家级海洋自然保护区位于太平洋黑潮高温、高盐水与沿岸水及大陆径流交汇混合处，具备了海洋生物繁殖、生长、栖息的各种有利因素，形成了十分丰富的生物资源。据资料显示，分布于该保护区海域的海洋生物达到 1 308 种，隶属于 20 个门，113 个目，357 个科。其中的毛颚动物门、黄藻门、金藻门、栉水母动物门和甲藻门的种类数分别占全国总种类数的 46%、33%、33%、22% 和 21%，硅藻门和腕足动物门所占的比例也较高，均在 10% 以上。

1) 珊瑚资源

2008 年的调查结果显示，保护区海域共发现非造礁石珊瑚 1 种，软珊瑚 5 种和柳珊瑚 11 种。由于调查的局限，根据对邻近相似海区珊瑚分布情况，估计非造礁石珊瑚、软珊瑚和柳珊瑚的种类应该还会更多。

2) 植物资源

受四面环海的特殊环境因素影响，海岛植被的分布类型与环境相适应而呈现环带状或同心圆状。其中核心区的南澎岛和中澎岛的植被环状分布特征极其典型，南澎岛岩岸地段岩壁陡峭，岛的四周形成以草海桐和野香茅群落为主的外围环状带植被，岛的中北部和中南部分别形成鬣刺盐地鼠尾粟、厚藤群落和天人菊群落。中澎岛四周和岛中央植被分别呈现以鬣刺盐地鼠尾粟、厚藤群落和天人菊群落为主的环状带分布。

保护区内及附近海岛植被良好，岛上基本被草本植被所覆盖，植物资源有 46 种，隶属于 38 属，26 科。主要由天人菊群落、鬣刺盐地鼠尾粟-厚藤群落及草海桐-野香茅群落 3 个群落组成。其中，天人菊群落主要以菊科植物为主，在开花期呈棕红色，整齐，组成种类以天人菊为优势，密度大，伴生种有球柱草（*Bulbostylis barbata*）、香丝草、纤毛鸭嘴草和细柄草等，局部地段分布有小片盐地鼠尾粟，片状分布。鬣刺盐地鼠尾粟-厚藤群落呈灰色外貌，片状分布，组成种类的优势种为鬣刺盐地鼠尾粟和厚藤群落，伴生种有绢毛飘拂草、羽芒菊、李花蟛蜞菊（*Wedelia biflora*）、蔓茎栓果菊（*launaea sarmentosa*）、白茅、香附子和铺地黍等，有些地段还有仙人掌和单叶蔓荆等。草海桐-野香茅群落呈密灌丛状，青绿色，以草海桐为优势种，局部有纯丛林，一般地段伴生种还有黄槿、海芒果、许树、露兜簕、单叶蔓荆和雀梅藤等，丛生，局部有匍匐状分布。

3) 鸟类资源

保护区诸岛屿地处南亚热带，属海洋性气候，适宜于各种留鸟和候鸟栖息。特殊的地理位置和优越的自然环境,为候鸟觅食、栖息、繁衍提供了一个优良的场所。

保护区内是南澳候鸟省级自然保护区的试验区,鸟类资源十分丰富,素有"海鸟王国"之称。据资料显示,一年四季在保护区停留过的各种候鸟、旅鸟、留鸟和繁殖鸟等约有90多种,隶属于32科,14目。其中属于国家一级重点保护鸟类的有白腹军舰鸟、白尾海雕和短尾信天翁3种,属于国家二级重点保护鸟类的有斑嘴鹈鹕、岩鹭、黄嘴白鹭、红脚鲣鸟和褐鲣鸟5种。

4) 海洋动物资源

南澎列岛国家级海洋自然保护区及附近海域是我国南海最重要的渔业水域,具有丰富的头足类和中上层鱼类资源,是南海北部重要经济水产种质资源的产卵、育肥与索饵场。

保护区及附近海域已发现游泳生物475种,其中鱼类304种,甲壳类和头足类分别为150种和21种。根据中国水产科学院南海水产研究所于2008年的调查,出现的主要经济种类有鹤海鳗、黄斑蓝子鱼、长尾大眼鲷、长蛇鲻、短尾大眼鲷、带鱼、黑纹条鰤、蓝圆鲹、花斑蛇鲻、银鲳、二长棘鲷、网纹裸胸鳝、皮氏叫姑鱼、刺鲳、印度无齿鲳、斑鳍白姑鱼、多齿蛇鲻、金线鱼、白姑鱼、多鳞鱚、圆腹鲱、大黄鱼、条尾绯鲤、鮸状黄姑鱼、印度舌鳎、星斑裸颊鲷、乌鲳、竹荚鱼、中国枪乌贼、杜氏枪乌贼、剑尖枪乌贼、拟目乌贼、金乌贼、虎斑乌贼、罗氏乌贼、田乡枪乌贼、曼氏无针乌贼、哈氏仿对虾、须赤虾、马来鹰爪虾、长毛对虾、细巧仿对虾、近缘新对虾、中华管鞭虾、周氏新对虾、日本对虾、宽突赤虾、锈斑蟳、红星梭子蟹等,这些种类约占渔获量的58.44%。而低值鱼如鳐类、棱鳀类、小公鱼类、鲾类、刺鲀类等约占总渔获量的41.56%。

5) 珍稀生物资源

保护区及附近海域由于高的初级生产力和丰富的海洋生物多样性,使得该海域不仅分布有重要珍稀濒危种质资源,而且分布有重要的水产种质资源。主要珍稀濒危物种种质资源,包括国家一级保护动物中华白海豚(图5-9)和鹦鹉螺,国家二级保护动物蠵龟、绿海龟、玳瑁、棱皮龟、太平洋丽龟、黄唇鱼、江豚、南瓶鼻海豚、瓶鼻海豚、灰海豚、花斑原海豚、瘤齿喙鲸、灰鲸、伪虎鲸、克氏海马共15种,以及广东省重点保护物种锦绣龙虾、中国龙虾、中国鲎、南方鲎、刁海龙、鲸鲨、驼背鲈和姥鲨共8种。

重要水产种质资源包括鱼类中的大黄鱼、蓝圆鲹、二长棘鲷、真鲷、黑鲷、黄鳍鲷、赤点石斑鱼、鮸鱼等,头足类中的中国枪乌贼,软体动物的杂色鲍、螺、泥蚶、翡翠贻贝等,甲壳类中的中国龙虾、锦绣龙虾、长毛对虾、墨吉对虾、锯缘青蟹等,棘皮动物的紫海胆以及藻类植物中的长紫菜、瓦氏马尾藻等。

5.2.3.4 保护区功能分区

自然保护区是指为了自然保护的目的,把包含保护对象的陆地、水体或海域依法划出一定面积予以特殊保护和管理的区域。自然保护区功能区划即分区管理是自然保护区建设规划的核心工作,是提高自然保护区经营管理水平的有效途径。国内外自然保护区功能区的划分,主要按照"三区模式"进行,即根据自然保护区的自然地理特征和生态学功能,将其空间结

图 5-9　保护区内的中华白海豚

构划分为核心区、缓冲区和实验区 3 个功能区。

南澎列岛海洋生态国家级自然保护区地理位置紧贴北回归线,为热带向亚热带的过渡区,属南亚热带气候;保护区内具有典型的上升流生态系统、岩礁生态系统、海藻场生态系统和珊瑚生态系统;生物群落丰富、珍稀濒危保护动物众多,目前基本保持原始自然状态。根据《中华人民共和国自然保护区条例》《中华人民共和国水生动植物自然保护区管理办法》《海洋自然保护区管理办法》《自然保护区工程总体设计标准》和《中国自然保护纲要》等有关规定和要求,将保护区划分为核心区、缓冲区和实验区 3 个功能区。保护区的主要保护对象包括典型的近海海洋生态系统、独特的南亚热带生物群落、珍稀濒危保护物种、重要水产种质资源及其栖息环境。各个功能区的生态功能如下。

1) 核心区

核心区位于保护区中心位置,23°19′03″N、117°21′41″E,23°18′50″N、117°10′03″E,23°12′04″N、117°15′10″E 三点连线内海域,总面积 12 580.6 hm^2。核心区为保护区主要保护对象最为密集和敏感的海域,如岩礁生态系统、珊瑚生态系统、海藻场生态系统均集中分布在该区域的海岛、暗礁周围;主要生物群落,包括潮间带生物群落、岩礁浅海底栖生物群落、海藻生物群落密集分布在该海域;该海域也是多数珍稀濒危动物的集中分布区,特别是南澎岛沙质海滩还是海龟的产卵场。

核心区实行绝对保护,未经特别批准,禁止任何单位和个人进入,无任何建设项目。核心区要突出反映其保护目的,并且包括其保护对象长期生存所必需的所有资源的区域,重点保护珍稀水生动物、完整的有代表性的生态系统和生物群落。

2) 缓冲区

缓冲区为核心区周围区域,23°21′13″N、117°11′45″E,23°17′38″N、117°08′22″E,23°11′13″N、117°15′28″E,23°19′03″N、117°22′49″E 四点连线与核心区之间海域,面积

11 285 hm^2，对核心区起保护和缓冲作用，扩大和延伸被保护物种的生长和活动区域。缓冲区海域是保护区良好自然性向人为影响下的自然性过渡的区域，靠近核心区四周水域的生物群落、生态系统自然属性与核心区一致，将其划分为缓冲区，以缓冲外界对核心区的干扰。

缓冲区是保护区生态系统和群落保护较好和发育较为完整的地区，需要重点保护，除必要和合理的科学研究外，杜绝其他开发性的经营管理行为。缓冲区是核心区与实验区的过渡地段，实施重点保护，可安排巡护线路、生态定位观测站、监测样地等以便对区内珍稀水生动物、主要生态系统、群落进行监测和研究，此外不安排其他建设项目，但该区可进行适当的科学研究和观察、监测等工作。缓冲区内，在保护对象不遭人为破坏和污染前提下，经该保护区管理机构批准，可在限定期间和范围内适当进行渔业生产、旅游观光、科学研究、教学实习等活动。

3）实验区

实验区位于缓冲区外围区域，面积 11 812.9 hm^2。由于该区域的海洋生态系统特征、生物群落的典型性相对核心区有较大差异，如珊瑚生态系统、海藻场生态系统在该区域少有分布，因此将其划分为实验区，是保护区内人为活动相对频繁的区域，在保护区管理机构统一规划和指导下可进行适度开发活动。

实验区是重点管理的区域，可以进入实验区从事科学试验、教学实习以及驯化、繁殖珍稀濒危野生动物等活动。在有效保护的前提下对资源进行适度经营利用，并成为带动周围更大区域实现可持续发展的示范地。实验区内可划定适当的经营区域范围，以改善自然生态环境和合理利用自然资源、人文资源，发展经济为目的。主要内容包括自然保护管理设施、科研设施等的配置，自然保护管理活动、科研监测与教学实习活动、多种经营等综合利用活动等。同时应该在接近实验区的陆地建立保护区管理局和相关管护点，建立一个科研监测中心和其他相关的设施。

5.2.3.5 保护区管控措施、体系

自然保护区管控目标通过保护区的保护管理建设，使水产生物资源、珍稀水生动物、自然生态环境、生物群落等自然资源得到有效的保护，使其得到恢复和发展；探索合理利用自然资源的有效途径，促进自然生态系统进入良性循环，达到人与自然的和谐共生。

1）保护原则

坚持依法保护原则。认真贯彻执行国家有关野生动物和自然保护区管理的法律、法规、方针、政策和广东省地方政府的有关规定，依法对保护区内的珍稀水生动物及其栖息地中的重要生态系统、生物群落实行严格保护。

整体保护原则。既保护生物资源、生物多样性和生态系统平衡，也要保护环境资源、旅游资源和人文景观。

保护与恢复相结合的原则。一方面是采取适当的保护措施，保护现有经济资源物种和珍稀物种及生态环境；另一方面采取人工增殖放流等积极措施，进行经济资源物种和珍稀物种的恢复。

综合保护原则。采取人工鱼礁建设、隔离保护、人工培育、驯养繁殖等工程措施与保护管理、宣传教育等非工程措施相结合的综合性保护。

全面保护与突出重点相结合原则。限于目前的价值观、保护经费和技术力量，在强调整体性与全面性保护的前提下，对重点保护对象实行重点保护，根据重要性、经费、技术等具体情况有所侧重。

2）保护措施

建立健全规章制度。建立健全自然保护区各管理岗位和目标责任制，明确各岗位的职责和任务，严格管理，奖优罚劣；建立出入保护区登记制度、出海检查登记制度和管理人员巡海制度，制定出海守则，严格执行出入保护区登记手续和出海通行登记手续。

建立健全保护管理体系。自然保护区实行保护区管理局—管理站—管护点的三级保护管理体系。设立自然保护区管理局，建立2个管理站，4个管护点及1个哨卡，形成全方位、强有力的保护管理网络。

完善保护管理设施设备。加强管理设施设备建设，完善动物管护、病害防治、科学研究等设施设备，提高保护管理水平。

加强执法建设。组织强有力的保护队伍，建立水上公安派出所，履行公安职责，依法进行自然保护，坚决打击乱捕滥捞、毒鱼、炸鱼、电鱼等破坏自然资源的违法活动，维护自然保护区的正常秩序。加强对出入保护区船只的检查，堵截非法乱捕所得；防范陆源性污染等流入保护区，保障保护区生态系统的健康和野生生物资源的安全。

发挥社区群众在自然保护中的积极作用。在建立健全专业保护管理队伍的同时，对保护区内及周边地区群众进行宣传教育，提高群众的保护意识。在此基础上，订立乡规民约，组织区、社联防队伍，进行群护群防。

努力提高保护区管理水平。加快引进自然保护、管理方面的专业技术人才，加强保护区管理工作，力求通过多渠道、全方位开展对外交流工作，同时有计划地培训专业人员，不断提高保护区管理水平。

设立标志。在保护区的四周、功能分区及路口、交通要道设立界桩和标牌，以提示方向、阐述规章、宣传和介绍情况。以限制性、解说性的形式在管理站点、交通要道和人员活动频繁的地区设立标牌。

广泛寻求合作伙伴。加强保护区之间的合作，经常开展交流活动，探索研究保护管理与科学利用的新途径。同时，与有关大学、科研单位乃至国际相关组织不断加强联系，积极寻求合作途径，深入研究有利于保护管理的新课题，力求不断取得新科研成果。

3）保护管理体系

根据南澎列岛海洋生态国家级自然保护区实际情况，将保护区设定三级管理：管理局—管理站—管护点。

保护区管理局。自然保护区管理局为南澎列岛海洋生态国家级自然保护区常设的一级管理机构，其主要职责为：巡护检查；阻止游人进入核心区；查处进入保护区进行一切破坏自然资源及生态环境的活动；救护伤病的珍稀野生动物；在辖区进行气象、水文、气候、动物区系变化监测等背景资源调查，并建立相应统计档案。

为了便于保护区管理，根据保护区的面积、分布情况，保护区局站址应选择在交通、通信和生活较为方便的乡（镇）、自然村庄所在地。基于此，南澎列岛海洋生态国家级自然保护区管理局规划选址在云澳镇。

保护区管理站。根据保护区的保护管理任务、自然地理条件和交通条件，以及行政划界和自然保护区管理系统等，南澎列岛海洋生态国家级自然保护区规划在云澳镇和青澳镇各设立一个保护区管理站。保护区管理站是自然保护区的基层自然保护单位，其职能是对辖区内的生物资源和生态环境进行监督、管护，并协助有关部门实施科研工程、生态旅游和有关经营等。

保护区管护点。为提高保护管理效率，杜绝外来人员进入保护区域从事捕捞、采挖等非法活动，根据各保护管理站的保护管理任务、自然地理条件、交通条件以及居民点分布情况共设立4个管护点。

5.3 海岛类国家级海洋公园建设

5.3.1 海洋特别保护区定义

海洋特别保护区是指具有特殊地理条件、生态系统、生物与非生物资源及海洋开发利用特殊要求，需要采取有效的保护措施和科学的开发方式进行特殊管理的区域。根据《海洋特别保护区管理办法》，分为海洋特殊地理条件保护区、海洋生态保护区、海洋公园和海洋资源保护区4种类型。与海洋自然保护区的禁止和限制开发不同，海洋特别保护区按照"科学规划、统一管理、保护优先、适度利用"的原则，在有效保护海洋生态和恢复资源同时，允许并鼓励合理科学的开发利用活动，从而促进海洋生态环境保护与资源利用的协调统一。

为落实党的十七大提出的"建设生态文明"战略方针，推进海洋生态文明建设，加大海洋生态保护力度，促进海洋生态环境保护与资源可持续利用，2010年国家海洋局修订了《海洋特别保护区管理办法》，将海洋公园纳入海洋特别保护区的体系中。国家级海洋公园的建立，进一步充实了海洋特别保护区类型，为公众保障了生态环境良好的滨海休闲娱乐空间，在促进海洋生态保护的同时，也促进了滨海旅游业的可持续发展，丰富了海洋生态文明建设的内容。

5.3.2 我国的海洋公园

海洋公园是海洋特别保护区的一种类型，指为保护海洋生态系统、自然文化景观，发挥其生态旅游功能，在特殊海洋生态景观、历史文化遗迹、独特地质地貌景观及其周边海域划定的区域。海洋公园分为国家级和地方级两类，其中国家级海洋公园指重大特殊海洋生态景观分布区、重大历史文化遗迹分布区、有重大价值的独特地质地貌景观分布区。

我国海洋公园的建设自国家海洋局2011年5月19日发布了首批7处国家级海洋公园名

单以来，分别在 2012 年（10 处）和 2014 年（11 处）发布两批新建的国家级海洋公园名单。与此前建立的各类型海洋保护区共同形成了包含特殊地理条件保护区、海洋生态保护区、海洋资源保护区和海洋公园等多种类型的海洋特别保护区网络体系[①]。在已发布的 28 个国家级海洋公园中，以海岛为依托的海洋公园 12 处，占总数的 43%，以砂质岸线和海岸为依托的海洋公园合计 11 处，占总数的 39%，其余海洋公园主要以盐沼、河口生态景观、滨海湿地或古代遗址历史文化为依托，占总数不足 1/5。由此可见，在我国建设国家级海洋公园的初级阶段，建园对象普遍集中在旅游开发难度相对较低的海洋生态类型，使得海洋公园的种类相对单一。对此我们急需丰富海洋公园类型，使国民得到更多元化的海洋服务，有助于提高国民对海洋生态系统保护的认识，从而实现生态环境效益与经济效益的双赢。

5.3.3 广东海陵岛国家级海洋公园

5.3.3.1 保护区概况

广东海陵岛国家级海洋公园是全国首批获批的 7 个国家级海洋公园之一，位于广东省阳江市，行政区域隶属阳江市海陵岛经济开发试验区，下辖闸坡镇和海陵镇，历来以渔业和农业为主，生态良好，环岛多低山、植被繁茂、蓝天白云、海水清洁、十里银滩、山海园林、景色旖旎。公园选划区总周长约 19.62 km，总面积约 19.27 km²，其中南北最宽约 2.86~4.70 km，东西长约 4.91 km，海岸线长 7.12 km，陆地面积 1.37 km²，占其总面积的 7.11%；海域面积 17.90 km²，占其总面积的 92.89%，海洋公园位置见图 5-10[②]。

图 5-10 广东海陵岛国家级海洋公园位置

5.3.3.2 生态状况

海陵岛国家海洋公园的建立能有效地保护海陵岛区域海岸湿地生态系统完整性，保护典型的天然海洋湿地景观，保护和改善陆地与海洋生物栖息环境，保护和恢复生物多样性，充分发挥海洋湿地的护堤固滩、防风浪冲击、保护海洋生物栖息生境、降低盐害侵袭、净化海

---

① http://www.gov.cn/gzdt/2011-05/19/content_1866854.htm
② 据《广东海陵岛国家级海洋公园总体规划》资料。

水以及滨海湿地景观休闲娱乐和文化宣教等功能与作用，岛内有丰富的湿地生态和动植物等自然资源。

1）滨海湿地资源

海陵岛国家海洋公园滨海湿地面积共约346.52 hm^2，包括潮间带面积57.75 hm^2（其中砾石海滩7.25 hm^2，砂质海滩50.5 hm^2）、低潮线至-6 m等深线间的浅海水域288.77 hm^2。

2）植物资源

海陵岛国家海洋公园所在区属于桂东粤西丘陵山地湿润季风常绿阔叶林生态亚区。本植被区地带性典型植被为常绿阔叶林，由于人为经济活动干扰严重，现有植被以次生类型和人工植被为主。海洋公园内植物以热带性区系成分为主，温带成分主要为外来种类，区系具明显南亚热带性质。

海陵岛国家海洋公园的主要植被类型有：木麻黄林和台湾相思林，林下灌木有土密树、潺槁树、刺葵、九节、鸭胆子等；林下草本植物有飞机草、蜈蚣草、蟋蟀草、马唐、羽芒菊等；构成单优种常绿灌丛的种类有草海桐、桃金娘、刺葵、打铁树、东风桔等；以及椰林、蒲葵林、大王椰和小叶榕等用作道旁树的园林植被。形成这些植被类型的优势区系成分中所占的种类很少，但它们形成了海陵岛国家海洋公园主要的植物景观。

3）鸟类资源

海陵岛国家海洋公园背靠大角山，山海相连，山体植被覆盖率达95%，特别适宜鸟类栖息，常见种类有：水面游禽主要种类有小鸊鷉、普通燕鸥等。沿海滩涂鸟类群主要种类有中白鹭、大白鹭、牛背鹭等鹭科鸟类以及大杓鹬、鹤鹬、红脚鹬等鸻鹬类。山地鸟类主要有树麻雀、斑文鸟、小鸦、红耳鹎等，该类群主要由雀形目鸟类组成，且本地繁殖鸟类比例较大。

4）海洋动物资源

海陵岛海洋公园具有海洋、海岛以及滩涂湿地等不同类型的生态系统，因而具有丰富的生物多样性。其中浮游植物共有5门107种；浮游动物共9个类群50种。海洋公园有大型海藻合计3门7目10科11属16种，包括食用价值较高的浒苔、条浒苔等，具有药用价值的石莼类，以及可用于提取藻胶的细基江蓠和铁钉菜。海洋公园及附近海域软体动物（贝类）共计4纲13目50科75属98种，基本上属于亚热带性质，优势种为华贵栉孔扇贝、细角螺、泥东风螺等食用价值较高的贝类。

海陵岛国家海洋公园及其附近海域具有丰富的水生经济动物资源，有鱼类2纲12目76科89属134种，主要代表种有：石斑鱼类（如云纹石斑鱼）、银鲈类（如七带银鲈）、笛鲷类（如红笛鲷）、带鱼科鱼类等。有虾蟹类1纲2目12科27属39种，主要种有锯缘青蟹、三疣梭子蟹、墨吉对虾、凡纳滨对虾、口虾蛄、脊条褶虾蛄、波纹龙虾等。许多种类有一定的资源量，经济价值较高，逍遥馒头蟹和红线黎明蟹等还有一定的观赏价值。

由于地理位置特殊，海陵岛国家海洋公园海域是多种受保护动物的栖息地，中华白海豚为国家一级保护动物，太平洋丽龟、绿海龟、玳瑁、文昌鱼、黄唇鱼均是国家二级保护动物，中国鲎为广东省重点保护动物，这些资源较过去明显减少，应加强宣传和保护，并对特有品种开展人工繁殖和增殖放流等。

5.3.3.3 功能分区

海陵岛国家海洋公园面积共约 1 927.26 hm^2，以海陵岛南部沿海大角湾（又称大角环）地理单元为主体，包括陆地面积约 137 hm^2 和海域面积约 1 790.26 hm^2。根据海陵岛的海岛与海洋生态资源分布特点，将海陵岛国家海洋公园分成重点保护区、生态与资源恢复区、适度利用区、滨海休闲度假区和预留区 5 个生态保护与生态旅游功能区，功能分区设置见图 5-11。各个功能区的生态功能如下。

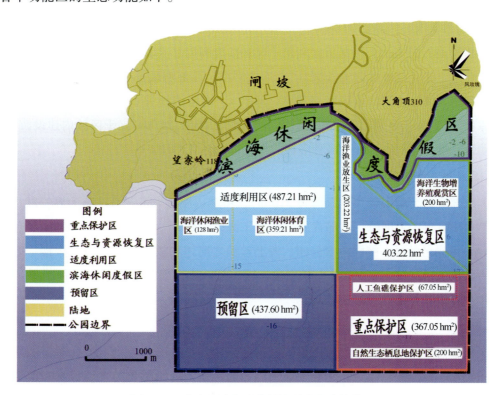

图 5-11　广东海陵岛国家级海洋公园功能分区

1）重点保护区

面积共约 367.05 hm^2，包括重点保护Ⅰ区和重点保护Ⅱ区共 2 个区。

重点保护Ⅰ区（自然生态栖息地保护区）：面积约 300 hm^2，包括人工鱼礁区之外的其余重点保护区海域，水深约 16~18 m，发挥其提供保护区及其附近地区海洋生物多样性栖息生境及海洋地貌保护等作用。通过在保护区内实施各种资源与环境保护的协调管理以及防灾减灾措施，防止、减少和控制本区海洋自然资源与生态环境、水下地貌与水下历史文物遭受破坏。重点保护Ⅱ区（人工鱼礁保护区）：面积约 67.05 hm^2，通过重点保护人工鱼礁，发挥附近海域鱼类等海洋生物栖息生境的生态作用，实现海洋生物资源的恢复与生态系统重建。

2）生态与资源恢复区

面积共约 403.22 hm^2，包括恢复Ⅰ区和恢复Ⅱ区共 2 个区。

生态恢复Ⅰ区（海洋渔业放生区）：位于现有放生台海域的占生态与资源恢复区总面积超过一半的西南部分，面积约 203.22 hm^2。增殖放流和海洋牧场建设，是提高海陵岛国家海洋公园海洋生物资源的有力措施，结合政府部门的公益活动，可以进行文昌鱼、中国鲎、各种海鱼等重要物种和重要经济种类或港湾定居种类如斑鳍的增殖放流。生态恢复Ⅱ区（海洋生物增养殖观赏区）：为占生态与资源恢复区总面积近一半的东北部分，包括海洋动物（鱼虾蟹贝）增养殖观赏区、藻类增养殖观赏区、海草恢复观赏区，面积约 200 hm^2，对海陵岛国家海洋公园的水生动植物进行繁殖、保护、增殖和移殖，从而使其天然水域的海洋生物资源增加、保持海洋生物资源的永续利用和达到生态平衡与保护生物多样性的目的。

3）适度利用区

面积共约 487.21 hm^2，包括适度利用Ⅰ区和适度利用Ⅱ区共 2 个区。

适度利用Ⅰ区（海洋休闲渔业区）：为适度利用区西部海域部分，面积约 128 hm^2。该区域可适度利用为滨海休闲渔业场所（潜水、垂钓）、渔家传统捕鱼表演。适度利用Ⅱ区（海洋休闲体育区）：为适度利用区东部海域部分，面积约 359.21 hm^2。于区域内建设游艇码头、水上运动区、潜水运动区，开展多种多样的海洋休闲体育活动。

4）滨海休闲度假区

本区东部背靠大角山（大角顶海拔 310 m），中部以旅游大道、海滨路为界，以北部的飞鹅岭（海拔 236 m）为屏障，西部背靠望寮岭（海拔 118 m），面积约 232.18 hm^2，包括，大角湾 AAAA 风景名胜区、螺洲海滨公园、海上丝绸之路博物馆、区管委行政大楼、碧珠楼等花园酒店、放生台（陆地部分）、小好望角、探海楼、大角湾度假浴场、南海揽胜、东方银滩广场、十里银滩等景点。

5）预留区

本区与阳江港海陵湾航道水域相邻，属上升流区，是本海洋特别保护区重要的生态缓冲区，面积约 437.60 hm^2。本区规划在与航道相邻的区域，以洄游鱼类生境保护和航道安全标示为功能和管理目标，同时对海陵岛国家海洋公园内海洋生物增养殖区和人工鱼礁保护区起着生态缓冲的作用

5.3.3.4 海洋公园管控措施及制度

具体管理目标和措施应按照海洋特别保护区有关技术规范执行。海洋特别保护区内的保护管理及开发活动涉及使用海域的，应当按照《中华人民共和国海域使用管理法》的有关规定执行。

1）保护等级分区

根据海陵岛国家海洋公园生态系统的重要程度和生态敏感程度，对海陵岛国家海洋公园及其周边生态系统实施三级保护。根据功能分区中的生态系统保护重要性，设置 3 个级别的生态保护管理目标。

一级：为严格海洋生态保护区。本区主要管理目标是开展科学观测站活动，可允许通过

生态非破坏性通道建设项目开展远景观赏活动，严格禁止人类其他活动的开展，包括自然生态栖息地保护区（面积 300 hm^2）和人工鱼礁保护区（面积 67.05 hm^2），共计面积 367.05 hm^2。

二级：为海洋生态与资源恢复区和预留区。本区主要管理目标是开展生态与资源恢复工程与管理，包括海洋渔业放生区（面积 203.22 hm^2）和海洋生物增养殖观赏区（面积 200 hm^2）。预留区为阳江港海陵湾航道相邻的上升流区（面积 437.60 hm^2），共计面积 840 hm^2。区内许可建设观光平台与管理平台，以实现生态保护与生态旅游经营的双赢目标。

三级：为适度利用区和滨海休闲度假区。本区主要管理目标是海岛与海洋生态旅游等开发海洋公园，即生态产业园区。适度利用区包括海洋休闲体育区（面积 359.21 hm^2）和海洋休闲渔业区（面积 128 hm^2），滨海休闲度假区面积 232.18 hm^2，共计面积 719.39 hm^2。本区以生态优先为原则，以生态旅游设施建设及其生态维护为管理主体，突出旅游设施建设与生态环境景观的协调，满足鸟类等野生动植物及其生境保护、原住居民与外来旅客旅游休闲观光度假较高舒适度要求，遵循循环经济学原理，实现"清洁家园、清洁生产、清洁水源、清洁能源"的海岛生态系统，优化经济、文化、社会结构。

2）保护措施

一级保护。对保护对象实行严格保护，严格控制在保护范围内进行开发建设；在保护范围内要严格限制人为活动，防止对生态系统造成破坏；严禁在海洋公园范围内进行排污与采砂；禁止在保护范围内建设除规划外的非保护目的的设施。

二级保护。除规划项目外，在保护范围内禁止其他项目的建设；规范人类的活动行为，禁止对海洋公园生态系统的破坏；考虑区域生态承载力，控制游客流量；保护范围内的建筑物和构筑物必须与周围的环境相协调，并在合理布局的前提下严格控制规模；除规划引进的物种外，禁止其他物种的引进。

三级保护。在保护范围内，严禁破坏生态环境与生态资源的行为发生；禁止有害外来生物的引入。

3）社区共同管理

社区共同管理，就是使当地社区和有关利益团体积极参与海洋生态过程的维护、管理工作。其主要目标是生物多样性保护和社区可持续发展的结合，通常是指当地社区对湿地的规划和使用具有一定的职责，社区同意在持续性利用资源时与海洋公园生物多样性保护的总目标不发生矛盾。同时，政府相信当地社区居民的能力并给予必要的支持和帮助。当地社区在利用湿地的过程中，居民为自己提供管理资源的机会并规定自己的责任，明确自己的要求、目标和愿望，明确所进行的活动涉及自己的福利，从而自觉地成为自然生境和生物多样性的管理者、保护者与维护者。

目前海陵岛国家海洋公园由于受到滨海高度旅游开发、围海人工养殖等各种外部因素的干扰和影响，海洋生态系统面临严重的威胁，并且政府管理和个体管理存在着很大的局限性，现行管理中存在的主要问题实质就是海洋生态资源管理主体与参与主体的矛盾问题。由于当地居民已经与这片海洋生态资源建立起相互依存的关系，如果要建立海陵岛国家海洋公园，剥夺他们对自然资源的使用，改变他们已经习惯了的生活方式，是很难实现的。排斥当地居民的保护路线是行不通的。因此，可以采取海洋生态资源社区管理模式，充分协调管理主体与参与主体的关系，就可以避免在海陵岛国家海洋公园范围内出现大规模的人工捕鱼等破坏海洋生态系统的现象发生，实现人与湿地的和谐发展，维护海洋生态系统的稳定。社区管理体制能充分考虑利益相关者的生存与发展的需要，突出了社区成员在湿地资源经营管理过程的参与及主体地位，节约政府管理和资源保护成本，有利于实现经济效益与生态效益双赢。

4）社区管理模式

根据社会化管理的内涵和原则，结合我国湿地保护的实际情况，建议在海洋生态保护过程中，海陵岛国家海洋公园应该加强与当地社区的密切联系，形成以海洋公园为主导的社区共同管理的保护网络，建立"两位一体，社区参与，共同管理"的管理新模式。两位一体，就是海陵岛国家海洋公园与当地社区，通过协调和沟通，在落实科学发展观和可持续发展战略方面，在资源保护和利用涉及全局长远利益方面，双方的目标是一致的，应成为一个有机的整体。社区参与，就是当地社区通过对海洋公园内海洋生态资源保护和利用重大问题的共同决策，充分参与海洋公园的管理工作，达到共同管理海洋公园的目的。共同管理，就是当地社区与海洋公园共同管理海洋生态资源，使保护管理工作不局限于海洋公园管理处，而是扩展到众多社区，由众多社区管理的节点编织成保护网络。

（1）社区共管参与者的组成

海陵岛国家海洋公园社区管理参与者可划分为以下几类。

①由当地居民组成的社区。居民居住在海陵岛国家海洋公园内并直接占有和使用海洋公园内的自然资源。

②与海陵岛国家海洋公园资源管理有直接利益的当地社区。如海洋公园涉及的乡镇的企、事业单位的工作人员和行政村委会。

③直接进行海陵岛国家海洋公园内资源商业使用者（个人、公司等），他们与资源的关系是纯粹商业关系。

④海陵岛国家海洋公园内资源的短期使用者，如旅游者。

⑤海陵岛国家海洋公园社区的支持者，如环境保护组织、社会和个人团体、发展援助组织和某些个人。

⑥海陵岛国家海洋公园内产品的最终用户。

⑦负责某种海陵岛国家海洋公园资源的管理部门，如旅游、海洋与渔业、海事部门。

政府部门在社区共管中起到了相当重要的作用，其最低投入应是一种政策和法律框架，它是形成管理战略和行动的基础，包含非政府组织有关利益方与资源管理过程的合法地位。其作用主要如下：召集有关各方参加讨论；与政府的其他部门联系；对引入或执行资源管理实施者给予奖励；必要时加强执法；当有关利益方之间发生争端又不能自行调解时，由政府出面协调解决；提供及时的财政支持；提供诸如公园基础设施的开发投入。

（2）社区共同管理的主要内容

海陵岛国家海洋公园的管理是一项比较复杂的全方位的工作，涉及部门多，地域范围广且复杂，仅凭政府行政主管部门管理很难达到保护效果。因此必须结合海洋生态区域的实际情况，让社区居民参与一起管理，才有可能真正达到保护效果。海陵岛国家海洋公园的建立伊始就需注意与其周边群众建立牢固的共生关系。广东海陵岛国家级海洋公园管理机构为提高周边社区群众的自然环境和海洋生态资源保护意识，使其自觉参与项目区的保护与管理，除了经常性地组织开展湿地资源保护宣传活动，也要利用自身技术和人才优势，帮助周边群众解决生产生活上的困难，推广海洋科学技术，为社区群众寻找并指导替代生计项目，扶持社区发展经济，以逐步减少周边社区对项目区资源的依赖，逐渐缓解乃至最终消除对海洋公园的环境压力，为实现海陵岛国家海洋公园和社区经济的可持续发展方面多做工作。

共同参与管理的内容有以下几个方面。

①共同参与编制湿地、动物、植物和环境保护法规并共同执行。

②共同参与海陵岛国家海洋公园管理系统的学习、培训工作，参与森林、湿地的保护宣传教育工作。

③实时进行环境监测，进行数据分析，提出保护的合理建议。

④共同编制参与管理的规划与更新。

（3）社区共同管理方法

①通过共建组织进行参与，即以行政或政策手段建立明确的组织，社区居民同政府管理部门或其他性质管理责任人共同参与管理范围，明确责、权、利关系。

②通过技术、信息和服务系统对所管辖范围进行援助式的帮助，引导社区开展湿地生态旅游，拓宽就业门路。

③通过协议，明确利益关系，从而吸收更广泛的参与者参与海陵岛国家海洋公园的建设与管理。包括对社区部分年轻女性进行上岗培训，纳入海洋公园导游队伍中来；另外将部分村民聘请为保安、保洁、协调员等，提高海陵岛国家海洋公园的管理能力。

④通过合资或股份制的形式，并以资产或资金投入为联系纽带，进行广泛参与。

⑤通过生产或生活中的一些联系进行参与式管理。

（4）社区共同管理实施

①社区共管组织的建立。成立海陵岛国家海洋公园社区共管领导小组，在社区共管领导小组领导下成立社区共管委员会，社区共管委员会成员由企业代表、村民代表、村干部、区乡镇干部组成，其职责为：组织制定共管公约和共管协议，收集整理社区基础数据和资料，分析社区矛盾冲突和需求，编制社会经济调查报告和社区资源管理计划，设计社区发展项目，并监督实施；在社区开展公共意识和资源保护教育活动，在社区建立并管理社区发展基金，开展社区资源保护示范活动，对社区进行生产技能培训。

②社区共管内容的实施。为确保社区共管工作能有序进行，必须有计划分步骤地按社区共管规划实施。在实施过程中，对存在的问题、解决办法、实施时间与责任人进行确定。

③开展宣传教育，增强环保意识。

④管理责任人要随时调查了解社区对资源利用的需求。

⑤为社区居民提供信息与技术支持。

⑥建立适当的补偿政策制度和社区发展基金。积极开辟渠道，筹措社区发展基金。尽可

能为社区居民提供优惠信贷。

⑦协调地方关系，扩大社区参与、保护力度。

⑧建立切实可行的生态保护和资源利用机制。

5.3.4 广东特呈岛国家级海洋公园

5.3.4.1 保护区概况

广东特呈岛国家级海洋公园是全国首批获批的7个国家级海洋公园之一，位于广东省湛江市湛江湾内，为湛江市霞山区人民政府管辖范围内的一个小岛，历来以渔业为主，主要从事海水养殖及定置网门作业，距湛江市海滨码头仅2.8 n mile，资源丰富，生态良好，蓝天白云，海平浪静，景色旖旎。特呈岛国家海洋公园总面积1 893.2 hm^2，其中特呈岛全岛南北宽1.4 km，东西长2.7 km，海岸线长7.44 km，陆上面积360 hm^2，占其总面积的19.02%；其他为特呈岛南部的滨海湿地、滩涂、海域，面积1 533.2 hm^2，占其总面积的80.98%，位置见图5-12①。

5.3.4.2 保护区生态状况

特呈岛国家海洋公园的建立发挥着保护特呈岛区域海岸湿地生态系统完整性，保护典型的天然海洋湿地景观，保护和改善陆地与海洋生物栖息环境，保护和恢复生物多样性，充分发挥海洋湿地的护堤固滩、防风浪冲击、保护海洋生物栖息生境、降低盐害侵袭、净化海水、吸收污染物、降低海水富营养化程度、防止赤潮发生、促淤造陆以及滨海湿地景观休闲娱乐和文化宣教等功能与作用，海洋公园范围有丰富的海岛特色自然资源。

1）滨海湿地资源

特呈岛湿地总面积1 600 hm^2，占土地总面积的82.0%。其中，近海与海岸湿地面积为1 590 hm^2，占湿地总面积的99.4%；陆地人工湿地面积为10 hm^2，占湿地总面积的0.3%。海洋公园范围内红树林面积30 hm^2，带宽3~150 m，岩质砾滩与砂质海滩是特呈岛红树林之外的主要滩涂类型，面积达1 400 hm^2。岩质砾滩主要受侵蚀后沉积岩层裸露或火山砾石冲积形成，地势平坦可以步行，砾石表面孔隙多，贝类和蟹类生物量丰富，具有极高的生态旅游开发价值。特呈岛东北沿岸一侧的潮间区域和南部沿岸红树林内缘有约20 hm^2淤泥质海滩，生态观赏性高。

2）植物资源

据野外植物调查与室内鉴定，特呈岛国家海洋公园共有维管植物568种，隶属120科411属，其中蕨类植物8科8属12种，种子植物112科393属556种（含种以下等级，下同）。其中木本植物290种，草本207种，藤本植物59种；本地野生种343种，外来种213种。以热带性区系成分为主，温带成分主要为外来种类，区系具明显热带性质。优势建群植物种类

---

① 据《广东特呈岛国家级海洋公园总体规划》资料。

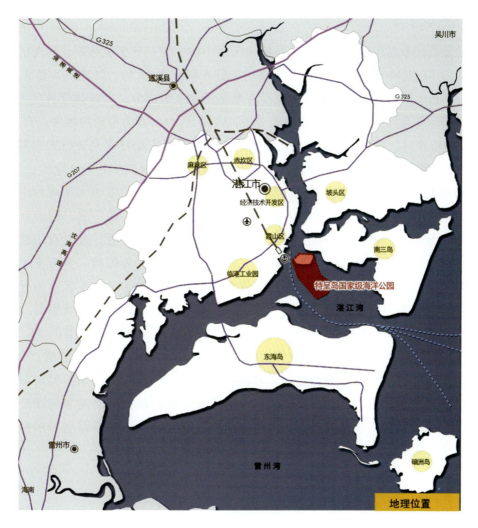

图 5-12 广东特呈岛国家级海洋公园位置

组成的主要植被类型有潮间带红树林、沿岸木麻黄林、村落风水林、农田人工作物植被与草地。东村红树林林缘外滩涂分布有海草植物喜盐草。常见蔬菜种类有木薯、番薯、花生、芝麻和甘蔗，木波罗、龙眼、荔枝、芒果、番石榴等热带果树是当地生态与经济效益兼营的树种，凤眼莲、三叶鬼针草、飞机草、胜红蓟、银胶菊、地毯草和象草等为特呈岛的主要入侵植物。

3) 陆地动物资源

特呈岛属于东洋界，华南区，闽广沿海亚区。动物群落为热带林灌、农田动物群。初步查明共有两栖动物 7 种，隶属于 1 目 5 科 5 属，其中沼水蛙被列为广东省重点保护野生动物。特呈岛共有爬行动物 16 种，隶属于 1 目 7 科 15 属，游蛇科种类最多，有 6 属 6 种，约占该地爬行动物总种数的 37.5%。尽管特呈岛陆地面积不大，但滩涂面积大、植被丰富，生境多样，且与内陆相隔，工业污染、噪声污染少，十分适合鸟类栖息。初步调查表明，该地有鸟类 144 种，隶属 13 目 39 科 82 属。

4) 海洋生物资源

特呈岛藻类区系属于印度—西太平洋植物区系中的中国—日本亚热带植物亚区范畴。有大型海藻3门10目14科15属25种，绿藻门4目5科6属11种，红藻门5目8科8属13种，褐藻门1目1科1属1种，藻类组成没有寒带及亚寒带成分，以亚热带种类为主，温带种类次之。特呈岛有贝类3纲7亚纲11目24科38属54种，其中帘蛤科最多，有14种，占25.9%。其中珍珠贝、翡翠贻贝、波纹巴菲蛤、文蛤和菲律宾蛤仔等是进行人工养殖的主要品种，5月的温度最适宜贝类生长繁殖，生物量与栖息密度显著高于其余月份。

特呈岛具有丰富的水生经济动物资源，海域内鱼类区系属印度西太平洋的中国—日本亚区类型，鱼类分属2纲13目41科62属86种，其中鲈形目、鲻形目、鲉形目和鲀形目数目占优势，其余9个目的物种甚少。大部分鱼类都具有经济价值，其中食用性较高的种类有斑鰶、杂食豆齿鳗、鲻、尖吻鲈、花鲈、眼斑拟石首鱼、黄鳍鲷、黄斑篮子鱼等。黄斑篮子鱼随着石莼等大型海藻的繁盛而成为优势种，同时出现了过去不曾有的外来种，如莫桑比克罗非鱼和眼斑拟石首鱼，这是人工引种养殖导致逃逸自然海区所引起。特呈岛海域有虾蟹类1纲2目10科19属37种。十足目20种，占虾蟹类种类总数的54.1%，其中梭子蟹科13种，占35.1%。经济价值较大的种类有远海梭子蟹、三疣梭子蟹、日本蟳、锯缘青蟹、口虾蛄、斑节对虾、墨吉对虾、刀额新对虾等，可作为人工增养殖对象，使这些资源可持续利用。中华白海豚、布氏鲸鱼和十三棱海龟是广东特呈岛国家海洋公园及附近海域出现的国家一级和二级保护种类，因此其保护区的建设对国家珍稀动物的保护具有重要的意义。

5.3.4.3 功能分区

1) 一级功能分区

特呈岛国家海洋公园划分为重点保护区、生态与资源恢复区、适度利用区和预留区4个一级功能区（图5-13）。

重点保护区位于特呈岛国家级海洋公园的东南部海域，面积约100 hm^2。主要为人工鱼礁区，通过重点保护人工鱼礁，禁止一切开发活动，发挥其提供特呈岛国家级海洋公园及其附近海域鱼类等海洋生物栖息生境的生态作用。

生态与资源恢复区位于海洋公园的中部，湛江红树林国家级自然保护区海头—特呈保护小区的南部，面积约779.6 hm^2，主要开展红树林生态修复、渔业增殖等活动。

适度利用区位于海洋公园的东部和北部，包括特呈岛陆域及其东南部海域，面积约930.2 hm^2，可开展生态旅游、休闲渔业等活动。以发掘历史及人文景观为主，除规划的建设项目外，严禁建设与特呈岛国家级海洋公园保护无关的其他建筑物或构筑物。同时加强滨海度假村及周边区域内污水、垃圾等污染物的监督和管理，建立污水排污标准，达不到标准的一律不准排放。

预留区位于海洋公园的西部，与湛江港航道水域相邻，属上升流区，是海洋公园重要的生态缓冲区，具有开展生态保护的意义，在没有具体规划措施之前，暂不开发，面积约

图 5-13 广东特呈岛国家级海洋公园功能分区（一级）

384.1 hm²。

2）二级功能分区

在特呈岛国家级海洋公园一级功能分区的基础上，根据资源保护和利用状况，对生态与资源恢复区和适度利用区进行再次划分，将特呈岛国家级海洋公园共划分为人工鱼礁重点保护区、红树林生态恢复区、海洋生物增殖区、生态旅游与人居生活区、海洋休闲渔业区、航道生态缓冲区共六个二级功能区。各二级功能分区的基本情况见图 5-14。

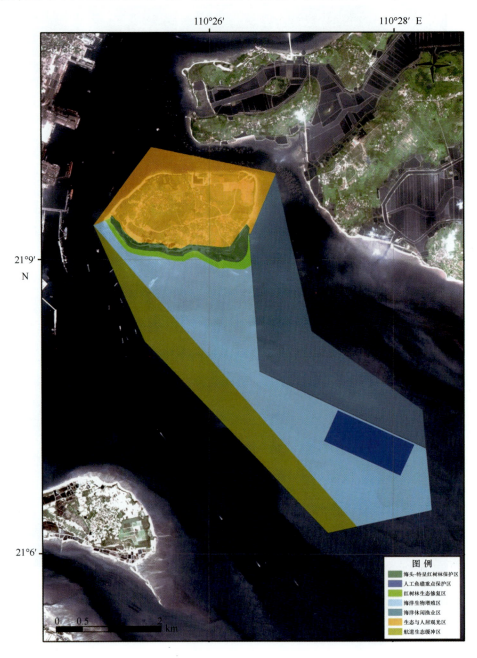

图 5-14 广东特呈岛国家级海洋公园功能分区（二级）

（1）人工鱼礁重点保护区

位于特呈岛国家级海洋公园的东南部海域，面积约 100 hm^2，包含现有的人工鱼礁区。该保护区内重点保护人工鱼礁，增加人工鱼礁投放量，禁止渔船和游客进入，实现海洋生态定期监测。

（2）红树林生态恢复区

位于特呈岛南侧东村、经里村和新屋村至坡尾村红树林海岸，现有湛江红树林国家级自然保护区海头—特呈保护小区外缘，滨海红树林湿地生态恢复面积约 33.4 hm^2。利用特呈岛原生红树林树种恢复部分红树林湿地面积，营造良好红树林景观格局，改善近岸海域生态环境质量。

（3）海洋生物增殖区

位于特呈岛国家级海洋公园中部，面积约 746.4 hm^2。对特呈岛海洋生态公园的水生动植物进行繁殖、保护和增殖，从而使其天然水域的海洋生物资源增加、保持海洋生物资源的永续利用和达到生态平衡与保护生物多样性的目的。大力开展以增殖海洋生物资源、改善和修复水域生态环境为目的的海洋生物增殖观赏区建设和养护行动，建设海洋牧场、投放人工鱼礁、开展经济海洋生物增殖、底播增殖和海藻种植等活动。

（4）海洋休闲渔业区

位于特呈岛国家级海洋公园的东部，面积约 505.9 hm^2。在该海域主要开展以海洋休闲渔业为主的旅游活动，可建设天然垂钓区、潜水运动区和海上渔家乐园等，但不能影响重点保护区的功能。

（5）生态旅游与人居生活区

位于特呈岛国家级海洋公园的北部，主要为特呈岛陆域及其周边海域，面积约 424.2 hm^2。坚持自然景观和生态环境保育，保持特呈岛自然与文化遗产的原真性和完整性；强化和规范特呈岛管理，提高资源利用的科学文化品位，完善海岛配套设施，营造优美海岛环境，实现资源的可持续利用；合理安排该区居民的生产生活，推进经济发展和社会进步；将特呈岛发展成为海岛风光独特、自然环境优美、乡村田园气息浓郁、科学文化内涵丰富、人与自然和谐共融，集度假、会议、观光、休闲、康体、科教、考察等多种功能于一体的海岛旅游目的地。

（6）航道生态缓冲区

本区规划在与航道相邻的区域，以洄游鱼类生境保护和航道安全标示为功能和管理目标，同时起着对特呈岛国家海洋公园内海洋生物增殖区和人工鱼礁保护区的生态缓冲作用。

5.3.4.4 海洋公园管控措施及制度

具体管理目标和措施应按照海洋特别保护区有关技术规范执行。海洋特别保护区内的保护管理及开发活动涉及使用海域的，应当按照《中华人民共和国海域使用管理法》的有关规定执行。

1) 保护区管控措施

根据拟规划的特呈岛国家级海洋公园生态系统的重要程度和生态敏感程度，以及根据对海洋公园的功能分区定位，对海洋公园及其周边生态系统实施不同管护要求。

（1）重点保护区，即人工鱼礁区

本区主要管理目标是开展科学观测活动，可允许通过生态非破坏性通道建设项目开展远景观赏活动，严格禁止人类其他活动的开展。具体保护要求如下：对保护对象实行严格保护，严格控制在保护范围内进行开发建设；在保护范围内要严格限制人为活动，防止对生态系统造成破坏；严禁在保护区范围内进行排污与采砂；禁止在保护范围内建设除规划外的非保护目的的设施。

（2）生态与资源恢复区

本区包括红树林生态恢复区和渔业增殖区。主要管理目标是开展生态与资源恢复工程与管理；区内许可建设红树林生态休闲区等，以实现生态保护与生态旅游经营的双赢目标。具体保护要求如下：规范人类的活动行为，禁止对保护区生态系统的破坏；考虑区域生态承载力，控制游客流量；保护范围内的建筑物和构筑物必须与周围的环境相协调，并在合理布局的前提下严格控制规模；除规划引进的物种外，禁止其他物种的引进。

（3）适度利用区

本区包括特呈岛生态人居与观光区和海洋休闲渔业区。本区主要管理目标是海岛与海洋生态旅游等开发，即生态产业园区。本区以生态优先为原则，生态旅游设施建设及其生态维护为管理主体，突出旅游设施建设与生态环境景观的协调，满足鸟类等野生动植物及其生境保护、原住居民与外来游客旅游休闲观光度假较高舒适度要求，遵循循环经济学原理，营建国际生态人居示范区，实现"清洁家园、清洁田园、清洁水源、清洁能源"的海岛生态系统，优化经济、文化、社会结构。具体保护要求如下：在保护范围内，严禁破坏生态环境与生态资源的行为发生；禁止有害外来生物的引入。

（4）预留区

预留区为航道生态缓冲区。本区的保护目标主要是在没有合适的功能定位之前，应使本区的海洋生态环境状况、生物多样性和海洋矿产资源等保持现状，要求如下：未确定区域功能前，严禁任何旅游项目的建设；严格限制损害破坏生态环境的开发活动。

2）海岛生态保护要求

海岛人居环境明显改善。目前特呈岛基础设施建设已经得到明显加强，生产、生活条件逐步改善；总体规划实施以后，岛屿主要污染物排放总量需要进行有效控制，固体废弃物和污水得到有效处置；海岛防灾减灾能力显著提高。

加强生态保护。保护特呈岛典型生态系统、生物物种沙滩、原生生态林、淡水、自然景观和历史遗迹等，维护海岛及其周边海域生态平衡；实施海岛生态修复工程，建立海岛生态保护评价体系，严格执行海岛保护规划，凡是不符合海岛保护规划的工程项目不得审批和建设；保护海岛周边海域渔业资源，实施伏季休渔、增殖放流、人工鱼礁等措施；广泛宣传和普及海岛生态保护知识，鼓励和引导公众参与生态保护。

防治海岛污染。特呈岛国家级海洋公园管理部门应制定海岛主要水污染物减排规划和固体废弃物（包括船舶垃圾）污染防治规划，本次规划拟建设一座生活污水处理站和固体废弃物收集站，同时开展海洋垃圾清理工作，防止污染海岛淡水和海水资源，增强海岛居民海洋环境保护意识。

3）野生动植物保护管理

加强对野生动植物的保护是特呈岛国家级海洋公园建设项目的一项重要内容。

野生生物保护宣传。加大宣传力度，利用广播电视、宣传橱窗（单）等多种形式，结合

"世界湿地日""爱鸟周""爱护野生动物宣传月""世界环境日"开展内容丰富、形式多样的宣传活动，使《中华人民共和国环境保护法》《中华人民共和国野生动物保护法》《中华人民共和国野生动物保护条例》《中华人民共和国野生植物保护条例》《中华人民共和国自然保护区条例》等有关法律法规和生态保护意识深入人心，使保护野生动植物真正成为岛上居民的自觉行为。

野生生物保护管理规章制度建设。加大野生动植物保护管理的执法力度，制定《广东特呈岛国家级海洋公园管理办法》，运用法律手段，严厉打击在特呈岛国家级海洋公园进行乱捕滥猎、偷砍盗伐的违法犯罪行为，保护好野生动植物资源及其栖息地，使野生动植物保护真正落到实处。

4）生态系统保护与管理

通过补种红树林，保护和恢复红树林生境。由于特呈岛海洋海岸动力条件，海岸侵蚀是引起红树林退化的主要原因。特呈岛海洋湿地保护，必须通过一些生态保护工程和生物措施，促进红树林生态系统恢复。① 海岸侵蚀生态工程，恢复自然海岸或建设有自然海岸"可渗透性"的人工驳岸，充分采集与研究海岸动力学数据，通过流水交换和调节的生态工程项目建设，科学控制海岸侵蚀；② 生物栖息地保护与恢复工程，主要包括人工鱼礁工程和鸟类栖息地保护工程；③ 水质保育工程，主要是通过提供区内水质监测数据和完善公园环境水质保护机制与措施，构建湛江湾汇水区完善的水质保育系统，减少外围进入公园的污染物种类与数量；④ 红树林等海洋生态恢复工程，采用建设护滩堤、封育、人工促进天然更新和林分改造措施进行森林恢复，在适宜滩涂地人工营造红树林与海草床，如在 0 m 高程以上滩涂可扩大滨海湿地面积，实现红树林生态系统的多重效益。

落实具体古树保护措施。由于树木的生长及其生境变化等原因，采取有效保护措施，对古树进行扶壮。① 增强古树植株的支撑能力处理。对树干有空洞的植株，用水泥浆进行填补。对缺乏支撑的植株，采用交叉扎紧支杆支持树体，每树体有 3 条支杆为佳，支杆基部深入土壤，以保持其稳定性。为防止绳索摩擦树体，树皮用棕榈麻质叶鞘绕垫，用螺栓连接固定支杆，以便随着干径的增粗而放松支杆。② 喷浇生长素处理。向白骨壤古树植株树基干四周地表浇上生长素，或者对叶子和枝干喷洒 100×10^{-6} 吲哚丁酸水溶液；或按照商品叶面肥使用说明喷施叶面肥。③ 注意对病虫的防治。

认真执行和完善海洋湿地管理的法律制度。认真执行现有的《中华人民共和国海洋环境保护法》《中华人民共和国海域使用管理法》《中华人民共和国自然保护区条例》《广东省湿地保护条例》等有关法规，并加快海洋湿地保护与管理的其他法律法规和规章制度建设，健全自然保护区内部管理规章制度。

制定特呈岛国家级海洋公园的海岛与海洋生态保护的专门法规。制定特呈岛国家级海洋公园的海岛与海洋生态保护的专门法规，实现"一园一法"。同时，还要加大执法监管力度，加大对建立湿地教育基地的投入，大力宣传野生动植物和湿地保护法律法规，普及野生动植物和湿地保护知识，让更多的人了解海洋湿地、野生动植物、生物多样性、生态平衡等对人类自身生存发展的重要性，树立公民的生态伦理和生态道德，在全社会形成爱护野生动植物、保护海洋湿地、崇尚生态文明的良好风尚。

调整产业结构，打造生态农业观光区。在周边社区大力提倡发展清洁、安全、健康的产业。在农业上，积极提倡大力发展生态农业，要尽量减少化肥、农药、除草剂、土壤改良剂、植物生长调节剂和动物饲养添加剂等各种化学制品、生物激素的使用，以减少对水体、土壤、大气、生物和食物等造成的污染；在工业上，提倡使用"清洁能源"，发展"清洁工艺"，推行"清洁流程"，从而生产出"清洁产品"。同时，对项目区水产养殖实行绿色生态养殖，在测算其生态承载力的基础上，实行绿色生态养殖准入制度，严格控制养殖规模，转变养殖方式，减少污染，提高产品附加值。同时，也大力发展生态旅游。

加强生态监测和科学研究。为了更好地保护和管理湛江特呈岛海洋生态系统，应该加强对湛江特呈岛陆地森林生态及海域海洋生态的动态连续的跟踪监测，设立观测站，设置长期观测与监测点，进行相关基础科学研究，申报特呈岛国家海洋生态定位观测站，开展海洋生态演替过程观测与监测，记录特呈岛陆地森林、滨海湿地和滩涂海洋生物多样性演变和发展过程，为湛江市生态建设、环境保护和资源科学管理决策提供科学依据，为全球气候变化提供区域性数据。

理顺管理体制，规范和统一管理行为。特呈岛国家级海洋公园在自然地域上是一个整体，属一个生态区，但其管理权限分属海洋与渔业、保护区、环保、水利、农业、海事和气象等多个管理部门。由于受部门利益的驱动，加之条块分割、多头管理、政令不一，海洋湿地资源的保护管理工作缺乏协调和配合，在生态保护方面处于混乱状态。因此，必须完善管理体系，理顺管理体制，使管理统一规范化，形成一个统一规范、高效运转的特呈岛海洋生态系统保护管理机构。

加强社区共建共管、强化社会化管理。加强对广东特呈岛国家级海洋公园周边污染的治理，逐步建立可持续利用和发展的广东特呈岛国家级海洋公园资源管理模式，主动协助社区寻找可替代的产业发展经济，缓解社区对保护区资源利用的压力。特呈岛国家级海洋公园与当地社区在地理和经济上的密切关系表明，如果没有公众积极参与保护管理，是无法达到示范管理目标的。社区共管不仅有助于生物多样性的保护，营造优美环境，推进生态旅游，而且还会增加当地的经济收入。

5）人居环境安全管理

安全防护工程主要是指为保障人身安全、财产安全所做出的保障措施规划。主要措施是在特呈岛国家级海洋公园内危险堤防旁边设置危险标志警示牌，提醒游客注意事项；特呈岛国家级海洋公园景点以及其他建筑物或构筑物配置各种消防设施；建设特呈岛国家级海洋公园安全监控系统。安全监控系统主要对旅游和水禽进行安全监控，也可以对湛江港海湾水位、水质和水文进行安全监测。安全监控系统的建设暂未纳入本次投资计划，等待条件成熟单独计划投资建设。

同时，对相关工作人员和游客进行水上安全教育宣传，并在水上交通工具上设置警示牌，提醒游客注意水上安全；在特呈岛国家级海洋公园内配备水上运动救护专业人员，配置相应的水上救护设备。

5.3.5 广东南澳青澳湾国家级海洋公园

5.3.5.1 保护区概况

青澳湾位于广东省汕头市南澳岛东侧,地理位置独特,北回归线从海湾穿越而过。青澳湾所在的南澳岛具有完整的海岛生态系统,温和的海洋性气候。青澳湾三面环山,一面临海,被认为是国内顶级海滩和最好的海岸带资源组合,"中国最美丽海岸线",口外小岛屏蔽,有适中的腹地、优质的海水和细腻均质的沙滩。青澳湾湾长2 400 m,海湾似新月,海底坡度平缓,自然环境保护良好,具有得天独厚的天然资源。青澳湾主要特色自然资源为高质量的海滨沙滩,沙滩岸线1 800 m,为一级沙滩岸线,沙质洁白柔和,海水清洁无污染,是国内首屈一指的天然海滨浴场,素有"东方夏威夷"和"泳者天池"的美称。海湾的周围有海蚀礁石和花岗岩石蛋密布,湾顶有1条宽80~100 m的木麻黄防风林带。周围还有南宋宰相陆秀夫墓、宰相石、骑龙公尽头龙等名胜古迹。因此,非常适宜发展观光、度假、休闲、探险、科教等旅游项目。广东南澳青澳湾国家级海洋公园总面积1 246 hm^2,包含岸线约6 634 m(图5-15)。

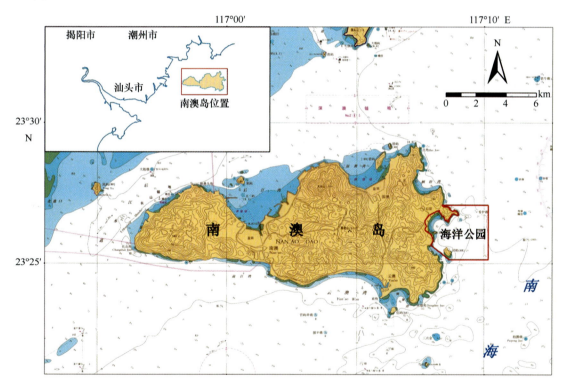

图5-15 广东南澳青澳湾国家级海洋公园地理位置

5.3.5.2 保护区生态状况

广东南澳青澳湾国家级海洋公园建设为南澳县海洋资源开发与保护、岸线利用方式的改变与优化提供示范，并与已有的海洋保护区形成区域保护区网络，有效地保护近岸海域的海洋生态环境。将使得南澳县海岸带的重要生境、生物多样性丰富区和重要资源分布区得到有效保护，保障对海岸带资源开发利用处于可持续状态。广东南澳青澳湾国家级海洋公园的建设，加强了对青澳湾区域海湾水质的保育，保证了水质安全，通过保护与恢复工程的建设，净化汇入青澳湾污染物。保持和提高青澳湾海域海洋生物多样性，扩大海洋珍稀、濒危生物的栖息空间。

海洋公园的建设对海岛岸线进行有效保护，保持海岛生态系统的完整性，发挥海岛生态系统在区域范围的服务功能，提高区域海洋生态系统的稳定性，提升青澳湾资源的价值。

1）岛屿生物资源

南澳岛全岛基本被草本植被所覆盖，植物资源有46种，隶属于38属，26科。植被主要由天人菊群落、鬣刺盐地鼠尾粟-厚藤群落及草海桐-野香茅群落3个群落组成。同时，独特的离岸海岛生境为许多生物类群提供了良好的栖息、索饵和繁衍场所，在岛屿停留过的各种候鸟、旅鸟、留鸟和繁殖鸟等约有90多种，隶属于32科，14目。

2）海域捕捞资源

参考南澳南部云澳海域游泳生物捕捞调查结果，该海域的平均重量渔获率为18.228 kg/h，平均个体渔获率为1 284 个/h。根据渔获率及每小时扫海面积来估算其资源密度，平均重量密度和平均个体密度分布为339.38 kg/km^2 和23 906 个/km^2。平均重量渔获率和平均个体渔获率，都是鱼类最多，其次是甲壳类，最少是头足类。

3）渔业增养殖资源

2011年海水养殖总面积为2 841 hm^2，总产量为88 264 t，总产值为1.3亿元。其中名贵鱼类的养殖的面积达到206 hm^2，产量86 264 t；甲壳类养殖面积为42 hm^2，产量348 t；贝类养殖面积为1 576 hm^2，产量40 580 t；藻类养殖面积达到952 hm^2，产量38 422 t。

南澳岛赤点石斑鱼资源丰富，此外尚有其他石斑属鱼类及真鲷、平鲷、黑鲷等鲷科鱼类，这些均为优良的网箱养殖种类。目前网箱养殖已具一定的养殖规模。养殖种类除了石斑鱼类及鲷科鱼类外，其他种类如鲳鲹属、笛鲷属、篮子鱼属等也是主要的养殖对象。南澳海域长毛对虾、墨吉对虾和锯缘青蟹的种苗比较丰富，甲壳类的养殖已经有较大的规模。南澳岛海域具有大量西施舌、文蛤、蛤仔、毛蚶和栉江珧等埋栖性贝类的种苗，目前竹栖肚湾、白沙湾、青澳湾等处的细沙质浅海已经进行大量的增养殖。

南澳县海岸线长，生长着绿藻、褐藻、蓝藻、红藻四大门类的海藻近100个品种，发展藻类养殖业具有得天独厚的生态环境条件。近几年，南澳县有关部门根据国内外海洋藻类养殖的发展动向及其所显示的广阔前景，大部分养殖的藻类产品已进入规模化生产；而且每年为进岛的50多万海内外游客提供了充足的藻类食品，澳菜产品已打入海外市场，龙须菜系列产品已行销全国20多个省、市、自治区和台、港、澳等地。

4）海岛资源

香炉礁：位于拟建广东南澳青澳湾国家级海洋公园的东北部，23°26′N，117°09′E，面积约 80 m²。

狮子屿：位于青澳湾东南角海面，距青澳湾头海岸 100 m，因岛形似蹲着的幼狮而得名。呈长方形，长 160 m，宽 70 m，岸线长 400 m，海拔 28.5 m，面积 8 000 m²。由花岗岩构成，表层长有稀疏杂草。岩石岸滩。附近水深 4.8~11.4 m。

圆屿：位于拟建广东南澳青澳湾国家级海洋公园的南部，原名北官屿，又名屿、尖屿。23°25′N，117°08′E。在南澳岛九溪澳湾口外，西距南澳岛 0.5 km。岛处官屿之北，原名北官屿，1987 年改今名。西北—东南走向，长 0.74 km，宽 0.45 km，岸线长 2.1 km，海拔 65.3 m，面积 0.206 km²。由花岗岩构成。岛上有两个小丘，表层长有杂草。北部和南部石缝间有泉水。除西端外余为岩石岸，沿岸有干出石滩。附近水深 6~18.6 m，盛产石斑。

5.3.5.3 功能分区

按照海洋特别保护区功能分区原则，海洋公园划分为重点保护区、生态与资源恢复区、适度利用区和预留区等功能区，同时根据实际情况或规划发展需要可适当增加或者减少功能区。拟建广东南澳青澳湾国家级海洋公园面积共约 1 246 hm²，其中海域面积约 1 182 hm²，海岛及陆域面积约 64 hm²，占用岸线 1 958 m。根据青澳湾的特殊地理条件与海洋资源分布特点，按照《海洋特别保护区总体规划和功能分区技术导则》（HY/T 118—2010）的划分要求，大致可把拟选划的广东南澳青澳湾国家级海洋公园分成重点保护区、适度利用区、生态与资源恢复区Ⅰ区、生态与资源恢复区Ⅱ区和预留区，分别占用面积为 836 hm²、214 hm²、4 hm²、12 hm² 和 180 hm²，详见图 5-16。

5.3.5.4 各功能分区概况及资源环境特征

1）重点保护区

重点保护区，主要包括青澳湾海域部分，将青澳湾沙滩岸线、东角山礁石岸线、圆屿与外海隔开，面积 836 hm²，占海洋公园总面积的 67.1%。该区海域的地质较为特殊，以岩礁、砂、砂砾和沙泥等为主，海底粗糙，起伏不平，礁石林立，生境多样，加上受人类活动影响较小，基本保持原始自然状态，水质良好，是海洋生物重要的栖息地。青澳湾一带海域，位于台湾闽南浅滩上升流区附近，由于上升流带来丰富的营养盐，该水域的初级生产力较高，海洋生物丰富，生物多样性较高。

2）适度利用区

适度利用区主要包括青澳湾湾口沙滩岸线及相邻海域、西南部岩礁和两个无居民海岛，面积 214 hm²，使用岸线 2 638 m，占总面积的 17.2%。本区海岸具有湾美、沙白、滩宽、水蓝、气清、背岸植被优良等特点，核心旅游资源为沙滩岸线、岩礁岸线和岛屿。目前海滨沙滩浴场已对外开放，建设有海滨游乐园。沙滩周围分布天然防护林，以及南宋宰相陆秀夫墓、宰相石等历史文化名迹，因此可适当发展为海洋休闲娱乐和生态观光的场所。

3）生态与资源恢复区Ⅰ区

生态与资源恢复区Ⅰ区位于青澳湾湾口沙滩岸线的东部防波堤内，使用岸线 881 m，面

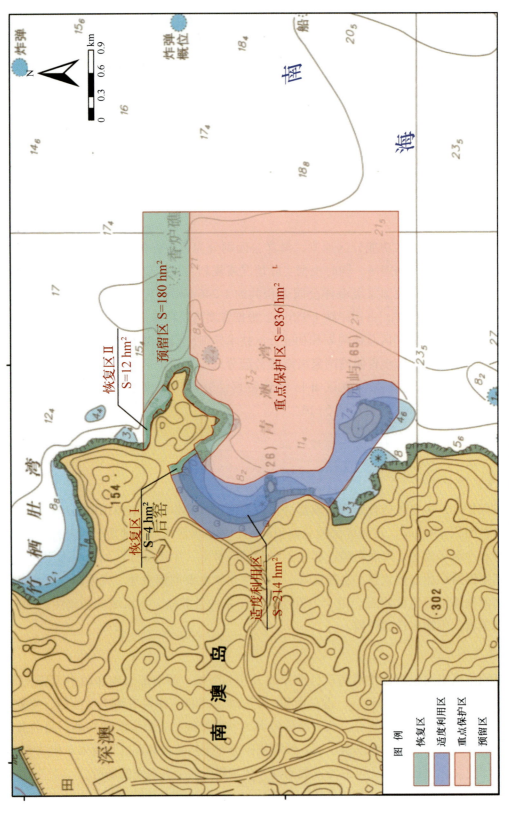

图 5-16 广东南澳青澳湾国家级海洋公园功能分区

积 4 hm², 占总面积的 0.3%。本区主要资源为滩涂资源和岸线资源，并分布有少量红树林。该区的主要现状为海洋生物如鲍鱼等的厂区养殖，养殖污水由区内主要通道排向青澳湾。由于该区受人类活动影响较大，野生海洋生物资源比较枯竭，岸滩资源受到涨、退潮海水的侵蚀比较严重，周围海水富营养化程度较明显，水色较深，生态系统破坏较严重。

4) 生态与资源恢复Ⅱ区

生态与资源恢复Ⅱ区位于青澳湾东北部的岩礁岸线及相关海域，使用岸线 1 077 m，面积为 12 hm²，占总面积的 1.0%。该区主要以岩礁资源为主，是海洋生物和鸟类栖息地之一。由于受到人类不合理的开发活动，岩礁岸线以内土质和岩石受到不合理开挖，同时受到海水侵蚀，对保持岸线完整性影响较大。此外，该区相邻海域人类捕捞活动强度较大和龙须菜生产规模较大，捕捞作业的生产垃圾和生活垃圾易因东北季风而集聚在该区，收割的龙须菜无序堆放等现象也对该区的生态系统造成一定的破坏。

5) 预留区

预留区位于东侧岸线及部分海域，使用岸线 2 038 m，面积为 180 hm²，占总面积的 14.4%。该区主要以岩礁资源为主。该区岸线资源是保护岛上生态安全、军事设施的重要资源，海域部分具有香炉礁等重要的海洋生物栖息地。该区紧邻重点保护区，对于海洋生物多样性的保护具有重要作用，但同时具有发展生态观光旅游、发展休闲渔业的潜力和建设海洋生物多样性、海洋珍稀濒危生物观赏区的潜力，因此该区作为缓冲地带规划为预留区。

5.3.5.5 各功能区生态环境保护目标

1) 重点保护区

重点保护区的生态环境保护目标是加大重要海洋生境和生态系统保护能力，对重要水生生物产卵场、孵育场等重要敏感生态系统进行全面保护；加强对鲸、豚、海龟类等珍稀濒危物种的生境保护力度；对海洋生物资源、产卵场等重要的海洋生物栖息地生境进行有效保护；充分发挥人工鱼礁提供保护区及邻近海域鱼类等海洋生物栖息与繁殖生境的生态作用，提高海洋生物多样性，实现海洋生物资源的恢复与生态系统重建。禁止进行渔业捕捞，禁止人为破坏海洋生物多样性，保护本区不受娱乐活动的负面影响，禁止污染水质影响岸线旅游资源，保持海域一类和二类以上水质继续100%达标。

2) 适度利用区

适度利用区以原生态保护和文明生态旅游园区优化建设为目标，在不破坏海洋生态环境的前提下，无公害、环境友好地利用和管理海洋资源与环境，促进生态环境与经济的和谐发展。严禁炸鱼、电鱼等掠夺式捕捞作业；严禁人类生活污水排入和生活垃圾排放。保护优质沙滩岸线，维持木麻黄林地完整性，并扩大其覆盖范围。同时在无防护林保护的沙滩（西部）岸线边缘 30 m 内规划为绿化带用以改善区域气候环境、防风固沙和美化生态景观，同时可保持沙滩的完整性。应严格保护狮子屿和圆屿岸线资源，维护完整海岛生态系统。禁止污染水质，保持海域一类和二类以上水质继续100%达标。对位于本区的污水处理厂及其排污口，应针对实际情况进行研究并考虑迁址，海洋公园污水管道的敷设和排污口的选址应与市政污水管网规划和水利防洪规划相衔接。

3）生态与资源恢复区

对影响海洋生态环境的人类活动进行严格整顿和改造，减少人类生活和生产活动对海域水质环境造成影响。保护、修复和扩大滩涂生境和红树林生境，保护岩礁岸线资源，美化沿岸景观。对本区防波堤及堤内避风塘进行有效保护，具体规划应与水利防洪规划相衔接。

4）预留区

本区的保护目标主要是在没有合适的功能定位之前，应使本区的海洋生态环境状况、生物多样性和海洋矿产资源等保持现状。严格限制损害破坏生态环境的开发活动，保持生态系统自然恢复的能力。

5.3.5.6 海洋公园管理基础保障

1）管理机构设置

成立广东南澳青澳湾国家级海洋公园的管理机构，办公地点设在青澳湾旅游度假区管理委员会，内部可设置办公室、业务室和保护站等部门，具体协调广东南澳青澳湾国家级海洋公园的管理和建设工作，保证项目工程的顺利实施。

管理机构在业务上接受广东省海洋与渔业局的指导，并形成海洋与渔业、旅游、国土、环保、建设、交通、水利、林业和农业等多个部门参与的长效机制。南澳县海洋行政主管部门应加强对广东南澳青澳湾国家级海洋公园的建设和运行管理。

聘请国内外著名的海洋、旅游、生态、植物、动物、水利等领域的教授、专家，组成广东南澳青澳湾国家级海洋公园项目建设专家咨询团，参与海洋公园项目、保护与管理的咨询工作，为海洋公园的保护与合理利用提供理论和实践方面的指导。

2）管理机构职责

①贯彻实施国家海洋生态环境保护和资源开发的法律法规与方针政策，制定特别海洋公园的管理规章制度以及内部规章制度，并监督执行。

②负责研究提出海洋公园发展规划和相关政策，并组织协调县有关部门及区域内的企事业单位共同落实。

③参与主管部门制定海洋公园的建设规划工作；负责区域内大型活动的组织管理和服务保障工作。

④负责组织协调公园内部各部门开展区域内社会秩序、市政基础设施、城市绿化、市容和环境卫生等工作。

⑤按照功能区建设要求，组织、协调、统筹区域内的产业促进和发展工作；负责统筹区域应急管理等项工作。

⑥负责海洋公园的宣传、教育、培训、合作交流和科学研究活动。

3）管理制度

拟建广东南澳青澳湾国家级海洋公园在遵守国家党政干部管理制度与事业单位管理法规的前提下，结合国家级海洋公园的业务与管理特征草拟相关管理制度，并将根据实际在未来的实施中适时修订与完善。

5.4 存在问题和建议

5.4.1 明确立法指导原则，健全法律体系

在现行的保护区相关法律法规中，由于海岛保护区立法指导原则不明确，导致广东省海岛保护区法规无法与保护区的建设速度和管理特殊性相适应。主要表现在条例规定过于笼统、各地的立法状况不尽统一、立法水平也良莠不齐，不利于有效地实施和操作。问题的根源主要在于我国在海岛保护区立法方面存在空白，法律位阶过低，法律权威性不足，导致法律的实用性差。因此广东省应加强包括海岛保护区在内的法律体系建设，探索制定地方性的海岛保护区法规，并修订当前与海岛保护区建设存在矛盾或冲突的部门法律，从而建立完整的海岛保护区法律体系。

5.4.2 完善海洋保护区管理体制

广东省海岛保护区虽然在数量建设上取得较大的成绩，但保护效果有待改进，不少保护区依然是批而不建、建而不管。究其原因，除了缺少立法规定，广东省海岛保护区各级主管机构的管理能力以及管理模式不合理亦是重要原因之一，急需完善海岛保护区的行政管理体制，明确各部门的管理职责。通过建立统一的综合行政管理机制来降低多部门分头管理造成的不利影响；同时应当明确各个部门的职责，实行明确分工，防止争权夺利，也可以保证各部门对管理政策的具体贯彻落实。现阶段保护区建设为业务管理与行政管理分离，建议形成保护区主管部门（承担管理职能，制定管理制度）—下设业务管理机构（负责部门间的协调管理）—具体保护区管理机构（负责行使保护区管理职能）的纵向管理体制，防止为了局部利益、地方利益而限制保护区管理的现象发生。

5.4.3 合理统筹保护区总体规划与布局

从第一个海岛类海洋保护区建立至今，广东省的海岛保护区建设缺少总体规划方案，导致保护区建设出现分布不均的现象，有的地方重复建设，有的地方虽是关键海洋生境却得不到应有的保护。因此，广东省当前建设海岛保护区的重要目标是在充分调查各海岛的特色生境与建区必要性的前提下，进行合理的系统性规划。在建设选址方面，要根据海洋生境的特点和社会经济发展实际需求，对具有代表性和典型性的地区进行保护区建设；在保护对象方面，不能仅仅停留在海洋及海岛生态系统，更要进行海洋生物保护，要加强对生物多样性和野生植物建立适当的海岛保护区。在单个保护区的建立过程中，加强规划管理，明确其保护

对象、范围、措施及目标，保持和维护好海岛保护区内的生态完整性，有效管理区域内的文化资源。

5.4.4　积极参与国际合作

由于海岛保护区的建设需要科研技术的支撑，保护区管理目标的实现需要多个国家合作。通过在保护区管理、建设和保护区资源的研究、开发上进行合作，可以使相关海洋区域互通有无，节省资源，提高保护区管理水平，实现全方位保护。广东省为我国经济大省，科研对外合作经验丰富，应立足我国保护区建设的基础上，加强与国际社会尤其是发达国家的合作，为我国的海岛保护区建设提供资金和科技支持。同时，促进与周边海洋国家的海岛保护合作项目，争取在广东省海域周围形成完整的海岛保护区研究建设网，以保护海洋生物多样性和遗传资源的完整性。

5.4.5　科学建设海洋保护区生态监控体系

海岛类海洋保护区远程生态监控业务体系是国家海洋管理决策的重要支撑体系，广东省海岛保护区虽然已经开展一些探索，但其与海洋生态文明建设和海洋强国建设的客观需要之间还存在巨大差距。通过生态监控平台的业务化运行，可以对生态保护区实时监控与管理，对关注的重大生态问题进行评价和预警，及时公布环境信息，确保各级海洋生态保护管理部门能实时把握海岛保护区生态环境动态，提高国家层面的生态灾害快速反应能力，适时制定或调整我国海洋生态保护管理政策，实现对我国海岛生态环境的有效监管。现阶段广东省保护区的技术力量总体比较薄弱，相关的监测、数据分析处理等环节的工作需要保护区相关职能部门的技术支撑。推行广东特色生态系统移动式的监测、数据分析，积极利用新技术如无人机对保护区的固定航拍等进行相关监控工作，是进行海岛生态监控的有效途径。

第6章 广东省海岛生态红线划定

6.1 生态红线内涵及划定体系

2011年,《国务院关于加强环境保护重点工作的意见》(国发〔2011〕35号文)提出,"编制环境功能区划,在重要(点)生态功能区、陆地和海洋生态环境敏感区、脆弱区等区域划定生态红线",这标志着生态红线正式从区域战略上升为国家战略,是我国生态环境保护的重大突破,反映出我国生态环境保护由污染治理向系统保护、从事后治理到事前预防的战略性转变过程,是加强我国生态环境保护和管理的重要举措,将对维护国家和区域生态安全,保障我国可持续发展能力产生十分明显的作用。

6.1.1 生态红线的内涵

生态红线,是指环境功能区划中确定的对保障国家和区域生态安全、提高生态服务功能具有重要作用区域的边界控制线。具有重要作用的区域包括重要生态功能区、陆地和海洋生态环境敏感区、脆弱区三大区域。其中,重要生态功能区指水源涵养区,保持水土、防风固沙、调蓄洪水等,主要从根本上解决经济发展过程中资源开发与生态保护之间的矛盾;陆地和海洋生态环境敏感区是指生态环境条件变化最激烈和最易出现生态问题的地区,也是区域生态系统可持续发展及进行生态环境综合整治的关键地区;陆地和海洋生态环境脆弱区主要指由于人类活动的不合理开发活动导致区域内生态系统退化、生境脆弱的区域,红线的建立可以减小生态环境风险。因此,三大区域生态红线体系建设基本涵盖了重要生态保育区、高强度开发区和生态功能退化区。红线体系的建设即可达到保住生态环境的底线,也可改善因过度开发导致的生态环境问题。生态红线体系的建设无疑是我国环境保护制度的一大创新。

海洋生态红线指为维护海洋生态健康和生态安全而划定的海洋生态红线区的边界线及其管理指标控制线,用以实施分类指导、分区管理、分级保护具有重要保护价值和生态价值的海域。实施基于生态适宜性的海洋生态红线区划是全面贯彻党的十八大"五位一体"总体布局"生态文明建设"和"保护海洋生态环境"的保障;海洋生态保护红线,建立生态红线制度也是党的十八届三中全会提出的建设生态文明的四项具体的制度措施。

6.1.2 海洋生态红线的划定体系

改革开放以来,我国对海洋开发利用的规模日益扩大,但长期海洋资源的无序、过度开发已引发诸多海洋生态安全与环境污染问题。如何平衡海洋生态保护与资源开发的矛盾,切实贯彻国务院"保住生态底线，兼顾发展需求"的要求，是关系到国家安全的战略问题。进行海洋生态红线区划定技术方法研究，是落实海洋生态评价制度建设，协调国家大力发展海洋经济和做好海洋环境保护工作的技术支撑，是提高国家海洋综合管理管控能力的必要环节，是贯彻"十二五"海洋事业发展规划目标，形成人口、经济、资源环境相协调的海洋空间开发格局的重要举措，对实现我国海洋经济的可持续发展具有深远意义。

2013年以来，海洋生态文明建设深入开展，全国海洋环境保护工作会议指示要建立海洋生态评价制度；2014年全面推进海洋生态环境保护工作，总体思路为贯彻落实党的十八大和十八届三中全会精神，以海洋生态文明建设为统领，坚持改革创新、生态优先，全面推进海洋生态环境保护工作，形成3个体系、6项制度、10项工作和3项保障的工作格局，其中建立海洋生态红线制度是6项具体制度之一。2015年国家海洋局继续强化海洋生态文明制度建设，扩大海洋生态红线制度的实施范围，印发全国海洋生态红线划定意见和技术指南，各省（区、市）积极开展划定工作，年底前以省为单位建立实施海洋生态红线制度。

6.1.2.1 海洋生态红线划定目的

在全国海洋环境脆弱敏感区、重要生态功能区等区域划定需要严格保护的海洋生态红线区，对各类海洋生态红线区分别制定相应的环境标准和环境政策，以加强全国海洋生态环境保护工作。

6.1.2.2 海洋生态红线划定原则

1）保住底线、兼顾发展原则

贯彻落实科学发展观，协调生态保护和经济发展关系，既考虑自然资源条件、生态环境状况、地理区位、开发利用现状，又要考虑国家、地区经济与社会持续发展需要，分区明确海洋生态保护底线，严控各类损害海洋生态红线区的活动，同时兼顾持续发展的需求，为未来海洋产业和社会经济发展留有余地。

2）分区划定、分类管理原则

海洋生态红线划定应根据海洋生态系统的特点和保护要求，分区划定海洋生态保护红线区，并制定差别化管控措施，实施针对性管理，对全国重要生态功能区、海洋生态敏感区和海洋生态脆弱区进行切实有效的保护。

3）生态保护、整治修复原则

坚持生态保护与整治修复并举，对于生态敏感脆弱区和重要生态系统，要纳入海洋生态红线区范畴，限制损害主导生态功能的产业扩张，走生态经济型的发展道路；对于已经受损、需要开展整治修复的生态系统，也要纳入生态红线范畴，遏制生态进一步破坏。

4）有效衔接、突出重点原则

海洋生态红线划定应与已发布的国家、省级海洋功能区划、国家级战略规划等涉海区划、规划有效衔接，重点突出海洋生态保护，对红线区域的管理要严于其他区划、规划；跨省、市近岸海域的红线划定应保持协调性、衔接性。

6.1.2.3 控制指标

海洋生态红线将设置两项控制指标，海洋生态红线区面积和自然岸线保留率。《全国海洋生态红线划定技术指南》将设定全国和沿海各省的控制指标，各省将根据海洋资源禀赋及社会经济发展需求将全省的控制指标分解到沿海各市县。

6.1.3 海洋生态红线区确定

6.1.3.1 海洋生态红线区范围确定

海洋生态红线区范围界定应根据生态完整性，维持自然属性，便于保护生态环境，防止污染和控制建设活动及便于管理需要进行确定。

海洋生态红线区范围确定应至少满足以下要求之一：

①海洋保护区的生态红线区范围为海洋自然保护区或海洋特别保护区的范围；

②重要河口生态系统的生态红线区范围为以自然地形地貌分界范围确定；

③重要滨海湿地的生态红线区范围为自岸线向海延伸 3.5 n mile 或 -6 m 等深线内的区域；

④重要渔业海域的生态红线区范围为重要渔业资源的产卵场、育幼场、索饵场和洄游通道范围；

⑤特殊保护海岛的生态红线区范围以特殊保护海岛及其海岸线至 -6 m 等深线或向海 3.5 n mile 内围成的区域；

⑥自然景观与历史文化遗迹的生态红线区范围为以自然景观与历史文化遗迹及其海岸线向海扩展 100 m 的区域；

⑦珍稀濒危物种集中分布区的生态红线区范围为珍稀濒危物种的栖息范围及迁徙通道；

⑧重要滨海旅游区的生态红线区范围为以重要旅游区向海扩展 100 m 的区域；

⑨重要砂质岸线及邻近海域的生态红线区范围为以砂质岸滩高潮线至向陆一侧的砂质岸线退缩线（高潮线向陆一侧 500 m 或第一个永久性构筑物或防护林），向海一侧的最大落潮位置围成的区域；

⑩沙源保护海域的生态红线区范围为以高潮线至向陆一侧的砂质岸线退缩线（高潮线向陆一侧 500 m 或第一个永久性构筑物或防护林），向海一侧的波基面；

⑪红树林的生态红线区范围为现场核测区域与正在或规划实施生态整治修复区域叠加得到的范围；

⑫珊瑚礁的生态红线区范围为现场核测区域与正在或规划实施生态整治修复区域叠加得到的范围；

⑬海草床的生态红线区范围为现场核测区域与正在或规划实施生态整治修复区域叠加得到的范围。

6.1.3.2 与海洋功能区划及相关规划的协调性分析

分析拟定海洋生态红线区与已发布的国家、省级海洋功能区的协调性，是否符合其用途管制要求、用海方式控制要求以及环境保护要求，是否能够确保该区域生态保护重点目标安全要求，符合该区域生态功能。

分析拟定海洋生态红线区与海洋环境保护规划的协调性，已发布的国家主体功能区规划、沿海地区发展战略规划、海洋经济发展规划等国家级战略性规划的协调性，拟定生态红线区是否与国家性战略规划的空间布局和产业布局要求相协调。

6.1.3.3 海洋生态红线区确定

基于对海洋生态红线区的识别，确定拟定海洋生态红线区的范围，并与海洋功能区划及相关国家战略性规划进行协调性分析。若与海洋功能区划及相关国家战略性规划有较好地协调性，则划定为海洋生态红线区；若有矛盾，经进一步科学论证，对亟需保护的区域应以生态保护优先，将其划定为海洋生态红线区，并对海洋功能区划等提出修改建议。

6.1.3.4 制定管控措施

根据海洋生态红线区的不同类型，应分区、分类制定相应的管控措施。对于对某些特定时段有特殊要求的区域，也可以增加特定时段管控措施。分区分类管控措施见表6-1。

表6-1　分区分类管控措施要求

海洋生态红线区类型	基本管控要求	开发行为管控措施要求
海洋自然保护区	执行《中华人民共和国自然保护区条例》	禁止在自然保护区内进行砍伐、放牧、狩猎、捕捞、采药、开垦、烧荒、开矿、采石、挖沙等活动；禁止任何人进入自然保护区的核心区。因科学研究的需要，必须进入核心区从事科学研究观测、调查活动的，应按照《自然保护区条例》规定的管理机构批准；禁止在自然保护区的缓冲区开展旅游和生产经营活动。因教学科研的目的，需要进入自然保护区的缓冲区从事非破坏性的科学研究、教学实习和标本采集活动的，应当由《自然保护区条例》规定的管理机构批准
海洋特别保护区	执行《海洋特别保护区管理办法》	海洋特别保护区生态保护、恢复及资源利用活动应当符合其功能区管理要求。重点保护区内实行严格的保护制度，禁止实施各种与保护无关的工程建设活动；适度利用区内，在确保海洋生态系统安全的前提下，允许适度利用海洋资源，鼓励实施与保护区保护目标相一致的生态型资源利用活动，发展生态旅游、生态养殖等海洋生态产业；生态与资源恢复区内，可以采取适当的人工生态整治与修复措施，恢复海洋生态、资源与关键生境；预留区内严格控制人为干扰，禁止实施改变区内自然生态条件的生产活动和任何形式的工程建设活动

续表

海洋生态红线区类型	基本管控要求	开发行为管控措施要求
重要河口生态系统	1. 禁止围填海； 2. 禁止采挖海砂； 3. 不得新增入海陆源工业直排口； 4. 严格控制河流入海污染物排放； 5. 控制养殖规模，鼓励生态化养殖	禁止围填海、采挖海砂、设置直排排污口及其他可能破坏河口生态功能的开发活动，并加强对重要河口生态系统的整治与生态修复
重要滨海湿地		禁止围填海、矿产资源开发及其他可能改变海域自然属性、破坏湿地生态功能的开发活动，并加强对受损滨海湿地的整治与生态修复
重要渔业海域		禁止围填海、截断洄游通道、水下爆破施工及其他可能会影响渔业资源育幼、索饵、产卵的开发活动
特殊保护海岛		禁止围填海、炸岩炸礁、填海连岛、实体坝连岛、沙滩建造永久建筑物、采挖海砂及其他可能造成海岛生态系统破坏及自然地形、地貌改变的行为，并加强对受损海岛生态系统的整治与修复
自然景观与历史文化遗迹		禁止设置直排排污口、爆破作业等危及文化遗迹安全的，有损海洋自然景观的开发活动，保护历史文化遗迹、独特地质地貌景观及其他特殊原始自然景观完整性
砂质岸线及邻近海域		禁止实施可能改变或影响沙滩自然属性的开发建设活动。设立砂质海岸退缩线，禁止在高潮线向陆一侧 500 m 或第一个永久性构筑物或防护林以内构建永久性建筑和围填海活动。在砂质海岸向海一侧 3.5 n mile 内禁止采挖海砂、围填海、倾废等可能诱发沙滩蚀退的开发活动。加强对受损砂质岸线的修复
沙源保护海域		禁止实施可能改变或影响沙源保护海域的开发建设活动
重要滨海旅游区		禁止实施可能改变或影响滨海旅游的开发建设活动
珍稀濒危物种集中分布区		禁止实施对珍稀濒危物种有影响的开发建设活动
红树林		禁止围填海、毁林挖塘、矿产资源开发及其他可能毁坏红树林资源的各类开发活动，保护现有的红树林资源及其生态系统，并加强对受损红树林生态系统的修复
珊瑚礁		禁止围填海、矿产资源开发、设置直排排污口及其他可能破坏珊瑚礁的各类开发活动；保护现有珊瑚礁资源及其生态系统，并加强对受损珊瑚礁生态系统的修复。
海草床		禁止围填海、矿产资源开发、设置直排排污口及其他可能破坏海草床的各类开发活动；限制贝类采挖活动，保护现有海草资源及其生态系统，并加强对受损海草床生态系统的修复
自然岸线	禁止实施可能改变自然岸线生态功能的开发建设活动。加强对受损岸线的整治和修复	

6.2 海岛生态红线划定示范

海洋生态红线将重要海洋生态功能区、生态敏感区和生态脆弱区划定为重点管控区域并实施严格分类管控，因此在海岛划定海洋生态红线对海岛的生态、资源、经济和权益价值的保护具有深刻的意义。本章将以南澳岛和横琴岛为例，介绍适应于海岛生态、经济和社会的海洋生态红线划定方法和结果。

南澳县和珠海横琴新区属于国家海洋局首批公布建设的国家级海洋生态文明示范区（2013年2月）。海洋生态红线划定将作为海洋生态文明示范区建设的重要抓手，促进两个国家级海洋生态文明示范区制度保障体系建设，有力推动海洋生态评价与管控制度建设，协调示范区发展海洋经济和做好海洋环境保护工作，是提高海洋综合管理管控能力的必要环节，从而形成人口、经济、资源环境相协调的海洋空间开发格局的重要举措，既是推进广东省海洋生态文明建设的有力抓手，也是海洋生态文明示范区建设的重要内容。

6.2.1 海洋生态红线区识别及划定方案

6.2.1.1 划定方法

参考《渤海海洋生态红线划定技术指南》，阐述区域内海洋生态红线划定的方法和具体步骤。根据党的十八届三中全会对生态环境保护的总体要求，"严格按照优化开发、重点开发、限制开发、禁止开发的主体功能定位划定并严守生态红线"，分别对南澳县和横琴新区具有重要生态服务功能、自然属性独特、海洋环境脆弱敏感的海域划定需要严格保护的海洋生态红线区。根据其自然禀赋，对各类海洋生态红线区分别制定相应的标准和环境政策，以加强红线区的生态环境保护工作。

6.2.1.2 技术路线

南澳县和横琴新区海洋生态红线划定技术路线如图6-1所示。

6.2.1.3 实施步骤

1) 支撑性资料的获取

全面收集区域自然条件与资源、海洋生态环境、海域使用现状、土地利用现状、生态灾害发生情况等方面的最新资料，以及相关规划和区划资料。组织召开座谈会，向海洋与渔业、环保、国土、规划、统计、企业等相关部门及渔民代表进行咨询，充分了解示范区今后的产业发展定位、海域及海岸开发利用现状、岸线保护和开发利用现状、入海排污等相关情况、经济社会发展需求及传统的用海情况。

2) 野外现场勘查

完成对海域利用现状、岸线利用及保护、土地利用等野外勘察，获取现场勘察的文字资

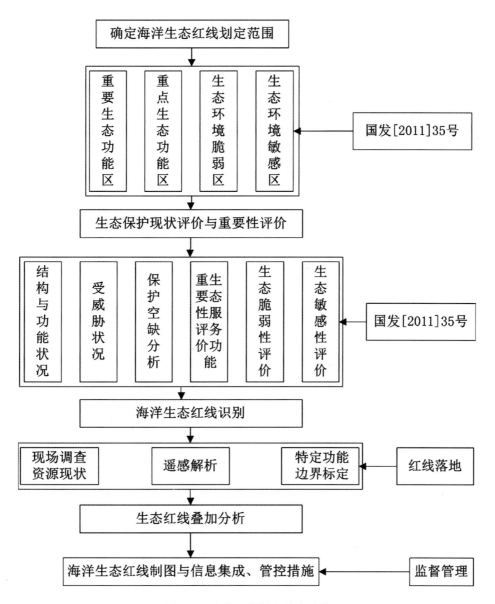

图 6-1 生态红线划定技术路线

料、定位资料、照片以及影像资料。对调查的时间和调查历史详细记载，数据获取日期明确标注，确保引用数据的现时性、准确性。

3）资料分析整理

利用 2012 年高空间分辨率遥感影像 Quickbird 作为工作底图。参考野外现场勘查资料和最新的航片资料，对基础资料进行整理分析并及时更新。

4）红线区确定

主要参考《渤海海洋生态红线划定技术导则》的技术要求，对示范区的海洋生态红线区进行识别，确定区域内禁止开发区和限制开发区的分布情况。主要考虑因素包括：海洋自然保护区、重要滨海湿地、旅游娱乐用岛、重要滨海旅游区、重要渔业资源、重要功能保护区、自然景观及历史文化遗迹、重要砂质岸线和基岩岸线保护区,依照保持的生态完整性和维持自然属性的原则确定红线区的地理范围。

5) 相关图件和登记表的编制

图件投影采用高斯-克吕格投影,WGS-84坐标系,中央经线为114°E,范围覆盖整个南澳生态文明示范区范围。图件包括红线区控制图和各海洋生态红线区类型图。根据海岸地理位置,按照红线区的类型,自西向东的总体趋势,对南澳县的海洋生态红线区进行逐一登记,编制登记表。

6.2.2 南澳岛海洋生态红线划定示范

6.2.2.1 南澳岛周围海域生态系统状况

1) 海岛生态系统

南澳岛全岛基本被草本植被所覆盖,植被主要由天人菊群落、鬣刺盐地鼠尾粟-厚藤群落及草海桐-野香茅群落3个群落组成。

南澳岛附近海域水质状况良好,海域生物群落丰富。根据2014年的生态红线基础调查结果显示,调查海区叶绿素a平均值为1.38 mg/m³,垂直差异小,各站差异不明显。叶绿素a含量指示海区为贫营养海区。本次调查海区的浮游植物共有4大类31属75种,其中硅藻有25属64种;浮游植物的生态类型以沿岸种为主,数量占绝对优势。海区浮游植物多样性和丰度变化较大,离岸越远多样性和丰度越高。浮游植物个体数量平均为467.4×10^4 个/m³,变化范围为$(4.48 \sim 1\,303) \times 10^4$ 个/m³;硅藻占99.5%。

浮游动物14个类群66种(包括属以上),其中腔肠动物和桡足类种类最多,各有13种,占总种数的19.7%;其次为毛颚类;调查海区浮游动物个体数量平均为107.25 个/m³,变化范围为65.43~175 个/m³,海区浮游动物以浮游幼体和腔肠动物个体数量最高,分别占总数量的29.23%和28.08%;生物量平均为66.49 mg/m³,变化范围为30.7~125 mg/m³。调查海区浮游动物多样性指数平均值为4.04,生物多样性水平较高,群落结构处于稳定状态。

底栖生物经鉴定共获10大类70种,其中节肢动物最多,海区各站的种类数存在一定差异,优势种为软体动物的棒锥螺、波纹巴非蛤和联珠蚶。海区平均生物量为52.74 g/m²,平均栖息密度为35.0 个/m²。生物量组成以软体动物为主,栖息密度组成以环节动物为主。调查海区底栖生物平均多样性指数为2.44,平均均匀度为0.69,各项指标表明调查海区多样性水平一般,种间分布不太均匀,海区的种类不够丰富。

潮间带断面的沉积物均为岩礁,间有砂砾,随着海水的潮涨潮落,不同潮区出现的潮间带生物种类显示明显差异,但均为典型亚热带岛礁群落,且暖水性区系特征明显,多属高盐性种。高潮区岩礁较为陡峭,栖息的潮间带种类相对较为单调,以小型单壳类和小型蔓足类为主,贝类多栖息于岩缝间或于岩面匍匐生活,而蔓足类多于岩缝间栖息,固着生活。优势种包括粒结节滨螺、塔结节滨螺、龟足和马来小藤壶等;其他种类较少,主要还有龟甲蝛、中华小笠藤壶和毛肤嘴等,栖息密度以粒结节滨螺和粒结节滨螺最高。中潮区岩礁较为平缓,并有砾石沙散布其间，种类较丰富，栖息密度较高，以软体动物出现的种类最多，由鳞笠藤壶、褶牡蛎和岩虫等种类组成的优势种形成了明显的藤壶-牡蛎-岩虫群落，呈横条状密集分布，覆盖率较高，覆盖率范围在30%~50%之间。此外，岩面上还分布着其他数量较多的贝类，多数呈匍匐和附着生活；岩缝和砾石间常见有甲壳类和小贝类等种类栖息。密度最高的种类是鳞笠藤壶和褶牡蛎。低潮区种类也较为复杂，有些中潮区的种类可延续分布至低潮区，但优势种不多，优势种主要是翡翠贻贝、半叶马尾藻、珊瑚藻、羊栖菜和节蝶螺等，常成群密集栖息，该潮区有大量藻类繁殖，软体动物、甲壳类和棘皮动物等门类均有出现，其中软体动物多呈附着和埋栖分布，甲壳类多栖息于石块下，棘皮动物则营匍匐生活。低潮区最明显的特点是有大型藻类的大量繁殖，栖息密度以翡翠贻贝和紫海胆最高。

南澳海岛生态系统的一个组成部分是上升流区域。上升流仅出现在夏季近岸水体，是西南方向的离岸风，引起底层水向上涌升补偿所形成的，属于风生上升流，在夏季形成中心渔场。南澳岛上升流生态系统位于南澎列岛海洋生态国家级自然保护区周边海域，是我国典型的上升流区分布区，其中主要以南澎列岛为中心，向周边延伸至福建漳浦礼士列岛至粤东甲子海域。该海域上升流主要出现在夏季，受西南方向的离岸风影响，引起底层水向上涌升补偿所形成的，属于风生上升流，在夏季形成水产资源密集区。

2）岩礁生态系统

南澳岛周边海域有大量的明礁、暗礁和干出礁，该海域底质主要为岩礁，海底起伏不平，并分布有砂、砂泥、沙砾及泥沙等。广东沿岸海域的底质多为泥质和泥沙质，而南澳岛附近区域的底质较为特殊，主要为岩礁、砂和砂泥等，海底粗糙，礁石林立，生境相当多样。独特的离岸海岛生境和海底特征，为许多生物类群，如附着性海藻、珊瑚类、附着性底栖生物、埋栖性底栖生物和游泳生物等，提供了良好的栖息、索饵和繁衍场所。

岩礁周围浅海区海水清澈，水深一般不超过20 m，属高盐水域，底质以细沙为主，局部贝屑、沙泥质。该海域已有的调查共发现岩礁浅海生物342种，其中多毛类动物40种，软体动物127种，甲壳类动物118种，棘皮动物41种，其他动物16种。出现的种类主要是热带浅海适应高盐性种，部分海域分布有珊瑚。代表性软体动物种类有舌骨牡蛎、长耳珠母贝、滑顶薄壳鸟蛤、中国鹑螺等；甲壳类主要有哈氏仿对虾、波纹龙虾、东方偏虾、直额蟳等；棘皮动物有哈氏砂海星、紫海胆、凹裂星海胆、白刺三列海胆、刺冠海胆等。该生物群落生物量较低，变化范围为 $3.0 \sim 5.10 \text{ g/m}^2$，平均为 3.5 g/m^2。

3）珊瑚礁生态系统

地处南澳岛南部的南澎列岛海洋生态国家级自然保护区海域内，分布着以柳珊瑚为主导的珊瑚礁生态系统，主要分布在水深较深水域，并形成较大的群体。保护区内的软珊瑚群体较小，平均体长小于15 cm，种类单一，主要零星分布在顶澎、中澎、南澎和芹澎4岛水深4~6 m水域，偶见密集分布。

根据2008年南澎列岛的常规调查结果显示，共发现非造礁石珊瑚1种，软珊瑚5种和柳珊瑚11种。非造礁石珊瑚猩红筒星珊瑚，为广泛分布的深水性种类，不具共生藻，通常生长在礁石岩壁上，主要分布在水流较急的深水区域（5~10 m），尤其在水深5 m以下的礁石洞穴壁上经常可见,这是对弱光和较强水流高度适应的结果,在保护区的顶澎岛、旗尾岛、中澎岛、南澎岛和芹澎岛均有分布。该物种已列入世界 CITES 公约(《濒危野生动植物物种国际贸易公约》)附录Ⅱ。柳珊瑚群体小(群体小于 30 cm),呈树枝状,主要分布在 3~6 m 水域。柳珊瑚分布密度较高,在保护区的中澎岛、南澎岛和芹澎岛部分区域群体分布密度达到 10~15 个/m^2。柳珊瑚种类较为丰富,总计达到 11 种,其中丛柳珊瑚和棘柳珊瑚为优势珊瑚种类。由于大陆沿岸悬浮物浓度高,形成的严重沉积物对柳珊瑚分布水深和群体大小影响较大,而保护区距离陆域岸线较远,因此,保护区海域内柳珊瑚可以分布在水深较深水域,并形成较大的群体。保护区内的软珊瑚群体较小,平均小于 15 cm,种类单一,主要零星分布在顶澎、中澎、南澎和芹澎 4 岛水深 4~6 m 水域,偶见密集分布,群体分布密度可以达到 5 个/m^2。

6.2.2.2 南澳主要环境问题和生态问题

1) 主要环境问题

(1) 全县生态环境保护规划不健全

作为海岛山区县,其资源环境独特,经济社会发展战略和环境保护重点不同于城市地区。当前,又适逢南澳面临新一轮的大发展机遇,出现较多开发混乱的现象,引起了一系列生态问题,迫切需要编制一部环境现状清晰、前瞻性和可操作性强的全县环境保护规划,同时加强与城市总体规划、土地利用总体规划、旅游发展规划、工业发展规划和人口计划等的相互衔接工作,坚持可持续发展和适度超前的原则,合理布局环境基础设施,合理配置环境资源和优化土地资源的利用,促进经济社会发展与生态承载力相适应,严格实施规划,有序推进城镇化进程,确保生态和环境安全。

(2) 产业结构不合理,空间布局混乱

全县产业布局不合理,工业区、养殖区和居住区混杂,导致污染不利于集中治理。房地产开发及工业厂房建设导致大面积挖山,破坏岸线景观并占用岸线。养殖业缺少整体规划,出现占用沙滩等自然资源的现象。该县迫切需要大力优化产业结构,严格执行国家产业政策。严格禁止高耗能高污染型工业项目上马。应大力发展海洋新兴产业、绿色风电产业、生态旅游产业等优势产业,推进绿色产品认证,促进海岛生态经济的发展。全县工业区布局科学化、合理化,便于污染集中治理,逐步改变工业区和居住区混杂的状况。

(3) 主要污染物总量控制体系不完善

青澳湾污水处理工程于 2009 年 8 月通过县环保局验收,正式交付使用。后江污水处理厂于 2010 年 6 月 11 日通过竣工环保验收。然而对这些污水集中处理系统的监督管理力度不够,集污管网和提升泵站缺少维护和完善。该县需切实加强主要污染物总量减排工作,落实环保监管职责,完成减排年度任务,加强减排控制体系建设,确保主要污染物稳定达标排放,污染减排效果不反弹。

(4) 生态环境管理技术能力建设有待增强

全县环保系统规章制度、工作程序和内部管理制度不完善;县和镇二级环保机构不够健全；业务人员的环保业务培训机会欠缺，定期考核制度落实力度不够，导致环保执法水平和环境监测监察系统的整体素质较低。

2）主要生态问题

(1) 风暴潮

南澳县地处南海东部，受太平洋和南海热带气旋影响或直接侵袭频繁。据汕头气象局资料统计，汕头近岸是受热带风暴袭击最频繁的地区，1954—1995 年的 42 年间，影响汕头地区的台风有 283 个。台风平均每年在粤东直接登陆有 0.8 次。2006 年汕头市受台风"珍珠"影响，造成 172 艘渔船沉没或损毁，703 艘渔船不同程度损伤，182 个渔排被破坏，5 艘渔政船在台风中受损，其中 4 艘沉没，全市渔业生产直接经济损失 5.88 亿元。

(2) 寒潮

广东绝大部分寒潮出现在 12 月至翌年 2 月，入侵路径以偏北和偏西路径为主，汕头海区由于纬度较低，当冷空气到达时已是强弩之末，其强度大大减弱。影响本海区的寒潮（包括强冷空气）年平均出现次数为 1.3 次。在寒潮的影响下，常出现降温、低温和大风等天气现象。

(3) 地震

南澳县位于新华夏系构造第二隆起带的东南侧，根据《中国地震动参数区划图》（GB 18304—2001）和《广东地震烈度分布图》，规划区地震动峰值加速度为 0.2 个，地震动反映谱特征周期为 0.35 s，相应的地震基本烈度为Ⅷ度，属强震区。

据历史资料记载，韩江三角洲地区，1067—1973 年曾发生有感地震 277 次以上，其中大于和等于 5 级的地震有 12 次：如 1067 年 6.75 级潮州一带地震；1600 年 7 级南澳地震；1641 年 5.75 级揭阳东地震；1895 年 6 级揭阳地震；1918 年 7.3 级南澳地震等，这些地震对场地均造成较大的影响，地震烈度分别为Ⅵ~Ⅷ度，其中对场地影响最大的地震是 1918 年 7.3 级南澳地震，在场地及其周围地区普遍受到烈度Ⅷ度的地震破坏。

(4) 赤潮

赤潮灾害对海洋环境、海水养殖业等造成严重的影响。1991—2004 年汕头沿海发生较严重的赤潮事件见表 6-2。

表 6-2　1991—2004 年汕头沿海较大的赤潮事件

时间	地点	面积（km²）	赤潮生物种类	经济损失（万元）
1997 年 11 月至 1998 年 1 月	饶平柘林湾、南澳		球形棕囊藻	7 516
1999 年 7 月 10 日至 26 日	饶平柘林湾至大埕湾	400	球形棕囊藻	150
2000 年 8 月 30 日	南澳	400		
2003 年 11 月 10 日至 12 月 4 日	汕头港	550	球形棕囊藻	
2004 年 1 月 3 日至 17 日	南澳岛至南澎列岛	150	球形棕囊藻	
2004 年 11 月 10 日至 18 日	汕头	900	球形棕囊藻	

注：表中仅统计直接经济损失 150 万元或受灾面积在 150 m² 以上事件。

（5）海岸侵蚀

南澳岛云澳湾沙滩岸线侵蚀现象：根据现场调研结果，在南澳南部海岸，发现了较为明显的海岸侵蚀现象。主要是由强大的海浪以及河流入海冲刷而造成。海岸侵蚀主要表现为沙滩出现宽而深的沟渠导致岸线后退。

6.2.2.3 南澳生态红线识别

根据资料收集和现场踏勘，南澳岛岸线主要以砂质岸线和基岩岸线为主，海岛内没有分布重要河口和滨海湿地，主要的海洋生态功能区、敏感区和脆弱区以重要海岛、海洋保护区、重要滨海旅游区、砂质岸线和沙源保护海域和重要渔业海域为主。根据以上区域的分布条件，确定南澳岛及周边海域的禁止开发区和限制开发区的分布情况，主要包括：海洋自然保护区、海洋特别保护区、特殊保护海岛、旅游娱乐用岛、重要滨海旅游区以及重要砂质岸线和沙源保护海域。

1）海洋保护区的识别

本次生态红线区划定将海洋自然保护区和人工鱼礁区等海洋保护区划分为生态红线区。识别方法主要以基础资料为主：第一步，以收集的各海洋自然保护区和海洋特别保护区的选划论证报告为基础，对不同时期、不同背景的资料进行识别，确保为最新资料，并且是经审批的资料；第二步，与海洋功能区划及相关国家战略性规划进行一致性分析，若有矛盾，进一步科学论证，对亟需保护的区域以生态保护优先，将其划定为海洋生态红线区，并对海洋功能区划等规划提出修改建议，形成修改文本后报批。

2）重要保护海岛的识别

本次生态红线区划定将南澳县重要保护海岛划分为特殊保护海岛和旅游娱乐用岛，前者为禁止开发区，后者为限制开发区。南澳县重要海岛是指在海洋发展中具有重要的生态价值，对实施海洋开发和保护海洋生态系统起到核心引领作用，并具备较强辐射与带动能力的海岛。重要保护海岛需要有较好的植被覆盖或秀丽的海岛风光或丰富的水产、岸线、沙滩及海洋能源等资源或独特的岛礁生态系统。部分重要海岛需要进行保留，维持原始自然状态，划分为特殊保护海岛区。部分重要海岛可以进行一定程度的适度利用，进行旅游娱乐开发，划分为旅游娱乐用岛区，如塔屿、猎屿、案屿、官屿和凤屿等。

当特殊保护海岛位于海洋自然保护区或海洋特别保护区内时，划定为海洋自然保护区或海洋特别保护区，如南澎列岛。与滨海旅游度假区连接成一块的时候，划定为滨海旅游度假区，可进行旅游观光等适度开发，如狮子屿和圆屿。

3）重要滨海旅游区的识别

重要滨海旅游区，主要是指包括自然景观及历史文化遗迹在内的滨海重要旅游区，南澳岛西南部和东部两大片区主要为现阶段新建的一些旅游娱乐场所和海滨浴场等旅游设施建设，根据南澳旅游总体规划，南澳东部的青澳湾将发展高端旅游度假区，因此识别为重要滨海旅游区。

4）砂质岸线及沙源保护海域的识别

重要的砂质岸线的识别主要以卫星遥感影像图的海岸线分段类型划分为参考，结合现场勘查。主要为重要的滨海旅游沙滩和海岸侵蚀较为严重的砂质岸线等。沙源保护海域主要是指离岸海域的浅滩等沙源区域，主要位于南澳岛东部和南部的重要海岸沙滩，主要分布在青澳湾、竹栖肚湾、烟墩湾、九溪澳、钱澳湾、云澳湾、深澳湾、赤石湾。本次生态红线区划定，将位于重要滨海旅游区的砂质岸线划分为重要滨海旅游区，如青澳湾。

5）重要渔业海域的识别

重要渔业海域包括渔业资源的产卵场、育幼场、索饵场和洄游通道。南澳县的重要渔业资源产卵场、育幼场、索饵场等主要位于南澎列岛附近海域，已划分为禁止开发区和限制开发区。同时，根据南澳岛海域开发利用现状，南澳岛北部进行大量、有序的网箱养殖和底播养殖等海域开发活动，深澳湾海域在广东省海洋功能区划中属于农渔业区，本次生态红线区将该片海域划分为重要渔业海域。

6）基岩保护海域的识别

重要基岩岸线及其海域的识别主要以卫星遥感影像图的海岸线分段类型划分为参考，结合现场勘查。主要为南部和东部重要的和海岸侵蚀较为严重的基岩岸线等。为加强自然岸线的保护，本次生态红线区将基岩及其邻近海域划定为红线区进行有效保护，确保海岛安全。

6.2.2.4 南澳县各类生态红线区的分布情况

1）重要保护海岛

区域共有海岛37个，其中有居民海岛1个，即南澳岛，无居民海岛36个。除主岛南澳岛外，其余岛屿均为禁止或限制开发的海岛。根据《广东省海岛保护规划（2011—2020年）》海岛保护的主要方向是领海基点所在海岛保护、生态保护，推进区域合作，适度发展生态种养、休闲度假旅游和可再生能源利用。其中2个岛屿为领海基点所在海岛，13个岛屿位于海洋保护区内，14个岛屿作为保留类海岛，7个岛屿为旅游娱乐用岛。南澳岛区无居民海岛分类见表6-3。

表6-3 南澳岛区无居民海岛分类

主导功能	海岛名称	数量（个）
领海基点所在海岛	南大礁、芹澎岛（南澎列岛（1）、南澎列岛（2））	2
海洋自然保护区内海岛	赤仔屿、顶澎岛、二屿、旗尾屿、中澎岛、南澎岛、东礁、乌屿、赤屿、二礁、三礁、白颈屿、平屿	13
保留类海岛	鸟礁、七星礁（1）、七星礁（2）、七星礁（3）、案仔屿、姑婆屿（1）、姑婆屿（2）、姑婆屿（3）、北三屿、虾尾屿、鸭仔屿、无名屿、红爪礁、桁头礁	14
旅游娱乐用岛	塔屿、猎屿、案屿、狮仔屿、圆屿、官屿、凤屿	7
总计		36

上述海岛中，位于海洋自然保护区内的海岛划分为海洋保护区生态红线区，保留类海岛

可划分为生态红线禁止开发区，旅游娱乐用岛可划为生态红线限制开发区。

2）海洋自然保护区和人工鱼礁区

南澳县现有海洋自然保护区4个，包括南澎列岛海洋生态国家级自然保护区、广东南澳候鸟省级自然保护区、南澳平屿西南侧海域鲨市级自然保护区和南澳赤屿东南海域中国龙虾和锦绣龙虾市级保护区。此外，南澳县海域有人工鱼礁区1个，位于南澳岛南面4 n mile外的勒门海岛海域、乌屿的西南面。除南澎列岛海洋生态国家级自然保护区的实验区外，该保护区的核心区和缓冲区及其他海洋保护区可划为禁止开发区；保护区、实验区及人工鱼礁区可划分为限制开发区。

3）重要滨海旅游区

南澳岛形似葫芦，地貌以丘陵为主，东、西部为宽而突起的丘陵低山，中部为狭小的海积平地，平地面积仅占总面积的6.4%。海拔500 m以上的山峰有3座，最高海拔584.8 m，其余为低山丘陵。全岛共有36条小山溪，呈放射状流入大海。南澳自然资源丰富，热带、亚热带植物1 400多种，海洋生物1 000多种，风力资源十分丰富，是全国风力资源最丰富的地区之一，60多处滨海沙滩散布在环岛海岸线上。

南澳县具有深厚的历史文化底蕴，曾是繁荣的贸易港口和兵家必争之地，换驻过157任总兵官。历史遗址主要包括猎屿铳城、总兵府、古宋井、太子楼、陆秀夫墓、辞郎洲、郑成功招兵树等大量古迹和抗元、抗倭、反清复明的故事，现有文物古迹50多处，其中县级以上文物保护单位35处。

2010年，南澳县荣获"广东省滨海旅游示范景区"称号，这里有优美的生态自然环境和悠久的人文历史，在全市乃至全省旅游资源中有着不可替代的优势。这里既有被誉为"东方夏威夷"的青澳湾省级旅游度假区，又有"南中国海上天然植物园"之称的黄花山国家森林公园；既有"候鸟天堂"之称的乌屿自然保护区，又有亚洲第一海岛风电场；既有联合国立项的国际海洋生物多样性保护管理区，又有南澎列岛海洋生态省级自然保护区；既有历150多任的总兵府，又有郑成功招兵收复台湾、戚继光抗击倭寇的历史见证；还有充满传奇色彩的南宋古井、太子楼等文史古迹。所有这些如同簇簇竞相出水的奇葩，构成了一条亮丽的海岛风景线。此外，青澳湾附近海域拟选划建设广东南澳青澳湾国家级海洋公园，面积共1 246 hm^2，有益于当地滨海旅游的发展。根据海域使用类型，南澳重要的滨海旅游区为两大块，可划分为重要滨海旅游区生态红线区。

4）砂质岸线和沙源保护海域

南澳县包括主岛和其他岛屿内，砂质岸线10.2 km。主岛南澳岛岸线曲折多弯，可供开发的沙滩面积超过200×10^4 m^2，同时它还拥有大小峡湾66处，为广东滨海各县之冠。重要海岸沙滩主要分布在青澳湾、竹栖肚湾、烟墩湾、九溪澳、钱澳湾、云澳湾、深澳湾、赤石湾。其中，青澳湾位于主岛东部，湾形似新月、口宽1 km、腹宽1.4 km、纵深0.95 km、弧长2.9 km，是南澳县最为宝贵的岸线资源，是广东两个A级沙滩浴场之一，省级风景名胜区。位于主岛东北部和东南部的竹栖肚湾和烟墩湾是发展滨海休闲度假旅游的主要场所。砂质岸线的稳定性直接影响临近海岸的稳定性，对海岸保护具有特别的意义。南澳岛的沙滩及相邻海域目前受到人类生活污水直接排放的影响，海岸带开发利用的程度日益加大，环境保护的压力较大，因此，上述沙滩除在保护区中的外，均可划为重要砂质岸线及邻近海域和沙源保护海域。

5) 重要渔业海域

南澳附近海域面积广阔，水质好，底质以泥沙和礁石为主，鱼类资源相当丰富，具有类别多、种群替代快和迁移范围不大等特点。具有南澎列岛、勒门列岛、东洋、表角和台湾浅滩等多个天然渔场，提供了全年捕捞的条件。主岛南澳岛周围水深 10 m 以内浅海面积约 166 km^2，其中可供海水养殖的内湾面积约 533 hm^2、滩涂 267 hm^2、围垦和荒垦地 61 hm^2。目前共有养殖区 8 处，分别是大潭、长山尾、下田安、白沙湾、深澳湾、九溪澳、龙门港和羊屿，总面积达 1 147.2 hm^2。养殖品种有鱼、虾、贝和藻类。南澳岛南部的天然渔场主要位于保护区内，本次红线区划定时，将南澳岛北部的渔业养殖海域作为重要渔业海域划定。

6) 基岩岸线

南澳岛以丘陵地貌为主，地势险峻，海岸线容易受海浪冲击，土壤易被海浪冲刷，形成岩石裸露的基岩海岸，主要为酸性的成土母岩，大面积分布有燕山期侵入的花岗岩，以后又经多次地质构造运动产生各种变质岩，局部地区分布有流纹质凝灰岩等。南澳岛主岛岸线长 113.9 km，其中人工岸线 22.2 km，基岩岸线 81.5 km，基岩岸线占主岛岸线的 71.6%，分布在南澳岛主岛的四周，局部覆盖面积可达 50 m。基岩岸线受到物理、化学和生物等多种因素的强烈影响，是一个生态多样性较高的生态边缘区域，同时由于南澳岛长年来受风暴潮侵蚀较为严重，地质灾害频发，因此选取南澳岛南部和东部共 5 处重要的基岩岸线进行划线不仅对保护岸线具有积极意义，对维持海洋生态功能也具有重要的意义。

6.2.2.5 红线区范围确定

本生态红线区范围根据省界、市界、县界和领海基线来确定，红线区范围示意图见图 6-2。本次海洋生态红线区的工作范围内，范围总面积 1 543.7 km^2，其中总海岛面积 109.8 km^2，海域面积约 1 433.9 km^2，海岸线共长 113.9 km，主岛为南澳岛，面积 107.31 km^2，南澳县包括主岛和其他岛屿内，岸线长度为 113.9 km，其中人工岸线 22.2 km，基岩岸线 81.5 km，砂质岸线 10.2 km。

海洋生态红线区范围界定应根据生态完整性，维持自然属性，便于保护生态环境，防止污染和控制建设活动及便于管理需要进行确定。基于海洋生态红线区的识别，按照"海洋自然保护区/人工鱼礁区→特殊保护海岛→旅游娱乐用岛→重要滨海旅游区→重要渔业海域→重要砂质岸线和沙源保护海域"重要性顺序，剔除各类海洋生态红线区相互叠压部分。广东省南澳县海洋生态红线区范围确定具体如下。

①海洋保护区的生态红线区范围为已审批海洋自然保护区或海洋特别保护区的范围。南澎列岛国家级海洋生态保护区的核心区、缓冲区和其他 3 个自然保护区为禁止开发区，南澎列岛国家级海洋生态保护区的其他区域和人工鱼礁区为限制开发区。

②特殊保护海岛和旅游娱乐用岛的生态红线区范围以无居民海岛向海外扩 50~100 m。考

图 6-2　广东省南澳县海洋生态红线区工作范围

虑到南澳县周边特殊保护海岛面积较小，若以等深线确定范围则会太大，因此基本上根据海岛的面积向海一侧外扩 50~100 m。

③重要滨海旅游区的生态红线范围为以重要旅游区向海扩展 100 m 的区域。

④重要渔业海域的生态红线区范围的确定是根据已审批的渔业用海类型，结合广东省海洋功能区划的管理要求。

⑤重要砂质岸线范围为以砂质岸滩高潮线至向陆一侧的砂质岸线退缩线（高潮线向陆一侧 500 m 或第一个永久性构筑物或防护林），向海一侧的最大落潮位置围成的区域。通常以 -5 m 等深线确定沙源保护海域。

⑥重要基岩保护海域范围以基岩岸线向海一侧的最大落潮位置围成区域，通常以岸线至海域 75 m 为界。

6.2.2.6　红线区确定

通过生态红线区识别和范围确定，本划定方案将广东省南澳县所在海域划分为禁止开发区和限制开发区，并根据要求进一步分类。禁止开发区面积为 252.7 km^2，其中海洋自然保护区 251.9 km^2，特殊保护海岛 0.8 km^2。限制开发区面积为 184.3 km^2，其中海洋特别保护区的实验区面积为 123.1 km^2，人工鱼礁区 6.3 km^2，旅游娱乐用岛面积为 4.3 km^2，重要滨海旅游区面积为 11.1 km^2，重要渔业海域面积为 33.9 km^2，砂质岸线与沙源保护海域面积为 3.7 km^2，基岩保护海域面积 1.9 km^2。

南澳县海洋生态红线区各类红线区总面积为 437.0 km^2，本次生态红线区区划工作范围总海域面积为 1 433.9 km², 因此红线区占总海域面积的比例为 30.5%。

1) 禁止开发区

指海洋生态红线区内禁止一切开发活动的区域, 主要包括南澎列岛国家级海洋自然保护区的核心区和缓冲区、其他 3 个海洋自然保护区全区以及特殊保护海岛。禁止开发区共 13 个, 5 个海洋自然保护区和 8 个特殊保护海岛, 总面积为 252.7 km²。5 个自然保护区包括南澎列岛海洋生态国家级自然保护区, 广东南澳候鸟省级自然保护区（以乌屿为主岛）, 广东南澳候鸟省级自然保护区（以平屿、白颈屿和赤屿为主岛）, 南澳平屿西南侧海域鲎市级自然保护区, 南澳赤屿东南海域中国龙虾、锦绣龙虾市级保护区; 特殊保护海岛 8 个, 包括鸟礁、七星礁、案仔屿、姑婆屿、北三屿、鸭仔屿和桁头礁、红瓜礁。

2) 限制开发区

指海洋生态红线区内除禁止开发区以外的其他区域, 主要包括海洋自然保护区的实验区、人工鱼礁区、旅游娱乐用岛、重要滨海旅游区、重要渔业海域和砂质岸线与沙源保护海域。总面积为 184.3 km²。

海洋自然保护区 1 个, 为南澎列岛海洋生态国家级自然保护区的实验区, 面积为 123.1 km²。

人工鱼礁区 1 个, 位于乌屿西南海域, 面积为 6.3 km²。

旅游娱乐用岛 7 个, 包括凤屿、官屿、圆屿、狮子屿、塔屿、猎屿和案屿, 面积共为 4.3 km²。

重要滨海旅游区 2 个, 包括青澳湾旅游度假区及前江湾旅游基础设施所在海域, 面积共为 10.9 km²。

砂质岸线与沙源保护海域共 9 个, 主要位于南澳南部沙滩, 包括粗沙湾、前江湾、赤石湾、云澳湾、烟墩湾、九溪澳湾、青澳湾、竹栖肚湾和贼澳湾, 面积共为 3.7 km²。

重要渔业海域 1 个, 主要位于深澳湾海域, 面积为 33.9 km²。

基岩保护海域 5 个, 主要位于南澳岛南部和东部, 面积为 1.9 km²。

南澳县红线区控制范围见图 6-3。

6.2.2.7 海洋生态红线区协调性分析

1) 与广东省国民经济与社会发展第十二个五年规划纲要的协调性

深化改革开放, 加快转变经济发展方式攻坚克难的关键时期, 是全面建设更高水平的小康社会, 向基本实现社会主义现代化目标迈进的关键时期, 必须承前启后抢抓科学发展战略新机遇, 紧紧围绕"加快转型升级、建设幸福广东"这个核心, 全面开创科学发展、社会和谐新局面。

海洋生态红线区划的原则为"保住生态底线, 兼顾发展需求"与纲要科学发展、和谐发展的要求一致。

2) 与《广东省主体功能区规划》的协调性

《广东省主体功能区规划》按照不同区域的资源环境承载能力、现有开发强度和未来发

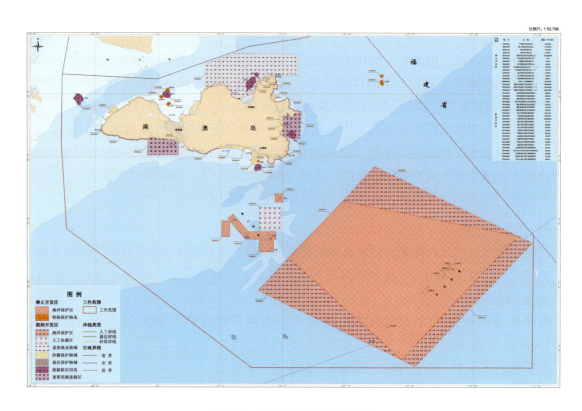

图 6-3　南澳县红线区控制范围

展潜力等因素，确定了广东省国土空间开发战略格局和开发策略，在全省范围内划分优化开发、重点开发、生态发展和禁止开发四类区域。其中，生态发展区域 118 086 km²，占全省的 65.64%（其中，重点生态功能区 61 146 km²，占全省的 33.99%；农产品主产区 56 940 km²，占全省的 31.65%）。点状分布在这三类区域的各类禁止开发区域面积共 25 646 km²，占全省的 14.25%。海洋生态红线区划要求将红线区分为禁止开发区和限制开发区，其下根据红线区的不同类型进行了细化，是《广东省主体功能区规划》要求的体现和进一步优化。

根据《广东省主体功能区规划》，汕头市的功能定位为：国家经济特区、东南沿海重要的工贸、文化与人居名城、海峡西岸重要的经济中心、粤东中心城市、现代化港口城市和生态型海滨城市、临港工业、现代服务业和效益农业基地，对海外华人有重要影响的侨城。其中南澳岛是汕头市的重点保护区，适度开发海岛旅游资源，保护南澎列岛周边海域生态系统及珍稀濒危水生野生动物，保护候鸟的栖息地和环境。

根据海洋红线区划的划定方法，南澳县将保护区和特殊保护海岛划分为禁止开发区，重点保护珍稀濒危海洋生物及其栖息地环境，限制人们过度开发海洋渔业、沙滩、岩礁和海岛等重要海洋资源，因此海洋生态红线区的划定符合《广东省主体功能区规划》的要求，二者具有良好的可协调性。

3）与《广东省海洋功能区划（2011—2020年）》的协调性

根据《广东省海洋功能区划（2011—2020年）》，南澳岛周边功能区类型有工业与城镇用海区、港口航运区、旅游休闲娱乐区、海洋保护区和农渔业区等，主要功能为旅游休闲娱乐、农渔业和海洋保护区。工业与城镇用海区主要分布在南澳岛西北和西南海域，海洋保护区主要分布在南澳岛南部海域，重点保护南澎列岛海岛周边海域重要经济水产资源种苗，平屿的南方鲎，赤屿的中国龙虾、锦绣龙虾及其生境，乌屿的候鸟栖息地等；旅游休闲娱乐区主要分布在南澳岛的东侧和南侧，要求保护其砂质海岸和海岛周边海域生态环境；农渔业区要求保护河口海域生态环境，保护重要渔业品种的产卵场、索饵场、越冬场和洄游通道。广东省南澳县海洋生态红线区划定是以《广东省海洋功能区划（2011—2020年）》为基础，将规划确定功能区细化和深入，因此两者具有良好的协调性。

4）与《广东省海岛保护规划（2011—2020年）》的协调性

海岛作为广东省迫切需要拓展的海洋保护开发带，已成为广东省转变经济发展方式的战略要地，突破限制经济发展的资源和空间的瓶颈的利刃。南澳岛区海岛保护的主要方向是领海基点所在海岛保护、生态保护，推进区域合作，适度发展生态种养、休闲度假旅游和可再生能源利用。南澳县积极发展生态旅游、休闲度假、文化旅游等特色海岛海洋旅游项目，以"南澳Ⅰ号"为载体，推动申报联合国"世界文化遗产"，拓展凤屿、猎屿、塔屿、官屿、圆屿等海岛旅游景点，建设南澳岛生态旅游组团。

生态红线区的划定将重要保护海岛划分为特殊保护海岛和旅游娱乐用岛，与《广东省海岛保护规划（2011—2020年）》具有良好的协调性。

5）与《广东省海洋环境保护规划（2005—2015年）》的协调性

海洋环境保护规划，是国家或沿海地方政府在一定时期内对于海洋环境保护目标与措施所做出的安排。它是国民经济与社会发展规划的重要组成部分之一，其目的是在经济与社会发展的同时，切实保护海洋环境，维持海洋生态系统的健康与安全，促进人类对海洋的开发利用活动与海洋环境和资源的承载能力相协调，保证海洋的持续利用。

生态红线区划定的目的就是在兼顾广东沿岸海洋经济建设需要的同时，因地制宜加强南澳县生态环境保护工作，与《广东省海洋环境保护规划（2005—2015年）》具有完美的协调性与符合性。

6）与《汕头市南澳县总体规划（2008—2020年）》的协调性

南澳县将总体规划为生态文明和旅游发达的现代化国家海岛，集度假、观光、娱乐、生态于一体的高端海洋体验旅游度假区。海岛的保护目标以实现海岛可持续发展为前提，对山体、水系、岸线、滩礁、海蚀地貌等自然资源、生物资源、人文资源等各种资源进行严格的保护，维持稳定的海岛生态体系，达到生态效益、社会效益、经济效益三者的统一，将南澳建设为国家生态岛。

海域保护方面，将严格控制海域水体质量；海上船只的活动范围应优先考虑航道、锚地以及军事管制区的线路及范围，不能与其发生冲突；海上船只的活动范围应尽量避免进入海洋自然保护区的核心区范围；严格限制非军事船只进入军事功能海岛的海域范围内活动。岸线保护方面，保护和合理利用岸线资源，全面考虑生产、生活需要和生态资源、环境的安全。保护岸线资源和自然属性，建设滨海自然资源保护区。禁止非法填海、挖砂、采石、占压礁石和砍伐风景林木与防护林的行为。严禁在自然风景旅游岸线、重点生态保护岸线内填海造地。

海洋生态红线区的划定，全面考虑海岛、岸线、海域的生态保护，将重要海岛划为禁止开发区和限制开发区，重要保护岸线根据类型划分为基岩保护海域和砂质岸线保护海域，因此与《汕头市南澳县总体规划（2008—2020年）》具有良好的协调性。

7）与《南澳海岛旅游区总体规划（2006—2025年）》的协调性

根据《南澳海岛旅游区总体规划（2006—2025年）》，南澳岛将规划发展为以海岛自然风光为主体的旅游度假——集度假、观光、游乐、运动、疗养、风情功能的度假村与特色海上活动于一体的海岛旅游度假胜地。

同时，对海岸带旅游资源进行有效保护，主要包括沙滩、岬角、礁岩、岛屿、防护林、沿岸山石与林木、古港码头、海战海防遗址、主要海事与人物遗存、渔村、海岛栖息地。海岸带是南澳旅游资源富集区和景观敏感带，应划定范围，实施区域专门保护。

海洋生态红线区的划定，将重要滨海旅游娱乐区和重要海岛划分为限制开发区，重点开发旅游和进行环境保护，因此与《南澳海岛旅游区总体规划（2006—2025年）》具有良好的协调性。

6.2.2.8 红线区管控措施

1）海洋生态红线区控制指标

（1）海洋生态红线区面积控制指标

南澳县海洋生态红线区面积占南澳岛海域面积的比例不低于30%，各红线区类型占近岸海域面积的控制指标见表6-4。

（2）自然岸线保有率指标

南澳县自然岸线保有率不低于总岸线的70%，维持现有砂质岸线长度。

（3）水质控制指标

南澳县海洋生态红线区内实行严格的水质控制指标，至2020年，海洋生态红线区内海水水质达标率不低于90%。

（4）陆源入海污染物排放指标

南澳海洋生态红线区实现陆源入海直排口污染物排放达标率100%。

总体而言，南澳县海洋生态红线区面积控制指标不低于30%，自然岸线保有率指标不低于70%，水质控制指标为至2020年海洋生态红线区内海水水质达标率不低于90%，南澳海洋生态红线区实现陆源入海直排口污染物排放达标率100%，具体如表6-4所示。

表 6-4　南澳县海洋生态红线区控制指标

内容	控制指标
南澳县海洋生态红线区面积	不低于 30%
自然岸线保有率	不低于 70%
海洋生态红线区内海水水质	不低于 90%
陆源入海直排口污染物排放达标率	100% 达标

2）总体管控措施

在全面掌握广东省南澳县海域不同区域海洋生态特点、存在问题以及经济社会发展需求的基础上，在南澳海洋环境敏感区、重点生态功能区等区域划定生态红线区，确定禁止开发区和限制开发区，制定具体的南澳海洋生态红线区目标，并制定科学、合理实施南澳海洋生态红线管理制度的管理实施要求，为南澳海域实行分类指导、分区管理，保住生态红线，兼顾发展需求，最终实现南澳生态环境明显改善，生态系统健康和环境安全得到保障，并为促进区域海洋资源开发和环境保护协调、健康、持续发展提供技术依据。

海洋生态红线区分为禁止开发区和限制开发区。根据海洋生态红线区的不同类型，制定分区分类差别化的管控措施。

禁止开发区主要为海洋自然保护区的核心区和缓冲区，具体执行《中华人民共和国自然保护区条例》。

限制开发区包括海洋自然保护区的实验区、特殊保护海岛、旅游娱乐海岛、重要滨海旅游区、砂质岸线和沙源保护海域和重要渔业海域。在限制开发区内应采取如下管控措施。

（1）实施严格的区域限批政策，严控开发强度。

对未落实项目的区域，实行严格限批制度；对区域内正在办理的、与该区域管控目标不相符的项目，停止审批；对区域内已经完成审批流程但未具体实施建设的或已经开工建设但与该区域管控目标不相符的项目，应停止该项目建设，重新选址；对区域内已运营投产但与该区域管控目标不相符的项目，责令进行等效异地生态修复；对区域内未经海洋主管部门审核通过且与该区域管控目标不相符的项目，责令恢复原貌，并对期间造成的生态损失予以补偿。

（2）实施严格的水质控制指标，陆源入海直排口污染物达标排放

（3）控制养殖规模，鼓励生态化养殖。推动退养还滩、退养还海

（4）实行海洋垃圾巡查清理制度，有效清理海洋垃圾

（5）对已遭受破坏的海洋生态红线区，实施可行的整体修复措施，恢复原有生态功能

（6）海洋生态红线区海水水质符合所在海域海洋功能区的环境质量要求

3) 各红线区管控措施

(1) 海洋保护区管控措施

海洋自然保护区的核心区和缓冲区为禁止开发区。区内不得建设任何生产设施；无特殊原因，禁止任何单位或个人进入。核心区禁止实施各种与保护区无关的工程建设活动；严格控制人为干扰，缓冲区禁止实施改变区内自然生态条件的生产活动和任何形式的工程建设活动。

海洋自然保护区的实验区为限制开发区，开发行为应具体执行《中华人民共和国自然保护区条例》的相关制度。

(2) 重点保护海岛管控措施

重点保护海岛分特殊保护海岛和旅游娱乐用岛。特殊保护海岛不得进行任何开发建设，保护海岛的自然属性。旅游娱乐用岛仅可以进行适度的旅游娱乐设施建设。禁止炸岩炸礁、围填海、填海连岛、实体坝连岛、沙滩建筑永久建筑物、采挖海砂等可能造成海岛生态系统破坏及自然地形、地貌改变的行为。

(3) 重要滨海旅游区管控措施

禁止从事可能改变或影响滨海旅游的开发建设活动。禁止设置直排排污口、爆破作业等危及文化遗迹安全的、有损海洋自然景观的开发活动，保护历史文化遗迹、独特地质地貌景观及其他特殊自然景观完整性。同时保护自然景观和历史文化遗迹红线区的海洋历史文化遗迹、独特地质地貌景观及其他特殊原始自然景观完整性，严禁开展以下活动：擅自移动、搬迁或破坏构成文化遗迹及自然景观的任何标志物及相关保护设施；设置排污口，或直接向该海域排放污染物、丢弃生活垃圾等固体废弃物及含油、含毒的有害物质；危及文物安全的捕捞、爆破等活动；其他任何有损海洋自然景观及文化遗迹的行为。

自然景观和历史文化遗迹红线区内与管控目标不相符的在建或已建项目，应严控开发强度，实行严格的项目准入环境标准，完善审核程序，加强生态影响和风险评估，强化区域内用海项目产业控制措施，进一步完善区域内用海项目的环评审批要求。对自然景观和历史文化遗迹进行修复和整治。

(4) 沙源保护海域管控措施

严禁在砂质海岸生态红线区内从事可能改变或影响海滩自然功能及属性的开发建设活动。设立砂质海岸退缩线，禁止在高潮线外 500 m 内构建永久性建筑和围填海活动。严禁在砂质海岸向海一侧开展采砂和挖砂活动。

重点保护沙源所在海域，严禁以下可能诱发海岸线蚀退、输砂平衡的海岸开发活动：潮汐通道开挖；海港导堤与航道疏浚等港口用海；围填海；倾废；海滩及近岸挖砂、采砂及其他矿业用海；其他危及沙源保护的开发活动。

砂质岸线红线区域内与管控目标不相符的在建或已建项目，应严控开发强度，实行严格的项目准入环境标准，完善审核程序，加强生态影响和风险评估，强化区域内用海项目产业控制措施，进一步完善区域内用海项目的环评审批要求。对受损严重的区域进行沙滩恢复和培育，鼓励运用自然植被防风固沙，除非自然植被无法起到有效固沙作用，否则应避免人工固沙和沙丘植被干扰等活动;对旅游观光沙滩,可以采用归还等量砂体的方式,以减缓沙滩侵蚀;对因遭受暴风等自然灾害而引起的非正常损毁,可通过机械设备建设人工沙丘。

(5) 基岩保护海域管控措施

禁止从事可能改变或影响基岩岸线自然属性的开发建设活动,禁止炸岩炸礁、围填海;严格控制岸线附近的建设工程;保护基岩岸线的地形地貌,禁止围填海、爆破作业等有损自然岸线的开发活动。保持海岸地形地貌的自然形态,维持、恢复、改善海洋生态环境和生物多样性。

(6) 重要渔业海域管控措施

对可能造成渔业海域生态环境改变、海域环境污染及破坏的行为采取以下措施。

① 在重要渔业海域内,不得新建排污口。新建、改建、扩建直接或者间接向水体排放污染物的建设项目和其他水上设施,应当依法进行环境影响评价。涉及渔业水域的,环境保护主管部门在审批环境影响评价文件时,应当征求渔业主管部门的意见。

② 严格按照渔业船舶法定检验规则要求,配备相应的滤油设备、油污水舱或柜和垃圾贮集器,严禁将油污水和垃圾直接排放到水中。要组织所属的渔政渔港监督、渔业船舶检验机构,加大监督检查力度,重点加强水域环境保护,对油污水接收处理单位实行监督管理;对在水域内从事渔业船舶水上拆解活动的,按照《行政许可法》要求,实施行政许可和监督检查。对渔业船舶造成水污染事故的,要依法积极开展调查处理和实施行政处罚;其他船舶造成水污染事故给渔业造成损害的,要积极参与和配合海事管理机构进行调查处理。

③ 在重要渔业资源的产卵、育幼期禁止进行水下爆破和施工。

④ 禁止围填海、截断洄游通道等开发活动。

(7) 人工鱼礁区管控措施

严禁破坏人工鱼礁礁体。实行分期对外采购,人工放流繁衍。禁止拖网船、拖虾船以及捕捞幼鱼、幼虾为主的作业船只进入本区生产,防止或减少对渔业资源的损害。在重要渔业资源的产卵、育幼期禁止进行水下爆破和施工。严格执行规定,减少渔业船舶造成水污染事件。禁止围填海、截断洄游通道等开发活动。

6.2.3 横琴岛海洋生态红线划定示范

6.2.3.1 横琴岛周围海域生态系统状况

横琴以其独特的沿海湿地生态系统和自然景观,体现生态重要性。它是中国一处重要的沿海盐碱滩涂湿地,气候温和,阳光充足,雨量充沛,拥有多种栖息地类型,从潮汐滩涂、滩涂河流和河道、盐沼、芦苇地到沼泽地。

横琴红树林湿地位于横琴新区的横琴镇,与磨刀门水道相接,地理位置为22°06′33″—22°07′43″N,113°28′09″—113°28′23″E。该湿地位于磨刀门东侧,为典型的河口地貌。湿地与磨刀门水道湿地相连,在深井至西堤一带,连片生长着红树林和芦苇荡,红树林主要群落类型为桐花树群落和老鼠簕群落。湿地动物丰富,有多种鸟类尤其是鹭科的鸟类,如小白鹭、池鹭、夜鹭栖息于此。该湿地总面积228.6 hm^2，湿地类为近海与海岸湿地和人工湿地，湿地型为红树林，面积28.97 hm^2，潮间盐水沼泽（芦苇荡），面积85.27 hm^2，水产养殖场，面积114.36 hm^2。

横琴湿地生态系统底栖动物的优势种主要为光滑河蓝蛤和纹尾长眼虾，是该区居第一位和第二位的优势种类。该湿地生物多样性丰富，湿地景观优美，有大片的红树林和芦苇荡，有多种鹭科鸟类在此栖息，可将其建成横琴红树林湿地公园。

横琴岛附近海域生物群落丰富，主要包括浮游植物群落、浮游动物群落、底栖生物群落、鱼类群落等。中国科学院南海海洋研究所分别于2010年12月6日（大潮期）和2010年12月15日（小潮期），在横琴附近海域布设了20个调查站位，分涨、落潮进行采样，结果如下。

1）浮游植物群落

调查出现的浮游植物以沿岸及河口的广布种为主，呈现显著的亚热带沿岸及河口种群区系特征。本海域浮游植物经初步鉴定出现了硅藻、甲藻、蓝藻、金藻和黄藻共5门17科67种（含变种和变型及部分未定种的属）。其中硅藻门的种类最多，有8科47种，占总种类数的70.15%；甲藻门次之，出现了6科14种，占20.90%。以硅藻类的角毛藻属 *Chaetoceros* 出现的种类最多，有7种；甲藻类的角藻属 *Ceratium* 和硅藻类的根管藻属 *Rhizosolenia* 次之，各出现了6种。本次调查海域浮游植物的细胞密度属一般水平，平均密度为214.38×10^4 个/m^3，数量以硅藻类占优势，其密度为189.09×10^4 个/m^3，占总密度的88.20%；其次为其他藻类（主要为蓝藻、金藻类等），其密度为13.62×10^4 个/m^3，占总密度的6.35%；居第三的为甲藻类，其密度为11.67×10^4 个/m^3，占总密度的5.44%。多样性指数分布范围在2.14~4.14之间，平均为3.21；种类均匀度分布范围在0.37~0.81之间，平均为0.69。生物多样性指数和均匀度均属较高水平，说明本海域生态环境尚属较好。本调查海域优势种高度集中，最大优势种是中肋骨条藻，在所有站位均为绝对优势种，优势度指数范围在0.21~0.70之间，左右着本海区浮游植物的空间分布。

2）浮游动物群落

调查区共出现浮游动物9大类56种，桡足类种类最多，有29种。调查区浮游动物的平均生物量为938.38 mg/m^3，15站最高，3站最低。总体上来看，各站生物量差异较大，15站、5站和13站生物量明显较高；浮游动物平均个体数量为667.79 个/m^3，数量最高的是5站，其次是7站，数量最低的是11站；在各个类群中，个体数量出现最多的是桡足类，平均个体数量为559.58 个/m^3；其次是幼体类（8类幼体），平均个体数量为95.774 个/m^3；主要优势种为中华异水蚤、小拟哲水蚤和火腿许水蚤；调查海区平均多样性指数为2.09，均匀度为0.56，指示浮游动物总体生态环境为轻度污染，应注意环境保护。

3）底栖生物群落

本次底栖生物调查的平均生物量为66.42 g/m^2，平均栖息密度为295.90 个/m^2，最高生物量出现在7号站，其次为8号站，最低生物量出现在5号站海域；生物量的组成以软体动物占优势，其次为棘皮动物，以脊索动物等其他类动物的生物量为最低；本次调查共出现底栖生物39科45种，以多毛类动物的种类最多，其次为甲壳类动物和软体动物，其中优势较为明显或出现数量较大的种类是异蚓虫、奇异稚齿虫、光滑河篮蛤、小荚蛏、模糊新短眼蟹和光滑倍棘蛇尾等；本次调查底栖生物的Shannon-weave多样性指数平均为2.43，种类均匀度为0.87，多样性指数和均匀度均属较高等水平，说明本海域生态环境属较好，但也表明本海域受人类活动一定程度的干扰。

4）潮间带生物群落

本次调查出现了潮间带生物34科52种，以软体动物和甲壳类动物出现的种类最多，其次为多毛类动物，且软相滩涂和硬相岸段的种类组成有明显差别，但均以沿岸及河口区的亚热带广盐性种为主，暖水区系特征较为明显；本次调查潮间带生物平均生物量和栖息密度分别为$394.01 g/m^2$和246.23个$/m^2$；生物量以软体动物占绝对优势地位，其次为藻类植物，居第三位的为甲壳类动物；在垂直分布上，本海区潮间带生物的生物量从大到小为中潮区、低潮区、高潮区，而栖息密度则从大到小为低潮区、中潮区、高潮区；所有断面多样性指数均在3.0以上，均匀度在0.8以上，总的来说本海区潮间带多样性指数和均匀度均属较高水平，表明本海区潮间带生态环境较好。

5）鱼类群落

共捕获游泳生物102种，分隶于16目46科。其中：鱼类分隶于11目31科，种类数71种，鱼类中都是硬骨鱼类，没有软骨鱼类分布，鱼类以鲈形目的种类数最多，共16科37种，占鱼类总种数的52.11%；头足类分隶于3目3科4种，甲壳类分隶于2目12科27种。秋季平均重量和个体渔获率分别为7.23 kg/h和1 039个/h。其中鱼类重量渔获率为3.76 kg/h，占总渔获率的52.01%；头足类重量渔获率为0.07 kg/h，占总渔获率的0.97%，甲壳类重量渔获率为3.40 kg/h，占总渔获率的47.03%。可见，鱼类渔获率最多，其次是甲壳类，头足类最少。春季平均重量和个体渔获率分别为8.10 kg/h和1 054个/h。其中鱼类重量渔获率为5.52 kg/h，占总渔获率的68.15%；头足类重量渔获率为0.04 kg/h，占总渔获率的0.49%，甲壳类重量渔获率为2.37 kg/h，占总渔获率的29.26%。可见，鱼类渔获率最多，其次是甲壳类，头足类最少。两个季节渔获率比较，平均渔业资源密度以春季高于秋季。秋季平均渔业资源密度重量和尾数分别为675.70 kg/km^{2}和97 058个/km^2。春季平均渔业资源密度重量和尾数分别为710.20 kg/km^{2}和92 434个/km^2。两个季节资源密度比较，平均渔业资源密度重量以春季高于秋季，而平均资源密度尾数则以秋季高于春季。

6）海岛动物

横琴岛的国家Ⅱ级重点保护鸟类有5种，为岩鹭（*Egretta sacra*）、黑翅鸢（*Elanus caeruleus*）、黑鸢（*Milvus migrans*）、红隼（*Falcotinnunculus*）、褐翅鸦鹃（*Centropussinensis*）。列入CITES（濒危野生动植物种国际贸易公约）附录Ⅱ的有4种，为黑翅鸢、黑鸢、红隼、画眉（*Garrulax canorus*）。二井湾和芒洲湿地生长着红树林和大片芦苇荡，具有很高的生态价值，是大量鸟类的栖息地，是东亚—澳大利亚候鸟迁徙路上的一处驿站。

7）海岛植物

横琴当地红树林植物6科8属8种，其中真红树5种（引入种3种），半红树3种，构成横琴生物多样性最丰富的红树林湿地生态系统。植物主要生长在河岸或塘边，近水缘多为芦苇、夹杂老鼠簕、卤蕨，岸上多为假茉莉。群落中的草本植物主要为禾本科的杂草，如红毛草、雀稗、灯芯草等，以及菊科植物，有金腰箭、薇甘菊、鬼针草。蕨类植物有卤蕨。偶有桐花树植物生长。

6.2.3.2 横琴岛主要环境问题和生态问题

1) 主要环境问题

（1）围垦导致天然湿地丧失

由于城乡一体化，城市建设快速扩张，人口急剧膨胀，必然导致城市用地不足，于是便向海要地，向滩涂要地。此外，珠江上游带来大量的泥沙沉积在珠江入海口，形成了大面积的河滩，珠海横琴围垦一直未间断过，围垦使大量天然湿地面临消失或转变为人工湿地，引起湿地生态系统结构与功能的退化，湿地水环境质量也开始下降。

（2）陆源污染环境问题突出

由于人们保护环境意识相对淡薄，加上城市环境基础设施薄弱，人们在近海大面积养殖造成污染、生活污水直接排入沿海，加速了部分河涌以及入海口水质的恶化。局部岸线过度开发、过度密集养殖和由此带来的海水污染使发生赤潮的机会增大。近岸海域的主要污染物以无机氮、磷酸盐为主。随着人口和经济不断发展，城市污水排放量继续增加，近岸海域无机氮污染将会继续发展。横琴陆源污染防控体系尚未健全，经济社会发展与资源环境承载力的矛盾依然突出，环境基础设施有待进一步完善，陆源污染依旧是近岸海域突出的环境问题。

（3）陆源污染防控的成果还不稳固

周边区域传统产业结构偏重，经济社会发展与资源环境承载力的矛盾依然突出，沿海地区城市环境基础设施有待进一步完善。海上溢油突发性海洋环境事件对横琴近岸海域海洋环境造成较大影响，潜在的环境风险较大。海洋开发加快，用海规模扩大，海洋工程增多，海洋环境压力不断加剧。

（4）海洋环境受上游影响大

由于横琴新区位于珠江口西侧，其周围海域长期受到河口上游地区陆源污染的影响，海水水质较差，而横琴本地由于人口和工业企业数量都较小，实际产生的污染也极少。为此，要改善横琴海域的水质，还需要上层政府进一步协调河口上游地区加强监管、合理调控，以逐渐改善整个珠江口地区的海水水质。

（5）环保意识有待提高

公众环保意识强烈，但维护环境还未形成自觉；企业愿意承担社会责任，但大量企业环境管理缺位；政府坚持科学决策，环境科研却支撑不足。主要体现在生活垃圾分类、企业实施清洁生产、政府环境管理机制创新等方面停滞不前。需实施"创新驱动战略"，把自主创新作为率先转型升级的核心推动力，扎实推进科技自主创新，加快建设创新型城市，率先走出创新驱动发展新路子。环境保护迫切需要营造自由、民主、平等的氛围，需要手段多样、机制灵活的管理，以实现公众参与、专家介入、政策管理的平衡，增加市民的"归属感"，多方参与、责任共担，以创新的公众化环境管理推动科学发展。

2) 主要生态问题

(1) 海洋灾害

横琴岛特殊的地理位置和气候条件使其成为遭受海洋灾害较为严重的地区之一，本海区的海洋自然灾害主要是热带气旋、风暴潮和地震等。

横琴海域受大风影响，为冬季偏北大风与热带气旋。其中，热带气旋影响是广东沿海地区最为严重的灾害。热带气旋所产生的大风、暴雨和风暴潮直接威胁到海上船舶及沿岸的构筑物、船只和人员的安全。

横琴海区是广东沿海风暴潮比较严重的地区之一。风暴潮主要由影响珠江口（在广东省汕尾市至阳江市沿海登陆）的热带气旋引起。由于伶仃洋由外向里逐渐变窄，海水产生积聚，使最大增水呈由外向里递增。因而横琴及其附近海域是最大增水值较大的区域。

南海及其沿岸地区是我国地震频发的地区之一。地震震中呈北东向分布，与长乐—诏安断裂带方向一致，以上地区正处于闽粤元古代地块与台湾海峡晚古生代地块的交界处。强震多发生在北东向断裂与北西向断裂的交汇处。强震震源深度，由沿海向陆地，自深变浅。地震活动与断裂关系很密切，地震是断裂活动的表现形式之一。根据《广东省地震烈度区划图》，横琴岛的影响基本烈度为Ⅶ度。横琴岛位于中国东南沿海地震带，地震活动存在明显的低潮期和高潮期交替出现的周期性特征，自1400年有地震记录以来，明显存在2个地震活动周期，1400—1700年为第一活动周期，1701年至今为第二活动周期。

(2) 海洋污染

旅游开发。潜在旅游经济开发需求，将大量的游客吸引至湿地公园，可能会影响湿地水禽及其他鸟类的繁殖与栖息，改变湿地生态恢复的初衷，降低生态恢复效果。因此必须适当对游客人数和游览路线加以控制，以保证对野生生物的干扰减至最小，人与自然和谐共存。

过度捕捞。横琴岛周边海域是优良的渔场和亚热带鱼类天然繁殖场地，捕捞强度不断加大，加上不合理的捕捞方式，使重要的天然经济鱼类资源受到很大破坏，渔获不断减少；酷渔滥捕也严重影响湿地的生态平衡，威胁着其他湿地生物。红树林湿地水禽由于过度猎捕、捡拾鸟蛋等导致种群数量大幅度下降。

海域生态承载力下降。过去30年，珠海沿海区域经济和海洋经济基本上沿袭了以规模扩张为主的外延式增长模式，使得海洋生态系统受到严重威胁。尽管各级政府已经开始高度重视海洋环境与生态的保护工作，采取多种措施积极防治，也取得了一定的成效，但海洋环境与生态保护工作还比较薄弱。横琴周边海域海洋环境质量开始恶化，生态系统受损，外来入侵生物也威胁到本土湿地生态系统稳定，生态承载力持续下降，威胁到该地区海洋经济的可持续发展。与此同时，随着横琴新一轮发展战略的实施，海洋可持续发展面临新的形势和挑战。

湿地生态资源总量减少。湿地生物资源的过度利用，导致鱼类种群减少。另外，随着珠海经济发展，捕捞强度不断加大，捕鱼船只迅速增长，许多渔船由小船改用机轮，且马力不断加大，渔民为了增加渔获量，许多采用密目网具，母鱼子鱼一网打尽，酷渔滥捕愈演愈烈，结果是"杀鸡取卵""竭泽而渔"，造成经济鱼类资源日趋衰退，渔获量不断减少，酷渔滥捕使海洋生物多样性受到威胁，海洋生态环境受到破坏。

陆域的工程建设影响海岛生境的破碎化。原横琴新区岛内依托大小横琴山，绿化率较高，海岛生态系统的完整性保持相对较好。近年来，随着横琴新区大规模的工程建设，大部分原始山体破坏。破坏的山体除部分区域外，主要为自然发展的人工林，且部分山体植被恢复不好；岛内现有的建成区内外景观生态格局和过程缺乏持续性联系，绿地斑块之间缺乏联系，同时建成区与区域景观尚未形成有机的整体；园林绿地斑块数量和面积偏少且分布不均匀；建成区绿化景观效果不好，生态效益差；绿色斑块不断受到各种建设斑块等的挤压；还存在采石场和迎风面裸露区等极端生境未复绿等。从总体上看，还处在绿化向美化和净化方向转变的过程。

6.2.3.3 生态红线识别

按照横琴及周边海域的资源禀赋和开发利用现状，确定区域内的禁止开发区和限制开发区的分布情况，其中禁止开发区主要包括海洋自然保护区的核心区，也是湿地保护区中的"重点保护区"，限制开发区主要包括：湿地保护区中的展示区和游览区及其他区域、重要滨海湿地、旅游娱乐海岛、自然景观及历史文化遗迹、重要滨海旅游区、重要砂质和基岩岸线，以及其他重要功能区。

1）海洋自然保护区的识别

海洋自然保护区和海洋特别保护区的识别主要以基础资料为主。第一步，收集自然保护区的最新资料，识别核心区、缓冲区和试验区；第二步，与海洋功能区划及相关国家战略性规划进行一致性分析，若有矛盾，进一步科学论证，对亟需保护的区域以生态保护优先，将其划定为海洋生态红线区，并对海洋功能区划等规划提出修改建议，形成修改文本后报批。自然保护区最终识别为横琴的二井湾湿地。

2）重要滨海湿地的识别

根据《横琴生态岛生态建设规划》《横琴滨海湿地公园规划》，结合现场调研，识别横琴重要湿地包括芒洲湿地和二井湾湿地。同时，依据自然资源条件，在深井湾和赤沙湾内有天然的红树林分布，需要进行保护和整治修复，这两块湿地也识别为重要滨海湿地。

3）重要的渔业海域的识别

横琴生态文明示范区的范围内无重要的渔业资源的产卵场、育幼场、索饵场和洄游通道。重要的渔业海域主要为传统的渔业养殖区，以保障养殖用海，维护横琴传统渔民的利益。区域主要分布在横琴西南角的赤沙湾海域。

4）旅游娱乐保护海岛的识别

保护类海岛是指在海洋发展中具有重要的生态价值，对实施海洋开发和保护海洋生态系统起到重要引领作用，并具备较强辐射与带动能力的海岛。依据海岛的自然资源禀赋和区位优势，旅游娱乐保护海岛识别为小三洲和大三洲。

5）历史文化遗迹保护区的识别

景观化和生态化是现在旅游景区发展的趋势和要求。景区与历史文化遗迹的识别主要依据各地市的海域使用现状、海域自然地理环境和资源、旅游开发已有资料和已审批的规划。示范区内的历史文化遗迹主要分布在横琴西南角的赤沙湾，保护目标为沙丘遗址。

6）重要滨海旅游资源的识别

重要旅游区主要以富祥湾海岸及近岸海域的滨海旅游及海岛资源为主，根据横琴发展的总体定位，将大东湾和横琴湾两个区域识别为重要滨海旅游资源。

7）其他重要功能区的识别

其他重要功能区主要指开发具有排他性、维持现状的功能区，主要识别示范区内的马骝洲水道。现阶段马骝洲水道南岸建有宽度约 1 km 的林带，今后会形成横琴新区重要的生态廊道。识别范围从横琴岸线向海一侧至生态文明示范区的边界。

8）砂质及基岩岸线的识别

重要砂质及基岩岸线主要分布在横琴南部。由于此类岸线后方陆域基本以自然山体或者海蚀地貌为主，具有一定的景观效果。为了保障砂质及基岩岸线的完整性，红线的识别范围包括向陆域一侧 500 m，向海域一侧 50 m 的缓冲范围。

6.2.3.4 各类生态红线区的分布情况

横琴岛是珠海市第一大岛，四面环海，东隔十字门水道与澳门相邻，南濒南海，西临磨刀门水道。2009 年国务院正式批复《横琴总体发展规划》以来，横琴正经历着较大的变化，目前正在大力发展滨海旅游业、口岸商务服务业等海洋产业、力图打造地区海洋经济新格局，岛上已建和在建的项目有中海油终端及液化项目、长隆国际海洋度假区、粤澳合作中医药科技产业园等。与此同时，横琴新区启动了以滨海湿地公园建设为主的"横琴新区海洋生态修复工程"，该项目是属于"珠江口及邻近海域海洋生态修复工程"的一项重点示范工程。在此背景下，对横琴新区的海洋生态功能区、敏感区和脆弱区进行识别。

1）海洋自然保护区分布

横琴新区已于 2012 年 4 月在二井湾湿地建立了横琴滨海湿地自然保护区，属于区级海洋自然保护区。

2）重要滨海湿地的分布

横琴重要湿地包括芒洲湿地和二井湾湿地，目前正在进行滨海湿地生态系统修复工程，即横琴滨海湿地公园建设工作正在持续进行中，计划通过该湿地修复工程将横琴滨海湿地公园建成国家级海洋公园，对其设计定位是：国际一流精品湿地公园、鸟类生态家园，以海岸生态系统修复、湿地生态展示与生态旅游为核心功能，以鸟类生境为核心建设目标与亮点，使其成为珠江口区域珍稀的红树林湿地资源区、琴澳地区最宝贵的海岸湿地生态系统，打造小而精的有横琴特色的滨海鸟类湿地公园。

此外，在深井湾和赤沙湾内有天然的红树林分布，需要进行保护和整治修复，因此，这两块湿地也作为重要滨海湿地。

3）重要渔业海域分布

横琴海洋生物资源利用方式主要是近岸海域蚝养殖，均为开放式养殖。传统的渔业养殖区主要分布在横琴岛西南角香洲仔、石栏洲形成的海湾内。根据横琴新区的相关规划，该区域拟进行标准化养殖示范区。

4）旅游娱乐用岛区

横琴及其周边无特殊用途保护海岛。横琴周边海岛主要包括西北角的芒洲仔、小芒洲、大芒洲、葵石礁，西南角的香洲仔、石栏洲，以及东南角的小三洲和大三洲。在《广东省海岛保护规划》中，这些海岛的功能用途均为"旅游娱乐用岛"，除大三洲和小三洲目前可作为"适度利用海岛"，其他海岛在规划期内作为"保留类"海岛。

5）自然景观与历史文化遗迹、重要滨海旅游区的分布

横琴周边的主要自然景观与历史文化遗迹为赤沙湾沙丘遗址，是岛上保存较好、开发利用较好的一个海洋文化遗址。目前遗址被一湾浅浅的水系保护起来，可依稀看见陶器碎片。

重要滨海旅游区主要分布在横琴南部、东南角的富祥湾，横琴周边的无居民海岛。目前，珠海长隆集团已在富祥湾周边投资建设，包括岛上的建设、岸线的利用，大、小三洲两个无居民海岛的开发利用。

6）重要砂质岸线及基岩岸线分布

重要砂质及基岩岸线主要分布在横琴南部，香洲岛北部也有小段的基岩岸线。这类岸段后方陆域基本以自然山体或者海蚀地貌为主，具有一定的景观效果。这类岸线的稳定性直接影响邻近海岸的稳定性，对海岸保护，保证一定比例的自然岸线，保障亲海空间具有重要意义。

7）其他重要功能区

横琴北与珠海南湾城区隔马骝洲水道相望，该水道存在了上百年，目前，水道两侧均为堤岸式的人工岸线。横琴岛的堤岸以内有宽度约 1 km 的林带，形成乔、灌、草结合的防风林，具有多样化的生境，沿着水系的生态廊道已经形成。该水道适合维持目前的现状，不宜作其他的开发利用。

6.2.3.5 红线区范围确定

海洋生态红线区范围界定应根据生态完整性、维持自然属性，便于保护生态环境，防止污染和控制建设活动及便于管理需要进行确定。参照《渤海生态红线划定技术指南》，基于横琴海洋生态红线区的识别，按照"海洋自然保护区→重要滨海湿地→旅游娱乐用岛→重要滨海旅游区→重要渔业海域→重要功能保护区→自然景观与历史文化遗迹保护区→基岩岸线保护区→砂质岸线保护区"重要性顺序，剔除各类海洋生态红线区相互叠压部分。横琴新区生态红线区范围确定具体如下。

①海洋保护区的生态红线区范围为已审批海洋自然保护区或海洋特别保护区的范围，海洋自然保护区的核心区和缓冲区为禁止开发区，保护区的其他区域为限制开发区。

②重要滨海湿地的生态红线范围为自岸线向海延伸 100 m 区域。

③旅游娱乐用岛考虑到横琴沿海各海域地理坡度差异较大将海岛岸线向外扩充 60 m 的海域。

④重要滨海旅游区的生态红线范围为以重要旅游区向海扩展 100 m 的区域。

⑤重要渔业海域的生态红线区范围为传统养殖区的范围。

⑥重要功能区主要指开发具有排他性、维持现状的功能区，主要识别示范区内的马骝洲水道。该水道水流流向自西向东，水道长 10.8 km，水域面积 4 km^2，平均水域宽度为527 m。现阶段马骝洲水道南岸建有宽度约 1 km 的林带，今后会形成横琴新区重要的生态廊道。识别范围从横琴岸线向海一侧至生态文明示范区的边界。

⑦自然景观与历史文化遗迹的生态红线区范围为以自然景观与历史文化遗迹及其海岸线向海扩展 100 m 的区域。

⑧砂质岸线保护区，保护横琴现有的公共亲水空间，识别范围从砂质岸滩高潮线向海一侧至生态文明示范区的边界。

⑨基岩岸线保护区及邻近海域的生态红线区范围为以基岩岸滩高潮线向海扩展 50 m 的范围。

横琴新区海洋生态红线区控制图如图 6-4 所示。

图 6-4　广东横琴新区海洋生态红线控制

6.2.3.6 红线区管控措施

1) 海洋生态红线区控制指标

(1) 面积控制指标

横琴新区海洋生态红线区面积占横琴近岸海域面积的比例不低于30%。其中横琴生态文明示范区的总面积为106.82 km^2，横琴海洋生态红线区的总面积为976.58 hm^2，海洋生态红线划定的工作范围为横琴海洋生态文明示范区的海域，总面积为3 038 hm^2。目前海洋生态红线区的总面积占近岸海域总面积的32.15%。

(2) 自然岸线保有率指标

横琴新区本岛的自然岸线的保有率不低于50%。横琴新区现有自然岸线的保有率为53.47%。

(3) 水质控制指标

横琴新区海洋生态红线区内实行严格的水质控制指标，至2020年，海洋生态红线区内海水水质达标率不低于90%。

(4) 陆源入海污染物排放指标

横琴新区海洋生态红线区实现陆源入海直排口污染物排放达标率100%，陆源污染物入海总量减少10%~15%。

总体而言，横琴新区海洋生态红线区面积控制指标不低于30%，自然岸线保有率指标不低于50%，水质控制指标为至2020年海洋生态红线区内海水水质达标率不低于90%，横琴新区海洋生态红线区实现陆源入海直排口污染物排放达标率100%，具体见表6-5。

表6-5 横琴新区海洋生态红线区控制指标

内容	控制指标
横琴新区海洋生态红线区面积	不低于30%
自然岸线保有率	不低于50%
海洋生态红线区内海水水质	不低于90%
陆源入海直排口污染物排放达标率	100%达标

2) 总体管控措施

在全面掌握珠海横琴海域不同区域海洋生态特点、存在问题以及经济社会发展需求的基础上，在珠海横琴海洋环境敏感区、重点生态功能区等区域划定生态红线区，确定禁止开发区和限制开发区，制定具体的珠海横琴海洋生态红线区目标，并制定科学、合理实施珠海横琴海洋生态红线管理制度的管理实施要求，为珠海横琴海域实行分类指导、分区管理，保住生态红线，兼顾发展需求，最终实现珠海横琴生态环境明显改善，生态系统健康和环境安全得到保障，为促进区域海洋资源开发和环境保护协调、健康、持续发展提供技术依据。

海洋生态红线区分为禁止开发区和限制开发区，根据海洋生态红线区的不同类型，制定分区分类差别化的管控措施。横琴新区海洋生态红线所划定的禁止开发区主要为自然保护区的核心区，具体执行《中华人民共和国自然保护区条例》。限制开发区包括海洋自然保护区的试验区、重要滨海湿地、旅游娱乐用岛、重要滨海旅游区、重要渔业海域、重要功能保护区、历史文化遗迹保护区、基岩岸线保护区、砂质岸线保护区。在限制开发区内实施严格的区域限批政策，严控开发强度。

①对未落实项目的区域，实行严格限批制度。

②对区域内正在办理的、与该区域管控目标不相符的项目，停止审批。

③对区域内已经完成审批流程但未具体实施建设的或已经开工建设但与该区域管控目标不相符的项目，应停止该项目建设，重新选址。

④对区域内已运营投产但与该区域管控目标不相符的项目，责令进行等效异地生态修复。

⑤对区域内未经海洋主管部门审核通过且与该区域管控目标不相符的项目，责令恢复原貌，并对期间造成的生态损失予以补偿。

3）各红线区管控措施

（1）海洋保护区管控措施

海洋保护区包括海洋自然保护区和海洋特别保护区，横琴新区管辖海域无特别保护区。

海洋自然保护区的核心区和缓冲区为禁止开发区：区内不得建设任何生产设施；无特殊原因，禁止任何单位或个人进入。

海洋自然保护区的试验区为限制开发区，开发行为具体执行《中华人民共和国自然保护区条例》的相关制度，可依托现有资源，开展生态旅游、科普教育等宣传活动。

（2）重要滨海湿地管控措施

保育和修复现有的生态系统，维护湿地生态系统的生态健康，保护鸟类的生境。区域内可适当开展生态观光、科普教育等活动。

滨海湿地生态红线内禁止一切与保护无关的开发建设活动，不可擅自改变湿地用途，禁止围垦芦苇和红树林等滨海湿地；禁止填海造陆及其他城市建设开发项目继续侵占滨海湿地、破坏滨海湿地生态系统；对生态红线区域内不合理占用、受损较严重的滨海湿地实施海洋生态修复工程，实施滨海湿地的修复和重建。

（3）旅游娱乐用岛红线区管控措施

按照无居民海岛开发利用具体方案科学有序开发海岛资源，严禁填海连岛等开发利用活动，禁止破坏海岛地形地貌、破坏海岛植被等开发活动。保护现有海岛生态系统的完整性，保护海岛现有植被及生物资源，加强海岛生态修复工作。

（4）重要渔业海域管控措施

加强海域污染防治和监测，防止过度养殖，禁止围填海、截断洄游通道等破坏生态环境的开发活动。在不影响生态环境的前提下允许发展适度的生态旅游开发。环境保护方面，加强海洋环境质量监测，湾区进行减排防治，至2020年减少15%。废水、污水必须达标排放。

（5）重要滨海旅游区管控措施

严格控制岸线附近的建设工程，海湾内禁止填海，禁止设置改变水动力条件的永久构筑物等。保持海岸地形地貌的自然形态和生态环境，维持和改善海湾内海洋生态环境和生物多样性。预留海岸带缓冲区，对缓冲区内的开发利用实行限制性措施。

（6）重要功能保护区管控措施

重要功能区的开发具有排他性、维持现状的功能区，区域内禁止围填海、采挖海砂等可能造成自然地形地貌改变的行为，不得破坏现有岸线，不得建立永久构筑物或者设施。

（7）自然景观与历史文化遗迹管控措施

保护自然景观和历史文化遗迹红线区独特地质地貌景观及其他特殊原始自然景观完整性，严格控制岸线附近的建设工程；保护自然生态环境，禁止围填海、设置直接排污口、爆破作业等有损海洋自然景观的开发活动，保护赤沙湾贝壳堤独特地质地貌景观的完整性。

（8）基岩岸线保护区

严格控制岸线附近的建设工程；保护基岩岸线的地形地貌，禁止围填海、爆破作业等有损自然岸线的开发活动。预留基岩海岸带缓冲区，对缓冲区内的开发利用实行限制性措施。

（9）砂质岸线保护区

严禁在砂质海岸生态红线区内从事可能改变或影响海滩自然功能及属性的开发建设活动。设立砂质海岸退缩线，禁止在高潮线外 100 m 内构建永久性建筑，禁止平推式填海造地工程。

6.2.4 海岛海洋生态红线制度实施要求和保障措施

6.2.4.1 明确地方政府是红线制度的执行主体

地方政府是区域海洋生态环境质量的第一责任人，也是海洋生态红线制度的执行主体。地方政府应切实提高认识，强化组织领导，明确目标责任，将海洋生态红线制度工作目标、任务和职责逐层分解、逐级细化，制定切实可行的落实方案和考评办法，将红线区管理和责任落实情况作为考察干部实绩的重要依据。

建议分别成立示范区生态红线划定工作协调委员会，由人民政府的主要领导担任协调委员会主任，示范区海洋与渔业局作为主要执行单位，纳入环保、规划、旅游等相关部门。统一协调示范区生态红线划定工作。

红线划定工作协调委员会的首要任务是：①示范区海洋生态红线区划相关事宜纳入当地国民经济规划和各项专项规划；②在示范区产业发展规划、项目环境准入、项目选址方面给予引导；③协调示范区各涉海管理部门之间利益。

6.2.4.2 完善责任考核

要将红线区管控措施的落实、指标的控制、预期目标的实现、政策措施的配套、修复治理的开展等纳入地方经济社会发展综合评价体系，县级以上政府主要负责人对本地海洋生态红线区管理和保护负总责。省政府组织对示范区的主要海洋生态红线指标落实情况进行考核，省海洋与渔业厅会同有关部门组织实施，考核结果交由干部主管部门，作为对政府相关领导干部考核评价的重要依据。具体考核办法由省海洋渔业厅会同有关部门制定，报省政府批准实施。

6.2.4.3 建立稳定的常态化经费投入机制

设立海洋生态红线区监测监管专项基金,加大对红线区监测监管和保护修复的资金投入力度。保证一定的中央和地方的分成海域使用金按照一定比例投入到海洋生态红线区的保护和建设中,形成稳定的常态化经费投入机制。充分发挥市场机制,广泛吸纳社会资金投入维持生态健康和环境安全的建设。加快生态补偿机制建立步伐,通过区域、流域间的生态补偿机制建立,解决红线区管控资金投入不足问题。鼓励和吸引国内民间资本投资生态保护。特别是要探索在政府投入引导下的社会多元化投入机制,充分发挥社会力量在红线区保护工作中的作用。

6.2.4.4 建立跨部门联动监管和舆论监督

以海洋生态红线管理为抓手,建立陆海统筹、跨部门联动的综合执法监管机制。通过积极与其他相关部门开展联合执法检查,海警、环保稽查等部门将海洋生态红线区执法监管工作纳入行政执法体系,组织开展海洋环境联合检查和专项检查,加强红线区监管执法,从严查处违反红线区管控目标的开发利用活动。

定期向社会公众发布红线区海洋生态环境和资源利用状况信息,拓展公众参与渠道,鼓励和引导公众对海洋红线区开发活动的监督,强化社会舆论和公众环保意识。

6.2.4.5 加强红线划定的技术支撑和科技保障

省级海洋主管部门需统筹协调,针对全省的资源禀赋和开发利用现状,加强海洋生态功能重要区、生态敏感区、生态脆弱区以及海洋资源承载能力评价的综合研究,出台广东省海洋生态红线区识别指导意见,为更广泛地开展海洋生态红线区的识别和划定提供理论和技术支撑。加强红线区海洋保护相关领域的基础调查、监测、评价能力建设,从生态安全、生态系统健康、生态环境承载力等方面对海域、流域、海岸带等区域进行系统评价,为红线区海洋的保护决策提供支持。建立生态预警评价指标、分级管理方案和确定警戒线等措施,对海洋生态系统的演化趋势进行预测评价,提出相应的防范对策,为政府决策提供科学依据。

第7章 广东省海岛生态整治修复

7.1 海岛生态整治修复的内涵和基础理论

7.1.1 生态修复与生态恢复

对于生态恢复，国际生态恢复学会先后提出了4个定义（毋瑾超等，2013）：① 生态恢复是修复被人类损害的原生生态系统的多样性及动态的过程；② 生态恢复是维持生态系统健康及更新的过程；③ 生态恢复是帮助研究生态整合性的恢复和管理过程的科学，生态整合性包括生物多样性、生态过程和结构、区域及其历史情况、可持续的社会实践等广泛的范围；④ 生态恢复学是研究如何修复由于人类活动引起的原生态系统生物多样性和动态损害的一门学科，其内涵包括帮助恢复和管理原生生态系统的完整性的过程。这种完整性包括生物多样性的临界变化范围，生态系统结构和过程、区域和历史内容，可持续发展的文化实践。美国生态学会定义为：生态恢复是人们有目的地把一个地方改建成明确的、固有的、历史上的生态系统的过程，这一过程的目的是竭力仿效那种特定生态系统的结构、功能、生物多样性及其变迁过程。

Restoration（恢复），原意是使一个受损生态系统的结构和功能恢复到接近或达到其未受干扰前的状态。而 Rehabilitation（修复），它与恢复的意义基本相同，但中文意境上的恢复和修复却存在很大差别。恢复强调主体（生态系统）的一种状态，其实现方式包括自然恢复与人为恢复。而修复更强调人类对受损生态系统的重建和改进，强调人的主观能动性。并且从生态学的角度看，修复更具有现实意义和实践意义。

此外，从中文字面来看，恢复与修复存在很大差异。我国《现代汉语词典》中解释修复意为："修理使恢复完整。"从单个字面意思来看，"修"本身就有"复、修整"的意思，而"复"则是指"返、使如前"。因此，从修复中文含义来看，修复应是一个使恢复如前，并加以修整的过程。而《现代汉语词典》中"恢复"指"变成原来的样子"。可见恢复仅仅强调的是回到原有状态，不包括对其的修整。所以，从字面含义可知"修复"是一个包含恢复的过程，不仅强调恢复的意义也注重恢复后的修整。从社会意义来看"修复"明显有休养生息、修整之意，其社会发展意义远大于"恢复"一词。

从生态环境保护的过程来看，生态环境保护的社会意义在于促进社会、经济的发展，发展是向前的动态过程，而不是止步不前。但恢复生态环境不仅不能够保障生态环境的整体性，而且到头来耗费人力物力换来的仅仅是原有一切，也不能够对社会的发展有所促进，失去其应有的社会发展意义。而修复则在恢复基础上，同时强调对原有生态环境的修整，强调生态环境的进一步改良和生态环境的全面改善，有利于生态环境与人类社会的和谐发展。

7.1.2 生态修复与生态重建

首先，从其词义来看，"重"是"再"的意思，"建"则是指"建筑、设立"的意思，重建的字义理解应当是"再次建设、建立或组建"。"重"在该词义中可作"重新"解释，本意就为"再一次，从头另行开始"。因此，重建应解释为重新建设或建立，生态重建则是指生态环境的重新建立和重新组建。可见生态重建从汉语原意的角度来看即是以原有的生态环境为主要参照物，所要实现的可以是两个层次的内容：一是重新建立原有的生态环境，而不加以改善和修整；二是抛弃原有的生态环境建立新的生态环境。如果是后者，又可以理解为两个方面的含义：一方面，可以使新建的生态环境优于原有的生态环境，使之更适合人类的生产与可持续发展，这与生态修复的本质含义是有相同之处的；另一方面，则仅仅是重新建立原有的生态环境。

7.1.3 海岛生态整治修复理论概述

具体到海岛生态整治修复理论，参考国内外相关资料和学界同仁的观点（毋瑾超等，2013；Devi K A，2005），认同如下概念：海岛生态修复是指通过生物技术和工程技术的手段，在遵循自然规律的基础上，对遭受破坏或退化的海岛生态系统进行人为干扰，创造出海岛良好的环境，重新促进海岛自然演化，从而帮助或引导海岛的生态系统健康发展的过程。

海岛生态整治修复包括岛陆、潮间带和周边海域的这3个不同区域的生态系统修复，其目的表现在4个方面：①恢复和保存海岛生物多样性；②维持和提高海岛生态系统的可持续经济生产力；③保护和提升海岛的自然资源与生态系统服务功能；④建立海岛特殊保护区满足人类精神文化需求。

海岛由于海水的包围而有明显的边界，岛内的生物群体在长期进化过程中形成了自己的特殊动物区系缀块，往往是受威胁物种的避难所，而且海岛一般面积小，又与大陆隔离，其环境资源的承载力较小，因此其生态系统非常脆弱，在干扰下极易退化且不易恢复。总体来说，大海岛的生态过程与大陆相似，因而其修复方法与大陆相似；小海岛由于物种少，生境缀块小，抵御自然灾害的能力弱，一些生态系统过程不能在小尺度上维持，因此修复难度较大；中等大小的海岛由一定尺度的景观组成，兼有大陆和海岛的特性，相对小海岛易于修复。

7.1.4 海岛生态整治修复和保护的意义

《中华人民共和国海岛保护法》对海岛生态环境保护提出了明确要求，其中第三条指出国家对海岛实行科学规划、保护优先、合理开发、永续利用的原则。国务院和沿海地方各级人民政府应当将海岛保护和合理开发利用纳入国民经济和社会发展规划，采取有效措施，加强对海岛的保护和管理，防止海岛及其周边海域生态系统遭受破坏。第二十三条要求有居民海岛的开发、建设应当遵守有关城乡规划、环境保护、土地管理、海域使用管理、水资源和森林保护等法律、法规的规定，保护海岛及其周边海域生态系统。第三十三条要求无居民海岛利用过程中产生的污水，应当按照规定进行处理和排放。无居民海岛利用过程中产生的固体废物，应当按照规定进行无害化处理、处置，禁止在无居民海岛弃置或者向其周边海域倾倒。

海岛生态环境相对比较脆弱，保护难度大，容易因无度、无序开发而遭到破坏。近年来，一些肆意开山炸岛、乱砍滥伐海岛森林、乱采岛礁生物等无度和不合理的海岛开发，对部分海岛造成严重破坏，海岛及周边海域生态环境也急剧恶化，海岛潮间带湿地面积不断减少，海岛生物多样性大大降低，对海岛及其周边海域的生态系统造成严重影响，海岛固体废物日益增多等问题显现。这是自然因素和人为因素共同作用的结果，二者互相影响。因此，加大对海岛生态系统的修复已迫在眉睫，意义重大。

7.1.4.1 加强海岛生态整治修复是维护国家海洋权益的需要

根据《联合国海洋法公约》规定：一个岛礁的主权归属可以决定这个岛周围以 200 n mile 为半径的海域的主权和主权权益的归属，一个能维持人类居住或者其本身的经济生活的岛屿可以拥有 4.3×10^5 km^2 的专属经济区及该区域内的生物和非生物资源。从这个意义上讲，维护海岛安全就是维护海洋国土的安全。同时，海岛周围的海域往往拥有丰富的自然资源。另外，我国的领海基点大部分位于海岛上，这些领海基点是我国海上疆域的重要标志。如果因为人类干扰或自然灾害造成领海基点岛的破坏或消失，将意味着领海基点周围海洋权益的丧失，所以对这些岛屿的保护等同于对领海基点的保护，意义重大。因此，为了更好地维护我国的海洋权益，必须加大力度保护海岛，确保海岛的生态和环境安全。

7.1.4.2 加强海岛生态整治修复是维护国家生态安全的需要

生态安全，能维护一个地区或国家乃至全球的生态环境不受威胁，能为整个经济社会可持续发展提供保障。当今全球变暖、环境污染、物种灭绝和水土流失等生态问题日益威胁着区域发展、国家安全甚至人类社会生存，生态安全已经与国防安全、经济安全同等重要，成为国家安全的重要组成部分，是 21 世纪人类社会可持续发展所面临的一个新主题。

海洋生物多样性包括生物基因、生物种类、生态群落、生态系统功能及生物栖息地的多样性。人类的生存与发展，必须依赖自然界各种各样的生物（资源）和生态环境，生物多样性是人类赖以生存的条件。通过海岛环境保护，比如在滩涂湿地营建防护红树林体系和滨海植被，就等于在当地的陆地和海洋之间嵌入一颗绿色的明珠，在陆地和海洋之间安装上一个净化海水的生物筛，给沿途近岸生态环境带来根本性的转变，形成从海滩到陆地多层次、多色彩、立体化、高低错落有致、美丽壮观的海岸带新景观。同时也将有效地缓解或减轻台风、洪涝等灾害危害，减少自然灾害造成的直接经济损失。

7.1.4.3 加强海岛生态整治修复有利于提升海岛开发利用价值

长期以来，海岛资源环境未被赋予应有的经济价值，无偿、无度、无序地占有和利用海岛自然资源的现象时有发生，造成生态破坏、生态系统服务功能的重大改变，影响海岛的开发利用。开展海岛整治修复，有助于改善海岛生态环境和海岛的码头交通等基础设施条件，提高海岛的开发利用价值。

7.1.4.4 加强海岛生态整治修复有利于维护海岛及周边海域生态平衡

近年来，海岛生态系统遭受的破坏日益严重。对海岛山体、植被等的严重破坏，导致海岛水土流失严重、大量动植物物种灭绝等生态危机，海岛生态系统失去平衡，周边海域亦受到连带影响。海岛整治修复即通过一定的措施修复或重构海岛生态系统，使得生态系统朝着健康、可持续的方向发展。因此，海岛整治修复对于维护生态平衡、保护生物多样性起到了重要的作用。

7.1.4.5 加强海岛生态整治修复有利于促进海岛地区经济可持续发展

海岛陆地面积较小，对土地资源的开发利用强度大，局部地区生态破坏严重，在一定程度上制约了社会经济发展和全面实现小康社会的进程。通过实施海岛整治修复工程，可以减轻海岛生态破坏和环境污染造成的经济损失，具有直接的经济效益；海岛生态环境得到有效改善，为海岛居民提供一个环境优美、生态良好的生存空间，使百姓能够安居乐业，并吸引海岛居民积极投身第三产业，从而为海岛居民长期提供经济收入；投资环境得到改善，也有利于招商引资，进一步发展海岛经济。海岛的整治修复对于海岛地区实现经济、社会和生态的良性互动，促进经济可持续发展具有重要的意义。

7.2 海岛生态整治修复的技术

7.2.1 海岛生态整治修复技术概述

海岛生态整治修复技术就是根据一般的生态修复理论，结合海岛生态系统自身的特点，以生物修复为基础，结合各种物理、化学修复，以及工程技术措施，通过优化组合，使海岛受损生态系统得到修复。修复已经破坏的海岛生态系统，对于保护海岛、合理利用海岛，促进海岛可持续发展具有非常重要的意义。但由于海岛具有与陆地明显不同的资源环境特征和生态特点，对其进行生态修复较为困难。

7.2.1.1 海岛生态干扰分析

影响海岛生态系统退化的干扰因素很多，大致可分为毁林、引种不当及自然干扰等。由于人为因素和自然因素的干扰，海岛生物物种灭绝现象严重。自17世纪以来，地球上90%的鸟类、爬行类、两栖类以及几乎一半的哺乳类动物的灭绝均发生在海岛上。造成物种濒危或灭绝的主要原因之一就是人类移居和外来物种引入。

7.2.1.2 以工程措施为主的生态修复

对于某些生态破坏较为严重的典型海岛，如海岸侵蚀、沙滩退化，需要借助一定的工程措施对其进行生态修复。比如："梯状湿地营造技术"，即是在浅海区域修建缓坡状湿地，可以减弱海浪冲击，促使泥沙、沉积和保护海滩的海岸工程技术，通过人造湿地同时也可以为海洋生物提供栖息地；营造人工沼泽，美国的 Hambleton 岛屿由于长期的海岸侵蚀，一分为二，成为两个岛屿，Garbisch 等则通过创造潮间带沼泽地将两个岛屿连成一片，并在沼泽地上栽种草本植物来稳定沼泽地，利用工程措施对海岛进行了生态修复，取得了良好的效果。Kelley J T 等（1989）总结了美国东海岸几个堰洲岛生态修复和养护工程的时间、数量、长度和经费等参数，为后续的海岸修复研究提供了重要的基础数据。

岛陆护坡，指在裸露的山体处，利用三维网垫等技术来柔化山体，并在网垫上种植绿色植物，在改善景观的同时减少山体的水土流失；沙滩修复，是指在原有沙滩被侵蚀或人为破坏的情况下，通过人工手段对原有沙滩进行修复，主要措施包括面积扩展、沙滩养护，既营造了旅游景点，又减少了海浪对岸线的直接侵蚀。

7.2.1.3 海岛生态整治修复技术

海岛生态整治修复技术旨在利用生物技术和工程技术，建立人工群落和植被系统，修复遭到严重破坏的海岛生态系统。目前应用较多的是植被修复、物种保护、栖息地保护和海岸、沙滩修复等措施。海岛植被的修复，是通过人工的方法，参照自然规律，创造出良好的环境，恢复天然的生态系统，主要是重新创造、引导植被自然演化过程。

这里需要注意的是，由于与大陆的地理隔离，海岛的遗传多样性一般较少，恢复时可尽量增加海岛物种的遗传多样性，以增加海岛生物抗逆性的潜力。同时，在引种时，对物种生活史特征的研究也非常重要，否则容易由于缺乏与岛上植物、动物和微生物间的协同进化而难以成活，或者由于缺乏病虫害和捕食者，而造成外来物种的入侵，形成生态灾难。因此，该项技术的关键点是选择适生的植物种类。人工鱼礁生物恢复和护滩技术，是指人为地在海岛周围部分水域中设置构造物，以改善修复和优化水生生物栖息环境，为鱼类等生物提供索饵、繁殖和生长发育等场所，从而达到海岸带生物种群恢复和海岸带保护的目的，此方法在多个岛屿国家得到了成功应用。

为减少环境污染，还可以充分利用风能、太阳能、潮汐能等可再生能源发电等措施。由于海岛四面环水，其周边水体环境的变化同样影响着其陆域和潮间带的生态系统，因此加强对水体富营养化、赤潮的治理也是海岛生态修复的一个重要手段。常见的措施如控制外源性污染物质输入和减少内源性营养物质负荷，提高污水处理率，控制入海污染物总量，同时辅以建设海岸带湿地生态恢复系统等，走可持续发展和生态恢复之路来解决富营养化问题。

7.2.2 海岛生态整治修复技术路线

我国生态系统保护和修复工作起步较晚，虽然相关保护和修复技术在陆地上较为成熟，但要直接应用于海岛，要么不够完备，要么不完全适用。因此，规范化海岛整治修复的技术流程，对保护和修复海岛具有现实的指导意义。为建立统一、明确、共同遵守的标准，使海岛整治修复工作规范化、科学化，并有的放矢、有条不紊地开展海岛整治修复工作，我们将海岛整治修复项目工作流程分为6个阶段，分别为资料收集阶段、外业调查阶段、方案编制阶段、组织实施阶段、项目验收阶段、评估及维护阶段（图7-1）。

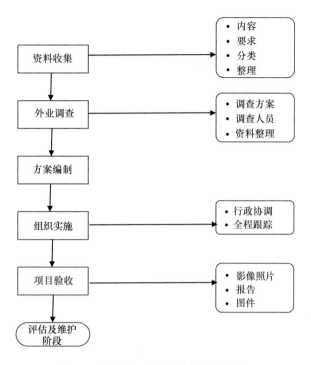

图 7-1 海岛生态整治修复总体流程

7.2.2.1 资料收集阶段

根据海岛生态修复要求,资料收集包括海岛基本信息,自然资源和环境信息,海岛遥感和地理相关数据资料,海岛现状及生态环境评估、监测、生态保护等资料,海岛周围海域基本信息,以及国际和地方有关规划、标准信息。其中海岛基本信息主要包括海岛的地理位置、海岛的行政归属、海岛开发利用状况、海岛生态现状、海岛所在地的基础设施状况等;自然资源和环境信息主要包括该海岛的地形地貌、气候状况、土壤、植被、水文气象条件、自然灾害等相关资料;海岛遥感和地理信息相关数据资料能把海岛和附近海域的状况"数字化"和"透明化",从而对海岛状况做出科学、合理、准确地评价,为海岛开发利用、海岛环境保护及海岛可持续发展提供科学的数据和信息依据;海岛破坏现状及生态环境评估和监测、生态保护等资料能帮助修复工作有重点地进行,避免由于缺乏针对性、重点性而造成的人力、时间等资源的浪费;海岛周边海域基本信息主要涉及近岸海域水环境质量状况,海洋生物多样性基本状况,以及近岸海域人类活动状况,涉及化学需氧量(COD)、溶解氧(DO)、悬浮物、无机氮、活性磷酸盐、油类、重金属含量、浮游植物、浮游动物、底栖生物、游泳动物、潮间带生物,以及水产养殖业、渔业及海岛旅游活动等。

7.2.2.2 外业调查阶段

进行海岛外业调查前,需要做 3 方面准备:① 成立领导小组和调查办公室;② 制定海岛调查方案;③ 组建调查队伍。成立领导小组和调查办公室对外业调查工作进行统一指导和规划,在调查方案的指导下,调查队伍进行实地调查。在调查过程中应对生态破坏区域进行重点调查，并对特殊海岛采取不同方法进行调查，调查方法应针对海岛实际情况做调整。下面简要介绍各子阶段工作内容。

1）制定调查方案

海岛生态修复前需要对海岛进行现场调查，在资料收集的基础上，考察前应制定详细的调查方案，调查方案的内容包括确定调查目的、调查内容、考察时间表、调查线路、调查方法、任务分工等。

2）组建调查队伍

海岛现场调查由相关行业专家、当地政府部门的相关人员和影像记录的人员组成。开展海岛调查前需根据调查特点，组建包含植物学、土壤学、生态学、水土保持、地质地貌、测绘等相关学科专业技术人员和专业摄影摄像人员组成的调查组，并对参加调查人员进行调查方法和相关安全方面的统一培训，考试合格，由调查办公室统一颁发上岗证。

3）开展实地调查

通过现场的调查，进一步加深对海岛各方面情况的了解，为以后制定修复方案提供第一手现场资料。海岛野外调查主要包括海岛基本信息调查、土壤调查、植被调查、海岛地形地貌调查等专项调查，调查内容可依据海岛类型等具体情况进行适当调整。其中，调查对象主要包括海岛地貌类型、岸线侵蚀状况、沙滩污染及侵蚀状况、水源情况、开发利用现状、电力供应情况、岛上交通设施等；调查方法主要采用现场测量、取样、拍照、摄像的方式记录海岛基本信息照片、影像和文字资料，利用走访的方式访问海岛所属镇村民了解海岛的相关信息；土壤样本采集是很重要的一项调查内容，调查内容主要包括土壤类型、分布、土层厚度、土壤质地、土壤肥力等，调查方法为现场调查、取样化验和收集资料相结合；植被物种调查范围主要包括对岛屿的植被现状、各种植被类型的物种丰富度和外来种入侵状况进行调查，调查指标主要包括植被类型、种类组成、分布位置、种群数量、群落优势种/建群种、盖度、频度等，调查方法主要包括目视鉴别法及样地法，通过实地调查、标本采集和鉴定来确定海岛植被物种调查的各指标，其中，样地法是植被物种调查的基础方法；海岛生态破坏区域的调查指标主要包括海岛生态破坏区的图片和影像、破坏区面积，调查方法主要包括现场拍照、摄像、笔记、地形图调绘、航片判读、地形图与实地调查相结合的方式。

调查资料整理阶段。海岛外业调查的文字资料、测量数据、影像资料必须进行汇总和整理，首先对调查资料予以归类，这是数据处理的第一步。要按文字、数据、图像、音像、图表等进行归类。而每类当中又可按不同的时序予以排列。调查数据要建立包括全部调查内容的数据库，根据测量数据生成的成果图应根据调查成果，利用计算机和GIS软件制作，相关成果图的底图应得到行业主管部门认可，带有准确的经纬度网格，标注海岛及其周边交通线路、河流和山峰等地理特征，图面投影应符合国家规定。海岛调查结束后，编写调查报告，附海岛植物、动物、微生物图谱和相关成果图。报告中必须对海岛自然地理环境、生态破坏现状等调查内容进行综合评价，尤其是对海岛生态破坏现状进行专门评价，分析其破坏区域、破坏面积等内容。

7.2.2.3 方案编制阶段

海岛生态修复方案是项目总体设计的重要组成部分，是设计和实施海岛生态修复措施的技术依据，方案要依据收集的资料和外业调查的成果，仔细分析，严格制定。其编制总体要求是分析研究海岛整治修复的方法和措施；提出海岛生态修复分区和修复措施总体布局；编制海岛生态修复措施设计文件；研究部署建设期和生产运行期海岛生态修复监测项目、监测方法及保障措施；编制方案实施的进度安排；提出海岛生态修复方案实施的投资估算。海岛生态修复方案的主要内容应包括编制依据、海岛概况、项目组织形式、项目实施主要内容、实施进度、保障措施、项目验收的成果形式和内容等。

7.2.2.4 组织实施阶段

海岛生态修复是一项复杂的多学科交叉应用学科，具有很强的科学性和实践性，同时又是一项具有不确定性的、长期的、需要土地、资源和人力大量投入的任务。其在某些方面表现为生态工程建设，但它与一般的修路、农业水利、园林绿化等工程是不能等同的。海岛生态修复注意生态保护，其工程在细节上要随时注意保护动物、植物和生态系统，有时一些生态保护的小构件可以决定某项修复的成功与失败。因此对其组织实施必须依靠复杂项目管理的先进经验，各学科、各工程、各层次通力配合，相互协调；做到仔细规划，认真组织，实施得当，实时监测，及时总结，才能保证海岛生态修复工作的顺利完成。

项目实施工作就是按照实施方案开展工作，主要经过以下几个步骤：①对工程进行安排，对工作进行授权；②安排进度；③估算工程成本费用；④工程负责人组织项目团队按照项目的计划完成预定的工作。在所有工作过程中，尤其是项目工程实施过程中必须实时监测与控制，若遇异常情况，首先按实施方案中保障措施进行，若实施方案中无相关措施，则应立即组织团队成员商讨对策，保证工程持续进行。

7.2.2.5 监督管理阶段

海岛生态修复工作一定要注意全程的跟踪检查，关键是要细致并且不断坚持。如果不能坚持跟踪工作，就有可能出现工作松懈和意外情况。海岛生态修复工程有其连贯性，平时工作要注意定期追踪。项目监管的目的，一方面是跟踪工程进度情况；另一方面若出现意外情况，因为有完善的监督管理机制，可以马上实施补救措施。

项目监管是为了确保施工过程按设计图纸的要求和国家规范完成。要把工程质量从事后检查把关转为事前控制，防患于未然，就必须加强施工全过程的质量监控，从而达到全面提高工程质量的目的。影响工程质量的主要因素是人、材料、机械、方法和环境，这些是保证工程质量的关键。

7.2.2.6 项目验收阶段

海岛生态修复项目竣工，需进行成果总结与验收，准备结题材料，组织专家评审，同时科学地总结、反映生态修复研究成果，为相关研究提供借鉴。海岛调查领导小组办公室应根据国家制定的检查验收办法，组织制定海岛调查成果的检查验收办法，加强质量管理工作，成立由管理人员、技术人员、专家参与的检查验收队伍，进行质量检查和成果验收。

7.2.3 海岛生态整治修复关键技术与方法

海岛生态整治修复技术涉及面广，类型多，难度大，技术的应用还要考虑海岛的自然、经济条件，才能取得满意的效果。根据当前海岛整治修复的主要内容，本部分主要简要阐述海岛连岛坝工程整治、海岸与边坡加固、水资源保护与利用、土壤改造、海岛固体废弃物治理、海岛植被、红树林、珊瑚礁、海藻场或海草场、沙滩等关键修复技术，为我国海岛整治修复项目的实施提供指导。

7.2.3.1 海岛连岛坝工程整治修复关键技术与方法

连岛坝工程是指大陆和海岛、海岛和海岛之间修建的连通工程。连岛坝可分为栈桥式连岛坝和实体式连岛坝。前者因岛、陆，岛、岛之间水体连通，对水动力虽有影响，但能保证两侧水体交换，其对生态环境影响不大，一般而言这类工程不需进行整治。而实体坝工程因其隔断了坝体两侧的水体交换，从而使海水流通不畅，造成坝体两侧局部海域的生态环境恶化，对海洋开发产生了不利影响。连岛坝的整治工程主要是指对实体式连岛坝的整治，主要工程措施是连岛坝的拆除工程（部分拆除或全部拆除）。采取多大的拆除规模取决于拆除工程后能否达到恢复工程海域生态环境的目的。下面分别简要介绍实施部分拆除工程和全部拆除工程时的注意事项。

进行部分拆除工程时应注意选择合适的拆除部位、拆除方式，应尽量考虑与后续工程的连接、及时清理拆除场地，并在连岛坝拆除前后及时对坝体两侧的流场、生态化学环境要素进行观测，评估连岛坝拆除环境效应。其中，拆除部位应选在连岛坝两侧水域最易连通处；拆除方式应以不造成对环境的重大影响为准则（如用爆破方式拆除，应选择小炮定向爆破方式，尽量缩小爆破造成的影响范围）；要考虑后续工程和拆除工程的接续关系及剩余坝体的利用问题；要尽量保障坝体两侧水流畅通，减少由工程垃圾对海域环境造成的影响等。

进行全部拆除工程时应注意要充分论证连岛坝全部拆除的必要性，必须对全部拆除的环境效益、经济效益、社会效益进行深入细致地分析；要选择合适的拆除方式以使对周边海域生态环境影响程度最小；在设计爆破工程时，应以彻底消除原连岛坝坝体为原则，不应在原坝址上残留连岛坝残留体；应彻底清理因爆破产生的工程垃圾，以免其对周边海域环境产生不利影响；在连岛坝拆除前后应对连岛坝影响的两侧海域的海洋动力场及水质（生态环境）要素进行观测，必要时进行动力场数字模拟以评估连岛坝拆除工程的效应。

7.2.3.2 海岸与边坡加固整治修复关键技术与方法

海岛的面积大小不同，资源的种类与数量不一，开发的目的与项目各异，海岛保护与整治的工程措施也有很大差异（Rochefort L et al., 2003）。如果海岛开发保护主要对象是海滩，一般采用丁坝、离岸堤、岬头工程及人工海滩工程，如果需保护海岛本身的土地，则选择护岸（墙）工程或海堤工程。本部分主要介绍护岸工程的相关内容和方法。

护岸工程是指海岸避免遭受海洋动力破坏而使海岸保证安全的工程，这种工程既可用于松散沉积物海岸，也可用于基岩海岸。护岸工程主要分护岸和海堤两种工程。在海岸防护建筑物中，护岸和海堤并无明确定义对其加以区分。一般而言，对位于海陆边界上，以挡土为主的建筑物称为护岸，其顶高程（不含护岸顶部的防浪墙高）一般与其后方陆域高程相同或接近，其断面外形可大致分为直墙式、斜坡式、凹曲线式和台阶式等几种。对于在风暴潮和大浪期间，保护陆域及陆上建筑物免遭海水浸淹和海浪破坏为主要目的的建筑则称为海堤，海堤的顶高程通常高于其后方的陆域高程。下面简要介绍护岸和海堤工程的相关类型和相关说明。

直立式或陡墙式护岸，除采用港口工程中常用的混凝土预制方块或钢筋混凝土预制沉箱等结构外，若当地潮差较大、施工期波浪较小时，可采用浆砌块石陡墙，比较经济；斜坡式护岸是应用最广泛的护岸结构型式，在施工水位以上可采用干砌块石、干砌条石或浆砌块石护面，在施工水位以下可采用抛填或安放块石护面；凹曲线外形的护岸，外形美观、有利于降低越浪量，在海滨旅游区或者护岸后侧有道路时常考虑此种方案；台阶形护岸，利于减弱波浪回落造成的冲刷，适宜于建造在海滨旅游区，在低潮时可利用台阶方便地从后方陆域到达海滩或直接亲水目的。

海堤的结构型式随堤基高程、土质情况、风浪大小、材料供应和施工条件的不同而异。常用的海堤主要为陡墙式海堤、混成式海堤以及土石混成斜坡式海堤。在海堤的断面设计中，除参照有关公式计算护面块体（块石或人工块体）的稳定重量和护面层的厚度，堤前护底块石的稳定重量，以及胸墙和陡墙上的波浪力外，尚应以各省市行业标准——海塘工程技术规定为标准，对海堤堤身整体稳定性、地基的强度和沉降等逐一计算，并对地基和整体稳定性予以验算。

7.2.3.3 淡水资源保护与利用整治修复关键技术与方法

我国海岛普遍缺淡水资源，绝大部分海岛的居民正常生活和海岛的开发利用保护工作的开展都会受到海岛淡水资源短缺的影响。少部分海岛本身的淡水资源原可以满足相关工作的开展，但是对水源污染、浪费、过度开发等不合理的利用，导致水源紧缺。目前，通过增加地下水的补给量、适当开展雨水收集、修建水库、建设坑道井、大陆引水、海水利用等工程措施可对水资源进行有效的保护与利用。海岛地区有丰富的海水资源，因地制宜采用各种方式利用海水资源是解决海岛地区淡水资源短缺的一种有效途径。本部分主要阐述海岛淡水利用的关键技术与方法。

海水淡化是指将含盐浓度为 35 000 mg/L 的海水淡化至 1 000 mg/L 以下的用水。海水淡化优势是不受气候影响，同时规模可大可小，可以灵活适合不同类型的海岛。淡化方法按照分离过程分类，可分为热过程和膜过程两类。热过程有多级闪蒸（MSF）、多效蒸馏（MED）、压汽蒸馏（VC）和冷冻法等；膜过程有反渗透法（RO）、纳滤（NF）、电渗析（ED）等。原则上讲，陆用、船用的海水淡化方法同样适用于海岛。然而，由于海岛多是远离大陆，分散偏僻，加之缺少能源，因而最佳海水淡化方案的选择必须因地制宜。海岛海水淡化推荐模式见表 7-1。此外，目前人们在关注 MED、RO 两种主流淡化技术的同时，也在寻求能耗更低，适用范围更广的淡化方法。例如，同样采用渗透原理的正渗透（FO）海水技术因为能耗低等诸多优势，越来越受到人们的重视，在海岛淡化市场中具有明显的推广应用价值。

表 7-1　海岛海水淡化推荐模式[①]

海岛 一级类型	海岛 二级分类	能源匹配方式	海水淡化技术	装置安装方式	其他供水方式
大型岛	陆连岛	并网	RO、MED	固定式	引水
	沿岸岛	并网/建有电站	RO、MED	固定式	引水
	近岸岛	建有电站	RO、MED	固定式	\
	远岸岛	建有电站	RO、MED	固定式	\
中小型岛	陆连岛	并网	RO、MED	固定式	引水
	沿岸岛	并网/柴油/可再生能源	RO	固定式/移动式	岛际流动
	近岸岛	柴油/可再生能源	RO	固定式/移动式	岛际流动
	远岸岛	柴油/可再生能源	RO	固定式/移动式	岛际流动

注：1）移动式指车载式和驳船式两种海水淡化装置；
　　2）岛际流动指几个相邻海岛使用同一套移动式海水淡化装置进行分时段流动供水；
　　3）由于特大型岛的海水淡化方式与大陆沿海城市基本相同，不纳入本表。

7.2.3.4　土壤改造整治修复关键技术与方法

土壤是世界万物之源，人类生存之本。土壤环境遭到破坏或污染无疑会给土壤的生态功能带来影响，甚至可能使土壤系统崩溃、功能丧失。为改善海岛的土地条件，有利于植物生长，须对其进行土壤改造。其方法主要包括：人工干预措施、增施有机物质（施肥）、土壤动物改良和土壤植物改良。其中，人为措施通过采取工程或生物措施，增加土壤有机质和养分含量，改良土壤性状，提高土壤肥力；有机物质包括人畜粪便、污水污泥、有机堆肥、泥炭类物质等；土壤动物一直扮演着消费者和分解者的重要角色，有利于促进系统功能完善，加快生态恢复进程；土壤植被改良对土壤物理、化学和生物学性质有着深刻的影响，是抑制土壤退化，维持生态系统平衡的根本。本部分简要介绍建设鱼鳞坑、林地梯田、引种挡风栅栏，以及建设简易挡水埂（墙）等措施。

鱼鳞坑：人工构建鱼鳞坑深度为 5~10 cm，直径为 20~30 cm，间隔在 40~50 cm 的近圆形坑地，见图 7-2。

林地梯田：林地梯田宽 50 cm，高 60 cm，两边石砌平整，中填沙土，内侧水泥勾缝，确保水土不能透过，尤其是沙土，如果不进行适当的填缝处理，可能会引起透水。其示意图见图 7-3。此外，要因地制宜，现场制定梯田的位置，地势低处高度适当增加。

[①] 资料来源：《海岛海水利用现状及应用潜力研究报告》，项目承担单位：国家海水淡化研究所。

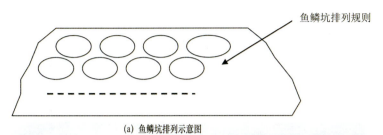

(a) 鱼鳞坑排列示意图

(b) 鱼鳞坑示意图

图 7-2　鱼鳞坑

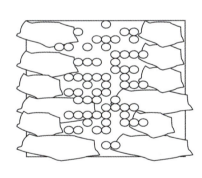 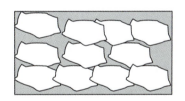

梯田田埂：宽度 50 cm，高度 60 cm，内侧水泥勾缝，防止透水流土

图 7-3　林地梯田示意图

引种挡风栅栏：用茅草、灌木等捆扎成直径 20 cm 左右的植物引种挡风捆，平行岸线方向布置，上压 20 cm 高度以上的大砾石块，这个简易的挡风墙起到防风固沙的作用，另外一个辅助作用就是帮助引入本地植物的种子。为了固定挡风栅栏，采用直径为 35 cm 的木桩按 2.5 m 左右距离进行固定。固定桩的直径在 3 cm 以上，深度在 10 cm 左右，固定木桩的上部为 20 cm，下部为 10 cm 左右。示意图见图 7-4。

简易挡水埂（墙）：可在海岛就地取材，或采用空心砖来构建较为规则的挡水墙，其作用是防止泥沙流失。挡水埂（墙）宽 30 cm，高 30 cm，内侧水泥勾缝，确保水土不能透过，尤其是沙土，如果不进行适当的填缝处理，可能会引起透水。

图7-4　引种挡风栅栏示意图

7.2.3.5　海岛固体废弃物处理关键技术与方法

随着海岛人口增加和社会经济的高速发展，开发活动密度与强度逐渐加大，由此产生的废弃物处理也成为一个重要问题。海岛生态系统比较脆弱，环境破坏的可修复性差，由此造成的环境污染将产生严重后果。海岛废弃物处理的原则就是无害化、资源化、减量化和安全化。目前，废弃物的处理主要以填埋、焚烧为主，两种方法各有其优缺点，海岛通常交通不便、基础设施较差，对于不同的海岛需要根据海岛的大小、离岸远近、自然条件等多种情况具体分析采用何种废弃物处理方式。

从用地规模上来讲，海岛土地资源稀缺，对于面积较小的海岛，卫生填埋对环境的影响较大，采用卫生填埋技术并不合适；建设成本方面，无论是建立废弃物填埋场、废弃物焚烧厂还是废弃物转运站和码头都需要相当大的成本；对废弃物的要求来讲，焚烧处理要求最高，不仅要求废弃物量满足设计处理量，同时还要保证废弃物量产生的稳定性，而且因长年累月的焚烧，留下的灰烬和不可降解的废弃物终究会堆成山，焚烧处理也会或多或少有气体和烟尘的污染。

对于离岸较近，交通方便的海岛也可采用废弃物打包外运的方法处理，辅以有机微生物处理和回收利用。打包外运对环境的影响小，且影响范围也较小；可持续性方面也是打包外运较为出色。将海岛废弃物送回内陆处理，有助于海岛良好生态环境的保持。

7.2.3.6 海岛植被整治修复关键技术与方法

岛陆植被修复是对海岛上由于自然因素或人为因素使植被遭受破坏，或植被发育差的区域进行人工修复。以增加海岛绿化面积，保持水土，促进水源涵养，改良海岛土壤，改善海岛生态环境，美化海岛，提高海岛开发利用价值，促进海岛经济发展。本节重点介绍海岛滨海盐碱地、海岛基岩裸露山地、海岛迎风坡粗骨土立地、海岛受损山体边坡等立地条件困难，或植被破坏严重的几种主要类型的海岛植被修复适用技术。

海岛滨海盐碱地植被修复。盐碱地植被修复，春、秋两季皆可，选择适宜的天气并在通过透雨淋洗表层土壤含盐量大幅度下降，土壤湿度适宜时及时进行修复，但沿海地区春季修复不宜过早，因为早春干冷风比较强劲，空气和土壤比较干燥，尚有冷空气南下。从2月下旬至3月中旬开始修复比较适宜，有些常绿阔叶树种可延期至5月中下旬。根据修复地立地条件、树种规格、树种生物学特性确定适宜密度，一般株行距为 1.5 m×2.0 m，立地条件较好的地段可适当降低密度。植被结构配置有以乔木为主体，乔灌相结合的混交林为主。修复方法主要有平穴浅栽、饱水移植、涂环栽植以及插条修复4种类型。其中，平穴浅栽借助穴面与周围地面相平，栽苗后灌水2~3次，浇水后及时松土防止土壤板结的方式，可有效提高滨海盐碱地区域植被修复成活率；饱水移植通过栽植前把苗木根部浸入配好的肥水泥浆中1~2 d，使苗木吸足肥水的方式，减少栽植后苗木吸收高矿化水量，减轻易受害期盐害；涂环栽植通过用白涂剂在苗木根茎部涂环处理的方式提高苗木的成活率；对萌芽力强，扦插成活率高的树种，可插条修复，扦插修复后，用稻草等覆盖，浇足水。

海岛基岩裸露山地植被修复。海岛基岩裸露山地宜发展水土保持林和水源涵养林为主要目的的植被恢复与重建模式，在树种结构配置上，宜采用乔灌草或藤多树种、多层次的结构配置与混交方式，随机种植多树种的近自然混交林，以提高对病虫害及各种自然灾害的抵抗能力。在风口、土壤贫瘠的山地上坡适当密植，不仅使林分提早郁闭，缩短林地裸露时间，早日发挥林分涵养水源和保持水土的功能，而且可提高林分的防风效果，以紧密合理的群体结构，免受或减轻风害的影响。采用薄土生草、以草促灌、以灌护乔的修复新思路，在清理林地修复环境时不宜作大面积清除，宜定点清除周围影响幼苗生长的杂物，保留原生的乔、灌木树种，特别要保留阔叶目的树种。采用定点挖穴整地，提倡采用种衣剂包衣种子的直播修复方法，掌握修复时机，在秋季至春季的雨后阴天或细雨天，积极采用ABT生根粉、保水剂和植生袋围堰筑坑修复，提高修复成活率。

海岛迎风坡粗骨土立地植被修复技术。海岛迎风坡粗骨土立地植被修复中树种的选择应以乡土树种为主，从树种的生理、生态和森林群落的自然演替角度，充分考虑在粗骨土裸露山地特殊困难修复立地条件下的植被重建与恢复的阶段性，适当注意灌木和草本等先锋植物的发掘利用，以提高植被的整体覆盖率和创造前期自然更新的良好生态基础。整地方式视修复地的立地条件、修复树种等情况确定适宜的局部整地方式，山地禁止采用全面整地方法，一般采用鱼鳞坑整地、穴状整地和带状整地等。积极提倡容器苗修复，确保片蚀粗骨土立地修复的成活率和保存率，提倡种子直播修复减少水土流失，节省人力、物力、财力。积极采用ABT生根粉、保水剂和节水型苗木营养保水纸袋等修复配套措施。

受损山体边坡修复技术。受损山体边坡树种选择应遵循生态适应性、抗逆性、生物多样性、物种相融性、景观协调性、经济适用性等原则，根据不同区域环境立地条件、边坡类型、边坡高度、阴坡、阳坡和周边环境与景观特点等，结合植物的生物学和生态学特性，兼顾水土保持和景观改造相结合来确定适宜的植物种类。修复方法主要采用机械喷播法、植苗修复法、筑坑修复法以及人工撒播植物种子的方法。其中，机械喷播法主要包括厚层基质喷播法和客土吹附喷播法，适用于坡度较缓的岩石边坡和各种风化土质边坡；植苗修复方法适用于30°以下的泥质边坡和强风化的缓坡类型以及坡脚、马道等人工回填种植土区域；筑坑修复法可分为人工凿坑法、植生袋围堰造坑法、浆砌块石围栏造坑法等，适用于中风化的软质岩石边坡类型以及缓坡地段；人工撒播植物种子的方法可采用块播、穴播、条播等，适用于各种风化的低缓边坡、土质边坡以及马道、坡脚回填土表层。

7.2.3.7 海岛红树林整治修复关键技术

红树林作为河口海区生态系统的初级生产者支撑着广大的陆域和海域生命系统，为海区陆缘生物提供食物来源，并为鸟类、昆虫、鱼类、贝类、藻菌等提供栖息繁衍场所。其具有结构复杂性、物种多样性、生产力高效性等特点。海岛红树林生态修复要根据不同的区域、土壤、潮滩高程、盐度等条件确定适宜的树种，一般应该优先选择耐较高盐度，适应砂质土壤，抗风浪能力较强，生长较快，比较高大的树种（陈清秀，崔寿福，2007；陈粤超，2008）。红树林的恢复与陆地森林生态系统的恢复不同，主要包括红树植物引种驯化与造林技术等。此外，还要考虑宜林滩涂地的营造。广东省适宜栽种的红树林树种主要有秋茄、白骨壤、桐花树、木榄、红海榄、榄李、海桑、无瓣海桑、银叶树等。

红树林作为海岛岸线的第一道保护屏障，在林带的结构和走向方面要结合红树林防浪护岸的功能来设计，林带的走向要与台风海浪运动方向垂直或接近垂直，林带结构要选择根系发达、树干粗壮和树冠浓密的树种组成乔灌木多层结构，近岸滩涂宜种植乔灌混交，向海地段种植灌木类，条件适宜时尽量种植混交林。红树林修复措施主要包括红树林改造、滩涂改造、场地整理以及改良土壤等。其中，红树林改造主要是对已经退化、低矮、稀疏的红树林进行整理，对低矮的林区进行林间间伐、整理场地，重新造林等；滩涂改造要设法平整滩涂，设置排水沟，使造林滩涂处于适宜的高程和坡度，主要包括挖沟填滩、吹填淤泥、开沟引水、拆除堤坝、改良土壤等方式；场地整理是指适当处理或清除造林地内的大米草、互花米草等杂草或条石、木头、废堤等其他杂物，保持滩面整洁。

7.2.3.8 珊瑚礁整治修复关键技术

珊瑚礁生态系统是地球上生物种类最多的生态系统之一，具有很高的生物生产力，具有重要的海岛岸线防护功能和旅游观赏价值。导致珊瑚礁破坏的原因是多方面的，主要包括海水升温、海水酸化、臭氧的消耗和自然灾害等，以及过度捕捞和破坏性的捕鱼方式、海水污染、珊瑚礁开采、旅游业等人为活动导致的生态环境破坏（陈刚等，1995；李颖虹等，2004；李元超等，2008）。珊瑚礁生态修复程序可以简化为对珊瑚礁受损区域的受损状况和环境条件进行现场调查、确定珊瑚礁生态系统退化的原因、确定珊瑚礁生态系统的受损程度、制定修复方案、实地试验、修复后的监测与效果评价及适应性管理6个步骤。

目前，珊瑚礁生态修复的模式主要有两种：自然修复法和人工修复法（Heyward A J, et al., 2002.；Rinkevich B, 1995；Schuhmacher H, 2002）。当珊瑚礁生态系统仅受到轻微破坏时，停止人类干扰后，其内部有向原先正常状态转变的动力，可以采用自然修复法。当珊瑚礁退化的速度大于自我恢复的速度，就需要采用人工修复法。其中，自然修复主要是指通过消除珊瑚礁生态系统所面临的威胁，创造珊瑚生长所需的适宜环境，从而促进珊瑚礁的自然恢复，主要包括建立珊瑚礁保护区、提高污染物处理率、加大执法力度、强化规划和开展战略环境影响评价、提高公众环保意识等方法、措施；人工修复方法主要包括稳定基底与礁体结构重建技术、人工礁体的框架生物自然恢复技术、造礁石珊瑚的人工繁殖、高效培育与移植放流技术等，但目前流行的方法为珊瑚移植，即把珊瑚整体或是部分移植到与它环境条件相似的退化的珊瑚礁区域，改善退化区的生物多样性。

珊瑚移植又分为珊瑚的采挖和运输、移植珊瑚在迁入地的固定。珊瑚的采挖和运输又分整个珊瑚的采挖及运输，以及珊瑚片段的移植。其中，整个珊瑚的采挖及运输是指用铁锹、铁钎和铁锤等将整个珊瑚群体采挖出来，放入一张吊在海里的加强网里，用船拖运到新的栖息地；珊瑚片段的移植过程为用锤子或钳子等工具将被移植的珊瑚截枝后，移植到直径5 cm的微型礁体上［该礁体固定在移植网（60 cm×120 cm）中，密度为100个/张］，待被移植的珊瑚成活后，再将移植网移入待修复的天然礁体上，从而达到修复的目的；移植珊瑚在迁入地的固定是指在迁入地用铁钎、角铁、预制水泥板布设一张绳子网用于固定大块的珊瑚，小块珊瑚则用水下胶水和速硬水泥粘结在人工基底上。

7.2.3.9 海藻场和海草床整治修复关键技术

海藻场和海草床在海洋生态系统中具有重要的意义，该生态系统被破坏的直接表现为面积的减少和覆盖度的降低，因此其恢复目的就是增加海草床和海藻场的覆盖面积，提高覆盖度。海藻场和海草床修复涉及的层面十分广泛，包括海洋生物学、生态学、沉积学以及工程学等，其主要含义为在沿岸海域，通过人工或半人工的方式，修复或重建正在衰退或已经消失的原天然海藻场和海草床，或营造新的海藻场和海草床，从而在相对较短的时期内形成具有一定规模的、较为完善并能够独立发挥生态功能的生态系统。海藻场和海草床修复工程可分为重建型、修复型与营造型的生态工程。其中，重建型为在原海藻场和海草床消失的海域开展生态工程建设；修复型为在海藻场和海草床正在衰退的海域开展生态工程建设；营造型为在原来不存在海藻场和海草床的海域开展生态工程建设。常用的生态修复技术路线见图7-5。

下面简要介绍海藻场和海草床人工恢复过程涉及的主要技术环节和内容。

调查技术方法部分。基于国家海洋局颁布的《海洋化学调查技术规程》、《海洋生物生态调查技术规程》等，结合3S技术、遥感技术、航空摄像和水下摄像等对指定海域的水文、理化及生物因素进行调查分析，了解海草床植物现状（Chapman V, 1976；黄小平等，2006；章守宇，2007；许战洲等，2009；杨顶田，2013）。

群种选择方法部分。根据藻类生长繁殖对环境的要求与海区自然条件的符合程度，确定

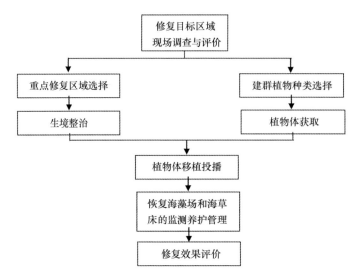

图 7-5　海藻场生态修复技术路线

大型海藻的种类，其中，对于修复或重建型海藻场，原则上以原种类的大型海藻作为底播种；对于新营造的海藻场，原则上以周围海域存在的大型海藻作为底播种。

生境整治方法部分。基底整备主要应用于潮间带及浅湾。基底整备包括沙泥岩比例的调整、底质酸碱度的调节、基底坡度、基底形状的整备等。一般来说，多数海藻都需要坡度较缓、水深较浅的硬质底，而海草则需要淤泥质与砂质基质。

植物体的获得、移植或撒播部分。植株移植法是海藻场和海草床修复的常用方法。成熟植株的获得方法一般为在此种植物生长茂盛的区域进行采集，但是对于能够人工养殖的一些大型海藻（如鼠尾藻）而言，获取植株的最优途径为人工繁育。种子播撒法是指通过潜水采集或退潮时人工收集海草种子，进行海草床的修复与重建。幼植体播散法是指采集成熟且即将释放配子的植株，诱导配子放散，而后收集幼植体进行海藻场或海草床的修复与重建。

7.2.3.10　沙滩整治修复关键技术

沿海不同岸段的沙滩，经历着波浪潮汐的侵蚀和人为因素的破坏，造成沙滩破坏和功能下降。在人工海滩工程实施前需要对拟进行人工海滩工程区的海岸地貌、动力条件、沉积物特征、海洋环境质量、底栖生物、人类活动历史以及岸滩演变规律进行全面调查，作为养护工程设计、施工以及辅助工程的选择和设计的基础资料。沙滩整治修复关键技术主要包括沙滩剖面设计、沙滩平面设计、填沙质量指标、沙滩岸线布设、施工、后期监测等。

沙滩平面设计是以现状岸线为基础，根据其展布情况并结合地形作适当的微调，提出推荐岸线。依据填沙剖面结合地形延展情况，同时考虑沿岸输沙与冲淤变化趋势，进一步确定滩肩外缘线。岸线内凹段沙滩宽度适量加大，外凸段宽度适量减小，岸线的滩肩外缘线走向与主浪向应接近于垂直，这样修复的沙滩不至于发生较大量的迁移、变形，可通过正常波况下的泥沙输运自动调整到动态平衡状态。

7.3 海岛生态整治修复的管理现状、存在问题及对策建议

随着《中华人民共和国海岛保护法》的颁布，国家愈加重视海岛的保护与生态修复，这为我国的海岛生态修复研究提供了一个良好的机遇。按照《中华人民共和国海域使用管理法》、《中华人民共和国海岛保护法》和《中华人民共和国海洋环境保护法》的规定，各级海洋行政主管部门负有对海域、海岛和海岸带整治修复和保护的职责。进一步加强对海域、海岛和海岸带的整治、修复和保护工作，既是优化资源配置、改善环境的迫切需要，也是有效履行各级海洋主管部门职能的迫切需要。海域、海岛和海岸带整治、修复和保护工作，对于提升海域、海岛和海岸带的环境和生态价值，增强对海洋经济发展的支撑作用，具有十分重要的意义。近年来，我国沿海各地积极开展海岛整治修复与保护工作，对以往遭到破坏的海岛及生态环境开展抢救性修复与保护，初步取得了较好的效果。

7.3.1 我国海岛生态整治修复的管理现状

历年来，尤其是"十八大"以来，国家高度重视海岛海岸带保护和整治修复工作。2013年7月30日，习近平总书记在中央政治局集体学习时，就建设海洋强国提出了"四个转变"，要求下决心采取措施，全力遏制海洋生态环境不断恶化趋势；2014年4月，全国政协人口资源委员会组织在环渤海三省一市开展了沿海滩涂开发与保护情况调研，并向国务院报送了《关于沿海滩涂开发与保护情况的调研报告》，李克强、俞正声和张高丽等中央领导分别对报告作出了重要批示，要求坚决守住生态红线，从严控制填海造地，对自净能力弱的湾区必须坚决禁止填海造地，强化滩涂生态环境保护，为建设美丽中国作出贡献。下面简要阐述我国已有的海岛海岸带整治修复相关规章、办法、意见等。

1)《关于开展海域海岛海岸带整治修复保护工作的若干意见》[①]

2010年10月国家海洋局向各沿海部门下发的《关于开展海域海岛海岸带整治修复保护工作的若干意见》，主要包括编写海域海岛海岸带整治修复保护规划、制定海域海岛海岸带整治修复保护计划、管理海域海岛海岸带整治修复保护项目、编制海域海岛海岸带整治修复保护项目实施方案、保障海域海岛海岸带整治修复保护项目经费，以及检查验收海域海岛海岸带整治修复保护项目6部分内容。其中，有关海域海岛海岸带整治修复保护规划的编制，要求县级（或市级）海洋主管部门应在充分调查研究、全面了解本辖区内海域、海岛和海岸带资源环境现状及生态系统现状详细情况的基础上，依据海洋功能区划、海岛保护规划、海洋环境保护规划，编写本地区《海域海岛海岸带整治修复保护规划建议》，纳入规划建议的整治修复和保护项目，并对保护项目的位置、类型、内容、规模、措施和要达到的目标做出明确的说明。

该意见要求各级海洋主管部门都要给予高度重视，切实履行好各自的职责。国家和省市

---

① 2010年10月国家海洋局颁布《关于开展海域海岛海岸带整治修复保护工作的若干意见》。

县各级海洋主管部门都要认真抓好规划、计划和项目的组织实施工作,并加强监督检查,确保海域、海岛和海岸带整治、修复和保护工作能够规范、健康和可持续开展。

2)《关于中央分成海域使用金支出项目(海域海岸带整治修复类)实施方案的批复》①

2012 年初,国家海洋局向沿海各省、自治区、直辖市下发 2010 年和 2011 年《关于中央分成海域使用金支出项目(海域海岸带整治修复类)实施方案的批复》,强调整治修复是一项惠民工程,不是政绩工程,是落实科学发展观,坚持开发和保护和谐统一的具体措施,对有效保护海岸和近岸海域的资源环境,提升海岸和近岸海域资源环境承载能力,推动沿海地区社会经济平稳较快发展具有重要作用,必须理清思路,科学实施,以求实效。

该批复对整治修复工作提出了具体要求:一是狠抓项目落实。整治修复工作独立性强,使用资金量大,管理责任重,要抓好每一个项目的落实,包括整治工程施工、招标、监理等工作。建立健全预防腐败机制,完善风险防控管理制度,规范工作内容和工作程序。二是加强资金管理。要加强对中央补助资金的监督管理,规范资金的使用,不得挤占、截留和挪用,不得提取管理费,不得用于楼堂管所建设、交通工具购置等与项目无关的工作内容,切实提高资金使用效益。三是严格督察检查。要按照相关规定对整治修复项目进行业务指导和日常监督检查,重点对资金的分配和使用、项目质量、任务完成和绩效情况进行评估和定期考核。

3)《海洋生态文明示范区建设管理暂行办法》②

2012 年 9 月,国家海洋局印发了《海洋生态文明示范区建设管理暂行办法》,旨在科学、规范、有序地开展海洋生态文明示范区建设工作,提高海洋生态文明建设水平,推动沿海地区经济社会发展方式转变。该文件第十二条规定:国家海洋局对国家级海洋生态文明示范区实行鼓励政策,在海洋生态环境保护、海域海岛与海岸带整治修复及海洋经济社会发展等领域,优先给予政策支持与资金安排;沿海各级政府及有关部门应积极扶持海洋生态文明示范区建设,加大对海洋环境保护、生态修复、能力建设等领域的政策支持和资金投入。

4)《海岛整治修复项目管理暂行办法》③

2013 年 10 月国家海洋局印发《海岛整治修复项目管理暂行办法》(以下简称《管理暂行办法》)进一步规范海岛整治修复项目相关工作。《管理暂行办法》提出,省级海洋主管部门要组织编制本地区海岛整治修复规划,并根据当地社会经济发展与海岛地区需求进行修编,至少每 5 年修编一次;根据所编制的海岛整治修复规划,建立省级海岛整治修复项目库,并报国家海洋局备案。省级项目库项目包括海岛人居环境改善、生态修复以及海岛权益保护等方面,具体信息有位置、内容、规模、目标与经费概算等。国家海洋局对省级海岛整治修复项目库进行审查筛选后,择优纳入国家级海岛整治修复项目库,国家优先支持纳入国家级库中的项目。另外,《管理暂行办法》还要求地方各级海洋主管部门应积极争取财政支持,从

---

① 2012 年 1 月国家海洋局印发《关于中央分成海域使用金支出项目(海域海岸带整治修复类)实施方案的批复》。
② 2012 年 9 月国家海洋局印发《海洋生态文明示范区建设管理暂行办法》。
③ 2013 年 10 月国家海洋局印发《海岛整治修复项目管理暂行办法》。

海域使用金和无居民海岛使用金中安排资金，纳入预算，用于编制海岛整治修复规划、项目库建设与地方配套资金等。

5)《海岛整治修复项目验收暂行办法》①

2013年10月国家海洋局印发《海岛整治修复项目验收暂行办法》（以下简称《验收暂行办法》）规定：海岛整治修复项目验收包括省级自验收、财务验收和国家竣工验收，验收主要内容包括项目完成情况、项目组织管理、项目财务管理、项目档案管理4个方面。《验收暂行办法》还明确规定了验收程序：项目承担单位在完成整治修复项目全部内容，并开展单位工程验收后一个月内，向省级海洋主管部门提出验收申请；省级海洋主管部门组织开展项目自验收与财务验收工作，通过后向国家海洋局提出国家竣工验收申请；海岛管理部门对验收材料进行审核后，成立项目验收组，采用现场验收与会议验收相结合的方式，开展项目验收工作，形成验收意见。

7.3.2 广东省海岛整治修复管理现状

广东省海岛海岸带整治修复工作，得到国家、省委省政府高度重视，仅2010—2012年3年期间，国家共划拨约41 631万元的中央分成海域使用金用于广东全省18个海域海岛整治修复项目，项目内容涉及海岛海岸带空间整理、海岸景观建设、滩涂植被修复、亲海观光设施建设、海洋渔业文化展示、清淤、退养还海等。在国家重视海岛海岸带整治修复工作的背景和基础上，省委、省政府亦高度重视海岛海岸带保护和整治修复工作。其中，《广东省海洋功能区划（2011—2020年）》（2012）②明确提出"到2020年全省大陆自然岸线保有率不低于35%，整治修复海岸线长度不少于400 km"；邓海光副省长多次研究听取有关海域海岛整治工作，于2013年7月26日形成了省政府《关于研究我省海岸带综合整治修复工作的签报》；2013年11月，胡春华书记对美丽海湾建设提出了明确要求。下面简要介绍广东省海岛海岸带整治修复相关规章、制度、办法及其工作进展。

1)《广东省海洋功能区划（2011—2020年）》（2012）

《广东省海洋功能区划（2011—2020年）》（2012）明确提出"以规范用海秩序、整治海洋环境为重点，推进海域、海岛、海岸带整治修复，实施柘林湾、品清湖、大亚湾、狮子洋、深圳湾、广海湾、水东湾、湛江湾等重点海湾综合整治工程，打造宜居、宜业、宜游、宜自然生态的蓝色经济带，完成整治和修复海岸线长度不少于400 km"。

2)《关于研究我省海岸带综合整治修复工作的签报》（广东省人民政府办公厅签报201300232号）

2013年7月16日，副省长邓海光召集省水利厅、林业厅、省海洋与渔业局负责人开会，专题研究和部署广东省海岸带综合整治修复工作，形成《关于研究我省海岸带综合整治修复工作的签报》（以下简称《签报》）。《签报》要求统筹做好海岸线保护、海堤建设工作，尽

---

① 2013年10月国家海洋局印发《海岛整治修复项目验收暂行办法》。
② 2013年1月广东省人民政府印发《广东省海洋功能区划（2011—2020年）》（2012）。

快制定海岸带整治修复规划、形成做好海岸带综合整治修复工作合力，做好广东省海岸带整治修复试点工作。具体指工作实施过程中，沿海各地政府要把海岸带综合整治修复工作作为本地区生态文明建设和城市扩容提质的重要工作之一，切实履行主体责任。广东省海洋渔业、发展改革、财政、住房与城乡建设、交通运输、水利、林业、旅游等有关部门要密切配合，按照职能分工对有关地区给予指导和支持。有关部门在审批涉及海岸带的项目时，必须牢固树立综合开发利用的理念，避免继续破坏海岸带资源。海洋部门要牢记守海有责，加强日常巡查，切实保护广东省自然岸线，严格审批、控制和管理围填海活动，原则上不准在内湾填海，鼓励在外海填海，填海只能增加而不能减少海岸线，争取将其对海岸线资源和海洋生态环境的负面影响降到最低。

3）编制《广东省海岸带整治修复规划》

为编制好《广东省海岸带综合整治修复规划》，已开展了全省海岸带侵蚀情况调查摸底工作，草拟了《广东省海岸带综合整治修复规划工作方案》，并进行规划编制的前期研究。其中，《广东省海岸带综合整治修复规划工作方案》重点明确了规划目的、范围、期限、专题研究任务、现状调研、规划编制技术路线、规划成果和工作步骤，为有序推进广东省海岸带整治修复规划提供指导；现已初步选定潮州柘林湾、汕头牛田洋、揭阳榕江河口海域、汕尾品清湖、惠州考洲洋、深圳湾、广州南沙、中山南朗、珠海横琴、江门镇海湾、阳江漠阳江、茂名水东湾、湛江湾等岸段，作为重点进行前期研究。

4）推进广东省海岸带整治修复试点

按照《签报》提出的"率先在城市周边地区或滨海景观点开展海岸带综合整治修复，探索经验，做出示范"的要求，自2013年7月，广东省海洋与渔业局相关部门等积极开展海岸带综合整治修复试点相关工作。工作过程中，通过实地调研、现场座谈、赴厦门学习先进经验和做法以及专题会议等形式，2014年9月，已初步确定在珠海横琴、东莞威远岛进行试点，项目实施方案并上报省政府审批。

7.3.3 广东省海岛生态整治修复存在的主要问题

随着广东省经济的快速发展，海岛、海岸线开发利用的强度越来越大，不可避免导致了一定程度的海岛、海岸带资源衰退、港湾淤积、生态退化，此外一些地区海岛、岸线保护意识不强，肆意占用和破坏海岛、自然岸线的现象时有发生。

虽然国家、广东省省委、省政府高度重视海岛、海岸带的环境保护和整治修复工作，但因海岛海岸带整治修复工作起始时间不长，目前正处于探索、摸索阶段，仍存在一些问题：①已有整治修复制度、经验和人才仍然欠缺；②项目经费支持力度仍需加强；③项目成果的带动效应尚不明显；④受项目实施进度和分布等条件制约，成果显示度不够；⑤整治修复理念宣传力度不够，其中，在项目实施过程中亦不同程度地存在项目实施进度滞后、项目专项资金长期闲置；⑥项目实施方案部分工程与已建、正建或待建项目重叠，实施方案需进一步调整；⑦项目地方配套资金无法安排到位；⑧项目资金非常规挪用等问题。

7.3.4 广东省海岛生态整治修复的对策和建议

结合广东省海岛整治修复管理现状及存在的问题，对策和建议如下。

①加强领导，推动成立省政府层面的海岛、海岸带综合整治领导小组。海岸带综合整治修复工作是一项系统工程，涉及行业多，部门广，必须成立省政府层面的领导小组，统筹做好海岛、海岸线保护、海堤建设、防护林建设各项工作，协调海岛海岸带综合整治修复过程中出现的各种问题（包括立项、施工许可、监理），形成做好海岛、海岸带综合整治修复工作合力。

②尽快编制和完善《广东省海岸带整治修复规划》。成立省海岸带综合整治修复规划领导小组，尽快依法委托相关技术单位开展海岸带综合整治修复户外调查及各项专题研究，编制和完善《广东省海岸带综合整治修复规划》。

③加快推进珠海横琴、东莞威远岛等海岛海岸带综合整治试点工作，为全省海岛海岸带综合整治修复，探索经验，提供示范。

④从国家、省、市（地区）三层面继续加大对海岛海岸带整治修复项目的支持力度。特别是加大对边远海岛的支持力度，增加海岛数量较多的市（地区）的项目数。

⑤加快海岛海岸带监视监测工程建设，开展广东省海岛调查。根据广东省海岛调查结果确定需要整治修复的海岛及项目内容，建立海岛整治修复项目库。根据需求合理分配项目，应重点支持条件困难、地理位置重要、生态环境恶劣的有居民海岛。

⑥加强对批准立项项目的监督与检查，及时发现问题，及时整改，促进项目实施。整合修复成果，显示集成效应，推动成果宣传，带动海岛社会经济全面发展。

7.4 广东省典型海岛生态整治修复工程实践

为更好地理解海岛海岸带整治修复的重要性，下面以珠海横琴岛、汕头南澳岛、台山下川岛、东莞威远岛、阳江南鹏岛 5 个广东省典型海岛已实施或正实施的生态整治修复工程为例，简要阐述各工程整治修复内容、工程施工技术方法、需考核的关键指标、（预期）整治效果，以及项目特色等。

7.4.1 珠海市横琴岛综合整治修复及保护项目

7.4.1.1 海岛概况

横琴岛位于珠海市南部、珠江口西岸，东隔十字门水道与澳门相邻，西临磨刀门水道，南濒南海，北与珠海南湾城区隔马骝洲水道相连。与澳门最近处相距 200 m，距香港 41 n mile。地理坐标为 22°03′—22°10′N，113°25′—113°33′E，南北长 8.6 km，东西宽 7 km，海岛岸线 76 km。横琴岛是珠海 146 个岛屿中最大的岛，现有面积 86 km²，其中陆地面积 67 km²，其地理位置示意见图 7-6。

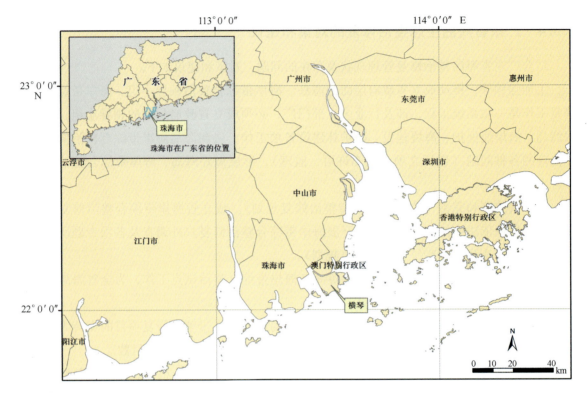

图 7-6 横琴岛地理位置示意图

7.4.1.2 现状与存在问题

珠海横琴岛整治修复项目所在地基本处于未开发状态，主要的开发活动包括新建海堤、中海油码头、2 座临时码头（用于运送土料和石料）、零星的围网养殖和部分海上绿洲、公路施工、横琴海洋生态展示厅、大面积的香蕉林、观景平台、破旧海堤以及芒洲水闸。项目所在地开发利用现状见图 7-7，项目附近现状照片见图 7-8。

其中，芒洲湿地处于磨刀门水道和马骝洲水道交界处，筑有海堤，但较破旧，风暴潮时常有海水冲入，严重影响到海堤内侧的香蕉林地和生产生活设施安全。海堤外围有自然生长的亲水红树林，高度较低，但面积较大，连片生长，与现有海堤一起共同维护者芒洲湿地的安全和自然生态环境。芒洲湿地植被主要为经济蕉林和杂草灌木，水深较浅，自然潮汐现象不明显，主要通过一座水闸和一条主要水道进行控制水位，但水闸已经破旧不堪且遭到人为破坏，功能难以继续发挥，现有的水位调节功能及景观功能不够完备。故对湿地进行生态修复，加以规划，使其连片改善景观布局，可成为横琴岛旅游的优异生态景观资源和一个具备生态景观与交通衔接功能的滨海生态廊道。

7.4.1.3 项目概况

横琴岛综合整治修复及保护项目位于横琴岛西北部，西临磨刀门水道，北与马骝洲水道西端相接，见图 7-9。项目总实施周期为 2 年，实施起止时间为 2013 年 8 月至 2015 年 7 月，

图 7-7　项目所在地开发利用现状

总投资 5 804.29 万元（申请中央海域使用金 2 773 万元）。项目以"大力弘扬海洋生态文明建设，促进粤港澳合作新模式示范区建设"为总体目标，依据海洋生态学和湿地科学的理论，将横琴芒洲湿地建设成突出"自然、生态、和谐"主题的滨海湿地生态公园，提高海堤和水闸的稳定性，增强海岛的减灾防灾能力，保障芒洲湿地的健康、可持续发展。

7.4.1.4　工程主要建设内容

修复芒洲破旧海堤：修复与整治芒洲湿地近岸海堤（修复破旧海堤约 3 760 m，修复后海堤挡浪墙高 3.2 m，路宽 5 m，高 2.7 m），增强海堤的稳定性，提高海堤防风抗浪能力，维护海岸自然系统平衡，最大限度地减少和避免海洋灾害损失，提高海岛减灾防灾能力。并通过科学的设计与规划，扩大居民亲海空间，营造适宜人居的海岸，提升海域景观质量和公众服务功能，增强沿岸人民的幸福感。设计目标为能够抵抗 30 年一遇的海洋风暴侵袭，海堤与

图 7-8 项目附近现状照片

图 7-9 项目在横琴岛的地理位置与范围示意图

芒洲湿地融为一体，组成滨海特色旅游景点，每年可供 10 万人次的名游客参观游览。

加固芒洲破旧水闸。芒洲现有水闸位于芒洲最北端，目前水闸整体结构完好，局部方桩存在竖向和横向裂缝，3 个工作闸门，只有一个勉强运行，另外两个闸门起吊部件因无人看管丢失，闸门上部启闭系统缺乏防护外壳，启闭系统年久失修，锈蚀严重。闸门后方值班室因年久失修破损严重,需要修葺。

芒洲湿地土地平整与绿化。芒洲湿地基本未开发,现有大片的经济蕉林与杂草灌木,物种单一,植物缺乏层次,景观质量一般。芒洲湿地土地平整与绿化要在芒洲湿地在土地平整的基础上,通过梳理现有植被,结合市政规划,进行常规的生态林、绿化建设,营造独具特色的湿地生态景观,把芒洲湿地打造为城市海角丛林,芒洲湿地绿化面积约 90 000 m^2。珠海市横琴岛综合整治修复及保护项目总平面布置见图 7-10。

图 7-10　珠海市横琴岛综合整治修复及保护项目总平面布置

7.4.1.5　工程施工技术方法

根据《海堤工程设计规范》(SL435—2008),海堤特殊防护区经济作物面积在 4 万~5 万亩范围内的,选用海堤工程防潮(洪)标准为 20~30 年,海堤工程级别为 4 级。因此拟修复芒洲海堤修复工程,设计按照 4 级海堤允许越浪设计,海堤允许越浪量≤0.02 $m^3/(s·m)$。滨海路海堤为不允许越浪的 2 级海堤,安全加高值取 0.8 m,芒洲海堤为允许部分越浪的 4 级海堤,安全加高值取 0.3 m,而滨海路海堤顶高程 3.7 m,因此芒洲海堤最高设计顶高程应≤3.7 m-0.8 m+0.3 m=3.2 m,芒洲海堤顶高程应高出设计高水位 1.5~2.0 m,允许越浪缺低值,因此芒洲海堤修复后顶高程应≥1.69 m+1.5 m=3.19 m,综合考虑以上情况,芒洲海堤修复后顶高程取 3.2 m(1956 黄海高程系)。芒洲海堤原浆砌石挡墙顶高程 2.32 m,后方道路顶高程约 1.80 m。本工程拟在原浆砌筑挡墙上现浇钢筋混凝土挡墙,挡墙顶高程 3.2 m,

底高程 1.5 m；原堤岸外侧开挖至少 -1.5 m，然后抛填 50~100 kg 块石护底及 50~350 kg 抛石护面，护面坡度为 1:2，施工水位（1.0 m）以上护面采用干砌块石，挡墙内部道路宽 5.0 m，道路结构选用碎石垫层厚 0.5 m，水泥稳定层 0.15 m，C25 混凝土路面 0.35 m，道路顶标高 2.70 m，道路边缘设干砌块石护坡厚 0.2 m。海堤加固长度暂按 3 760 m 长计算，其中芒洲水闸以西至滨海路海堤交界处共 1 700 m，芒洲水闸以东 2 060 m。

根据实地踏勘情况，芒洲水闸启闭系统年久失修，闸门缆绳断裂，3 个水闸只有 1 个暂时可用，因此需对芒洲水闸启闭系统进行更换，计划更新 3 套启闭系统（包括钢丝绳），以维持水闸功能，进一步提高芒洲湿地的生态景观。

珠海地处亚热带、热带交汇处，气候适宜，树种繁多。城市主要的绿化树种有：蒲树、芭蕉树、翠竹、芒果树、合欢树、酒瓶树、高山榕等。珠海把芒果树作为路边的绿化树有十几年的历史了，芒果树作为一种常青树，又是果树，冬天仍可见其绿色身影，夏秋却可见其沉甸甸的果子，另有风趣。另外，珠海的市树是艳紫荆。因此在本次湿地平整与绿化过程中，建议主要栽种的树种要结合珠海当地特色，经济成本相对较低的物种。本工程绿化面积约 $9 \times 10^4 \text{ m}^2$，具体建设内容包括以下几点：①土方造型施工。本工程土方造型工程，主要包括土地平整、种植土的置换与回填、碾压、地形堆筑、地形造型、地形开挖、种植土覆盖，要求各工序搭接施工。芒洲湿地池塘较多，个别池塘根据景观规划等，可能需要填平，在土方造型过程中，应根据芒洲地形进行调整，尽量做到少回填。②测量控制。场内高程的控制，用建设方提供的水准点引测，水准点设在方格制桩顶部，作为地形改造、道路等高线的引测点。③微地形和土丘的堆筑。绿地微地形堆筑时其整体压实度应达到 80% 以上（除表层），且不允许含有块径超过 10 cm 的石块。④外购种植土的运输堆置。微地形改造是在原始地坪上堆筑土方，因此大部分土方需要外购，外购土进入地块内按竖向设计图地形分布，安排科学合理的运输路线分块堆置，正确掌握临时堆放各分块的土方用量，减少二次搬运距离。堆置的土方应考虑连续下雨而造成土质劣化，应配置辅助推土机对其平整、压平并设排水坡度。⑤种植土置换。为了保证绿化工程对土质的要求，要对原地表土进行置换，方法为：将原来的表层下建筑设施基础进行破碎，混凝土基础碎石清运出场外，含石砾的渣土深挖至下部土层，集中堆积成若干堆然后将劣质土埋于地下，上面覆盖符合绿化种植要求的土层。置换后的表层种植土要确保一定厚度，特殊大树 1.5~2.0 m 厚、大乔木种植区大于 0.75~1.5 m 厚、灌木区大于 0.5~0.7 m 厚。置换土方按原地就近堆置，原则避免增加场内重复运输。⑥苗木种植。按《苗木种植作业指导书》要求进行，乔木必须立保护桩固定。苗木种植施工顺序：大乔木、中乔木、小乔木、灌木、地被、草皮。乔木种植穴以圆形为主，花灌木采用条形穴，种植穴比树木根球直径大 30 cm 左右。无论何种天气、何种苗木，栽种后均需浇足量的定根水，并喷洒枝叶保湿。

7.4.1.6 主要考核指标

修复芒洲破旧海堤 3 760 m，其中芒洲水闸以西 1 700 m，芒洲水闸以东 2 060 m，海堤修复后挡墙高 3.2 m，挡墙内部道路宽 5 m，高 2.7 m；修复加固芒洲水闸 1 座，使其功能完全发挥;芒洲湿地绿化面积达到 90 000 m²。

7.4.1.7 项目建成效果图

项目建成后的效果见图 7-11。

图 7-11 项目建成后的效果

7.4.1.8 项目特色

横琴岛综合整治修复项目的实施,可以从总体上提升海岛的景观效果,为今后海岛的旅游开发提供较好基础。同时可有效保护海岛沿岸和近岸海域的资源环境,推动社会与自然的和谐发展,保障本地区经济健康发展,提升海岸和近岸海域生态环境和社会经济环境,经济效益、社会效益和生态效益都十分显著。

7.4.2 汕头市南澳岛生活垃圾资源化处理项目

7.4.2.1 海岛概况

南澳岛是广东省唯一的海岛县,也是汕头市的唯一辖县,是美丽的海上绿洲,坐落在闽、粤、台三省交界海面,地理位置十分优越(图 7-12)。南澳县是由主岛南澳岛和周围多个岛屿组成,呈葫芦状,北回归线从主岛南澳岛中间穿过,总人口 7 万多人,现辖 3 镇 2 管委。自古至今,南澳岛都是东南沿海一带通商的必经泊点和中转站。

7.4.2.2 现状与存在问题

南澳岛现有人口约 7 万人,每年上岛游客 70 万人次,垃圾日收运量已达到 70~80 t。南

图 7-12 南澳岛地理位置示意图

澳大桥开通后到南澳岛旅游和投资的人数会逐渐增多，到时每天所产生的垃圾超量为 200 t 以上。目前，南澳岛垃圾处理的方式为将混杂垃圾收集后进行填埋。实践证明，这种处理方式效率低、工作量大，资源浪费严重，不但增加了海岛土地资源紧缺的压力，而且也造成海岛人居环境的污染。

南澳岛现有垃圾填埋场均为自然填埋，环境保护现状堪忧。垃圾产生量和处理能力严重不匹配，造成垃圾积存，传统处理方式助长了环境污染和人类生存环境恶化，垃圾处理不当，有大量的细菌病毒散发传播，患有重大疾病的人越来越多也趋向年轻化，严重影响人民的身心健康。项目所在地部分现状见图 7-13。

7.4.2.3 项目基本情况

鉴于原南澳县羊屿垃圾场在 2003 年垃圾填满后已封场，且其远离村庄、较为偏僻，场地的高差较小，若在此进行生活垃圾资源化处理对地下水资源和海岛整体环境影响不大，并可较充分利用场地西北侧荒滩涂资源。故项目选址于原南澳县羊屿垃圾场原址上，见图 7-14。项目实施起止时间为 2013 年 8 月至 2015 年 7 月，总投资 3 880 万元（申请中央海域使用金 2 000 万元）。项目以整治修复南澳县原垃圾填埋场、建成高起点的生活垃圾资源化利用厂为总体目标，把南澳县原垃圾填埋场——羊屿垃圾场内的垃圾全部挖空，寄存在现正在用的垃圾填埋场，待新工厂建设完工后，再将原垃圾运回做彻底无害化处理。

图 7-13　南澳岛生活垃圾资源化处理项目所在地现状照片

图 7-14　南澳岛生活垃圾资源化处理项目的地理位置与范围

7.4.2.4 工程主要建设内容

项目为建设南澳县海岛生活垃圾资源化处理厂，内容包括：厂区（包括焚烧工作区、分选工作区、发酵工作区等）、办公和生活区（包括厂区办公楼、厂区广场、保安室、停车场等）、护岸、道路及厂区绿化等工程。由于受到场地限制，需对场地的北侧低洼地进行回填利用，以满足项目的用地需求。项目合计用地面积 20 213.9 m²，其中占用现有陆地面积 11 232.3 m²（主要布置办公和生活区等配套设施），需平整低洼地面积 8 981.6 m²（主要布置厂区）。为确保项目的顺利开展，在项目用地红线范围内布设光缆、摄像头、信号传输装置，在广东省海洋与渔业局布设终端显示装置，对项目进行实时监控，保证该项目能够按要求竣工完成。项目总平面布置见图 7-15。

图 7-15　广东省汕头市南澳县海岛生活垃圾资源化处理项目总平面布置

7.4.2.5 工程施工技术方法

本项目建设内容中，主要包括场地回填及平整、护岸、道路、厂区广场、厂房、工作区地面硬化。

1）场地回填及平整

本项目合计用地面积 20 213.9 m^2，其中占用现有陆地面积 11 232.3 m^2，需平整低洼地面积 8 981.6 m^2，低洼地回填土，然后整个场区平整至标高+2.7 m，后续场地进行路面硬化后至标高+3.5 m。

2）护岸

本护岸布设为防止风暴潮的泛滥淹没，抵御波浪与水流的侵蚀和淘刷，确保项目的安全运行，需沿低洼地部分的红线范围设置护岸约 120 m，其中西侧护岸 100 m，北侧护岸 20 m。结构采用斜坡堤型式，护岸顶面宽度为 6.0 m，顶高程为+6.0 m。上部结构均采用现浇 C30 混凝土胸墙结构，胸墙顶标高为+7.0 m。堤心采用 10~100 kg 开山石，堤心护面坡比海侧为 1:1.5，陆侧为 1:1.5，堤心陆域内侧铺设二片石，然后铺设一层土工布倒滤层，后方填中粗砂。海侧护面块体采用 1.5 t 的扭王字块体，垫层采用层厚 0.8 m 的 80~150 kg 块石；采用 200~300 kg 块石棱体护脚，护脚顶标高为-3.2 m，宽度为 5.0 m，坡度为 1:2。护底块石层下设 0.3 m 厚碎石垫层。

3）道路

厂区内道路总长度 563 m，其中主干道 189 m，宽 9 m，其余为次干道 374 m，宽 6 m。道路地基进行表层加固处理后，进行铺面施工。道路采用现浇混凝土铺面，其结构层分别为现浇混凝土面层、5%水泥稳定碎石基层、级配碎石垫层、土基压实（压实度不小于95%）。

4）厂区广场和停车场

本项目设置有厂区广场 660 m^2，停车场 150 m^2，均在地面表层加固处理后，进行铺面施工。采用现浇混凝土铺面，其结构层分别为现浇混凝土面层、5%水泥稳定碎石基层、级配碎石垫层、土基压实（压实度不小于95%）。

5）厂房

本项目设有分选车间、焚烧车间和发酵车间，为了保证对环境造成最小的影响，建议均采用钢筋混凝土结构。

6）工作区地面硬化

本项目厂房均配置有卸料区和堆肥区，均需要进行铺面施工。在地面表层加固处理后，采用现浇混凝土铺面，其结构层分别为现浇混凝土面层、5%水泥稳定碎石基层、级配碎石垫层、土基压实（压实度不小于95%）。

7.4.2.6 主要考核指标

项目合计用地面积 20 213.9 m^2，其中厂区绿化面积 6 523 m^2。自南澳县环岛公路至项目场址出入口处建设一条路面宽度 9 m，全线段长约 118 m 的公路；沿低洼地部分的红线范围设置护岸约 120 m；厂区内道路总长度 563 m；厂区工作区域主要包括焚烧工作区（3 575 m^2）、分选工作区（1 658 m^2），另配垃圾卸料区（28 m×15.5 m）、发酵工作区（1 394 m^2）、堆肥区（25 m×20 m）；办公和生活区包括 3 层厂区办公楼（平面尺寸 20 m×10 m）、厂区广场（660 m^2）、保安室（18 m^2）、停车场（150 m^2）等；建设一台地磅站（36 m^2）。另外，进场垃圾实现日产日清无剩余，分选可回收利用物资达 20%；焚烧余热热能回收利用率达 80%；炉渣 100% 回收利用。

7.4.2.7 项目建成效果图

项目建成后的效果见图 7-16。

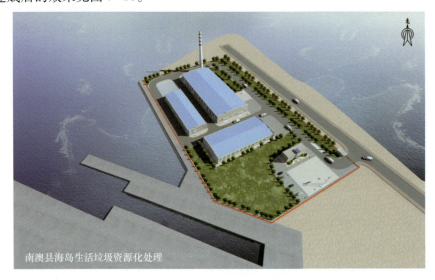

图 7-16 南澳岛生活垃圾资源化处理项目建成后的效果图

7.4.2.8 项目特色

项目以整治修复南澳县原垃圾填埋场，采用"CXEP"技术和最新型的 16 个设备处理系统建成高起点的生活垃圾资源化利用厂为总体目标，把南澳县原垃圾填埋场——羊屿垃圾场内的垃圾全部挖空，寄存在现正在用的垃圾填埋场，对原场地做无害化处理，再将原垃圾运回做彻底无害化处理的方式，能够全面清除城乡每天新产生的垃圾，并逐步清除历史堆积和填埋的垃圾。对彻底消除环境污染源，维护环境安全和人居生存条件，创造和谐自然环境具有重要意义。

7.4.3 台山市下川岛综合整治修复项目

7.4.3.1 海岛概况

台山市位于广东省中南部，珠江三角洲西南部，东邻珠海特区，北靠江门新会区，西连开平、恩平、阳江三市，南临南海。毗邻港澳，幅员辽阔，陆地总面积 3 286 km²。现辖 1 个工业园区，17 个镇（街）和 1 个华侨农场。川岛镇为海岛镇，拥有上、下川两个主岛及 70 余个大小岛（洲），有可开发海浴场的优质沙滩 20 多处，总长超过 30 km；有适宜海水养殖的优良港湾及浅海滩涂，面积超过 $1.5×10^4$ hm²；有具备建设国际级大型深水港的天然海港 4 个。旅游和海洋资源丰富，开发潜力巨大。下川岛的地理位置见图 7-17。

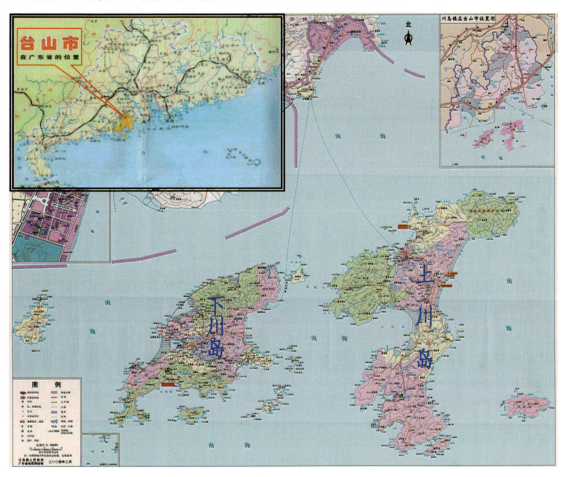

图 7-17　下川岛地理位置示意图

7.4.3.2　现状与存在问题

下川岛地形是两头小，中间大，东西宽 12 km 以上，南北长约 23 km，总面积 98.685 km²，建有独湾码头与外相通。下川岛于 1992 年定为广东省旅游开发综合试验区。

独湾码头位于下川岛东北侧，是下川岛与外界相连的主要交通码头，也是到下川岛观光旅游唯一登岸的泊船码头。独湾码头由台山市交通运输局筹资于 1996 年初建成，后于 2001 年移交给川岛镇政府经营管理。现有码头泊位长约 88 m，码头东侧有一段长约 40 m 的叠石式防波堤，该段防波堤在码头遭东南风吹袭时可起到一定的防护作用，但由于长期受海浪、台风的侵袭，码头防波堤已损毁较重。独湾码头目前基本处于失去防护屏障的状态，一旦遇到大风，客船难以安全泊岸，对下川人民和游客造成了安全威胁。下川岛近年来每年接待上岛旅游观光的中外游客超过40万人次以上，随着旅游业的进一步发展，独湾码头海上交通存在的安全隐患愈发突出。

项目所在地现状照片见图7-18。

图7-18 独湾码头附近现状照片

7.4.3.3 项目基本情况

项目总实施周期约2年，实施起止时间为2013年8月至2015年4月，总投资2 815.48万元（申请中央海域使用金1 794万元）。

台山市下川岛综合整治修复项目的实施，可以改善下川岛对外交通条件、整体增强海岛防灾减灾能力、保护海岛沿岸和近岸海域的资源环境、改善人居环境、促进社会经济与自然环境的和谐发展。

台山市下川岛综合整治修复项目地理位置见图7-19。

7.4.3.4 工程主要建设内容

独湾码头是目前下川岛与外界交通的唯一船只停泊点，该海域风浪较大，上下船只的游客和当地居民人身安全受到一定的威胁。因此，在独湾码头东北侧已有抛石的基础上，建设总长218.3 m，堤宽4.5 m的"L"型东北侧环独湾码头的防波堤，其中东段104.8 m（包括堤脚段35.8 m和堤身段69 m），转弯段29.5 m，南段84.0 m（包括南侧堤身段70 m和堤头段14 m），均采用斜坡堤形式，防坡系数为1∶1.5。堤顶设置防浪墙，顶高程为5.9 m，防波墙顶宽0.9 m，道路高程为4.8 m，道路宽度3.6 m，路面向港池测设0.5%排水坡，道路向港侧端部每隔5 m设置栏杆，堤头中心布置一个导标。防波堤建成后可抵御百年一遇的风浪。

独湾码头防波堤工程平面布置见图7-20。

7.4.3.5 工程施工技术方法

由于堤岸场地土类型为软弱-中软场地土，部分堤段的淤泥或淤泥质粉质黏土层较厚，针对这种情况，对地基采用淤泥开挖，结合抛石挤淤法进行处理，再利用抛石挤淤的方法抛

图7-19 下川岛综合整治修复项目地理位置与范围

填开山块石作为防波堤基础。泥土开挖采用8方抓斗挖泥船，开挖的淤泥利用运泥车运往下川岛上距离独湾码头约5 km的略尾圩附近的一块沼泽地进行倾倒。本工程区域风浪较大，采用对波浪适应性强、对地质情况适应性较好、施工工艺成熟简单的斜坡堤结构方案，防波堤上部结构均采用斜坡式堤心石结构，堤顶标高5.9 m，堤心石采用10~100 kg块石，并在堤心石外铺设250~500 kg块石垫层，防波堤内外侧边坡均为1∶1.5。在防波堤外侧迎浪处采用5 t四脚空心块护面，在内侧采用栅栏板进行防护。防波堤坡脚设置500~1 000 kg的块石护底，防止水流波浪淘刷。由于下川岛不可进行海岛开山采石，因此本工程所需石料主要来源于台山市采石场，通过船只运输至下川岛。

本工程首先进行基床施工，工程所在区域淤泥层厚度达到10~14 m，本防波堤工程因靠近已建多年的轮渡码头，考虑码头的安全使用，对淤泥层的处理采用大开挖换填的方法。堤头抛石挤淤厚度2.0~3.0 m，开挖底标高为-14.8 m至-13.7 m，开挖坡度为1∶4，但需保证上部堤心石及护面层等施工前，开挖回填的开山石能挤清设计开挖底宽范围下的淤泥层；堤脚按1∶3的设计边坡向放坡到设计底标高。防波堤开挖后换填开山石至原泥面位置，泥面以上堤心部分采用10~100 kg堤心石。施工时堤脚段应先抛填堤心石挤淤沉降，堤身段开挖后回原抛石块、开山石至泥面，并适当堆载堤心石挤淤沉降，待其他标段开挖、回填、上部结构等均施工完再进行这几个标段上部结构的施工。

基床施工完成后，再进行防波堤主体工程建设，为了减少工程费用，充分利用现有防波堤，总平面布置中沿着原有的约40 m防波堤走向，布置防波堤。目前下川岛独湾客运码头长约88 m，共布置了2个泊位，可供100 t级客运渡船（设计船型船长23.8 m，船宽6 m）的停靠。本项目防波堤的布置综合考虑了码头的位置、自然地形和波浪情况等因素。独湾码头为顺岸式布置，位于下川岛一个内凹的海湾内，其西面、西南面均有天然的海岛山体掩护，仅在其东面和东南面存在波浪影响。根据当地的波浪统计资料，常浪向以ESE为最多，S、

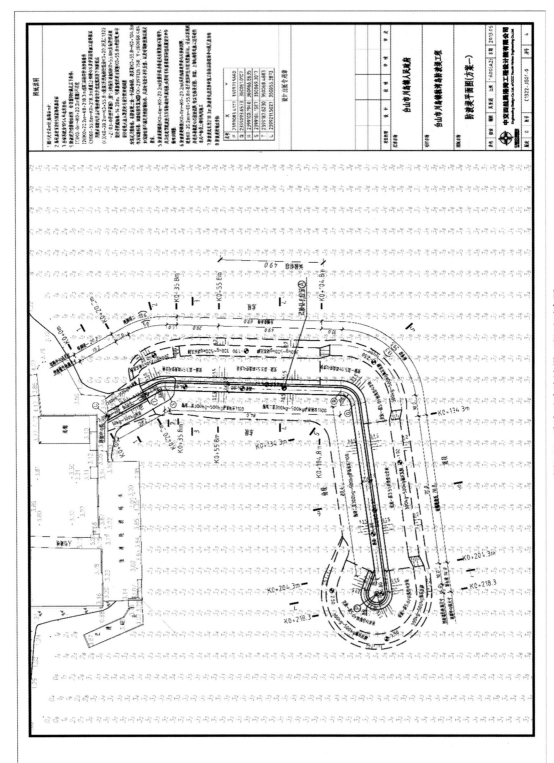

图7-20 独湾码头防波堤工程平面布置

SE次之，波向主要分布在ESE~S之间，大波也集中在这4个方向，波高主要分布在0.5~2.0 m之间，属轻浪为主。防波堤的布置既要满足抵御ESE—S向波浪，又要满足船舶在港内掉头回旋的水域面积。因此考虑按照折线形布置，东堤在原防波堤的基础上延伸布置，长约104.8 m（包括堤脚段35.8 m和堤身段69 m），转弯段29.5 m，南段84.0 m（包括南侧堤身段70 m和堤头段14 m）东堤与南堤之间夹角为100°。根据《防波堤设计与施工规范》（JTJ298-98）及相关规范规程，防波堤的纵轴线由一段或几段直线组成，各段之间应以圆弧或折线相连接，防波堤纵轴线宜向港内拐折避免堤轴线向港外拐折形成凹角造成波能集中。本项目拟建防波堤轴线采用直线，向海方向凸折线，凸角正对强浪向，向码头内转100°，强浪向与堤轴线的垂线夹角大于20°，约为40°。

7.4.3.6 主要考核指标

在修复原有40 m长的破损的防波堤的基础上，建设成总长218.3 m、堤宽4.5 m（其中堤面道路宽3.6 m，堤顶防浪墙顶宽0.9 m）的"L"型防波堤，堤顶设置防浪墙，顶高程为5.9 m。

7.4.3.7 项目建成效果图

项目建成后的效果见图7-21。

图7-21 下川岛综合整治修复项目建成后的效果

7.4.3.8 项目特色

广东省台山市下川岛综合整治修复项目的实施，可以改善下川岛对外交通条件、整体增强海岛防灾减灾能力、改善人居环境、促进社会经济与自然环境的和谐发展。

7.4.4　东莞市虎门镇威远岛西南侧海岸景观综合整治项目

7.4.4.1　海岛概况

威远岛隶属东莞市虎门镇，位于虎门镇最西端，其东隔太平水道与虎门镇中心区相望，西隔珠江口与广州番禺相望。威远岛面积约 19.62 km^2，岛内地形以山区和（河道）滩涂为主，现辖九门寨、北面、南面、武山沙 4 个社区，现有居住人口 33 400 人，其中常住人口约 9 900 人，外来人口 23 500 人。威远岛曾是鸦片战争主战场，岛内保留多处古炮台和历史遗迹，威远炮台群等已列入国家重点文物保护单位，每年有大量游客和一些国家及省市领导人前往这一爱国主义教育基地进行参观，已成为多方位、高品位的旅游热点。在虎门规划中，将威远岛定位为发展海洋生态休闲旅游，打造"海洋文化"特色旅游项目，成为融历史、文化、生态、现代游览、休闲、娱乐、度假为一体的综合型旅游岛。威远岛的地理位置见图 7-22。

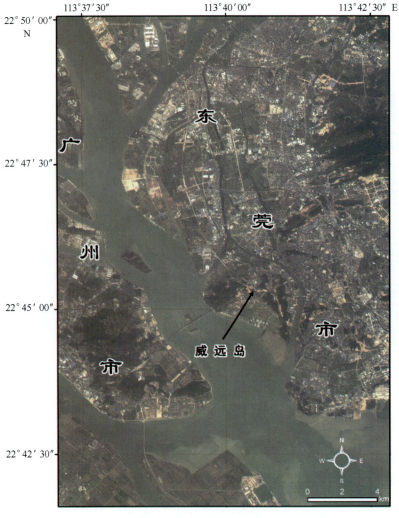

图 7-22　威远岛地理位置

7.4.4.2 现状与存在问题

项目位于威远炮台旅游区内。水深较浅，水质较清澈，陆域后方为沙滩及堤岸，堤岸之上种植有防风暴潮林带。堤岸和环岛路相连接，环岛路修建得较为平整，现为旅游纪念品的小集散地。项目西侧有著名的海战博物馆和威远炮台，其前沿海域分布着绵长的沙滩。自然条件优良，环境较差，垃圾随意丢弃，景观设施不完善。项目所在地现状照片见图7-23。

图7-23 威远岛项目附近现状照片

7.4.4.3 项目基本情况

项目所在地位于威远岛的西南面，西北侧距虎门大桥约1.1 km，西距上下横挡岛旅游区（其上有炮台、清兵阅兵场、大型沙滩泳场、练马场、草原式蒙古包和观海亭等景点）约2.2 km，项目在威远岛的具体地理位置，见图7-24。项目的实施期为2011年8月至2013年7月，总投资共计2 564万元。其中，中央财政拨付1 977万元（主要用于实体工程），地方政府配套587万元（主要用于前期工作和基础研究）。

7.4.4.4 工程主要建设内容

东莞市虎门镇威远岛西南侧海岸景观综合整治项目总平面布置见图7-25，下面简要阐述工程主要建设内容。

亲海平台：亲海平台主要为公众提供户外活动的平台，局部可改造为放生台。亲海平台的建设面积为3 000 m²，拟局部填海面积为1 800 m²，填海高度约为5 m，平台其余部分底部采用透水式桩柱结构。平台可根据需要设置不同高程的阶梯，以便提供更好的亲海空间。

望东桥：望东桥面积为400 m²，向陆一侧与沙滩及堤坝相连接，融入威远岛旅游区。结

图 7-24 项目在威远岛的地理位置示意图

构形式为透水构筑物式的高桩结构,便于海水进出。

沙滩及堤岸整治:项目前沿分布沙滩面积约为 3 000 m²。沙滩改造首先要对海岸周围垃圾进行清理;其次是结合后方 470 m 岸线进行整治修复防护,通过人工种植、填白沙等手段,美化、绿化沙滩环境,使之与周围景观相协调。

主题广场:主题广场的建设面积为 3 000 m²,广场底基础填海,填海高度约为 4 m,面层为花岗岩。向陆一侧与沙滩、堤坝及环岛路相连接,融入威远岛旅游区,向海一侧与望东桥相衔接。

黄唇鱼雕塑:黄唇鱼雕塑 1 座,钢结构。黄唇鱼(俗称白花)是中国特有种,而东莞海域则是为数极少的尚有保护价值的黄唇鱼产卵及繁育区域。建造黄唇鱼雕塑可增加人们保护海洋生物的意识。

休闲栈道:休闲栈道面积为 2 000 m²,是连接堤岸与亲海平台的通道,较望东桥长,为市民及游客提供一个散步观海的观景性走廊。

园林景观:园林景观覆盖面积为 1 000 m²,主要对整个整治区进行绿化美化。

海洋科普知识展墙:海洋科普知识展墙高约 3 m,长度为 5~10 m。在环岛路行人道边线与主题广场之间配置,设展览墙,使市民与游客的海洋知识得以普及。

海洋休闲配套设施:海洋休闲配套设施的建设面积为 1 000 m²,钢架结构。主要为该项目提供必要的休闲配套设施,以更好地融入环威远岛旅游度假区,提升旅游服务质量。

海洋观测站:项目需要建设一个能够适时观测当地气象、水文及潮汐重点要素的岸基海洋观测站，以完善广东省海洋防灾减灾网络体系，同时也为项目提供预警服务。海洋观测站位于项目上游。

7.4.4.5 主要考核指标

东莞市虎门镇威远岛西南侧海岸景观综合整治项目的考核目标主要包括整治修复方案的合理性，整治工程验收合格，整治修复完成后能达到相应的经济、社会和生态效益。其中，整治修复方案通过专家评审，其方案设计科学、合理；亲海平台、望东桥、沙滩及堤岸整治、主题广场、黄唇鱼雕塑、休闲栈道、园林景观、海洋科普知识展墙、海洋观测站和海洋休闲配套设施等工程质量合格，达到相应面积或数量，能够为公众提供更好的亲海空间，大幅度提升区域景观质量；工程建设完成后，可为社会提供良好的滨海度假、文化教育、观光旅游、休闲娱乐场所，达到应有功能，每年接待游客20万人次。

7.4.4.6 项目建成效果图

项目建成后的效果见图7-26。

7.4.4.7 项目特色

项目所在地是近代史名岛，项目周边紧邻威远炮台、海战博物馆、虎门大桥等特色景区并有东莞市黄唇鱼市级自然保护区。通过海岛西南侧海岸景观综合整治，可美化环境，提高海岸景观质量，达到与威远岛生态文化旅游岛建设相得益彰的效果。

7.4.5 阳江市南鹏岛整治修复及保护项目

7.4.5.1 海岛概况

南鹏岛整体呈"L"型，东西走向，东西长2.44 km，南北最宽1.38 km，最窄0.25 km，岸线长9 km，面积1.619 km^2。东端（南鹏头）窄而长，地势低面积小，长1 km，宽0.36 km，面积0.4 km^2，最高海拔75.86 m；西部（南鹏尾）长1.5 km，宽1.1 km，面积1.23 km^2，最高海拔212.3 m，地势高，最高峰121.5 m。鹏中即"东、西两鞍"之间，为低平沙滩，台风大潮时常被淹没。四周岛岸陡峭，南部尤为险要，沿岛海域水深17~20 m，周围的底质为沙泥，外海域的底质为粗砂、细砂和沙泥。南鹏岛环境优美，堪称"中国的马尔代夫"，其地理位置见图7-27。

7.4.5.2 现状与存在问题

南鹏岛作为一个钨矿采场，几十年的开采对岛上的原始植被和环境破坏极大，导致海岛地面露岩较多，植被很少，被采场和尾矿破坏裸露的山体严重破坏了海洋自然景观和海上天然屏障，甚至使一些海岛生态资源不复存在；南鹏岛北部美丽的琥珀湾，风光秀美，碧海银沙，由于废矿石的堆放，而布满了碎石，造成原有海滩系统破坏与毁灭，原有海岸也遭受破坏；海岛上原有环岛路以及一些历史遗迹等也经过海风的洗礼，已经荒废，至今还保留着一些颓垣断壁，

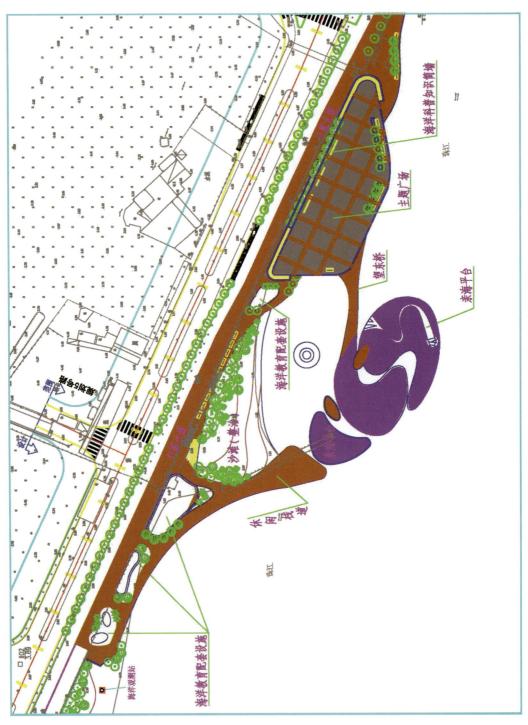

图7-25 东莞市虎门镇威远岛西南侧海岸景观综合整治项目总平面布置

图 7-26　东莞市虎门镇威远岛西南侧海岸景观综合整治项目建成后的效果

图 7-27　南鹏岛地理位置示意图

历史遗迹亟待整治保护。南鹏岛海岛在开发利用过程当中，导致如山体的毁坏、岸线的毁坏、植被的破坏、沙滩的破坏等相当多的环境问题，既破坏了海岛特有资源，又不能满足进一步开发的要求。这些现状使南鹏岛的整体景观和生态系统不断退化，亟待整治修复和保护。

7.4.5.3　项目基本情况

项目主要位于南鹏岛的中部和北部。广东省海洋与渔业局以及阳江市海洋与渔业局在对南鹏岛进行实地全面调查后，按照统一规划、分步实施、综合整治、持续完善、区分轻重缓急的原则，对南鹏岛整治修护及保护项目实施两期规划，第一期投入建设资金 3 000 万元。

本项目实施期限为 2 年，共 24 个月（2011 年 7 月至 2013 年 7 月）。

7.4.5.4　工程主要建设内容

阳江市南鹏岛整治修复及保护项目总平面布置见图 7-28，下面简要阐述项目主要建设内容。

图 7-28　阳江市南鹏岛整治修复及保护项目总平面布置

1）南鹏岛海岸整治

① 海岛岸线整治：对堆积在琥珀湾附近海岸的大量开采钨矿产生的废石堆采用防护网进行坡面稳定性防护，并进行坡面绿化工程；② 海滩整治修复：清除海滩垃圾、碎石以及不合理的构筑物，对原有海滩沙质进行置换 $15\times10^4\ m^3$ 优质海砂。

2）海岛陆域生态修复

① 进行高精度地形测量，编制 1∶1 000 比例尺海岛地形图；② 进行海岛植被斑块改造工程，种植适合海岛生存的草本、灌木 350 亩，种植台湾相思等及其他乔木 250 亩。

3）海岛基础设施整治

① 生态廊道整治修复：主要包括整治修复环岛 9 km 的生态廊道，对其中破坏较严重的

2.5 km 道路进行台阶重新铺设修复，其余廊道进行整治，清理两侧杂草和树木，增加建设生态厕所、垃圾处理箱等配套设施；在海岛北侧生态廊道附近修建 50 m 长的亲水平台；② 淡水资源修复保护：对鹏头的 5 处淡水井进行整治修复保护，清除井内垃圾，井口修葺加盖井盖；在鹏尾修建 4 处蓄水池，并修建连接蓄水池之间的 3 km 的饮水管线；③ 历史遗迹修复：整治修复海岛历史遗迹，整治修复海岛原有部分渔村民居以及历史遗迹 8 处。

7.4.5.5 工程施工技术方法

1）海岸线整治

对海岸附近的废石堆采用工程措施进行压固处理，并按照 1∶1 进行三级放坡，并清除坡面较危险的碎石体。对大约 5 000 m² 裸露的碎石坡面进行覆盖防护网，防止碎石崩落，对部分较危险坡面进行坡面喷浆混凝土面加固处理。对加固后的 5 000 m² 坡面，进行坡面绿化，采用银合欢、夹竹桃、桃金娘、台湾相思等乔木岛内客土移植，葛藤、龙须藤、米碎叶、蛇藤等藤本植物和狗牙根、结缕草、竹节草、香根草等草本植物采用实施种子、肥料、土壤合理比例混合，定植在可自然降解的无纺布或其他材料上形成植生带护坡，营造多植物体混交、多结构、多功能、多层次覆盖植物生态群落体系，达到绿化、加固、美化目的。

2）海滩整治修复

针对海滩滩面沙质现状，采用机械清理海滩现有沙滩，但保留海岛南部卵石滩，利用勾机对海滩及其附近的个别出露礁石进行清理，清除海砂及礁石运送至规定抛泥区。抽取阳江近海 20 m 水深以浅海砂分布带的优质海砂资源，回填海滩，并使回填海砂厚度约为 50 cm。拟进行约 $15×10^4$ m³ 的海砂置换，约 $1×10^4$ m³ 的礁石清理。

3）海岛陆域生态修复

南鹏岛由于独特的海岛环境，许多树木通过移植方式进行种植，由于不能适应周围环境成活率很低。因此，南鹏岛植被修复方案采取在指定地段采用植被种子直播方式进行。直播春、夏、秋、冬皆可进行，一般广东的雨季从 3 月开始，因此项目播种时间选在春季，水分条件比较好，有利于发芽和保苗。采用撒播方式，把种子均匀地撒在沙土表面，不覆土。选用比重较大、形状扁平的种子以增加稳定，或对某些易发生位移的种子采用滚泥丸后，促使种子稳定和发芽，提高了发芽面积率。选用的种子应具较高的纯度，尤其要防止一些外来入侵物种的混入，对周边的生态环境造成破坏。在使用前需要对种子活性进行测定，保证种子健康饱满，具有合理的发芽率。植被物种选择草木、灌木、台湾相思、其他乔木等。

4）生态廊道整治修复

整治修复环岛 9 km 的生态廊道，对破坏严重路段进行廊道路面重新铺设修复，在坡度大于 25° 的路段铺设台阶，对于其余廊道进行路面平整处理，清理两侧杂草和树木，保持通行顺畅；对其中破损较严重路段重新铺设，在一些危险部位修建护栏等配套设施。在山路较陡处，开挖台阶，铺设石条，每 18 个踏步设一个休息平台；其余土质或碎石路段均采用彻底清除垫层表面杂物，如局部地段垫层损坏，则清理干净后，平整路面；海岛生态廊道由于部分地段受植被阻挡通行困难，则采用人工清理，将植被枝杈进行调整，保持生态廊道畅通。在海岛北侧海湾，连接生态廊道修建 50 m 长、6 m 宽的亲水平台，距高潮水面净高为 2.0 m，采用凸出悬空桩式结构，利用履带吊机站在河堤上自岸边进行打入式钢管桩基础，横梁采用工字结构，平台面采用强度和防腐性较强的混凝土空心大板结构，近海三侧均修建防护栏高约 1 m，对所有外露面的护栏、板面都采用人工塑石进行美化处理。

5）淡水资源修复保护

对鹏头的 5 处淡水井进行整治修复保护，人工清除井内垃圾，利用环氧砂浆修复法对岛内水井的井外及内壁的裂缝及破损处进行修复，为防止水井再次污染，用水泥及石块修建 40 cm 的水井台，并加盖预制水泥构件井盖，清理修整水井周围环境。在鹏尾相对地势较高、施工方便的区域，挖掘低位水池，2 m 深五面硬化，池壁厚度 20 cm，上封水泥盖板。一方面增加海岛淡水的供水量；另一方面，这种开放式的蓄水池塘，为动物提供水源，从而对于整个生态系统的构建，具有不可替代的作用。集水池因地制宜，形状不规则，容积大约 30 m^3，但必须易于集水，在地势较低的边缘可以适当加高 30 cm 左右，土壤合适的地方可以适当种植灌木和小乔木，并修建约 3 km 的引水管线，实施"蓄水池串联"，减少淡水资源蒸发量，管线为地表铺设，采用小口径管道自流设计。功能上起到两个作用：沉沙蓄水和为动物、植物提供水源。

6）历史遗迹修复

南鹏岛历史遗迹丰富，保存了大量南鹏岛不同发展阶段的遗迹，整治修复海岛历史遗迹，真实反映南鹏岛历史发展。整治修复海岛原有部分渔村民居以及日军侵占遗迹 8 处。结合海岛特色，对原有居民建筑遗迹以及日军侵占遗迹体现特色，以最大限度地保持原有的建筑风格。设计中，对较为坚固的民宅不修或少修，而破损较为严重的以"外旧内新"为原则，做到房内"大动"房外"小动"，体现当时的时代背景和历史性，使之外观与周围的景观相协调，建筑物最高高度不应大于原有建筑最高高度；施工前，对遗迹现状进行影像资料保存，并走访相关人员回忆历史资料，力求完整地保存遗迹所有信息，修复施工完全按照原有格局进行整治修复，并注意保护周围环境。

7.4.5.6 主要考核指标

通过海滩整治及沙体置换等措施，净化海岛沙滩环境，展现优质的海岛风光；整治修复海岛生态廊道，建设海岛亲水平台 1 座；通过种子直播方式进行生态建设，修复海岛生态系统；海岸废石堆加固稳定处理，并进行坡面绿化治理，维护海岸安全及稳定性；修缮整治历史遗迹、淡水资源等。另提供项目工作报告 1 份、南鹏岛 1∶1 000 地形图 1 套、南鹏岛植被调查名录 1 份。

7.4.5.7 项目建成效果图

项目建成后的效果见图 7-29。

7.4.5.8 项目特色

项目实施后，将完成南鹏岛海滩修复、岸线防护、生态廊道整治修复以及遗迹修复工程，

图 7-29　阳江市南鹏岛整治修复及保护项目建成后的效果

实现区域代表性、可观性、示范性的海岛整治模块，全面改善南鹏岛环境破坏现状及危害程度，兼顾海岛保护，使原生海岛更具生态性、观赏性和完整性，改善和提高当地的旅游价值，加速当地旅游产业的发展，实现南鹏岛海岛经济可持续发展。

第8章 广东省海岛生态建设实验基地

8.1 海岛生态建设实验基地的内涵

8.1.1 背景

根据《中华人民共和国海岛保护法》，无居民海岛属于国家所有，国家对海岛实行科学规划、保护优先、合理开发、永续利用的原则，加强对海岛的保护和管理，防止海岛及其周边海域生态系统遭受破坏。国家建立海岛管理信息系统，开展海岛自然资源的调查评估，对海岛的保护与利用等状况实施监视、监测。国家支持利用海岛开展科学研究活动。在海岛从事科学研究活动不得造成海岛及其周边海域生态系统破坏。国家支持在海岛建立可再生能源开发利用、生态建设等实验基地。

《全国海岛保护规划》提出"逐步规范海岛开发秩序的规划目标，规范无居民海岛使用项目论证秩序，强化海岛执法监督检查及巡查，依法查处海岛保护、开发、建设以及相关管理活动中的违法行为，规范海岛开发利用秩序"，要求"在2020年之前建立10~20个海岛生态建设实验基地，倡导和引导生态型开发模式"。

党的"十八大"提出，建设生态文明，是关系人民福祉、关乎民族未来的长远大计。面对资源约束趋紧、环境污染严重、生态系统退化的严峻形势，必须树立尊重自然、顺应自然、保护自然的生态文明理念，把生态文明建设放在突出地位，努力建设美丽中国。坚持节约资源和保护环境的基本国策，坚持节约优先、保护优先、自然恢复为主的方针，着力推进绿色发展、循环发展、低碳发展，形成节约资源和保护环境的空间格局、产业结构、生产方式、生活方式。

为贯彻落实《中华人民共和国海岛保护法》与《全国海岛保护规划》，推进海岛生态文明建设，探索绿色、环保、低碳、节能的海岛开发与保护生态型发展模式，国家海洋局于2013年启动了海岛生态建设实验基地的试点工作。

8.1.2 目的和意义

8.1.2.1 贯彻落实《中华人民共和国海岛法》和《全国海岛保护规划》

《中华人民共和国海岛保护法》明确规定："国家将安排海岛保护专项资金，大力支持在海岛建立生态实验基地，用于海岛的保护、生态修复和科学研究活动。"《全国海岛保护规划》指出："加强海岛生态保护，逐步推广海岛生态修复经验；建立海岛监视监测体系，改善海岛人居环境；建设一批可再生能源开发利用、海水淡化、生态建设等实验基地；提高海岛防灾减灾能力。"海岛生态实验基地提供开放共享的海洋科学技术研究、示范和应用平台，将有效提高海岛监视监测能力，显著增强海岛防灾减灾能力，切实加强生态系统保护，促进海岛的可持续发展。海岛生态实验基地建设是贯彻落实《海岛法》和《全国海岛保护规划》的重要保障。

8.1.2.2 有效维护海洋权益和国防安全

海岛开发建设对于维护国家海洋权益和国防安全具有非常重要的意义。我国领海基点海岛或与周边国家有争议的岛屿离岸较远，保护和开发难度较大。通过在近岸海域选择一些海岛进行海岛生态实验基地建设，有利于促进太阳能、风能、潮汐能发电等技术和具有节能、环保、抗腐、抗风等性能的新型材料的示范应用，推进海岛垃圾集中处理与循环利用、海岛污水处理与回用技术的推广，这些成熟的海岛工程技术应用到与周边国家有争议的海岛上，达到进驻这些岛礁的实际存在，切实巩固国家海洋权益和国防安全。

8.1.2.3 深入建设海洋生态文明

党的十八大将生态文明建设提升到全新的高度，并进一步提出建设海洋强国的战略目标。海岛生态系统脆弱，环境承载力低下，土地资源紧张，淡水供应不足。海岛生态实验基地的建设，有利于提高海洋科学研究水平，有利于提高海岛开发、保护和综合管理能力，有利于促进海洋新型产业的发展，实现海岛资源的可持续发展，在一定程度上带动海洋经济的发展，促进海洋生态文明和海洋强国的建设。

8.1.2.4 切实加强海岛生态保护

海洋生态系统是我国沿海地区可持续发展的重要支撑，海岛是国家生态安全系统的重要一环，也是沿海地区抵御自然灾害的天然屏障。我国海岛资源破坏加剧，生态环境有所恶化，基础设施薄弱，发展后劲乏力，对我国海岛保护十分不利。建设海岛生态建设实验基地，将为我国海岛科学研究提供良好的实验平台，探索绿色、环保、低碳、节能的海岛开发与保护模式，及时有效地制定相应的生态保护措施，加强海岛生态环境的保护。

8.1.2.5 显著提升海洋公益服务能力

海岛以其特有的区位、资源和环境优势，在我国现代化经济建设过程中占有重要的地位。建立海岛生态建设实验基地，将有利于全面科学地掌握海岛不同的生态系统、种质资源，进而提出科学合理的海岛开发方向，促进海洋新兴产业的发展，将有效促进海岛经济的发展；海岛生态建设实验基地提供共享开放的科研平台，在海洋生态系统管理、海洋生态恢复、海洋生态灾害防治、海洋生态监测与评价等领域不断创新研究新理论、新技术、新工艺和新方法，从而进一步促进海洋生态系统的监控、修复技术和海洋防灾减灾能力的提高，切实提升海洋公益服务能力。

8.1.2.6 积极推进海岛保护、开发示范和应用

海岛生态建设实验基地针对不同海岛独特的资源与环境，建设具有海岛物种保护、减灾防灾、高新技术、绿色经济等不同功能的实验基地，探索海岛保护与生态修复模式和经验，形成能够满足海岛地区条件的理论体系与技术方法，解决海岛开发、保护和管理中的重大问题，为我国海岛、特别是偏远海岛的保护与开发利用提供典型示范作用，为海岛开发和生态保护经验的推广提供科学依据。

8.1.3 目标和原则

8.1.3.1 指导思想

坚持以海岛的实际需求为导向，以技术研发与示范为依托，以全面推广应用为目的，完善政策机制，加大资金投入，探索绿色、环保、低碳、节能的海岛开发与保护模式，推动海岛生态文明建设，促进海岛地区经济社会可持续发展。

8.1.3.2 总体目标

1）海岛生态实验基地建设全面完成，纳入国家海岛管理业务化体系

完成海岛生态实验基地有关扶持政策的制定，建立完善的海岛生态实验基地管理制度和技术标准体系，创建良好的政策环境。

至 2020 年，在全国完成 10~20 个海岛生态建设实验基地的规划、确权、建设、试运行；建立具有应对气候变化与防灾减灾实验、海岛及其周围海域生态系统稳定与演化研究示范、海岛高新技术及装备试验、海洋基础科学研究开放实验、海岛可持续发展模式及技术示范、海岛物种多样性保护与优化六大功能，开放共享的科研、实验、应用和示范平台。

海岛生态实验基地纳入国家常态化海岛监视监测体系，为海岛物种登记、海岛统计调查、海岛整治修复、海岛公报编制等海岛管理工作提供技术支撑，成为国家海岛业务化体系的重要组成部分。

2）推动海岛生态文明建设，探索海岛可持续发展模式，建设美丽海岛

启动一批海岛保护、生态修复、生态建设等关键技术、方法、模式的研究，以及相关技术、产品的实验、示范和推广；开放应对气候变化与防灾减灾、海洋基础科学的研究和实验，海岛生态实验基地公益服务工作全面推开。

初步掌握海岛生态实验基地所在海岛及其附近海域的生态环境现状、稳定性和演化趋势，开展物种多样性保护、海岛生态修复、生态建设的尝试；防止海岛污染；实现海岛生态保护能力得到提高。

改善海岛人居环境的新能源、新材料，新的供水、水处理和废弃物处理模式得到初步应用，海洋自然景观与历史文化遗迹保护研究和绿色经济实验试点启动，摸索海岛可持续发展模式，促进海岛生态文明建设。

8.1.3.3 基本原则

1) 统筹规划，因岛制宜

国家主导海岛生态实验基地的规划、设置，全国统筹，统一规划布局，兼顾不同区域、不同生态环境、不同岛屿类型和不同功能需求。根据拟选海岛的区位优势、生态环境特点与资源特征、保护和利用现状，确定不同的功能定位和建设内容。

2) 海陆联动，功能互补

明确海岛生态实验基地的主导功能，开放兼顾功能，均衡区域功能布局，形成互补。功能定位聚焦海岛（岛体、岸滩、土壤、植被、淡水、大气等），兼顾海岛周边海域生态系统和其他海洋基础科学。

3) 科技创新，引领示范

优先开展海岛生态保护研究，大力发展海岛保护、生态修复、生态建设关键技术。提供相关技术、产品，实验、示范和推广的平台，引导和支持新能源、新材料、高新技术在海岛保护和开发活动中的应用。

4) 开放共享，公益服务

以公益服务的形式，向从事相关研究、实验的所有单位和科技人员，开放海岛生态实验基地；并将有关科研成果，经过实地验证和成功应用的理论、模式、技术、方法和经验向全社会示范和推广。

5) 政策驱动，完善制度

制定资金扶持、公益服务等有关政策，鼓励参加海岛生态实验基地的建设，开展相关的研究、实验和示范；建立完善的管理制度和技术标准，建好、管好、用好海岛生态实验基地。

6) 管理保障，纳入体系

国家海洋局负责统一规划、组织、指导和监督海岛生态实验基地工作，各分局负责海岛生态实验基地的选址、设计、建设和运营。建成的海岛生态实验基地纳入国家常态化海岛监视监测体系，为海岛物种登记、海岛统计调查、海岛监视监测、海岛公报编制、海岛管理决策提供技术支撑。

8.2 海岛生态建设实验基地功能定位

以海岛管理为依托，以公益服务为目标，从国家海岛生态文明建设宏观需求出发，建设开放共享的科研、示范和应用基地，研究海岛开发、保护与生态修复新技术、新方法、模式。

8.2.1 应对气候变化与防灾减灾实验基地

建设应对气候变化的监测设施，研究海洋对气候变化的影响和机理，评估界定海洋对气候变化的影响程度；加强海洋灾害立体监测体系建设，研究海洋灾害发生机理与演变规律，开展海洋灾害风险识别和综合区划、评估。

1) 应对气候变化研究

新建应对气候变化研究实验监测点或结合现有海洋环境监测站，开展野外试验与长期定位观测，布置海水和大气二氧化碳连续在线监测设备，监控气候变化和海洋—大气二氧化碳交换通量，建设应对气候变化研究实验基地，形成气候变化研究的开放实验平台。

2) 海岛减灾防灾技术应用示范

加强海岛灾害监测、观测能力建设，形成海岛灾害立体监测；研究提高海岛风暴潮、海浪、赤潮、地质灾害等灾害的预报、预警和跟踪技术和水平；开展海岛灾害区划、评估，提高海岛减灾防灾能力，建设减灾防灾示范岛。

8.2.2 海岛高新技术及装备试验示范

利用海岛独特的地理区位，推广海岛高新技术的示范应用，开展海洋新兴产业和海洋装备的测试、示范和推广，促进生态岛绿色循环经济建设。

1) 海洋装备实验平台

为海洋装备提供共享开放的平台，开展海洋监视监测、海底观测网等技术设备的示范与应用；推进海洋风能、波浪能、潮流能等海洋可再生能源开发装备的测试、示范和推广，开展海水淡化和综合利用装备的研发、测试和应用；进行生物基因资源和空间资源开发利用装备的海洋防腐蚀、疲劳强度、安全可靠性等的试验/检测。

2) 海岛绿色经济示范

大力完善生态岛绿色循环经济建设，加快推进太阳能、风光互补、生物质能等经济、环保的成熟技术在海岛上的成果集成与示范；推广适用于不同海岛条件，具有节能、环保、抗腐、抗风等性能的新型建筑材料；开展贝藻混养态养殖和无饵生态养殖技术的应用示范。

8.2.3 海岛及其周围海域生态系统稳定与演化研究示范基地

建设海岛及其周围海域在线、实时立体监测体系，获取长期的、全面的、系统的海洋环境共享数据，研究海岛及其周边海域生态系统稳定性和演化评价的方法及其应用，打造海岛生态系统的保护及修复提升示范基地。

1) 海岛及其周边海域生态系统稳定性评价研究

建设海岛及其周围海域在线、实时立体监测体系，获取长期的、全面的、系统的海洋环境共享数据，建立生态系统稳定性和演化评价指标体系和演化评价模型，开展海岛生态系统评价的示范应用。

2) 典型生态系统保护与修复

开展海岛沙滩、岸线、植被、湿地、贝类、海藻、红树林、珊瑚礁等典型生态系统的保护技术研究与示范；开展海岛典型海洋生态系统退化、受损原因分析及生态修复技术研究，开展红树林人工种植、珊瑚礁人工恢复、人工鱼礁投放、增殖放流等生态修复示范工作；开展海岛荒地、盐碱地等条件恶劣区域的生态修复技术研究与示范。

8.2.4 海岛物种生物多样性保护与优化基地

开展海岛物种的调查和生物多样性的研究，对海岛生物及邻近海域生物的生物多样性的现状及变化情况监测与评估，研究海岛物种多样性保护与优化方法和策略。

1）海岛生物多样性现状及变化趋势评价

开展海岛物种调查及种质资源库建设，确定珍稀濒危物种的种类名录及其生存状态，设立海洋生物样品库、重要海洋生物种质资源库和基因库，开展海岛岛陆生物及邻近海域生物的生物多样性的变化趋势的监测与评估。

2）海岛生物多样性优化研究

针对海岛生态系统干扰、退化不易恢复的特点，开展海岛生物特别是珍稀濒危物种的保育技术研究，研究不同海岛和海岛不同部分生物多样性的恢复、优化策略。

8.2.5 海岛可持续发展模式及技术示范

以海岛综合管理技术为手段，以环保、节能、低碳等理论为指导，加强海岛海域资源环境和开发利用立体化监管，构建海岛循环经济模式，打造生态节能自给自足的海岛生活和配套科学完善的宜居环境示范，实现海岛的可持续发展。

1）海洋自然景观与历史文化遗迹保护

开展岛陆植被、红树林、珊瑚礁等生态景观、海蚀地貌、沙滩等独特地质地貌景观以及航海、佛教、妈祖、海钓文化等历史遗迹的保护与修复技术研究，研究影响景观协调性的因素，使海岛基本保持自然状态，较少受到人为破坏，保存海洋景观或遗迹的完整性，保护海洋生态与历史文化价值，适度发挥其生态旅游功能，实现可持续发展。

2）海岛综合管理技术示范

充分利用高新技术，强化海岛精细化监测，构建监管与预警的三级联动平台，实现对海岛海域资源环境和开发利用立体化监管的应用示范。

3）建设海岛宜居环境及技术示范

研究推行"减量化、再利用、资源化"的海岛循环经济模式，开展海岛垃圾集中处理与循环利用技术示范；开展海岛污水处理与回用技术研究与示范，解决海岛污水治理；综合利用再生能源清洁生产、交通低碳性、有机垃圾及废弃物减量化处理、污水处理、绿色建筑设计等多种方式，打造生态节能和配套科学完善的宜居环境示范，实现海岛的可持续发展。

8.2.6 海洋基础科学研究开放实验基地

充分利用海岛特殊区位的优势，建设面向国内外的海洋基础科学研究平台，提供大气污染物、海洋污染等变迁研究的平台，为海洋基础科学研究提供服务。

1）大气污染的输运和沉降研究

建立自动化的大气污染物采集系统，开展海岛大气污染物的来源解析和空气质量监测工作，逐步摸清陆源污染物向海洋迁移扩散的过程、种类、数量和结果。

2）海洋水动力和生态效应模拟研究

建设具备抗海水腐蚀能力的模拟系统，开展海洋水动力模拟试验研究，研究海洋污染的迁移转化及归宿；建设不同海洋污染环境中各类生物群落生态影响的培养箱、仿真模拟池等，开展海洋生态效应模拟试验。

8.3 广东省海岛生态建设实验基地案例分析

目前南海区的海岛生态实验基地建设由国家海洋局南海分局组织开展相关工作，包括无居民海岛确权和建设等。海岛生态建设实验基地尚处于起步阶段，南海分局先后选取汕尾市遮浪岩、汕头市圆屿、平屿以及惠州市许洲等无居民海岛作为广东省海岛生态建设实验基地的试点海岛，然而在实际实施过程中存在一定的困难，进度较为缓慢。目前，正在开展惠州市许洲海岛生态建设实验基地试点工作的无居民海岛确权申请工作，下面以惠州市许洲为例作简要介绍。

8.3.1 许洲基本情况

惠州市位于广东省东南部，珠江三角洲东北端，南临南海大亚湾，毗邻香港与深圳。介于 $22°24'$—$23°57'$N，$113°51'$—$115°28'$E 之间。辖惠城区、惠阳区和惠东、博罗、龙门县，设有大亚湾经济技术开发区和仲恺国家高新技术产业开发区。面积 $1.13×10^4$ km^2，约占珠江三角洲经济区的 1/4。广东三大水系之一的东江以及西枝江横贯境内。拥有海域面积 4 520 km^2，海岸线长达 281.4 km，是广东省的海洋大市之一。许洲位于大亚湾水产资源省级自然保护区中部核心区内，地理坐标为 $22°40'09''$N，$114°36'24''$E，保护类别为适度利用，主导功能为交通与工业用岛，岸线长约 4.77 km，海岛海岸线以上表面形态面积为 87.084 9 hm^2（图 8-1、图 8-2）。

许洲地貌类型为海滨低山丘陵，岛屿岸线曲折，以基岩为主，东侧及东南侧分布有两段沙滩，岛缘受海蚀作用，多发育为陡崖。西北侧亦分布有一个小海湾，风浪遮蔽条件较好。许洲略呈长方形，东北至西南走向，长 1.54 km，宽 0.73 km，海拔约 101.8 m。由中泥盆统砂岩夹页岩构成，表层为黄沙黏土，灌木丛生，间有松树。许洲中部和东北部地形较高，西南部较低，西北岸有湿地和冲沟，东南岸侵蚀严重，多见海蚀沟、穴、崖。海岛上共有 7 处较高的山峰，其中东北部最高山峰高为 101.8 m，西南部最高山峰高为 83.5 m，山峰之间不均匀地分布着较低矮的丘陵，岛中部南侧分布有一片面积较大的洼地（图 8-3）。

许洲西北侧海湾目前有外省籍渔民在此聚居，小海湾已被建为小型渔港。南侧海湾内有一处长约 350 m 的沙滩，沙质细腻，沙滩宽阔，于沙滩中部东侧建有一座码头，将沙滩隔为两段。码头后方建有游客接待中心。岛上西南侧山顶建有惠州海事局的雷达站，为广东惠州

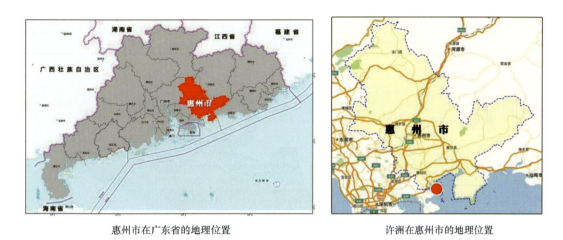

惠州市在广东省的地理位置　　　　　　　许洲在惠州市的地理位置

图 8-1　许洲的行政区域位置

图 8-2　许洲地理位置

船舶交通管理系统（惠州 VTS）的一部分；雷达站西侧紧邻建有大亚湾水产资源省级自然保护区的信号传输基站；从南湾码头处修建有道路联通山顶雷达站。此外，海岛上还零散分布有墓地。图 8-4 为许洲海岛开发利用现状。

许洲周边海域水质良好，海域现状保护较好，位于大亚湾水产资源省级自然保护区中部核心区内，周边海域的开发利用活动相对较少，主要集中于岛北侧及西侧海域，零散分布有网箱养殖（见图 8-5）。

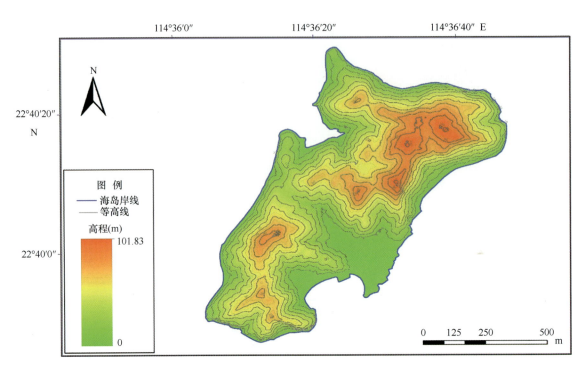

图 8-3 许洲地形

图 8-4 许洲海岛开发利用现状

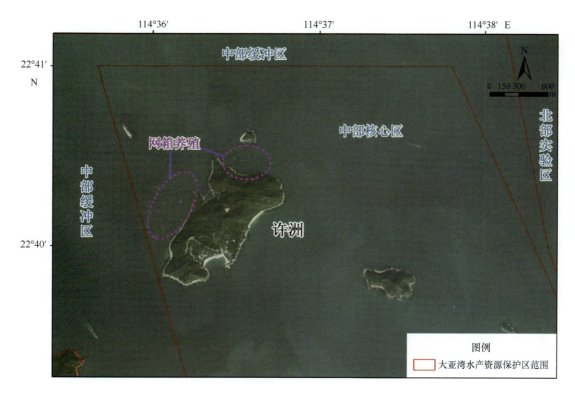

图 8-5　许洲周边海域开发利用现状

8.3.2　许洲功能区划分

按照"注重保护，兼顾需求；因地制宜，科学划区；功能突出，要求明确"的划分原则，将许洲划分为生态环境保护区、海蚀地貌保护区、南湾沙滩保护区、南湾科研利用区、北湾科研利用区 5 个功能区，具体功能分区情况见表 8-1、图 8-6 所示。

表 8-1　许洲保护和利用功能分区

序号	分区名称	面积（hm²）	占海岛面积百分比（%）	划分依据	管理要求
1	生态环境保护区	36.3262	49.03	保护地表植被及其生态系统。该区地形起伏较大，目前基本保持海岛原有自然环境景观	近期以保护为主，禁止在区内进行铲岛、炸岛、开山取石等具破坏性的用岛行为。远期可适当修建登山小道等公益基础设施
2	海蚀地貌保护区	2.6947	3.64	保护海岛海蚀地貌	禁止进行大规模破坏性的开发活动，以保护原生态为主
3	南湾沙滩保护区	2.5466	3.44	保护南湾沙滩资源，保护海岛名称标志，保护沙滩后方原生植被	以保护沙滩为主，做好对沙滩形态、面积及清洁环境的保护和维持

续表

序号	分区名称	面积（hm²）	占海岛面积百分比（%）	划分依据	管理要求
4	南湾科研利用区	24.8470	33.54	地形较为平缓，适宜项目工程施工建设	可适度用于科研开发，重点保障公益性服务项目的用岛需求，同时兼顾资源化利用科研实验需求
5	北湾科研利用区	7.6712	10.35	避风塘，适宜项目工程施工建设。但需待渔民搬迁后，再安排开发活动	该区可适度进行科研利用，可兼顾许洲资源化利用示范及海洋观测预报服务需求，建设淤泥处理基地以及适度布设规模较小、对地表环境破坏较小的海洋观测预报基础设施。同时，可适当开展码头建设和涉海科学研究，保障公益性服务项目用海需求

8.3.3　许洲保护和利用控制性指标

8.3.3.1　许洲保护区要达到的保护目标

①保护海岛植被和海蚀地貌的原生性和完整性，保护海岛生态系统的独特性。

②海岛未来开发利用过程中产生的垃圾100%能回收处理；固体废弃物的处置率达到100%。

③许洲防灾减灾工程设施和非工程措施得到落实，显著提升区域整体海洋防灾减灾能力。

④维持许洲及其周边海域已建的广东大亚湾水产资源省级自然保护区的生态系统完整性。

⑤海岛周边海域的海水环境质量维持在当前水平。

8.3.3.2　许洲开发利用区域开发的控制性指标

①港区、码头及配套设施严格按照相关标准规范设计建设。

②海岛开发利用区域的面积不得超过许洲科研利用区的面积。

③从整体上控制许洲的开发建设强度。确保许洲建设项目的整岛建筑密度不超过40%，容积率不超过0.5。岛上房屋建筑物高度原则上不得超过12 m，并与周边的自然环境、绿化树木高度等进行协调，以确保用岛项目安全和景观协调性。

④在许洲上建造建筑物和设施应与海岸线保持适当距离，建筑物和设施离岸一般不得小于20 m；其中对砂质海岸线，离岸不得小于50 m。

⑤科研利用区的林草覆盖率要达到《开发建设项目水土流失防治标准》的规定，林草覆

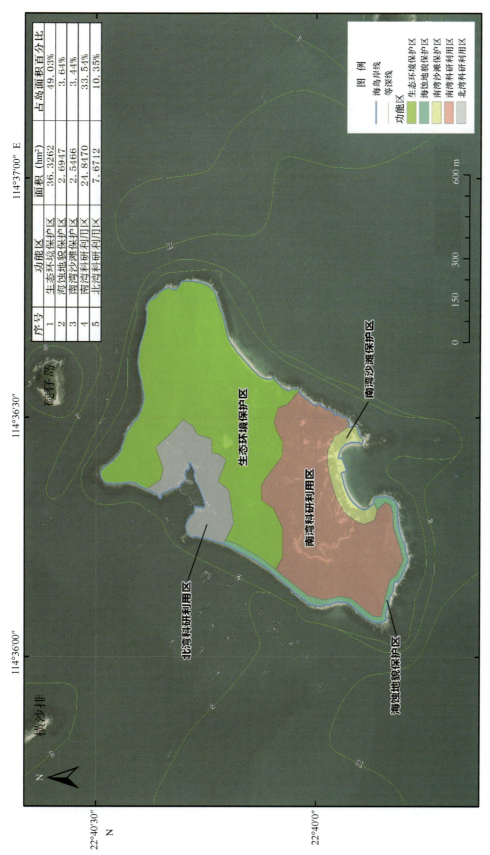

图8-6 许洲保护和利用功能分区

盖率保持在整个科研利用区面积的20%以上的标准。

⑥许洲开发利用时应充分考虑对周边海域水环境、生态环境及资源的影响。

8.3.4　许洲生态建设实验基地初步方案

许洲海岛生态建设实验基地项目为公益性用岛项目，基地类型涉及应对气候变化与防灾减灾实验和海岛及其周围海域生态系统稳定与演化研究示范两个方面。主要建设工程包括气象观测场、S波段测波雷达、梯度风观测场、验潮室、水质自动监测站、宣传科教育科研楼、物种多样性保护实验楼、资源化利用科研实验楼、应急庇护场所、物资仓库、变电站、保安亭、道路和海岛监视监测系统等，周边海域主要工程有1 000吨级泊位码头1座（图8-7）。项目建设后将大大提高大亚湾乃至整个惠州区域的海洋观测、监测、防灾减灾预报能力。

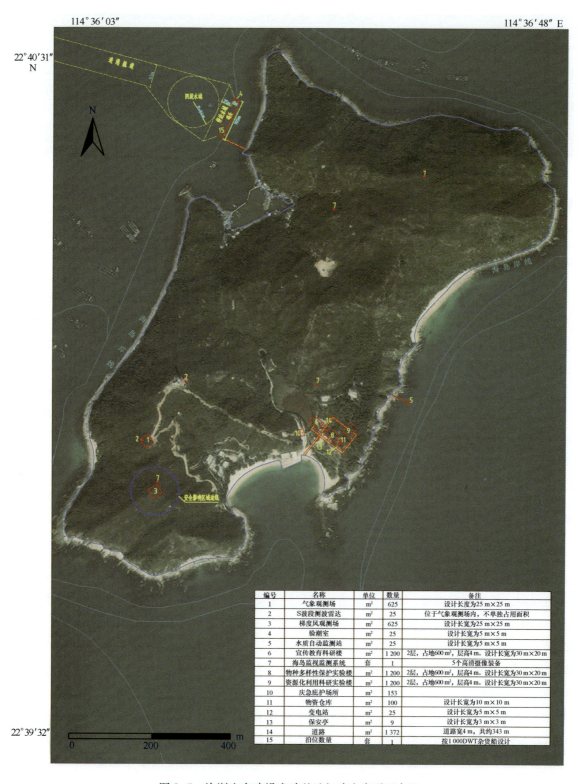

图8-7 许洲生态建设实验基地初步方案平面布置

第9章 广东省海岛生态文明示范建设

9.1 生态文明概述

9.1.1 生态文明内涵

生态文明建设已成为我国当前和今后相当长的历史时期的重要战略任务之一。生态文明是物质文明与精神文明在自然与社会生态关系上的具体体现，包括对天人关系的认知、人类行为的规范、社会经济体制、生产消费行为、有关天人关系的物态和心态产品、社会精神面貌等方面的体制合理性、决策科学性、资源节约性、环境友好性、生活俭朴性、行为自觉性、公众参与性和系统和谐性（李龙强，2015）。海洋生态文明，是生态文明在海洋领域的具体表征，可定义为对人海关系的认知、海洋开发与保护行为的规范、海洋管理体制、海洋经济运行方式、海洋资源供需关系、有关人海关系的物态和精神产品等方面的体制、决策、资源开发、环境保护、生活方式、生产方式、公众参与等方面有效性和人海关系的和谐性（袁红英，2014）。

9.1.2 生态文明建设任务

生态文明建设的战略任务，可以归纳为"优、节、保、建"四大方面。

一是优：优化国土空间开发格局。要按照人口资源环境相均衡、经济社会生态效益相统一的原则，控制开发强度，调整空间结构，促进生产空间集约高效、生活空间宜居适度、生态空间山清水秀，给自然留下更多修复空间，给农业留下更多良田，给子孙后代留下天蓝、地绿、水净的美好家园。加快实施主体功能区战略，推动各地区严格按照主体功能定位发展，构建科学合理的城市化格局、农业发展格局、生态安全格局。提高海洋资源开发能力，坚决维护国家海洋权益，建设海洋强国。

二是节：全面促进资源节约。要节约集中利用资源，推动资源利用方式根本转变，加强全过程节约管理，大幅降低能源、水、土地消耗强度，提高利用效率和效益。推动能源生产和消费革命，支持节能低碳产业和新能源、可再生能源发展，确保国家能源安全。加强水源地保护和用水总量管理，建设节水型社会。严守耕地保护红线，严格土地用途管制。加强矿产资源勘查、保护、合理开发。发展循环经济，促进生产、流通、消费过程的减量化、再利用、资源化。

三是保：加大自然生态系统和环境保护力度。要实施重大生态修复工程，增强生态产品生产能力，推进荒漠化、石漠化、水土流失综合治理。加快水利建设，加强防灾减灾体系建设。坚持预防为主、综合治理，以解决损害群众健康突出环境问题为重点，强化水、大气、土壤等污染防治。坚持共同但有区别的责任原则、公平原则、各自能力原则，同国际社会一道积极应对全球气候变化。

四是建：加强生态文明制度建设。要把资源消耗、环境损害、生态效益纳入经济社会发展评价体系，建立体现生态文明要求的目标体系、考核办法、奖惩机制。建立国土空间开发保护制度，完善最严格的耕地保护制度、水资源管理制度、环境保护制度。深化资源性产品价格和税费改革，建立反映市场供求和资源稀缺程度、体现生态价值和代际补偿的资源有偿使用制度和生态补偿制度。加强环境监管，健全生态环境保护责任追究制度和环境损害赔偿制度。加强生态文明宣传教育，增强全民节约意识、环保意识、生态意识，形成合理消费的社会风尚，营造爱护生态环境的良好风气。

9.1.3 生态文明示范区建设意义

党的十八大首提"美丽中国"、将生态文明纳入"五位一体"总体布局。生态文明建设是中国特色社会主义事业的重要内容。创建海洋生态文明建设示范区是大力推进海洋生态文明建设的重要载体，是加强海洋生态环境保护的有力抓手，是贯彻落实党的十八大和十八届三中、四中全会有关精神、加快推进海洋生态文明制度体系建设的具体举措。

《中共中央国务院关于加快推进生态文明建设的意见》（2015年4月）明确提出，生态文明建设关系人民福祉，关乎民族未来，事关"两个一百年"奋斗目标和中华民族伟大复兴中国梦的实现。加快推进生态文明建设是加快转变经济发展方式、提高发展质量和效益的内在要求，是坚持以人为本、促进社会和谐的必然选择，是全面建成小康社会、实现中华民族伟大复兴中国梦的时代抉择，是积极应对气候变化、维护全球生态安全的重大举措（王春益，2014）。生态文明建设应坚持把节约优先、保护优先、自然恢复为主作为基本方针。在资源开发与节约中，把节约放在优先位置，以最少的资源消耗支撑经济社会持续发展；在环境保护与发展中，把保护放在优先位置，在发展中保护、在保护中发展；在生态建设与修复中，以自然恢复为主，与人工修复相结合。坚持把绿色发展、循环发展、低碳发展作为基本途径。经济社会发展必须建立在资源得到高效循环利用、生态环境受到严格保护的基础上，与生态文明建设相协调，形成节约资源和保护环境的空间格局、产业结构、生产方式。坚持把深化改革和创新驱动作为基本动力。充分发挥市场配置资源的决定性作用和更好发挥政府作用，不断深化制度改革和科技创新，建立系统完整的生态文明制度体系，强化科技创新引领作用，为生态文明建设注入强大动力。坚持把培育生态文化作为重要支撑。将生态文明纳入社会主义核心价值体系，加强生态文化的宣传教育，倡导勤俭节约、绿色低碳、文明健康的生活方式和消费模式，提高全社会生态文明意识。坚持把重点突破和整体推进作为工作方式。既立足当前，着力解决对经济社会可持续发展制约性强、群众反映强烈的突出问题，打好生态文明建设攻坚战；又着眼长远，加强顶层设计与鼓励基层探索相结合，持之以恒全面推进生态文明建设。

加强海洋生态文明示范区建设可为实现沿海经济社会可持续发展探索前进的道路。针对海洋生态环境压力日趋增大，海洋污染日趋严重造成的部分近岸海洋生态系统退化，濒危珍稀海洋生物持续减少，海洋生态灾害时有发生的问题，生态文明示范区的重要任务之一就是通过调整海洋经济结构，优化海洋产业布局，形成节约集约利用海洋资源和有效保护海洋环境的发展方式。生态文明示范区要求在开发利用海洋的过程中，加强海洋生态文明建设，充分尊重海洋的自然规律，以海洋环境承载能力为基础，不断提升资源集约节约和综合利用效率，促进人与海洋的长期和谐共处，最终实现海洋经济的全面、协调和可持续发展。这是在海洋领域落实科学发展观的重要体现。加强海洋生态文明示范区建设可以满足人民群众过上美好生活期盼的客观需求。通过海洋生态文明示范区的建设，可以有效带动我国沿海省市以海洋经济开发的繁荣来维护海洋环境的生态平衡，以海洋生态环境的良性循环促进海洋经济开发的更大发展，最终实现和谐共荣的海洋生态文明局面。当前，大部分地区的海洋和海岸带的开发、建设、保护与管理没有建立在区域资源环境承载力的分析和评价的基础上，区域社会经济没有形成科学的发展模式，海洋资源、环境、生态问题突出，局部海域生态环境破坏严重。近年来随着海洋经济的快速发展，各沿海地区海洋开发利用程度逐步提高，我国在海洋保护、开发与管理领域面临各种亟待解决的新问题（王书明，2014）。在这种形势下，急需提出一种区域海洋可持续发展的模式，形成若干个发展良好、各具特色的海洋生态文明示范区，以点带面，促进我国海洋经济又好又快发展，基本形成开发有序、排放有度、管理有据、资源节约、环境友好、人海关系和谐的海洋开发与管理局面，促进地区经济可持续发展。

9.1.4 生态文明示范区建设必要性

党的十八大将生态文明纳入"五位一体"总体布局，充分体现我们党总结历史教训、尊重自然规律、审时度势、与时俱进的科学态度，为全面建设小康社会指明了方向。海洋生态文明示范区是我国生态文明建设的一种新的探索，是社会时代发展的必然产物。

1) 生态文明示范区是落实科学发展观的本质要求

建设海洋生态文明示范区是深入贯彻落实科学发展观的重要内容。科学发展观的重要内容之一，就是强调把发展、以人为本、全面协调可持续内在地统一起来，强调社会经济的发展必须与自然生态的保护相协调，在社会经济的发展中努力实现人与自然之间的和谐。科学发展观把保护自然环境、维护生态安全、实现可持续发展这些要求视为发展的基本要素，其目标就是通过发展去真正实现人与自然的和谐以及社会环境与生态环境的平衡。简言之，科学发展观要求我们建设社会主义的生态文明，建设生态文明是落实科学发展观的一个重要起始点。只有正确处理快速发展和可持续发展的关系，坚持走资源节约型、环境保护型的发展道路，建设人与自然高度和谐的生态文明，才能实现一个人与海洋和谐发展的环境，进而实现人与人、人与自然的和谐发展，创造一个良好的海洋生态环境，实现海洋经济可持续发展。

2) 生态文明示范区是沿海经济社会可持续发展的现实要求

改革开放以来，沿海地区成为我国经济社会发展的龙头。但随着海洋开发的力度不断加大，海洋生态环境也面临着越来越大的压力。海洋污染造成部分近岸海洋生态系统退化，濒危珍稀海洋生物持续减少，海洋生态灾害时有发生。在这样的形势下，抓紧调整海洋经济结构，优化海洋产业布局，形成节约集约利用海洋资源和有效保护海洋环境的发展方式，就成为实现沿海经济社会可持续发展的一项重大而紧迫的任务。

海洋生态文明示范区建设需要树立一种循环经济发展观念。它把实现人的发展、经济的发展与社会的全面进步作为发展的最终目标，强调经济活动要在生态可承受的范围内进行，追求人与自然之间的协调发展。并指出衡量发展的指标除经济增长外，还包括人口、社会、环境、生态、资源等诸多要素，倡导整个社会发展系统的协调可持续发展。因此，这种观念的树立能促进我国沿海经济由传统经济模式向循环经济发展模式转变，在快速发展的同时合理利用海洋资源，有效保护海洋环境。

3）生态文明示范区是保障人民群众过上美好生活的客观需求

经过改革开放 30 多年的不懈努力，目前，我国人民的生活总体上达到了小康水平。在全面建设小康社会的新阶段，人民群众对进一步改善生活质量、进一步美化生活环境有了新要求。

在中国这样的人口大国，为了满足人民群众过上更美好生活的新期待，最紧迫的任务就是要改变传统发展思维和模式。倘若继续沿袭高投入、高能耗、高排放、低效率的粗放型增长方式，走先污染后治理、边污染边治理的发展道路，全面建设小康社会的奋斗目标就难以实现。当前，中国正处于工业化、城镇化加速发展时期，资源供应不足、能源严重紧缺、环境压力加大已经成为全面建设小康社会的关键性制约因素，建设生态文明已经成为全面建设小康社会，实现经济社会可持续发展的根本要求。

因此，必须切实加强海洋生态文明示范区建设，尽快扭转海洋生态环境恶化的趋势，努力构建和谐的人海关系，使海洋真正成为人民群众喜爱的蓝色家园。

9.1.5 生态文明示范区建设内容

生态文明示范区建设应深入贯彻落实科学发展观，坚持生态文明理念，以促进海洋资源环境可持续利用和沿海地区科学发展为宗旨，探索经济、社会、文化和生态的全面、协调、可持续发展模式，引导沿海地区正确处理经济发展与海洋生态环境保护的关系，推动沿海地区发展方式的转变和海洋生态文明建设。坚持统筹兼顾，促进沿海地区经济建设和海洋生态环境保护协调发展；坚持科学引领，提升海洋资源环境承载能力和沿海地区可持续发展能力；坚持以人为本，打造良好海洋生态环境；坚持公众参与，提高全社会海洋生态文明意识；坚持先行先试，充分发挥示范区的带动引领作用。

1）优化沿海地区产业结构，转变发展方式

依据沿海地区海域和陆域资源禀赋、环境容量和生态承载能力，科学规划产业布局，优化产业结构。积极推广生态农业、生态养殖业，大力发展海洋生物资源利用、海水淡化与综合利用、节能环保、海洋能开发等海洋新兴产业，发展循环经济和低碳经济，用生态文明理念指导和促进滨海旅游业、海洋文化产业等服务产业的发展。提高海洋工程环境准入标准，提升海洋资源综合利用效率。积极实施宏观调控，综合运用海域使用审批、海洋工程环评审批和工程竣工验收等手段，促进产业结构调整和升级，保障各示范区的海洋产业结构和效益优于全国同期平均水平。

2）加强污染物入海排放管控，改善海洋环境质量

坚持陆海统筹，建立各有关部门联合监管陆源污染物排海的工作机制。加大污水处理厂建设，限期治理超标入海排放的排污口，优化排污口布局，实施集中深海排放。海洋环境质量不能满足海洋功能区和海洋环境保护规划要求的海域，要通过生态修复等手段积极开展海洋环境整治工作。要积极建立和实施主要污染物排海总量控制制度，加强海上倾废排污管理，逐步减少入海污染物总量，有效改善海洋环境质量。

3）强化海洋生态保护与建设，维护海洋生态安全

大力推进海洋保护区建设，强化海洋保护区规范化建设，在海洋生态健康受损海域组织实施一批海洋生态修复示范工程，恢复受损海洋生态系统功能，营造良好投资、宜居环境，培育新的海洋经济增长点。在自然条件比较适宜的区域，试点开展滨海湿地固碳示范区建设，提升海洋应对全球气候变化贡献能力。建立实施海洋生态保护红线制度，保护重要海洋生态区；严格限制顺岸平推式围填海，保护自然岸线和滨海湿地。提高海洋工程环境准入标准，建立实施海洋生态补偿制度，提升海洋资源综合利用效率，加大海洋生态环境保护力度。建立海洋生态环境安全风险防范体系，编制区域应急响应预案，加强海洋环境突发事件和区域潜在环境风险评估、预警的信息共享，提升海洋环境灾害、环境突发事件的监测、预警、处置及快速反应能力，保障海洋生态安全。

4）培育海洋生态文明意识，树立海洋生态文明理念

深入开展海洋生态文明宣传教育活动，普及海洋生态环境科普知识，建设海洋生态环境科普教育基地，传播海洋生态文明理念，培育海洋生态文明意识。发挥新闻媒介的舆论宣传作用，提高公众投身海洋生态文明建设的自觉性和积极性。建立公众参与机制，开辟公众参与海洋生态文明建设的有效渠道，鼓励社会各界参与海洋生态文明建设，提高全民参与意识，营造全社会共同参与海洋生态文明示范区建设的良好氛围，牢固树立海洋生态文明理念。

9.1.6 国家级海洋生态文明示范区申报流程

沿海市、县人民政府在自愿的基础上，逐级提出申请，申报材料包括《国家级海洋生态文明示范区申报书》《国家级海洋生态文明示范区建设规划》《国家级海洋生态文明示范区建设达标自评估报告》和指标辅证材料，经省级人民政府审查通过后报国家海洋局审批。国家海洋局组织有关专家论证考核申报材料，通过审批核准的市、县按照相关建设标准开展海洋生态文明示范区建设。规划建设期结束后，经考核达到示范区建设要求的市、县，由国家海洋局命名为"国家级海洋生态文明示范区"，并向社会公告。

9.2 海岛生态文明建设案例分析

9.2.1 南澳岛海洋生态文明建设

9.2.1.1 区域概况

南澳县区位条件优越，海洋资源丰富，经济基础不断增强，海洋保护效果显著，近年来还荣获"全国生态示范区""国家AAAA级旅游区""全国造林绿化先进集体""全国绿化模范县"和"广东省林业生态县""广东省旅游强县""广东省滨海旅游示范景区""广东省海洋综合开发试验县""广东省最美丽的岛屿"等称号，具备海洋生态文明建设示范区的有利条件。海洋生态环境现状存在的主要问题如下。

海岸带开发与保护的矛盾突出。目前南澳县海洋产业的科技水平偏低，海洋的开发总体以近岸和资源性的开发为主，海洋产业结构不够合理，海洋开发与海洋经济发展不平衡，随着向海峡西岸经济区和汕头特区经济社会发展和海洋开发不断深入、南澳大桥的竣工，将带动南澳县海洋经济的发展，因此海岸带的开发利用与生态的保护问题将是未来南澳县海岸带综合管理中需要解决的重要挑战。

陆地空间资源匮乏。南澳以山地为主，其中山地面积占93.6%，平地面积仅占6.4%，可利用土地资源贫乏成为南澳经济发展的一大制约因素。虽然南澳海洋生态保护与建设机制建设已经整体成形，但是海洋生态保护与建设机制仍需要在以下方面加强和完善：一是进一步加强与完善各级自然保护区的信息沟通和协调保护，以构建覆盖全海域的自然保护区网络体系；二是加强海洋生态文明建设规章制度的制定，并进一步加大相关规章制度的执行力度；三是进一步积极推进海洋生态修复工作，现有的增殖放流与人工鱼礁的工作已经初见成效，对局部海域的生态保护和生态修复有较好效果，应进一步推广地区示范性生态保护和修复工作的积极开展。

海洋文化建设还不够系统，有待进一步梳理和强化。南澳县近年来文化事业发展迅速，但针对海洋文化的建设目前还缺乏总体的海洋文化发展规划，缺少城市标志性海洋文化设施或景观，不能充分满足群众需要，海洋文化资源相对分散，疏于整理和挖掘。海洋科研技术力量薄弱：海洋科技力量薄弱，从事海洋科研机构较少，自主创新能力有限，相关海洋产业科研能力不足，缺乏与科研机构以及高校的科研深度合作，缺少引进海洋高端技术人才的有效机制。

9.2.1.2 建设目标

通过海洋生态文明示范区的建设，构建机构设置合理、协调机制科学有效、综合管理能力较强的海洋文明示范区建设体制；使得南澳县具有较为完善的海洋环境资源管护基础设施、较强的海洋灾害预防和应急能力、较好的海洋及海岸带生态环境、可持续的海洋资源利用模式、坚实的海洋科技支撑体系、活跃的地区交流及国际合作、广泛的公众参与等；使得南澳县海洋对社会经济发展的支撑能力进一步提高，生态环境与资源的可持续能力得到有效保障，既满足"蓝色南澳""幸福南澳"建设和"五大战略""六大计划"发展的需求，又符合粤东高效生态经济区和海峡两岸合作实验区建设的需求，建成一个和谐持续发展的海洋生态文明示范区。

1) 产业结构优化与调整目标

近期目标：调整产业结构，重点发展滨海旅游、海洋交通运输等海洋第三产业，确立海洋第三产业在海洋经济产业中的支柱型地位。海洋产业增加值占地区生产总值比重到75%以上；海洋第三产业增加值占海洋产业增加值比重大于75%；海洋休闲旅游产业增加值年均增长将达到15%；旅游产业链完整，年接待游客量100万人次，年产值目标3亿元；城镇居民人均可支配收入达3万元；新兴产业增加值年均增长速度达40%以上；地区能源消耗进一步优化。

远期目标：海洋产业稳步发展，海洋产业增加值占地区生产总值比重达到80%以上，海洋第三产业增加值占海洋产业增加值比重达80%以上，稳固其海洋支柱型产业地位；海洋休闲旅游产业增加值年均增长将达到20%；城镇居民人均可支配收入达5万元；新兴产业增加值年均增长速度达50%以上；旅游产业链完整，年接待游客量150万人次，年产值目标5亿元。

2) 污染物入海排放管控目标

近期目标：加强重点海域污染入海总量排放监测力度，"以海定陆、海陆统筹"；科学地开展重点海域的环境容量评估；通过入海总量监测和环境容量评估，在重点海域实行排海总量控制试验与示范，以期控制污染排放量在环境容量范围内，从而保护重点海域的生态环境。城镇生活污水处理率达90%以上，生活垃圾无害化处理率达85%以上。工业废水、城镇生活污水、农业面源和海域污染源污染物排放总量得到进一步削减，达标率90%以上。

远期目标：完善区内污水处理系统和排水系统，污染物排放入海总量持续下降，城镇污水集中处理率和工业污水入海排放口达标排放率均达100%。

3) 海洋生态保护与建设目标

近期目标：近岸海域一类和二类以上水质继续100%达标；南澎列岛海洋生态国家级自然保护区保护能力得到提升；启动珍稀濒危物种救助与保育系统和海洋生态文明综合数字化信息系统建设；近海渔业捕捞强度保持零增长；违法用海（用岛）案件保持零增长；人工渔礁建设和各项生态增殖投资保持年均1 000万元以上；自然岸线保有率90%以上。

远期目标：近岸海域一类和二类以上水质继续保持100%达标；南澎列岛海洋生态国家级自然保护区保护能力得到全面提升；完成珍稀濒危物种救助与保育系统和海洋生态文明综合数字化信息系统建设；近海渔业捕捞强度保持零增长；违法用海（用岛）案件保持零增长；人工渔礁建设和各项生态增殖投资保持年均1 500万元以上；自然岸线保有率90%以上。

4) 海洋生态文明宣传教育目标

近期目标：加大文化事业支出，使文化事业费占财政总支出的比重达到广东省平均水平；

文化设施齐全，加大发展文化产业；保护现有的涉海公共文化设施，加强海洋文化宣传，多组织海洋科普活动；注重发展海洋科技，打造海洋医药、海洋盐业、滨海旅游业、滨海风能等为主的海洋技术产业区；大力引进人才尤其是海洋科技人才，将南澳发展成以高技术人才为核心的科技强岛；完善现有的海洋文化遗产管理制度以及涉海非物质文化遗产名录；定期举办文化节，扩大其影响力。

远期目标：文化事业费占财政总支出的比重要达到全省先进水平；文化创意产业成为岛上支柱产业之一；建成海洋生态文化广场和宣传长廊，完成海洋生态科普基地和海洋文化展览中心建设；发展生态滨海旅游业；开展形式多样的海洋环境保护宣传工作，提高全民的海洋环保意识和参与意识；充分发挥涉海科研单位作用，结合南澳岛丰富的海洋资源特点，大力发展海洋科技，提高岛上产业科技含量；与省外、台湾地区以及国外高等院校、科研院所和大型企业建立长期友好合作关系，在引进项目、技术的同时引进优秀人才；建成完善的海洋文化遗产的管理和保护制度，充分利用南澳的海洋文化遗产资源，打造南澳海洋教育基地；开发新的海洋习俗和庆典活动，丰富南澳海洋文化展现形式。

5) 海洋管理保障能力建设目标

近期目标：加强海洋执法效能，充分发挥汕头市和南澳县海监渔政、海事等部门作用，建立紧密的联合执法机制，加强日常的海监渔政执法，防止海洋违法行为的发生。加大政府、社会、企业在海洋应急保障的资金投入，完善海洋应急体系。提高岛上公众的环保意识，并对海洋环保志愿者队伍给予引导，鼓励其在南澳举办更多的海洋环保志愿活动。

远期目标：进一步完善海洋管理机构的设置，建立南澳专门的海洋污染事故应急体系，保障南澳海域的生态环境安全。建立南澳专门的海洋信息体系，完善海洋信息发布渠道，使海洋灾害、应急等信息迅速报送。进一步提高区内公众的环保意识，鼓励组建南澳的海洋环保志愿者队伍。

9.2.1.3 建设内容

1) 产业结构优化与调整

立足海岛实际，充分发挥海洋资源优势，突出海洋生态特色，通过实施海洋产业布局优化计划、海洋综合开发计划、传统产业提升计划、新兴产业培育计划、旅游主导产业升级计划、现代服务业提速计划五大计划，来转变海洋经济发展方式，调整海洋产业结构，优化海洋产业布局，培育海洋产业集群，促进海洋产业生态化、循环化建设。推进现代海洋渔业、滨海旅游业、现代海洋服务业和海洋新兴产业发展，形成彰显特色、突出优势、发展协调的海洋产业体系。围绕发展生态型海洋经济强县为目标，按照海陆统筹、协调发展的要求，坚持保护性开发原则，遵从主体功能区生态定位，强化生态理念，做优南澎—勒门列岛保护圈，做强东部高端滨海旅游产业带和西部临海产业带，做大云澳、深澳和黄花山三大主体功能经济区，合理开发利用多个无居民海岛，形成"一核一圈二带三区多岛"的空间格局。

2) 污染物入海排放管控

加强实施重点海域入海污染物排放总量控制制度。严格审批、监控入海排污口，健全各镇区监测点，形成覆盖全县近岸海域的现代化环境监测网络。实施重点陆源污染物排放、海水养殖、船舶排污及港口环境在线监控，并加强现场执法监督。严格执行海洋工程、海岸工程等建设项目海洋环境影响评价制度。建立海洋环境质量公报和定期预报制度，加强建设海洋环境监测预警体系，加强重点海域、海湾、主要海洋功能区环境监测。

完善全岛治污体系。重点完成县城垃圾卫生填埋场建设，采取垃圾焚烧处理，加强县城排污集污管网建设，推进县城之外其他镇区污水处理工程建设，加大水污染防治力度，加强污染源的管理，提高水资源的利用效率。重点从资金上扶持后江湾、青澳湾污水处理工程建设，保障工程顺利完工投入使用；解决旗杆峡生活垃圾卫生填埋场一期渗滤液处理配套问题，并抓紧另行选址确定下一步垃圾处理方案。

3）海洋生态保护与建设

加强东山—南澳海洋生物多样性保护管理示范区和南澎—勒门列岛海洋生态自然保护圈建设和管理，重点建设南澎列岛海洋生态国家级自然保护区，保护各种濒危海洋生物和鸟群的栖息生境，促进海洋资源的休养生息。继续做好保护区的管护与宣传工作，提高保护区的影响力和管理能力。坚持"在保护中开发、在开发中保护"的原则，坚持依法保护和合理开发自然资源，强化海区管理整治和渔政海监执法，保护海洋渔业资源。在开发过程中要特别考虑生态保护和环境承载能力，加强南澳主岛和无居民海岛的海岸线保护和生态修复，建立生态补偿机制，促进经济与生态和谐发展。开展水生野生濒危物种专项救护行动，建立外来水生野生动植物监控和预警机制。进一步扩大增殖放流规模，加大主要经济水生动物增殖放流力度，规范水生动物增殖放流管理行为，建设海洋生物增殖放流基地。在保护区海域营建以人工鱼礁及海草床为主体的海洋牧场，配合人工增殖放流，有效地修复海洋生态系统，保证自然生态的延续性，确保水产资源的稳定和持续增长。加强南澳周边海域重要海洋生物繁殖场、索饵场、越冬场、洄游通道和栖息地保护。

4）海洋生态文明宣传教育

采取建立海洋生态文明宣教廊道、宣教中心和视线通廊等多种手段加强宣传。整合珊瑚礁等自然景观和历史文化资源，大力推介生态旅游，完善旅游设施和旅游功能，形成以南澳商贸、海上丝绸之路、滨海旅游、临港工业和自然生态等各具特色的景观意象。使海洋生态文明理念深入人心、渗透到每个角落，让海洋生态文明建设的成果看得见、宣传广，做到效果突出，公众参与性强。

5）海洋管理保障能力建设

认真贯彻落实《海洋环境保护法》《海域使用管理法》《渔业法》《海岛保护法》。进一步明确、细化南澳县海洋与渔业局海洋监管职责分工。根据全县海洋生态文明的建设进展，逐步完善海洋管理规章制度，制定海洋相关法律法规在南澳的执行办法。强化人员培训学习，定期举行海洋管理规章制度和海洋环保知识培训，提高人员本身的素质，实现工作水平上新突破。严格规范捕捞证、养殖使用证、水产种苗生产许可证（繁育场）的核发，优化办事流程，提高审批效率。加强与汕头市海事、海洋农渔和水务局在海洋生态环境保护工作方面的协调、监督，将工作落到实处。

南澳县国家级海洋生态文明示范区重点项目见图9-1。

9.2.2 横琴岛海洋生态文明建设

9.2.2.1 区域概况

横琴岛是珠海市第一大岛，地处珠海市南部、珠江口西侧，与澳门最近处相距200 m，距香港41 n mile，毗邻港澳，处于"一国两制"的交汇点和"内外辐射"的结合部，区位优势十分明显。同时，横琴也是珠江口地区少有的未被开发的处女地，生态环境良好，自然资源丰富。2009年8月14日，国务院正式批复了《横琴总体发展规划》，标志着横琴新区的开发建设上升为国家战略。当前，横琴新区正广泛吸收珠三角地区和港澳地区等地的经验，大力发展滨海旅游等海洋产业、力图打造地区海洋经济新格局，岛上已投资、建设了长隆国际海洋度假区、粤澳合作中医药科技产业园、中海油终端及液化项目等多个重大项目；与此同时，横琴新区对生态建设工作相当重视，目前已启动了以滨海湿地公园建设为主的"横琴新区海洋生态修复工程"，该项目是属于"珠江口及邻近海域海洋生态修复工程"的一项重点示范工程；该湿地公园一期工程已经建成了展示厅一座，这对于横琴新区的海洋环保知识和海洋文化宣传、推广工作起到了积极的推动作用。国家级地区发展战略《广东海洋经济综合试验区发展规划》和《珠江三角洲地区改革发展规划纲要（2008—2020年）》都对横琴新区所在区域提出了生态文明的发展要求，同时也提供了"科学发展、先行先试"的机遇。而《横琴总体发展规划》也同样体现了"海洋生态文明"的理念。国家、广东省对横琴新区的建设与开发都十分重视，计划将横琴新区打造成珠江口西岸地区新的增长极和粤港澳紧密合作的新载体。鉴于横琴新区目前仍处于发展的起步阶段，应广泛吸取我国部分沿海地区早年无序开发资源、粗放发展海洋经济导致海洋生态环境问题频繁出现的教训，充分利用本身所具备的良好基础条件以及周边发达地区可提供的人才、技术和先进管理体制等方面的支持，对产业发展、文化营造和生态建设进行科学的规划，建成惠及粤港澳三地民众的国家级海洋生态文明示范区。海洋生态环境现状存在的主要问题如下。

横琴新区岛内生态环境保持较好，滨海湿地修复工程也正在如火如荼地进行当中。但由于目前横琴新区仍处于发展初期，配套环保基础设施还较为薄弱，绿化工程、景观工程、污水处理工程、排水工程、固废收集与无害化处理工程等市政工程仍在建设之中。如前面所描述，由于横琴新区位于珠江口西侧，其周围海域长期受到河口上游地区陆源污染的影响，海水水质较差，而横琴本地由于人口和工业企业数量都较小，实际产生的污染也极少。为此，要改善横琴海域的水质，还需要上级政府进一步协调河口上游地区加强监管、合理调控，以逐渐改善整个珠江口地区的海水水质。

9.2.2.2 建设目标

秉承生态优先、集约高效、空间优化、低碳发展的理念，探索在横琴新区建立经济、政治、文化、社会与海洋生态环境相协调的科学发展模式，实现海洋资源的有序开发、海洋产业的合理发展、生态环境的有效保护、文化氛围的良好营造以及管理能力的全面提升，力争

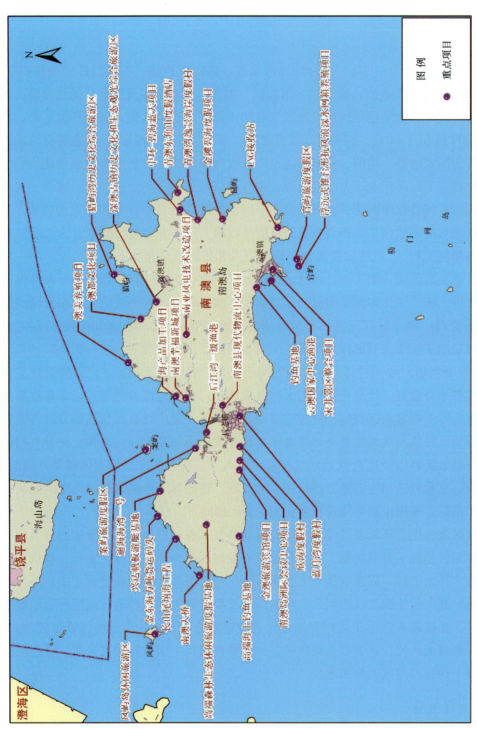

图9-1 广东省南澳县国家级海洋生态文明示范区建设重点项目分布

通过 5~10 年的努力，将横琴新区建设成为"珠三角"的生态文明传承与创新引领区、海洋生态文明建设先行先试区和国际生态城市最佳实践区，在区域内甚至国内发挥海洋生态文明建设的示范性作用。

1）产业结构优化与调整目标

近期目标：海洋产业发展方式和海洋产业结构得以优化，海洋第三产业在海洋产业中确立支柱地位；海洋产业增加值占地区生产总值比重达到 50%，海洋第三产业增加值占海洋产业增加值比重达到 40%；单位面积 GDP 达到 1.5 亿元/km²；城镇居民人均可支配收入达 3.50 万元/人；清洁能源消耗在地区能源消耗中所占比例有所提升，产生 1 万元 GDP 所需消耗的能源不高于 0.6 t 标准煤。

远期目标：海洋产业得以稳步发展，在地区经济发展中占有绝对优势，海洋第三产业稳固其海洋支柱型产业地位；海洋产业增加值占地区生产总值比重达到 55%，海洋第三产业增加值占海洋产业增加值比重达到 70%；单位面积 GDP 达到 2.1 亿元/km²；城镇居民人均可支配收入达 5.00 万元/人；地区能源消耗结构进一步被优化，产生 1 万元 GDP 所需消耗的能源不高于 0.5 t 标准煤。

2）污染物入海排放管控目标

近期目标：完成污水集中处理系统和雨污分流排水系统建设，城镇污水集中处理率达 100%，工业污水入海排放口达标排放率达 98%，主要污染物入海排放总量得到有效控制；海域水质得到初步改善，近岸海域海洋功能区海水质量监测达标率达到 50%，近岸海域一类和二类沉积物质量站位比重保持 100%；围填海利用率保持 100%；海岸带、红树林湿地等得到大范围修复，完成环岛生态控制线人工防护林带建设，自然岸线保有率保持在 45% 以上；横琴滨海湿地公园建成国家级海洋公园；初步构建人海和谐的城市空间。

远期目标：完善区内污水处理系统和排水系统，污染物排放入海总量持续下降，城镇污水集中处理率和工业污水入海排放口达标排放率均达 100%；海域水质得以持续改善，近岸海域海洋功能区海水质量监测达标率达到 70%，近岸海域一类和二类沉积物质量站位比重保持 100%；围填海利用率保持 100%；海岸带、红树林湿地等得到全面修复，自然岸线保有率保持在 45% 以上；横琴滨海湿地公园保持良好的生态环境；维持稳定健康的城市生态格局。

3）海洋生态保护与建设规划目标

近期目标：海域水质得到初步改善，近岸海域海洋功能区海水质量监测达标率达到 50%，近岸海域一类和二类沉积物质量站位比重保持 100%；围填海利用率保持 100%；海岸带、红树林湿地等得到大范围修复，完成环岛生态控制线人工防护林带建设，自然岸线保有率保持在 45% 以上；横琴滨海湿地公园建成国家级海洋公园；初步构建人海和谐的城市空间。

远期目标：海域水质得以持续改善，近岸海域海洋功能区海水质量监测达标率达到 70%，近岸海域一类和二类沉积物质量站位比重保持 100%；围填海利用率保持 100%；海岸带、红树林湿地等得到全面修复，自然岸线保有率保持在 45% 以上；横琴滨海湿地公园保持良好的生态环境；维持稳定健康的城市生态格局。

4) 海洋生态文明宣传教育目标

近期目标：文化事业得到较大发展，文化事业费占财政总支出的比重达到4%；涉海公共文化设施得以完善，海洋文化宣传与科普活动覆盖面得以扩展，形式有所增加；产业发展中的海洋科技投入有所提升，海洋科技投入占地区海洋产业增加值的比重达到18%，万人专业技术人员数达到500人；海洋文化遗产传承与保护制度进一步健全，横琴蚝节等传统海洋节庆或习俗活动得以持续开展并逐渐扩大影响力。

远期目标：文化事业得以稳步发展，文化事业费占财政总支出的比重达到5%；涉海公共文化设施得以提升并在区域内具有一定文化影响力，海洋文化宣传与科普活动已在横琴新区奠定广泛的群众基础；产业发展中的海洋科技投入稳步提升，海洋科技投入占地区海洋产业增加值的比重达到20%，万人专业技术人员数达到800人；海洋文化遗产传承与保护制度随新形势进一步优化，横琴本地的横琴蚝节等传统海洋节庆或习俗活动已成为珠江口地区的重要海洋文化活动之一。

5) 海洋管理保障能力建设目标

近期目标：海洋管理机构与规章制度、海洋服务保障制度均得到进一步健全；横琴新区公共建设局与市渔政海事等部门之间的联合执法效能得以提升；初步建成区内的海洋环境监测站；海洋应急体系基本完善。

远期目标：海洋管理机构与规章制度、海洋服务保障制度随着海洋经济与海洋环保工作的发展新形势得以优化；保持较高的海洋监督执法效能，确保无督办的海洋违法案件发生；区内建成完善的近岸海域环境监测体系和海洋生态安全保障体系；建成本区专门的海洋信息体系，海洋信息发布渠道全面完善。

9.2.2.3 建设内容

1) 产业结构优化与调整

根据经国务院批复的《横琴总体发展规划》，横琴岛开发利用已被纳入国家战略层面，横琴岛附近海域功能被划分为旅游娱乐功能。今后横琴海洋经济发展应重点建设旅游娱乐及其配套设施。结合《横琴总体发展规划》中的产业规划目标，横琴新区应充分发挥自身毗邻港澳的海岛区位优势，全力发展海洋第三产业。确立滨海旅游业、海洋交通运输业在横琴经济发展中的重要地位。加快推进已进驻横琴口岸商务服务区的横琴总部大厦、横琴国际贸易大厦、美丽之冠横琴梧桐树大厦、华融大厦等总部经济项目，充分利用优惠政策，以发展总部经济为主要路径，通过集中高端商务、信息及物流管理服务机构，吸引港澳和国际著名跨国公司、金融机构、企业财团在横琴口岸商务区设立总部或分支机构，形成临海高端服务业高度聚集区。充分利用珠海现有的高校资源及港澳地区的技术支撑，吸引港澳及"珠三角"的知识密集型海洋制造业到横琴扩大生产，重点发展海洋生物医药研发业等产业，把横琴打造成为融合港澳优势的国家级高新技术海洋产业基地。按照适度超前的原则，加快电网建设，构建清洁、开放、安全、可靠的电力供应体系。

2）污染物入海排放管控

横琴新区应加强与澳门、香港特别行政区以及周边其他城市之间在海洋环保工作方面的沟通、协作，逐步构建区域海洋环保联动机制，在海洋环境监管、海洋生态保护与修复、海洋灾害监测预报等方面开展合作，打造横琴新区与周边地区交界海域的海洋环境监控网络，实现海洋环境信息通报、海洋污染事故风险防范与应急处置、监测资源共享以及联合、交叉执法。横琴新区的公共建设局应加强与珠海市海洋农渔和水务局、中国海监广东省总队珠海支队以及广东省渔政总队珠海支队在海洋环境监管与执法、入海污染控制、海洋环境监测、海洋灾害与污染事故预警与应急、海洋环境信息通报等方面的沟通、协作，构建与上述部门的合作机制，以实现对横琴周边海域入海污染的更有效监控。建设污水收集处理系统。联合高等院校、科研机构等，对横琴新区近岸海域环境容量进行更深入的研究，探索建立横琴新区入海污染物总量控制制度，为横琴新区污染物排海总量控制工作提供科学依据与技术支撑。

3）海洋生态保护与建设

加强海洋生物多样性保护，在横琴新区周边海域开展海洋生物多样性调查，查明海洋生态系统的组成、物种分布，开展海洋生物的种群结构、数量变动和群落演替规律及生物学特征研究，建立横琴海域生物物种多样性数据库、珍稀濒危动物种数据库、经济动植物种数据库、生态系统数据库等，为生物多样性的保护、利用和科学管理提供决策依据。对横琴新区周边海域的生物多样性进行评价，划分出生态敏感区、脆弱区进行重点保护，必要时设立海洋与水产自然保护区，避免在这些区域建设海洋工程。加强对生蚝养殖区的管理，严格控制养殖密度。与澳门大学或其他科研机构展开合作，加强对横琴海域生态系统中物种之间及其与环境之间相互关系的研究，对不同区域不同生态系统食物链的关系和规律以及生态系统管理途径进行研究，查明对保护和可持续利用生物多样性产生或可能产生重大不利影响的过程和活动种类，为横琴海域生物多样性的保护提供技术支持。开展外来物种的综合调查，加强外来物种对海洋生物多样性的影响及生态危害评估。建立外来海水养殖生物环境生态跟踪监测评价系统，确保引进物种对海洋生态环境的安全。对退化红树林实施生态恢复与重建，结合湿地公园建设，充分利用滩涂，采用人工种植方式，种植红树林树种；对现状种植的蕉林等改种红树林树种，恢复红树林植被。加强红树林的保育。红树林树种主要选用珠海全市沿海滩涂较常见的秋茄、桐花树和老鼠簕等。通过恢复与重建红树林来提高湿地的生态功能，发挥其陆海间拦截污染物的生态缓冲带功能。加强滨海湿地和岸线资源保护。实施横琴滨海湿地修复工程、横琴海堤加固达标工程和环境景观工程，构建生态空间格局。

4）海洋生态文明宣传教育

加大海洋宣传和教育的力度，在当地形成浓厚的海洋文化氛围。加大投入建设岛上文化设施，兴建文化馆、图书馆、电影院、文化广场等，丰富群众的文化生活。发展壮大民间的文艺社团队伍，满足不同爱好的群众的需求，丰富其文化生活。有正规的文化社团管理，创新公共文化服务方式，营造积极向上的文化氛围。支持文化创意产业的发展，建立文化创意园，大力发展设计业、广告业、传媒业等服务产业，提高传统制造业的文化附加值。积极引进港澳及国际先进的文化创意和管理公司，开发具有国际竞争力的动漫、影视、广告等文化产品。建设珠江口西岸地区的区域创新平台，形成研发设计、文化创意等若干产业集群，实现要素向园区集聚，企业向园区集中。打造特色园区，形成统一的区域品牌，形成集群效应和规模效应，把横琴建设成珠江口西岸地区重要的文化创意产业基地。完善现有涉海公共文化设施的建设。建设珠海沙丘遗址博物馆为赤沙湾遗址第二期工程，博物馆建设在遗址原址，以赤沙湾遗址为中心介绍珠海的沙丘遗址及"珠三角"的海洋文化。继续完善和丰富赤沙湾沙丘遗址博物馆以及湿地生态公园展馆的内容，利用这些良好的平台加强海洋生态文明的宣传。同时，争取设立县级以上的科普教育基地。打造国际一流的精品湿地公园、鸟类生态家园为目标，以海岸生态系统修复、湿地生态展示与生态旅游为核心内容，以鸟类生境为核心建设目标与亮点，使其成为珠江口区域珍稀的红树林湿地资源区、东亚-澳大利亚候鸟迁徙的舒适驿站。打造国家级海洋公园，实施鸟类招引、红树林植被保育，逐步恢复横琴岛二井湾、芒洲等岛岸及海域的红树林生态系统服务功能，完善横琴海洋公园的公共设施、景观设施、旅游设施、市政配套设施，推进海洋生态科学研究、动态监测、宣传教育等专项工程，发展环境友好型滨海旅游业。加强海洋文化宣传，多组织海洋科普活动，增强群众的海洋环保意识。扩大宣传范围，从学生到居民，从公职人员到普通群众。开展多形式、多题材的海洋宣传活动。打造一两个精品活动，扩大本地海洋文化的影响力。加大海洋科技投入，吸引专业技术人员。注重海洋文化遗产的传承和保护，保护重要海洋节庆与传统习俗。

5）海洋管理保障能力建设

认真贯彻落实《海洋环境保护法》《海域使用管理法》《渔业法》《海岛保护法》。进一步明确、细化新区公共建设局内的海洋监管职责分工。根据全区海洋生态文明的建设进展，逐步完善海洋管理规章制度，制定多项海洋相关法律法规在横琴新区的执行办法。强化人员培训学习，定期举行海洋管理规章制度和海洋环保知识培训，提高人员本身的素质，实现工作水平上新突破。严格规范横琴新区水域滩涂养殖使用证、水产种苗生产许可证（繁育场）的核发，优化办事流程，提高审批效率。加强与珠海市海事、海洋农渔和水务局在海洋生态环境保护工作方面的协调、监督，将工作落到实处。进一步加强海岛的定期巡查工作，对辖区内的海岛陆域进行拍照、建档，防止破坏海岸线和地形地貌、非法利用海岛开展旅游活动等重大海岛违法行为发生。横琴新区公共建设局与市渔政支队通力合作，加强海洋环境保护执法，规范用海秩序，对各用海项目进行全方位监控，严查包括海砂非法开采在内的各类违法用海行为。推动行业管理服务水平上新台阶，探索政府职能转变对于提高工作效率的创新，在管理创新上有实质性突破；探索港澳管理方式在行政审批制度上的创新，在珠澳合作上有新突破；探索购买社会组织服务的新型政府公共服务方式的创新，在公共服务上新突破；探索事业单位机构整合设置的创新性，在行业管理上有新突破；优化涉海项目行政审批程序，加强与上层管理部门的沟通，推进区内重点涉海项目的审批进程。加强项目环境常态化管理，落实环保"三同时"及排污收费制度，推动区内节能减排的循环经济体系建设。推动《横琴生态岛环境建设规划》《横琴生态岛水体及近岸海域生态建设规划》《横琴生态岛生态功能区划及污染物控制规划》《横琴生态岛水体及近岸海域生态建设规划》《大横琴山森林公园规划》等一系列生态建设与环保规划有序实施，保障横琴新区在开发建设的同时切实做好各项生态环境保护措施。设立横琴新区环境监测站，开展近岸海域环境常规监测工作。加强海洋防灾减灾能力建设。建立防灾减灾综合监测系统和重大灾害预警预报应急系统工程。建立生态安全评估机制，加强对新决策、新政策和新建项目的生态安全评估工作。整合区内各行政管理部门所掌握的海洋资源、海洋环境、海洋经济、海洋法律法规、海洋科技、海洋文化、海洋文献档案等统计信息、资料，建立横琴新区的海洋信息数据库。

横琴新区海洋生态文明示范区建设规划重点工程见图9-2。

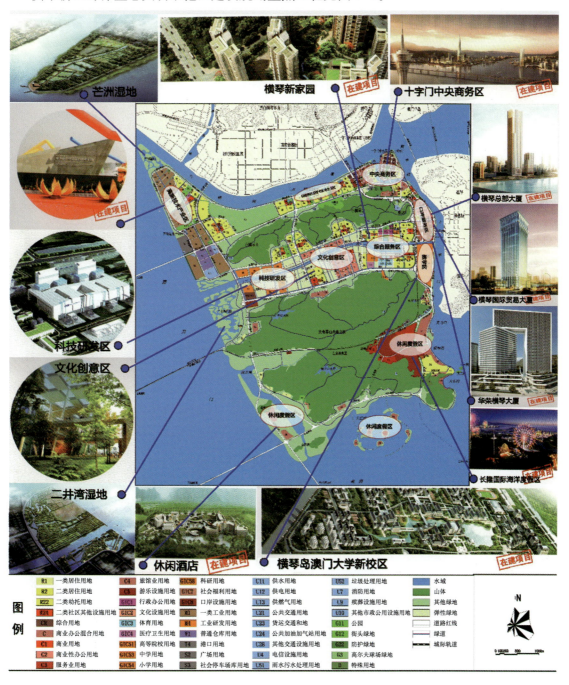

图9-2　横琴新区海洋生态文明示范区建设规划重点工程分布

第三篇
海岛开发管理

第10章 国内外海岛开发典型案例分析

10.1 国外海岛开发案例

10.1.1 欧洲小岛屿之海洋渔业发展

10.1.1.1 地理位置

欧洲小岛屿联盟（European Small Islands Network，ESIN）于2001年由法国、爱尔兰、苏格兰、丹麦、瑞典与芬兰共同组成。这个联盟成立的主要目的在于使欧洲有人居住的极小岛屿所面临的挑战能让大家有更深的认识，并且促成各岛屿之间能在永续岛屿发展这个主题方面相互合作。此小岛屿联盟的6个国家或地区位于西欧与北欧，受大西洋、英吉利海峡、地中海、索尔威湾、爱尔兰海、北海、松德海峡、波斯尼亚湾、波罗的海、芬兰湾等海洋、海湾与海峡所环绕。因此，此6个岛屿海岸地区的渔业与海洋相关发展具有相当的重要性。

10.1.1.2 渔业发展特性

欧洲小岛屿联盟海洋活动是以小尺度海钓为特色，所使用的海钓船通常是长度小于12 m。此小岛屿联盟的渔民主要为当地人，且在离海岸 12 n mile 的范围内钓鱼，主要靠使用罐子、鱼篓、陷阱、刺网、三层刺网、延绳及手钓绳等为捕鱼工具。由于渔场使用权未能妥善规划、未能尊重当地小区渔民生活经验、小型渔业与大型渔业的竞争劣势及随着海洋保育资源观念的兴起，使得以捕鱼为主的岛屿小区，处在生存压力之下。所面对的挑战包含：渔场的过度捕鱼、增加的管制规则与官僚文化、不适当的基础设施（如防波堤、登岸设施）、收入欠佳及许多国家内的禁止性环境指令。造成当地的小区渔民离开渔业这项产业发展，而使得渔业呈现严重的衰退。如主要从事渔业活动的人口年龄层即呈现出逐年老化的现象，有些地区甚至衰退到无法称渔业为一项产业。由于是小尺度并以小区为基础，这种传统捕鱼活动可能会直到其消逝或小区居民放弃此项产业后，才会受人注意，但却有永久遗失或无法恢复这些传统捕鱼活动的危险。

除了波罗的海地区，此小岛屿联盟海洋养殖业所面对的问题主要可分为下列4项：①观光地区内养殖渔场及其所处理单元所造成的视觉冲击；②所产生的废弃物与残骸处理；③其他海洋使用者的冲突；④在养殖业发展决策过程中缺乏地方上的参与。大部分的渔业养殖场是由法国、爱尔兰与苏格兰的一些跨国公司所拥有，使得地方人士难以参与决策过程。有一养殖业成功案例为从1990年起在爱尔兰南部的Cape Clear岛的海岸水生养殖业，其以地方发展的合作企业为水生养殖业发展中心，并曾以大口鳞、大比目鱼、沙蚕养殖为全岛的合作企业发展计划，小区的参与及资金合作的企业模式为其发展成功的主要因素。

10.1.1.3 渔业与观光发展之间的冲突

虽然渔业观光部门在波罗的海国家是成长最快速的部门，并被认为可对岛屿小区带来重要的经济贡献，但此项渔业观光产业却只能带来3~4个月的夏季工作机会，并不足够让渔民求得温饱。爱尔兰的小岛，因未能提供适合小型渔业与观光所需要的基础设施，而使得渔民和观光客在钓鱼场的使用上产生相互冲突。在法国，渔业用船受到极严格的规范，然而观光发展用船却大部分未受到规范。在苏格兰，则因为观光开发者缺乏对捕鱼需求的了解，时常造成业余性钓鱼与水生养殖业兴趣上的冲突，结果就是水生养殖业可能造成观光发展渔业所认定的污染。而瑞典已有未受到规范的钓客与专业渔民在同类鱼种上竞争的案例。因此，欧洲小岛屿联盟渔业与观光业主要冲突表现为：缺乏彼此间的协调与缺乏地方上对观光业发展的控制；水生养殖业与休闲性垂钓的冲突；基础设施的缺乏；对海洋地区空间使用上的竞争。

10.1.1.4 相关渔业政策

2002年的一般渔业政策重新修正时，欧盟将近岸的保育与管理权责交给各海岸国家，海岸国家被给予权利管理其自己离岸边12 n mile内的水域，而能让各个国家自行观察其是否达到永续开发水生资源的整体目标。而各海岸国家在施行这些政策上各有不同，有些国家由中央政府为权责单位，有些国家则将保育与管理的权责交给地方政府。各地区利益相关者的参与也有很大的差异，在某些情况下，渔民可作为管理与咨询委员会的委员；然而在有些情况下，渔民却在保育与管理上扮演最不重要的角色。而小尺度的海岸岛屿渔民在任何区域皆未被给参与保育与管理的机会。迄今，为保护欧洲小岛屿联盟此类型小尺度海钓与当地渔民的就业环境，限制在敏感水域捕鱼与保存社会与经济发展上高度依赖捕鱼的岛屿小区之传统捕鱼活动为主要措施，此措施在执行保育的成果上令人满意。

10.1.2 东南亚交通与工业用岛

本小节主要以新加坡裕廊化工岛、印度尼西亚的巴淡工业园为例加以分析以供参考。

10.1.2.1 新加坡裕廊化工岛

1) 地理位置与资源环境概况

新加坡裕廊化工岛是新加坡政府将本岛南部的7个小岛，用填海的方式连接而成的人工岛，总面积为32 km^2。

裕廊岛是新加坡主岛西南一个人为合并的岛屿，位于1°16′0″N，103°41′45″E。在裕廊工业区西南。由沿海的亚逸查湾岛、北塞岛、梅里茂岛、亚逸美宝岛、沙克拉岛、巴高岛和西拉耶岛 7 个岛屿组成。1968 年 6 月，新加坡政府专门成立裕廊镇管理局，后实施"化工岛"计划，将本岛以南的 7 个岛屿进行填海、架桥加以合并，使之成为一个庞大的化工岛，称为裕廊岛。通过填海工程，于 2009 年 9 月 24 日完成，比原定的日期早了 20 年，由最初面积 10 km^2 形成现在裕廊岛土地面积约 32 km^2。另一连接裕廊岛的岛屿为达马劳岛（Pulau Damar Laut），位于新加坡的西南部外海的岛屿。

2）开发利用情况

裕廊岛上建有炼油厂（图 10-1），有原油、压缩天然气储存站。裕廊岛是全球第三大石油炼制中心和全球十大乙烯生产中心之一，未来的发展方向是成为拥有尖端技术的化学工业基地。裕廊岛上设有 95 家国际大公司的运营基地，包括荷兰皇家壳牌、美国埃克森美孚、美国雪佛龙、美国杜邦、德国巴斯夫、日本住友化学及日本三井化学等业内巨头。迄今为止，裕廊岛吸引的固定资产投资总额累计超过 300 亿新元，雇员达 8 000 多人。裕廊岛未来的发展方向是成为拥有尖端技术的化学工业基地，吸引全球能源化工业的大公司。该岛也是新加坡的炼油中心。

达马劳岛上设有码头及完善的公路网，并有一道公路桥梁连接新加坡本岛及裕廊岛。

图 10-1　新加坡裕廊化工岛[①]

3）经验借鉴

整体规划，环保先行。在石化项目的规划方面，作为亚洲石化中心的新加坡堪称楷模。其裕廊岛石化基地因产业高度聚集、管理模式先进，成为全球石化基地的一个标杆。到目前

---

① 资料来源：http://www.7262tv.com/index/5paw5Yqg5Z2h6KOV5buK5bel5Lia5Yy6.html

为止，该岛还未出现过污染事故。

新加坡政府采用明确的环保目标和严格的环保措施，保证了化工岛的环境质量。首先，在产业发展战略策划阶段，就开展了环境影响评价工作，确立环保目标，对具体设立的项目均做了环境影响评价，提出了各项环保标准和要求，否决了污染严重的项目。其次，新加坡高度重视环境保护基础设施建设，环保投资占园区基础设施总投资的 20%~30%。裕廊岛采用的开发模式是从整体发展出发，按照总体规划要求，先投入主要力量建成完善的基础设施，对环保问题进行妥善地规划，确保有足够的土地用来建设环保基础设施，如排水设施、垃圾收集和处理设施等，把环保措施做在最前面，规划好工业区与住宅区之间的缓冲区。

据新加坡经济发展局介绍，为保护投资者的资产，裕廊岛上建立了完善的安保体系，其中包括陆海空三位一体监控，岛上可以见到荷枪实弹的巡逻士兵。而进入裕廊岛人员所接受的安检严格程度，堪比海关安检。

达马劳岛成功的重要因素就是制定了科学合理的开发规划，并严格按规划实施开发，其填海进度、岛屿建设进程等都与总体规划基本一致。

10.1.2.2 印度尼西亚巴淡工业园

1）地理位置与资源环境概况

印度尼西亚的巴淡工业园位于印度尼西亚的廖内群岛，由 7 个岛、6 座桥连接。地理位置优越，地处新加坡海峡南端，是马六甲海峡国际航线的要塞，距离新加坡仅 20 km。

2）开发利用情况

巴淡工业园（见图 10-2）创建于 1990 年 1 月，占地 500 hm^2，是巴淡岛上最大的工业园区，共分 5 期进行建设。这个工业园受到新加坡和印度尼西亚高层领导人的高度重视。1992 年 4 月 18 日，时任新加坡总理的吴作栋和印度尼西亚总统苏哈托专赴巴淡岛，参加工业园开幕仪式。巴淡工业园为新加坡科技工业集团（30%股份）、裕廊环境工程公司（10%股份）与印度尼西亚三林集团（60%股份）三家公司注资的巴印投资公司所有，由巴印经济管理局进行管理，投资额为 6 亿美元。

工业园的基础设施完备，有 1 000 km 余的公路，即使在高峰时段也不会交通堵塞。工业园有多座货运码头和客运码头，每天有 100 多航次航班来往于新加坡和马来西亚。位于卡比尔的最大码头达 15 万吨级。罕纳迪姆国际机场每天有近 10 个航班到雅加达，每周有 50 个航班到印度尼西亚各主要城市。岛上工业基础设施完备，投资者可以搬入已建好的厂房或购买地块按需建厂。巴淡工业园向工厂提供可供厂商租赁的标准化厂房、工人宿舍以及基础设施，巴印投资公司还可进行工人的招收培训、办理投资申请，以及保障和新加坡的货物人员往来顺畅。巴淡工业园是新加坡工业在印度尼西亚的延伸，在其开发初期，进驻的企业多为新加坡企业。许多电子企业将初级的、技术含量低的生产环节放在巴淡岛，而将技术含量高的部分放在新加坡。其后，来自日本、韩国、我国台湾省等地的投资商纷纷登陆巴淡岛。同时也吸引了一些国际上知名的大企业，如菲利浦、索尼、东芝等。

3）经验借鉴

合理的规划和基础设施建设，使投资者的利益得到最大化的保障，这是巴淡工业园成功的关键。工业园区有 5 款标准化厂房可供投资商根据各自不同的需要进行选择，园区内还有工人宿舍、行政办公楼、电站、电信局、饮用水处理厂等基础设施。由于其出色的规划和管理，巴淡工业园成为亚太地区第一个通过 ISO 9001：2000 和 ISO 14001 认证的工业园。2005年，巴淡工业园又安装了 3 台 6MW 的双燃料发电机、变压及备用机。这使其基础设施更完备，投资环境更诱人。

图 10-2　巴淡岛风光[①]

完善的服务，增加了巴淡工业园的吸引力。园区随时有接受过专门培训的人力来满足投资者的营运需求，而且印度尼西亚的员工成本和新加坡比，较为低廉。巴淡工业园的运营者还通过与印度尼西亚一个雇佣中介机构 Tunas Karya 合作，为投资者从印度尼西亚海内外寻觅合适的劳工。此外，还向投资者提供货运物流、海关结算等全方位、一站式服务。

巴淡工业园区在发展上的重点也充分强化和保障了投资者的利益。如：通过提高已建成厂房的生产力，来增加工业园的可租用工厂净面积。把焦点放在客户服务及留住现有投资者；吸引与那些和现有投资者相似或相辅的工业，等等。

此外，由于毗邻新加坡，巴淡工业园投资者可通过新加坡的基础设施与物流、航空及海港设施随时分销其制成品到国际市场；同时，投资者还可享受到新加坡提供的多元化的金融

---

① 资料来源：http://www.guancha.cn/Business/2012_10_14_103551.shtml

服务，这都成为巴淡工业园卖点和吸引力的所在。

10.1.3 岛屿观光旅游

目前，国外海岛旅游研究主要集中在旅游的环境、经济、社会和文化的区域影响，旅游地演化，旅游规划与管理，可持续旅游以及旅游业与海洋综合管理一体化发展等方面。研究领域比较广泛，基本形成了多学科综合研究的局面。国外海岛旅游开发已经有了较为成熟的模式，澳洲绿岛、马尔代夫、佛罗里达、夏威夷、新加坡等，都已经成为世界各地游客向往的旅游目的地，下面将对以上岛屿的开发情况进行分析。

10.1.3.1 澳洲绿岛度假村

1）地理位置与资源环境概况

澳洲绿岛度假村（Green Island Resort，Australia）靠近澳洲大陆，离凯恩斯仅有 27 km，位于礁台的西北边缘，岛屿面积约为 15 hm²，地形最大高度为 4 m，在大堡礁 300 个沙洲中是唯一具有雨林资源的。绿岛周边浅滩地区为海草床，为小鱼、大海龟、儒艮等生物的栖息地。礁岩则从浅滩延伸至海洋深处，被分类为近岸块礁（patchreef），整个礁岩地区约为 1 200 hm²，此礁岩区有超过 190 种的硬珊瑚种类及超过 100 种软珊瑚种类。因此，绿岛与其周边礁岩地区因具有此非常独特的自然资源，在 1981 年被划入大堡礁世界自然文化遗产区（图 10-3）。

图 10-3　澳洲绿岛[①]

---

① 资料来源：http://www.mynee.cn/Door_2876.html

绿岛位于热带气候区，从 1 月至 3 月为雨季，年平均雨量约为 200 mm。11 月至翌年 4 月为夏季，温度约为 24~31℃；6 月至 8 月为冬季，温度约为 19~23℃。盛行风为东南风，最大风速可达 18.3 m/s。绿岛的面积虽小但有非常多样化的植物，有超过 120 种原生植物。海岸线环绕着可耐干旱及沙滩恶劣环境的低矮海岸植被，但只要从海岸往岛中心几米，植被林相突然转变为浓密与阴暗的藤灌木丛雨林。椰子树不被认为是原生树种，而是于 1889 年为了提供渔民与搁浅船员的食物、饮料与庇护所而被引入的。

岛上并没有天然的淡水，植被生存所需的水源主要来自于雨水从沙渗透至岛地底下所蓄存的淡水晶状体池（Freshwaterlens）。绿岛度假村因担心危害原有植被的生长，并未使用此项水源，所以其使用水源主要来自于海水淡化厂所生产的淡水。

绿岛具有丰富的鸟类资源，包含陆鸟、海鸟与会经由大堡礁至其筑巢区的候鸟。绿岛上常见的鸟类约有 55 种，其中有 13 种海鸟及 38 种岸鸟与陆鸟。

2）开发利用情况

（1）绿岛与其周边海域经营管理

绿岛的经营管理是相当复杂的，虽然其面积仅有 15 hm^2，但有许多单位（含联邦、州立与地方政府）皆拥有这个地方的管辖权。虽然绿岛的大部分地区已被划为国家公园，但当地仍具有多样的观光发展与研究价值。绿岛与其周边海域相关经营管理计划如下。

绿岛于 1981 年被划入为澳洲大堡礁世界自然文化遗产区，受到联合国教科文组织世界遗产委员会的监督与保护。

绿岛岛上超过 1/2 的地区（含雨林与沙滩）被划为国家公园，是由环保局的昆士兰公园野生动物服务处（Queensland Parksand Wildlife Service，QPWS）所管理，岛上有一名全职国家公园管理员进驻。

绿岛游憩区于 1990 年 3 月公告成立，由游憩区管理委员会管理，此委员会必须参考绿岛与礁岩咨询委员会（Green Island and Reef Advisory Committee）所提供经营管理议题方面意见。其于 2003 年 12 月拟定绿岛游憩区管理计划，以制定全岛经营管理方向，并统合全岛的经营管理。绿岛与礁岩咨询委员会是由岛上所有主要的利益关系团体（stakeholders）所组成。

绿岛亦被涵盖于凯恩斯区域管理计划范围内，在此计划中，绿岛被归类为具高度保育、文化、遗产与科学价值的敏感区，并制定绿岛到访停船处数量、船只大小与游客数量（每天到访人数设定为 2 240 人）。

绿岛周边水域与礁岩区被划定为部分的大堡礁海洋公园与昆士兰海洋公园。低于低潮线的海域与礁岩区属于大堡礁海洋公园范围，由联邦政府（大堡礁海洋公园局）与昆士兰州政府共同管理；低潮线与高潮线之间的水域与沙滩则属于昆士兰海洋公园范围，由昆士兰州政府所（昆士兰公园与野生动物服务处）管辖。绿岛游憩或观光目的发展由凯恩斯市议会所拟定的凯恩斯计划（Cairns Plan，2005）中的岛屿区域计划（Island District Plan）所控制，其拟定岛上观光相关发展（含租赁地区）的更新暨发展准则与标准。

Hire 沙滩附近的区域为公共沙滩区，由当地的凯恩斯市议会所管理，但昆士兰公园野生动物服务管理员具有日常事务处理的管辖权。

码头区由凯恩斯港务局（Cairns Port Authority）所有、运作与管理。

所有商业活动须经申请许可才能实施。岛上的商业活动（如摄影与自然步道）需要从昆士兰公园野生动物服务处申请许可；而礁岩区的商业活动（如水肺潜水）需要从大堡礁海洋公园局申请许可。

（2）绿岛度假村的生态观光发展理念

绿岛度假村致力于关心绿岛生态的同时，亦能提供旅客最好与最令人享受的生态观光体验。因绿岛度假村是建立在脆弱的自然环境下，所以生态观光或永续观光为度假村在运作上的首要考虑，健康与美丽岛屿的维护对游客与商业发展是相当重要的。因此，绿岛度假村在开发上采取非常谨慎的态度，只要可能造成环境实际或潜在的威胁的任何活动或行为，即不被允许。因这样小心地平衡观光发展与环境保护的差异，从2001年起，绿岛度假村就已获得澳洲生态旅游协会认证计划的最高级生态观光认证。

另外，从1994年绿岛度假村开始营运以来，即在水资源管理（如节水设施的使用；海水淡化厂的设置；三级污水处理厂的设置；污水处理后的再利用；对员工的水资源管理训练等）、化学物质使用的管理（如购买对环境友善的化学物质；化学物质使用与使用量的限制、贮藏、管理；对所使用化学物质的教育训练等）及废弃物处理（如废弃物管理的目标——减量、再利用及回收的目标；安全弃置等）等妥善考虑，并且达到在野外地区提供高质量住宿，被观光业高度认可，而获得多项环境奖项（如净化沙滩、环境保护、资源保育与废弃物处理、垃圾减量等）与观光奖项（如生态观光、最佳高级住宿、最佳餐厅等）。

并且，在绿岛度假村所发展的环境管理计划中，其列出所有可能因度假村运作所带来的潜在风险，发展相对应策略，以使得因为度假村运作所带来的冲击可最小化。另外，亦列出处理相关冲击情况与事例的指导原则，并将整个管理计划融入所有度假村日常事务运作。由所有度假村部门（客房部、维修部、食物与饮料、餐厅与采购部）的经理组成环境委员会，另外，环境管理者、海洋生物学家与岛上国家公园管理员亦为成员之一。

（3）绿岛度假村的开发

1992年之前，绿岛上的观光设施是非常普通的。在度假村与岛屿设施更新发展后创造了世界级的永续度假村。为了达到最小环境影响的目标，绿岛度假村开发者与多个政府单位形成稳固的合作伙伴关系，并共同分享着岛上的观光发展必须小心地与保护和促进大堡礁世界自然遗产价值间取得良好平衡的发展哲学。因此，绿岛度假村的开发成为许多其他小岛度假村的发展典范。

绿岛度假村所发展的建造施工良好作业要点如下。

岛屿上不允许大型的起重机与卡车进入，因为这些大型机具在调动时会造成当地环境的破坏。

所有使用的器具必须检查是否携带野生动物、疫病、非原生植物和种子。器具在运到当地卸货前必须用水清洗，以避免岛上受野草与疾病污染。

在岛上所使用的工作靴必须留在岛上，即工作者在离开岛前必须换鞋。

混凝土预拌须在岛外进行以避免对岛上产生污染，所有的混凝土板皆在澳洲本岛先预铸，再运到绿岛上。

（4）绿岛度假村之经营

客房规模（五星级饭店）：提供高级的客房共46间（包括10间1个大床的暗礁套房，12间1个大床与24间两个单人床的岛屿套房），其中1间套房附有残障设施；另提供有三温暖俱乐部、会议室，可容纳100位客人。

度假村内部提供活动：包含欢迎日落饮料；玻璃平底船之旅；浮潜设施；有向导的夜间自然步道之旅；自导式雨林步道之旅；日间喂鱼活动；进入世界最古老的水底观景台；风帆冲浪板、冲浪滑水板与独木舟（含日间的风帆冲浪指导，由业者提供）；沙滩排球；Hire沙滩的沙滩椅与遮阳伞（由业者提供）；Hire沙滩可携带式的沙滩椅等。

住宿客人可参与的岛上选择性活动：初级与证照的潜水活动（潜水用品店），以更了解潜水。享受绿岛度假村欢迎日落饮料、坐船出海浮潜活动、从绿岛出发的大堡礁一日游。包括三温暖按摩与美容、拖曳伞、直升机与海上飞机赏景之旅、头罩式海底漫步、Marineland Melanesia水族馆、博物馆与鳄鱼栖息地参观、纪念照与照相服务、绿岛坐船出海浮潜活动、度假村使用直升机、度假村使用水上飞机等。

3）经验借鉴

绿岛度假村是一个将具有珍贵生态资源的小岛开发为高级度假村的成功案例。在本案例中，开发者将脆弱性珍贵自然资源视作具吸引力的观光资源，在度假村的开发与运作上皆能落实生态观光、资源保育、资源减量使用与再利用与度假村工作人员环境教育训练等，并且在开发时即能与绿岛相关管理单位达到度假村开发的共识与合作关系。度假村营运后，更由度假村管理阶层、国家公园管理员与海洋生物学者所组成的度假村环境管理委员进行度假村环境管理工作，使得绿岛度假村的观光发展能具有长远性。

10.1.3.2 马尔代夫——整岛出让，差异发展模式

1）地理位置与资源环境概况

马尔代夫共和国（原名马尔代夫群岛，1969年4月改为现名）位于南亚，是印度洋上的一个岛国（见图10-4）。由1 200余个小珊瑚岛屿组成，其中202个岛屿有人居住。面积300 km^2，是亚洲最小的国家。拥有丰富的海洋资源，有各种热带鱼类及海龟、玳瑁和珊瑚、贝壳之类的海产品。土壤贫瘠，农业较落后。椰子生产在农业中占重要地位，约有100万棵椰子树。其他农作物有小米、玉米、香蕉和木薯。制造业仅有小型船舶修造，及海鱼和水果加工、编织、服装加工等手工业。

2）开发利用情况

印度洋上的岛屿国家马尔代夫立足于自身的实际特点，因地制宜开发其海岛资源，取得极大成功，被业界奉为"马尔代夫模式"。整岛出让，差异发展，国际性度假村为特色，每个度假村风格各异。当地的无人岛开发均由一个经济主体向政府租赁一个海岛及周边海域，以一座海岛建设一个酒店，建成一个完整、独立、封闭式度假村的模式经营发展。正是这种一岛一店的"小、清、静"的开发模式使马尔代夫海岛开发取得了极大的成功，滨海旅游独

图 10-4 马尔代夫风光

资料来源 http://www.nipic.com/show/12013732.html

领风骚。

3）经验借鉴

强烈的环保意识是"马尔代夫模式"成功的关键。在海岛开发、环境承载力确定上都要服从环境保护。马尔代夫海岛开发采用"三低一高"原则，即：低层建筑、低密度开发、低容量利用、高绿化率。另外，马尔代夫政府还为每一个度假岛屿制定了严格的、详细的环境控制措施，严禁砍伐树木，设置废物处理系统，禁止游客采集珊瑚、贝壳甚至岩石，以及用鱼叉或枪支捕鱼等。

在管理方面，马尔代夫早在 1982 年就建立专门的海岛旅游管理机构，1988 年发展成为旅游部，1984 年又成立了旅游咨询机构，以加强海岛开发的管理。据介绍，在马尔代夫，旅游部的权力极大，其在海岛开发上实行极为严格的审查制度。旅游部既可以制定旅游法规，又可以代表政府对外出租海岛，同时还负责组织审查海岛开发规划。旅游部每年进行两次监督检查，对不达标的度假区予以罚款或关闭。

完善的发展规划。马尔代夫在海岛开发过程中特别重视海岛规划。马尔代夫开发的所有海岛均由欧美等发达国家的建筑规划设计师规划设计，并经严格的论证后报国家批准建设。国家在批准海岛开发前，由 11 个相关部门组成委员会对海岛的位置、面积、地理、地质、地貌和资源生态状况进行考察，掌握海岛的基本状况后，对海岛进行分类，经科学论证后，委员会出具建议书，交国家旅游部。旅游部决定是否批准开发岛礁，并将有关情况包括开发或不开发的理由，知会有关部门。

打造高品质的旅游产品，以特色赢得和占领市场。马尔代夫以《麦兜故事》中小猪麦兜总是念叨的椰林树影、水清沙幼、蓝天白云而让大家印象深刻。

保护环境，坚持旅游业的可持续发展。马尔代夫政府在决定具体海岛是否开发时，就已充分考虑生态环境保护的要求，对海鸟生活的海岛、鱼类等生物物种丰富的海域的开发都十分慎重。宁可不开发，也不危及海岛生态环境。海岛上食物的储藏、卫生设施建设、垃圾处理等也都要符合环境保护的要求。游客擅自收集沙滩或海中的贝壳，私自在岛上钓鱼、采摘或践踏珊瑚，都会遭致高额罚款。

10.1.3.3 佛罗里达——城市群滨海旅游开发模式

1）地理位置与资源环境概况

佛罗里达州是美国本土最南部的一个州。包括佛罗里达半岛、西北部濒墨西哥湾狭长地带及南部近海珊瑚岛礁。面积 15.2×10^4 km^2。人口 1 300.34 万人（1990 年）。城市人口约占 84.3%。海岸线长 1.35×10^4 km（墨西哥湾沿岸 8 200 km，大西洋岸 5 300 km），仅次于阿拉斯加州，居全美第二。佛罗里达州每年接待游客人数位居美国第二，仅次于加利福尼亚州。它每年吸引着 4 000 多万游客，其中大约有 700 万为国际游客。旅游业是佛罗里达州最大的产业。

2）开发利用情况

该州有 92 座州立公园与纪念公园、4 座州立森林、2 处国家海岸，以及一些国家野生生物保留区。大沼泽地国家公园（Everglades National Park）涵盖了该州南部大部分地区，是北美洲最大的亚热带野生地带（图 10-5）。

图 10-5 大沼泽地国家公园

资料来源：http://bbs.shszmy.com/dv_rss.asp?s=xhtml&boardid=19&id=10442&page=2&star=1&count=3

奥兰多这座昔日以养牛、种植棉花为主业的"可怕沼泽地"，通过主题公园的建设，逐步发展为世界上唯一一座以"贩卖快乐"为主业的大城市。这里拥有全世界最大的迪斯尼世界、环球影城度假村，拥有发射美国航天飞机、宇宙飞船等航天器的太空科学中心，有美国境内最大的"海洋世界"，还有造价 10 亿美元，凝聚声、光、电等高科技游乐设施精华的"未来世界"和展示十数个文明国家的建筑及社会文化的"世界橱窗"。奥兰多迪斯尼世界每年接待的外国游客量接近美国接待总数的 15% 之多，带来 170 亿美元的收入。

迈阿密有长达 20 km 余的海滩浴场，365 个公园。全市有豪华酒店 400 多家，可同时接待 20 万名游客。迈阿密机场是美洲航空公司的主要集散地。迈阿密港是世界上最大的邮轮港，每年停泊 3 000 多艘次邮轮，港口收入超过 100 亿美元，出发点邮轮主要是在附近的巴哈马群岛游弋，邮轮班次密集，甚至有 1~2 天的邮轮行程。

从迈阿密往南是一串珍珠一般的小岛，自基拉戈岛向西南延伸成锁链状的岛群。这些小岛和大陆通过多段跨海大桥连接，最长的一段约有 12 km。这些小岛上有数不清的度假别墅、酒店和露营车基地，吸引旅游者前往探索。

位于迈阿密市以北的棕榈滩岛，以其舒适的海洋性气候、优美的自然风光、多样的文化交错、瞩目的社交活动而成为旅游天堂，也成为富人聚集之地，旅游旺季的时候，"美国四分之一的财富在这里流动"，带动地产业的兴旺发展。

3）经验借鉴

良好的城市竞合关系。城市之间的群体组合优势明显，空间上形成统一的有机整体目的地，同时，也发挥了一定的聚散功能。州内的奥兰多主题公园之都、梅里特岛肯尼迪航天中心、棕榈滩旅游度假天堂、迈阿密国际空港门户、南端原生态海岛等各具特色的代表城市和景点，共同组成佛罗里达州丰富多样的旅游业态和完善的以旅游业为主导的经济产业结构。各城市都有不同特色的主打旅游产品，包括观光旅游、商务旅游、会展旅游、购物旅游、休闲旅游等各类旅游产品，众多农场开展的农业旅游，一大批大型企业开展的工业旅游，世界著名大学开展的校园旅游等专项旅游产品。

中心城市的主导与带动作用。20 世纪 50—60 年代，佛罗里达因其阳光地带的吸引在"银发市场"名声大震，尤其以迈阿密和东南部的其他地区最为出名。许多游客甚至就在那里定居下来，结果使佛罗里达州成为美国退休居民比例最高的州。

20 世纪 70—80 年代，旅游发展的中心转移到佛罗里达州的中心地区——围绕奥兰多一带。一个主要的催化剂是 20 多个主题公园的建设，特别是沃尔特·迪斯尼世界的开业。这些旅游产品迎合大部分有孩子的家庭，并且这些大大促进了当地房地产业的发展。这些旅游产品也成为佛罗里达州吸引国际游客的主要产品，因而促进了旅游交通业的增长和当地机场等设施的建设。

20 世纪 80—90 年代，会展旅游快速增长。原因主要有两个：第一，旅游淡季时存在大量的住宿设施和会议设施可以利用；第二，许多代表（大约占 70%）希望把商务旅游与娱乐活动结合在一起，同时带上他们的伴侣，乃至整个家庭。奥兰多地区的公司会议、协会会议、交易会和展览会蓬勃发展。

10.1.3.4 新加坡——城市型海岛模式

1) 地理位置与资源环境概况

新加坡位于东南亚，是马来半岛最南端的一个热带城市岛国，面积为 682.7 km² （新加坡年鉴，2002），地处太平洋与印度洋航运要道——马六甲海峡的出入口（图 10-6），由新加坡岛及附近 63 个小岛组成。作为一个岛国，新加坡拥有的旅游资源除了阳光与海滩外，其他的并不多，而它却发展成了"亚洲旅游王国"。

图 10-6　俯视新加坡河

资料来源：https：//quizlet.com/7206056/mesopotamia-flashcards-flash-cards/
https：//upload.wikimedia.org/wikipedia/commons/2/2d/Singapore_River_where_it_all_begins.jpg

2) 经验借鉴

（1）创造良好的形象

良好的旅游目的地形象是旅游发展的金字招牌。在新加坡，政府管理部门将旅游形象提升到战略高度，给予了极高的重视。结合本国实际和未来发展目标，斥巨资研究、设计、推广国家或城市的旅游形象,确定恰当的旅游形象定位和设计,并通过各种宣传手段来提升和扩大其旅游形象,如"花园城市"、"无限的新加坡,无限的旅游业"等,并因此而影响深远。正是这种具有战略高度的旅游城市形象设计,才逐步在旅游者心目中树立并传播了美好的形象,告诉游客它到底是怎样的一座旅游城市,这种美好形象因此也成为吸引人们前来旅游的动力源泉。

(2)营造和谐的人与自然关系

在新加坡,整个城市就是一个扩大了的花园,人与自然和睦相处。原因在于新加坡政府在旅游资源的开发和建设方面首先考虑的是是否对环境和生态造成破坏,并以此为标准进行城市发展总体规划和分区规划,对现有资源哪怕是小到一棵树都通过严格的立法加以保护,尽最大限度保持旅游资源的独有特色。国家环境发展部专门负责全国的绿化规划,在全国开展绿化活动,一切空地和水域边都种上花草树木,并向立体绿化发展,桥墩与路灯杆均有花草盘绕,人行天桥两侧设有花槽。另外政府规定,凡征用土地而闲置一年以上不开发者,都得种植苗圃或草坪。花园般的城市已经成为新加坡最有吸引力的旅游资源之一。

(3)培育地区信用

新加坡每年都开展"礼貌是我们的处世态度"为主题的全国文明礼貌活动,从政府官员到普通市民,都能做到礼貌待人。文明的社会环境,使国外游客感到宾至如归,重游率高。据统计,新加坡游客中故地重游者占57%(朱世成,1992)。新加坡努力培育一个"品质服务至上"的购物之都,不管是商家或是个人都很讲诚信,在新加坡的正规商场中买不到假货,而且货真价实。政府有关机构的管理也非常严格,新加坡旅游局会定期在旅游图或其他媒体上通报接获的被投诉商店的名单,而且游客一旦遇到任何在商品交易上的欺诈行为可以24小时向旅游局投诉,也可以向小额索偿法庭直接提出申诉以获得尽快赔偿。童叟无欺、诚信卓著,这本身就是一个很大的卖点。

(4)独具特色的旅游产品

新加坡居住人口410万人,由华人、马来人、印度人等组成,各种背景下的文化传统在新加坡水乳交融,同时又各具特色。正因为如此,新加坡政府采取立法和其他措施保留了那些极具民族风情的建筑和设施,并加以完善,使之逐步形成了一个个独具特色的旅游产品。如代表中国传统文化的牛车水(唐人街),犹如印度缩影的小印度,充满马来风情的马来村,还有阿拉伯街、荷兰村等。这些地方特色鲜明,具有浓郁的民族风情,成为游客必到之地。另外购物一条街、特色餐饮一条街、娱乐一条街等也风风火火,极具吸引力。

(5)实施有效的宏观调控

新加坡把旅游作为国民经济的支柱产业,全国旅游促进会是政府的旅游咨询机构,由11个政府部门和行业团体组成,全面负责国家的旅游事业。旅游促进局是执行机构和行政管理部门,在全球各大城市都设有办事处,注重各地市场的调查和信息的收集,大力开拓国际市场。另外,新加坡政府特别重视会议旅游和商务旅游,为了吸引会议商务旅游者,政府专门设有国际会议局,使得新加坡成为"亚洲会议首府"。

10.1.3.5 夏威夷——群岛式海岛开发模式

1) 地理位置与资源环境概况

夏威夷群岛是由火山爆发形成的,包括8个大岛和124个小岛,绵延2 450 km,形成新月形岛链(图10-7)。夏威夷岛为最大岛,岛上有2座活火山。气候终年温和宜人,降水量受地形影响较大,各地差异悬殊,森林覆盖率近50%。本州是由19个主要的岛屿及珊瑚礁所组成,位于中部太平洋。

图 10-7 冒纳罗亚天文台所看到的冒纳凯阿全景

资料来源:http://worldinsidepictures.com/10-magnificent-volcanoes-from-all-over-the-world/
https://upload.wikimedia.org/wikipedia/commons/0/0f/Mauna_ Kea_ from_ Mauna_ Loa_ Observatory%2C_ Hawaii_ —_ 20100913.jpg

2) 开发利用情况

为了旅游开发,夏威夷建立了庞大而先进的基础设施,高速公路四通八达,到四邻岛屿都可乘小飞机前往;公共汽车、快艇、游船方便快捷,邮电通信设施高度发达。夏威夷岛屿间交通以搭乘飞机为主,班次较多,岛上游客以旅游公交和租车为主。

3) 经验借鉴

积极的宣传意识和成熟的营销策略。在夏威夷,州旅游署每年都要投入2 000万美元的促销费用,派出自己的促销员在伦敦、东京、法兰克福、香港等国际大都市全方位出击,把夏威夷的旅游小册子摆满了那里的主要公共场所。夏威夷的市场调查机构每年都要向旅游署递交本年度来本地的游客满意程度调查报告,详细分析对于游客最有吸引力的地方和活动方式,游客最喜欢购买的农产品和最喜欢阅读的公开出版物,甚至游客来夏威夷旅游的计划和形式也是调查的内容。

基础设施先行。在夏威夷基础设施先行发展一直是其坚持的策略。为了旅游开发，夏威夷建立了庞大而先进的基础设施，高速公路四通八达，到四邻岛屿都可乘小飞机前往，但是价格却不贵，公共汽车、快艇、游船方便快捷，邮电通信设施高度发达。良好的基础设施建设为夏威夷发展旅游奠定了非常好的基础。

旅游服务一流。夏威夷政府管理部门高度重视旅游服务。调查显示，80%的游客认为夏威夷的旅游服务是优异的或超过其他地方，重游率高。同时，夏威夷每年拨出巨额资金进行旅游促销，在全世界各地进行市场调查和市场推销，十分细致地了解自己的游客，并及时根据游客的需求来改善和强化各项旅游设施和旅游服务。此外，夏威夷当地居民给人的感觉就是热情，每个人都会说"哈罗哈"（谢谢），提升社区居民的参与旅游的热情以及对外来游客的友好度，也是夏威夷开发的重要经验。

强调独特文化。文化是旅游目的地的灵魂。在夏威夷处处洋溢着一种独有的文化氛围，既是东西方文化的融合，也是传统文明和现代文明的汇集。夏威夷岛多种族裔、多种文化的居民为此地创造出令人着迷多重面貌之艺术、文化、食物、庆典及历史。当地旅游部门充分利用了当地文化特色，开发了一批知名的旅游项目，不仅把太平洋各个岛屿的风土人情融合在一起，而且有世界各地文化的缩影，不仅布满现代文明的气息，而且充满原始文化的芳香，独特的氛围令游人流连忘返。

重视发展环境。安全、健康是一个滨海度假地吸引游客的最基础因素之一。夏威夷一直将安全、健康放在首位，并且非常注重这方面的宣传。同时，为了旅游业的持续发展，夏威夷十分强调环境保护，提出在发展的同时保护环境并创造更好的环境。政府不仅对各种建筑物的密度和高度作了严格的规定，而且尽可能多造绿地，保护好各种植被、海水、沙滩、空气和各种海洋生物。

10.1.4 岛屿能源科技发展

本节以日本宫古岛与苏格兰 Unst 岛能源科技发展为案例，以供海岛发展再生能源参考。

10.1.4.1 日本宫古岛能源科技发展

1）地理位置与资源环境概况

宫古岛为宫古列岛中的最大岛，位于台湾与冲绳本岛之间，面积约为 159 km²，为珊瑚礁隆起所形成的石灰岩岛，所以全岛地势相当低，呈平坦的高地状，地形最高处仅有 113 m（见图 10-8）。宫古岛人口约为 55 000 人，产业以农业为主，渔业与观光业（如潜水与海上活动）为辅，岛上耕地以种甘蔗、烟草与亚热带蔬果为主。

2）开发利用情况

为促进宫古岛岛屿能源永续发展，近年来，宫古岛已发展岛屿型生态循环系统计划与资源回收中心设置计划。

宫古岛岛屿型生态循环系统计划由日本农林水产省农林水产技术会议事务局所委办，并

图 10-8　鸟瞰宫古岛

资料来源：http://blog.sina.com.cn/s/blog_bf1f9ceb0102v06z.html

由农业研究、农业食品产业技术研究与亚热带生物量（biomass）方面之学术与研究机构利用研究中心合作进行本计划。其计划目标简述如下。

　　岛屿生物量的有效利用，如有用物质的提炼与生产、生物量发电、家畜排泄物处理与再利用等，并发展适合宫古岛的生物量综合利用循环系统。

　　地方永续农业的发展，并注重农产品产量与质量的提升。

　　地方自然环境的保育，地下水与土壤质量维护为其保育重点。

　　新产业的开发，以增加就业机会。

　　二氧化碳排放量的降低，以改善全球暖化的现象。

　　当地环境认识的增加，并对环保意识进行宣传。

　　宫古岛市资源回收中心之设置。设置此资源回收中心的目的主要在于利用堆肥机制有效处理厨余及家畜粪尿等，以牛粪与甘蔗渣为主要堆肥来源。所产生肥料可回馈农家，增进地力恢复，使得农产品产量增加与质量提升，而能增加农家收入。此外，因妥善处理厨余、粪尿等有机废弃物，可减少对地下水与海滨的污染，而改善当地环境质量。

3）经验借鉴

在宫古岛能源案例生态型生态循环系统的建立计划中，建议将小区居民生活必需、农业生产、畜产、制糖与观光业等所产生污水等有机废弃物经生物再利用相关技术回收再利用，而获得再生能源，并可增加相关产业原物料与饲料的提供。

10.1.4.2 苏格兰 Unst 岛能源科技发展

1)地理位置与资源环境概况

Unst 岛（安斯特岛）是位于苏格兰最北端的小岛，属于 shetland 群岛（位于苏格兰本岛东北方约 322 km 处），面积约 155.4 km^2，人口为 700 人。当地具有人口流失与能源不足（高达 18%）的问题。Unst 岛因其所在的地理位置，处于所有外部生产商品（含能源）供给线的最末端，因此在岛上有超过 50% 的居民将其 20% 的家庭所得花在能源方面，主要用于暖气使用与交通方面。也因其地理位置，Unst 岛很适合风力发电，但风力发电具有中断与无法预测的特性，使得风力发电需要相当大量的承载管理与能源贮存，才能变成可依赖的能源供给。Unst 岛受到独立的 Shetland 高压电线路网的限制，即意味着岛上高压电分配与网络操作系统无法再容纳任何来自于再生能源的较固定电源的连接。因此，Unst 岛的电力再生能源，仅能发展为不是离网系统，就是必须能整合极大量的电力贮存以确保电量的供给。

2) Unst 岛再生能源促进计划

为解决 Unst 岛的能源问题，当地有一群有远见且投注大量心力的当地团体与全球专家合作，来评估替代性能源的可行性，不仅可用来发展电力，亦可用来发展未来的燃料——氢，而促成了 Unst 岛再生能源促进计划（Promoting Unst Renewable Energy，PURE）的发展。

（1）计划内容

Unst 岛再生能源促进计划是一个先驱计划，证明如何将风力和氢技术结合在一起，以提供位于 Unst 岛上偏远地区工业区五个事业单位的能源需求，为英国在绿色能源系统发展的重要里程碑，是全世界第一个拥有自己的再生氢生产设施的小区。这个 PURE 计划借着电解作用将风力转化为氢，储存于燃料电池，而可成为一种在没有风的情况下储存能源的方法，之后，亦可借着燃料电池将氢转化为电力。这个计划是由 Unst Partnership Ltd.（由 Unst 小区委员会所建立的小区发展局）所发展，以支持当地的发展与更新。这个计划也为当地的大学毕业生创造了技术性工作的机会。

（2）PURE 计划之分期发展计划

第一阶段：此阶段的目的在于以可使用的再生能源与氢技术配合 Unst 岛上小型企业的需求为主，完成技术可行性研究，并可成为未来发展的示范计划。Scottish Executive、Shetland Island Council 及 Shetland Enterprise 三个单位为初期计划提供经费，技术上的咨询及合作则由 AMEC、Shetland—PowerLtd.、siGENLtd. 及以阿伯丁为基础（Aberdeen—based）的创新氢燃料电池系统整合公司所提供。

第二阶段：此阶段的目的在于使 Unst 岛取得所需专业技术，及让 Unst 岛上可发展再生能源小区居民对再生能源有更广泛的了解与有所认同。于 2003 年初，开始有许多由 Shetland Renewable Energy Forum（SREF）所赞助的小区会议与专题研习会；PURE 计划小组向当地的政治人物及 Shetland Island Council（SIC）的公务人员进行简报，以让他们了解到氢技术策略的重要性及潜在的机会。因此，SIC 出资发展氢燃料电池套装教材，提供为当地国中科学教材使用，而这套学校的氢学习计划现由 SREF 所赞助。于此阶段期间，Unst 岛氢技术职业教育训练取得方面，地方上提出 PURE 计划构想且具有电机工程背景的人于 siGENLtd. 接受并完成燃料电池与氢系统的专业训练。在 2004—2005 年期间，阿伯丁的 Robert Gorden University（RGU）承接知识传递计划（由英国贸易与工业部所赞助的计划）案，而正式参与且更进一步地发展 PURE 计划的训练和教育重点。此知识传递计划着重于在 siGEN 的指导下如何实行 PURE 计划中氢元素的应用。这个阶段的经费来源于赞助 PURE 计划资金投资的主要公共部门赞助者。

第三阶段：此阶段的目的在于达成阶段一所指定实证计划所需的资金投资与计划的完成，且此实证计划的重点区为岛屿上的工业园区。在 PURE 计划小组的极力努力下，地方当局于 2003 年 9 月给予规划许可，且于 2004 年 1 月底确认所有募集经费来源。整个经费来源涵盖了来自于当地、苏格兰与欧洲的资金，包括欧洲区域发展基金（European Regional Development Fund）、Highland & Islands Enterprise、Shetland Enterprise、Shetland Island Council 及 Unst Partnership 自己的资金来源。技术方面的投资则获得贸易与工业部（Department of Trade and Industry，DTI）的支持，及与 siGEN、Robert Gorden University 和 Health & Safety Executive 的紧密工作关系而达成。siGEN 受委托完成此 PURE 计划厂房的设计，而由 Shetland 当地受雇的承包商进行建设。

苏格兰 Unst 岛上装有风力发电设备的厂房。

第四阶段：此阶段的目的在于将从 PURE 计划所衍生的大量机会资本化。为了达成这个目的，Shetland Renewable Energy Forum（SREF）已委托进行于 Shetland 建立氢应用研究中心商业发展潜力的可行性研究，以增加大众对 PURE 计划的兴趣及建立 PURE 计划的发展潜力。此外，此阶段的目的亦在于将以 Unst 为基础的计划小组与学术机构、多国公司、与当地的小型与中型企业（Small and Medium Enterprises，SMEs）所建立的伙伴关系巩固、尽可能正式化及相联结，以确保未来氢技术应用发展及支持这些发展所需技术的进一步投资。由于整合当地资金与技术的必要性，SREF 也注意到草拟 Shetland 氢发展策略的必需性与重要性。在尚未拟定英国或苏格兰氢发展策略的情况下，此草拟 Shetland 氢发展策略的创始，将可对其他地方拟定氢发展策略带来相当大的影响。

（3）PURE 计划效益

PURE 计划已替 Unst 岛当地创造了全职工作机会，吸引了超过 50 万欧元的岛内投资，将新的高级科学技术转移给当地的大学毕业生，并促成了一个新的地方企业的产生。PURE 计划已经让 Shetland、Orkney、the Western Isle 及 Argyll 其他岛屿小区对发展此类型计划产生相当大的兴趣，并于 2003 年获颁最革新小区计划的苏格兰绿色能源奖（Scottish Green Energy）。虽然需要长达 10 年的时间，以使得与此计划厂房的所需资金花费降得够低，而能吸引使用此系统较广泛的顾客基础，但在过去一年来所降低花费的比例，已可证明未来可吸引广泛顾客层的趋势。

3）经验借鉴

由于再生能源的发展尚未完全成熟，因此再生能源的发展具有较高的不确定性、需要高额的研发基金与技术人员的教育训练，从 PURE 计划的四阶段分期发展计划中，即可看出其强调再生能源的相关政府单位、研究单位、民间团体与大学机构的合作与伙伴关系的建立，如何进行计划资金的分阶段取得、研发技术的移转与教育、当地具大学以上学位的人被训练为未来再生能源相关设施的操作技术人员、当地工业的发展、与当地居民工作机会的提供。Urnt 岛的再生能源发展中，考虑风力发电具持续性与供电量不稳的问题，将风力与氢技术结合发展再生能源，以氢燃料电池的贮存功能调节强风至无风时所再生的不同能源大小，而能达到稳定供应工业区所需的用电量。此外，从 PURE 计划中也建议再生能源计划的成功是需要前瞻性的规划、妥善的分期发展计划及在计划效益的评估上需涵盖长期性的效益评估。

10.1.5　海洋生态岛建设

所谓"海洋生态岛"，就是遵循生态学、生态经济原理建设，绿色、节能、低碳、环保技术广泛应用，人与自然高度和谐，物质、能量、信息可持续高效利用，资源环境和社会经济协调发展的海岛区域经济地理单元。生态岛，顾名思义，就是生态环保的岛屿。简单来说，就是既要保护岛上生态环境，又要合理利用岛上资源进行建设。从丹麦的萨姆索岛到英国的怀特岛，从韩国的济州岛到中国的崇明岛——世界上的生态岛越来越多。

开发利用新能源是生态岛建设的最大特色。其中心思想都是建立一个自然、经济、社会、生态平衡发展的"多赢"模式。生态岛分为很多类型。按分布范围不同，生态岛分为海岛及周边海域、海岛陆域、海岛部分区域；按保护程度不同，生态岛分为原生态型的生态岛、保护区型的生态岛、绿化型的森林生态岛、污染治理型的生态岛、生态修复型的生态岛；按主导功能不同，生态岛分为清洁能源型的生态岛、为区域生态建设服务的生态岛、科普教育型的生态岛、休闲度假型生态岛、碳汇交易型生态岛、综合型生态岛。

本节即以英格兰怀特岛与韩国济州岛的发展为案例，以供生态岛发展参考。

10.1.5.1　英格兰怀特岛——世界上最大的"生态岛屿"

1）地理位置与资源环境概况

怀特岛（郡）（英语：Isle of Wight，又译威特岛），大不列颠岛南岸岛屿，南临英伦海峡（图10-9），北临索伦特海峡，英国英格兰的名誉郡、非都市郡、单一管理区，郡治是纽波特，人口 140 000 人（2005 年），面积 380 km^2。怀特岛是著名的旅游胜地，欧洲化石资源最丰富的地区之一。

怀特岛主要有 8 个城镇：赖德（Ryde）、纽波特（Newport）、考斯（Cowes）、桑当（Sandown）、文特诺（Ventnor）、尚克林（Shanklin）、雅茅斯（Yarmouth）和本布里奇（Bembridge）。小岛的海岸线富于变化，沙滩美丽迷人。闪耀反光的粉白色绝壁，还有类似于田径比赛中三级跳一样、位于岛西端的方尖石可算是怀特岛的标志象征。

属海洋性温带阔叶林气候。最高气温不超过 32℃，最低气温不低于-10℃。通常 7 月平均气温为 19.25℃，1 月平均气温为 4~7℃。北部和西部的年降水量超过 1 100 mm，其中山区超过 2 000 mm，最高可达 4 000 mm，中部低地为 700~850 mm，东部、东南部只有 550 mm。每年 2—3 月最为干燥，10 月至翌年 1 月最为湿润。

图 10-9 怀特岛风光

资料来源：http://travel.uk2hand.com/uktravel/isle-of-wight-travel-useful-info/

2）开发利用情况

（1）怀特岛生态岛的发展

2010 年英国政府颁布了"清洁能源现金回馈方案"，凡是安装太阳能板和微型风力发电机的家庭和小型商户都可领取 10 年至 25 年的补贴，对于生产可再生能源的企业也予以扶持，帮助其达标；怀特岛目前的生态建设，得到了英国南方水务公司、SSE 公司和 ITM 电力公司的支持，也得到了 IBM、东芝等跨国巨头的帮助，在技术、人才、管理方面有了更为可靠的力量；怀特岛居民乐意安装太阳能电池板，共同提高淡水的利用率及雨水的收集率，这一切使得怀特岛雄心勃勃，力争 2020 年实现能源的自给自足。

（2）怀特岛的智能化之路

英国怀特岛通过让个人住房逐步智能化，实现了整个岛屿的智能化，家庭自动化工具结合智能电网，可以为电力公司、商界企业和消费者提供一系列高效的技术，从而帮助他们削减耗电量。

早在 2004 年，Stanford Clark 就想建造"Tweetinghouse"（能发送 Twitter 消息的住房），当时他在自己的住房安装了传感器，密切监测整个房子电力消耗。就在 Stanford Clark 完成房子自动化的同时，当地一群关注可持续发展项目的人士启动了 Chale Community Project（切尔社区项目），英国能源和气候变化部资助的这项计划，对怀特岛上切尔村的一些公共住房进行改建装上太阳能电池板、热泵及其他环保设施。短短几年时间里，这个最初基于 Stanford Clark 爱好所产生的实验项目，变成了一项宏伟计划，成为提高公共住房能效，并最终计划使用物联网（M2M）技术和智能电网，让全岛成为全世界关注可再生能源地区的典范。

从住房到社区：Stanford Clark 的项目从其个人住房扩大到当地社区，最终扩大到全岛。通过让住房智能化，Stanford Clark 削减了用电量，还能发现大型家用电器存在的问题。这种功能对消费者来说很有用，因为可以让消费者省钱。对力求实现环保目标的政府、电力公司来说同样很有用，这为他们提供了更精确的计费功能，支撑性的"智能电网"和"家庭自动化"技术都依赖物联网通信来获取数据。

智能岛屿：David Green 在开展切尔社区项目，现在他负责掌管整个生态岛屿计划。该计划旨在使用一大批现代化的物联网和可持续能源技术，在整个岛屿部署智能电网，使用自动化和监测技术收集、分析来自全岛传感器和电表的数据，让总人口只有 15 万人的怀特岛成为了英国及全世界其他社区学习的一个典范，以便减少电费和碳排放量。

由于面积小（土地面积约 383 km^2），怀特岛被视作是可再生能源技术、智能电网和电动汽车的理想试验场地。这使得电动汽车等计划容易管理。

智能电表：除了智能电网外，岛上的住房还将装上智能电表。家庭自动化系统将来有望与智能电表联系，然后与电力公司联系，这种系统的关键技术将基于 Stanford Clark 最初的住房设计，采用 MQTT 协议。MQTT（Message Queuing Telemetry Transport，消息队列遥测传输）是一个即时通讯协议，有可能成为物联网的重要组成部分。该协议支持所有平台，几乎可以把所有联网物品和外部连接起来，被用来当作传感器和致动器（比如通过 Twitter 让房屋联网）的通信协议。

据 Green 声称，一旦住户们可以访问家庭能源监测系统，往往可以将耗电量减少 25% 左右。所以除了建立一个更灵活的电网能够支持可再生能源外，该计划还有望为广大消费者削减电费。

那些参与生态岛屿项目的人士希望，这个伟大的项目可以作为一种"放之四海皆准"的样板模式，供全世界的其他计划效仿。

蒸汽铁路旅游：英国怀特岛是著名的旅游胜地，乘坐蒸汽铁路旅游是怀特岛一道很有特色的风景。英国怀特岛蒸汽铁路旅游很有特色，体现在蒸汽机车、车辆、票价、线路维护保养、时刻表、列车服务及其他方面。归纳起来表现为充分利用传统优势资源、统筹规划铁路网和健全统一的铁路特色旅游服务。

10.1.5.2 韩国济州岛

1) 地理位置与资源环境概况

济州岛地处东亚中心区域，位于朝鲜半岛西南海域，126°08′—126°58′E，32°06′—33°00′N，北部与韩国南部相对，而又与日本的九州岛隔海相对。小岛东西长 73 km，南北宽 41 km，总面积 1 845 km^2，是韩国最大的海岛，有"韩国夏威夷"之称。

济州岛是一座火山岛，岛的中央正是通过火山爆发而形成的海拔 1 951 m 的韩国最高峰，五大名山之一——汉拿山。济州岛根据季节的变化可明显分为大陆性气候和海洋性气候。济州岛地貌十分奇特，同样也是著名的旅游岛（图 10-10）。

图 10-10　济州岛风光

资料来源：http://www.aifei.com/news/10440.html

2）开发利用情况

（1）济州岛规划

一是济州岛在规划上崇尚自然生态保护。济州岛的各个景区都体现着纯朴自然的格调，努力保持着自然景观与人文景观的和谐统一。比如景区园内道路很少有硬化地面，保持自然的土路风格，但管理得却十分平整干净；绿地草坪大都以自然植被为主；一些古代建筑和民俗建筑都保持了原汁原味等，这种自然和谐的生态环境，让游客有种远离城市、融入自然的感觉。

二是济州岛在服务设施建设上注重以人为本。济州岛旅游景区虽受资源、地域限制，面积不大，但景区的服务设施齐全，购物、餐饮、休闲、娱乐融为一体。如龙头岩景区，规模很小，因火山爆发形成的一块岩石似龙头而得名，整个景区占地不过百余亩，但景区的功能却很齐全，游客可以随时购物、休憩和品尝当地的风味小吃。各种建筑物又能为游客提供适当的遮阳。另外主要景区、街道、宾馆都覆盖了免费的无线网络，为游客上网提供了便利。

三是济州岛在旅游产品规划上能细分市场。在济州岛的第二大游艇俱乐部——金宁游艇俱乐部，既有适合高端游客游玩的价值几千万元人民币的豪华游艇，也有适合普通游客的价值几十万元人民币的小游艇。Mresort 海钓俱乐部海钓船上既有适合日本游客的榻榻米式的房间，也有适合欧美游客的酒店式公寓和普通标准间。针对中国游客喜欢购物的特点，免税店服务员几乎都会说流利的汉语。除了普通游客都喜欢的海钓、骑马、潜水等旅游项目外，还有适合特定人群的博彩业，也有适合孩子的景区景点，如泰迪熊博物馆等。这些都满足了各层次游客的需求。

（2）济州岛文化

在济州岛，民俗旅游别具特色。岛上有供参观的民俗博物馆，展示了朝鲜时期济州岛上海岛渔民独特的生产生活场景，民俗文化开发建设不仅促进了人们对当地历史文化的了解，而且带动了旅游经济的发展，经济效益、社会效益都非常可观。此外济州岛的导游素质相对比较高。带中国团的导游中很多都在中国留过学或者是中国的移民，对中国和韩国文化有一定的了解，他们训练有素，与游客交流时能始终保持微笑待人，同时应变能力也较强。

（3）济州岛政策

1997年亚洲金融危机后，经济遭受重创的韩国政府开始探索更加开放、更具竞争力和更加国际化的经济模式。2002年，韩国通过了《济州国际自由城市特别法》，首次以法律形式确定了济州岛的特区地位。2006年年初，韩国政府颁布了《建立济州特别自治道及开发国际自由城市的特别法》，济州正式升级为济州特别自治道，并拥有高度自治权。除了优惠招商外，济州岛还实行离岛免税政策，给予国际游客离境购物免税的特惠；同时面向多国推出免签证入境政策。2008年3月起，济州岛开始对持中国护照的游客实行免签证政策，出境时只需出示有效护照以及有效的往返机票即可，可以在济州岛停留30天。离岛免税和免签证政策给济州岛旅游业发展带来巨大的推动作用。

10.1.6 人工海岛

阿拉伯联合酋长国迪拜的世纪计划，计划打造世界最大人工海岛。不论是出于缓解陆地资源紧张的目的，还是为了圆一个浪漫的梦，到海洋上居住，在大海上建岛筑城业已成为21世纪的一个全新选择。阿拉伯联合酋长国的迪拜正在实施的棕榈岛和"世界地图"计划就是一个生动的典范。到2009年，从高空俯瞰迪拜，依稀可见几棵巨大的棕榈树漂浮在蔚蓝色的海面上。细看棕榈树，会发现它竟是由一些错落有致、大小不一的岛屿组成。更令人惊叹不已的是由300个岛屿勾勒出的竟是一幅世界地图。

耗资140亿美元的棕榈岛是世界上最大的人工岛。它主要由朱迈拉棕榈岛、阿里山棕榈岛、代拉棕榈岛和世界岛4个岛屿群组成，计划建造1.2万栋私人住宅和1万多幢公寓，100多个豪华酒店以及港口，水上主题公园、餐馆、购物中心和潜水场所等设施。除此之外，还将建造一个水下酒店、一栋世界上最高的摩天大楼、一处室内滑雪场和一个与迪拜城市大小相当的主题公园。为了方便人们出游，岛上还将建造一条单轨铁路，以便游客前往各个景点。

10.1.6.1 经典之作：阿里山棕榈岛

这棵看起来更大一些的棕榈树则是阿里山棕榈岛（图10-11），与朱迈拉棕榈岛相隔25 000 m，合称棕榈岛，形状与朱迈拉棕榈岛相似，也是通过一座300 m长的桥梁与陆地相连，岛由一根"树干"、17片"树叶"和一圈防波堤组成，岛上以修建观光旅店和度假村为主。阿里山棕榈岛和朱迈拉棕榈岛建成后将使迪拜的海岸线从现在的51 000 m增加到63 000 m。

图 10-11　阿里山棕榈岛

资料来源：http://www.360doc.com/content/14/0122/10/7536781_347053351.shtml

10.1.6.2　浪漫之作：朱迈拉棕榈岛

朱迈拉棕榈岛是 4 个岛中面积最小的一个，长宽均为 5500 m。它像一棵巨大的棕榈树（图 10-12），由一根"树干"和 17 片"树叶"组成。一座 300 m 长的跨海大桥把"树干"与陆地相连，主干宽 350 m，向海中延伸约 5 000 m；主干上方再生长出 17 片宽 75 m、长 2 000 m 的"树叶"，形成一个巨大的半圆形"树冠"；"树冠"的外围是长 11 500 m、宽 150 m 的防浪堤。

朱迈拉棕榈岛上的房子根据设施的不同分为私人山庄、花园洋房、标准洋房和海岸公寓 4 种房型，每种房型又有现代式、欧洲式、阿拉伯式和地中海式等风格供置业者选择。每套房子售价高达 70 万美元至 350 万美元。

10.1.6.3　想象之作："世界地图"岛（图 10-13）

"世界地图"工程于 2003 年开始动工，第一期工程为填海。300 座人工小岛总面积约为 $557×10^4$ m^2，其中包括约 $100×10^4$ m^2 的沙滩。岛屿之间都有约 50~100 m 宽的水域相隔。各岛屿之间没有陆路交通，完全依靠海上交通，以确保各岛的独立性和给各个岛的岛民一个清新脱俗、与世隔绝的世外桃源。同时，拥有者可以在岛上建造相应的充满各国特色的主题建

图 10-12　朱迈拉棕榈岛

资料来源：http://news.mydrivers.com/1/191/191398_all.htm

筑，或者建造一些历史遗迹或建筑的复制品，比如英国的古老城堡等。目前，300 多座小岛里已经有 30 座被售出，其中 27 座为公司和开发商购买，3 座为私人所拥有。而岛中的"英国"已经被一位神秘的苏格兰富商购买，他为此耗资 1 800 万英镑，得到面积约为 4 万多平方米的小岛。另一位美国富人买下"法国"，价格也是 1 800 万英镑。

1) 世界最豪华的七星酒店：阿拉伯塔

造价 10 亿美元的"阿拉伯塔"酒店建在距杰米拉海滩 300 m 的人工岛上，帆船形塔状建筑（图 10-14）。这个花费了 5 年时间，使用了 9 000 t 钢铁建造的塔形建筑，共有 56 层，321 m 高，是目前世界上最高的酒店。

酒店内共有 202 套客房，均是两层楼的套房，套房内房间数从 6~30 不等，墙上都挂着著名艺术家的油画，每个房间有 17 部电话，门把手和厕所水管都是镀金的，每个套房中还有为客人解释各项高科技设施的私人管家。客房面积最小也有 170 m^2，最豪华的总统套房面积 780 m^2。房价最低的一晚也需要 900 美元，总统套房则要 1.8 万美元。总统套房的家具是镀金的，设有一个电影院，两间卧室，两间起居室，一个餐厅，出入有专用电梯。酒店内有海下餐厅和空中餐厅，去海下餐厅需要乘坐潜水艇，沿途可以观看到美丽的热带鱼。观光者可以到酒店 28 层平台上乘坐飞机到高空俯瞰迪拜美丽的夜景。为了方便客人出入，酒店备有 8 辆宝马和两辆劳斯莱斯豪华轿车接送客人，不过费用是惊人的，参观一下酒店都要花上 50 美元。

2) 迪拜 Hydroplis 海底酒店

特点：建成后的酒店像一个巨大的气泡，悬浮在海上。

图 10-13 世界地图岛

资料来源：http://www.360doc.com/content/14/0122/10/7536781_347053351.shtml

图 10-14 阿拉伯塔

资料来源：http://www.earsgo.com/m/spotview.jsp?id=16790

世界最大的海底酒店——Hudroplis 是棕榈岛计划的一部分，2009 年动工，造价约 6.6 亿美元。这个海底酒店占地约 11×10^4 m^2，共有 220 套客房，最便宜的房间每晚也要 6 000 美元。海底酒店主要采用特别加固的树脂玻璃和钢筋混凝土构筑而成。酒店内部具有一切豪华酒店应有的设施。酒店的入口、前台以及管理部门都设在海岸上，顾客会通过一条 510 m 的玻璃隧道进入酒店。

另外，为了防止恐怖袭击，酒店还配备高精密度的雷达反导弹系统。如遭遇险情，防水闸门将及时把遭破坏的设施同酒店其他部分隔开。

3）法国"AZ"人造浮岛酒店

特点：移动的人造浮岛，体积庞大无法靠岸，一旦下水将永远属于海洋。

法国工程师让·菲利浦·佐皮尼设计的"AZ 岛"是一座方圆约为 10×10^4 m^2 的浮岛（见图 10-15）。岛长 400 m，宽 300 m，高 80 m。岛上建有 5 000 间客房和餐厅、娱乐中心等设施，可以容纳 7 000 名观光客，大约有 3 000 名工作人员为他们提供周全的服务。除此之外，岛上还建有一个人工潟湖，一条有轨电车线路，以及可供帆船和补给船停靠的数座码头。

图 10-15 法国"AZ"人造浮岛酒店

资料来源：http://www.qingdaonews.com/gb/content/2005-02/05/content_4270241.htm

按佐皮尼的设计，这个"AZ"岛是一个可以移动的岛，航速约为 15 kn（约合 28 km/h），可抵御 20 m 巨浪。岛上装配的马力巨大的推进器，可以保证它从地中海出发，安然穿越加勒比海的安的列斯群岛，直抵波利尼西亚群岛。当然，如此巨大的人造岛，其基础构建十分重要，根据现有的材料和技术水平，设计师把"AZ 岛"的基础部分划成 8~9 块构件（每块只有标准足球场大小），然后运到海上组装。待基础部分拼装就位，工人们就可以登上这座浮岛，轻松安装配套娱乐设施。

目前，如此巨大的浮岛还没有一个码头可以让它停靠，所以"AZ"岛一旦下水将永远属于海洋。它的修护完全依靠水下机器人。

4）美国"海神"海底酒店

这座海底水晶宫由美国潜艇有限公司总裁布鲁斯·琼斯投资4 000万美元造成，命名为"海神"（见图10-16）。"海神"在巴哈马的伊柳塞拉岛上。这个海底"水晶宫"分两部分：在海岸上建有咖啡厅、网球场和游泳池；水下则是由一间旋转餐厅、一间酒吧、一间图书馆和20间套房组成，套房的墙由特殊的透明材料制成，外面还有珊瑚园可供游客们观赏。在这里，你可以尽情欣赏奇妙的海底世界：千奇百怪、五彩斑斓的热带鱼，体形庞大、游动缓慢的海龟以及美丽多彩的珊瑚。在温暖舒适的房间里游客会枕着海水入眠，也可能醒来时一条大鲨鱼就游弋在身旁。因酒店里的湿度和压力与海面一致，同在陆地上穿行一样，游客不用戴着笨重的水中呼吸器，只需要乘坐自动扶梯，穿过隧道便犹如置身海底世界。

图10-16 美国"海神"海底酒店

资料来源：http：//mp.weixin.qq.com/s?＿biz＝MzA5NTQ3OTYyNQ＝＝&mid＝200344431&idx＝4&sn＝a6c92775aa9ae35a917b2c8ba593283d

海底酒店除了给人极尽奢华享受外还凸显了环保意识。琼斯认为，它的建成和开放会起到保护海洋资源的作用。他说："向人们展示美妙的海底世界是唤醒人们保护海底资源的最好方式，因为只有对水世界有亲身的经历，才会激发人们去保护海洋资源。"

5）美国凡尔纳海底酒店

特点：第一家海底酒店。

凡尔纳海底酒店是以法国科学幻想家凡尔纳的名字命名的，是世界上第一家海底酒店。

始建于 1993 年的美国佛罗里达州基拉各市的浅海底。

这家海底酒店，长 15 m，宽 6 m，其顶端离水面有 9 m，整个酒店用合金材料制成。内设客厅、卧室、厨房、浴室，可容纳 6 名住客，享有现代化家用电器设备。顾客们在服务员的殷勤招待下，可用微波炉烹制食品，还可用电话随时与岸上的亲戚朋友通话。还可以观看海底景色，可以潜水。但是美中不足的是酒店规定，住宿者必须是合格的潜水员，这样一来就将大量的游客挡在酒店之外了。

10.1.7 无居民海岛及海域管理

全球四大洋都有无居民海岛。拥有无居民海岛的亚洲国家主要有中国（包括台湾和香港）、孟加拉国、印度、印度尼西亚、菲律宾、马尔代夫、韩国、日本等；非洲国家主要有南非、肯尼亚、坦桑尼亚、马达加斯加等；欧洲国家主要有荷兰、丹麦、法国、德国、希腊、意大利、俄罗斯、西班牙、英国、葡萄牙等；美洲国家主要有美国、委内瑞拉、巴西、加拿大、智利、哥伦比亚、墨西哥、秘鲁等；大洋洲国家主要有新西兰、澳大利亚、斐济、密克罗尼西亚联邦、帕劳、所罗门群岛等。

另外，美国、英国、法国、荷兰、丹麦等国分布在太平洋、印度洋和大西洋的群岛属地中，也包含很多无居民海岛。

10.1.7.1 各国大多只租不卖

世界上很多无居民海岛具有开发旅游或私人度假的潜能。鉴于此，美国、加拿大、英国、荷兰、法国、瑞典、澳大利亚等国已制定了有关无居民海岛开发与保护的管理法规。

1999 年，美国成立了跨部门海岛事务管理机构，负责与美国内务部协商确定与海岛事务相关的问题，并为政府在制定岛屿政策方面提供建议。美国普遍采用出租的办法行使无居民海岛使用权。如美国田纳西河流域管理局通过出租的方式，向私人转让公有海岛使用权，用于休养、避暑、划船、钓鱼以及类似的消遣活动，还通过出租方式向公司、企业或私人转让公有海岛土地，以修建码头或工厂、仓库等。

英国的无居民海岛，名义上都归皇室所有。为了获得经常性收益，皇室一般是将海岛出租给私人，由私人开发后再进入市场。租期届满时，私人修建的建筑物无偿归属无居民海岛所有者，所有者可将其转租。

在澳大利亚，政府向企业及个人提供无居民海岛的重要方式也是出租。租约必须符合规划，并需要批准；如无居民海岛改变用途需事先申请，经批准后重新订立租约，如擅自改变用途，政府有权收回海岛。

在新加坡，无居民海岛可以定期出租。政府将一定年期的无居民海岛使用权转让给使用者，使用者接着可自由转让和转租，但年期不变。使用年期届满，政府即收回海岛，岛上建筑物也无偿归政府所有。到期后如要继续使用，可向政府申请。经批准可再获得一个规定年限的使用期，但必须按当时的市价重新付钱，相当于重新租岛。

印度尼西亚是世界上最大的群岛国，有约 1.7 万个岛屿。目前，印度尼西亚政府鼓励外国投资商租用其无居民海岛，以发展岛屿经济。印度尼西亚政府表示，将给无居民海岛租用者减税并提供其他一些优惠政策。租用者可在 30 年内拥有岛屿的使用权，30 年后还可申请延期。印度尼西亚还成立了伊斯兰金融合作俱乐部，专门吸引来自海湾国家对无居民海岛的投资。

阿拉伯联合酋长国的"世界群岛"是人工建筑的岛屿集群。其中一些岛屿已经售出，例如，其中的"希腊"岛被曾是《花花公子》封面女郎的美国演员兼名模帕米拉·安德森买下。

10.1.7.2　环保人士提供技术援助

无居民海岛是一个独立而封闭的生态环境小单元，其生态系统相对独立。这种生态系统极脆弱，易遭破坏，且破坏后很难恢复。有些无居民海岛还构成一个国家的领海基点，一旦地表受损将直接损害一国在国际法上的海洋权益。

因此，在无居民海岛开发中，环境因素往往比经济因素更受重视。我国 2003 年出台的《无居民海岛保护和利用管理规定》第一章第一条就开宗明义："为了加强无居民海岛管理，保护无居民海岛生态环境，维护国家海洋权益和国防安全，促进无居民海岛的合理利用，根据有关法律，制定本规定。"

1973 年，联合国教科文组织制定了有关海岛生态系统合理利用的"人与生物圈计划"，该计划首先在南太平洋的若干岛屿上实施，随后推广到地中海、加勒比海上的岛屿。1992 年 6 月，在巴西里约热内卢召开的联合国世界环境与发展委员会会议通过了《21 世纪议程》，其中包括"小岛屿的可持续发展"。1994 年，该组织又通过了《小岛屿发展中国家可持续发展行动纲领》，要求各国采取切实的措施，加强对岛屿资源开发的管理。

许多无居民岛屿生态系统脆弱，环保人士对相关的开发计划十分担忧。据"私人岛屿在线"网站介绍，对私人岛屿开发影响较大的环保组织有：1972 年成立的"岛屿资源基金会"、1989 年成立的"觉醒工程"、1994 年成立的"岛屿保护与生态组织"，还有"海洋生态"和"自然保护"组织。他们不仅向政府和公众宣讲私人岛屿开发中环保的必要性，还利用自身专家资源丰富的优势，提供直接的技术援助。在这些组织的呼吁下，希腊、日本等国在无居民海岛开发中优先采用风能、海洋能、太阳能等可再生能源和雨水集蓄、海水淡化、污水再生利用等技术，形成"低碳"用岛的模式。

当然，在主权国家仍是基本治理单位的当代世界，国际组织的建议和非政府组织的工作，都只能起到辅助作用。大多数国家政府，出于可持续发展的考虑，也很重视对无居民海岛的环境保护。

10.1.7.3　多国海岛开发有专门立法

荒岛开发，环保先行。根据保护措施的不同，各国对无居民海岛的开发与管理，可分为 3 种模式。

第一种是开发模式。国外对地理位置偏远、资源匮乏的岛屿，多采用开发模式，以充分利用海岛资源，优先发展经济。其典型代表是日本的孤岛振兴法。20 世纪 70 年代，日本先后出台了《日本孤岛振兴法》和《日本孤岛振兴实行令》，该法律与实行令适用于远离日本本土"与世隔绝"的孤岛，非常明确具体地规定了孤岛的振兴计划以及国家的经费投入。

第二种是保护模式。其制度设计主要着眼于岛上的生物多样性、生态环境以及各种资源，尤其是不可再生资源的保护。美国、澳大利亚、加拿大等国，对海岛上有珍稀物种或历史遗迹的岛屿，往往采用保护模式。美国得克萨斯州的山姆洛克岛管理计划，佛罗里达州的威顿岛保护方案，澳大利亚的罗特内斯特岛的管理计划都属此列。

第三种是兼采开发模式与保护模式。例如，澳大利亚的《劳德哈伍岛法》既详细规定了对岛上土地的利用，又注重对岛上资源的保护和管理。

环保措施的基础是立法。国外无居民海岛使用权制度的立法方式主要包括单行立法和分散立法两种。在单行立法中，有的法律适用于全国范围内某一类无居民海岛，例如日本的《日本孤岛振兴法》、韩国的《岛屿开发促进法》。有的法律则适用于某个或某些特定的海岛，例如澳大利亚新威尔士州的《劳德哈伍岛法》。该法于1954年4月23日生效，近50多年中，经历了20多次修改。该法主要规定劳德哈伍岛的董事会的选举和组成方式、董事会的权力、责任与运作方式，岛屿的环境计划与评估，对岛上土地的利用等方面的内容。《日本小笠原群岛振兴特别措施法》《日本奄美群岛振兴开发特别实施法》也属于这类法律。分散立法是指一些国家的无居民海岛使用权制度散见于相关的法律法规中，如美国的《1972年美国联邦海岸带管理法》就包括了对无居民海岛的管理。

10.1.7.4 印度尼西亚无居民海岛

印度尼西亚是一个由约17 500个岛屿所组成的国家，其中922个是固定有人居住的岛屿，因此，其国土的组成非常零碎。印度尼西亚群岛分布范围甚广，东西达5 300 km，南北约2 100 km，且所涵盖岛屿总数过多，因此，印度尼西亚政府仍在进行国内所有岛屿的调查工作，故岛屿总数仍在持续变化中。另外，与邻国亦有对两国边界上所属岛屿的属权争议。

印度尼西亚境内有许多无居民海岛在当时尚未开发，为促进观光发展，印度尼西亚政府于2000年即有出租境内1 000~2 000个小岛为观光旅馆发展的构想。然而，因担心岛屿主权的丧失、无法控制岛屿的资源被过度开发、政府对当地不再具有公权力、成为毒品非法交易的转运站及未能尊重原住民生活与生存权等负面冲击，一些非政府组织团体、无人岛附近居民与一些既有岛屿观光旅馆业者对这项提议提出反对意见。故依循保育的原则与所发展的商业行为必须以此地为基础，且能增加当地与邻近居民为印度尼西亚政府对小岛投资者的主要规定，来减少反对此小岛出租政策的阻力。海洋观光、珍珠、大型蛤与海参等养珠业为发展商业活动的同时，亦能进行保育的工作。并且，小岛是否配合此项政策出租，其最终决定权在于省政府。在给予特定团体（如个人、合法实体与惯例性使用的当地小区）特定海域的商业使用权时前，必须先完成策略计划、海域分区计划、发展计划与行动计划的拟订等，以划设适合不同活动的使用分区，即渔业、观光与保育三大分区。中央政府将此项土地使用分区工作指派给地方政府（如省政府、县/市政府），而中央政府负责各地方政府辖区以外地区的土地使用分区工作。印度尼西亚的小岛出租计划以100个小岛为先期的推动工作，出租期限最高可达85年。

在印度尼西亚的部分群岛（如Raja Ampat）因为对森林和礁岩地区具有传统领域权的宣

称，而发展需取得保育使用权协议的可能性。此外，数百年以来，印度尼西亚群岛的海岸居民即认为海洋是公开使用的公有产物，印度尼西亚政府也视印度尼西亚所属海域对所有个人皆是可无偿使用的。因此，在小岛的出租与开发时，小岛土地权属与可使用海域权属的范围认定与避免影响当地与邻近居民生活所需空间与资源等，尤其是在具有原住民自决权的省份或地方政府，是相当重要的。Misool 生态度假旅馆（Misool Eco Resort）租赁与使用权案例如下所述。

1）计划概述

此生态度假旅馆区位于印度尼西亚 Paupa 省 Raja Ampat 群岛的 Yellu 村，于 2005 年与无居民海岛与海域所有权人签订了土地租约协议，涵盖 1 km² 的与 0.25 km² 的 2 个无人岛（分别为 Batbitim 与 Jef Galyu 岛）及其周边约 200 km² 的海域，为 25 年的租约，每 5 年的第 1 年需付租金。

2）法令依据

Paupa 省的法令赋予人民拥有岛屿、海滩、礁岩与水域所有权的权利。而 Paupa 省具有特定程度的自治性，所以合约是建立在 Paupa 省和印度尼西亚国家法令的基础上。

3）参与合约签订的团体

Misool 生态度假旅馆代表、South East Misool 的 Camat 区长、Yellu 村的村长与秘书、Yellu 村的当地传统与文化领导者、Raja Ampat 自治区的区长与观光局局长与原住民。

4）合约权利与限制

拥有 Batbitim 与 Jef Galyu 两个无人岛的绝对权利，涵盖山丘、森林、椰子树、水源、动物与周围的沙洲。另外，也指定其周边地区约 200 km² 为禁止采取区域（No Take Zone），除了 Misool 生态度假旅馆人员外，任何人皆不可从禁止采取区取走任何海洋资源（如珊瑚礁岩、乌龟、鲨鱼、魟鱼与其他鱼类）。

5）费用与交换益处

Yellu 村从此合约可获得的益处，除了每 5 年一期的租金外，因为合约所限制的海洋资源使用规定，也可使当地保有永续观光的资源。另外，观光与禁止采取区的建立所需的人力资源与带来的经济收入，也为 Yellu 村的居民带来新工作机会、员工福利、商品与服务的提供、语言技巧与未来子孙繁盛的海洋环境等益处。

此案例为一个成功结合观光与生态发展的无居民海岛开发案例，因为海岛观光与其周边的海洋资源息息相关，故度假旅馆业主所需的不仅是无居民海岛的使用权，还包含其周边海域的资源限制使用权，如此，方能确保其潜水基地或沙滩环境的质量。然而，禁止采取区的设置，将影响到既有渔业相关活动，也会严重影响到他人的渔业资源可及性。故法律政策的配合、良好的沟通、考虑当地与邻近居民的生活所需渔业资源及对地方的回馈皆是成功发展小岛租用的关键。

10.2 国内海岛开发案例

广东省从 1997 年开始，围绕海洋的开发、建设，开始对海岛进行管理，并以珠海的万山群岛作为开发试验区，发展海岛旅游业、仓储业。惠州的纯洲岛当地规划用 3 年左右的时间，将纯洲岛开发成一个世界级的石油化工产品仓储工业区。

福建省厦门市海域有 17 个无居民海岛，该市在全国率先颁布了无居民海岛开发与利用的地方性法规。厦门市在无人岛火烧屿上，利用海沧大桥桥墩兴建青少年科技博物馆，并以岛上地学资源为基础，发展地质观光旅游项目，吸引了大批游客。另外，厦门无人岛大屿、鸡屿建立了白鹭自然保护区，开展生态旅游。

在浙江宁波的象山岛，当地有公司放养鸡、鸭甚至野猪等动物，旅客可以上岛打猎。

海岛被认为是海水养殖的理想场所。无居民海岛受外界干扰少，本身就是一个天然生态系统，适合各种海珍品的生长。例如：七连屿——西沙群岛中 7 座相邻不远的岛屿，面积不大，大多相距仅几百米。这一带海域有几百种浮游生物，还有数百种鱼类，如石斑鱼、鲨鱼、金枪鱼、刺尾鱼、蝴蝶鱼、隆头鱼等。礁盘 5 m 以内，还有各种名贵螺以及龙虾等。

本节即以旅游娱乐海岛、自然保护区内海岛、农林渔业用岛三类海岛发展为案例，以供其他定位相同或相似海岛发展参考。

10.2.1 旅游娱乐海岛开发案例——厦门鼓浪屿

10.2.1.1 地理位置与环境资源概况

鼓浪屿因其西南海岸边的海蚀洞，在涨潮时受到浪潮冲击时，声如擂鼓，而获得鼓浪屿之名。鼓浪屿位于福建厦门南部，厦门市思明区行政范围内，与厦门岛仅相隔约 600 m 宽的鹭江，搭乘渡轮仅需约 5 分钟，其面积大小约 1.87 km^2，岛上人口约为 18 000 人，为厦门最大卫星岛，素有海上花园之称（见图 10-17）。鼓浪屿地处亚热带，平均温度约为 21℃，夏季炎热，最高温为 38℃，冬季温暖，5—8 月为雨季，当地适合旅游季节为秋、冬季。

鼓浪屿具有丰富的文化资源，因为鼓浪屿于 1902 年曾被划为公共租界区，陆续有英国、美国、法国、德国、日本等 14 个国家先后在岛上设立领事馆，当地因此被发展为大规模的西式住宅区。因具有此段租界历史，所带来的领事馆文化（各国所建的领事馆）、宗教文化（基督教、天主教及新教文化等教会与传教士所兴办的教堂、医院、学校）、音乐文化（较早受到宗教形式的西方音乐的影响，岛上现今有 100 多个音乐世家，被中国音乐协会命名为音乐之岛，并有琴岛之美名），与当地居民人文素养的结合，而形成一融合闽南文化、延平文化与多国外国文化的丰富文化内涵，并因而留下多样建筑风格的建筑物，而获得万国建筑博物馆之美称。

鼓浪屿岛上绿树成荫、山丘林立，错落有致，露天岩多呈球块状，日光岩、英雄山等巨石耸立，而形成山、海、岛典型的自然景观。当地许多园林的建设即善用这些自然景观，而

图 10-17 厦门鼓浪屿

资料来源：http://baike.baidu.com/picture/25522/14998989/0/0b46f21fbe096b630a932d0708338744eaf8acdb.html?fr=lemma&ct=single#aid=0&pic=0b46f21fbe096b630a932d0708338744eaf8acdb

造就了日光岩、菽庄花园、皓月园、毓园等重要景点。鼓浪屿的天然海岸为海蚀地貌与沙滩环绕，鼓浪石、仙脚岩等奇特地形成为重要观光景点，沙滩区也多发展为海水浴场区。鼓浪屿濒临中华白海豚保护区、文昌鱼保护区与大屿岛白鹭保护区，亦具有生态保育的价值。

鼓浪屿因具有极独特之文化与自然景观，于 1988 年与万石山及其周边海域被列为鼓浪屿—万石山国家级重点风景名胜区（见图 10-18）。鼓浪屿为厦门地区最具观光吸引力的风景区，以日光岩、菽庄花园、皓月园、毓园、环岛路、鼓浪石、博物馆、郑成功纪念馆、海底世界与天然海水浴场为主要景点，被评定为福建十大风景区之首。

鼓浪屿的唯一连外交通方式为渡轮，从鼓浪屿到厦门岛搭乘渡轮仅需约 15 分钟，因此，厦门岛为游客到鼓浪屿的重要转运站。鼓浪屿至厦门岛往返的渡轮正常班次为每 15 分钟一班，上下班尖峰期为每 10 分钟一班，离峰时则为每小时一班。鼓浪屿为保持无车岛之宁静环境，仅准许必要之消防、卫生与安全相关机动车在岛上行驶，电动公交车为岛上主要的环岛交通工具，岛上交通以步行、自行车及板车为主。

10.2.1.2　开发利用情况

全新管理模式与实行机制可对风景区的永续发展大有帮助，因此致力于鼓浪屿 ISO14001 环境管理标准的认证。1999 年 5 月，日光岩先行实施 ISO14001 标准，并通过了 ISO14001 环境管理系统标准认证，成为中国首家实施 ISO14001 标准的风景名胜区。并于 2000 年 4 月开始实施鼓浪屿全岛 ISO14001 环境管理体系的建立工作，在 2000 年 12 月底通过认证，而成为中国第一个获得 ISO14001 标准认证的风景区兼行政区。更于 2002 年 4 月成为被中国环保总

图10-18　厦门鼓浪屿局部景观

资料来源：http：//baike.baidu.com/picture/25522/14998989/0/0b46f21fbe096b630a932d0708338744eaf8acdb.html？fr=lemma&ct=single#aid=393766&pic=d058ccbf6c81800ae5e917a4b53533fa828b4708

局核定的ISO140001国家示范区。

鼓浪屿—万石山风景名胜区管理委员会为鼓浪屿环境体系的实施单位，实施范围为此名胜区的鼓浪屿景区部分，并从管理委员会内成立了实施ISO140001标准领导小组，最高主管与管理者代表分别为管理委员会的主任与副主任担任。所实施重要环境与资源保护概况如下所述。

1）以科学系统的规划保证风景名胜区的永续发展

2001年10月，中国国内30余位知名专家、学者与企业家参加由主管单位所召开的鼓浪屿发展规划专家研讨会，针对鼓浪屿的性质定位与发展目标、合理规模与容许量限制、功能分区与土地利用、园林绿化与生态环境、自然风景保护与措施等方面，对鼓浪屿的发展提出建议。会后，参照专家所提出意见，将发展规划分为概念性规划、总体规划与控制性细部规划分期实施。已实施的概念性规划将鼓浪屿规划为：东部为合理调整的旅游服务区、南部为严格控制的自然风景区、西部为充实完善的人文艺术区、北部为积极拓展的音乐旅游区、中部为调控优化的风貌建筑区。

2）控制污染源头，致力污染源治理

（1）杜绝工业污染源

从1990年初，以将近10年的时间，厦门市与思明区政府出资约10亿元人民币，将所有工业移出岛外，并将原工业用地转变为游憩用地与绿化用地。

（2）杜绝固体废弃物对海域的污染

自1997年起，鼓浪屿的民生垃圾即统一收集，并由船运出岛外处理；医疗废弃物经无害化后送交专业机构处理，以从根源杜绝对海域的污染。从2001年起全岛实施垃圾分类，并经垃圾中途处理站处理，以确保垃圾分类之成效。

（3）对燃料油烟的治理

自2002年6月起，规定岛上餐饮业全面使用液化煤气、电等干净能源及停止使用煤燃料，并鼓励油烟净化处理设施的使用。

（4）生活污水处理

改善原有鼓浪屿岛上居民生活污水未处理即直接排入海中的排污方式，规定较大型旅馆与酒店均需采用污水处理设施，于2004年在岛上设置生活污水处理厂。

3）旅游资源得到合理的开发和保护

①制定鼓浪屿历史风貌建筑保护相关条例，政府部门经费投入，以修旧如初为建筑修缮原则，进行历史风貌建筑的更新与保护。

②建立鼓浪屿钢琴博物馆。

③增加景区相关基础建设。政府部门投入2亿多元，进行观光服务道路建设、改善，建设全岛背景音乐系统，建立游客服务中心，增加公园绿地面积，以提升景区环境质量。

4）生物多样性保护与研究

①加强植物资源的保护。进行鼓浪屿植物资源调查，以了解全区植物种类、数量和分布状况，并针对危害岛上树木外来植物猫爪藤防治进行研究与人工清除工作。

②对珍稀物种的保护。将2000年3月于厦门海域所发现的巨型抹香鲸尸体制成标本，并建设抹香鲸馆。另外，2001年4月在鼓浪屿西北侧设立固定的生态观察站鼓浪屿中华白海豚保护试验区，与相关科学研究机构合作，以进行人工投饵、就地保护试验、观察、统计分析与生态研究。

5）强化风景区的保护管理措施

①拆除对景观造成不良影响的建筑，并增加绿地面积。依照ISO14001标准，鼓浪屿具有建筑密度过高与绿地不足的问题，从2003年起开始分期进行违章建筑与老旧建筑之拆迁工作，拆除后的空地即转化为绿地使用，并将被拆迁人安置到岛外。

②积极推进省级再生经济试验区工作。2004年，由德国协助，提出鼓浪屿民生垃圾与污水综合处理后再利用的规划方案，成为福建省4个再利用试验经济区之一，本项工作以省、市环保局为主导，鼓浪屿风景区管委会配合推动。

③充实和丰富鼓浪屿的人文旅游内涵。历经20多年的发展，鼓浪屿的自然资源开发已趋饱和，但岛上丰富的文化资源仍具有发展空间。因此，鼓浪屿—万石山管理委员会提出"三个十"工程的建设开发，即10个音乐天才、10个民俗艺人、10个文化景点，以将鼓浪屿之观光发展从以自然景观为主转向以人文景观为主的方向，而将点状式的旅游模式转为区域式的形式。

10.2.1.3 经验总结

鼓浪屿具有丰富的自然与文化资源,并有地利之便(离厦门岛仅需约 15 分钟的渡轮距离),并以海上花园、风貌建筑与音乐文化为全区观光发展特色,故每年吸引将近 500 万游客到访。更因其风景区管理单位主管对 ISO14001 标准的前瞻性看法与认同,促成鼓浪屿全岛获得 ISO14001 环境管理体系标准认证,而对整个风景区发展导向永续发展与生态保护,并强化文化资源观光发展潜力,减少对已饱和的自然资源持续开发。

10.2.2 自然保护区内海岛——石臼陀

10.2.2.1 地理位置与环境资源概况

石臼坨又名菩提岛,位于河北乐亭县西南唐山湾近海海域,河北省乐亭县西南 39.3 km 的渤海湾中,距大陆 4 km,距大清河口最近处 900 m。区域面积约为 5.07 km^2。距大陆海岸最近处 1 100 m,它是滦河改道变迁形成的废弃三角洲外围沙坝体系的残留部分经潮流作用形成的蚀余性沙岛,海岸线主要类型为粉砂淤泥质和人工海岸线。该岛开发始于 1985 年,石臼坨为华北第一大岛,是距北京最近的生态海岛,河北省生态旅游开发示范区,国际观鸟基地,集海岛风光、佛教文化、原始生态、休闲度假为一体的省级风景名胜区,国家 AA 级旅游景区,具有"大岛、沙岛、海岛、绿岛、鸟岛、荒岛、日月岛、佛家岛"8 个特性,有"孤悬于海上的天然动植物园"的美称(见图 10-19)。

图 10-19 石臼陀风光

资料来源:http://www.chinaislands.gov.cn/contents/20238/2812.html

10.2.2.2 开发利用情况

1985年6月，乐亭县人民政府开始对石臼坨岛进行开发，第一次将石臼坨等岛屿划为自然风景保护区，并投资43万元购置了机动游艇，修建了石臼坨岛靠船码头和饭店等。当年7月30日，举行了石臼坨岛旅游开业典礼，全年接待游客逾万人。1990年2月，河北省人民政府将石臼坨岛确定为省级风景名胜区；2001年2月，坐落于石臼坨岛上的潮音寺被河北省政府确定为"省级重点文物保护单位"。

2002年2月，乐亭县人民政府与唐山宏文集团公司签订了菩提岛旅游开发合同。此后，宏文集团公司先后投资2 765万元，对岛上潮音寺进行了修复，重建了中殿、前殿、钟楼、鼓楼、东西配殿等，购置了佛像、油漆彩绘，建设了周边碑林、讲经台、和尚井等景点；对环岛防潮堤维修加固，并修建了齐全的别墅、山庄、木屋等住宿设施和多种游乐设施。2002年初，石臼坨被河北省政府批准为省级自然保护区，而后又被河北省海洋局列为海岛湿地保护区。2005年5月29日，经河北省人民政府批准建立石臼坨诸岛海洋自然保护区。

2006年9月由北京满汉全席技术交流中心投资开发，投入3 000多万元，扩建了登岛码头、门景广场、步游路等基础设施，新建四星级旅游厕所3座，增设了观音台、十八罗汉、景观石等景点，购置了电瓶车、脚踏船等旅游服务游乐设施，启动了朝阳庵修复、温泉SPA城和员工办公住宿设施建设等。

当前，游石臼坨岛有游船和快艇接送。岛上客房建在丛林中，前临大海，波涛相闻，岛上娱乐项目丰富多样，每天吸引着众多的来自京津唐的游客。

10.2.2.3 经验总结

1) 海岛环境不堪重负

石臼坨岛的优势是自然景观，随着海岛的开发，这些自然景观前景堪忧。在上岛的码头上，除了来往的游人，还有运输船从岸上拉来石子、水泥和钢管，在岛上还随处可见堆积的建材，这些迹象都表明这里还将有更大规模的建设。从2006年起，海岛承包方将对石臼坨展开为期40年的开发旅游。整个石臼陀岛除南部是黄土岗自然保护区和国际观鸟基地外，其余地方都将被建设成餐饮酒吧、温泉、别墅和狩猎场等游玩的景点。而对于这个面积只有 2.09 km^2 的海岛来讲，这样大规模的开发将使海岛环境不堪重负。

2) 开发缺乏有效监管

"石臼坨保护区"是河北省政府2002年批准建立的，保护区建立以后，到2007年相关管理机构还没有成立起来，海岛管理比较滞后。尽管石臼坨岛上各种旅游资源未在保护区的核心区域，但是整个海岛都在缓冲区，不适宜大规模旅游开发。当前石臼坨保护区缺少管理部门的有效监管。石臼坨正被大肆开发和建设，许多植被被砍伐，建成广场和景点，植被覆盖率达到98%的纪录已经成为石臼坨的记忆。而在大规模的建设和长达40年的旅游开发之后，石臼坨岛上的生态环境将会进一步恶化。

10.2.3 海域养殖/放养案例——獐子岛

10.2.3.1 地理位置与环境资源概况

獐子岛位于长山群岛的最南端，由獐子岛、褡裢岛、大耗子岛、小耗子岛4个岛屿组成，距离大连56 n mile。地处亚欧大陆与太平洋之间的中纬地带，属北温带季风气候区，四季分明，季风明显，日照充足。受海洋气候影响，空气温和，昼夜温差较小，无霜期长，达220天。年平均气温在10℃左右，最冷的1月平均气温-7.1℃，最低气温-15.9℃；最热的8月平均气温25.3℃，最高气温30℃。年平均降水量633 mm，多集中在7—9月。

10.2.3.2 开发利用情况

大连獐子岛面积仅约15 km², 人口有15 000人，该岛以海洋水产业为主，集海珍品育苗业、海水增养殖业、水产品加工业、国内外贸易、海上运输业于一体（图10-20）。獐子岛年收成虾夷扇贝20 000 t、刺参300 t，并设有加工厂5座，育苗厂6座。其特殊之处在于，整座岛就代表着一家企业；整座岛的资源变成资本入股，岛上渔民变成企业员工，下海耕田，养殖海中珍品。

图10-20 獐子岛风光

资料来源：http：//baike.baidu.com/picture/133162/133162/0/cc506c8b58272a24c8fc7aca.html？fr=lemma&ct=single#aid=0&pic=14ce36d3d539b6002d777e04e950352ac75cb7c3

獐子岛渔业集团股份有限公司为私人企业，始创于1958年，曾被誉为"海上大寨"，目前已经发展成为集海珍品育苗、养殖、加工、贸易及海上运输为一体的大型综合性股份制渔业企业。公司拥有渔权海域约 $4\times10^4\ hm^2$，海域划分成4区，3区轮流养殖、1区休耕，每年皆可收成，主要养殖品种为刺参、皱纹盘鲍、虾夷扇贝、香螺、紫海胆等多种名贵海珍品，被誉为"海底银行"。公司是国家级虾夷扇贝良种基地，是中国北方海珍品原良种基地，水产品加工水平和质量居国内领先地位。2006年以獐子岛渔业集团股份有限公司的名称正式在深圳股票交易所挂牌，成为一家营收人民币6.3亿元的上市公司，每股股价高达118.5元人民币，成为中国股王。2008年起，獐子岛15 000居民每人都能坐享上千元的年红利，被称为中国最富有的岛民。

獐子岛所使用的是底播养殖模式（让苗在海底自然成长），以人为手段，培育生产高级鱼贝类种苗，养育成至适当大小再放流于适其生长的沿岸浅海海域，以其丰富的天然生产力培育成长后再行捕捞，成功养成大量的海产。同时积极开发、研发及管理，每年仅苗种、养殖设施和管理就投入大约人民币9 000万元（约占获利的50%）。

獐子岛产品质量安全得到了消费者的认可，海参、鲍鱼、虾夷扇贝取得了"无公害食品""AA级绿色食品""有机食品"国内食品安全方面的三大主要认证，并被认定为"原产地标记产品"。海水养殖业易受天灾影响，獐子岛渔业还建立了海洋牧场环境灾害预警机制，拥有自己的养殖海域海洋环境因子（水温）检测预报预警系统，可以对海域灾害预报预警。

10.2.3.3 经验总结

1）海域条件得天独厚

獐子岛所处海域位于39°N附近、黄海冷气团边缘，水流通畅、水质洁净稳定、水温流速适中、天然灾害少、营养盐丰富，适合海珍品的生长，自然条件得天独厚。

2）底播方式保障种苗长成率

采用底播养殖模式，以人为手段，培育生产高级鱼贝类种苗，养育成至适当大小再放流于适其生长的沿岸浅海海域，可确保种苗长成率，减少初期损失。

3）注重持续性研发，使养殖技术得到创新发展

该公司重视研发工作，每年仅苗种、养殖设施和管理投入费用近亿元人民币，并通过五合一（公司-政府-金融机构-科研院所-养殖户）团队合作模式，结合各类社会资源使技术不断创新。

4）品牌认证保障产品市场接受度

成功建立獐子岛品牌，产品通过国家绿色食品认证，取得中国驰名商标，该商标已经在新西兰、美国、澳大利亚、欧盟以及香港等30多个地区完成注册，在消费者心目中有极高的评价。

然而獐子岛的事业并非一帆风顺，曾经发生"生态问题"。在20世纪90年代，獐子岛一

度追求养殖规模，但因养殖密度过大，养殖产品抗逆性下降，连年遭受病害；大量废弃贝壳堆成小山，造成海滩污染。后来经营者才悟出"耕海万顷"更要"养海万年"，投入3 000多万元，营造海藻场，修复与优化海珍品生物生活、栖息场所，设置人工鱼礁、人工藻礁，修复与优化刺参、海胆、皱纹盘鲍、扇贝等海珍品的栖息环境。实施立体化渔业养殖模式，采用海域轮耕的作业方式，一次性通过了美国FDA检测。

第11章 广东省无居民海岛使用申请技术体系

11.1 无居民海岛使用申请审批技术工作流程

根据《广东省适用〈国家海洋局无居民海岛使用申请审批试行办法〉具体程序》，无居民海岛使用实行国家和省分级审批制度。开发利用下列无居民海岛，由国务院批准：造成海岛消失的用岛；实体填海连岛工程建设项目的用岛；探矿、采矿及开采土石等开采活动的用岛；涉及领海基点海岛、国防用途和海洋权益的用岛；涉及国家海洋自然保护区和特别保护区的用岛；国务院或者国务院投资主管部门审批、核准的建设项目的用岛；外商外资项目的用岛；国务院规定的其他的用岛。开发利用前款规定以外的无居民海岛，由省人民政府批准。国务院审批或广东省人民政府审批的开发利用无居民海岛的技术流程基本相同，本章以广东省人民政府审批的开发利用无居民海岛为例探讨其技术流程（见图11-1）。

11.1.1 无居民海岛保护和利用规划

编制无居民海岛保护和利用规划。无居民海岛保护和利用规划是对拟开发利用的无居民海岛编制的单岛保护和利用规划，该规划由县级海洋行政主管部门组织编制，并由县级政府批准（不设县级海洋行政主管部门的地区，由市级海洋行政主管部门组织编制，并由市级政府批准）。

11.1.2 相关专题研究

在收集无居民海岛水文、气象等相关资料和海图、遥感影像等数据的基础上，开展无居民海岛及周边海域水深地形测量、海岛岸线测量、海岛植被、生物、土壤调查以及海岛和周边海域环境监测等专题研究，结合开发无居民海岛单位或个人的需求，在符合相关法律法规和规划的前提下，进行无居民海岛开发项目方案设计，编制工程可行性研究报告等。

11.1.3 无居民海岛开发利用具体方案

根据上述专题研究，结合海岛实际情况，依据《无居民海岛保护和利用规划》，针对无居民海岛使用项目编制《无居民海岛开发利用具体方案》。《无居民海岛开发利用具体方案》是申请审批开发利用无居民海岛的法定文件，也是各级政府审批开发利用无居民海岛项目的主要依据。单位和个人开发利用无居民海岛应当严格按照经批准的《无居民海岛开发利用具体方案》实施开发利用活动。任何不按照《无居民海岛开发利用具体方案》实施的开发利用

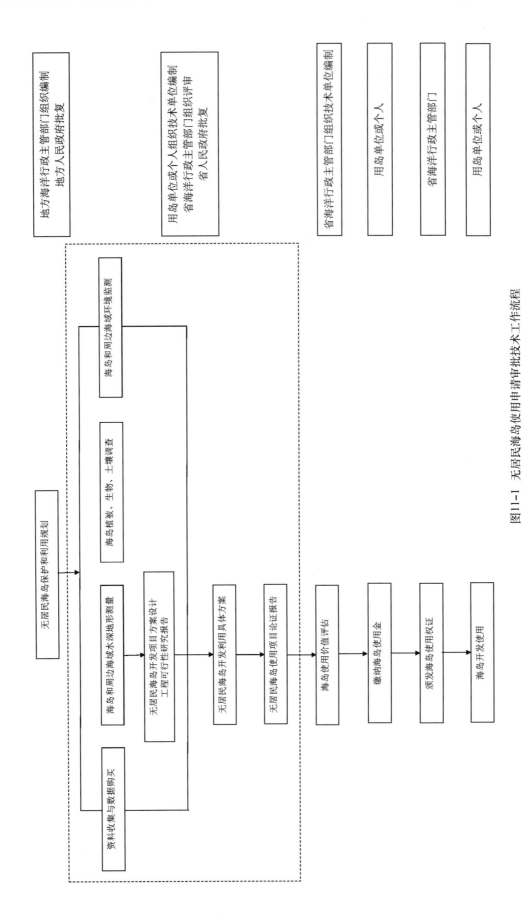

图11-1 无居民海岛使用申请审批技术工作流程

活动，一律视为违法用岛行为，海洋行政主管部门将依法予以查处。

11.1.4 无居民海岛使用项目论证报告

为保证海岛开发利用项目建设的必要性和方案设计的合理性，需对《无居民海岛开发利用方案》进行论证，分析无居民海岛使用项目建设和用岛的必要性，阐述项目用岛与相关规划的符合性，协调项目用岛的相关利益者，评价使用项目的空间布局合理性，海岛开发有关问题处理措施的合理性，海岛保护措施的有效性和保障措施的合理性，最终给出无居民海岛使用项目的结论和建议。《无居民海岛使用项目论证报告》会同《无居民海岛开发利用具体方案》一并作为海岛使用权申请材料上报省海洋行政主管部门，由省海洋行政主管部门审核通过后，报省人民政府审批。

用于非经营性质开发利用的无居民海岛可以采用申请审批的方式出让无居民海岛使用权，用岛单位或个人可以申请减免缴纳海岛使用金。用于经营性开发利用的无居民海岛，应依法采取招标、拍卖或者挂牌方式出让无居民海岛使用权，省人民政府审批通过用岛申请后，由省海洋行政主管部门组织相关技术单位进行海岛的价值评估，由用岛单位或个人根据相关法规缴纳相应的海岛使用金，海洋行政主管部门为用岛单位或个人颁发海岛使用权证，用岛单位或个人才可以严格按照《无居民海岛开发利用具体方案》开发利用无居民海岛。

11.2 海岛专题调查研究

根据海岛地理区位、海岛现状和周边海域环境的不同，所需要开展的海岛专题调查研究也相应有所区别。离岸较近、交通便利、基础设施较为齐全、容易开发的无居民海岛专题调查研究内容较少，一般包括地形测量、环境资源现状调查、海岛开发方案设计等。离岸较远、交通困难、基础设施较差、较难开发的无居民海岛专题调查研究内容较多，包括地形测量、环境资源现状调查、基础设施建设专题研究、海岛防灾减灾专题研究、海岛开发方案设计等，对于周边有典型生态系统或保护区内的海岛，还需进行典型生态系统调查、海岛开发活动对保护区影响等专题研究。对于交通工业类用岛还需进行海岛对资源环境影响专题研究，对于旅游娱乐类用岛还需进行海岛生态承载研究。

11.2.1 地形测量

11.2.1.1 海岛岸线调查

海岸线是陆地与海洋的交界线，一般分为岛屿海岸线和大陆海岸线。根据国家海洋局颁布的《我国近海海洋综合调查与评价专项海岸线修测技术规程（试行本）》（以下简称《岸线修测技术规程》），海岸线是指平均大潮高潮时水陆分界的痕迹线。海岛岸线是岛屿海岸线，是海洋行政管理部门进行海岛管理的依据，通过调查海岛岸线，可以计算海岛面积以及项目用岛面积等。目前，主要是以实地勘测和遥感调查为主，结合调访和地形图及历史资料综合分析获得海岛岸线数据。

海岛岸线调查的主要内容是岸线的类型、长度及分布情况。实地勘测时，岸线位置采用 DGPS 系统或 RTK 等仪器定位，DGPS 仪器标称准确度优于 1 m，修测点位中误差不大于 ±2 m。各种类型海岸的岸线界定参照《岸线修测技术规程》中对于砂质海岸、粉砂淤泥质海岸、基岩海岸、生物海岸、潟湖海岸、河口海岸以及人工海岸等的界定方法。在实地岸线勘测有困难的情况下，可以通过实测控制点对高分辨率遥感影像进行几何精纠正，利用遥感和地理信息系统技术提取海岛岸线信息，并结合实地踏勘情况对其岸线类型进行划分。

11.2.1.2 海岛地形测量

海岛地形测量指的是对海岛测绘地形图的作业，即对海岛表面的地物、地形在水平面上的投影位置和高程进行测定，并按一定比例缩小，用符号和注记绘制成地形图的工作。

海岛地形数据是无居民海岛开发利用的基础数据，利用海岛地形数据构建海岛数字高程模型，从而计算海岛地表形态面积、用岛面积和各用岛区块面积。含工程建设或者土石开采的无居民海岛使用项目，构建比例尺不小于 1∶5 000 的数字高程模型，其他的无居民海岛使用项目，构建比例尺不小于 1∶10 000 的数字高程模型。若有多个不同比例尺的地形数据时，构建数字高程模型应当优先选用大比例尺数据。因此，在进行海岛地形测量时，建议地形数据成图比例尺应大于 1∶5 000（国家海洋局第一海洋研究所，1998）。

目前，海岛地形测量最常用的方法是 GPS-RTK 测图和航空摄影测图。GPS-RTK 是一种运用载波相位差分技术进行实时定位的测量系统。通过 RTK 接收机实时得到地形点在指定坐标系下（海岛地形坐标系统采用 2000 国家大地坐标系，CGCS2000）的三维坐标测量人员根据地物地貌特征点进行数据采集，同时输入特征编码并绘制草图，利用测量专业软件处理 RTK 数据，实现 RTK 数据和测图软件的数据格式统一，同时删除多余点和错误点，展点根据草图绘制地形图（张冠军、张志刚、于华，2014）。航空摄影测量指的是在飞机上用航摄仪器对地面连续摄取像片，结合地面控制点测量、调绘和立体测绘等步骤，绘制出地形图的作业。航测外业工作包括：① 像片控制点联测。像片控制点一般是航摄前在地面上布设的标志点，也可选用像片上的明显地物点（如道路交叉点等），用普通测量方法测定其平面坐标和高程。② 像片调绘。是图像判读、调查和绘注等工作的总称。在像片上通过判读，用规定的地形图符号绘注地物、地貌等要素；测绘没有影像的和新增的重要地物；注记通过调查所得的地名等。通过像片调绘所得到的像片称为调绘片。调绘工作可分为室内的、野外的和两者相结合的 3 种方法。③ 综合法测图。主要是在单张像片或像片图上用平板仪测绘等高线。航测内业工作包括：① 测图控制点的加密。以前对于平坦地区一般采用辐射三角测量法，对于丘陵地和山地则采用立体测图仪建立单航线模拟的空中三角网，进行控制点的加密工作。自 20 世纪 60 年代以来，模拟法空中三角测量逐渐地被解析空中三角测量代替（见空中三角测量）。② 用各种光学机械仪器测制地形原图（韩玲、李斌、顾俊凯等，2008）。

11.2.1.3 海岛周边海域水下地形测量

无居民海岛在开发利用过程中可能会有一些涉海工程，因此需要进行海岛周边海域水下地形测量。水下地形测量一般包括控制测量、水深测量、测深点的平面定位和内业绘图 4 个部分。水下地形测量的平面和高程控制应尽可能与陆上地形测量构成统一整体，目前水下地形测量的平面控制测量工作一般采用GPS完成。水深测量需与陆地上平面位置与高程联系起来才具有水下地形测绘的实用价值，测深与高程系统的联系一般通过水文观测措施实现；简单的水文观测站为立在岸边水中的标尺，标尺零点高程通过水准点联测求得，也可利用周边海洋观测站的水文观测资料获得水位数据；水深测量即测定水底点至水面的高度的测量工作，测量时，测量船沿预定测深线连续测深，并按一定间隔进行定位，同时进行水位观测，常用的测深仪器主要有测深杆、水砣（测深锤）、回声测深仪、单波束测深仪、多波束测深系统、机载激光测深系统等，也可以用遥感技术反演水深地形。测深点的平面定位方法主要有前方交会、后方交会、无线电定位系统、极坐标自动定位系统、动态GPS定位等。整理和检查测量资料，将测深点展绘在图纸上，并标注高程，在相关地形测绘专业软件的支持下绘制等深线（周立，2013）。

根据海岛周边水域水深实际情况以及海岛开发的具体要求，海岛开发设计阶段，水下地形测量比例尺不低于1∶5 000，测量范围根据海岛开发利用项目的用海需求确定。

11.2.2　环境资源现状调查

11.2.2.1　海岛植被调查

由于无居民海岛受人为活动的影响较小，岛体上有大量植被覆盖，但近年来人为干扰增加，生态环境遭受到一定程度的破坏。通过野外调查和资料查询的方法，全面了解海岛主要植被类型、物种数量、结构等，记录和分析样地周边环境和土壤条件状况、乔木和草本植物的相关信息，统计分析植被的密度、相对盖度、多样性指数等，对植被资源、生物栖息地、环境保护等进行评价，为海岛开发提供基础数据。海岛植被调查主要用路线调查和典型调查相结合的方法进行，调查范围包括整个岛屿的主要植被类型，并对调查区域内的植被生物量、生产力等进行分析。植物调查以路线调查记录为主，结合参考前人调查资料，编制植物名录、统计分析区域植物组成的区系特征、制作海岛植被分类图等。植被调查在路线普查基础上，选择典型地段进行样地调查的方式进行，其中，乔木层样方面积为 10 m×10 m，灌木层样方面积为 5 m×5 m，草本层样方面积为 1 m×1 m，记录样方中每株植物的种名、树高（灌、草为株高）、胸径、冠幅（草丛为盖度）等指标，统计其频度、株数等，并根据有关公式计算其重要值、生长量、生物量、物种多样性指数等，确定群落类型及其分布状况，并根据植物光合作用特性分析单位面积森林群落的碳氧平衡（宋永昌，2001）。

11.2.2.2　海洋水文气象调查

海岛周边区域的海洋水文气象观测对于无居民海岛的开发和防灾减灾具有重要意义。海洋气象观测内容一般包括气温、降水量、湿度、盐度、风况、日照、雾况等基本要素；海洋水文观测是为了解海洋水文要素分布状况和变化规律进行的观测，观测内容一般包括：水深、水温、海水盐度、海水密度、潮汐、潮流、波浪、水色、透明度、海冰、海发光等（国家海洋局北海分局，2007）。海洋气象调查一般是采用资料收集、归纳整理的方式，可通过收集海岛周边海洋观测站中多年海洋气象数据，分析得出多年均值、极值等信息。海洋水文调查一般是通过实地调查、观测及计算得到与水文有关的各项资料，合理地进行水利规划、水文预报，海洋灾害的风险评估和预报，为海岛水下工程建设和防灾减灾提供数据支撑（国家海洋局第一海洋研究所，2007）。

11.2.2.3 海洋生态环境调查

对海岛周边海域的生态环境进行现场调查，主要包括水质、海洋生物（叶绿素 a 及初级生产力、浮游植物、浮游动物、底栖生物、潮间带生物、渔业资源、鱼卵仔稚鱼）、生物残毒、沉积物质量等要素，可以充分了解该海域海洋生态环境现状，为海岛开发造成的海洋资源补偿提供测算依据（国家海洋局第一海洋研究所，2007）。

11.2.2.4 典型海洋生态系统调查

对于周边海域存在有典型海洋生态系统（红树林、珊瑚礁、海草床、湿地等）的海岛，需要开展典型海洋生态系统调查。典型海洋生态系统的调查是海岛保护与开发的重要参考依据。红树林资源调查主要是对红树林资源数量、质量、结构、生长环境的专项调查，调查内容主要包括红树林面积、物种、群落类型、郁闭度（盖度）、高度、地上生物量、碳储量等。珊瑚礁调查内容主要包括珊瑚礁区域的底质、珊瑚礁分布、种类和生物量、珊瑚礁覆盖率、珊瑚礁白化程度等。海草床调查内容主要包括海草床的面积、分布、种类、结构、生物量和碳储量等。

11.2.3 基础设施建设专题研究

11.2.3.1 海岛交通运输

无居民海岛大多远离陆地，交通运输不便，实现海岛交通运输是开发利用海岛的根本条件。海岛的开发建设、运营管理、后期维护都需以便利的交通运输条件为前提。海岛交通运输专题研究应包括海岛交通运输现状分析与评价，开发利用后的交通运输需求量预测分析、海岛交通运输方案设计等内容。明确海岛地理区位、自然及社会经济条件、陆岛交通体系现状，并对其进行综合评价，从而确定现有的交通运输条件能否满足无居民海岛开发项目的需要。根据无居民海岛开发利用类型和开发项目的功能和定位，预测海岛交通运输需求情况，如交通与工业用岛需预测港口的吞吐量，旅游娱乐用岛需预测游客量等。根据预测分析结果，进行海岛交通运输方案设计，包括陆岛交通、岛上交通以及交通工具的规划等，对于远离大陆的大型岛屿，在有条件和有需求的情况下，可以通过建设机场、港口码头来解决陆岛交通问题，距离陆地有一定距离的岛屿通过码头建设、离岸较近的岛屿可以通过跨海桥梁方式来开展陆岛交通，岛上交通包括主干路、次干路和支路 3 个等级道路的设计，并建议采用生态型交通工具。

11.2.3.2 海岛电力供应

海岛电力供应专题研究应包括海岛电力供应现状分析与评价、电力负荷预测分析、电力系统规划建设方案等内容。对于离岸较近的岛屿，可以通过铺设电缆从陆地输电。离岸较远的岛屿，依靠铺设电缆从陆地输电解决供电问题成本太高、难度较大，在用电需求量不是太大的情况下，建议选择海岛独立发电的方式。建立可再生独立能源电站是解决无电网海岛的能源短缺问题的有效办法。独立电力系统是由波浪能发电系统、太阳能发电系统、风能发电系统、生物质能发电系统、备用电源柴油机发电系统、海水淡化装置和电力控制及监控系统组成。波浪能发电系统、太阳能发电系统、风能发电系统和生物质能发电系统是4个独立的发电单元，输出电能给电力控制系统，经逆变后提供给岛上居民和海水淡化装置用电（张中华等，2012；王坤林等，2010）。2009年年底，广州能源研究所在珠海市担杆岛研建了基于风能、波浪能和太阳能的可再生独立能源电站，为无电网的偏远海岛供电，对解决海岛的能源问题进行了有益的尝试。目前，东澳岛已规划光伏一体化工程，在建的一批太阳能屋顶项目有一部分已经并网发电。万山群岛属风能资源丰富区，岛屿利用风能发电较为理想。通过海岛独立电力系统的研究，规划建设可再生独立能源电站，可有效解决无居民海岛电力供应的问题。

11.2.3.3 海岛淡水供应

海岛淡水供应专题研究应包括海岛淡水资源现状分析与评价、用水量预测分析、水源分析、水资源供需平衡分析、供水系统规划建设方案等内容。离岸较近的岛屿可通过铺设海底供水管道从陆地供水。离岸较远的岛屿通过铺设海底供水管道给海岛供水的施工难度大、工程造价高，因此需采用其他方式进行淡水供应。一是通过船只将淡水送到岛上进行净化处理，如浙江马迹山岛，宝钢集团通过二程船定期从长江取水送至岛上水厂净化处理；二是岛内自给供水，可采用雨水回收利用和海水淡化相结合的方式，雨水回收主要有建造水库蓄积雨水、建造集体水池和水井供水、建立屋顶接水工程蓄水等，其中屋顶集水工程在山东的长岛、砣矶岛和崆峒岛、辽宁大连长海县獐子岛、浙江舟山葫芦岛等岛屿已广泛使用。海水淡化技术是近年来逐步推广解决海岛淡水资源的方法，随着技术推广，成本也逐渐降低，方法主要有蒸馏法、膜法、结晶法、溶剂萃取法和离子交换法等，实践证明真正实用的海水淡化方法是蒸馏法和反渗透法（王慧等，2013；梁承红等，2007；梁军波等，2013）。

11.2.3.4 海岛垃圾处理

海岛垃圾处理主要是对生活污水和岛上固体废物处理等，该研究应包括垃圾量的预测、环卫工程设施的规划建设等内容。离岸近的岛屿可以铺设市政污水管网将生活污水排往集中污水处理设施处理；离岸远的岛屿在岛上建设生活污水处理设施，污水处理后的尾水经过中水处理设施处理，回用于绿化道路浇洒，实现零排放或达标排海。海岛固体垃圾的岛内处理方法有岛上垃圾填埋、焚烧、堆肥、循环利用、建立垃圾生态岛等。岛上填埋和焚烧对岛屿环境破坏较大，堆肥也不适用生态旅游类海岛，建立垃圾生态岛在我国技术还不够成熟，因此如确需在岛内进行垃圾处理可采用循环利用的方式。也可通过船运的方式将岛上产生的生活垃圾运到陆地上垃圾处理场进行处理。岛上生活垃圾处理可采用循环利用后再运往陆地处理，即将岛内垃圾进行分类收集，将可回收的资源先分类选出，再将干、湿垃圾分开采用密闭容器或打包方式转运出岛，返回陆地上一并处理。

11.2.4　海岛防灾减灾及生态专题研究

11.2.4.1　海岛防灾减灾

海岛所在海域时有台风发生，对海岛旅游及岛上渔民的生产生活安全造成一定的影响，因此，需要在了解海岛近年来所在海域台风、风暴潮等自然灾害的发生、等级及破坏等情况的基础上，充分分析台风、风暴潮等自然灾害对海岛开发可能产生的影响，为海岛开发的规模、建筑结构提供基础数据，为无居民海岛的开发提供技术支撑。

11.2.4.2　海岛开发利用对保护区的影响

根据《环境保护部 农业部 关于进一步加强水生生物资源保护 严格环境影响评价管理的通知》（环发〔2013〕86号）的要求，涉及水生生物自然保护区或水产种质资源保护区的建设项目，应当按照国家有关规定进行专题评价或论证。广东省海洋自然保护区涉及的海岛较多，在开发利用自然保护区内的海岛或离自然保护区较近的海岛时，需要进行海岛开发利用活动对自然保护区的影响专题研究。通过该专题研究，进一步明确海岛开发利用对保护区内典型生态系统、珍稀物种、鱼类、环境等所产生的影响，制定相应的海洋生态环境保护及生态补偿措施，对保护区实施监管和保护，为海洋管理部分提供管理依据。

11.2.4.3　海岛生态承载力

在开发利用旅游娱乐类海岛时，根据海岛自然资源环境和开发利用现状，结合海岛开发设想，分析海岛开发对海域生态环境、海岛生态环境的影响，计算海岛现状环境容量，进行海岛的生态承载力分析，进而估算海岛每日所能接纳的最大游客量，控制海岛开发规模，给出维护海岛生态承载力的对策和建议，为海岛的开发设计与海岛开发具体利用方案编制提供参考依据。

11.2.5　海岛开发利用方案设计

11.2.5.1　海岛开发设计概念规划

为了更好地开发利用无居民海岛，需要进行海岛的开发设计概念规划。在分析海岛所在区域和自然资源条件的基础上，结合国内外海岛开发的典型案例，对海岛的开发目标和功能进行定位，规划海岛开发布局方案，并对方案进行功能分区，设计重要的景观节点，提高海岛开发设计水平，为海岛开发利用项目工程可行性研究报告提供有效的技术支持。

11.2.5.2 海岛开发利用项目工程可行性研究

海岛开发设计，在充分分析海岛地形、环境、资源、交通等条件的基础上，分析项目建设的必要性和可行性，明确项目建设方案（包括建设任务和规模、项目规划和布局、生产技术方案及工艺流程、建设标准和具体建设内容、实施进度安排等）、投资估算和资金筹措、项目组织与管理，给出项目建设的可行性研究结论与建议，作为管理部门进行立项管理的依据。

11.3 海岛保护和利用规划

本章研究的海岛保护和利用规划主要是指单个可利用无居民海岛保护和利用规划（以下简称"单岛规划"），单个可利用无居民海岛是指由省级海岛保护规划确定的可利用无居民海岛，以及由省级及以上海洋行政主管部门认定的可利用无居民海岛。无居民海岛的开发利用应遵循"规划先行、永续利用"的方针，实现海岛"在保护中开发，在开发中保护"的开发利用目标，切实促进海岛的可持续发展（"基于生态系统的海岛保护与利用规划编制技术及示范应用"课题组，2013）。

11.3.1 规划编制要求

11.3.1.1 保护生态，改善环境

单岛规划应以保护为首要前提，要注意海岛与海洋生态环境的保护和改善，防止自然资源与生态环境恶化，通过规划与建设创造出舒适、健康、优美、低碳的发展环境，实现海岛环境的永续利用。

协调开发与保护的关系，以保护优先，避免开发性生态破坏问题。改变海岛在快速开发建设阶段中粗放型、低水平的开发模式，防止自然资源的过度开发和生态环境的恶化；在生态保护基础上，加强海岛自然修复与优化工作，充分发挥生态要素改善自然环境的作用，创造优质的海岛生态环境。

11.3.1.2 宏观统筹，区域协调

从海岛发展的辐射带动和内外联系角度，强调规划的统筹协调作用，从宏观层面对海岛开发的支撑腹地和辐射区域作出区域分析，在超越海岛的区域范围进行资源配置、产业布局和重要基础设施建设的协调和规划。

落实上层次规划要求，处理好海岛与周边海域、其他海岛的关系，提出符合区域协调发展的海岛发展规划方案；立足区域，科学规划，合理规划海岛与陆域的互通互联，与区域共建共享基础设施；正确进行规划环境影响分析，对海岛发展所形成的区域正面辐射和负面辐射进行综合考虑，采取措施避免或弱化负面辐射影响。

11.3.1.3 节约用地，集约布局

要正确引导、妥善安排、合理规划，促进各项产业要素的合理集聚，确保海岛空间布局紧凑，提高土地资源的利用效率，节约土地资源。

海岛开发利用规模应根据上层次相关规划、海岛生态系统保护要求和土地利用相关规定综合确定，处理好建设用地与保护用地、开发建设区与生态保护区的关系，既要保证海岛生态系统的动态平衡，又要为海岛产业经济功能建立留出发展空间。

11.3.1.4 因地制宜，创造特色

海岛保护与利用规划应重视特色的设计与营造，避免海岛个性和地方特点的丧失，防止海岛开发建设的同质化。

正确认识海岛的区位优势，以市场为导向，因地制宜，培育海岛主导产业功能和特色产品，发展特色经济，形成具有竞争力的优势产业和地方产品。保护并强化海岛自然环境特色，有条件的情况下，通过保护和发扬地方文化传统，创造有特色的建筑风格，形成风貌独特的海岛景观。

11.3.1.5 因势利导，分期建设

正确处理好"远期合理和近期现实、普遍提高和重点突破"的关系，以"长远合理布局"为战略目标，因势利导，跨越发展门槛，兼顾各分期目标的现实推进和可持续发展。

规划注重与当地国民经济和社会发展保持相对一致，重点确定近期建设目标、内容和实施步骤。根据宏观经济形势，本着实事求是的态度，科学确定分阶段开发规模，各项建设用地必须控制在国家批准的用地标准和年度土地利用的计划范围内；遵循滚动开发，分步发展的思路，切合实际地确定海岛开发建设的时序安排，明确各个阶段的重点项目产品。

11.3.2 规划编制内容

单岛规划的主要任务目标是落实上层次相关规划提出的对本海岛的规划要求，协调国民经济和社会发展规划、城乡规划、土地利用规划、海洋功能区划等相关规划，综合评估海岛生态承载能力，确定海岛的发展定位、开发利用方向、发展规模和空间发展形态，提出海岛开发地块的开发强度控制要求，统筹安排基础设施及服务设施，制定综合防灾规划要求，提出海岛开发与利用的若干重点项目，以及海岛保护的相关政策措施，实现海岛的合理发展和良性保护。

2011年5月，国家下发《县级（市级）无居民海岛保护和利用规划编写大纲》（附件1），明确了单岛规划编制的主要内容。根据对广东省多个无居民海岛保护和利用规划的编制经验，结合实际需求，对大纲内容进行了修改和完善，增加了规划总则、海岛岸线保护和利用规划、海岛功能分区、海岛开发基础设施建设规划、做好与相关利益者的协调、海岛保护区要达到的保护目标和开发利用区域的控制性指标、规划实施措施等章节。

11.3.2.1 规划总则

明确规划目的、规划依据、规划范围、规划期限等内容。

单岛规划的目的是在对海岛基本情况了解的基础上，划定海岛保护区和开发利用区域的范围和保护对象，制定保护区保护的具体措施及对海岛开发利用活动的要求，指导海岛保护和开发利用活动，规范海岛开发利用行为，促进海岛及周边邻近海域资源和生态环境得到有效的保护和合理开发，促进岛、海资源合理配置，实现科学利用海岛，协调海岛及周围海域的统筹发展，实现经济、社会、生态效益的最大化。单岛规划应与国民经济和社会发展规划、海洋功能区划、土地利用总体规划、城市总体规划等规划相协调。规划范围一般为海岛岛体及其周边一定范围的海域。规划期限与国民经济发展规划相适应，近期期限一般为 5 年，远期期限原则上为 20 年，基准数据一般以规划编制的前一年为准。

11.3.2.2 海岛基本情况分析

对海岛的地理区位、海洋水文气象、地形地貌、自然资源、岸线水深资源、开发利用现状、已开展的保护情况等海岛基本情况进行分析与评价，综合评估海岛发展的优势与局限，寻找海岛开发利用的发展机遇。

11.3.2.3 海岛功能分区管制

依据《海岛保护法》提出"科学规划、保护优先、合理开发、有序利用"的规划要求，按照"注重保护，兼顾需求；因地制宜，科学划区；功能突出，要求明确"的划分原则，综合考虑海岛地形地貌、环境资源概况以及开发利用现状，在对海岛岸线进行保护和利用规划的基础上，对海岛进行功能区划分，明确海岛保护区和开发利用区域的范围，并提出各功能区的保护和开发管控要求。

根据海岛保护和开发控制要求，海岛功能区一般划分为绝对保护区（禁止建设区）、环境协调区（限制建设区）、开发建设区（适宜建设区）。绝对保护区（禁止建设区）内禁止较大规模的开发建设行为，允许有少量的生态公益设施建设，明确保护区所要保护的主要对象；环境协调区（限制建设区）内根据需要可做适当开发，但对建设项目类型、开发强度等有一定的限制性要求；开发建设区（适宜建设区）是适宜进行开发建设的区域，对海岛生态系统不会产生明显的不利影响。在海岛开发利用过程中，可能会涉及一些用海项目的，可以划定海域缓冲区的范围，并明确其管控要求。

11.3.2.4 海岛保护区保护的具体措施

明确编制《无居民海岛开发利用具体方案》、海岛保护区养护和维修的具体办法、海岛保护区保护的经费来源、相关单位对海岛保护区的责任和义务、保护区要达到的保护目标等。

规划应根据海岛开发利用方向，在生态功能区划和有关专业规划的基础上，明确海岛生态环境保护的目标和控制要求。协调建设用地与生态环境保护的关系，结合空间管制规划确定各类生态保护与建设区及环境功能区划，提出水、气、声、固体废弃物等污染物的防治措施，明确各主要环境保护设施的布局区位和合适规模。明确维持海岛存在的岛体、海岸线、沙滩、植被、淡水和周边海域等生物群落和非生物环境的保护策略。

11.3.2.5 对海岛开发利用活动的要求

明确海岛基础设施建设规划、海岛开发利用项目类型控制、开发活动期间对海岛的保护措施、项目运营期间的管控要求、海岛防灾减灾措施、海岛开发利益相关者协调、开发利用区域的控制性指标等。

统筹安排海岛基础设施建设，包括综合交通、给排水、能源、信息化等。要依据交通、水利、海洋、电力、通信等各部门的专业规划，结合自然条件、现状特点以及海岛开发利用空间布局，并按照集约利用、有效整合的要求，促进内外联网、共建共享、区域对接，并协调好与城镇布局的关系。综合交通包括水运、铁路、公路等交通方式及站场、港口码头等设施布局，提出陆、岛交通联系的主要方式，具体落实海岛内外各类交通线路及主要站场设施，要突出海岛慢行交通系统的统筹布局，包括步行道、自行车道、旅游专用道等。给排水工程包括水资源保护和开发利用、给水、污水工程。提出发展目标和明确水源地，平衡分期容量指标，明确污水处置方式，提倡区域性供水与污水治理，突出体现建设节水防污型开发要求。能源工程包括供电、燃气、供热等工程，应提出发展目标和容量指标，落实主要供变电、燃气、供热设施。信息化工程包括通信、邮政、广播电视工程，提出发展目标和合理预测有关容量，统筹落实有关设施，重点布置区域性通讯管线。

依据《产业结构调整指导名录（2011年）》，禁止淘汰类产业项目在海岛开发建设，严格控制限制类产业项目在海岛开发建设。鼓励新能源、新材料和新技术产业项目在海岛开发建设，在各类海岛开发利用项目中加强新能源、新材料和新技术的应用。倡导绿色、环保、低碳、节能理念，鼓励探索海岛开发利用新模式。

海岛防灾减灾体系包括防洪、防潮、防（台）风、消防、人防、抗震、地质灾害防治等。规划应统筹考虑海岛防灾减灾需求，确定防洪（防潮）、消防、人防、抗震、地质灾害防治等公共安全设施的总体布局，明确各类设施的设防等级、标准和范围，并制定应对各类灾害的管理对策和措施。

明确海岛开发利用区域的控制性指标，对城镇建设用岛、交通与工业用岛、旅游娱乐用岛中用地功能，要进一步明确其开发利用强度，包括容积率、建筑密度、建筑高度、绿地率等，并确定各类用地之间的兼容性要求。

11.3.2.6 规划实施措施

规划应综合运用政策、经济、科技等手段，提出跨部门共同行动安排，以及规划实施的措施和政策建议。

11.3.3　规划组织编制与审批

11.3.3.1　规划的组织编制

单岛规划由海岛所在地人民政府负责组织编制，具体工作由海岛所在地海洋行政管理部门会同有关部门承担。必要时，可以请求上级海洋行政管理部门的协助与指导。

在规划的编制和实施过程中，应当充分征求公众意见，了解公众需求和要求。

11.3.3.2　规划的审批

评审规划。单岛规划编制完成后，由对应的规划编制组织部门会同有关部门及专家对规划进行审查并出具评审意见。

地方政府审核。规划编制单位根据评审意见和公众意见完成规划方案的细化与完善，形成单岛规划的正式成果，报对应的地方人民政府审核与批准。

公布经审批的规划。由地方人民政府选择适当的方式向公众予以公布或展示，接受公众对规划实施的监督；但法律、法规规定不得公开的除外。

11.3.3.3　规划的修编和调整

单岛规划一经批准，任何组织和个人不得擅自改变。确需对规划进行调整的，应当向原审批机关提出调整申请，经同意后再按规定程序组织调整和审批。

规划调整申请报告应总结上轮规划的实施情况，说明本次规划调整的背景及原因，并提出规划修编的指导思想和技术框架。

11.3.4　规划的实施

单岛规划是指导可利用无居民海岛保护与利用的行动指南和统筹各项建设活动安排的政策纲领，是编制海岛开发利用方案的基本依据。单岛规划由所属地方人民政府组织实施，相应的海洋行政管理部门承担具体工作。单岛规划要制定保障机制，与发展改革、国土、环保、财税、人口等政策密切衔接，形成各部门行动一致的共同制度和行动方案，促使单个可利用无居民海岛保护与利用规划转化为政策、法律和法规。单岛规划要有效使用空间管治手段，积极探索实施空间管治的辅助手段，建立健全引导投资主体自觉遵守规划空间管治要求的利益导向机制，对符合规划空间管治要求的项目实行优先核准制度。单岛规划的实施要建立以海洋行政管理部门为龙头的部门协调机制，明确发展改革、建设规划、国土、环保、交通、水利、卫生等部门协同管理责任，强化规划编制过程各部门意见和建议的协调衔接，保障各类规划之间的有机对接。单岛规划要加强规划的公布和宣传，强化规划实施的社会监督和舆论监督，建立健全规划违法案件举报制度，形成社会共同关心和促进规划实施的良好氛围。地方人民政府应自觉接受人民代表大会对单岛规划实施工作的监督，海洋行政管理部门应定期向本级人民政府和上级海洋行政管理部门书面汇报本规划的实施情况。健全规划实施的监督机制，把单岛规划实施作为政府层级监督和效能监察的主要内容。地方人民政府、地方海洋行政管理部门应对可利用无居民海岛保护与利用的实际情况进行动态监测，加强对规划实施效果的跟踪评估。

11.4 海岛开发利用具体方案

11.4.1 方案设计要求

参考《无居民海岛保护和利用指导意见》，在加强海岛保护的前提下，开展海岛开发利用具体方案（以下简称"方案"）设计，推进无居民海岛的合理开发利用。

11.4.1.1 地形地貌的保护与利用

严格限制填海连岛工程，保护海岛自然属性，防止海岛灭失。填海造地工程涉及海岛的，应通过桥梁和隧道方式连接海岛和陆地。海岛开发利用应充分利用原有地形地貌，避免采挖土石。对于海岛上具有较大科学研究价值或者美学价值的地质遗迹和景观山石等特殊地形地貌，应加以保护。

11.4.1.2 海岸线的保护与利用

海岛开发利用应避免破坏自然岸线资源，确需利用自然岸线的需优化方案设计，减少对自然岸线的使用。在海岛海岸线及周边海域修建码头、房屋等建筑物和设施，鼓励采用透水构筑物形式或者桩基方式，例如栈桥式码头、栈道、高脚屋等。在海岛上建造建筑物和设施应与海岸线保持适当距离，一般应保持在 20 m 以上。其中对砂质海岸线，建筑物和设施应与海岸线保持 50 m 以上距离。海岛开发利用应避免破坏沙滩资源。

11.4.1.3 动植物资源的保护和利用

海岛开发利用应避免破坏海岛植被。海岛开发利用应避免对珍稀濒危或者有研究和生态价值的动植物物种造成影响，可能造成影响的，应采取划定保护范围等有效措施进行保护。海岛开发利用应避免对红树林、珊瑚礁、海草床等典型生态系统和生物栖息地、索饵场、产卵场、越冬场等生态敏感区造成影响，可能造成影响的，应采取划定保护范围等有效保护和恢复措施，防止降低生物多样性。在海岛进行绿化、生态修复等保护活动应尽量采用海岛原有物种或者本地物种，避免造成生态灾害。

11.4.1.4 淡水的保护和利用

海岛开发利用应加强淡水水源地及涵养区的保护，鼓励建设水渠、池塘、水库等蓄水设施。海岛开发利用应采取节约用水的措施，鼓励建立雨水收集、海水淡化、岛外引水等供水系统。

11.4.1.5 人文遗迹及公益设施的保护

海岛开发利用应加强对古建筑、战争遗址等历史人文遗迹的保护，并划定保护范围。海岛开发利用应加强对原有助航导航、测量、气象观测、海洋监测和地震监测等公益设施的保护，并划定保护范围。

11.4.1.6 污水、废水、废气和固体废弃物处理

海岛开发利用产生的污水、废水应进行达标处理，水质满足国家和地方相关标准后方可排放。其中工业、仓储、交通运输、农林牧渔用途污水、废水经处理达标排放后，周边海域水质应不低于第二类水质，对于原有水质低于第二类的，应不降低原有水质的质量；其他用途污水、废水经处理达标排放后，周边海域水质应不低于第一类水质，对于原有水质低于第一类的，应不降低原有水质的质量。鼓励污水、废水处理后进行深海排放或者开展中水回收利用，建立雨污分流两套供水系统以节约淡水用水。

海岛废气排放标准应高于《大气污染物综合排放标准》（GB 16297）等国家及地方相关标准。废气排放、处理设施及场地布置应注意海岛风向，避免对本岛及周边海岛造成影响。可能造成粉尘污染的物品不可露天堆放。

严禁在海岛弃置、填埋固体废弃物。固体废弃物应外运出岛，也可按照规定采用无害化处理方式进行处置，处置率应达到100%。其中危险固体废物的贮存、处置，必须符合《危险废物贮存污染控制标准》（GB 18597）、《危险废物焚烧污染控制标准》（GB 18484）等国家标准；一般工业固体废物的贮存、处置，必须符合《一般工业固体废物贮存、处置场污染控制标准》（GB 18599）等国家标准。

11.4.1.7 建筑物和设施的设计与建设

建筑物和设施的设计应符合国家相关标准和规范，并充分考虑海岛实际情况，色彩选用应尽量与周围景观相协调，以达到建筑物和设施与海岛自然环境的最佳融合。建筑物应合理安排建筑密度，其中房屋建设、仓储建筑、港口码头、工业建设、基础设施5类用岛区块建筑密度一般不大于40%。建筑物和设施应选用节能环保、防潮防腐的建筑材料。建筑物和设施应符合防火、消防、卫生等国家相关标准。海岛开发利用前应进行灾害调查，制定突发事件应急预案，合理设置防灾减灾设施，减少台风、风暴潮、地震、海啸、滑坡、海岸侵蚀等灾害的损害，保证海岛人员的安全。

11.4.2 方案编制内容

2011年3月，国家海洋局下发《无居民海岛开发利用方案编写大纲》，明确了方案编制的主要内容。

11.4.2.1 无居民海岛的基本情况

对海岛的地理区位、岸线面积、海洋水文气象、海岛地形地貌、海岛及周边海域的自然

资源及生态系统、周边海域水深条件、开发利用现状、开发利用区域的地形地貌及生态等海岛基本情况进行分析与评价，为海岛开发利用具体方案设计提供基础数据。

11.4.2.2 开发项目的基本情况

明确海岛开发利用项目的名称、性质和功能。性质为国防用岛、公务用岛、教学用岛、防灾减灾用岛、非经营性公用基础设施建设用岛、基础测绘和气象观测用岛、经营性用岛或综合性用岛；功能应与无居民海岛在各级海岛保护规划中的主体功能定位相符合。

确定项目占用海岛的面积、使用方式和使用年限。根据《无居民海岛使用测量规范》，计算项目占用海岛的水平投影面积和利用海岛地表表面形态面积；明确项目用岛的使用方式对于海岛地形地貌的改变情况；含有建筑工程的用岛，最高使用期限为 50 年；其他类型的用岛可根据使用实际需要的期限确定，但最高使用期限不得超过 30 年。

确定项目中各建设工程及类型。根据《无居民海岛使用金征收使用管理办法》，无居民海岛用岛类型主要有填海连岛用岛、土石开采用岛、房屋建设用岛、仓储建筑用岛、港口码头用岛、工业建设用岛、道路广场用岛、基础设施用岛、景观建筑用岛、游览设施用岛、观光旅游用岛、园林草地用岛、人工水域用岛、种养殖业用岛、林业用岛共 15 种类型。

明确项目建设、运营、维护费用由国家专项资金支持或由开发利用海岛的企业或个人来承担，估算项目工程投资。

根据项目工程类型，确定项目工程施工工艺、主要工程量、施工及运营管理和项目建设时序。

11.4.2.3 开发项目的空间布局

明确项目属于整岛开发还是局部开发，整岛开发项目位置即是覆盖整个海岛，局部开发海岛的项目，给出项目在海岛上的具体位置。

进行项目总体工程的布局规划，制作项目总体平面布置图和效果图，阐述项目各工程情况。根据《无居民海岛使用测量规范》，计算项目的用岛区块面积和用岛面积，制作海岛开发利用项目的分类型界址图、建筑物和设施布置图等。

根据项目总体布局情况，制作项目占用海岸线的位置图，计算项目及各类型占用海岸线的长度。制作项目占用周边海域的宗海界址图，计算项目及各用海类型的用海面积。

11.4.2.4 海岛开发有关问题的处理

开展项目对海岛自然地表形态和资源生态的影响分析，包括项目工程对用岛区域及周围地形地貌形态、土地资源、植被资源、淡水资源、矿产资源、沙滩资源、岸线资源等的影响分析。从工程设计、工程施工技艺、工程材料选择、植被保护、绿化布置、环保生态设施建设等方面提出减少对海岛形态及资源生态影响的有效解决办法和防治措施。

就项目建设后与海岛景观的协调性进行分析，在无居民海岛建造建筑物或者设施，应当按照可利用无居民海岛保护和利用规划限制建筑物、设施的建设总量、高度以及与海岸线的距离，使其与周围植被和景观相协调。

根据海岛水力供应、电力供应、交通运输等专题研究，分析海岛淡水、电力及能源保障、交通及运输保障问题，并提出有效的解决方案。

11.4.2.5 开发海岛的保护措施

提出有效的保护措施加强对海岛及其周边海域需要重点保护对象的保护，加强对岸线、沙滩、植被等资源的保护。从海岛形态与生态整治修复、建设项目造成破坏的恢复等方面提出海岛形态和生态修复措施。从大气、噪声、粉尘、固体废弃物、生态保护等方面提出海岛环境影响控制措施。从项目建设施工期和建成运营期两个时期提出垃圾与污水的处理措施。提出节能减排和低碳环保等方面措施。针对气象灾害、溢油风险、海岛防灾减灾等问题提出海岛防灾减灾和风险应急措施。

11.4.2.6 保障措施

从资金投入保障、工程质量控制、海岛保护和管理制度的建设等方面提出海岛开发利用的保障措施。

11.4.2.7 附图

按照《无居民海岛使用测量规范》和相关图件制作规范，绘制海岛开发利用项目总平面布置图、项目效果图、项目位置图、项目占用岸线位置图、项目分类型界址图、项目建筑物和设施布置图、宗海界址图等。

11.4.3 方案组织编制与审批

11.4.3.1 方案的组织编制

方案由申请用岛的企业或个人委托相关技术单位进行编制。

11.4.3.2 方案的审批

评审方案。方案编制完成后，由省级海洋行政主管部门会同有关部门及专家对方案进行审查并出具评审意见。

审批方案。方案编制单位根据评审意见完成方案的细化与完善，形成方案的正式成果，报省级海洋行政主管部门审核，审核通过后上报省级人民政府批准。

11.4.3.3 方案的修编和调整

方案一经批准，任何组织和个人不得擅自改变。确需对方案进行调整的，应当向原审批机关提出调整申请，经同意后再按规定程序组织调整和审批。

方案调整申请报告应总结前方案的实施情况，说明本次方案调整的背景及原因，并提出方案修编的指导思想和技术框架。

11.5 海岛开发利用项目论证

无居民海岛开发利用项目论证报告（以下简称"论证报告"）主要论证无居民海岛开发利用方案的合理性和可行性。通过论证可及时发现方案中存在的问题，及时修改和完善方案。

11.5.1 论证报告编制内容

2011年3月，国家海洋局下发《无居民海岛使用项目论证报告编写大纲》，明确了论证报告编制的主要内容。

11.5.1.1 概述

介绍项目论证任务的由来、论证依据、项目用岛基本情况和对项目的必要性进行分析。

论证任务的由来包括项目名称、海岛使用申请人、论证工作由来等。论证依据包括法律法规、相关规划、技术标准和规范、项目基础资料等。项目用岛基本情况主要是简述项目性质、功能和定位、项目工程内容、占岛面积、用岛面积、使用海域面积、占用岸线长度、申请用岛年限、项目投资和建设时序等。必要性分析中阐述项目建设的必要性和项目用岛的必要性。

11.5.1.2 海岛概况

介绍和分析海岛及周边区域的自然环境和社会概况、海岛及周边海域资源和生态概况，海岛及周边海域使用现状。

自然环境概况中包括对气象、水文、地形地貌特征、海洋灾害等的描述和分析；社会概况中包括对区域社会经济、海洋经济现状的描述。海岛及周边海域资源中包括对渔业资源、港口资源、旅游资源、沙滩资源、岸线资源、植被资源等的描述和分析；海洋生态概况中包括对叶绿素a、初级生产力、浮游植物、浮游动物、底栖生物等的调查和分析；海岛及周边海域使用现状主要是通过实地踏勘，结合遥感影像数据，明确海岛及其周边海域开发利用及保护现状。

11.5.1.3 项目用岛与规划的符合性分析

分析项目用岛与海岛保护规划的符合性、与海洋功能区划及其他相关规划的符合性。

项目用岛与海岛保护规划的符合性主要是指项目用岛与全国海岛保护规划、省级海岛保护规划、市级海岛保护规划以及与单岛保护规划的符合性情况。分析项目与省级海洋功能区划和市级海洋功能区划，以及国家战略性规划和海岛所在地社会经济发展规划、海洋经济发展规划、城市总体规划、港口规划、旅游规划等相关规划的符合性。

11.5.1.4 项目用岛协调分析

妥善处理好与利益相关者的协调问题，才能确保海岛开发利益项目顺利开展。项目用岛协调分析中包括利益相关者的界定、对利益相关者的影响分析、对公共利益的影响分析、协调处理建议等。

海岛使用项目利益相关者是指与项目用岛或用海有直接或间接连带关系或者受到项目用岛或用海影响的开发、利用者，界定的利益相关者应该是与海岛使用项目存在利害关系的个人、企事业单位或其他组织或团体。重点分析项目建设施工和运营期间对利益相关者的影响和对公共利益的影响，并给出协调处理建议。

11.5.1.5 空间布局合理性分析

充分论证用岛项目的空间布局合理性，以便及时调整和完善用岛项目的总体布局。主要包括占岛区位合理性、用岛方式和平面布置的合理性、用岛面积和占用岸线的合理性、用岛年限的合理性等。

占岛区位合理性分析中阐述项目占用海岛的区位是否符合单岛保护规划中对于功能区的划分，是否在可开发利用区内，占岛区位与其他用岛项目是否有冲突。用岛方式和平面布置合理性分析中阐述项目用岛方式是否最大限度减少了对海岛生态环境的影响，是否最大程度保持了海岛原始自然岸线和海岛地形地貌，是否对海岛及周边海域的生态系统影响最小；平面布置是否满足海岛的功能定位需求，是否有利于海岛生态的保护，与周边用岛用海活动是否相适应。用岛面积和占用岸线的合理性分析中阐述项目用岛面积和占用岸线是否能够满足项目自身的发展需求，是否存在较少项目用岛面积和占用自然岸线的可能性，界址点的选取和用岛面积的计算是否符合《无居民海岛使用测量规范》的要求等。用岛年限的合理性分析中明确申请用岛年限是否符合《无居民海岛使用审批试行办法》。

11.5.1.6 海岛开发有关问题的处理措施合理性

就无居民海岛开发利用具体方案中提出的海岛开发有关问题的解决办法和处理措施的合理性进行分析，包括减少对海岛形态及资源生态影响的措施分析，建设项目与海岛景观的协调分析，海岛淡水供应可行性分析，海岛电力及能源保障可行性分析，海岛交通及运输保障可行性分析等。

11.5.1.7 海岛保护措施的有效性

就无居民海岛开发利用具体方案中提出的海岛保护措施进行有效性分析，包括对海岛区域资源及生态系统保护措施、海岛形态和生态修复措施、海岛环境影响控制措施、垃圾与污水处理措施、节能减排及低碳环保措施、防灾减灾和风险应急措施的有效性分析。

11.5.1.8 保障措施合理性分析

就无居民海岛开发利用具体方案中提出的保障措施合理性进行分析，包括资金保障、工程质量控制措施有效性、海岛保护和管理制度有效性和可行性分析。

11.5.1.9 结论与建议

根据论证报告的内容,给出无居民海岛使用项目论证的结论和建议,包括项目建设和项目用岛的必要性结论、项目用岛与规划的符合性结论、项目用岛协调处理建议的合理性结论以及无居民海岛开发利用具体方案的合理性结论等,并就海岛在使用申请后续工作中可能碰到的问题提出建设性的建议。

11.5.1.10 附图

按照相关图件制作规范,绘制海岛地形图、海岛及周边海域使用现状图、海岛使用项目效果图等,并提供现状照片资料和资料来源说明。

此外,对于开发利用海岛开发,采挖土石方且采挖面积达到用岛面积30%以上的项目用岛、对于改变原有海岸线长度达到使用海岸线长度30%以上且超过200 m的项目用岛、对于海岛植被减少面积达到用岛范围内植被总面积30%以上的项目用岛,均需进行专题论证。

11.5.2 论证报告组织编制与审批

11.5.2.1 论证报告的组织编制

论证报告由申请用岛的企业或个人委托相关技术单位进行编制。

11.5.2.2 论证报告的审批

评审论证报告。论证报告编制完成后,由省级海洋行政主管部门会同有关部门及专家对论证报告进行审查并出具评审意见。

审批论证报告。论证报告编制单位根据评审意见完成论证报告的细化与完善,形成论证报告的正式成果,报省级海洋行政主管部门审核,审核通过后上报省级人民政府批准。

11.6 海岛使用价值评估

无居民海岛使用人在缴纳相应的无居民海岛使用金后方可获得无居民海岛使用权。无居民海岛使用金是指国家在一定年限内出让无居民海岛使用权,由无居民海岛使用人依法向国家缴纳的无居民海岛使用权出让价款,不包括无居民海岛使用者取得无居民海岛使用权应当依法缴纳的其他相关税费。无居民海岛使用价值评估,也即是无居民海岛使用权出让评估,是指评估人员依据相关法律法规,基于无居民海岛使用权出让最低价,综合考虑对无居民海岛自然资源的开发利用程度,对无居民海岛使用金数额进行分析和估算,并发表专业意见的行为和过程。

11.6.1 评估的基本原则

11.6.1.1 合法原则

无居民海岛使用权出让评估应遵循相关法律、法规和规定，所评估的对象应以合法使用和合法处置为前提，评估机构应具有一定的资质。

11.6.1.2 海岛资源合理利用原则

无居民海岛使用权出让评估要维护无居民海岛的生态特性和基本功能，服从无居民海岛的利用方向，促使无居民海岛使用人合理配置海岛资源，节约集约用岛。

11.6.1.3 客观公正原则

客观、公正估算无居民海岛使用金，真实反映无居民海岛作为国有资源型资产的价值，维护无居民海岛国家所有者和使用者的权益。

11.6.1.4 地理区位原则

无居民海岛使用权的出让价格，应参照无居民海岛所处区域、城市土地经济价值和效用的大小进行评估。

11.6.1.5 效益原则

无居民海岛使用权出让评估，须以取得评估对象"最大使用效益（经济效益和生态效益）"为前提，来评估其出让价格，并根据因社会经济发展变化导致最大使用效益的用途变化进行调整。

11.6.1.6 时间原则

评估结果是无居民海岛使用权在评估时点的客观、合理价格或价值。

11.6.2 评估方法

无居民海岛使用金评估的主要评估方法有市场比较法、收益法、成本法等。在海岛市场较发达、海岛交易实例充足的地区，有条件选用市场比较法进行评估的，应以市场比较法为主要的评估方法；能够计算无居民海岛使用项目现实收益或潜在收益的，有条件选用收益法进行评估的，应选用收益法作为其中的一种评估方法；在海岛市场欠发达、海岛交易实例少、收益资料不充分的情况下，可选用成本法作为主要的评估方法。市场法主要技术难点是寻找适宜的比较案例，确定主要比较因素的修正幅度；收益法主要技术难点是毛收益、成本和折现率等参数的确定；成本法主要技术难点是建造类似用途人工岛所需工程量、工期和行业利润等参数的把握（吴姗姗，幺艳芳，齐连明，2010；幺艳芳，齐连明，2010）。

目前，广东省正在组织开展无居民海岛使用价值评估方面的技术规范研究，广东省内无居民海岛已确权发证的仅有珠海市的大三洲和小三洲两个海岛，无居民海岛出让价款评估的案例较少。无居民海岛出让价款评估报告主要是依据2012年1月国家海洋局下发的《无居民海岛使用权出让评估技术标准（征求意见稿）》，参考《国有建设用地使用权出让地价评估技术规范（试行）》，同时综合考虑海岛地理区位、自然环境、海岛资源、海岛周边区域土地利用价值等要素对无居民海岛出让价款进行评估。

11.6.2.1 市场比较法

1）基本原理

市场比较法从供给和需求两个角度考虑无居民海岛空间资源的价值，依据替代原理，与市场上已交易的同类无居民海岛空间资源作比较，进行因素修正，求取评估对象的价值。

2）方法说明

将评估对象与近期市场上已经交易的同用途的实例加以对照比较，就两者在影响该评估对象的交易时间、区域因素和个别因素等方面的差别进行修正，求取评估对象在评估时点空间资源价值。基本公式为：

$$P = P_B \times K_1 \times K_2 \times K_3 \times K_4 \times K_5 \tag{11.1}$$

式中：P 为评估对象空间资源使用价值；P_B 为比较实例空间资源价值；K_1 为交易情况修正系数；K_2 为交易时间修正系数；K_3 为评估对象区域因素修正系数；K_4 为个别因素修正系数；K_5 为使用年期修正系数。

3）主要指标含义

比较实例选择和使用年期修正系数，与一般土地、资产评估方法基本相同，这里主要强调交易情况修正系数、交易时间修正系数、区域因素修正系数及个别因素修正系数。

交易情况修正系数是排除交易过程中一些特殊因素所造成的比较实例的空间资源价值金额偏差，将其成交金额修正为正常金额的调整系数。由于无居民海岛交易市场目前尚未形成，存在着信息的不完全对称性问题，因此对交易中受到当地一些特殊因素的影响而存在交易金额的偏差，需预先将其修正为正常的交易价格，这样才能作为估算评估对象的比准值。

交易时间修正系数：无居民海岛空间资源的市场价值因供给、需求的波动而波动。随着国家对无居民海岛保护政策力度的加大和经济发展引发的需求的增加，未来无居民海岛作为稀缺资源，其空间资源价值也将随着时间发生变化。为了消除由于交易时间不同而产生的价格波动的影响，需要将比较实例交易日期的金额调整为评估基准日的金额。由于目前我国无居民海岛交易实例比较少，采用具体日期计算修正系数较难。因此以年为单位比较适宜，同类用途无居民海岛空间资源价值年度之间的平均上涨或下降的幅度，可以作为该年度的交易时间修正系数。在无同类用途无居民海岛空间资源价值变动幅度的情况下，可根据其他用途无居民海岛空间资源价值的变动情况或趋势做出判断，给予调整。

区域因素修正系数：区域因素是影响无居民海岛空间资源价值的重要因素之一。区域因素主要包括区域经济发展水平、无居民海岛需求状况和区域基础设施发展水平等。区域因素修正系数是分析比较实例价值所在区域与评估对象所在区域的各项因素差异，进行逐项比较，计算出各个区域因素条件指数，最后综合分析确定。

个别因素修正系数：无居民海岛个体之间的差异也是影响无居民海岛空间资源价值差异的重要因素。无居民海岛个别因素修正内容主要包括海拔、海岛形体、岸线、周围水深、地质地貌状况、水文状况、自然灾害发生频率、资源及开发程度、海岛及其周围海域生态等。个别因素修正的具体内容应根据评估对象的用途确定。进行个别因素修正时，应将比较实例与评估对象的个别因素逐项进行比较，计算出不同个别因素条件指数，进而计算个别因素修正系数。

11.6.2.2 收益法

1）基本原理

收益法可以将购买无居民海岛空间资源作为一种投资，将该投资在未来可以获得的预期纯收益折现之后累加，将该结果作为估价对象的评估价值。收益法是从投资的角度来考虑无居民海岛空间资源的价值，以每一年资产的预期收益进行折现来求取资产价值的一种方法。

2）方法说明

收益法是运用某种适当的还原利率，将评估对象未来各年的正常预期纯收益折算到评估基准日的现值求和。基本公式为：

$$P = \sum_{i=1}^{n} \frac{A_i}{(1+r_1)(1+r_2)L(1+r_i)} \tag{11.2}$$

式中：P 为评估对象空间资源价值；A_i 为第 i 年评估对象纯收益，$i=1, 2, \cdots, n$；r_i 为第 $1, 2, \cdots, n$ 年还原利率（%）；n 为评估对象使用年限。

无居民海岛使用年期有限，其他因素不变时，空间资源价值计算公式中当 A 每年不变，r 每年不变且大于零，无居民海岛使用年限为 n 时，其计算公式为：

$$P = \frac{A}{r} \times \left[1 - \frac{1}{(1+r^n)}\right] \tag{11.3}$$

其中，P、A、r、n 含义同上。

3）主要指标含义

评估对象年纯收益是指无居民海岛使用期限内，每年经营无居民海岛的预期总收益扣除相应总费用之后的预期净收益。可以通过参考类似海岛（与评估对象用途、资源相似的有经营收益的有居民或无居民海岛）的总收益，剔除比较海岛与评估对象之间基础设施投入成本、相应的运营总费用后获得。

还原利率是一种预期投资报酬率，是投资者在投资风险一定的情况下，对投资所期望的回报率。还原利率可采用安全利率加风险调整值法、投资风险与投资收益率综合排序插入法、加权平均资金成本法等方法确定。

11.6.2.3 成本法

1) 基本原理

成本法从供给的角度考虑无居民海岛空间资源的价值，依据累加原理，在无法通过市场判定（比较方式、收益方式）直接得到估价对象的正常市场价格的情况下，通过对估价对象的构成进行分解，分别确定各个构成部分的价格，然后通过累加方式计算出估价对象的评估价格。

2) 方法说明

以假设建造类似用途人工岛所耗费的各项费用之和为依据，基本公式为：

$$P = P_O + C + I + R \tag{11.4}$$

式中：P 为评估对象空间资源价值；P_O 为毗邻地区相同面积的海域使用权取得成本；C 为建造类似用途人工岛工程成本；I 为建造类似用途人工岛所需资金成本；R 为建造类似用途人工岛项目利润。

3) 主要指标含义

毗邻地区相同面积的海域使用权取得成本：毗邻地区指评估对象无居民海岛所在县（市），或者距离大陆最近点的县（市）；海域使用权取得成本，可采用海域评估进行测算或参照海域使用金征收标准确定。

建造类似用途人工岛工程成本：建造类似用途人工岛工程成本根据项目所需工程量和周边同类项目工程费用单价确定。

建造类似用途人工岛所需资金成本：建造类似用途人工岛所需资金成本主要指项目建设所需资金中的贷款利息，依据建设工期、投资进度和建设期内各期贷款利息率确定。

建造类似用途人工岛项目利润：建造类似用途人工岛项目利润依据项目总投资和项目所在行业的平均利润率确定。

11.6.2.4 海岛资源补偿法

1) 无居民海岛使用金组成

无居民海岛使用金由无居民海岛使用权出让最低价和无居民海岛使用权资源补偿修正价两部分组成，计算模型如下：

$$P = P_S + P_R \tag{11.5}$$

式中：P 为无居民海岛使用金；P_S 为无居民海岛使用权出让最低价；P_R 为无居民海岛使用权资源补偿修正价。

2) 无居民海岛使用权出让最低价计算方法

无居民海岛使用权出让最低价计算模型如下：

$$P_S = \sum_{i=1}^{n} (P_i \times S_i \times A) \tag{11.6}$$

式中：P_S 为无居民海岛使用权出让最低价；P_i 为第 i 种用岛类型的无居民海岛使用权出让最低价标准（$i=1,2,3,\cdots,n$）；S_i 为第 i 种用岛类型的无居民海岛使用权出让面积；A 为使用年限（年）。

无居民海岛使用权出让最低价标准依据财政部和国家海洋局联合下发的《无居民海岛使用金征收使用管理办法》确定，无居民海岛使用权出让面积依据无居民海岛使用批准文件确定。

3）无居民海岛使用权资源补偿修正价计算方法

无居民海岛使用权资源补偿修正价计算模型如下：

$$P_R = P_D + P_C + P_B + P_V \tag{11.7}$$

式中：P_R 为无居民海岛使用权资源补偿修正价；P_D 为海岛岛体利用修正价；P_C 为海岛海岸线利用修正价；P_B 为海岛沙滩利用修正价；P_V 为海岛植被利用修正价。

其中，海岛岛体利用修正价计算模型如下：

$$P_D = P_d \times V_d \tag{11.8}$$

式中：P_D 为海岛岛体利用修正价；P_d 为海岛土石修正价计算标准；V_d 为海岛土石采挖量。

海岛海岸线利用修正价计算模型如下：

$$P_C = P_{nc} \times L_{nc} + P_{ac} \times L_{ac} \tag{11.9}$$

式中：P_C 为海岛海岸线利用修正价；P_{nc} 为自然岸线利用修正价计算标准；L_{nc} 为海岛自然岸线改变长度；P_{ac} 为人工岸线利用修正价计算标准；L_{ac} 为原有人工岸线改变长度。

海岛沙滩利用修正价计算模型如下：

$$P_B = P_b \times S_b \tag{11.10}$$

式中：P_B 为海岛沙滩利用修正价；P_b 为海岛沙滩利用修正价计算标准；S_b 为海岛沙滩减少面积。

海岛植被利用修正价计算模型如下：

$$P_V = P_{va} \times S_{va} + P_{vb} \times S_{vb} + P_{vg} \times S_{vg} \tag{11.11}$$

式中：P_V 为海岛植被利用修正价；P_{va} 为海岛乔木林利用修正价计算标准；S_{va} 为海岛乔木林减少面积；P_{vb} 为海岛灌木丛利用修正价计算标准；S_{vb} 为海岛灌木丛减少面积；P_{vg} 为海岛草地利用修正价计算标准；S_{vg} 为海岛草地减少面积。

无居民海岛使用权资源补偿修正价计算标准如表 11-1 所示。

11.6.3 评估报告内容

评估报告正文部分主要包括评估目的、评估范围及对象、海岛价值类型、评估基准日、评估依据、评估方法、评估程序实施过程和情况、评估假设、评估结论、评估报告日以及相关评估事项说明。

表 11-1 无居民海岛使用权资源补偿修正价计算标准

类别	修正价计算标准	单位
海岛土石 P_d	50	元/m³
自然岸线 P_{nc}	200	元/m
人工岸线 P_{ac}	30	元/m
海岛沙滩 P_b	100	元/m²
乔木林 P_{va}	135	元/m²
灌木林 P_{vb}	50	元/m²
草地 P_{vg}	35	元/m²

注：乔木林是指以乔木为建群种的植物群落，郁闭度0.3以上的区域计入面积。灌木丛是指以没有明显主干的木本植物为建群种的植物群落，覆盖度大于40%的区域计入面积。草地是指以草本植物为建群种的植物群落，覆盖度大于40%的区域计入面积。

11.6.4 评估报告组织编制与审批

11.6.4.1 评估报告的组织编制

评估报告由省级海洋行政主管部门委托相关技术单位进行编制。

11.6.4.2 评估报告的审批

评估报告编制完成后，由省级海洋行政主管部门会同有关部门及专家对评估报告进行审查并出具评审意见。评估报告经修改完善后，形成正式成果，报省人民政府作为无居民海岛使用出让价款的参考依据。

附件 11-1

县级（市级）无居民海岛保护和利用规划编写大纲

1. 无居民海岛基本情况

    1.1 无居民海岛行政区域位置

    1.2 无居民海岛地理坐标位置

    1.3 无居民海岛海岸线以上的面积

    1.4 无居民海岛地形地貌

    1.5 无居民海岛自然生态

    1.6 无居民海岛岸线水深等资源情况

    1.7 无居民海岛及周边开发利用情况

    1.8 无居民海岛已开展的保护情况

2. 单岛保护区的区域和内容

    2.1 划定单岛保护区的范围

        2.1.1 单岛保护区面积一般不小于单岛总面积的三分之一

        2.1.2 单岛保护区可以根据实际情况设定一处或多处

        2.1.3 如特殊需要单岛保护区可包括部分周边海域

    2.2 单岛保护区保护的主要对象

        2.2.1 有研究和生态价值的草本和木本植物

        2.2.2 有研究和生态价值的珍稀动物

        2.2.3 航标、名胜古迹等人工建筑物

        2.2.4 特殊地质或景观的地形地貌

        2.2.5 海岸线、沙滩等重要的海岛资源

3. 单岛保护区保护的具体措施

    3.1 严格按照《县级（市级）无居民海岛保护和利用规划》编制《无居民海岛开发利用具体方案》

    3.2 单岛保护区养护和维修的具体办法

    3.3 单岛保护区保护的经费来源

    3.4 相关单位对单岛保护区的责任和义务

    3.5 单岛保护区要达到的保护目标

4. 对海岛开发利用活动的要求

    4.1 不得建设对海岛环境有严重影响的项目
    4.2 开发活动期间要采取对海岛保护的措施
    4.3 项目在运营期间不得对环境造成危害
    4.4 利用海岛的单位和个人应承担海岛保护的义务
    4.5 开发利用项目应采取的防灾减灾措施

附件 11-2

无居民海岛开发利用具体方案编写大纲

1 无居民海岛的基本情况

   1.1 海岛的地理坐标位置
   1.2 海岛的面积及自然形态
   1.3 海岛及其周边海域的自然资源及生态系统
   1.4 海岛及其周边海域的开发利用
   1.5 开发利用区域地形地貌及生态

2 开发项目的基本情况

   2.1 项目的名称、性质、功能
   2.2 项目占用海岛的面积、使用方式和使用年限
   2.3 项目中各建设工程及类型
   2.4 项目的建设资金来源、数量
   2.5 项目的建设施工及运行管理
   2.6 项目的建设时序

3 开发项目的空间布局

   3.1 项目在无居民海岛上的具体区位
   3.2 项目总体工程布局规划
   3.3 项目占用海岸线的位置及长度
   3.4 项目占用周边海域的区位及面积

4 海岛开发有关问题的处理

   4.1 项目对海岛形态及资源生态的影响
   4.2 减少对海岛形态及资源生态影响的措施
       4.2.1 减少对海岛自然形态改变的措施
       4.2.2 减少对海岛资源生态影响的措施
       4.2.3 减少对海岛海岸线影响的措施
   4.3 建设项目与海岛景观的协调
   4.4 海岛淡水供应
   4.5 海岛电力及能源保障

4.6 海岛交通及运输保障

5 开发海岛的保护措施

5.1 海岛区域资源及生态系统保护措施
 5.1.1 海岛重点保护对象的保护
 5.1.2 对其他资源和生态的保护
5.2 海岛形态和生态修复措施
 5.2.1 海岛形态和生态整治修复
 5.2.2 建设项目造成破坏的恢复
5.3 海岛环境影响控制措施
5.4 垃圾与污水处理措施
5.5 节能减排及低碳环保措施
5.6 防灾减灾和风险应急措施

6 保障措施

6.1 保障资金投入
6.2 加强工程质量控制
6.3 建立海岛保护和管理制度

7 附图

7.1 位置图
7.2 分类型界址图
7.3 建筑物和设施布置图
7.4 宗海图（项目涉及用海的需要提供）

附件 11-3

无居民海岛使用项目论证报告编写大纲

1 概述

1.1 论证任务的由来
1.2 论证依据
1.3 项目及用岛情况介绍
1.4 必要性分析
    1.4.1 项目建设必要性分析
    1.4.2 项目用岛必要性分析

2 项目所在海岛概况

2.1 海岛及其周边区域自然、社会概况
2.2 海岛及其周边海域资源、生态概况
2.3 海岛及其周边海域使用现状

3 项目用岛与规划的符合性分析

3.1 项目用岛与全国和省级海岛保护规划以及其他海岛保护规划的符合性分析
3.2 项目用岛与其他相关规划的符合性分析

4 项目用岛协调分析

4.1 利益相关者的界定
4.2 利益相关者的影响分析
4.3 对公共利益的影响分析
4.4 协调处理建议

5 空间布局合理性分析

5.1 占岛区位合理性
5.2 用岛方式和平面布置的合理性
5.3 用岛面积和占用岸线的合理性
5.4 用岛年限的合理性

6 海岛开发有关问题的处理措施合理性

6.1 减少对海岛形态及资源生态影响的措施分析

6.2 建设项目与海岛景观的协调分析
6.3 海岛淡水供应可行性分析
6.4 海岛电力及能源保障可行性分析
6.5 海岛交通及运输保障可行性分析

7 海岛保护措施的有效性

7.1 海岛区域资源及生态系统保护措施分析
7.2 海岛形态和生态修复措施分析
7.3 海岛环境影响控制措施分析
7.4 垃圾与污水处理措施分析
7.5 节能减排及低碳环保措施分析
7.6 防灾减灾和风险应急措施分析

8 保障措施合理性分析

8.1 资金保障分析
8.2 工程质量控制措施有效性分析
8.3 海岛保护和管理制度有效性和可行性分析

9 结论与建议

9.1 结论
    9.1.1 项目用岛的必要性结论
    9.1.2 项目用岛与规划符合性结论
    9.1.3 项目用岛协调处理建议的合理性结论
    9.1.4 无居民海岛开发利用具体方案的合理性结论
9.2 建议

10 附图

10.1 海岛地形图
10.2 海岛及周边海域使用现状图
10.3 开发利用具体方案效果图
10.4 现状照片资料
10.5 其他文件和材料
10.6 资料来源说明

附件 11-4

广东省无居民海岛等别划分

一等：广州市（番禺区 黄埔区 萝岗区 南沙区） 深圳市（宝安区 福田区 龙岗区 南山区 盐田区）

二等：东莞市 汕头市（潮阳区 澄海区 濠江区 金平区 龙湖区） 中山市 珠海市（斗门区 金湾区 香洲区）

三等：惠东县 惠州市惠阳区 江门市新会区 茂名市茂港区 汕头市潮南区 湛江市（赤坎区 麻章区 坡头区 霞山区）

四等：恩平市 南澳县 汕尾市城区 台山市 阳江市江城区

五等：电白县 海丰县 惠来县 揭东县 雷州市 廉江市 陆丰市 饶平县 遂溪县 吴川市 徐闻县 阳东县 阳西县

附件 11-5

无居民海岛用岛类型界定

类型编码	类型名称	界定
1	填海连岛用岛	指通过填海造地等方式将海岛与陆地或者海岛与海岛连接起来的用岛
2	土石开采用岛	指以获取无居民海岛上的土石为目的的用岛
3	房屋建设用岛	指在无居民海岛上建设房屋以及配套设施的用岛
4	仓储建筑用岛	指在无居民海岛上建设用于存储或堆放生产、生活物资的库房、堆场和包装加工车间及其附属设施的用岛
5	港口码头用岛	指占用无居民海岛空间用于建设港口码头的用岛
6	工业建设用岛	指在无居民海岛上开展工业生产及建设配套设施的用岛
7	道路广场用岛	指在无居民海岛上建设道路、公路、铁路、桥梁、广场、机场等设施的用岛
8	基础设施用岛	指在无居民海岛上建设除交通设施以外的用于生产生活的基础配套设施的用岛
9	景观建筑用岛	指以改善景观为目的在无居民海岛上建设亭、塔、雕塑等建筑的用岛
10	游览设施用岛	指在无居民海岛上建设索道、观光塔台、游乐场等设施的用岛
11	观光旅游用岛	指在无居民海岛上开展不改变海岛自然状态的旅游活动的用岛
12	园林草地用岛	指通过改造地形、种植树木花草和布置园路等途径改造无居民海岛自然环境的用岛
13	人工水域用岛	指在无居民海岛上修建水库、水塘、人工湖等的用岛
14	种养殖业用岛	指在无居民海岛上种植农作物、放牧养殖禽畜或水生动植物的用岛
15	林业用岛	指在无居民海岛上种植、培育林木并获取林产品的用岛

附件 11-6

无居民海岛使用权出让最低价标准 单位：元／（hm²·a）

无居民海岛等别	离岸距离（km）＼用岛类型	≤0.3	>0.3，≤2	>2，≤8	>8，≤25	>25
一等	填海连岛用岛	240 000	200 000	120 000	40 000	20 000
	土石开采用岛	120 000	100 000	60 000	20 000	10 000
	房屋建设用岛	72 000	60 000	36 000	12 000	6 000
	仓储建筑用岛	20 000	16 667	10 000	3 333	1 667
	港口码头用岛	16 000	13 333	8 000	2 667	1 333
	工业建设用岛	18 000	15 000	9 000	3 000	1 500
	道路广场用岛	6 000	5 000	3 000	1 000	500
	基础设施用岛	5 500	4 583	2 750	917	458
	景观建筑用岛	10 000	8 333	5 000	1 667	833
	游览设施用岛	11 000	9 167	5 500	1 833	917
	观光旅游用岛	3 000	2 500	1 500	500	250
	园林草地用岛	4 000	3 333	2 000	667	333
	人工水域用岛	4 500	3 750	2 250	750	375
	种养殖业用岛	2 000	1 667	1 000	333	167
	林业用岛	1 000	833	500	167	83
二等	填海连岛用岛	180 000	15 0000	90 000	30 000	15 000
	土石开采用岛	90 000	75 000	45 000	15 000	7 500
	房屋建设用岛	54 000	45 000	27 000	9 000	4 500
	仓储建筑用岛	15 000	12 500	7 500	2 500	1 250
	港口码头用岛	12 000	10 000	6 000	2 000	1 000
	工业建设用岛	13 500	11 250	6 750	2 250	1 125
	道路广场用岛	4 500	3 750	2250	750	375
	基础设施用岛	4 125	3 438	2 063	688	344
	景观建筑用岛	7 500	6 250	3 750	1 250	625
	游览设施用岛	8 250	6 875	4 125	1 375	688
	观光旅游用岛	2 250	1 875	1 125	375	188
	园林草地用岛	3 000	2 500	1 500	500	250
	人工水域用岛	3 375	2 813	1 688	563	281
	种养殖业用岛	1 500	1 250	750	250	125
	林业用岛	750	625	375	125	63

续表

无居民海岛等别	用岛类型 \ 离岸距离（km）	≤0.3	>0.3，≤2	>2，≤8	>8，≤25	>25
三等	填海连岛用岛	139 200	116 000	69 600	23 200	11 600
三等	土石开采用岛	69 600	58 000	34 800	11 600	5 800
三等	房屋建设用岛	41 760	34 800	20 880	6 960	3 480
三等	仓储建筑用岛	11 600	9 667	5 800	1 933	967
三等	港口码头用岛	9 280	7 733	4 640	1 547	773
三等	工业建设用岛	10 440	8 700	5 220	1 740	870
三等	道路广场用岛	3 480	2 900	1 740	580	290
三等	基础设施用岛	3 190	2 658	1 595	532	266
三等	景观建筑用岛	5 800	4 833	2 900	967	483
三等	游览设施用岛	6 380	5 317	3 190	1 063	532
三等	观光旅游用岛	1 740	1 450	870	290	145
三等	园林草地用岛	2 320	1 933	1 160	387	193
三等	人工水域用岛	2 610	2 175	1 305	435	218
三等	种养殖业用岛	1 160	967	580	193	97
三等	林业用岛	580	483	290	97	48
四等	填海连岛用岛	100 800	84 000	50 400	16 800	8 400
四等	土石开采用岛	50 400	42 000	25 200	8 400	4 200
四等	房屋建设用岛	30 240	25 200	15 120	5 040	2 520
四等	仓储建筑用岛	8 400	7 000	4 200	1 400	700
四等	港口码头用岛	6 720	5 600	3 360	1 120	560
四等	工业建设用岛	7 560	6 300	3 780	1 260	630
四等	道路广场用岛	2 520	2 100	1 260	420	210
四等	基础设施用岛	2 310	1 925	1 155	385	193
四等	景观建筑用岛	4 200	3 500	2 100	700	350
四等	游览设施用岛	4 620	3 850	2 310	770	385
四等	观光旅游用岛	1 260	1 050	630	210	105
四等	园林草地用岛	1 680	1 400	840	280	140
四等	人工水域用岛	1 890	1 575	945	315	158
四等	种养殖业用岛	840	700	420	140	70
四等	林业用岛	420	350	210	70	35

续表

无居民海岛等别	用岛类型＼离岸距离（km）	≤0.3	>0.3, ≤2	>2, ≤8	>8, ≤25	>25
五等	填海连岛用岛	60 000	50 000	30 000	10 000	5 000
	土石开采用岛	30 000	25 000	15 000	5 000	2 500
	房屋建设用岛	18 000	15 000	9 000	3 000	1 500
	仓储建筑用岛	5 000	4 167	2 500	833	417
	港口码头用岛	4 000	3 333	2 000	667	333
	工业建设用岛	4 500	3 750	2 250	750	375
	道路广场用岛	1 500	1 250	750	250	125
	基础设施用岛	1 375	1 146	688	229	115
	景观建筑用岛	2 500	2 083	1 250	417	208
	游览设施用岛	2 750	2 292	1 375	458	229
	观光旅游用岛	750	625	375	125	63
	园林草地用岛	1000	833	500	167	83
	人工水域用岛	1125	938	563	188	94
	种养殖业用岛	500	417	250	83	42
	林业用岛	250	208	125	42	21
六等	填海连岛用岛	40 800	34 000	20 400	6 800	3 400
	土石开采用岛	20 400	17 000	10 200	3 400	1 700
	房屋建设用岛	12 240	10 200	6 120	2 040	1 020
	仓储建筑用岛	3 400	2 833	1 700	567	283
	港口码头用岛	2 720	2 267	1360	453	227
	工业建设用岛	3 060	2 550	1 530	510	255
	道路广场用岛	1 020	850	510	170	85
	基础设施用岛	935	779	468	156	78
	景观建筑用岛	1 700	1 417	850	283	142
	游览设施用岛	1 870	1 558	935	312	156
	观光旅游用岛	510	425	255	85	43
	园林草地用岛	680	567	340	113	57
	人工水域用岛	765	638	383	128	64
	种养殖业用岛	340	283	170	57	28
	林业用岛	170	142	85	28	14

注：离岸距离，指无居民海岛离大陆海岸线（含海南岛海岸线）的距离。

第12章 广东省无居民海岛开发利用

12.1 海岛开发利用指导思想与原则

12.1.1 指导思想

全面落实科学发展观，深入贯彻实施《海岛保护法》，解放思想、改革创新、先行先试，全面统筹广东省海岛保护与利用，科学保护海岛及其周边海域生态系统，强化海岛分类管理，突出海岛分区特色，实施海岛保护重点工程，保障国家海洋权益和生态安全，促进海岛地区经济社会可持续发展。在科学发展观的引领下，充分考虑海岛及其周边海域的优劣和劣势，落实可持续发展观，充分衡量海岛生态环境的承载力，有选择地发展生态环境友好型海岛。同时，应结合保护、利用、管理三方面，从建立立法体系出发，以科学发展观和生态文明的理念为指导思想，完善我国海岛保护的法律体系，依法治岛，定位和实施广东特色的海岛保护与开发。

12.1.2 基本原则

12.1.2.1 坚持重点海岛特殊保护原则

在我国众多海岛中，不乏领海基点岛礁、测量标志岛，具有典型性、代表性的海岛生态系统，珍稀、濒危海岛生物的天然集中分布地，具有重要经济价值的海岛生物生存地，以及有重大科学文化价值的人文景观和自然景观。对这些重点海岛应实行特殊保护原则，一般应禁止开发利用；对确需开发利用的要严格论证，落实保护措施。充分认识海岛保护的重要性，尊重海岛生态系统的特殊性，优先保护海岛及其周边海域生态。

12.1.2.2 国家权益和海防安全优先原则

我国目前与周边国家的专属经济区和大陆架界限尚未划定，一些周边国家侵占我国的岛礁，侵犯我国领土权益，因此维护我国海洋权益和安全的形势十分严峻。海岛开发利用与保护应当坚持国家权益和海防安全优先的原则，加强对海岛的实质性管理与控制，保障国防和军事用岛的需要。维护国家海洋权益，加强特殊用途海岛的监管和保护，严格保护海岛上的军事设施和公益性设施，保障海岛周边海上通道和交通安全；强化偏远海岛的基础设施建设，加强实际利用，确保国家安全。

12.1.2.3 可持续发展原则

海岛可持续发展就是把海岛的发展与海岛的生态环境结合起来，使海岛经济发展既满足当代人的需要，又能满足未来子孙后代发展的需要。海岛的开发利用首先要科学规划，合理论证，统筹推进，坚定不移地走可持续发展之路。海岛的可持续发展应遵循"先保护、后开发""重点保护、适度开发"和"多自然发展，少人为改造"的原则。海岛的开发和利用必须从国家的根本利益出发，把保护生态放在首位，保护性的开发利用是目的。同时，海岛本身的条件比较特殊，开发要首先立足于海岛自身实际，依照海岛自然规律进行开发，要在充分衡量海岛的生态环境对人口的承载力前提下，处理好海岛资源的永续利用和生态系统的良性循环的关系，处理好开发与保护的关系，只有这样才能在保护海岛生态环境的前提下，促进海岛的可持续发展。结合区域发展的实际，正确处理岛—海—陆之间的关系，优化海岛保护与利用布局，引导组团式海岛综合开发，通过示范和推广，以科技创新促进海岛事业可持续发展。

12.1.2.4 科学开发原则

根据海岛的特点，通过科学区划和规划，统筹海岛自然、经济、社会属性，以海岛的区位、资源与环境为基础，结合海岛的保护与利用现状、基础设施条件等特征，确定海岛开发利用和保护的价值取向，发挥海岛的环境与资源优势，协调人与自然、经济发展和保护环境的关系，协调海岛开发与区域发展的关系，实现可持续发展。兼顾各个海岛的实际，实施海岛分类管理，突出主导功能，兼顾兼容功能。以绿色、环保、低碳、节能为理念，强调因岛、因地制宜，科学选择海岛保护和开发利用模式，合理利用海岛资源，推进无居民海岛适度利用。

12.1.2.5 规划先行、突出特色原则

海岛生态系统的脆弱性要求我们在海岛开发中做到有序有度地开发，一份科学的规划必不可少，有关部门应结合海岛的自身情况和周边的环境，兼顾近期与长远、开发与保护、局部与整体，根据海岛资源优势和环境容量，科学规划海岛开发的空间规模，合理安排海岛利用的时间顺序，突出海岛分区保护与利用的特色；在科学发展观的指引下，整合海岛的资源特点，在专家的指导下和群众的参与下，制定合理、科学、可行的海岛开发规划。海岛的开发首先要进行科学的统筹规划，在规划的指引下才能做到有序科学开发。同时，由于每个海岛的自身条件和外部环境都不一样，基础条件也有差别，海岛的生态系统也相对独立，在海岛的开发过程中，要因岛制宜，在充分发挥海岛优势的前提下，注重突出海岛的特色，大力扶持和发展海岛优势、特色产业，例如，在渔业经济很发达的海岛上，可以发展生态渔业，而在旅游环境和旅游条件都比较好的海岛，利用海岛的资源优势，加快发展海岛的生态旅游业，突出海岛的旅游特色。

12.2 海岛开发利用功能定位

12.2.1 广东省海岛分类体系

根据海岛的区位、资源与环境、生态、保护与利用现状、基础设施条件等特征，兼顾海岛保护与发展实际，规划将海岛分为有居民海岛和无居民海岛两个一级类进行保护。有居民海岛的保护侧重于生态系统的保护和特殊用途区域的保护，不再细分二级类海岛。按不同类别对无居民海岛实施特殊保护、一般保护、适度保护与利用（表12-1）。

表12-1 广东省海岛分类体系

一级类	保护类别	二级类
有居民海岛		
无居民海岛	特殊保护	领海基点海岛
		保护区核心区内海岛
		其他特殊用途海岛
	一般保护	保留类海岛
	适度保护利用	旅游娱乐用岛
		交通与工业用岛
		农林渔业用岛
		公共服务用岛
		城乡建设用岛

12.2.2 有居民海岛生态保护

有居民海岛生态保护的对象主要包括保护海岛沙滩、植被、淡水、珍稀动植物及其栖息地、特殊用途区域，优化开发利用方式，改善海岛人居环境。

12.2.2.1 强化有居民海岛生态保护

保护海岛典型生态系统、珍稀物种、沙滩、植被、淡水、自然景观和历史遗迹等，维护海岛及其周边海域生态平衡；实施海岛生态修复工程，建立海岛生态保护评价体系，严格执行海岛保护规划；广泛宣传和普及海岛生态保护知识，鼓励和引导公众参与生态保护。

实施环境容量评价制度，根据海岛水资源承载能力和环境容量合理控制海岛开发建设规模；实施污染物排放总量控制制度，制定和实施主要污染物排放和用水总量控制指标。严格限制高污染、高能耗、国家限制的开发项目；严格限制在海岛沙滩建造建筑物和设施；严格限制在海岛沙滩采挖海砂；严格限制单位和个人改变海岛海岸线和建设填海连岛工程；坚持先规划后建设、生态保护设施优先建设或者与工程项目同步建设的原则。

12.2.2.2 改善有居民海岛人居环境

鼓励海岛淡水储存、海水淡化和岛外淡水引入工程设施的建设；实施防灾减灾工程，抵御台风、风暴潮和地质灾害等自然灾害侵袭；优先采用风能、太阳能、海洋能等可再生能源和雨水集蓄、海水淡化、污水再生利用等技术。

12.2.2.3 严格保护有居民海岛特殊用途区域

有居民海岛特殊用途区域主要包括国防禁区、国防设施、自然保护区，以及公务、教学、防灾减灾、非经营性公用基础设施建设和基础测绘、气象观测等公益事业使用的有居民海岛区域。设置特殊用途区域的明显标志，明确保护范围，各类建设项目应避开特殊用途区域。

任何单位和个人不得非法进入特殊用途区域，因不可抗拒原因或紧急避险进入特殊用途区域的，应遵守区内各项规定，险情消失后必须立即退出特殊用途区域；禁止破坏有居民海岛特殊用途区域及周边地形、地貌，未经批准禁止对特殊用途区域进行摄影、摄像、录音、勘察、测量、描绘和记述。

兼顾经济建设和海岛居民生产、生活，引导海岛居民配合特殊用途区域的保护和管理工作；因设立特殊用途区域或在特殊用途区域内开展相关活动造成对海岛居民生产生活的负面影响，须采取适当方式消除负面影响，造成损失的，应当予以补偿。

12.2.3 无居民海岛功能定位的定义及必要性

12.2.3.1 无居民海岛功能定位的定义

无居民海岛功能定位是无居民海岛保护与利用规划（以下简称为"无居民海岛规划"）的主要手段。因此，要了解无居民海岛功能定位含义，首先要了解无居民海岛规划的定义。无居民海岛规划是一种空间管制类型的规划，其目的是"为实现无居民海岛规范化管理提供科学依据，保障海岛的开发利用与生态保护达到最优化平衡"；无居民海岛规划的研究对象是"无居民海岛"这一特定目标群；无居民海岛规划的主要手段是"对无居民海岛进行功能的分类管制与引导"。由于无居民海岛通常幅员较小，相对于大岛而言，岛屿开发利用也多以单一功能为主，因此，确定整岛功能定位和发展方向的实际意义较大。宋维尔认为对无居民海岛保护与利用规划可定义为："针对一定时期、一定范围内的无居民海岛，根据海岛的区位、自然资源与环境、保护和开发利用现状等情况，按照海岛功能的分类要求，对不同的无居民海岛进行功能定位，明确海岛保护或利用的发展方向及发展途径的综合性行动纲领，是为无居民海岛的规范化管理提供科学依据的基础性工作。"

本书认为无居民海岛功能定位含义较接近于涂振顺和杨顺良的定义，即：海岛保护与开发利用功能是指在保护分类的基础上，根据海岛保护与开发利用需求的类型，所确定的海岛保护与开发利用方向。

12.2.3.2 无居民海岛功能定位的必要性

1）无居民海岛功能定位有利于海岛资源优化配置

无居民海岛具有潜在的经济价值,主要包括海岛渔业资源、海岛深水岸线资源、海岛旅游资源、海岛生物资源等；无居民海岛大多数是小而分散的地理单元,一般蕴藏的资源比较单一,过度开发某种资源,不但经济效益不高,而且可能制约海岛其他功能的发挥。

2）无居民海岛功能定位有利于海岛生态环境保护

海岛生态环境不仅包括海岛陆域部分,还包括周边一定范围内的海域,海岛远离大陆,且被海水分隔,生态系统十分脆弱,极容易遭到损害而造成严重的生态环境问题。另外,近年来,风暴潮、温室气体排放、海平面上升、陆源污染、赤潮、过度捕捞等自然与人为干扰严重影响了海岛生态系统的健康和稳定,无居民海岛功能定位有利于海岛生态环境保护。我国无居民海岛的生态价值主要表现在以下几个方面。

①无居民海岛被海水所包围,每个海岛都有独特的生物种群,和岛滩、浅海相结合形成独立的生态环境系统。

②无居民海岛海域初级生产力高,生物多样性好。我国海岛周边海域初级生产力高,海域浮游植物有600余种,其中近岸生态类群的种类数量最大,大多数优势物种都生长在这一生态类群中。我国海岛周边海域初级生产力较高,水生资源丰富多样,也成为海洋生物的理想栖息生长场所,利于渔业资源的汇集。

无居民海岛除了有丰富的动植物资源外,还有可供人们观赏的自然、人文景观,同时这些景观还有巨大的科学研究价值。主要是指遗留的自然历史遗迹、人类遗迹和军事设施。自然历史遗迹,是指自然变迁、历史演进的过程中留下的痕迹,对于研究天气变化、海陆变迁等自然科学有一定的价值；人类遗迹是指记载人类重要事件,民族风俗习惯等反映人类变化的历史痕迹,包括考古遗址、宗教庙宇等；遗留的军事设施是指历史上为保护海岛而设置的军事设备,包括在清朝甲午中日战争的遗址、水师衙门等的考察,在考察先进技术进步的同时,对现代人们具有重要的国防教育意义；科学文化研究是指专业人员对无居民海岛的地质、地貌、生物等进行研究,对稀有动植物保护,对未知物种的发现等,在此基础上还可以建立科研基地进行科学研究。

3）无居民海岛功能定位有利于维护岛礁权益

无居民海岛作为我国领土的一部分,对巩固我国的国防安全、发展军事、促进我国经济发展、保护我国的经济利益具有重大的意义和影响。海岛虽然远离大陆,位于海洋之中,但依旧是我国领土不可分割的一部分。

首先,从维护海洋权益的角度出发,保护无居民海岛对维护国家海洋权益和保持领土完整具有重要的意义。国家海洋权益主要包括：沿海国家在本国管辖海域内享有主权；在国家权限海域内可以主张合理范围内的海域管辖权；在国家管辖海域之外享有一定的权利和自由；在他国享有管辖权的海域内依法享有一定的权利,如专属经济区的无害通过权等。根据1982年《联合国海洋法公约》确立的新海洋制度和我国法律法规规定,领海基线是划定我国领海、毗连区、专属经济区、大陆架等海洋区域的基准线。以 12 n mile 为标准，领海基线以外 12 n mile 水域，沿岸国家有权选择法律法规加以适用；群岛国领海基线按照领土范围最远处的连接点为基线，基线 200 n mile 范围内为专属经济区。按照公约的规定，无居民海岛的拥有者当然可以占有其海底资源，对其行使主权，对于因海底热液作用形成的富含铜、铅、锌、金和银等的多金属硫化物，具有占有使用的权利。因此，无居民海岛是划定领海基线的重要依据，对于我国领土范围的确定具有重要的意义。

其次，对于我国的国防安全具有显著的价值。无居民海岛在国家间的海域划界中也起着重要的作用。众多的小岛构成了一个国家的主权，对于相邻或相向国家间的海域划分问题，国际海洋法的实践表明，除非国家之间另有协议，在划定国家中间线时，所有海岛都应该予以考虑。这就意味着无人居住的海岛，只要是在一国的领海基线范围内，在划定主权时，有着重要的参考价值，不论该海岛是大是小，也不论其海岛本身的资源多少，都应该予以考虑。

中国对东海、南海诸岛的主权拥有，不仅涉及岛屿范围内海底自然资源的享有，更涉及岛、滩涂、暗礁等的主权归属，维护海岛的安全就是维护我国国土领域的安全。当前，对于国防安全有价值的海岛主要包括：军事海岛（军事驻地、军事训练基地或者是建有重要军事设施的海岛）；国防前哨；部分海岛还建有导航灯塔、海洋观测站等。因此，确定无居民海岛的归属和保护，对维护国防安全至关重要。

国家对海岛管理、保护、开发和建设工作高度重视，《国家海洋局关于为扩大内需促进经济平稳较快发展做好服务保障工作的通知（国海发〔2008〕29 号）》中，明确提出"对适宜开发的海岛，在科学论证的基础上，明确功能定位"。明确无居民海岛的主体功能，是进行海岛保护与利用规划的前提，对于贯彻落实《海岛保护法》，加强海岛的生态保护，推动海岛的合理开发利用，促进海岛经济社会的可持续发展，具有重要的意义。综上所述，开展无居民海岛功能分类方法研究，实现海岛功能的科学定位，对于合理开发利用海岛资源、维护海岛生态系统、维护岛礁权益以及保持海岛的可持续发展具有非常重要的理论和应用价值。

12.2.4 无居民海岛功能定位方法

12.2.4.1 无居民海岛功能分类

按照《海洋功能区划技术导则》，根据海岛的区位条件、自然属性和海洋经济发展的需求，结合海岛自身的特色，将海岛功能划分为保留类、可开发利用类和特殊功能类一级类型。

其中，保留类不再细分；可开发利用类可划分为旅游、港口工业、农渔、能源利用和其他利用 5 个亚类；特殊功能类可划分为国家权益、军事和航标及测控 3 个亚类。在亚类的基础上，借鉴目前国内外对海岛价值分类方法，进一步细划为不同的功能种类，分别构建无居民海岛保留类、可开发利用类和特殊功能类功能分类体系（表 12-2）。

表 12-2　海岛功能分类

	一级类型	亚类
海岛功能	特殊功能类	国家权益、军事、国防
		保护区
		试验区
		航标、测控
	可开发利用类	旅游
		港口工业
		能源利用
		农渔
		其他利用
	保留类	

12.2.4.2　无居民海岛功能定位方法

目前，国内无居民海岛功能定位方法研究较少，应用较广的方法是层次分析法和专家打分法相结合的方法，建立定位模型，进行无居民海岛功能定位，如麻德明根据无居民海岛的自然属性和社会属性，考虑到海岛环境的特殊性、资源承载的有限性、空间开发功能的衍生性，以及与国家主体功能区规划和全国海洋功能区划的衔接性，从海岛开发适宜性和海岛可持续保护的角度，研究无居民海岛功能分类方法，构建海岛功能分类评价指标体系，确定海岛功能分类的适宜性评价因子及评价标准，并引入综合评判理论，量化指标因子，构建综合评判模型，在此模型的基础上，借助 GIS 技术实现无居民海岛功能定位。下面对这一方法做简单介绍。

1）指标体系选取原则

合理地选择评价因子是进行无居民海岛开发适宜性分析的前提。由于自然资源、生态环境、社会经济等众多因素都将影响到无居民海岛开发的适宜性，应选取多领域的评价因子进行全面、系统的分析，然而从可操作性出发，选取的评价因子并不是越多越好。因此，在具体构建无居民海岛开发适宜性评价指标体系时，应该遵循科学性原则；可比性、可度量性、可操作性原则；代表性、综合性原则和相对稳定性原则。

2）指标体系构建

结合无居民海岛的自然属性和社会属性，在无居民海岛功能分类体系的基础上，参照综合评估理论，选择对无居民海岛功能定位有重要影响评价因素和评价指标，构建无居民海岛功能评价指标体系。指标体系分为三个层次：第一层为目标层，第二层为准则层，第三层为评价指标层。目标层表达无居民海岛主体功能；准则层是无居民海岛功能评价的一级综合评价指标；评价指标层是评价因素层的支撑系统（表 12-3）。

表 12-3 海岛功能定位评价指标体系

目标层	准则层	评价指标层
特殊功能类	国家权益、军事、国防	领海基点、军事基地、重要海峡、战略区位
	保护区	珍稀或濒危动物、珍稀或濒危植物、特殊生态系统
	试验区	特殊地形地貌、具有科学试验、动植物、引种环境条件、科研价值
	航标、测控	重要灯塔或设施、测绘控制点、海洋观测站
可开发利用类	旅游	自然景观、休闲娱乐、历史、人文遗迹
	港口工业	港口、仓储、工程建设、海产品加工、矿产
	能源利用	海洋能、风能、潮汐能
	农渔	海水增养殖、农林牧
	其他利用	
保留类		面积特别小、没有特殊功能、目前不具备开发价值

3) 指标因子权重确定

在无居民海岛功能分类指标体系的基础上，利用目前成熟的指标评价方法，确定海岛功能分类的适宜性评价因子及评价标准，采用专家打分和问卷调查的多层次分析决策过程与方法，构造权值判断矩阵，得出各评价指标的权重值。选取非线性模糊隶属度函数对上述各评价指标及下属次级指标进行归一化和量化处理。利用 GIS 手段叠加各类评价指标，对各目标进行模糊判别运算。依据上述步骤，建立综合评价模型进行分析计算，最终得到无居民海岛主体功能。

12.2.5 广东省无居民海岛功能定位

根据无居民海岛的自然属性和社会属性，考虑到海岛环境的特殊性、资源承载的有限性、空间开发功能的衍生性，以及与国家主体功能区规划和全国海洋功能区划的衔接性，参照《广东省海岛保护与利用规划（2011—2020 年）》，从海岛开发适宜性和海岛可持续保护的角度，分析广东省无居民海岛开发功能定位。

12.2.5.1 旅游娱乐用岛

旅游娱乐用岛是指开展旅游、娱乐活动所使用的海岛，包括景观建筑、游览设施、观光旅游等用岛类型（表 12-4）。

表 12-4 广东省无居民海岛旅游娱乐用岛情况

一级类	二级类	行政隶属	海岛名称	合计（个）
适度利用类	旅游娱乐用岛	汕头市	狮仔屿、圆屿、官屿、案仔屿、案屿、塔屿、猎屿、凤屿、德洲岛、鸡心屿、R3、屐桃屿	12
		汕尾市	头滩、冬瓜屿、犁壁、内乌滩、J30、J32、J33、J34、J35、二滩、三滩、卵石、海猪仔、点姑屿、乌滩、大泵、J36、J37、燕坞群滩、尖石仔、三脚虎、H4、遮浪岩、猿东屿、蛤澎仔、尖石、青鸟尾、担子、龟龄岛、江牡岛、鸡心石、H36、H37	33
		惠州市	小星山、浪咆屿、桑洲、三角洲、坪峙仔、坪峙岛、宝塔洲、虎洲、独洲仔、横排、老虎排、潮洲、三杯酒、白屹洲、鹅公洲、鹅兜、屹仔洲、刀石洲、猫洲、D2、内圆洲、内赤洲、杨屋排、小鹅洲、鹅洲、白沙洲、赤洲、圆洲、白头洲、横洲、大辣甲、双蓬洲、燕子排、牛头洲、刷洲、双洲、泥湾排、牛结排、大双洲、D3、洪圣公、小横洲	42
		深圳市	洲仔、赖氏洲	2
		广州市	上横挡、下横挡、凫洲	3
		珠海市	野狸岛、Zh41、Zh42、铁针礁、鹤洲礁、镬盖礁、大九洲、西大排岛、横当岛、龙眼洲、茶壶盖岛、海獭洲、横山岛、鸡笼岛、九洲头岛、磨盘礁、石栏洲、香洲仔、横沥岛、洲仔岛、交杯岛、圆洲岛、赤肋洲、蚊洲、蚊洲仔、椰柞礁、蚊排礁、Zh47、大蜘洲、直湾岛、细岗洲、细担岛、小三洲、大三洲	32
		江门市	独崖岛、二崖岛、铜鼓排、神灶岛、鼓洲、狮子洲、鸦洲岛、白鹤洲、吨9、吨8、乌猪洲、关石、鳟虾石、吭喹礁、巷仔礁、宝鸭洲、飞沙洲、中心洲、高冠洲、管泵排、墨斗洲、北礁、观鱼洲、狗尾岛、大北风岛、吨7、吨22、吨23、马骝公岛、磴口排、坪洲、绞水红排、牛鼻排、曹白礁、琵琶洲、大招头岛、独石、山猪洲、格勒岛、王府洲	40
		阳江市	南鹏岛、大镬岛、二镬岛、老鼠山、寺仔山、龟山、三山、马尾大排、马尾洲仔、鸦洲、西寺仔山、犁壁岭、龟岭、鸡母岭、大洲、大树岛、中树岛、树尾岛、青洲	19
		茂名市	大放鸡、小放鸡、二洲、三洲	4
		湛江市	鸡笼山、鲎沙、罗斗沙、一墩、二墩、三墩、橹时墩、北星岛、浮墩岛、赤豆寮岛、娘子墩	11
合计				198

资料来源：《广东省海岛保护规划（2011—2020 年）》，广东省人民政府，2011 年。

定位原则：人文古迹、历史遗迹保存较好，具有独特的自然景观、地质遗迹、民族风情、风俗等旅游资源；建有或可建休息、度假、娱乐、运动的度假村、水上运动等旅游基础设施；海岛邻近海域的环境质量符合海洋功能区划对各类旅游区环境保护要求的有关规定。

此类海岛，在保护的基础上适度利用旅游娱乐用岛，以为发展旅游业为主，兼顾与旅游产业链相关的项目。

12.2.5.2 交通与工业用岛

交通与工业用岛是指开展港口航运、工业生产、存储或堆放货物、中转仓储等所使用的海岛，包括港口码头、仓储建设、工业建设、填海连岛、土石开采等用岛类型。考虑到交通运输、仓储和工业的用岛类型较为相近，在广东海岛开发利用情况中，交通运输与仓储、工业用途在同一海岛上常同时存在，如马鞍洲等，因此，交通与工业用岛的涵义包括交通运输用岛、仓储用岛和工业用岛3种主导用途的含义（表12-5）。

定位原则：水深、航道、锚地等条件适宜建设港口码头；地方经济社会发展需要开发海岛港口码头，具有工业基础，交通运输便利；控制港口及工业的发展规模，加强海岛及其邻近海域生态环境的保护和管理。

此类海岛：适度利用交通与工业用岛。

表12-5　广东省无居民海岛交通与工业用岛情况

一级类	二级类	行政隶属	及海岛名称	合计（个）
适度利用类	交通与工业用岛	揭阳市	猪母石、尖石屿、红礁、大磅礁、屿池礁、中礁、运礁、青屿、乌屿、大屿（一）、大屿（二）、栳礁、二礁、乙礁、大狮礁、姐妹礁、玉母石、平盘仔、蚝榫盘、龙头礁、青朗礁、瓶塞礁、余礁、口门乌礁、金狮礁、下牛母石、斗脚礁、松鱼礁、虎尾礁、龙舌礁（一）、龙舌礁（二）、超头石、屿仔头礁、胶雷礁、潭口礁、头根礁、中梗、外梗、大石尾、伯公后礁、青菜礁、粗礁、双帆石、山礁、大堆尾、南心仔、砻齿礁、车礁、尖担仔、鸟站仔	51
		汕尾市	羊仔、大士、平礁、锣锅头、北士、龟盘、龟礁、大马礁、鸟石礁、蚊帐礁、鱿鱼礁、两峡礁、渔翁礁、眠礁、金屿、小金屿	16
		惠州市	西虎屿、花榕树洲、纯洲、小红洲、沙鱼洲、黄毛洲、亚洲、许洲、马鞭洲、锅盖洲、芒洲	11
		深圳市	小铲岛、大铲岛、东孖洲、西孖洲	4
		广州市	鸡抱沙、孖沙	2
		中山市	灯笼山、烂山、二茅岛、石排	4
		珠海市	三角山岛、大杧岛、杧仔岛、牛头岛、中心洲、小蜘洲、三角岛、大岗岛、二岗岛、黄茅岛	11
		茂名市	大竹洲、峙仔	2
		湛江市	月儿岛	1
合计				132

资料来源：《广东省海岛保护规划（2011—2020年）》，广东省人民政府，2011年。

12.2.5.3 农林渔业用岛

农林渔业用岛是指气候、土壤、淡水资源等自然条件和基础设施条件适合农、林、渔业开发利用的海岛，包括种养殖业、林业等用岛类型。考虑到农业、林业、渔业、畜牧业均为第一产业，广东海岛第一产业以渔业为主，林业生产主要分布在东海岛、南三岛、南澳岛等面积较大的有居民海岛，无居民海岛面积相对较小，因维护海岛生态的需要无居民海岛的林业宜以护林育林为主，亦考虑到淡水资源普遍短缺、土地和耕地较少等特点，将无居民海岛的农业、林业、渔业、畜牧业等用途统筹兼顾，合称为"农林渔业用岛"，其含义包括渔业用岛、农林渔牧业用岛（表12-6）。

表12-6 广东省无居民海岛农林渔业用岛情况

一级类	二级类	行政隶属	海岛名称	合计（个）
适度利用类	农林渔业用岛	潮州市	青屿、挨砻礁、鸡安屿、白鸽南屿、香炉屿、R1、R2、浮屿、浮屿仔、虎屿、圆屿、虎屿西礁、礁排屿	13
		汕尾市	屎蒂礁、大堂礁、青菜礁、鸡笼礁、龟石礁、后洋澳、赤褐礁、小礁、外澳口礁、大平石礁、湾仔礁、龟豆礁、外下龙礁、马礁、小娘菜礁、腊烛礁、石鸟礁、锅头礁、六耳礁、雌礁、双仁礁、尖礁仔、东白礁、长礁、叠石、观音礁、甲子屿、刺剑太礁、黑大礁、小龟礁、鸟粪礁、旗杆夹礁、破永乐礁、J14、乌礁、白礁、小白礁、头礁、晒网礁、牵宫门礁、东罗、头干岛、新剑牙礁、H31、赤洲、捞投屿、鹰屿、青屿、赤腊、牛皮洲、H28、H29、H30、东屿、妈屿、印仔、大印、竹竿屿、内已仔、白担、铁砧、流干石、东仔角	64
		珠海市	细碌岛、鸡士藤岛、大碌岛、大头洲、百足排、青洲、大牙排岛、山排岛、鱼排岛、竹洲仔、横洲、黑洲、Zh18、Zh19、马岗岛、圆岗岛、头鲈洲、头鲈洲仔、头鲈石岛、隘洲、隘洲仔、Zh23	23
		湛江市	南沙仔、尖担沙、对面沙、调元沙、钩仔沙、东沙仔、东寮沙仔、岭头沙、新埠沙、上沙、眉沙、石花沙、白毛沙、羊咩沙、沙梁沙、羊尾沙、南边沙、行口沙、Z米1、英佳塘沙、白岭沙、雷打沙、白母沙、水头岛、北灶岛、盐灶岛、长坡岛、土港岛、金鸡岛	30
合计				130

资料来源：《广东省海岛保护规划（2011—2020年）》，广东省人民政府，2011年。

定位原则：岛周边有浅海滩涂，水深适中，水交换畅通，温、盐条件适宜，避风浪条件好，适合虾类、蟹类、鱼类等水产动物生长、繁殖、栖息；海岛邻近海域的环境质量符合海洋功能区划对各类渔业资源利用区环境保护要求的有关规定；渔业基础设施较完善，交通运输便利。

此类海岛，在保护的基础上适度利用农林渔业用岛，主导功能为农林渔业，兼顾休闲旅游、公共服务等辅助功能。

12.2.5.4 公共服务用岛

公共服务用岛是指用于公务、教学、防灾减灾、非经营性公用基础设施建设、基础测绘和气象观测以及其他公益事业用途的海岛（表12-7）。

此类海岛，适度利用公共服务用岛，主导功能为公共服务，兼顾休闲旅游、农林渔业等辅助功能。

表12-7　广东省无居民海岛公共服务用岛情况

一级类	二级类	行政隶属	海岛名称	合计（个）
适度利用类	公共服务用岛	惠州市	小辣甲、印洲仔	2
		广州市	金锁排、舢板洲	2
		珠海市	赤滩岛、小蒲台岛	2
		江门市	大萍洲、黄黁洲、挂锭排、飞妹洲	4
		阳江市	小葛洲、葛洲、蝴蝶洲	3
合计				13

资料来源：《广东省海岛保护规划（2011—2020年）》，广东省人民政府，2011年。

12.2.5.5 城乡建设用岛

城乡建设用岛是指用于建设除交通设施以外的生产生活基础配套设施建设、环境改造等用途的海岛，包括房屋建设、道路广场建设、基础设施建设、园林草地、修建人工水域等用岛类型（表12-8）。

表12-8　广东省无居民海岛城乡建设用岛情况

一级类	二级类	行政隶属	海岛名称	合计（个）
适度利用类	城乡建设用岛	东莞市	木棉山岛	1
		珠海市	大芒洲、小芒洲、芒洲仔、白沥岛、小万山岛、庙湾岛、二洲岛、三门岛、竹洲、竹湾头岛、横岗岛	11
合计				12

资料来源：《广东省海岛保护规划（2011—2020年）》，广东省人民政府，2011年。

12.3　典型海岛开发利用案例

无居民海岛资源是一种可持续发展的资源，对于国家经济长久发展意义重大。2011年国家海洋局公布了包括176个可利用无居民海岛在内的《第一批开发利用无居民海岛名录》，方便对海岛进行实名管理。虽然国家出台了法律法规保证无居民海岛的开采，但是并没有系统完整的科学规划，使得无居民海岛仍然无法得到有效的保护。广东省针对本省区内的无居民海岛现状，采取了可行性的保护措施，地方法律法规的出台为无居民海岛的保护也提供了政策支持。见本书前面章节提到的海岛分类保护、领海基点海岛保护、海岛保护区建设、海岛生态红线划定、海岛生态修复等。

广东省无居民海岛的开发利用以粗放型为主，大部分无居民海岛仍处于待开发状态。已开发利用的无居民海岛的开发模式主要包括旅游开发、渔业养殖、矿产开采、港口交通及临港工业等。

旅游开发的项目有水上运动、观光旅游、海底潜水、休闲度假等，主要分布在经济繁荣的沿海地区，比较出名的有茂名放鸡岛旅游区、珠海横琴岛旅游区和野狸岛生态公园、深圳赖氏洲旅游区、惠州三角洲旅游区、大辣甲旅游区等。无居民海岛的旅游开发比较分散，尚未形成规模效应。

渔业养殖以淡水养殖为主，随着深水网箱养殖技术的发展，一些无居民海岛开始在海岛港湾、周边海域建设种苗繁殖场、深水网箱养殖基地，比如珠海的竹洲、大漳州等。

矿产开采主要分布在珠江口的万山群岛。矿产开采虽然带来了一定的经济效益，但是也对无居民海岛的环境造成破坏，甚至导致了生态的退化。

港口交通及临港工业以修造船、中转仓储为主，主要分布在沿海区位条件突出的海岛，如深圳东孖洲、西孖洲建成的修船基地，惠州的马鞭洲建成的原油泊位等。

另外，还可以利用无居民海岛修建公共服务设施，如建设跨海大桥的桥墩及修建用于海洋监测、防灾减灾、科研的基础设施。

无居民海岛的开发利用程度由珠江口向两边降低，粤西的总体开发利用程度比粤东高。由于区域土地开发利用的差异性，如珠江口海区的无居民岛上有大量被开发的建筑用地，珠江口海区的几个市如东莞市、广州市、中山市的无居民海岛开发程度要比粤东和粤西的高。广东省无居民海岛开发利用程度最强的是东莞市，其次是广州市，中山市，阳江市，深圳市，江门市，茂名市，珠海市，惠州市，湛江市，汕头市，汕尾市，揭阳市，潮州市。粤东无居民海岛覆盖类型中未利用地和林地占了绝大部分，相对于粤东而言，粤西其他农用地面积占有率较大，粤西的无居民海岛总体开发利用程度要比粤东高。本节选取大、小三洲、放鸡岛、野狸岛、纯洲、大铲岛、马鞭洲为典型海岛开发案例进行论述。

12.3.1 旅游娱乐用岛——大三洲、小三洲

大三洲、小三洲是国家海洋局颁布《第一批开发利用无居民海岛名录》中可予开发利用的无居民海岛，主导用途为旅游娱乐用岛。2012年，全国共批准了7个无居民海岛使用项目，其中福建省3个，广东省2个（大三洲、小三洲），山东省和海南省各批准了本省首个无居民海岛使用项目。

12.3.1.1 海岛基本情况和开发现状

大三洲、小三洲位于珠海横琴岛东南侧横琴湾海域内，呈东西走向，与其东北部的小三洲相距约40 m，北距澳门约2 km，退潮时大三洲与横琴岛相连，最低潮时可直接徒步至大三洲。大三洲地理坐标为22°05′24″N，113°33′22″E。小三洲海岛中心地理坐标为22°05′28″N，

113°33′26″E（见图12-1、图12-2）。

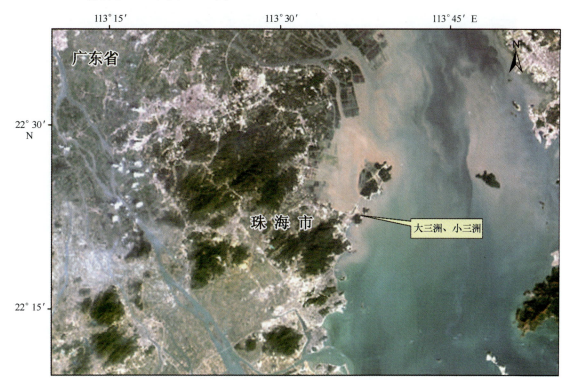

图12-1　大三洲、小三洲地理区位

大三洲呈东西走向，长约200 m，宽约60 m，实测岸线长0.616 9 km，实测面积约0.012 2 km²。大三洲地貌类型较为简单，以低丘、坡地为主，在海岛东部和西部各有一块高地，在两块高地中间有一裸岩台地。海岛海拔最高处为30.14 m，位于海岛西部高地的东部，海岛沿岸周边基本为裸露岩石，常年受到雨水冲刷、海水侵蚀。大三洲西侧水深条件较差，低潮退潮时，海岛与横琴岛相连。东侧和北侧平均水深为1~2 m。小三洲外形呈三角形，东西最长距离约110 m，南北约125 m，岸线总长0.35 km，根据海岛测量的结果，岛屿高潮露出水面以上陆地面积约13 639 m²，岸线总长度583.4 m。小三洲地貌类型较为简单，以中部突起的低丘和基岩海岸为主，海岛中部最高海拔为22.28 m。周边水深条件一般，平均水深为1~3 m。

两个海岛均保留了较为原始的状态，海岛之上植被茂密，郁郁葱葱，近岸多为基岩，尚未有人为开发活动。周边海域主要以养殖用海为主，无其他用海。项目所在地海岛及周边海岸、海域现状保护较好，无海洋保护区分布。岛屿西北侧零星分布着一些小规模的开放式养殖用海，主要养殖品种是蚝。

项目位于珠海市横琴岛东南侧，介于横琴湾和大东湾之间。

项目所在海岛及周边海域开发利用现状（见图12-3）。

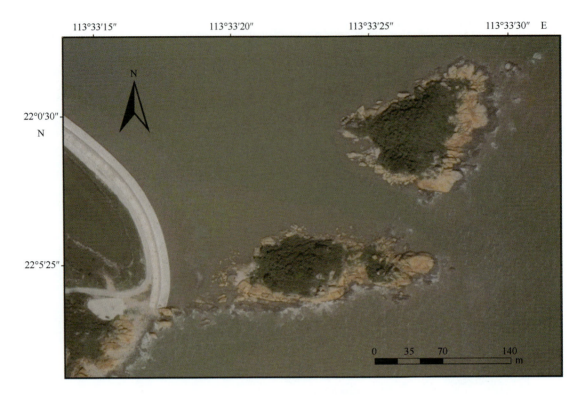

图 12-2 大三洲、小三洲遥感影像

资料来源：google 地球影像；影像日期：2015 年 4 月 5 日

12.3.1.2 开发项目的基本情况

1）项目名称、性质及功能

大三洲、小三洲的开发项目名称为大三洲环岛亲海生态旅游项目。

项目的性质主要为经营性用岛。

项目功能为旅游娱乐用岛。

2）项目占用海岛面积、使用方式及使用年限

大三洲、小三洲环岛亲海生态旅游项目为整岛利用。占岛面积为大三洲整个海岛的平面面积，总共为 1.220 8 hm²，用岛面积为大三洲整个海岛的自然表面形态面积，总共为 1.501 9 hm²；占岛面积为小三洲整个海岛的平面面积，总共为 1.363 9 hm²，用岛面积为小三洲整个海岛的自然表面形态面积，总共为 1.731 9 hm²。

大三洲游览设施用岛面积为 0.144 1 hm²；观光旅游用岛面积为 1.366 8 hm²。小三洲游览设施用岛面积为 0.142 1 hm²；观光旅游用岛面积为 1.589 8 hm²。

项目使用方式为基本不改变海岛地形地貌的用岛。大三洲上主要建设项目包括环岛栈道、眺澳平台和亲水平台，其他区域仅为游客提供风景观赏。小三洲上主要项目包括环岛栈道、游艇码头、防波堤、观景平台和观日平台。

大三洲、小三洲申请使用年限为 30 年。

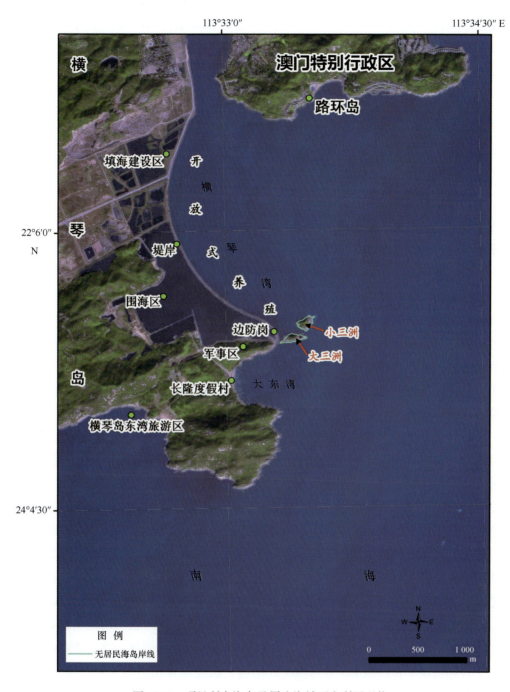

图 12-3 项目所在海岛及周边海域开发利用现状

3）项目各建设工程及类型

该项目为大三洲、小三洲整岛利用，大三洲项目主要建设工程包括登岛景桥、环岛栈道、眺澳平台和亲水平台；小三洲建设项目工程主要包括环岛栈道、亲海平台和观日平台、游艇码头、防波堤，其中游艇码头和防波堤是作为远期规划开发项目，且这两个项目主要为用海项目，因此本次开发利用具体方案不包括这两个项目。根据财政部和国家海洋局共同下发的《关于印发〈无居民海岛使用金征收使用管理办法〉的通知》（财综〔2010〕44 号）中附件

2（无居民海岛用岛类型界定），大三洲、小三洲上各建设工程的用岛类型为游览设施用岛。除各建设工程所占海岛区域外，大三洲、小三洲其他区域为观光旅游用岛类型，主要供旅客进行生态观光，不进行开发。

4）项目建设资金来源及数量

该项目建设资金主要来源于申请用岛企业自筹经费。

大三洲预计开发项目总投资约 2 000 万元。

5）项目建设施工及运行管理

（1）项目建设施工

海岛与陆地通过栈桥连接，减少填海连岛对海洋生态环境的破坏。充分利用原有地形地貌，沿海岛周围的礁石建设环岛栈道，禁止采挖土石。其中，对小三洲海岸的景观礁石采取特殊保护，禁止破坏。

施工材料主要以自然材料为主，仿自然材料为辅，主要采用透水性好、防潮防腐的可循环使用材料，如做过防腐处理的朔木。构筑物的色彩、材质应尽量与周围景观相协调，以达到构筑物和设施与海岛自然环境的最佳融合。施工现场应制订节能措施，提高能源利用率，对能源消耗量大的工艺必须制定专项降耗措施。优化施工方案，选用绿色材料，积极推广新材料、新工艺，促进材料的合理使用，节省实际施工材料消耗量。

项目各建设工程具体的施工工艺和施工方案如下。

登岛景桥：登岛景桥由基础、立柱、桥面及附属结构等部分组成。利用直径为 600 mm 的钢管桩直接支撑桥面结构，钢管柱间隔为 6 m，钢管立柱高出水面 1 m，在顶部设置横向联结系，增强结构整体稳定性，立柱上端布置横向分配梁，分配梁上架设安装纵向主梁，主梁顶面铺设桥面分配梁及木质桥面板，桥面宽 4 m，两侧设置木质护栏、照明及其他附属设施。

景桥施工从岸边开始，逐步向水中延伸，钢管桩采用轮式或履带吊机配合振动锤下沉到位，吊机根据起吊重量和范围进行选择。为加快进度，可根据具体情况选用浮式吊机配合振动锤或浮动平台上安装打桩机进行打设。立柱分配梁在岸上组装成安装节段长度后，用平板车或拖轮运输到现场，采用吊车或浮吊进行架设。在主梁和分配梁铺设完毕且与钢管桩焊接牢固后，沿垂直于人行道的走向铺设木板，间隔 5 mm 铺设一块木板，用圆头螺丝固定木板。木质护栏与木质桥面之间用螺栓贯穿固定，U 型镀锌钢板与钢槽焊接，之后涂刷油漆。

亲水平台和眺澳平台：亲水平台为栈桥式结构，跟登岛景桥类似，由基础、立柱、桥面及护栏等部分组成。立柱和桥面跟登岛景桥采用同样的方式建设，不同的是平台是在充分利用现有海岛基岩上搭建，眺澳平台周边设置木质护栏，亲水平台不设护栏。

同登岛景桥一样，亲水平台和眺澳平台的建设从大三洲沿岸开始，逐步向水中延伸，采用同样的器材、设备等按照施工准备、基础施工、立柱施工、台面铺设、护栏建设、附属工程施工以及竣工验收的步骤顺序进行。

环岛栈道：环岛栈道由基础、立柱、桥面及护栏等部分组成。基础为大三岛环岛基石，立柱采用直径为 60 mm 的防腐木柱，木柱间隔为 4 m，木柱上端布置分配梁，之后安装龙骨，在龙骨上铺设木板，道面木板载荷主要包括自重和人体重量，道面宽度为 1.6 m，两侧设置木质护栏，栏杆高度为 1.2 m。

环岛栈道施工从眺澳平台开始，逐步环岛建设，采用 GPS-15 型钻机在大三岛环岛基岩上凿孔，插入防腐木柱，木柱的高度根据基岩高度来定，保证栈道的平缓，分配梁在岸上组装成安装节段长度后，用船舶和拖轮运输到现场。在基础及柱、梁强度达到设计要求，基础周围回填夯实完毕后，按要求在梁、柱的对应位置上找到预埋金属膨胀螺栓，然后将龙骨按照图纸要求安装于金属膨胀螺栓上，在龙骨上沿垂直于人行道的走向铺设木板；木质护栏与木质道面之间用螺栓贯穿固定，U 型镀锌钢板与钢槽焊接，之后涂刷油漆。

（2）运营管理

安全检查是消除事故隐患，预防事故，保证安全生产的重要手段和措施。不断改善生产条件和作业环境，使作业环境达到最佳状态，采取有效对策，消除不安全因素，保障安全生产。

严格进行安全技术交底，认真执行安全技术措施，特制定系统的安全技术交底制度，同时做好针对工程开工前、工程开工时、每个单项工程开工前的各项交底工作。

将建筑垃圾堆放在指定场所进行分类收集，并标以指示牌。可回收废料及时送废料回收，不可回收废料在特定地点堆放，并统一安排运出工地。

6）项目建设时序

本次项目建设实施分为四个阶段：

第一阶段（4 个月）：首先修建登岛景桥，连通大、小三洲与横琴岛之间的主要登岛栈桥。修建海岛集中供电系统、临时物资运送码头及临时建筑垃圾处理场地；

第二阶段（3 个月）：修建环岛栈道、搭建眺澳平台和亲水平台；

第三阶段（2 个月）：修建海岛照明设施、垃圾分类收集设施、标识设施；

第四阶段（1 个月）：景观环境美化。

12.3.1.3 开发项目的空间布局

空间布局设计理念——在觉醒的城市与海洋间架起桥梁。

空间布局设计原则——人类和自然共存的原则：本规划的目的是尽可能保存现有空间优势和容量的同时，提供人类和自然共存的方式，与过分模仿自然或人性化功能的传统风格有所不同，本规划更注重两者之间的平衡；最佳可达性欣赏原则：关注并实现陆地与海的连接、城市与自然的连接，设计城市与自然共同恪守的、具有城市特殊景观象征的中间地带——大三洲、小三洲生态景观带。

空间布局设计构思——交通设计：固定交通连接+非固定交通连接。通过桥梁连通海岛和陆地形成固定交通联系，在小三洲设计游艇码头与陆地之间形成非固定交通联系，增强海陆间的交通可达性，消除人与海之间的距离与隔阂；岸线形态：岸线主题主要是围绕近水活动、景观参与和感受等活动；高差设计：海岛的岸线起伏，提供多种观海、观岸的视角，突出海岛作为观景的主体地位；场所连接：通过差异化的个体活动（如聚集、停留、运动）将人从城市导向滨水地区。

1）项目在大三洲、小三洲上的具体区位

项目建设工程主要位于大三洲周边岩滩上，主体部分在该岛西侧及西北角处，其余部分环绕大三洲中部植被保护区外缘；除建设工程外，大三洲其他区域用作观光旅游。项目建设工程主要位于小三洲周边岩滩上该岛北侧及西南角处，其余部分环绕小三洲中部植被保护区外缘；除建设工程外，小三洲其他区域用作生态观光旅游。

2）项目总体工程布局规划

大三洲开发建设的工程主要包括：交通设施、景观游览设施和市政设施三大类。其中交通设施包括登岛景桥和环岛栈道；景观游览设施包括亲水平台和眺澳平台；市政设施包括照明设施、标识设施、垃圾收集设施和建筑小品。小三洲项目开发建设的工程主要包括：交通设施、景观游览设施和市政设施三大类。其中交通设施包括：登岛景桥、环岛栈道；景观游览设施包括：观日平台、亲海平台；市政设施包括照明设施、标识设施、垃圾收集设施和建筑小品（见图12-4和图12-5）。

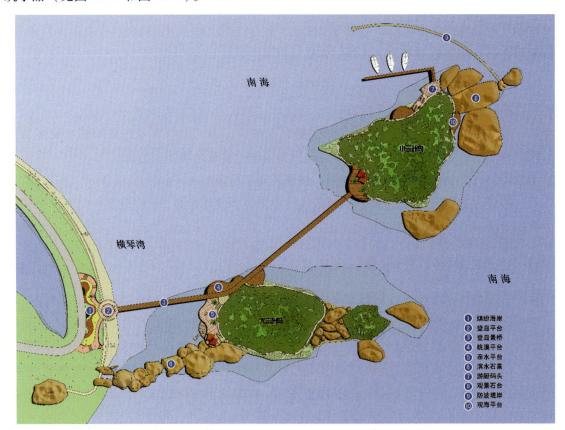

图12-4 大三洲、小三洲平面布置

（1）登岛景桥

登岛景桥是横琴岛与大三洲，大三洲与小三洲的固定交通连接，起点在横琴岛的登岛平台，沿东西走向，在大三洲西北角处与之连接；其后绕过该岛北侧，沿西南至东北走向，连接至小三洲。

图 12-5　大三洲、小三洲开发的效果

登岛景桥采用栈桥结构，长约 234 m，宽 4 m。其中横琴至大三洲段 89 m；绕大三洲北侧段 29 m，大三洲至小三洲段 116 m。综合考虑到 4 股人流和观海区预留空间（来回各 2 股人流，每股人流占用宽度为 0.6 m，桥两侧各预留 0.8 m 观海空间），以及栈桥使用的安全性、建设和运营期间使用电瓶车运送基本物资的要求，将栈桥桥面宽度设计为 4 m。

（2）亲水平台

是该项目的滨水地区，大三洲布设于西侧，登岛景桥工程南面，其内（东）侧毗邻环岛栈道。小三洲布设于西南侧，紧接环岛栈道两端，同时是连接大小三洲的节点。亲水平台设计三级台阶和一个伸出小堤，并在台阶上布设 4~6 个建筑小品（如休闲凉亭、休憩坐椅等），可供游客休息，在充分放松的大海之上实现亲海、看海和听海的乐趣。

（3）眺澳平台

布设于大三洲西北侧，登岛景桥工程绕大三洲北侧段的两侧，可向北远眺澳门。

（4）环岛栈道

大三洲布设于中部植被保护区外缘的岩石带上，环绕大三洲中部植被保护区，采用高脚式木质结构，长约 223 m，宽 1.6 m。综合考虑到来回共 2 股人流（每股人流 0.6 m），靠海一侧观海区 0.4 m（安全性及节约岸线资源方面考虑），将环岛栈道宽度设计为 1.6 m。小三洲布设于中部植被保护区外缘的岩石带上，环绕小三洲中部植被保护区，采用栈桥结构，长约 280 m，宽 1.6 m。

(5) 海岛景观工程

包括岛中部植被保护区和东部植被保护区生态景观区、海岛沿岸岩石景观区以及海岛周边水域等。该工程除进行适当生态修复等保护活动和景观维护工作外，不进行其他开发，主要用作风景观赏和海岛生态保育。

3) 项目占用海岸线的位置及长度

项目占用海岛岸线主要位于大三洲的西侧，东侧较少，项目占用海岛岸线的总长度为71 m，项目各工程占用海岛岸线的位置及长度如下所述。

登岛景桥。占用大三洲西北角的岸线资源，用作栈桥连接岛处，共11 m，其中与横琴岛连接端占用5 m，与小三洲连接端占用6 m。

亲水平台。占用大三洲西侧岸线资源11 m。

眺澳平台工程。占用大三洲西北侧岸线资源49 m。

环岛栈道工程。占用大三洲东侧岸线资源0 m。

小三洲亲海平台及环岛栈道不占用岸线。登岛景桥占用小三洲西南角的岸线资源，是栈桥连接岛处的使用，占用4.5 m。

4) 项目占用周边海域的区位及面积

大三洲占用周边海域，主要是登岛景桥及眺澳平台部分占用，使用海域位于大三洲的西北侧，用海面积为 0.190 2 hm^2，用海方式为透水构筑物。

小三洲项目占用周边海域，主要是登岛景桥的部分占用，使用海域位于小三洲的西南侧，用海面积为 0.217 8 hm^2，用海方式为透水构筑物。

12.3.2 私人开发滨海旅游的成功范例——放鸡岛

2011年4月12日，国家海洋局公布了首批176个可开发利用的无居民海岛名录。一时间，私人开发无人岛成为社会热议话题。事实上，早在20多年前，一些投资商在当地政策的允许下，已经开始尝试参与无人岛屿的开发。2004年6月，一位名叫陈明哲的台湾人，登上了位于茂名南部海面的无人岛——放鸡岛。他以滨海旅游为"钥匙"，成为私人岛屿开发的破题人。在2004年一举租下放鸡岛，拿到该岛50年的使用权，这也是国家允许的单位或个人开发利用无居民海岛的最长租用期。图12-6为放鸡岛遥感影像。

12.3.2.1 海岛基本情况和开发现状

茂名放鸡岛位于21.23°N，111.00°E，横卧在电白县南海洋面，属地博贺港湾口西南部，距博贺上岛码头8 n mile，是广东东部通向湛江、北部湾必经之岛，岛的最高峰顶端建有照距15 n mile的太阳能灯塔，指引船舶安全航行。面积1.9 km^2，是茂名市最大的海岛，一直无人居住。拥有5.91 km的海岸线，植被覆盖率高达93.5%，植被科种数量位居全国前列。由于它是东北—西南走向的狭长岛屿，所以台风主要影响东南侧，有中部山峰作屏障，西北侧可以进行较多旅游设施建设。

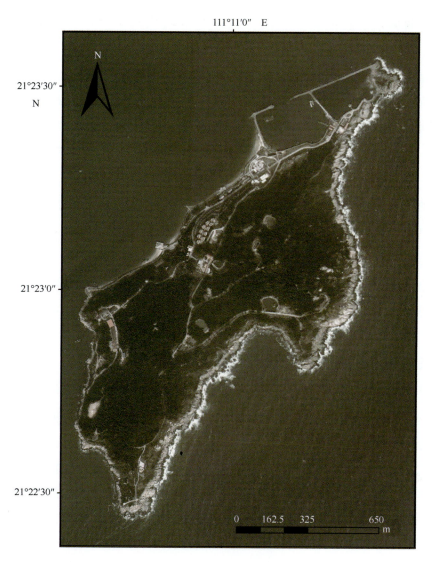

图 12-6　放鸡岛遥感影像

资料来源：google 地球影像；影像日期：2015 年 9 月 13 日

12.3.2.2　旅游资源概况

1）海岛地质地貌奇观

①海岸地貌。放鸡岛受海洋动力作用的影响很大，由于海洋的侵蚀、切割及风化作用，形成临海千姿百态的海蚀平台、海蚀陡崖、海蚀洞、海蚀穴、海蚀柱等无数的海岸地貌。海岛的东边经过海水多年的冲刷，形成壮观的海蚀崖。尤其是在岛东北方向的鸡头上，有一个海蚀柱，形状像鸡的鸡冠一样，是自然资源与人文资源的绝妙吻合。

②壳堤。在岛的东北角，分布有大规模的贝壳堤，是海岸中比较少见的海岸地质奇观。贝壳堤大概有 200 m^2，上面的贝壳清晰可见，保存完好，是观光科学考察的天然实验室。

③火山地貌。该岛的火山地貌独具特色，如火山喷发形成的火山岩脉，脉纹清晰可见，具有科学考察价值。

2）海底奇观

放鸡岛周边海底遍布畸形怪石，其上长满形态各异的铁树、海柏、珊瑚；海底有龙虾、石斑鱼、鲳鱼、鹦鹉鱼、乌贼、黑枪等多种动物。在岛南亚湾的海底，有"鲤鱼吐珠"之绝景，就是一座巨石酷似张开大口的鲤鱼，口中含一石，光滑浑圆如珠，珠后有一石室，室内有各种鱼类、虾类、蟹类在其中穿梭往来。奇妙的海底世界是发展潜水旅游的理想场所。

3）沙滩旅游资源

在岛的西北岸有沙滩，沙质舒适均匀，粗细适中，适合发展沙滩游泳等滨海旅游项目。同时，滩上可拾贝壳。

4）野生动植物旅游资源

放鸡岛保存了较为完整的原始森林，植被覆盖率在90%以上，动植物资源十分丰富。岛上有野牛出现。海底动物资源也十分丰富，在岛周围岩礁栖息着龙虾、鲍鱼、海星、海胆等名贵海珍品，还有绚丽多姿的珊瑚。

5）气候资源

海岛的气候资源主要有气温、空气和阳光三大要素。放鸡岛冬暖夏凉，气候宜人，浩瀚的大海、洁净的沙滩、孤悬海外的意境、清新的空气和充足的阳光是旅游度假的好地方。

6）人文旅游资源

放鸡岛一直是无人居住的岛，岛上基本上没有人类活动的痕迹，在1960—1970年间，知识青年下乡上岛，他们在岛上生产生活，留下了不少足迹，形成了典型的知青文化。如保存完整的知青住过的平房、知青开垦过的地、知青种的树、知青走过的路。其他人文旅游资源还有纪念唐代宰相李德裕的"李卫公庙"遗址、防空洞和灯塔等。

12.3.2.3 开发项目的基本情况

该岛四周海水极为清澈，水下能见度在 8 m 以上，居亚洲第一，世界第二，也是我国自然条件最好的潜水胜地，风光旖旎、生态良好、历史悠久，是"国家级 AAAA 旅游景区"。

岛上共有八大旅游资源主类，其中自然旅游资源单体20个、人文旅游资源单体22个，主要包括南天飞石、鸡海回澜、仙石听涛、羊礁观日、鲤鱼吐珠、群石卧澜、雄鸡鸣晓、湾州寻古、李陈庙祠、渔火闹汛、灯耀南海、群鸟翱翔、天后宫（妈祖庙）、南海观音阁、八仙传说活佛济公、许愿树、鸡头奇观、广场雄姿、休闲野菠萝公园、海岛不夜天、潜水观光、海上游乐、户外拓展等。经过8年时间的深度规划、保护性开发和科学利用，已集海上乐园、休闲度假、商务会议为一体，以休闲度假、潜水培训、乘舟海钓、帆船体验、潜水探险、海上娱乐、海岛婚礼、商务会议拓展及四季主题为主要功能的综合型滨海旅游胜地。

12.3.2.4 创新运营

放鸡岛的运营采取了主营和承包结合,再统一由一家公司经营管理的模式。此举,既可以规定运营商不得削价竞争,便于统一价格,还可以第一时间处理投诉。

在旅游营销上,放鸡岛则与国内知名旅行社密切合作,促使其大力宣传放鸡岛,并尽可能多地让利给旅行社,设立"放鸡岛广州办事处",取得明显成效。陈信豪说:"现在全国已有600多家旅行社跟我们合作,仅湖南就有50多家。对省外旅行社我们实行'散拼'——无论多少人报团都接受,让旅行社把游客带到广州组团,再带到放鸡岛。这样我们就不会错过零星客源,游客也不会因为报团人数少而来不了。这就形成'放鸡岛—广州办事处—全国各市场'的联动。"

12.3.2.5 生态旅游系统规划的初步设想

1) 生态旅游交通

放鸡岛上的对外交通主要以海上的快艇为主,码头建设安全简单,对环境的影响要小一点,远期在资金允许的情况下,可以在岛的东北角建一个直升机机场。岛上内部的交通主要设计以电瓶车和自行车为主,环岛修建一条电瓶车道和自行车道,可以通过这种无污染的交通方式观看海上的各种风景。但是在修环岛路的时候,勿对环境造成危害,不要破坏海岛的原生环境。岛上的其他交通主要以步行为主,基本上仍用当年知青修的道路,道路的宽度在 1~2 m 左右。

2) 参与性的生态旅游项目设计

参与性旅游项目是生态旅游很好的方式,是现代旅游发展的趋势。在放鸡岛主要设计以下项目。

①潜水旅游。该岛的潜水条件良好,可将潜水旅游作为主要开发项目之一。

②海上游乐场。海上的游乐活动可以搞一些滑板、水上摩托、快艇、牵引伞、水上帆船、冲浪、游艇等参与性比较强的游玩活动。在近海岸区域利用渔业生产场地、渔船渔具、渔业产品、渔业经营活动,增加游客对渔民的体验,开发以"当渔民、唱渔歌、观渔灯、驾渔船、撒渔网、钓海鱼、吃渔家饭"等为主要内容的渔家乐项目,游客可以当一回"真正的渔民"。

③科普生态旅游产品。海岛上贝壳堤、火山岩脉、海蚀柱等是很好的海岸地貌天然的野外课堂。地貌科普旅游要有专业的导游,按特定的路线进行。

④知青文化产品。对知青留下来的房屋进行维修,要保持原来的风格,包括材料全部用当时用的石料,就地取材,房屋外观的颜色用土色,从而使其与周围环境协调的颜色,建筑好像是天然在地上生长起来的。知青用过的房屋可用作旅馆,里面的设施也尽可能与当时知青用的一样,让游客体会到当时知青的生活。

⑤游客服务中心。利用当年知青生活的房屋前面的空地,向游客提供餐饮、通信、购物、娱乐等旅游服务。

3）旅游生态景观系统设计

景观的结构通常用斑块（patch）、廊道（corridor）、基质（matrix）和缘（edge）来描述。① 斑块原意指物种聚集地，从生态旅游景观讲，指自然景观或自然景观为主的地域。② 廊道是不同于两侧相邻土地的一种线状要素类型。③ 基质是斑块镶嵌内的背景生态系统。④ 缘，又称边缘带，其作用集中表现为边缘效应。

景区内的原始森林等是斑块，同时把各种建筑设施作为一种景观来建设，也是斑块。岛上的步行道、环海电瓶车道是景观的廊道。基质从大的生态系统来设计是海洋，从小的范围来看是整个岛的背景生态系统。边缘是指海岛生态系统与海洋的交界地带，即潮间带。整个景观的设计按景观系统的要素来设计，使海岛各种景观成为一个有机的景观系统，有利于维护海岛生态系统的稳定性。同时，放鸡岛具有丰富的历史文化内涵，使得生态旅游景观的功能也表现出一定的人文性。

12.3.2.6 经验和问题

放鸡岛为全国首例无居民海岛整岛开发建设项目，对全国其他无居民海岛的整体开发具有示范意义。广东放鸡岛的开发也显现出了巨大的经济效益，据当地政府测算，年旅游人数达到 10 万人以上，能够获得 3 000 多万元的旅游收入，并能提供 500 多个就业岗位。总体而言，放鸡岛的开发无疑是成功的，已经成为国内海岛游的第一品牌。但也存在着以下问题需要引起重视。

一是部分项目缺乏文化特质。从 2005 年放鸡岛部分项目开放使用至今，已历时 11 年。但目前茂名放鸡岛海上游乐世界开发建设速度偏慢，以"海"为主题的开发"仍停留在初始状态"；而岛上景点开发，更让人觉得缺少了文化特质与灵气，景点欣赏与文化知识传播断层，"二次吸引力"不强。

二是整体服务亟待提升。放鸡岛能提供的服务内容不多，服务档次不高，服务还有很多需要规范的地方；景区内的各项配套服务设施、服务内容不完善，景区接待服务能力差，缺乏"闪光点"，还不能满足游客多方面的需求，欣赏价值不高，整体服务水平亟待提升。

12.3.3 旅游娱乐用岛——野狸岛

12.3.3.1 海岛基本情况和开发现状

野狸岛位于珠海市东侧的香炉湾与香洲湾之间，地理坐标为 22°16′48.6″N，113°35′06.6″E。西北侧为香洲港，西侧为情侣路，与南侧"珠海渔女"隔海相望，位置优越。目前通过海燕桥与陆地连接，岛的大小、山体和高度很适合人们休闲、健身（见图12-7）。

野狸岛岛屿面积 0.43 km²（不包括填海区 18.373 5×10⁴ m²），主要为山地，5 m 等高线以下面积不到1/4。海岸线长约 4.5 km。岛有四峰，主要位于东北部，海拔高度 66.17 m。野狸岛长约 1 000 m，宽约 290 m，现已建环岛路、上山步道、停车场、地下管网、绿化、路灯等，为珠海市民一大休闲公园。

图 12-7 野狸岛遥感影像

资料来源：google 地球影像；影像日期：2015 年 4 月 5 日）

12.3.3.2 周边海域使用现状

项目用海所在海域附近开发活动主要有香洲港、野狸岛旅游区、情侣路城市景观区、野狸岛旅游区、青洲水道西贝类增殖区、得月舫用海区等（见表 12-9）。

表 12-9 野狸岛周边海域开发利用活动情况

序号	海岛及周边海域开发活动	位置及距离	用海类型	用海方式	用海规模（hm²）
1	香洲港	项目西、北侧紧邻	交通运输用海	构筑物用海和港池用海	190
2	野狸岛旅游区	项目南侧紧邻	旅游娱乐用海	开放式用海	105
3	情侣路城市景观区	项目南北两侧约 0.6 km	旅游娱乐用海	开放式用海	2 850
4	青洲水道西贝类增殖区	项目东侧约 0.6 km	渔业用海	开放式用海	7 132
5	得月舫用海区	项目西侧	旅游娱乐用海	填海	0.2

12.3.3.3 开发项目的基本情况

通过收集资料和现场踏勘了解到项目所在无居民海岛——野狸岛及其周边海域的开发利用现状，项目所在的野狸岛开发活动主要有填海区、野狸岛公园旅游区、得月舫饮食有限公司用岛区、歌剧院建设临时施工便道用岛区等。

1）项目的名称、性质、功能

珠海野狸岛北侧填海区项目，项目功能属于旅游娱乐，项目性质不属于公益性用岛，而是经营性用岛。

2）项目占用海岛的面积、使用方式和使用年限

珠海野狸岛北侧填海区项目申请野狸岛整岛使用，野狸岛面积 0.43 km^2（不含填海连岛区），其中得月舫占有海岛面积：2 146 m^2。

项目海岛使用方式主要包括：填海连岛、桥梁连岛、建筑物和设施建设等方式。

项目的使用年限是指依据工程设计文件以及项目运营的外部环境合理确定的项目使用年限。根据工程设计文件，项目用岛年限为 50 年。

3）项目中各建设工程及类型

珠海野狸岛北侧填海区项目开发利用野狸岛主要包括三大工程：野狸岛公园改造工程、填海造地工程、珠海歌剧院及其附属设施建设工程。珠海野狸岛北侧填海区项目占用野狸岛用岛类型共有 4 种，分别如下。

（1）填海区

目前，野狸岛北侧填海工程已经完成，填海区面积为 $18.373\ 5\times10^4\ m^2$，采用粗砾砂吹填，无填土层和抛石层，场地覆盖层厚度平均约 35 m。场地三面环海，一侧与野狸岛相连，高程 3.5 m 左右，地势平坦。在填海区的北部将作为珠海歌剧院的场馆用地，南侧以绿化用地为主。填海区东、北、西三面环海，三面海堤的完成年代不同。东堤防波堤由海军修建于 1960 年前后，北侧防波堤修建于 1995 年，西堤修建于 2004 年。2002 年，填海区回填，2004 年竣工，完成西堤。

填海区完成的 5 年间，经过天文大潮和数次台风的冲击，其填海区域保持完好。2003 年，珠海市政府与中央音乐学院达成协议，将野狸岛北侧填海区作为中央音乐学院珠海校区的修建用地，后因政策改变停建。2007 年底珠海市委、市政府要求尽快启动珠海歌剧院项目的建设和规划工作，并召开了启动建设协调会。2008 年珠海市委、市政府通过《珠海市重大文化工程建设总体构想》。至此，填海工程的相关工作陆续开展。

（2）野狸岛公园旅游区

野狸岛位于珠海市东侧的香炉湾与香洲湾之间，以海燕桥与市区相连。2007 年，市政府投资约 5 000 万元，完成了野狸岛公园改造项目，建设内容包括野狸岛环岛路、上山步道、停车场、地下管网、绿化、路灯、海燕桥维修等。海岛最高处海拔约 70 m。

（3）得月舫饮食有限公司用岛区

野狸岛西侧为珠海市的餐饮名店——得月舫，其具有皇家楼台建筑风格的船舫，独特的

古代宫船建筑，跃然海上，是一家专营粤菜、海鲜的专业酒楼。该酒楼主营餐饮，面积约 8 000 m²，可同时容纳 1 500 人用餐。得月舫饮食有限公司在《海岛保护法》实施之前已经开发利用了野狸岛部分陆域，占用海岛面积 2 164 m²，海岛岸线长 10 m，并获得了有关部门批复的红线图，属于历史遗留问题。

（4）歌剧院建设临时施工便道用岛区

项目选址于野狸岛，自然环境得天独厚，能体现珠海滨海城市的独特风貌，但交通、施工条件等受到一定制约，需随着珠海歌剧院项目的建设完善周边堤、市政道路、广场等的配套建设。目前野狸岛对外只有海燕桥与市区大陆相连，海燕桥在 2007 年经加固后仍只能通行 10~15 t 汽车，只能作为步行桥和小车通行，满足不了歌剧院工程施工要求，所以必须考虑工程施工临时交通问题。

珠海市歌剧院工程施工临时交通工程项目主要分为临时便桥和临时便道两个部分，全长 1 088 m，其中临时便桥长 321 m，宽 4.5 m，临时便道长 767.033 m，宽 6 m。沿线主要涉及海洋、停车场、现状水泥路、景观绿化带、人行步道以及部分景观树。临时便桥在歌剧院施工结束后会拆除，临时便道将改建为双向 4 车道。目前临时施工交通工程已经建设完成。

4）项目的建设资金来源、数量

项目所有建设资金均由珠海市政府投资。具体如下。

野狸岛公园改造工程，2007 年由珠海市政府投资约 5 000 万元进行改造，现所有建设内容均已完成。

野狸岛填海工程，根据《珠海市野狸岛填海工程设计报告》，野狸岛填海区总投资约 4 476 万元，现工程已竣工。

歌剧院及其附属设施建设工程，根据《珠海歌剧院可行性研究报告》，歌剧院拟投资 12.138 亿元，按照项目计划进度，在 2008—2015 年 8 个投资年度内投入。其中涉岛交通工程前期只作为歌剧院建设的施工临时交通工程，现已竣工。

5）项目的建设施工及运行管理

（1）项目建设施工

项目所涉及的野狸岛公园改造工程、野狸岛填海工程、涉岛施工临时交通工程都已经建设完成。项目建设施工主要是填海区歌剧院及其附属设施建设的施工，施工场地选择在填海区内；珠海歌剧院工程主要材料是土石方、混凝土、钢材、钢结构、大型设备（空调主机等），主要建筑材料均需要外运，经水运和陆运到施工场地；工程供水、供电均依托工程区已有规划市政设施。

（2）项目运行管理

项目系大型建设项目，项目业主已对整个项目的具体开发运作事宜进行统一管理，对策划、建设实施等方面实行全过程负责。由于项目工期紧，复杂程度高，投资容易超限，拟聘请具有专业经验的造价顾问公司对项目建设的全过程投资进行控制管理。另外，工程建设在海岛上，是目前国内唯一的海上歌剧院，涉及专业舞台机械、声学、灯光、乐器等专业，建设目标控制难度大，拟聘请专业的项目管理公司管理。项目建设由珠海九洲旅游开发有限公司承建，项目建成后交由珠海市文体旅游局管理。

6）项目的建设时序

①野狸岛公园改造工程于2007年10月开工，2010年11月完成。

②野狸岛填海工程于2002年开工，2004年竣工。

③歌剧院及其附属设施建设工程。

2008年1月至2010年6月：前期策划，主要工作为前期整体规划和概念设计，项目建议书编制、项目环境影响评价分析、可行性研究报告论证等。

2010年6月至2011年5月：工程设计及项目报批，主要工作为项目规划方案、项目详细勘察选址分析、工程方案初步设计、施工图设计以及项目报批工作。

2010年11月至2013年12月：现场施工。

2014年1—3月：验收及试运行。

为歌剧院建设需要，涉岛交通工程现已建设完成了施工临时交通道路，于2009年开工，2010年竣工。

12.3.3.4 开发项目的空间布局

1）项目在无居民海岛上的具体区位

野狸岛公园改造工程包括的海燕桥加固项目位于野狸岛的西侧与情侣路相连，广场位于野狸岛西侧进岛处，环岛路沿野狸岛海岸建设，登山步道由野狸岛南部穿越山顶与北部填海区相接，在山顶上向东北方向铺设与东北侧环岛路相连。而野狸岛填海工程位于野狸岛北侧，拟建设的歌剧院及其附属设施建设工程则位于填海区的北侧，其涉岛交通工程则西起海燕桥，沿现有西侧环岛路与填海区相接。

2）项目总体工程布局规划

①野狸岛公园改造工程（图12-8）主要的建设项目野狸岛环岛路起点为海燕桥东侧桥头，经海岛北部、北部填海区和海岛南部，终点接回海燕桥，全长2 000 m，沿海堤边修建4.5 m宽的行人和非机动车的混行车道，对北部填海区 15×10^4 m^2 植草绿化，在海燕桥入口处建设1 685 m^2 的入口标志性广场和7 640 m^2 的生态停车场，实施观景亭、登山步道入口景点、登山步道观景台和1.5 m宽登山步道2 300 m，配套建设200 m^2 的公厕、花岗岩坐凳和垃圾桶等，在填海区东侧建造一个临时运输码头。

②填海工程位于野狸岛的北部，填海面积18.373 5$\times10^4$ m^2，填海区东、北、西三面环海，南面与野狸岛相接，占用海岛岸线320 m。填海区的北部将作为珠海歌剧院的场馆用地，南侧以绿化用地为主。

③歌剧院及其附属设施建设工程位于填海区的北侧，总占地面积约 5×10^4 m^2，总建筑面积5.9$\times10^4$ m^2。大剧场1 600人，由贝壳、观众厅和舞台三部分组成，贝壳与观众厅以连桥连接，竖向交通放置在贝壳结构内部。小剧场600人，大小剧场共用一个入口大厅。涉岛交通工程道路起点位置接情侣路，终点位于歌剧院施工场地，目前的临时施工便道使用的钢架桥与海燕桥平行。

图12-8　野狸岛公园改造工程具体区位

3）项目占用海岸线的位置及长度

（1）野狸岛公园改造工程

该工程的环岛路沿着海岸建设，占用的岸线为野狸岛的岸线长3 096 m，其中海燕桥工程项目占用野狸岛岸线位于其西侧桥头在岛上的登陆端，占用岸线14 m，得月舫引堤与野狸岛本岛连接处占用海岛岸线10 m。

（2）野狸岛北侧填海工程

野狸岛北侧填海工程占用的海岛岸线位于野狸岛的北侧，占用岸线320 m。

（3）歌剧院及其附属设施建设工程

歌剧院主体建筑位于填海区，没有占用海岛岸线，但其涉岛交通工程西起海燕桥，北接填海区，在海燕桥改造后，占用岸线22 m，目前所建设的临时施工便道工程项目占用野狸岛位于海燕桥登陆端北侧的岸线资源，占用岸线4.65 m。

4）项目占用周边海域的区位及面积

（1）野狸岛公园改造工程

该工程占用的海域主要为海燕桥用海区，位于野狸岛西侧，连接野狸岛与情侣路，占用面积6 670.7 m²。其他建设内容未涉及用海。

（2）野狸岛北侧填海工程

该工程位于野狸岛北侧，占用海域18.373 5×10⁴ m²，目前该项目的海域使用论证报告已经通过专家评审。

（3）歌剧院及其附属设施建设工程

珠海歌剧院的建设位于野狸岛北侧填海区，因此歌剧院及其附属设施建设工程所占用的海域即为填海区面积。

图 12-9 至图 12-12 为野狸岛建设效果图。

图 12-9　野狸岛建设效果（一）

12.3.3.5　用岛特点

（1）海岛离大陆近、基础设施开发方便，但周边配套设施尚不完善、海燕桥通行能力不足，需要投入较大资金完善相关配套设施建设。

（2）海岛开发保存了海岛的完整性、独立性，海岛山体和植被环境保护完好。

12.3.3.6　启示与建议

（1）海岛开发应强调高起点，有特色，保护为主、适度开发、规划先行、统筹实施；

（2）合理控制海岛开发规模和强度，关注海岛利用过程中的生态环境保护，其开发模式可作为海岛开发成功案例进行推荐。

图 12-10　野狸岛建设效果（二）

图 12-11　野狸岛建设效果（三）

图 12-12　野狸岛建设效果（四）

12.3.4　交通与工业用岛——纯洲

纯洲是国家海洋局 2011 年颁布的《第一批开发利用无居民海岛名录》中可予开发利用的无居民海岛，主导用途为交通与工业用岛。

12.3.4.1　海岛基本情况

纯洲位于惠州市惠阳区的大亚湾海域内，澳头湾东北侧，呈东西走向，离陆地较近，岛主要由基岩构成。纯洲中心地理坐标为 22°42′44″N，114°35′19″E（图 12-13、图 12-14）。

根据国家海洋局 2011 年颁布的《第一批开发利用无居民海岛名录》，纯洲无居民海岛海岸线以上的面积为 0.678 9 km^2。根据纯洲地形，利用 ArcGIS 软件得出纯洲数字高程模型（DEM），计算得到纯洲海岛海岸线以上表面形态面积为 0.752 9 km^2。纯洲多为海滨低山丘陵，为台地丘陵海岸地貌，北部有 3 处较大的海湾，南部有 4 处较大的海湾。海岛上共有 5 处较高的山峰，其中最西部山峰高约 51.6 m，中部山峰高分别为 51.0 m、56.9 m 和 73.1 m，最东部山峰高约 67.8 m，山峰之间不均匀分布着较低矮的丘陵和洼地。

纯洲岸线长 4.278 km，大部分为基岩岸线，有较少部分的砂质岸线和生物岸线。工程区现状植被多为以禾草类、芒萁等为主的灌草丛，局部海湾还有小片红树林分布。

图 12-13　纯洲地理位置

根据 2012 年 9 月国家海洋局南海海洋工程勘察与环境研究院工作人员现场踏勘的情况，纯洲为无居民海岛，未见有开发活动，东部山体植被覆盖度较高。岛中部南面有一座简易码头，可临时停靠船舶；岛上有一些坟墓，为满足项目的建设需进行墓地搬迁工作。

纯洲西侧北部和南部海域已规划建设荃湾港区煤码头一期工程，该项目申请填海 55.664 2 hm^2，已取得海域使用权证。纯洲周边海域水质良好，是传统的渔业养殖区。图 12-15 为纯洲及其周边海域开发利用现状。图 12-16 所示为纯洲开发利用效果。

12.3.4.2　开发项目的基本情况

1）项目的名称、性质、功能

项目名称：惠州港荃湾港区煤码头工程。

图 12-14　纯洲遥感影像

资料来源：google 地球影像；影像日期：2015 年 4 月 14 日

性质：经营性用岛。

功能：仓储用岛。

2）项目占用海岛的面积、使用方式和使用年限

（1）项目占用海岛的面积

根据《惠州港荃湾港区煤码头一期工程可行性研究报告（评估后修改稿）》的推荐方案（方案一），惠州港荃湾港区煤码头一期工程建设主要包括散货泊位码头、煤码头厂区、煤堆场与跨海桥梁建设。本工程通过开山和填海形成陆域，场地设计标高+4.5 m。从码头前沿线往后分别布置码头前沿作业地带、圆形料场区及堆场区、港内道路、后方辅助区等。项目中圆形料场区及堆场区将占用纯洲西部部分陆域与岸线。利用比例尺为 1∶5 000 的纯洲地形图等高线数据（中交第四航务工程勘察设计院有限公司 2007 年测量）形成数字高程模型（DEM），并据此推算纯洲岸线，进而计算出项目占用纯洲的投影面积和表面积。经面积与长度计算，知项目占用的海岛投影面积为 31.249 7 hm^2，其中煤码头项目占用面积 29.049 7 hm^2，护坡占用 2.200 0 hm^2；项目占用海岛表面形态面积为 32.097 5 hm^2，其中煤码头工程占用 29.884 2 hm^2，护坡占用 2.213 3 hm^2，占整个纯洲面积的 42.63%。

（2）项目占用海岛的使用方式

惠州港荃湾港区煤码头工程的用岛方式主要分为两大类：一类为炸岛；另一类为填海。通过开山平整土地，将纯洲西侧开辟至 4.5 m，所开采土石用于填海，然后占用海岛山体岸边区与山体爆破区进行煤堆场建设。具体开发利用形式为直接占用海岛部分土地资源进行开山护坡工

图12-15 纯洲及其周边海域开发利用现状

图 12-16 纯洲开发利用效果

程、堆场建设工程、海岛周边填海及其相关工程项目的辅助设施工程的建设。

(3) 项目占用海岛的使用年限

为全面加强海岛保护，进一步规范无居民海岛使用申请审批工作，依据《海岛保护法》，国家海洋局颁布《关于印发〈无居民海岛使用申请审批试行办法〉的通知》，通知规定："无居民海岛开发利用具体方案中含有建筑工程的用岛，最高使用期限50年；其他类型的用岛可根据使用实际需要的期限确定，但最高使用期限不得超过30年。"鉴于此依据，项目中含有建筑工程项目，应属于含有建筑工程的用岛，因此项目用岛年限为50年。

3) 项目中各建设工程及类型

项目在用岛区，主要建设工程类型为仓储建筑和基础设施。其中仓储建筑采用先进环保的圆型料场，主要的建筑物和设施为堆场和储煤仓。基础设施是位于岛屿中部护坡工程，仓储堆场以东，主要设施为山体护坡，按照1∶1.25的坡率，以保证开挖边坡的整体稳定性。

4) 项目的建设资金来源、数量

该项目属于经营性项目，项目建设所需资金全部由建设企业自行承担。工程总投资为279 343万元，纯洲开发利用属于码头工程的一部分，投资约占整个码头投资的1/3，纯洲开发利用的总投资约为79 000万元。

5) 项目的建设施工及运行管理

(1) 项目的建设施工

海岛开发涉及的主要工程包括：山体开挖、护坡工程、岛上仓储构筑物的施工等。

（2）施工管理

该工程按照不同的海岛开发类型，实施相应的管理要求。纯洲开发中施工工程主要有：开山工程、护坡工程、设施建筑物施工。

6) 项目的建设时序

惠州港荃湾港区煤码头工程总工期为30个月（见表12-10）。整个项目的建设项目进度见图12-17。其中纯洲开发利用与周边海域的码头护岸工程统筹考虑。影响码头工程的主要海岛开发工程为开山工程、单体建筑物施工、设备安装和调试等。

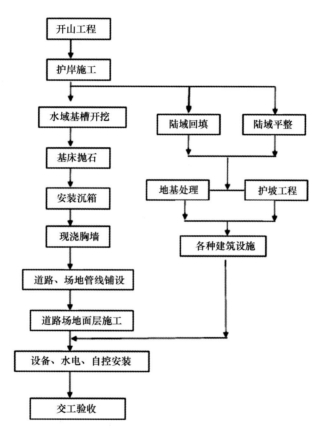

图 12-17 惠州港荃湾港区煤码头工程主要项目建设施工顺序

12.3.4.3 开发项目的空间布局

1) 项目在无居民海岛上的具体区位

项目位于纯洲的中西部，占用海岛主要用作堆场和储煤仓等工业用途，位置为22°42′34.27″—22°42′54.77″N，114°34′53.31″—114°35′22.10″E。

2) 项目总体工程布局规划

根据《惠州港荃湾港区煤码头一期工程可行性研究报告》（2009年），在陆域东侧布置一期工程用地，西侧为远期工程用地；由东往西建设2个7万吨级散货泊位；码头前沿线往

表12-10　工程施工进度表

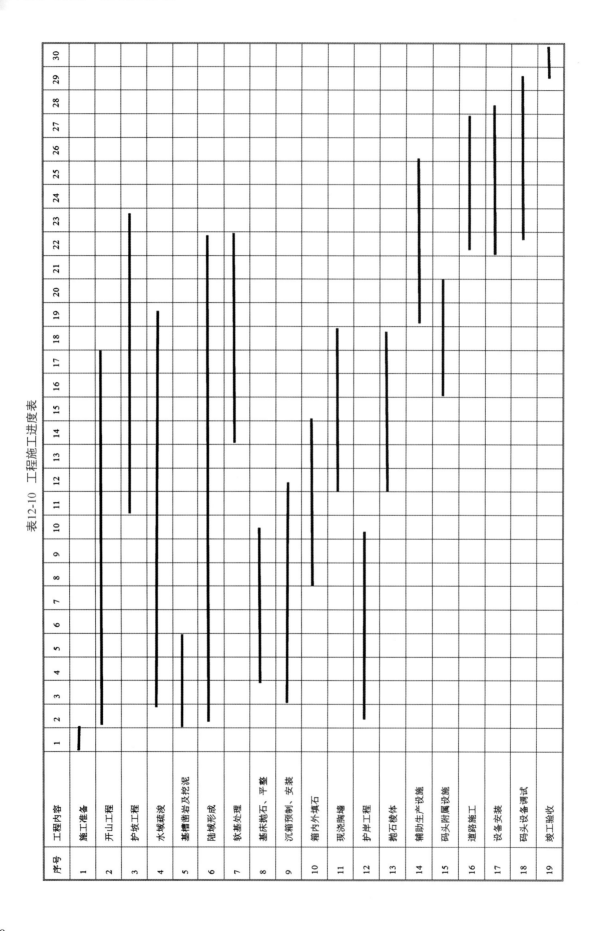

后依次为码头前沿作业地带、圆形料场区、辅助生产及办公区等用地、火车装卸线。

码头前方作业区主要是指供装卸机械作业、船舶系缆、皮带机运输系统所需的区域。该作业区长 550 m，宽约 60 m，共布置了 2 条门机轨道，海侧轨道距前沿线 3.0 m，两轨距 26 m，每轨道长为 528 m，采用 4 台桥式抓斗卸船机进行装卸作业。

近期建设直径 90 m 的圆形料场 24 个和 120 m 的配煤兼储煤圆形料场 4 个，单个堆存能力分别为 8×10^4 t 和 16×10^4 t。

根据港区自然条件特点，考虑环保要求，港口后方辅助区布置在港区陆域北侧，自东向西依次布置有：办公区、宿舍区、维修车间、消防用地和远期汽车装车用地等。生产办公区总占地面积约为 1.9 hm^2，主要建构筑物有综合办公楼、食堂及候工楼、职工宿舍楼、供水加压站、变电所等。辅助区主要有维修车间及工具材料库及污水处理系统。

项目煤炭出运考虑用铁路和公路输运，在港区北侧布置两条铁路装卸线，火车装卸楼布置在出港大道进港处，可对火车进行整列装运，远期预留一条铁路装卸线。在港区运行的车辆煤炭装卸辅助推土机及交通车辆等，港内道路宽度按 7 m 设置，按 2 纵 4 横、呈环行布置。结合规划，公路布置于进港铁路北侧，公路在港区东部的铁路调车区位置南拐后进入南侧港口生产区。

考虑到本港区为煤炭接卸港区，为了净化空气，减少污染，美化环境，在港区四周布置防护林，主要包括港区北侧、港区西侧及港区东侧和码头前沿地带，以形成围合式的环保生态型空间。东西两侧设 30 m 左右宽的防护林带，港区北侧火车装车区以北设 30 m 宽防护林，装车区南侧设 15 m 宽防护林，码头前沿装卸区设 15~20 m 宽的防护林带。本工程港区内道路两旁、港区四周防护林带及生产辅建区绿化面积约 16 hm^2，港区圆形料场之间及其他场地等绿化总面积约 18 hm^2，可以有效减少煤灰尘的污染。在公路桥北侧增加了港区植被（面积约 6.3 hm^2）。

项目在纯洲的总体工程布局见图 12-18。

3）项目用岛区的工程布局

项目在用岛区，主要为仓储建筑和基础设施，采用先进环保的圆型料场，主要的建筑物和设施为堆场和储煤仓。圆型料场里配置堆取分开的堆取料机，堆料能力 3 600 t/h，取料能力为 3 000 t/h。应急堆场采用斗轮堆取料机，跨距 10 m，堆料半径 50 m，堆料能力 3 600 t/h，取料能力为 3 000 t/h。为配合散货堆场作业，配置装载 3 m^3 的单斗装载机。

4）项目占用海岸线的位置及长度

项目位于纯洲的中西部，项目占用岸线共分为两段，其中，占用纯洲西北部岸线长 949 m，占用纯洲西南部岸线长 596 m，共占用岸线长 1 545 m。

5）项目占用周边海域的区位及面积

项目占用周边海域的区位主要分布在岛屿西北及西南部，主要建设用海内容包括：2 个 7 万吨级码头、连岛公路和铁路大桥、港池。其中北部海域填海 43.201 9 hm^2，南部填海 12.455 1 hm^2，连岛公路跨海桥梁用海 4.431 0 hm^2，连岛铁路跨海桥梁用海 6.609 1 hm^2，港池用海 35.144 8 hm^2。

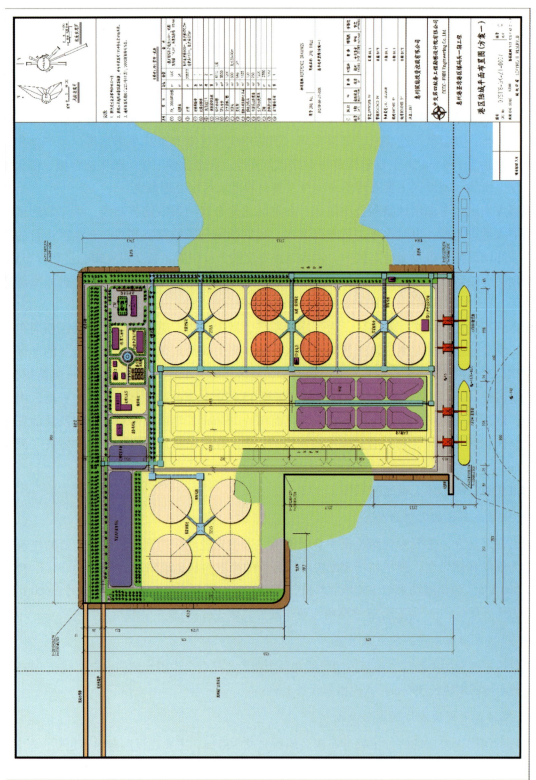

图12-18 项目在纯洲的总体工程布局

12.3.5 交通与工业用岛——大铲岛

大铲岛是国家海洋局 2011 年公布的《第一批开发利用无居民海岛名录》内的海岛，主导用途为交通与工业用岛。

12.3.5.1 海岛基本情况和开发现状

1) 大铲岛的基本情况

大铲岛（22°30′50″N，113°50′30″E）坐落于深圳市南山区蛇口西面的前海湾海域，与深圳市南山区隔海相望，最近处只有 2.5 km，是深圳市第一大岛。该岛在内伶仃岛以北约 10 km，小铲岛以南约 3 km 处，距香港 37 km，距广州约 74 km，交通较便利，地理位置极佳（见图 12-19、图 12-20）。

图 12-19　大铲岛地理位置

海岛地形东南高西北低，最高点高程为 117.8 m（黄海高程）。海岛东南侧坡度较大，约 59%，向西北坡度渐缓，约 24%。大铲岛由花岗岩构成，表层为较浅的基岩风化层覆盖，土壤为赤红壤。植被类型主要为以台湾相思林、布渣叶等为主的乔木林以及灌草丛和草本植物。岛上有泉水 1 处。

大铲岛的北部水深较浅，一般在 2~4 m 之间，南侧及与孖洲岛之间的水域水深较大，一般在 7~12 m 之间，有利于通行和停泊万吨级船舶。

图 12-20 大铲岛遥感影像

资料来源：google 地球影像；影像日期：2015 年 6 月 2 日

2）大铲岛的开发现状（图 12-21）

大铲岛上现在主要有两家单位：一家为深圳前湾燃机电厂，位于大铲岛的东南部；另外一家单位为大铲海关，位于大铲岛的西北部。另外大铲岛上原设有一村庄即"大铲村"，大铲村原有村民 150 多人，其旧址位于大铲海关东南侧，1979 年大部分原村民已迁往蛇口等地（图 12-21）。

（1）深圳前湾燃机电厂

大铲岛东南端已有建成并正在运营的深圳前湾燃机电厂 1 座（图 12-22），离深圳市中心约 15 km。

深圳前湾燃机电厂项目经国家计委 1994 年批准立项，2004 年 12 月 15 日正式动工建设。三台机组分别于 2006 年 12 月 30 日、2007 年 1 月 21 日和 3 月 30 日正式投产发电。深圳前湾燃机电厂是广东 LNG 工程配套建设项目之一，采用燃机技术，具有建设工期短，调峰能力强，效率高，热耗低，自动化程度高的特点，可靠性和可用率均达到国际先进水平，且燃料选用清洁能源天然气，有利于环保。

深圳前湾燃机电厂的高压出线走廊沿大铲岛山顶穿过，送出线路包括前湾电厂至 220 kV 平安变电站双回线路（前平线）、至 220 kV 象山变电站双回线路（前象线），共四回（图 12-23）。电厂取水口设立在大铲岛南端东侧位置，大铲岛南端西侧设有前湾电厂排水口。

（2）大铲海关

大铲海关（见图 12-24）位于大铲岛西北侧与大铲村旧址相邻，该处现有少量办公用房和一座海关码头（见图 12-25）。大铲岛海关因清朝时期为防御英军的入侵而建，现已有百年的历史。

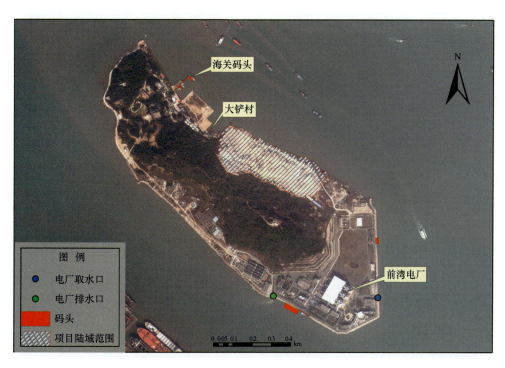

图 12-21 大铲岛开发利用现状

图 12-22 深圳前湾燃机电厂

图 12-23　深圳前湾燃机电厂高压出线走廊

图 12-24　大铲海关

图 12-25　大铲岛海关码头

另外，经现场调查，大铲岛上已经建有数座登岛码头，主要为前湾电厂码头和海关码头，另外还有几座简易的渔码头。码头与电厂、海关等单位之间由宽阔的码头公路相连（见图 12-26），岛上（前湾电厂）还配有电瓶车，方便了岛上普通小件货物的输送，同时也能满足岛上工作人员的一般交通需求。

除了宽阔的码头公路以外，岛上茂密林区之间还有数条由碎石、沙土、砾石等铺砌成的山间小路通往山顶，海岛四周靠近海边位置大部分区域又有环岛公路分布，因此岛上交通较为便利。

大铲岛周边海域位于珠江口海域东部，海岛周边的海域有前湾海域、赤湾海域、深圳湾海域等。大铲岛又北临有小铲岛海域、南为孖洲岛周围海域，西边为珠江口广阔海域，海域开发利用类型多样。

（3）周边用海工程（图 12-27、图 12-28）

大铲岛东北侧与蛇口港使用水域相邻。蛇口大铲湾港区是大型专业化集装箱港区，以集装箱远洋干线运输为主，兼顾近洋、内支航线和少量内贸运输。港区现有深圳市大铲湾港口投资发展有限公司投资建设的港口作业区，该作业区的水域与项目港池水域紧邻。

（4）海上交通

大铲岛处于经济发达的珠江三角洲地区，船舶来往频繁，航运发达，航线较为复杂。大铲岛周围海域分布有大铲东航道、矾石水道、大铲水道、深圳西部公共航道等一系列水上交通要道，水运道路交错密布，水上交通系统发达。大铲岛南部的伶仃洋内也分布有重要航道，

图 12-26 大铲岛上的交通设施

如伶仃航道（广州港出海航道）、铜鼓航道、龙鼓西水道等。

大铲岛的东岸为已形成相当规模的深圳西部港口群，主要由妈湾和大铲湾组成，妈湾岸线总长 3 km（已开发），大铲湾位于妈湾港的北侧，矾石深水航道的末端。因此大铲岛有邻近港区做依托，其港口条件较为优越，又毗邻大铲湾港区、妈湾港区、孖洲修船基地等开发利用区，由此使大铲岛成为深圳市和珠三角地区重要的能源储运基地。

大铲水道位于大铲岛西南面，大铲岛与孖洲岛之间的水域。水道北起大铲灯桩以西约 1 km，连接矾石水道，南至妈湾码头对开，连接妈湾航道（北航道）。宽度约 300 m，水深约 8~10 m，长约 2.4 n mile。

深圳港西部港口公共航道，目前以满足 7 万吨级和 15 万吨级集装箱船双向航道标准改造，航道宽度 475 m，设计底标高-17.5 m，航道走向与现有西部航道一致，分三段，第一段处在铜鼓航道延长线上；第二段自蛇口作业区与大铲水道相接；第三段自妈湾作业区至大铲湾水域。

图 12-27　大铲湾港区规划平面布置

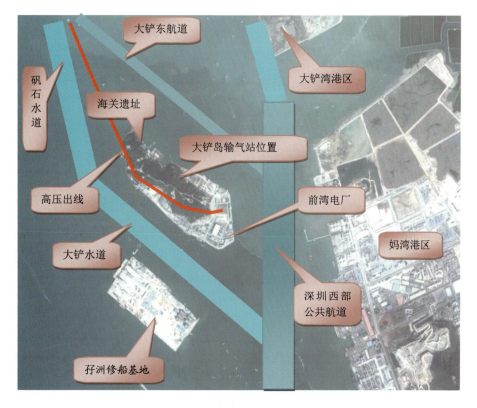

图 12-28　大铲岛及周边海域现状示意图

12.3.5.2 开发项目的基本情况

1）项目名称、性质及功能

项目名称：西气东输二线香港支线项目大铲岛输气枢纽站用岛工程，该项目是西气东输二线香港支线工程的一个重要部分。

项目性质：新建项目。

项目功能：接收西二线大铲岛末站来气，增压后向香港方向分输。

2）项目占用海岛面积、使用方式及使用年限

项目占用的海岛投影面积为 5.204 8 hm^2，表面面积为 5.746 7 hm^2。其中开山护坡区平面面积约为 2.166 0 hm^2，表面面积约为 2.380 4 hm^2；作为输气枢纽站站址的平面面积约为 3.038 8 hm^2，表面面积约为 3.366 3 hm^2。项目占用海岛岸线由两部分组成（一部分为征用的 2000 年前湾电厂已填海域所占用的原有海岛岸线；另外一部分为项目工程申请用岛范围所占用现状海岛的岸线），总长约 813 m，占全岛岸线比例为 14.40%。

大铲岛联合输气站用岛工程的用岛方式主要分为两大类：一类为工业建设用岛；另一类为土石开采用岛。具体开发利用形式为直接占用海岛部分土地资源进行开山护坡工程、输气站设施工程及其相关工程项目的辅助设施工程的建设。

项目用岛年限为 50 年。

3）项目中各建设工程及类型

根据该规定对无居民海岛用岛类型的界定，西气东输二线香港支线大铲岛输气站用岛工程的用岛类型为工业建设用岛和土石开采用岛。

①工业建设用岛：在大铲岛上开展工业生产及建设配套设施的工程。

②土石开采用岛：输气站工程中开山护坡工程包含劈山工程，所取土石大部分用于填海造陆，属于以获取无居民海岛上的土石为目的的用岛。

4）项目的建设资金来源、数量

本工程建设项目总投资为 305 350 万元，由中石油西气东输管道公司和青电公司组成的合资公司投资建设，双方出资比例分别为 60% 和 40%。其中：建设投资 252 059 万元（含引进工程 1 189 万美元），建设期借款利息 9 273 万元，流动资金估算 4 018 万元。

5）项目的建设施工及运行管理

（1）大铲岛输气站陆域形成工程

开山及场地平整区为花岗岩及其风化岩土的山体，该区的开挖包含在场区西南侧开山范围之内。平整区范围原有地形标高为 4～50 m，经开山整平后陆域形成标高为 +7.5 m（场地使用标高 +8.0 m，由于该区开挖后基本上为岩面出露，因此只预留 0.5 m 的铺面厚度）。

已填海造地区，表层以抛石混土和素填土为主，该区现有地面标高为 +4～+10.5 m，需进一步回填或开挖至 +7.7 m，该区采用 3 000 KJ 能量的强夯处理，使场地夯沉至 +7.3 m 并整平（场地使用标高 +8.0 m。由于该区回填后为开山土石层，因此需预留 0.7 m 的铺面厚度）。该

区的回填量约 $3.9×10^4$ m^3，开挖量约 $7.3×10^4$ m^3。

即将填海区，泥面平均标高约为+1 m，淤泥厚度为 2~3 m，淤泥工程性质差，陆域形成过程中考虑为：护岸围闭后采用开山土石回填至标高+7.8 m，然后采用 3 000 KJ 能量的强夯处理，使场地夯沉至+7.3 m 并整平（场地使用标高+8.0 m。由于该区回填后为开山土石层，因此需预留 0.7 m 的铺面厚度）。该区的回填量约 $9.6×10^4$ m^3。且考虑到过大夯能对护岸稳定不利，要求在距离护岸前沿线约 25 m 的范围内，强夯能从 3 000 KJ 逐渐递减至 1 000 KJ，具体通过试夯监测确定。

（2）开山护坡工程

开山护坡区位于输气站陆域平整区南部靠山一侧，坡脚线走向为西北—东南，原有地形高程在 20~70 m 之间。根据护坡区岩土工程勘测报告，护坡区岩土自上而下分别是第四系坡残积层、全风化混合花岗岩、强风化混合花岗岩、中等风化混合花岗岩和微风化及新鲜混合花岗岩。

①护坡坡比。根据护坡岩土工程勘察资料分析，并参照附近项目情况，考虑项目所需石方，将主体边坡坡脚线定为场地边界外 10 m，其他坡脚线定为场地边界外 6 m，护坡每 8 m 高度分 1 级，每级上设 3 m 宽平台；前 5 级各级边坡坡率取 1∶0.75，第四级上设 20 m 宽平台（将护坡区分为上下两段），第 6 级坡率取 1∶1，第 7 级及第 7 级以上各级坡率取 1∶1.5。

②护坡防护。根据护坡区地质情况和绿化要求，各边坡采用格构梁+锚杆+植草的方式进行防护。

边坡支护为对坡体打设锚杆、施工正方格形状的格构梁，并在坡面植放三维排水柔性生态边坡绿化植被。

锚杆间距最小 3.0 m×3.0 m，局部可适当调整，长度按 4~6 m 考虑。具体间距、长度及设置位置根据岩体的破碎程度及大小现场确定。锚杆采用 ϕ25 mm 二级螺纹钢筋，孔内灌注 M30 水泥砂浆。

格构采用 6.0 m×6.0 m 方格设置，格构梁深 0.5 m，宽 0.3 m，按 1.2% 的配筋率配筋。

边坡支护设计遵循边坡动态设计原则，即视开山坡面实际地质情况具体确定是否进行边坡支护；对于土质坡面和岩体破碎坡面，必须采取以上边坡支护方式；对于微风化和中风化岩体坡面且岩体结构较为完整，可考虑不采取边坡支护，但对坡面裂隙，应进行防渗处理，并在坡体内设置泄水孔。

③护坡排水。本护坡坡面排水系统由坡顶截水沟、平台截水沟、急流槽和坡脚排洪渠组成。主体边坡顶增设 0.5 m×0.5 m 梯形截水沟。平台截水沟纵坡为 3‰。边坡每隔 50~60 m 设一宽 1.0 m、厚 0.5 m 的急流槽兼检查踏步。

为排除坡体内地下水，于台阶及坡脚排水沟上方布设仰斜式排水孔，仰角为 8°，四方形布置，间距 600 cm；排水孔长度采用 6.5 m。护脚处排水孔距平台截水沟垂直高度为 50 cm。排水孔采用 ϕ100 mm 软式透水管。

（3）陆地管道工程

本次用岛论证不包括陆地管道工程的用岛部分，考虑到项目用岛的整体性，陆地管道工程的施工方法在此一并论述。

①一般区段。陆地管道采用埋地敷设的方式，管道埋设深度（管顶覆土）非石方段为 1.0 m，石方段埋设深度不小于 0.8 m，平原地区管沟边坡为 1∶0.5~1∶0.67 之间。管沟回填必须先用细土或细砂（最大粒径不得超过 3 mm）填至管顶以上 0.3 m，然后用原土回填并压实，石方段管沟底预添 200 mm 细土或细砂（最大粒径不得超过 3 mm）。回填土填至超过自然地面约 0.3 m。施工作业带宽 20 m。

管道敷设的顺序为：测量定线，清除障碍物，平整工作带，修施工便道，钢管防腐绝缘，防腐钢管运输，布管、组装焊接，无损探伤，补口及防腐检漏，管沟开挖、下沟，管段焊接、分段试压，站间连接，通球扫线，阴极保护，竣工验收。

②隧道穿越。隧道按"新奥法"设计，复合式衬砌。初期支护以喷射混凝土、钢架、锚杆、钢筋网形成联合支护。二期模注衬砌用钢筋混凝土结构。初期支护和二期衬砌间设防水卷材防水。

隧道采用钻爆法施工。爆破开挖后及时初喷混凝土（C20，约 120 mm），若围岩级别不好，需要加钢筋网或钢骨架形成联合支护。二期模注衬砌用钢筋混凝土结构（C25，约 200~250 mm）。初期支护和二期衬砌间设防水卷材防水。隧道地面需根据超挖深度铺混凝土垫层，再做混凝土底板。

隧道内做水泥墩，用管卡固定管道。水泥墩距离隧道墙面至少 200 mm，地面以上高 500 mm，伸入底板下 200 mm，沿管道轴向长约 1.7 m，垂直管轴向宽约 1.1 m。每 18 m 设置一个水泥墩。维修通道约 1.2 m。隧道入、出口管道通过 2 个 30°弯头与埋地管道连接。

（4）施工管理

①组织机构确定。项目输气管道将由独立的公司运营管理。由中国石油、香港青电共同投资建设。中国石油为控股主体，组建合资公司。

②定员原则。项目管道全线实行集中控制方式，自动化水平高。参考国内外有关经验，考虑到项目所具有的重要性及其战略意义，为了保证运行管理的可靠性，在人员配备上以高素质、低定员为主导思想，坚持人员精简、运转灵活的原则。

③组织机构及定员。公司的管理体制为董事会领导下的总经理负责制，董事会为公司最高权力机构，总经理负责日常的管理和经营工作，总经理对董事会负责。

④人员培训。西气东输二线香港支线管道自动化水平较高，因此要求生产运行管理人员具有较高的文化素质和业务水平，除具有精通本专业的能力外，还应熟悉相关专业的运行管理业务。

为确保管道的安全输气，要求生产运行岗位的人员在上岗前进行岗位培训，即在本工程投产前 8 个月组织人员进行培训。培训按各个岗位要求分别进行，另外对于重要设备的维护、维修人员，在设备生产期间即到制造厂进行培训，并要求参加设备的调试。

在培训方式上，建议对各站站长、工程师进行压缩机、燃气轮机方面的专业培训。在压缩机、燃气轮机方面具有较强实力的国内知名大学开设培训班，进行短时间的脱产学习。

对于运行管理岗位人员的文化素质，各站站长应具有各自专业本科以上的文化程度，工程师（技术员）应具有各自专科以上文化程度。

⑤车辆配置。大铲岛输气站配置 1 台交通艇，用于站内人员的上、下使用。香港龙鼓滩

输气站设置皮卡1辆。

（5）项目的建设时序

西气东输二线香港支线于2012年6月建成投产，其中用岛部分的开山护坡区及场地平整基本完成。站区陆域形成工程具体实施计划如下（见图12-29）。

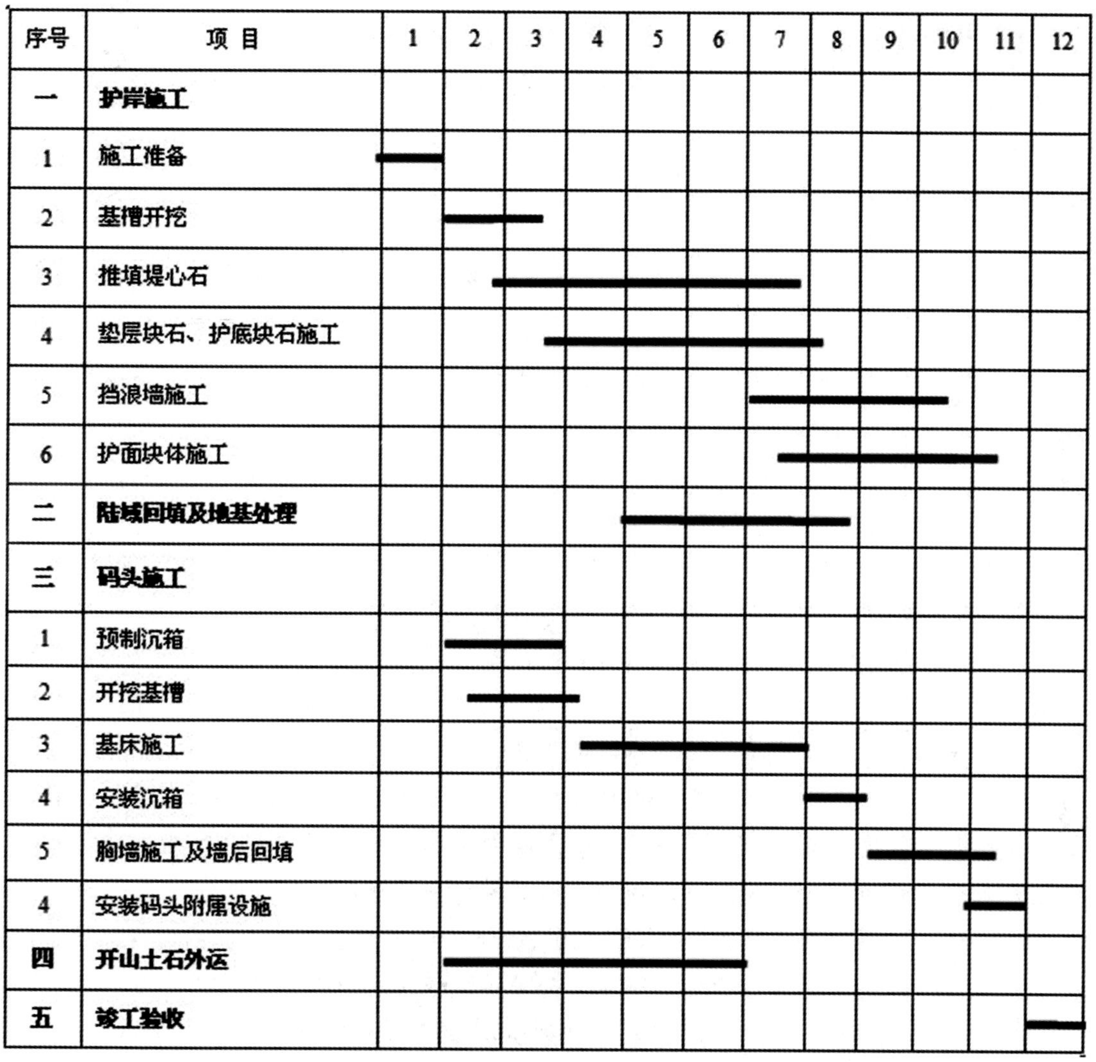

序号	项目	1	2	3	4	5	6	7	8	9	10	11	12
一	护岸施工												
1	施工准备	■											
2	基槽开挖		━	━									
3	推填堤心石				━	━	━	━					
4	垫层块石、护底块石施工				━	━	━	━					
5	挡浪墙施工							━	━	━	━		
6	护面块体施工							━	━	━	━	━	
二	陆域回填及地基处理					━	━	━	━				
三	码头施工												
1	预制沉箱		━	━	━								
2	开挖基槽			━	━								
3	基床施工						━	━					
4	安装沉箱								━				
5	胸墙施工及墙后回填									━	━		
4	安装码头附属设施										━		
四	开山土石外运		━	━	━	━	━						
五	竣工验收											━	

图12-29　大铲岛输气枢纽站用岛工程项目实施计划时间进度

可行性研究报告及核准：2010年8月至2011年8月，完成可研报告上报和国家核准工作。

初步设计：2011年8—12月，完成初步设计工作。

施工图设计：2012年1—5月，完成施工图设计。

施工组织：

主要设备材料采办：2011年9月至2012年2月；

施工准备：2011年7—8月；

工程施工：2011年9月至2012年5月。

投产试运：2012年6—12月。

需要注意的是大铲岛输气站工程施工中设备采办是关键，计量橇采办尽量提前，同时设备及材料的采办要满足施工组织及计划的要求，否则将对项目的实施计划造成重大影响。

12.3.5.3 开发项目的空间布局

1）项目在无居民海岛上的具体区位

大铲岛联合输气站位于深圳市南山区大铲岛上，站址位于岛屿中北侧，站场部分场地为陆域形成时已整平的区域。站场北侧设置码头，输气站厂区周围为环形道路。站场东侧是深燃门站预留场地和前湾电厂用地。

2）项目总体工程布局规划

（1）陆域总体工程布局规划

大铲岛输气枢纽站陆域东北边界（东北护岸）紧邻前湾电厂北边界布置，距开山工程坡脚线180 m，东北护岸走向为东南—西北向，方位角124.63°~304.63°，长约653 m。西北边界（西北护岸）自西北侧开山坡脚线起顺延山体布置，与海关扣押场南侧护岸相距110 m，两者基本平行，走向为西南—东北走向，方位角55.773°~235.773°，直线段长约110 m，与东北护岸以圆弧相接，圆弧段长约144 m。西南侧边界为开山工程的坡脚线。陆域长边距离约820 m，短边距离180 m。

输气枢纽站陆域护岸长846.47 m，临时围堰位于码头后方，长114 m。枢纽站场北侧设置码头，厂区周围为环形道路。站场东侧是深燃门站预留场地和前湾电厂用地。

站场区主要由工艺设备区、进出站阀组、排污罐区、压缩机及辅助区、压缩机备品备件库房、变频装置室及机柜间、35 kV变电所、综合站控楼、综合设备间和污水处理装置9部分组成。通过道路和围墙将站场区分为办公区、辅助生产区和生产区等部分。

① 办公区。办公区为厂区的西北角围墙和站外道路之间的区域，本区内设置综合站控楼一座，综合站控楼建筑物占岛平面面积约为880 m^2，办公区域总平面面积（按围墙范围计算）约为5 040 m^2，此处地面与道路相连延伸到厂区围墙，形成一处开敞式场地。

② 辅助生产区。辅助生产区在站场区西侧围墙内，和生产区由变频装置室和机柜间东侧的道路分隔，辅助生产区内设置压缩机备品备件库房、变频装置室及机柜间、35 kV变电所、综合设备间、消防水罐、污水处理装置和预留场地，辅助生产区内各单体间均设置宽阔道路连接。经计算，按照围墙以及道路（取道路中间线）划分的辅助生产区面积约为19 078 m^2。

③ 生产区。站场区东侧为生产区，生产区内设置压缩机及辅助区、压缩机厂房、工艺设备区、清管区、进出站ESD阀组、排污罐区和预留区域，压缩机区设置环形道路。经计算，按照以围墙作为生产区最外围边缘线的生产区面积约为37 316 m^2。生产区的东侧为深燃门站预留地，以围栏为边界计算得出其占岛平面面积约为12 849 m^2。

④ 放空火炬区。放空火炬区设置在厂区东北侧，由1.5 m宽铁艺大门围成，面积约576

m²。放空火炬立管距离综合站控楼最近处约 600 m，达到远离人群确保安全的目的。另外，靠近放空火炬区的陆域工程部分主要是工艺设备区、清管区和排污灌区，这些不易发生危险的建筑物区与放空火炬保持了有效的隔离距离，保证了输气站其他工程设施的安全性。

根据《石油天然气工程设计防火规范》的规定，天然气站场的火炬放空安全距离应满足计算的热辐射安全距离，根据计算项目放空火炬的安全距离为 90 m。项目火炬与前湾电厂和本工程拟建设施均恰好保持在安全距离之外，并未预留富余量，热辐射范围后方有部分空地，是前湾电厂已形成的陆域，目前设计为将来与前湾电厂合作建设安全等级较低的构筑物预留。

（2）其他设施布局

① 道路及围墙布局。输气站内道路主干道为 6 m 宽，其余道路宽度均为 4 m，道路转弯处路面半径为 9 m，各单体和区块之间均有道路相隔。特别是厂区重要区域之间，如综合站控楼与 1 号变频装置室及机柜间之间直至陆域护坡规划主干道，有利于事故发生期人员疏散，给予人员充分逃生空间与时间。变电所之间即 1 号 35 kV 变电所与 2 号 35 kV 变电所，1 号压缩机备品备件库房与 2 号压缩机备品备件库房等其他重要工业建筑设施之间也规划了 6 m 宽的主干道，有利于货物的搬运与输送，并提供发生危险期间建筑物之间的危险传递缓冲区。输气站的道路设置符合《厂矿道路设计规范》（GBJ22-87）。按规划设计建设的输气站属于非封闭式管理，站内各条道路均与站外环形路直接相连，交通通达、便利。

② 绿化区布局。为了美化输气站厂区环境，让岛上的空气变得更清新，保证站内工作人员有一个良好的办公、休憩环境，站场办公区为主要绿化区域，在综合站控楼周围场地均设置有绿化。辅助生产区建构筑物与道路之间做简单绿化，主要种植草坪。生产区内，压缩机及辅助区、工艺设备区与道路之间的部分统一采用铺 60 mm 厚碎石的方法处理。经统计，站内规划绿化面积约 13 592 m²，绿化面积超过整个输气站陆域面积的 10%。

③ 消防设施布局。大铲岛输气站内设有消防水罐基础，水罐规划设置在 1 号 35 kV 变电所、2 号 35 kV 变电所、综合设备间、综合站控楼以及污水处理装置的中间位置，在保护人员及重要设备设施的同时靠近污水处理区，更加便于取水灭火。同时输气站设计的站场消防系统依托西二线广深支干线大铲岛末站，大铲岛末站设置有消防水池、消防泵房、消防管网等消防给水设施，大铲岛末站的消防管网上接出两根 DN200 的消防管线，接入该站站内作为消防给水水源。

大铲岛联合输气站建成后平面布局效果图 12-30。输气站平面布局中办公与生产相对分开，注意了污水处理设备及排污罐等的隐蔽设置等问题，使办公、宿舍等人员集中的综合值班室远离工艺区，大大提高了防暴安全系数，保证职工有一个安全、洁净的工作环境。这样布局一方面功能分区明确，同时工艺、线路衔接顺畅，更加有利于管理和生产，同时节约土地资源，充分考虑预留和发展部分，体现了整体规划分期建设、合并建设的理念。

3）项目占用海岸线的位置及长度

根据现场勘测、遥感图像（见图 12-31）及历史资料分析，同时结合项目海域使用论证报告填海造地用海宗海界址图，可知项目占用海岛的岸线分为两部分，一部分为 2000 年前湾电厂已填海域所占用的原有海岛岸线，另外一部分为工程用岛占用现状海岛的岸线。

图 12-30　大铲岛联合输气站平面布局三维效果

经计算得出，涉及项目利用的现状海岛岸线长度约为 274 m，前湾电厂已确权填海所占用的岸线长度约为 539 m。因此项目共占用海岛岸线长度约为 813 m，所占用的海岛岸线均为人工岸线。

4）项目占用周边海域的区位及面积

项目占用周边海域范围包括计划将要填海造陆而形成的陆域区域及码头区域，总计占用周边海域面积约为 49 600 m²。

（1）码头布置

交通码头和滚装码头前沿线平行于东北护岸，方位角为 124°37′48″~304°37′48″。交通码头按照 500 吨级驳船设计，泊位长度为 68 m，宽 25 m，码头面高程为 4.5 m。滚装船码头紧邻交通码头东侧布置，设计船型为 100 吨级车客轮渡船，泊位长度为 30 m，码头前沿顶高程为 2.2 m。码头通过长 80 m、宽 7 m 道路与后方厂区相连，道路坡度为 4.37%，该连接道路与码头前沿线平行布置。

（2）港池水域布置

交通码头停泊水域宽度为 22 m，设计底高程为 -3.4 m，滚装码头停泊水域宽 52 m，设计底高程为 -2.9 m；回旋水域考虑共用，回旋圆直径按 2 倍 500 吨级设计船长设计 100 m，回旋水域设计底高程为 -2.9 m。

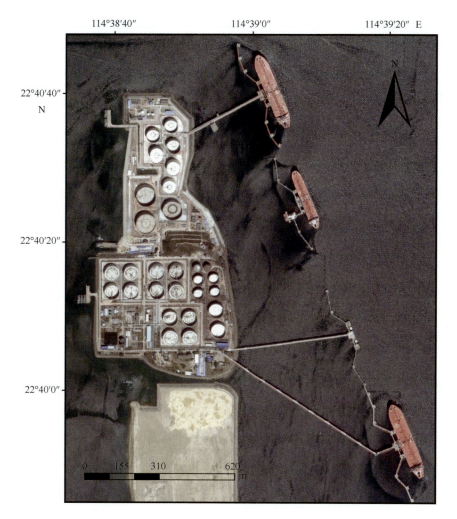

图 12-31 大铲岛遥感影像

资料来源：google 地球影像；影像日期：2015 年 4 月 14 日

12.3.6 交通与工业用岛——马鞍洲

12.3.6.1 海岛基本情况和开发现状

根据《惠州市海洋功能区划》（2007 年），惠州市现有大小港湾 28 个，大部分港湾综合条件好，可供利用的港口岸线现约达 24.8 km，可作为港口开发的岛屿也较多，有马鞍洲、芒洲、纯洲、沙鱼洲、芝麻洲、喜洲、桑洲等，预计具有可建成吞吐能力 2×10^8 t 的港口资源。

惠州市现有三大港区和三个装卸点，其中三大港区为荃湾港区、东马港区和碧甲港区，三个装卸点为亚婆角装卸点、盐洲装卸点和港口装卸点。

东马港区位于大亚湾石化区近岸海域及周边海岛，范围包括马鞍洲、锅盖洲和石化工业区东联以南水域，东马港区划分为2个作业区，即马鞍洲作业区和东联作业区。主要由马鞍洲岛原油及成品油装卸区和东联成品油、化工原料和产品装卸区两部分组成，为南海石化和其他化工项目进口原油化工原料、出口产品和接卸重件设备服务，同时为广州石化中转大宗原油。

马鞍洲油码头位于南中国海大亚湾马鞍洲岛（22°40′32.9″N，114°39′03.8″E），距离香港维多利亚湾约47 n mile。马鞍洲岛自进港航道从南向北依次布置4个码头泊位，其中华德（广石化）原油码头（2个）可接卸 $15×10^4$~$30×10^4$ t 油轮；中海壳牌原料码头可接卸 $15×10^4$ t 油轮；中海炼化原油码头可接卸 $5×10^4$~$30×10^4$ t 油轮。马鞍洲是华南地区原油中转最大的油码头之一，它是广石化、中海壳牌（惠州）、中海炼化（惠州）原油基地。同时，大亚湾将建设成为 $4 000×10^4$ t/a 炼油、$300×10^4$ t/a 乙烯、$200×10^4$ t/a 芳烃项目港口。

目前在马鞍洲作业区已建成15万吨级原油接卸泊位1个，30万吨级原油接卸泊位1个，8万吨级（结构按15万吨级设计）原料进口泊位1个，在东联作业区正在建设液体化工码头1座，有3个万吨级以上泊位、2 000吨级的重件码头1座。

大亚湾是一个十分优良的港湾，其出海航道只要稍加浚深，不易淤积，即成优良的航道。马鞍洲作业区航道工程于2006年疏浚完工，航道按30万吨级油轮宽度、25万吨级油轮满载吃水设计；航道底宽为257 m，设计底标高为−20.8 m，航道轴线方向为SSE—NNW，方位角为158°~338°。据了解，长20 km的惠州大亚湾马鞍洲航道是惠州港船舶进出的主航道，可单向航行30万吨超级油轮，是全国超级油轮通航量最大的航道，全年航经该航道的25万吨级以上超级油轮（VLCC）达60多艘次，15万吨级以上大型油轮达到120多艘次。2010年马鞍洲航道担负了包括原油、化工原料油在内的 $3 765×10^4$ t 以上船载危险货物运输的重任，是华南地区船载危险货物最大集散地——惠州港的主枢纽航道。

12.3.6.2　大型孤岛式石化码头设计

中海壳牌南海石化项目马鞍洲港区码头是典型的孤岛式码头，没有陆路通道与陆地相连。码头为桩基墩式结构、蝶形布置的开敞式码头，用于石化厂的原料接卸。该码头设计需要解决平面布局、码头供电、供水、交通、消防、通信、海底管线登陆等一系列问题，该码头成功的设计、建造及营运经验，可为类似工程提供参考。

1）工程概述

中海壳牌石油化工有限公司（简称CSPC）南海石化项目总投资约41亿美元，是迄今为止国内建成的投资额最大的中外合资项目。该项目在广东省惠州市大亚湾畔建设一座具有世界级规模的石油化工联合工厂，项目近期所需进口的凝析油和石脑油通过马鞍洲岛附近的新建码头接收，然后通过一条11 km长的海底管线输送到厂区，厂区的绝大部分消耗品和化工产品则通过大亚湾湾顶的东联港区码头进出口，部分液体产品通过一条连接厂区的新建铁路专用线运往国内市场。

作为主要原料进口的桥头堡，马鞍洲港区码头是中海壳牌南海石化项目的生命线工程。

码头西侧为马鞍洲岛，临海为岩石海岸，岩壁陡坡入海，地形复杂。由于马鞍洲岛陆域开山区不能满足项目使用的要求且业主没有在岛屿进行征地，码头只能远离岸边，建成孤岛式码头。此外，在马鞍洲码头南侧有已建成的华德石化公司15万吨级油码头，北侧有规划的中海油原油码头，本码头的平面布置必须充分考虑与相邻码头之间的关系。马鞍洲码头船舶进出港口利用华德石化有限公司现有15万吨级航道，穿越其回旋水域进入码头区。由于工程设计涉及不同业主的利益，设计需要考虑各种因素，通过全面、充分的论证，设计出合理的方案。

2) 孤岛式码头平面布置（图12-32）

马鞍洲码头距离西侧马鞍洲岛约300 m，布置于已建广州石化（华德）公司15万吨级油码头以北，与之相距176 m。由于工程区周边地形复杂，为了研究码头附近岛屿、大陆边缘海岬对波浪的遮掩及航道、港池开挖造成波能扩散的影响，在设计阶段，专门由科研单位进行了波浪物理及数学模型试验，展开深入分析，合理确定有关设计参数。码头前沿线与华德油码头保持一致，轴线与主浪向SSE平行，其方位角为157°18′24.6″~337°18′24.6″。码头长度及水工结构按靠泊15万吨级油船设计，港池近期按停靠8万吨级油轮疏浚，码头前沿停泊水域底高程-15.2 m，远期浚深至-19.0 m。

马鞍洲码头采用桩基墩式结构、蝶形布置，为开敞式码头。码头泊位长412 m，由1座工作平台、1座辅助平台、2座靠船墩、4座系缆墩、4座联桥墩及各种配套设施组成。工作平台、联桥墩及辅助平台顶面高程为11.0 m、靠船墩为7.0 m、系缆墩为6.0 m。

在工作平台后方（西北侧）布置海底管线登陆结构，码头管线与海底管线接驳后下海，延伸11 km，从东联港区码头引堤附近登陆，输送至南海石化项目厂区。马鞍洲码头卸船设计通过能力约为$1\,200 \times 10^4$ t/a（近期为800×10^4 t/a）。

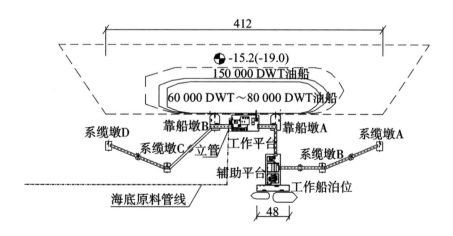

图12-32 马鞍洲码头平面布置

为解决岛式码头对外交通问题，在辅助平台后侧布置一个工作船泊位，作为工作人员上下码头的主要通道。工作船泊位长48 m，宽6 m，顶面高程为5.5 m。工作船泊位同时配备了多功能工作船，具有交通、食宿、备用电源、布栏等综合功能。由于工作船泊位和辅助平台高差达 5.5 m，两者之间需通过钢步梯衔接。

为满足紧急情况下岛式码头上人员逃生的要求，码头设两处安全逃生通道，一处为：工作平台→靠船墩 A→辅助平台→工作船泊位→安全地带；另一处为：工作平台→靠船墩 B→系缆墩 C→橡胶舷梯→救生圈（救生衣）→安全地带。

3）海底管线登陆设计（图 12-33）

马鞍洲码头是石化厂的原料接卸点，码头和厂区之间相隔较远，码头接卸的原料需要通过海底管线输送到厂区。卸船流程为：（船舶货舱→船舶货泵）→装载臂→码头阀区→海底管线→陆域管线→厂区储罐。

海底管线是衔接码头和厂区的关键枢纽，管线直径 750 mm，在工作平台旁边设置管线登陆平台，平台下设 2 根直径 1 200 mm 的钢管桩，钢管桩和海底管线用连接法兰捆绑成整体。

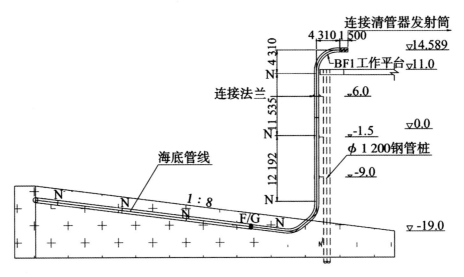

图 12-33　马鞍洲码头海底管线登陆断面

设计时对海底管线登陆结构在施工期、营运期的各种荷载工况（包括清管时冲击荷载）进行了三维建模计算。工作平台上安装有清管发射器和海底管道相连，有需要时，可用智能式清管器对海底管线进行扫线并对管道的内壁腐蚀情况进行监测。

4）孤岛式码头配套系统设计

（1）供电

码头主要用电设备有输油臂、电动阀门、风机、消防炮、控制系统、快速解缆钩、登船梯及照明设施等。除消防炮、应急照明、障碍照明及通讯设备为一级负荷外，其余均按二级负荷设计。码头用电设备装机容量约 274 kV，计算负荷约 79.3 kVA，功率因数为 0.87。

由于马鞍洲码头为孤岛式码头，距离岸上较远，码头的供电问题必须妥善解决。若敷设海底电缆或其他管线通向码头，线路投资很大，维护也不方便，采用柴油发电机组供电是唯一切实可行的方案，因此在码头西侧布置了一座辅助平台（图 12-34），上设发电机房和配电室,面积分别为 58.5 m² 和 38.7 m²。

码头需设两路独立电源,因此设置 2 台发电机组,互为热备,为了增加码头供电的可靠性和灵活性,还在工作船码头上设置一个船电插座,供工作船向码头供电用。考虑到码头在作业期间和非作业期间用电量变化较大,因此另设 1 台发电机组,直接接入照明配电箱,供码头在非作业期间照明和通讯设备用电。双电源在变电所设置自动切换装置。考虑到码头最大容量电动机启动的需要,发电机组单台容量选择为 100 kV。

单台发电机每小时耗柴油量约 31 L,由布置在发电机房北侧的钢制柴油卧罐供油,柴油储量需满足发电机连续运行不小于 6 d 的要求。供油流程:油船来油→过滤计量器→辅助平台卧式地上安装油罐→输油管自流(不设计量器)→发电机日用油箱。

除了给发电机供油外,柴油卧罐另有管道通往消防泵,均采用自流方式,管道设置一定坡度。

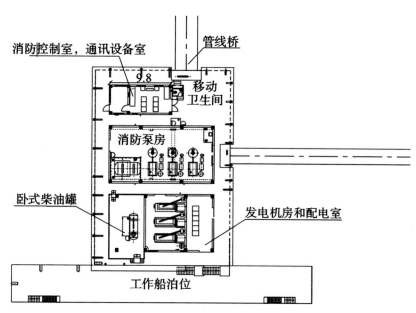

图 12-34 辅助平台平面

(2) 给水

对于码头日常使用的生活水,主要由工作船运达,将水输入消防泵房顶上的水箱后,再送到工作平台的洗眼器、环保型厕所等装置区。

(3) 消防

在码头的辅助平台上布置消防泵房,内设 3 台柴油机驱动的海水消防泵(开二备一),压力均为 7~14 kg/cm²,共 4 台消防炮,每台消防能力为 136 L/s。码头消防水系统为独立的,取水管从消防泵房内穿透辅助平台,直接从平台下方取海水,可提供流量为 1 140 m³/h 的消防水(设计的消防水需要量为 864 m³/h),燃料可连续使用 6 h。

为解决消防泵取水管稳定及受波浪力问题,在辅助平台下方布设 3 根 φ1 000 mm 的钢管桩,用以固定取水管。

码头配备2艘2 686 kW、1艘1 492 kW的消拖两用船，负责油轮在锚地、航道、港池和作业时的消防，和东联港区码头共享。2 686 kW消拖船的消防泵能力为1 400 m^3/h，压头140 m，消防炮射程120 m，射高45 m，泡沫泵600 L/m；1 492 kW消拖船的消防泵能力为800 m^3/h，压头120 m，泡沫泵300 L/m。

另外，在码头上还设有水幕喷淋系统、火灾探测系统、CCTV（可以从物流控制中心和政府联检大楼监测码头和靠泊船舶的情况）、灭火器、消防栓、泡沫消防炮（2台，水压驱动，消防能力136 L/s，泡沫储量10 000 L）等装置，满足岛式码头的消防需要。

（4）通信

本码头位于大亚湾中部，距离湾顶厂区较远。码头通信是厂区总通信系统的一部分，设计时需根据通信总体布局考虑码头的通信布置，通信设置特高频（UHF）无线电话调度通信和甚高频（VHF）水上无线电话通信以及码头与厂区的微波中继。

为了满足厂区、码头作业区人员流动通信需要，在厂区设置UHF无线电话通信系统，系统覆盖马鞍洲码头作业区，现场管理人员、生产调度人员、安全管理人员等配置UHF无线电话。根据功能分组，设置相应信道（常规的船岸通信、消防操作、引航、热线）。在马鞍洲码头设置中继站，以便码头的对讲机能够与岸上厂区通信，UHF无线电话通信距离20 n mile。中继站天线安装在码头通信设备室天面上的天线杆上，天线杆高10 m。

为了满足靠泊马鞍洲码头的船舶与本地交通船舶如拖轮等海上作业需要，设置VHF水上无线电话通信系统。VHF无线电话通信距离50 n mile。

马鞍洲码头上的UHF中继站和VHF中继站必须与厂区控制楼的基站相连，以便同步通信，因此在码头与厂区间建设微波中继链路。微波天线安装在与UHF通信和VHF通信相同的天线杆上。

马鞍洲码头的视频信号通过微波传输到岸上，用于保安和操作监控。

5）施工期措施

马鞍洲码头工程大致可分为水域疏浚、水工结构施工、上部设施安装三大部分。由于码头和陆地没有陆路相连，水路为施工的唯一通道。施工时，根据进度的需要，调度使用了驳船、补给船、交通艇、打桩船、方驳、测量船、浮吊、拖轮、货轮、挖泥船、搅拌船等各种施工船舶。

码头主体部分施工开始后，由驳船将钢管桩运至现场，采用大型打桩船进行沉桩施工，上部墩台混凝土采用搅拌船进行水上浇筑，钢结构人行桥、管线、设备、附属设施、预制构件则用驳船上吊车进行安装。通过合理的施工组织安排，较好地解决了现场施工作业面小、材料堆放、运输、储存、加工困难等问题，顺利完成了岛式码头的施工。

12.3.7 海岛开发有关问题的处理

12.3.7.1 项目对海岛形态及资源生态的影响

主要体现在对海岛形态和海岛资源生态的影响两方面，下面结合案例分析相应的影响以及减少影响的措施。

1) 对海岛形态的影响

项目的实施会对工程用岛区域及其周围海岛形态产生影响，改变原有海岛的地形地貌形态。

大、小三洲开发案例中，主要为交通设施建设工程、景观设施建设工程和市政设施建设工程三方面对海岛形态产生影响。首先，交通设施建设工程中，登岛景桥的建设使海岛与大陆相连，但仍保持海岛四面环海水的特性，通过透水构筑物使海岛与大陆相连，对海岛形态影响不大。环岛栈道采用高脚式结构，透水构筑物的用海方式，避免了大量采挖土石，对海岛岸线、海岛形态不会产生影响。其次，景观设施建设工程中，观景平台及亲水平台工程的建设是在原有海岛海岸地形地貌的基础上修建的，采用透水构筑物桩基结构，因此对海岛的形态没有较大的影响。最后，市政基础设施包括照明设施、标识设施、垃圾收集设施和建筑小品，这些设施均是依托交通设施和景观设施而设立，故对海岛形态没有影响。

纯洲开发案例中，根据《惠州港荃湾港区煤码头一期工程海域使用论证报告》，本工程开山土方量共 $710 \times 10^4 \text{ m}^3$（实体方量），其中开山土 $71 \times 10^4 \text{ m}^3$，开山石 $639 \times 10^4 \text{ m}^3$；其中用于码头及护岸回填料 $188 \times 10^4 \text{ m}^3$，剩余土方量为铁路装卸区及陆域形成回填料 $522 \times 10^4 \text{ m}^3$。开山工程将小区域改变原有的海岛地形地貌，破坏用岛区域范围内的原有植被资源。

大铲岛联合输气站用岛工程的工程施工和运行管理过程中对海岛形态及资源生态产生影响的工程主要为劈山工程（陆域平整、开山护坡等）。

2) 对海岛资源生态的影响

对海岛资源生态的影响因岛而异，针对不同的海岛，首先，应具体分析海岛的资源分布情况；其次，应根据不同的开发类型分析。

大、小三洲开发案例中，旅游娱乐用岛对资源生态的影响集中在沙滩资源、植被资源、周围海域资源。

纯洲开发案例中，交通与工业用岛对资源生态的影响集中在对海岛土地资源、植被资源、淡水资源、矿产资源的影响。

根据现有的地质矿产及区域地质资料，工程用地没有压覆重要矿床。因此对纯洲的开发利用并不存在对矿产资源的影响。

12.3.7.2 减少对海岛形态及资源生态影响的措施

针对不同用岛类型的具体建设内容，所采取的措施也不尽相同。

大、小三洲开发案例中，采用透水性构筑物将海岛与大陆连接，保持海岛四面环水；交通设施和景观平台均应采用透水构筑物形式，避免破坏海岛自然生态；项目建设过程中尽量不破坏原有基岩，对必须破坏的部分实施复绿工程。

纯洲开发案例中，开山工程一方面改变了海岛自然形态，另一方面采用较缓的坡率、从上到下分层分段开挖，消除了滑坡、崩石等地质灾害可能对项目的影响。

大铲岛项目中开山护坡及场地平整工程一方面改变了海岛自然形态，另一方面开山护坡消除了滑坡、崩石等地质灾害可能对项目的影响。

为最低限度减少项目对海岛自然形态改变，应采取以下措施。

1）工程设计

在项目实施过程中，从设计和施工角度，在保证防灾效果的基础上，减少对海岛地形地貌的改变。具体措施如下。

①山体开挖采用较缓的坡率以保证开挖边坡的整体稳定性，开挖坡率暂按1∶1.25考虑，开挖过程中，设计边坡每8~12 m高度分级，每级上设3~5 m宽平台。施工时根据实际情况调整开挖坡率与平台宽度，通过边坡角度、高度和平台的设计，尽量模拟自然山坡的坡度与形态。

②设计边坡坡面排水系统，由坡顶截水沟、平台截水沟、急流槽和坡脚排洪渠组成。主体边坡顶增设0.5 m×0.5 m梯形截水沟。平台截水沟纵坡为3‰。边坡每隔50~60 m设一宽1.0 m、厚0.5 m的急流槽兼检查踏步。为排除坡体内地下水，于台阶及坡脚排水沟上方布设仰斜式排水孔，仰角为8°，四方形布置，间距600 cm；排水孔长度采用6.5 m。护脚处排水孔距平台截水沟垂直高度为50 cm。排水孔采用φ100 mm软式透水管。通过排水系统的设计，保证劈山后的坡面稳定，减少暴雨对边坡冲刷的影响程度。

2）工程施工

施工中产生的弃土石的临时堆渣场应修筑拦渣坝、截水沟，并进行平整绿化。土石方经填海后剩余的余方量需及时驳运离岛。

12.3.7.3 减少对海岛资源生态影响的措施

大、小三洲用岛性质为旅游娱乐用岛，用岛范围为整岛利用，用岛程度较轻。坚持以保护为主，在项目建成后，对海岛植被进行复绿措施，保证海岛植被覆盖率。对于填海工程对工程附近的生态环境造成一定影响的，为吸引海洋生物在此重建群落，最重要的是要改善海域的水质环境，在此基础上进行贝类底播和增殖放流等恢复措施。

纯洲、大铲岛开发案例中，用岛性质为交通与工业用岛，应涵盖的措施如下。

1）节约用水措施

纯洲上没有河流，无淡水储积；因基岩裸露，侵蚀切割强烈，海岛面积又小，环境的水容量有限，集中的降雨一泄四散，很难储水、保水，属淡水缺乏的海岛。所以纯洲在开发利用过程中应加强水资源的保护。

严格管理和节约施工用水、生活用水。建议港区所有用水单元用户分别装设水表进行计量，核定用水指标，节约奖励，超标扣奖，以节约用水。

施工现场设置泥沙沉淀池，用来处理施工泥浆废水。凡进行现场搅拌作业，必须在搅拌机前台及运输车清洗处设沉淀池，废水经沉淀后回收用于洒水除尘。

堆场区域及码头面的径流雨水为含煤污水，将污水收集后排入新建含煤污水处理场，处理合格的水作为卸船喷洒抑尘、转载抑尘和铁路装车等除尘水回用。本工程陆域产生的生活污水、船舶生活污水和机修油污水经本工程新建的污水处理设施深度处理后回用于堆场抑尘喷淋、行政办公区和候工楼冲厕，道路冲洗和绿化等。

工程实施后，应尽量实现污水零排放，保证纯洲周边海域的海水水质维持在现有水平。

2）对植被资源的保护及恢复措施

本工程建设占用了纯洲西侧，用于建设煤炭圆形料场，纯洲的植被覆盖率大大降低。为了保护植被资源，同时创造环保型的煤炭接卸港区，除煤炭储存采用目前国内最先进的环保型圆形料场，从源头上根本控制污染外，对场地空间的绿化布置也格外重视。项目拟投资680万元，在港区内大面积种植草皮、四季常青树及防护林带，以满足吸尘、消声及景观的效果。场区形成后，植物种植土主要利用开山前收集的表土。原山体表层土主要有黏土和凝灰岩风化土，土壤较为瘠薄，植被主要为低矮灌木林。

3）加强景观生态建设

① 项目开山取石应做好终采高程的合理控制，充分利用现状地形，尽量减少山体缺口的产生，减少因取土造成的山体缺口对海上入视景观的影响。

② 项目景观建设应特别强调项目区依托山体的景观协调性，减少因挖山填海、大体量的填海造地对视觉空间，特别是海上入视景观的冲击。

③ 如果开山取石造成的山体缺口对区域景观影响较大，在历时较长的山体开挖程序中，应尽量做到分时段集中恢复植被的目标。

④ 注重景观生态建设，减轻海岛自然生态系统向人工工业开发转变过程中可能造成的视觉污染。

⑤ 实行景观再造措施。景观再造措施可以分为两种：一是植被绿化措施；二是对可视面积较大的石壁或裸坡，如港区东侧山坡可考虑对石壁、裸坡进行景观再造。

⑥ 港区建成后，在绿化恢复的工作中，应编制总体绿化设计规划，可通过垂直绿化扩大绿化面积，保证场区内的绿化率达到标准的要求。

⑦ 绿化种植的树种应以"生态绿化、因土种植、因岛制宜"为原则，尽量选择抗旱、耐盐、抗风等乡土物种，同时进行乔木、灌木、草地的合理搭配；应防止外来物种的入侵。

12.3.7.4 减少对海岛海岸线影响的措施

大、小三洲环岛栈道的建设要选用经济耐用、透水性好的材料，并且要美观大方。环岛栈道靠岛侧适当进行生态修复，植被种类选择抗风、耐盐碱的本土海滨植物，避免引入外来种，造成生态破坏。

纯洲项目开山拟采用小剂量陆上爆破。原用岛方案为占用纯洲西侧全部海岛岸线，长度约1 999 m；经优化，现方案保留了纯洲西南侧的部分山体，占用海岛岸线长度为1 545 m，形成新岸线2 918.1 m。现方案既减少了占用海岛岸线的长度，又保留了纯洲和黄猫洲现状的最近距离，便于维持目前的水流通道。

西气东输二线香港支线大铲岛输气站工程中开山土石回填形成陆域，将大铲岛原有的较破碎的人工岸线转变为坚固、美观的人工岸线，并采取加固护岸的防护措施，以防止岸线侵蚀，保障输气站的安全。为将对海岛岸线的影响降低到最低，大铲岛护岸建设施工措施采取以下方式：基础及堤身、护面块体、挡浪墙采用现浇混凝土。在现场立模浇注。模板采用轻型钢、木模板。

12.3.7.5 建设项目与海岛景观的协调

根据《海岛法》第三十二条，"经批准在可利用无居民海岛建造建筑物或者设施，应当按照可利用无居民海岛保护和利用规划限制建筑物、设施的建设总量、高度以及与海岸线的距离，使其与周围植被和景观相协调。"

大、小三洲岛上环岛栈道的建设，项目建成后，形成具有海岛特色的滨水景观带，道路靠岛侧种植具有海岛特色的植被，使之与海岛景观相协调。岛上景观设施的建设，建筑高度均不高于海岛高度，所有建筑物的建设基本不破坏海岛植被，并在设计上与海岛生态融为一体；建筑密度低，仅在岛西侧有观景平台和亲水平台，满足岛上游人旅游需要。

纯洲项目拟通过小剂量爆破平整纯洲，建设直径 90 m 的圆形料场 24 个和 120 m 的配煤兼储煤圆形料场 4 个，与开放式的煤堆场相比，圆形储煤罐煤尘不易散落，更为洁净。为了提高港区的绿化率，本工程拟对海岛植被进行补偿，补偿方案包括：

①在公路桥北侧增加了港区植被，面积约 6.3 hm^2；
②护坡处种植植被，进行立体绿化，绿化面积为 1.8 hm^2；
③圆形料场之间及其他场地等进行绿化，面积约 12.27 hm^2；
④场区内道路两旁、场区四周防护林带及生产辅建区进行绿化，面积约为 16 hm^2，即绿化面积合约 42.77 hm^2，绿化率为 46.3%。可见，项目建成后，其人工景观与海岛的整体景观特征相一致，最终形成具有典型海岛特色的、美观的人文景观，与周围海岛自然景观相协调。

大铲岛上原有自然景观类型主要有灌草丛景观、人工林景观和人工建筑景观等。项目建成后，输气站站场区内将形成人工建筑景观。由于站场建设所用的陆域区域大部分为填海形成的陆地，对所在地的景观没有影响。另外，场站内的建筑物均以多层的建筑物为主，仅放空区的烟囱较高为 30 m，远低于近邻山体的海拔（接近 120 m），因此，从建筑物高度来看，与海岛的整体景观相协调，没有建筑物在岛上突兀的感觉。项目中劈山护坡的区域原来以乔木、灌草丛景观为主，经护坡建设完成后，将形成以狗牙根为主的草丛景观，虽然与原来的自然景观不同，但与海岛东部的护坡区，与护坡区南部的山地人工林景观并不冲突。

大铲岛定位为工业交通用岛，海岛东部已经形成前湾电厂的人工建筑景观，因此枢纽站建成后，其人工景观与海岛的整体景观特征相一致，最终形成具有典型海岛特色的、美观的人文景观，与周围海岛原有的植被、地貌等自然景观相互辉映，最终使海岛各类景观相协调。

12.3.7.6 海岛淡水供应

大、小三洲仅为滨海旅游观光用岛，无会所、海岛别墅等建筑物，淡水均为游客自带，无需专门的淡水供应设施。

纯洲项目（惠州港荃湾煤码头一期工程）用水主要为船舶用水、港口机械冲洗等生产用水、生活用水与环保用水。港区及码头最大日用水量为 1 514 m³（不包括消防用水量），最大小时用水量为 164 m³。项目采用市政自来水作为港区的水源，通过延接市政给水管，将自来水引至项目的加压泵站，澳头进港路已有 DN400 给水管道，进入便道为 DN250，设置 2 条进港给水管，管径为 DN200，水质符合生活饮用水卫生标准。

香港支线大铲岛输气站用水主要是压缩机厂房、变频装置室及机柜间、备品备件库房及空压机房的生产用水。该站场值班人员生活用水归西二线大铲岛末站。

12.3.7.7　海岛电力及能源保障

大、小三洲岛上用电需求主要是景观照明，包括环岛栈道景观照明、观景平台及亲水平台景观照明的用电需求。用电保障：主要考虑城市供电，纳入城市电网，在工程设计时预留电源及接入点。海岛供电可通过登岛景桥和环岛栈道布设电缆，输电电缆可附着于桥底布设，但要与景桥和栈道的景观相协调。

惠州港荃湾煤码头一期工程的用电需求主要是设备供电、人员用电等。按二级负荷考虑，用电设备总装机容量约 30 000 kW，计算负荷约为 10 500 kVA（功率因数补偿至 0.9 后）。惠州港荃湾煤码头一期工程在港区内设置一座中心变电所（SS1）和两座分变电所（SS2，SS3），给港区内各种用电设备供电。各变电所均采用 10 kV 双回路进线，单母线分段运行，内设 10 kV 真空开关柜、GCL 抽出式低压配电屏、静电电容补偿柜与 800 kVA 的干式变压器，其中 SS1 与 SS2 分别设有 2 台干式变压器，SS3 一期设 1 台干式变压器并预留 1 台干式变压器的位置。中心变电所 SS1 负责向综合办公楼，职工宿舍、食堂及候工楼、消防站等生产辅助建筑物供电，同时向分变电所 SS2、SS3 提供 10 kV 电源和火车装车楼，火车牵引系统及附近的皮带机供电。SS2 所主要向皮带机、堆取料机、煤污水处理站供电。SS3 主要向皮带机、卸船机、除铁器等供电。三座变电所分工协作，将有效地保障项目施工及运行管理期间电力及能源的供给。

大铲岛输气站的用电需求主要是设备供电、人员用电等。大铲岛联合输气站采用两个电源进行建设，由友联船厂引入两路 35 kV 电源，大铲岛联合输气站内设置 35/6 kV 变电所 1 座，两台 35/6 kV 主变，两台 6/0.4 kV 站变；输气站 4 台变频装置及两台站变的电源引自西二线末站 35/6 kV 变电所。输气站两台站变负责提供联合站的所有低压配电及 UPS 配电。6 kV 站变选择干式无载调压变压器，低压配电屏选用组合式开关柜，6 kV 变频调速装置采用电压源型，因此项目施工及运行管理期间电力及能源会得到有效保障。

12.3.7.8　海岛交通及运输保障

大、小三洲内部交通及运输保障：大三洲内交通主要为沿海岛基岩海岸一条宽约 1.6 m、长约 223 m 的环岛栈道。小三洲内交通主要为沿海岛基岩海岸一条宽约 1.6 m、长约 280 m 的环岛栈道；大、小三洲外部交通及运输保障：海岛与外部交通主要是依托横琴岛的环岛东路及横琴岛东部的次干路。环岛路主干道红线宽度为 40～50 m，次干道红线宽度控制为 30 m。大三门岛与横琴岛的交通联系主要依靠项目建设工程所修建的登岛景桥和环岛栈道。

纯洲片区陆域交通便利，通过惠澳大道（S254）及惠（州）—大（亚湾）道路（X200）与深汕高速公路相连接，通过惠大铁路与京九铁路在惠州西站进行交接。目前，荃湾港区主航道扩建工程已经进入可行性研究设计阶段，因此该片区水陆交通也较为便利。

项目列车的到发承接及编组主要考虑由大亚湾车站承担，港区内装卸线只考虑办理货运作业。货车平均载重按 60 t 计，货物波动系数为 1.2，载重系数为 0.7。根据铁路专题可行性结论，大亚湾站至项目铁路的通过能力 $3\,990×10^4$ t/a，目前铁路每年运量不到 $10×10^4$ t，区间段铁路通过能力有较大的富余能力。总体而言，港口配套的铁路运输能力能满足项目煤炭运输要求。

荃湾港目前的进港航道有效宽度为 110 m，设计底高程-10.2 m。目前，惠州市政府的有关部门正在对该航道的扩建工程进行专项研究，扩建规模为满足 5 万吨级集装箱船舶全天候及 7 万吨级散货船乘潮进出荃湾港区。项目周边的航道和水域能满足项目船舶航行需要。

基于对工程地质条件与环保等的考虑，项目采用全桥连接的方式从港区西护岸至黄浪角设置进港铁路及公路以保障岛上便利的运输条件。其中，进港公路布置北侧，铁路布置于南侧，公路在港区东部的铁路调车区位置南拐后进入南侧港口生产区。

由于深圳前湾电厂与大铲岛海关两单位在岛上建设较早，岛陆之间已有数条航道分布，岛陆之间交流频繁。岛上现已有数个登岛码头并有数条山间小路以及宽阔的码头公路和宽阔的环岛公路。因此岛上以及岛陆之间的交通都较为便利。

12.3.8　开发海岛的保护措施

12.3.8.1　海岛区域资源及生态系统保护措施

海岛区域资源及生态系统保护的首要前提是明确海岛重点保护对象和对其他资源和生态保护清单。

1）对海岛重点保护对象的保护

对大、小三洲陆域重点保护对象的保护。大、小三洲主要是保护其生态系统，重点保护对象是自然形成的山体及覆盖于裸露基岩上的自然植被、标志物及有关保护设施、海岸礁石和海蚀地貌等自然景观。

对大、小三洲海域重点保护对象的保护。大、小三洲所在海域有可能是其活动空间，采取有效措施（如暂停施工、放慢船速等）。

对纯洲陆域重点保护对象的保护。纯洲虽然现无居民居住，但岛内植被受一定人为干扰，植物组成体现出明显的次生性；岛上尚未发现珍贵的草本和木本植物、珍稀动物，也未设立航标及名胜古迹等人工建筑物，海岛周边岸线主要由基岩岸线构成，基本无沙滩。区域植物为常见的热带亚热带植物种类，有少数葡萄科、茄科热带至温带分布的科。也未发现濒危物种。因此，纯洲在西部煤码头工程进行海岛开发时，应尽量保护其东部的地形地貌及植被，保护未开发区的海岛生态环境。

对纯洲海域重点保护对象的保护。纯洲位于大亚湾水产资源自然保护区北部实验区，大亚湾保护区内有绿海龟、克氏海马等国家二级濒危物种，因此，项目施工建设以及将来建设运营，都会对水产资源自然保护区的生态环境产生一定的不利影响。但根据《海洋自然保护区管理办法》和《大亚湾水产资源自然保护区功能区划》的相关要求，在该保护区管理机构统一规划和指导下，可有计划地进行适度开发活动。另外纯洲位于大亚湾保护区的缓冲区，因此适当的开发活动对核心区的影响有限。

大铲岛海关是具有百年历史的广州海关原址，海关始建于清光绪年间（1899年），现海关的原始界碑已作为文物由广东省博物馆收藏。海关码头灯塔属于岛上历史文物古迹资源，有一定的历史价值和保护价值，在海岛的东北端，属海关管辖区域，距项目用岛区的直线距离约0.68 km，但项目用岛工程对其没有影响。

2）对其他资源和生态的保护

对其他资源和生态保护及措施主要包括植被资源、岸线资源、水土流失防治措施。

12.3.8.2 海岛形态和生态修复措施

包括海岛形态、生态整治修复和建设项目造成破坏的恢复，前者主要集中在海岛岸线自然形态、海岛原有地形地貌、海岛周围的礁石、海洋生态环境、海洋水动力环境、构筑物和设施协调性、水土流失防治；后者在工程实施过程中，采用排水系统、疏浚工程、码头护岸工程、造林绿化种植工程等措施。

12.3.8.3 海岛环境影响控制措施

旅游娱乐用岛和交通与工业用岛的开发中，海岛环境影响共同的方面有大气污染、噪声污染、固体废弃物污染三方面，其中，交通与工业用岛还应考虑粉尘、污水等问题。

1）项目建设施工期应采取的措施

施工期产生的固体废物主要为生活垃圾和施工垃圾（工程弃土、工程弃渣和施工废料）等固体废弃物。

生活垃圾：陆域施工人员生活垃圾产生量较小，现场应设立定点生活垃圾收集桶或定点堆放场，并将收集的垃圾随建筑垃圾及时清运至陆域城市垃圾处理场，由环卫部门送生活垃圾填埋场处置。船舶施工人员生活垃圾应收集，定点控制堆放，定期清运，并交陆域统一处理。船舶生活垃圾经垃圾船接收上岸后，与陆域生活垃圾一并送入城市垃圾处理场统一处理，不会对工程所在区域环境造成明显影响。

建筑垃圾：主要包括废弃建材、建材外包装和部分工程废土。应及时回收利用废弃建材、清运包装及工程废土等垃圾，而后统一清运至城市垃圾处理场。

生活污水：施工期的生活废水主要为陆域、船舶施工人员生活污水。生活污水污染防治和控制措施：尽可能集中设置工作人员施工营地和食堂；施工营地设置环保厕所等；定期清理生活污水池，定期抽取、灌注到生活污水罐车。

施工船舶的含油污水：项目所有施工船舶的含油污水均应严格按照《沿海海域船舶排污设备铅封管理规定》，排放至岸上或水上移动油污水接收设施，并交由有资质的单位处理，严禁向作业海域排放。

2）项目运行期应采取的措施

固体垃圾：工程营运后的固体废物主要是陆域生产、生活垃圾及船舶垃圾。

污水：包括营运期辅建区工作人员的生活污水、机修油污水、船舶舱底油污水及船舶生活污水、含尘污水、压载水等。

运行期固体垃圾和污染控制措施同施工期。

12.3.8.4 节能减排及低碳环保措施

大、小三洲开发案例中，优化土地利用，减少土地资源的占有，尽量减少土方开挖量；施工现场应制定节能措施，提高能源利用率，对能源消耗量大的工艺必须制定专项降耗措施。临时设施的设计、布置与使用，应采取有效的节能降耗措施；优化施工方案，选用绿色材料，积极推广新材料、新工艺，促进材料的合理使用，节省实际施工材料消耗量。依照施工预算，实行限额领料，严格控制材料的消耗；合理安排施工时间，科学布置用电负荷，分工段制定节电方案，将节约用电措施落实到每一个施工环节；工程所需的汽油、柴油等燃料主要靠外购供应。为降低工程能耗量，在确保施工船舶、车辆设备品质良好和定期保养的情况下，合理安排运输路线，从节能角度优化制定施工方案和节能目标，加以监督考核。

纯洲开发案例中，工程与码头配套的所有建筑，均是为煤炭装卸服务的。从生产体系来看，本工程耗能系统主要有装卸运输系统、供电照明系统、给排水（消防）系统、环保系统等；此外，还有辅助建筑能耗系统（包括建筑照明等）。

12.3.8.5 防灾减灾和风险应急措施

海岛防灾减灾和风险应急，应建立综合防灾减灾体系。防灾减灾首先体现在气象灾害，如台风，台风季节施工期间的人员安全、工程安全，建设单位应督促、协助施工单位按照建筑施工安全生产法规和标准组织施工，消除施工中的冒险性、盲目性和随意性，落实各项安全技术措施，有效杜绝各类安全隐患，控制尽可能减少各类伤亡事故。此外，还应制定海洋灾害预警防御体系和海洋灾害应急系统。其次，溢油风险。另外，除防风外，还应注意主要道路路面进行防滑处理，建设足够的防雷设施。根据码头面高程和本区的地质条件，设立围堰和溢流口设施等，工程指挥部统一调派防灾减灾的值班拖轮，布置避灾措施和制定抢险方案等。

12.3.9 开发海岛的保障措施

保障措施包括资金投入、加强工程质量控制、建立海岛保护和管理制度等方面。

12.3.9.1 资金投入保障

项目由企业投资建设。未来随着海岛保护和开发工作继续开展，企业将持续注资，以满足投资需要，并采取以下措施保障资金安全。

①项目工程建设所需资金根据工程实施的进度进行合理安排，做好无居民海岛开发利用具体项目工程投资的效益分析，最终要能够保证项目的顺利实施。

②保障项目安全生产的需要，根据《中华人民共和国安全生产法》、《建设工程安全生产管理条例》等法律法规的有关规定，结合项目建设实际，制订安全生产资金保障制度。

③按照国家有关规定，项目建立稳定的安全生产投入资金渠道，保证安全生产系统、设备、设施，消除事故隐患，改善安全生产条件，加强安全生产宣传、教育、培训，安全生产奖励，推广应用先进的安全生产技术措施和管理方法，抢险救灾等均有可靠的资金保障。

④建立健全财会机构、制度，配备相应的财会人员和建立内部制约制度后，建立一套从预算编制、审核、指标下达、预算实施、执行情况分析到预算考核的全面预算管理的完整流程，保障资金安全。

12.3.9.2 加强工程质量控制

项目将通过加强工程实施的组织领导，针对每项工程制定缜密的工作实施方案，严格遵循规划、计划、项目审核、决算验收等建设管理的程序，依法实行项目法人责任制、招标投标制、工程监理制、合同管理制等，并对施工单位资质提出明确要求，选择信誉好、资质高的单位进行工程建设并对工程建设质量实施定期检查和抽查，确保项目工程能够保质保量地完成。

12.3.9.3 建立海岛保护和管理制度

项目建设应全面贯彻落实《海岛保护法》关于无居民海岛开发利用的相关规定，贯彻落实在保护中开发和在开发中保护的法律精神，以达到依法用岛、科学用岛和有效用岛的目的。项目形成以海洋行政主管部门的管理政策为指导，结合企业的先进管理理念，实现海岛及其周边海域资源的可持续利用，并以此为主要科学依据建立海岛保护和管理制度。

1）建立海岛整治、修复和生态补偿制度

应科学评估项目实施所造成的生态损失，给予相应的生态补偿。生态补偿措施包括海岛生态整治修复措施以及近岸海域生态补偿措施。其中海岛生态整治修复措施主要针对岛屿中部开山形成的裸露带，应给予相关的绿化等修复措施。海域部分的整治修复主要采用增殖放流、投放人工鱼礁等方式。

2）建立用岛区域定期管护制度

对开山护坡区的护坡绿化工程和用岛区内的绿化区域进行定期管护，发现生态环境问题应及时进行修复治理。同时，定期对职工进行海岛生态环境保护宣传教育，教育职工爱护海岛环境，保护施工场所周围的一草一木，不随意摘花、折木，严禁砍伐、破坏施工区以外的作物和树木。教育方式可以采用向职工发放施工手册的方式,并要组织施工人员认真学习,搞好厂区及周边区域的环境绿化和美化工作,保护海岛未开发利用的部分。

3) 建立环保工作制度

为保护用岛区域及海岛生态环境、减少污染,应建立环保工作制度。厂区的环境卫生实行分片包干责任制,责任落实到人,不留卫生死角。在建设、生产、生活的各个环节,确保废水、固体垃圾等得到集中收集和有效处理,严禁直排或未达标排放。同时,定期检查管道、"三废"收集设施,确保环保设备运行完好。

4) 动态监视监测

借助3S和现代信息技术,结合现场巡查,构建用岛区域动态监视监测体系,制定相关监视监测内容和监测对象,实现用岛区域的动态监管,用于监视用岛区域的开发利用活动、生态资源现状,发现异常点、异常区等应及时上报核查,并及时上报给海洋行政主管部门。

同时,积极配合海洋行政主管部门,协助完成用岛区域及周边区域的动态监视监测工作。

12.4 海岛使用权出让管理经验探讨——以大三洲、小三洲为例

12.4.1 翔实编制无居民海岛使用申请材料

根据《海岛保护法》及其配套制度的相关规定,单岛开发利用,必须先由岛屿属地的县政府组织编制单岛保护和利用规划,作为当前和今后一段时间该海岛保护和利用的控制性管理文件。根据《海岛保护法》第三十条规定:"开发利用可利用无居民海岛,应当向省、自治区、直辖市人民政府海洋主管部门提出申请,并提交项目论证报告、开发利用具体方案等申请文件,由海洋主管部门组织有关部门和专家审查,提出审查意见,报省、自治区、直辖市人民政府审批。"

珠海市大、小三洲的单岛保护和利用规划、开发利用具体方案和海岛使用项目论证均由国家海洋局南海规划与环境研究院编制完成,该单位为国家海洋局南海分局直属事业单位,在海岛保护与利用方面做了大量的工作,技术力量雄厚,是较早一批具备海岛保护规划和无居民海岛使用论证资质的单位。在珠海大、小三洲海岛使用材料编制过程中,技术单位开展了一系列的专题研究,包括对大、小三洲海岛及其周边海域的地形精确测量、海岛岸线测量、海岛使用项目的初步设计、海岛植被等资源的调查、海岛及其周边开发利用现状调查、海岛周边海域环境现状调查等,为开发利用大、小三洲奠定了坚实的基础。

因此,为使得无居民海岛的开发利用更加科学合理,尽量在海岛开发促进当地经济发展的同时实现生态环境保护的最大化,建议由海岛规划人员素质高、技术力量强、经验丰富的单位按照国家的技术要求来开展无居民海岛使用相关材料的编制,作为无居民海岛使用申请和审批的依据。

12.4.2 规范无居民海岛使用审批程序

2012年5月,广东省海洋与渔业局印发《广东省适用<国家海洋局无居民海岛使用申请审批试行办法>具体程序》,进一步规范广东省无居民海岛使用申请审批管理。按无居民海岛使用申请审批权限的相关规定,大、小三洲的使用申请由广东省人民政府批准。广东省海洋与渔业局按照《广东省适用<国家海洋局无居民海岛使用申请审批试行办法>具体程序》的规定对大、小三洲的使用申请进行审核。广东省海洋与渔业局在收到由珠海市人民政府同意大、小三洲使用的申请后,组织专家对大、小洲的开发利用具体方案和使用项目论证报告进行了审查,并要求编制单位根据专家审查意见对方案进行了修改和完善,重点审查了使用项目的界址、面积是否清楚,有无权属争议等问题,并征求了中国人民解放军广东省珠海警备区司令部的意见。此后,广东省海洋与渔业局委托广东财兴资产评估土地房地产估价有限公司对大、小三洲的海岛使用权出让进行了评估,与海岛使用申请材料一并报送省人民政府,于2012年4月1日获得批准。

12.4.3 采取申请审批方式出让无居民海岛使用权

根据《无居民海岛使用申请审批试行办法》和《广东省适用〈国家海洋局无居民海岛使用申请审批试行办法〉具体程序》的规定:"用于经营性开发利用的无居民海岛,依法采取招标、拍卖或者挂牌方式出让无居民海岛使用权。"广东省海洋与渔业局在对大、小三洲使用申请的审核工作完成后进行用岛公示,无人提出竞争用岛或异议。因而,广东省海洋与渔业局向国家海洋局提出建议采取申请审批方式出让大、小三洲的海岛使用权,国家海洋局批复同意采取申请审批方式出让大三洲、小三洲两岛的海岛使用权。

12.4.4 存在问题分析

12.4.4.1 旅游用岛的无居民海岛出让价格过低

大、小三洲均为旅游用岛,使用期限为30年。根据大、小三洲出让价款评估报告,大三洲出让价款约为162.59万元,单方表面形态面积出让价款约为108元;小三洲出让价款约为178.92万元,单方表面形态面积出让价款约为103元。相对于珠海市土地价格,旅游用类型的无居民海岛出让的单方土地价格过低。

12.4.4.2 广东省海岛使用论证技术力量略显薄弱

目前,广东省具备海岛保护利用规划和海岛使用论证资质的单位共有7家,分别为国家海洋局南海规划与环境研究院、广东省海洋资源研究发展中心、中国科学院南海海洋研究所、国家海洋局南海工程勘察中心、广州地理研究所、中国交通建设集团有限公司第四航务工程勘察设计院有限公司、广东新空间旅游规划有限公司。2010年《海岛保护法》出台后,各单位才逐渐从事海岛保护规划和海岛使用论证工作,这方面的人才培养时间较短，科技力量较为薄弱。

12.4.4.3 无居民海岛出让方式一定程度上限制了海岛开发

根据《无居民海岛使用申请审批试行办法》和《广东省适用<国家海洋局无居民海岛使用申请审批试行办法>具体程序》的规定："用于经营性开发利用的无居民海岛，依法采取招标、拍卖或者挂牌方式出让无居民海岛使用权。"在海岛申请使用时应提交无居民海岛开发利用具体方案和用岛项目使用论证材料，需要投入一部分的资金，若未确定有用岛意向的单位或个人，这部分前期投入资金由政府投入，将增加政府的财政负担；若由申请用岛单位或个人来支付，而海岛使用又需要进行招拍挂的方式出让，不能确保其获得海岛使用权，从而在一定程度上限制了企业或个人来投资海岛开发。

12.4.4.4 无居民海岛使用的后续工作未明确

申请单位或个人在获得无居民海岛使用权后，应在规定时间内开发利用无居民海岛。而在无居民海岛使用项目的施工期，广东省海洋与渔业局如何对其进行监管尚无经验；施工完成后，如何对无居民海岛使用项目进行竣工验收也无文件明确规定；项目营运期间，海洋行政主管部门应采取哪些措施对其监管也未明确。

12.4.5 下一步建议

12.4.5.1 加强无居民海岛使用金的研究

无居民海岛使用金主要由无居民海岛使用权出让最低价格和无居民海岛使用权资源补偿修正价格两部分组成，其中无居民海岛使用权出让最低价格在《无居民海岛使用金征收管理办法》文中已有明确规定，而无居民海岛使用权资源补偿修正价格主要是参照《无居民海岛使用权出让评估技术标准（征求意见稿）》中的相关资源补偿标准，而这些标准目前正在征求各地意见中，且没有结合各地区的实际经济情况制定，从而可能会在海岛使用金的计算上造成过多或过少的情况。因此，需要海岛使用评估技术单位的科技人员结合各地区实际情况，认真研究海岛使用金的区域性差异，达到更加合理征收海岛使用金的目的。

12.4.5.2 加强海岛使用论证技术力量支撑

在海岛保护规划、无居民海岛开发利用具体方案和使用项目论证过程中，应进一步提高报告编制人员的专业技术能力，聘请有经验的单位和专家对技术人员开展这方面的培训。在海岛论证相关专题的研究中，应结合各单位、各学科之间的优势，彻底摸清无居民海岛的现状、资源、地形等情况，使得海岛论证相关材料更加科学合理。

12.4.5.3 提高无居民海岛开发准入条件，适当采取申请审批方式出让部分海岛的使用权

为充分调动企业开发利用海岛的积极性，促进当地经济的发展，可参照海域使用申请审

批的办法，在征求国家海洋局同意的前提下，采用申请审批方式出让部分海岛的使用权。同时，根据海岛的区位、资源等条件，提高无居民海岛开发的准入条件，对于区位和资源等条件都优越的无居民海岛，需要具有一定影响力的大企业、大集团来进行开发，从而提高无居民海岛的开发档次，无居民海岛的建设规模和水平应达到国际化水平。

12.4.5.4 加强无居民海岛的使用监管

借鉴其他省份的管理经验，采取相关措施，加强无居民海岛使用项目施工建设期和营运期的监督管理。制定无居民海岛使用项目的竣工验收制度，无居民海岛使用项目必须严格按照无居民海岛开发利用具体方案来施工建设。加大无居民海岛的执法力度，坚决查处违法使用无居民海岛的项目。

第13章 广东省海岛开发利用管理和保障措施

13.1 广东省海岛开发利用管理措施

13.1.1 强化组织领导保障

广东省海岛的开发与保护，是一项政策性强、涉及面广的综合性工作。因此，政府部门应加强对首批可开发的无居民海岛开发与保护的领导，统一认识，落实责任，全力推进并形成工作合力。重点任务牵头单位要承担起牵头职责，找准工作的发力点，参加单位要发挥主动性，积极参与，形成部门联动、全面推进的良好格局，统筹抓好制度改革、规划研究、政策设计、资金安排、工程项目等各方面工作。建议由政府主要领导和海洋与渔业局主要领导分别任组长和副组长，海洋、财政、发改委、土地、规划、环保、旅游等部门的主要负责人为领导组成员，参与制定海岛保护规划、海岛整治与修复规划，并提供配套资金和政策保障。结合实际，科学制定海岛的开发与保护规划，并统筹纳入广东省经济和社会发展近远期规划。同时，注重涉岛各部门与行业之间的统筹协调。协调各方关系，做到有计划、有步骤、科学合理地开发与保护海岛。

认真贯彻落实国家和省有关法律法规，加强海岛的综合管理，加强海岛执法队伍建设和执法工作力度，健全各项制度，确保海岛法律法规贯彻实施。坚持开发与保护并重，整治与管理同步，规范广东省海岛的开发管理行为，依法治岛，协调发展，真正把广东省海岛开发与保护纳入法制化管理轨道，促进广东省海岛资源的合法、有序开发和永续利用，推动广东省海岛经济快速持续发展。

13.1.2 实施海岛保护规划制度

13.1.2.1 严格执行海岛保护规划制度

2009年12月26日颁布的《中华人民共和国海岛保护法》，在海岛保护规划一章中明确指出"国家实行海岛保护规划制度。海岛保护规划是从事海岛保护、利用活动的依据。"广东省海岛开发利用活动应当严格执行海岛保护规划制度，加快推进《广东省海岛保护条例》《招拍挂出让无居民海岛使用权管理办法》等立法工作，确保海岛管理工作有法可依、有章可循。这样不但有利于加强对海岛的开发利用和保护，而且有利于促进海岛的经济社会可持续发展。

13.1.2.2 完善海岛开发保护相关法规与规划

推进《海岛保护法》实施细则的制定，提升相关配套制度的法律地位。完善地方海岛开发与保护管理规则的制定，构建一个完善的海岛开发与保护法律体系。以《海岛保护法》和《全国海岛保护规划》为依据，推进广东省海岛保护规划的制定，逐步建立起完善的海岛保护和开发战略规划体系。制定海岛功能区划，按照海岛的区位、自然资源和自然环境等自然属性，确定海岛开发保护主导功能，保护海岛及其周围海域生态环境，促进海岛经济和社会发展，维护国家权益。

13.1.2.3 建立配套的海岛保护与利用规划制度

加强海岛管理立法，实施海岛保护与利用规划制度，使海岛的保护与利用、管理切实做到有法可依。对无居民海岛的开发利用活动，实行无居民海岛使用权证制度，健全海岛开发审批、登记、管理规定和监督检查制度。符合海洋功能区划和海岛保护与利用总体规划的海岛开发活动，通过申请、审批、确权等方式发放海岛使用权证；不符合海洋功能区划和海岛保护与利用总体规划的海岛开发活动，定期或不定期地进行清理整顿，并按照相关要求对违法活动给予行政处罚。同时，开展海岛利用现状普查登记工作，全面掌握广东省海岛的开发利用现状。

各部门要以改革为统领，下工夫，出实招，推动配套的海岛保护与利用规划制度建设取得实实在在的成果，为广东省海岛保护与开发管理提供长效保障。

13.1.2.4 建立海岛综合管理体制

本着预防性和适应性管理原则，建立符合海岛生态系统功能的海岛综合管理体制，适应海岛生态系统健康维护需要，将海岛、海岸带和海域管理整合在一起，以海岛生境和生物多样性维护为导向，以海洋生态系统健康和海岛社会经济可持续发展为目标，构建多目标一体化的动态管理体制。海岛资源开发和管理涉及海洋、港口、交通、旅游、土地、水利、林业及环保等多个部门（罗美雪等，2007），因此，有必要建立海岛综合管理体制，成立强有力的统一管理机构，明确对海岛的管理权限。同时，依托海上执法监督力量对海岛及其周围海域实施有效的行政管理。

推动执行机制建设，提高执法人员的执法能力，提升全社会的政策法规意识，推动海岛管理、开发利用、保护进入依法管控的轨道，确保我国海岛的资源、环境和生态在完善的政策法规体系下得到有效保护和永续开发利用，带动我国海岛经济社会的可持续发展。通过加强海上执法监督力量，开展对无居民海岛及其周围海域的巡航监视、执法。

13.1.3 建立海岛保护体系

根据海岛的地理位置和资源特点，进行海岛保护体系建设，开展海岛的生态保护和修复。

出台广东省海岛保护体系的具体名录，对需要保护和修复的海岛进行功能定位和对策研究。对于保护体系中遭到破坏的海岛要积极开展生态修复，通过工程技术等手段，逐步恢复海岛的生态系统。完善保护法规和管理条例，加强对海岛的监督检查力度。例如，已经建立自然保护区的海岛，为了保护当地的生态，新上的开发项目应不予批准；对于应建立但还未建立海岛，可对开发项目暂停审批，等规划完善后再定夺；对于一些具有特殊价值的海岛，如领海基点所在的海岛、具有珍稀濒危动植物的海岛，应先列入海岛保护体系建设，并暂时不予开发。

13.1.3.1 建立海域海岛三维立体监管平台

以科学发展观为指导，以建设海洋强省为目标，加强海域海岛精细化监测，积极推进海域海岛信息化建设，加快无人机等监测手段的应用，努力提升广东省海域海岛的综合管控水平。建立海域海岛三维立体监管平台，进一步优化完善地面监视监测数据中心，构建重点项目用海监管与预警的三级联动平台，实现海域海岛二、三维一体化，同时，推进与国家系统数据交换共享。

通过强化执法队伍建设，提高执法人员素质，配备必要技术装备，完善海岛环境监视监测手段，加大海岛执法监管力度，落实海岛保护定期巡航执法检查制度。根据海岛资源状况、环境质量、社会发展需求和开发条件，利用在线监测系统、遥感、无人机等多种手段，建立无居民海岛资源环境的动态监测制度。建设海岛动态监视监测系统，实现对海岛区域的实时视频监视和突发状况的报警提醒，以及对非法登岛、非法开发利用无居民岛的远程监管，并及时掌握海岛生态变化情况。

13.1.3.2 推进海岛规划和监督管理

广东省海洋行政主管部门应制定海岛分类保护的具体措施和开发方案，形成符合海岛区域特点和发展战略的规划目标。规划中要对海岛开发重点、开发时序、开发要求等做出明确规定，逐步实现海岛开发的规范化和有序化。在规划的引领和控制下，加强对海岛的资源审慎的管理和科学的保护，加快生产要素的集聚，不断推动海岛经济发展向深度和广度方向发展。加强对海岛的监管力度，规范海岛开发秩序，加强海岛开发中对环境保护的监管，不断完善海岛开发和保护的管理制度，促进海岛资源的有序、有度、有偿开发，逐步实现海岛资源的可持续利用。

13.1.3.3 加强海岛生态保护

海岛不仅具有重要的经济价值和政治、军事、科学等方面的价值，还具有重要的生态价值。对海岛生态系统的保护，不仅有利于海岛的经济价值及其他价值的保持及提高，还有利于周围海域生态系统的保护（任洁，2007）。未经批准利用的无居民海岛，应当维持现状；在开发利用无居民海岛过程中，建筑物或者设施的建设不得超过海岛资源环境的承载能力；无居民海岛利用过程中产生的废水应该按照国家和地方制定的有关废水的规章制度处理；无居民海岛利用过程中产生的固体废物应当按照国家和地方制定的有关固体废物的规章制度处理。同时，应加强对海岛主要污染源的管控，对具有珍稀濒危生物、自然历史遗迹和科学研究价值的无居民海岛及其周围海域，应建立海洋自然保护区或海洋特别保护区（如珍稀濒危动植物自然保护区、造礁珊瑚自然保护区、红树林自然保护区等）等，并采取切实的措施加以保护。对破坏海岛生态的行为要予以制止，对破坏环境的单位和个人要予以严惩，从而保证海岛健康持续的发展。政府要在开发过程中和开发后期加强监督管理和科学指导，鼓励开发单位在开发中保护，在保护中开发，并对环境保护的效果进行实时跟踪监督，促进海岛的生态系统稳定和海岛资源的高效利用。

同时，应增强公众对海岛及海洋环境生态的保护意识，通过电视、广播、报纸、网站及微博、微信、微电影等多种媒体形式，加强海岛重要性和海岛生态系统保护的宣传教育，充分调动大众自觉保护海洋、保护海岛的积极性。

13.1.4　完善海岛综合管理体制机制

海岛的自然资源比较独特，生态环境具有相对的独立性和完整性，海岛的开发和管理是比较复杂的，客观上需要多个行业相互配合。海岛管理工作的多头管理往往会出现无人管理的局面。因此，广东省需要建立统一的海岛管理机构，负责制定海岛开发的方针政策，从行业管理、部门协调、资源开发保护等各方面对海岛开发进行统筹规划，推动海岛的可持续发展。同时，需要建立协调合作机制，通过各相关部门间的相互合作，相互配合，实现对海岛的资源、环境、权益进行全面统筹的管理。根据海岛利用的实际情况，对各行政部门的职责权限和涉海规定进行规范，加强各个部门之间的沟通，并协调彼此间的利益关系，有利于形成合力，从而为海岛可持续发展保驾护航。其次，需要完善管理制度，加强对海岛及周围海域的综合管理。坚持在保护中开发，在开发中保护，整治与管理同步，不断完善海岛开发和保护的管理制度，促进海岛资源的有序、有度、有偿开发，逐步实现海岛资源的可持续利用。

13.1.5　加强海岛开发利用和保护的能力建设

13.1.5.1　提高海岛综合管理水平

海岛开发利用和保护的能力建设需要统筹协调地区差异，要在试点试验的基础上探索符合广东省情的海岛生态文明建设模式、带动提升广东海岛生态文明建设水平。做好广东省海岛生态文明先行先试，促进海岛资源实施合理开发利用和保护，严禁炸岛、采挖砂石、建设大型实体连岛坝等工程严重损害海岛及周围海域生态环境和自然景观的活动；建设海岛生态自然保护区，推动完善海岛保护区网络，加强海岛保护区的建设与管理。加大海岛生态环境监测，建立海岛定期巡航制度，对我国海岛生态环境实行全覆盖、高精度的监视监测；完善海岛保护与利用管理信息系统，提高海岛管理水平，对海岛基本情况和保护、利用状况进行调查、监视、监测和统计，发布基础信息。建立海洋自然保护区海岛宣传教育基地，加强对海洋自然保护区内海岛的科学研究；继续实施海岛生态综合治理，建立一批生态示范区，带动海岛生态环境治理与保护的全面发展，将我国海岛建设成为生态环境优美的海上明珠。有关部门在先行示范区的任务推进、制度建设中要加强对地方的支持和指导，共同推动海岛综合管理工作取得实质性进展。

13.1.5.2 发展具有特色和优势的海岛产业体系

对不同海岛的旅游资源进行调查摸底，制定基于生态系统的海岛旅游发展规划，创新投入机制，促进海岛旅游资源的深度开发，提升海岛旅游品质，扩展旅游业在海岛经济社会发展中的重要地位和作用。在适宜的海岛发展高效生态休闲渔业，如利用人工鱼礁建设海洋牧场，发展增殖渔业，发展集约化程度高、科技含量高、适合规模化经营等特点的深水网箱、工厂化等养殖模式；大力发展包含运动、娱乐、餐饮、观光等形式的休闲渔业；大力发展高附加值的海洋水产加工业，提高加工水平与产品档次，提高水产品竞争力。在适宜的海岛发展海洋新兴产业，如海水淡化与综合利用业、海洋可再生能源业、港口物流及仓储业等，建立起与海岛的自然和社会经济条件及发展需求相适应的产业体系，推动海岛经济社会可持续发展。

13.1.5.3 提高特殊海岛开发保护水平

散落于辽阔海域中的一些海岛，在国防和军事上具有重要意义，应根据国家国防安全的现实需要，加强对这些海岛的保护与建设。通过合理的科学规划、布局及实施建设，形成多层次的国防岛链，建立防可守、攻可进的钢铁海防。加强对领海基点海岛的保护和管理。除已确定的领海基点海岛，应加强对领海基点海岛具有潜在价值的海岛的保护和管理，开展科学研究和勘测方面的准备工作。重视开发利用在保护特殊用途海岛方面的作用，通过适度地发展旅游业、科普教育及其他产业，增强对领海基点海岛、国防用途海岛的管理和保护。

13.1.5.4 建立海岛开发保护科技支撑体系

建立一批特色化、高水平科技创新平台，加强海岛、海洋可再生能源技术，海水淡化与综合利用技术，海岛、海洋重大自然灾害监测预警技术，海岛生态保护与修复技术等的研发，建立海岛开发保护科技支撑体系。依托海岛，建设一批海洋科技孵化器、海洋科技中试基地、海洋高新技术产业园，强化科技成果转化能力。促进海岛企业与涉海科研机构对接，鼓励产学研联合，促进科技攻关和成果转化，带动海岛产业高端化发展。

13.1.6 加强用岛项目的管理和监督

13.1.6.1 加强海岛项目管理制度建设

建立项目公告、项目招投标、项目监理、项目合同管理制度、项目检查验收等制度，规范海岛项目建设，保障用岛项目有效运行。

1) 建立项目法人制度

项目法人负责项目的立项、筹划、筹资和建设管理、工程维护,对项目实行全过程负责。

2) 建立项目公告制度

项目实施公告是项目实施管理的一项内容,是指项目承担单位将用岛项目有关事项通过合法有效载体向社会公开的一种制度。建立项目公告制度体现了公平、公正、公开原则,利于增强各方主体的社会责任感,同时方便社会监督。项目实施公告主要内容包括:项目批准机关、批准文号、批准时间、批准范围;项目承担单位、项目实施总投资、计划完工时间;项目施工内容、预计经济效益等。以上都必须在适当时间进行公告。

3) 建立项目招投标制度

招投标制度是适应市场经济规律的一种竞争方式,是加强项目管理的重要经济手段,对维护工程建设的市场秩序,控制建设工期,保障工程质量,提高工程效率具有重要意义。建议从以下几方面着手开展招投标工作,加强对用岛项目的有效管理:第一,认真组织工程设计招投标。由项目业主负责招标,经公开竞争,择优选择设计单位。投标单位应具备设计资质,其等级要与项目规模相适应,具有较高的信誉,其技术人员的专业层面较全,高中级人员齐备,具有计算机、测绘、测试等基本设备和仪器。所设计工程在实践中经受考验,质量有保障。在中标后能按经济合同履行义务,尽职尽责。第二,工程监理应实行招标投标。根据国家有关管理规定,项目应实行施工监理制,在监理单位的选择上,应公开进行,选择具有相应监理资质,有对生态建设项目进行监理的能力和经验,社会信誉较好,能按法律规定履行监理职责的单位承担项目的监理。第三,施工队伍要通过招标投标确定。对投标单位的条件提出明确要求,要有相应施工资质、具有一定的施工业绩、具有相应的技术人员和设备、有一定的能投入工程施工的机械设备以及具有一定的经济实力的施工单位方可允许竞标。

4) 建立项目监理制度

项目监理是指监理单位受项目法人委托,依据国家有关工程建设的法律、法规和批准的项目建设文件、工程建设合同以及工程建设监理合同,对项目工程建设实行管理。项目监理的主要内容是进行项目工程建设合同管理,按照合同控制工程建设的投资、工期和质量,并在其他环节,如工程设计、施工招标、投资决策、工程保修、项目后评估等阶段进行监理控制,同时协调有关各方的工作关系。

5) 建立项目合同管理制度

合同是当事人之间确定、变更或终止民事关系的协议,是法人之间依据经济法规、明确双方经济权利、义务所形成的经济关系的协议。合同管理工作是工程项目管理的起点,项目管理的第一步就是合同分析,它控制着整个工程项目管理工作。项目合同管理制度应包括以下内容:发包人、承包人都应承担招标文件中合同条款规定的及其他义务和责任;监理人可以行使合同规定的和合同中隐含的权利,但若发包人要求监理人在行使某种权利之前必须得到发包人的批准,则应在专用合同条款中予以规定,否则监理人行使这种权利应视为已得到发包人的事先批准；除合同中另有规定外，监理人无权免除或变更合同中规定的承包人或发包人的义务、责任和权利。在市场经济条件下，合同是受法律保护的，由于有严格的合同制约，因而能起到保证工程、设备质量和项目工期的作用。

6）建立项目检查验收制度

项目应采取相对独立的委托验收制度。验收专家的组成必须执行回避机制，应禁止申请验收者推荐验收评估专家，使得验收组织工作能尽量减少利益关联。通过建立无利益关联的委托验收制度，验收部门可以没有顾忌，以相对客观的态度正确评估项目执行质量。同时，应建立验收纪律现场宣告与监督制度，坚决杜绝项目验收过程中的腐败行为。

13.1.6.2 项目监督管理

根据国家发改委、财政部有关国家投资项目和资金的管理规定，对项目实施监督管理，加强对项目建设的监督、检查和管理，确保项目建设质量。主要从以下几个方面对项目实施监督管理：工程质量监督、资金使用管理、项目检查、中间验收等。

1）工程质量监督管理

对项目实施的全程进行质量监督，以保证用岛项目的质量。通过实行项目负责制度和质量监督制度来实现对用岛项目的全程质量控制：所有涉及项目质量的活动均留下相关记录；各协作单位至少配备一名责任心强的人员作为质量监督员，负责质量监督；每项工程开始前，均由项目负责人指定一名成员负责该项目的质量控制。

参与项目的技术人员需通过专业考核，实行持证上岗制度；对项目所使用的设备和仪器进行检查和维护，确保达到相应的技术及质量要求。项目主要承担单位应负责项目的整体管理、监督和协调等工作。具体实施单位在工程实施过程中应建立联系人制度，各单位指定一名项目联系人，负责项目实施过程中的联系和沟通。

2）资金使用管理

通过加强海域使用金的支出管理、规范项目资金使用和管理程序等一系列管理措施的实施，来确保各项资金到位，达到防范风险以及提高资金使用的生态、社会和经济效益的目的。资金使用的管理原则为：首先，集中财力，突出重点。以顺利实现项目内容和目的为核心，满足其各项经费需求，保障其顺利实施，避免资金过分分散使用。其次，科学安排，合理配置。严格按照项目的目标和任务，科学合理地编制和安排预算，禁止随意变更资金用途。最后，确保资金使用公开、透明。完善信息公开公示制度，将项目预算安排情况、项目承担单位、项目负责人和工作人员、承担单位承诺的建设成果等内容中的非保密信息及时予以公开，接受社会舆论监督。

项目承担单位定期开展专项经费使用自查工作，对其主要协作单位专项经费使用情况定期监督审查，对其他协作单位自筹经费的配套情况不定期核查，确保做到专款专项。各单位指定一名财务联系人，负责在项目开展过程中承担单位和各协作单位财务人员进行沟通，互相了解经费使用情况，并对经费使用情况进行审查和监督。

3）项目检查管理

实施项目定期检查的制度和规程，及时发现和纠正项目实施过程中产生的一些问题，确保项目质量。项目检查采取自查与抽查相结合的方式，项目承担单位按照相关要求组织开展项目自查工作，并根据承担项目情况、项目执行情况及存在的问题与建议等编写自查报告。

项目检查主要围绕以下几个方面展开：检查项目各项手续是否齐全；检查项目具体实施过程是否符合相关规定要求；检查项目招投标工作是否规范；检查工程质量；检查财务管理与资金使用情况；对其他相关资料进行查阅，包括项目建议书、可行性研究报告等。

4）中间验收管理

工程施工过程中的中间验收环节是控制工程质量的重要程序，也是工程质量监督的重要工作。在中间验收环节，应按照有关规定对用岛项目开展情况进行检查，监理单位通知勘察、设计、施工、建设等单位的有关人员进行验收，并须提前通知质量监督机构（监督员）到场实施验收监督。中间验收后，由验收组确定结论，并及时提出中间验收报告，以便与下一工作衔接。

13.2 广东省海岛开发利用保障措施

13.2.1 加强海岛价值评估方法和体系研究

海岛评估不仅可以确定海岛的价值，还可以查清项目所在海岛及其周边水域自然资源、环境及产业分布的背景资料，预测海岛开发和利用对海洋资源、环境与海洋功能区的影响程度，提出海岛使用控制和保护目标，为有序开发利用海岛资源、评估海岛开发利用资产、维护海岛生态环境和强化海岛使用管理提供技术依据（任洁，2007）。海岛价值评估是在资源价值评价研究的基础上发展起来的。国外对无居民海岛价值估算研究主要集中在海岸带次级海洋生态系统水平上，主要包括海滩、海湾、盐池、滨海湿地、珊瑚礁以及红树林生态系统。目前，国外对海洋资源价值的研究已经由估算直接市场价值转向对海洋资源总经济价值的评估阶段。而国内对海岛价值评估的研究仍处于借鉴土地评估及其他价值估算的理论和方法、积累研究案例的阶段。建议从以下几方面着手加强海岛价值评估方法和体系研究。

13.2.1.1 颁布具有针对性的法律法规

1）根据《物权法》的相关内容，逐步建立海域评估法律制度

我国海岛的权属，即归谁所有，谁是海岛的主人，是核心问题。因为依照法律，海岛归谁所有，谁就有使用、处置和收益的基本权能。但是，目前我国沿海海岛的管理情况比较复杂，历史遗留和现实存在的问题较多，对海岛的管理如按谁说了算为准，目前我国海岛实际上存在着3种状况，可以归为：国家所有、集体（村）所有，以及个人（个体或以公司名义）所有。有不少在海边长期居住的村民，片面地认为靠近村的海岛就是本村的。有些近岸

海岛的开发利用，大多是经村委会批准或口头同意的，对海岛的开发利用大多是在岛滩围池进行海水养殖，或在岛礁和周围海域进行海珍品养殖活动；有些海岛，乡镇政府已交给旅游公司开发利用；有些离大陆近且面积小的海岛，由于权属不清，几乎处于无人管理状态，邻近村民将这些岛屿称为"荒岛"，有的村民在岛上进行小规模农耕或水产增养殖活动，他们大多自认为是"荒岛"的主人；有的无居民海岛，由于权属不清，资金较雄厚的公司即捷足先登进行开发，认为谁先占有，谁就是该岛的主人。海岛所有权的混乱，严重影响了海岛的保护和利用。2007年颁布的《物权法》对完善海岛物权具有重要意义。《物权法》第四十六条规定："矿藏、水流、海域属于国家所有。"《海域法》第三条规定"海域属于国家所有，国务院代表国家行使海域所有权"。海岛是国家重要的资源，海岛作为特殊的生态系统，被认为是海域的重要组成部分，因此海岛也应属国家所有。《物权法》的规定对海岛的保护和合理利用起到重要作用。它以法律的形式明确了海岛的归属，使国家对海岛的保护和利用工作免受个人的干扰，便于海岛保护和开发利用工作顺利开展。在明确海岛归国家所有的基础上，对于现实中已经被占用（使用）的海岛，国家如果要收回，则要根据不同情况采取不同的方式：首先要看是无理占用，还是合理占用，有无合法手续，如果纯属私自占用，没有办理任何手续，则应当收回使用权；如果是合理使用，包括已向村委会办了手续，如要收回，则应当按照有关规定给予相应的补偿，而补偿标准的确定，需要由海岛评估机构进行评估，确定海岛的实际价值。海岛评估法律制度的构建应以《物权法》相关内容为指导，解决我国海岛权属的历史问题，以促进国家对海岛的保护和利用活动。

2）借鉴资产评估制度，建立具有针对性的法律法规

20世纪80年代，随着我国国有资产产权制度的改革，国有资产产权交易的规模不断扩大，其类型也不断出新。为了防止国有资产产权交易过程中出现的国有资产流失现象，保证国有资产保值增值以及为评价国有企业经营者业绩提供一个可衡量的标准，在政府的推动下，我国的资产评估业诞生了。1989年国家国有资产管理局颁发了《关于国有资产产权变化时必须进行资产评估的若干暂行规定》。1990年国家国有资产管理局批准组建了资产评估中心，负责全国的国有资产评估工作。1991年11月，国务院颁布了国务院第91号令《国有资产评估管理办法》。至此，我国的国有资产评估制度基本建立。从资产评估产生的历史条件来看，我国的资产评估是政府以法律的形式"催生"的，其需求主体主要是政府，其主要动机是利用资产评估来弥补国有企业产权改革过程中的产权制度缺陷和市场机制缺陷，以此为工具防止和减少国有资产产权变动过程中发生的资产流失，以维护国有资产权益主体的正当权益。它是一种"应急"业务，具有特殊性，不论在理论上还是实践上都尚未融入市场经济的产权交易定价机制中。因此，中国资产评估并不完全是市场经济的自然产物，而是政府管理国有资产的一种重要工具，表现为政府通过行政立法强制对产权变动中的国有资产实施评估。资产评估实行法制化管理具有重要意义，主要表现在：第一，对资产评估实行法制化管理，是由它本身具有独立、客观、公正的本质所决定的；第二，资产评估是为市场经济服务的中介行业之一，它也是市场经济的一个组成部分；第三，对资产评估实行法制化管理，是它本身

发展的需要；第四，对资产评估实行法制化管理，是巩固社会主义公有制经济的需要。我国的资产评估法律制度主要包括：资产评估的适用范围，资产评估机构的设立、合并、分立、变更和终止；资产评估机构的权利和义务；对注册资产评估师的管理；资产评估机构和评估人员的法律责任等内容。资产评估法律制度对海岛评估法律制度的构建具有重要的指导意义。在构建海岛评估法律制度时，应借鉴已有的资产评估法律制度体系，吸取资产评估法律制度实施过程中的经验及教训，建立健全海岛评估法律体系，根据我国海岛的实际状况制定海岛评估准则，规范评估机构及评估人员的评估行为，提高评估人员的职业水平，并应建立一系列制度保障措施，确保评估机构及评估人员能够独立进行评估行为。

13.2.1.2 制定海岛评估管理办法

为了正确体现海岛的价值，保护海岛经营者和使用者的合法权益，依据《中华人民共和国海域使用管理法》《中华人民共和国海岛保护法》《中华人民共和国物权法》和《国有资产评估管理办法》等法律法规，制定《海岛评估管理办法》及其施行细则。在《海岛评估管理办法》中明确海岛评估的范围、内容、方式、要求、组织形式、组织管理部门、评估程序、评估方法、评估机构和人员的资质和职责要求、法律责任和其他相关附则等内容。在施行细则中对《海岛评估管理办法》中相关事项进行详细阐述，进一步指导海岛评估工作的顺利开展。

13.2.1.3 加强海岛评估监督管理

为进一步规范海岛评估管理工作，有效提高海岛评估工作水平，需进一步加强海岛评估的监督管理工作。建立科学严谨、高标准的评估人才机制；规范海岛评估的市场化行为，保证海岛评估的竞争公平、公正和公开；规范执业行业、增强职业道德、严肃市场秩序的清除机制，防止海岛评估从业人员与用岛单位或企业、金融机构等不正当评估行为的发生。对于在海岛评估中的不正当行为，对其评估单位和评估个人资质给予严厉的惩罚措施。建议借鉴发达国家先进制度并结合我国海岛资源的实际，适当采取如下方法加强我国海岛评估的监管工作。

1）借鉴发达国家先进制度，建立严格的估价制度

在美国、加拿大、澳大利亚、新加坡等发达的市场经济国家，都建立起海岛土地估价制度。政府不仅设立估价机构，而且建立了非常完善的估价制度，所有海岛土地的估价，包括私有海岛土地，其估价必须由政府估价部门进行或者估价结果必须得到政府部门的确认。政府正是通过种种严格的估价制度，调控着海岛土地的价格，杜绝了过高或过低估价现象的发生，从而确保政府能从海岛土地流转中得到充分的经济利益。

对海岛资源实行有偿使用制度，不仅与发达国家做法一致，与我国现行法律规定的精神也相吻合。我国1999年《中华人民共和国土地管理法实施条例》中规定了国有土地有偿使用的方式，包括国有土地使用权出让和国有土地租赁，在国土资源部1999年颁布的《规范国

有土地租赁若干意见》中，明确规定了国有土地租赁，可以采用招标、拍卖或者双方协议的方式，有条件的，必须采取招标、拍卖方式。我国应借鉴上述国家的做法，根据我国的实际情况，除因军事或公益目的需要，用岛采取单独申请、行政划拨的方式之外，为经营性目的使用海岛的，宜采用招标、拍卖等方式，透明度高，公示性强，可以比较公平地配置资源，维护国家利益。而实行海岛资源有偿使用制度，就需要建立海岛评估制度，由具有评估资格的评估机构，根据特定的评估因子，如海岛所处的地理位置、周边环境、岛上基础设施、自然资源等情况，估算出海岛的价值，以此作为海岛使用金确定的基础。这一制度既可以保护海岛使用权人的利益，保证其支付的对价较为公平合理，同时也可以维护国家利益。

2）加强海岛评估工作对海岛生态环境的监管

海岛不仅具有重要的经济价值和政治、军事、科学等方面的价值，还具有重要的生态价值。我国大多数海岛是基岩海岛，海岛上的石英砂岩、大理岩、岩浆岩等都是较好的建筑材料；一些海岛还富含多种矿产资源，包括黑色金属、有色金属、稀土金属以及其他非金属矿产，具有极高的开采价值。因此，在海岛上开山采石情况在我国沿海各省普遍存在，特别是在浙江、福建和广东等省，给海岛生态带来严重危害。探索合理的海岛开发利用模式，对于海岛的开发利用和生态保护具有重要的意义。对海岛生态系统的保护，不仅有利于海岛的经济价值及其他价值的保持及提高，还有利于周围海域生态系统的保护。但是，当前我国海岛由于缺乏有效管理，导致其开发无度、资源破坏严重。海岛资源虽然种类独特，但种类很不完备，一般以区位、港口、景观为资源优势，而海岛本身土地、水资源、生物资源等都十分有限，又受外界条件约束，生产选择余地小，大部分以渔业为主，辅以少量种植业，形成特有的海岛型经济。正是海岛资源的有限性，决定了海岛开发必须走资源节约型发展海岛经济的路子。只有这样，才能做到发现问题、及时解决、防治结合，做到防患于未然，才能确保海岛的生态平衡，资源的永续利用。

通过海岛评估工作，不但可以对已经遭到破坏的海岛状况进行调查，得出评估结论，有关部门以此作为处罚依据，对擅自炸岛、炸礁的个人或单位进行处罚，以起到警戒作用；而且可以对海岛的生态状况定期考核，及时发现在开发和保护过程中存在的一些问题，控制和改善海岛及其海域生态环境的恶化趋势，使海岛及其海域的生物资源衰退趋势得以遏制。

3）规范行政权力的行使，保证海岛评估监管力度

由于海岛具有很高的国家主权、安全、交通、能源等综合资源价值，并且陆域狭小，土壤稀缺，灾害频繁，海洋属性显著，基本不具备可开发的土地以及其生态的高度脆弱性和基本不可恢复性等特征，使海岛不宜纳入集体所有范畴。新颁布的《物权法》确立了海岛属于国家所有。因此，任何个人都不应擅自开发利用海岛，海岛的开发利用和保护活动应由国家专门机关管理。对于已经被擅自破坏的海岛，有关部门应对其进行处罚，一方面可以对擅自开发者起到警示作用，另一方面可以最大限度地挽回国家损失。行政公务人员既需准确地把握法律规范之意义及规范背后社会经济政治文化的内蕴，还必须通过各方面的信息对具体事件的全部情形有清醒理智的了解。这其中，或者由于客观复杂因素的影响，或者由于公务员

认识才智和认识能力的局限，或者更严重地由于公务员职业道德和品行上的缺陷，行政权行使的失误或权力的故意滥用都在所难免。有关部门没有专业的评估人员，其对海岛价值的判断往往是直观抑或片面判断，如果以此为依据，一方面可能损害相对人的合法权益，另一方面可能由于行政权的滥用损害国家利益。此时，专业的评估人员及出具的评估报告可以有效地弥补行政权的不足，其出具的评估报告客观反映海岛的实际价值，对保护相对人的合法权益和国家利益具有重要作用。此外，进行海岛评估，有利于贯彻行政处罚领域的"一事不再罚"原则，保障行政权有效行使。

13.2.1.4 建立行业自律监管体系

加强行业自律管理，可以大大减少风险发生的可能性。国外评估行业以行业自律管理为主，政府只管理涉及不动产税基的评估业务和为公共部门提供的评估业务，这固然与国外市场经济更加成熟有关，但也不失于为我们提供了一个非常好的参考方式。

1）建立执业质量监管制度

通过执业质量监管制度的进一步完善，引导评估机构建立科学的内部质量控制体系，探索在评估机构建立"评估报告合规总监"制度，进一步强化机构内部质量控制的有效性。不断完善"检查工作底稿"，理顺现场检查，注重后期分析，坚持惩戒与教育并重，加大准则的实施力度，提高行业公信力。

2）抓好执业质量自律检查工作

行业监管部门或协会，定期或不定期地检查评估机构的自律情况，协助机构建立规范严格的自律体系，提高机构和从业人员执行评估准则的自觉性。

3）加强执业质量自律的教育培训

及时总结典型的自律监管案例以及自律检查发现的问题，形成完整的教育培训体系，提高从业机构与人员自律监管能力，强化执业责任意识和风险防范意识。

4）完善评估业务报备制度，建立项目收费备案制度

通过对于评估业务和项目及时备案，实施预防性监管，帮助评估机构及早化解或转移执业风险，减少无益低效的业内压价竞争。

5）建立对于违反行业自律规范机构或者人员的惩戒力度

严厉惩治职业道德意识淡漠、违规违纪问题严重的机构和评估师，切实维护评估行业形象，保障合法评估机构和人员的正当权益。

13.2.1.5 建立资质和人员管理配套制度

加强对海岛评估资质的管理，严格限制海岛评估资质单位的数量，加大对申请海岛评估资质单位的要求，对申请海岛评估资质单位近年来参与海岛开发与保护的项目完成情况，参与海岛评估人员的情况等方面要严格把关，提高海岛评估资质单位的准入条件，从而保证海

岛评估的质量。为加强对从事海岛调查、测量、评价等技术工作专业人员的管理，提高海岛评估专业技术人员的道德准则和业务素质，保障海岛评估的准备性和可靠性，对海岛评估专业技术人员实行职业准入制度，可结合海洋事业的发展需要，通过国家统一考试，颁发注册海岛评估师资格证书，获得资格证书后依法注册的专业技术人员成为注册海岛评估师，统一纳入国家职业资格证书管理中，对海岛评估的专业技术人员实行注册执业管理，实现海岛评估技术人员的资质管理。

13.2.1.6 公开评估交易信息

海岛评估行业需加强对于资产评估增值问题的监管，以此提升行业整体的社会公信力。目前主要的监管模式是以政府相关部门为主导，依靠行政力量来完成。这样的监管方式决定了在行业监管中行政主导色彩非常浓厚，虽然可以通过相关部门的严格执法取得一定的效果，但是却无法从根本上解决问题。主要原因包括：① 海岛评估专业性强、评估价格波动性大，个案情况复杂，有限的政府监管资源不可能从根本上杜绝注入海岛评估值虚高的问题；② 完全依靠行政力量会引入过多的行政干预，削弱海岛评估的独立性，甚至有可能造成对单一交易方的过度偏袒，不利于市场化运作。对于海岛评估增值的问题应当坚持实事求是的态度，秉持行政监管与市场规律相结合的原则，通过加强评估有关信息披露的完整性，借助市场与公众的力量共同完成对于资产评估活动的监督，从而保证评估结果的公正性和独立性。可以通过立法或者行业规范的方式，对上市公司资产评估信息披露做出具体和明确的要求。如无特殊需要，相关单位应该披露评估报告书全文。资产评估报告书中应该明确报告评估目的、评估对象、评估方法、评估结论以及上市公司与评估各方的关系、是否涉及关联交易等情况。对于涉及关联交易尤其是与大股东交易的资产评估实行更严格的信息披露要求，加强对于中小股东的保护。对评估增值率绝对值特别大的交易，应当要求上市公司和评估机构说明其原因，以利于投资者对资产评估质量进行判断。

13.2.1.7 加强评估方法与理论研究

评估方法选择单一是目前我国资产评估行业的一个比较严重的问题。随着我国经济的不断发展，资本市场的不断成熟，评估理论与方法研究的不断深入，评估方法必将步入一个"百花齐放"的多样化全新时代。每一种方法都有其优势与不足，都有其使用范围。以市场法和收益法为例，限于目前我国市场还不够成熟，政策法规还不够完善，这两种方法使用范围还不是很广，并不意味着这两种方法目前不能使用。应当看到随着经济的发展，市场发育的健全以及各种法律法规的实施规范，市场法和收益法相对于目前主要使用的成本法的优势会逐渐体现，这两种方法将必然成为评估企业整体资产价值的主要方法。评估方法是影响评估结论的关键性因素，因此，应深化资产评估方法与理论研究，综合使用评估方法，提高评估为资本市场服务的质量。

加强资产评估理论研究可以从加强评估行业研究队伍基础建设和完善行业课题研究管理制度两个方面进行。同时，要关注资产评估行业的新情况、新问题，跟踪国内外评估理论热点问题、前沿问题，进一步加强评估理论和方法研究，为评估行业发展奠定扎实的理论基础。组织行业专家进行重大课题攻关，解决评估行业长期未解决但亟待解决的重大理论问题，为行业发展提供理论指引。

13.2.2 建立海岛使用权出让新模式

出让是在完成科学论证和规划的基础上，依法申请，通过审查，向国家缴纳使用金，从国家获得使用权的行为（幺艳芳等，2010）。2000年10月31日，国土资源部发布《矿业权出让转让管理暂行规定》。进一步详细规定了出让、转让、出租国家出资勘查所形成的矿业权，矿业权人改组上市时以及矿业权抵押偿债等经济行为中资产评估工作的相关规范。第一批可开发利用无居民海岛名录公布后，浙江、福建、广东等省通过招标、拍卖、挂牌等方式有偿出让海岛使用权，通过"招拍挂"对海岛这种稀缺资源进行市场化配置。2011年11月，宁波商人拿到了我国第一本无居民海岛使用权证书，成为了真正意义上的"岛主"。继宁波象山成功拍卖无居民海岛使用权后，浙江省政府出台无居民海岛出让及使用金征收细则，其中，对于旅游、娱乐、工业等经营性用岛，若有两个及以上投资者有购买意向，一律实行招标、拍卖、挂牌方式出让。此外，广东也在试点出让海岛使用权，"招拍挂"方式也在积极推进中。由于各地无居民海岛不断地进行"招拍挂"，从某种程度上也刺激对海岛使用权价值评估工作的发展，客观上要求对出让的无居民海岛进行评估定价。此外，长期的资金投入和巨额的无居民海岛使用权费用的支出也极大地挑战着无居民海岛开发和利用者的经济实力，一部分使用权人需将无居民海岛使用进行抵押融资、贷款等，因无居民海岛的个体差异性很大，没有统一的或者规范的标价，也需要对无居民海岛进行评估。如，广东珠海大三洲岛和小三洲岛两个无居民海岛已获省政府批准，但由于招、拍、挂时无其他企业或个人竞价，最后只能采用申请审批方式确权给珠海长隆集团有限公司。目前，一级市场出让的无居民海岛使用权可以进行转让、出租、抵押和入股等形式流转，这种流转是使用权人之间的交易行为。对于各种流转形式，交易双方都需要一个比较合理的、客观公正的参考价格。没有公正、合理的交易价格，无居民海岛很难实现市场交易。

如前所述，在美国、加拿大、澳大利亚、新加坡等发达的市场经济国家，都建立起海岛土地估价制度（任洁，2007）。广东省可以借鉴上述国家的做法，根据广东省的实际情况，除因军事或公益目的需要，用岛采取单独申请、行政划拨的方式之外，为经营性目的使用海岛的，宜建立招标、拍卖等海岛使用权出让新模式方式。海岛使用权出让新模式透明度高，公示性强，可以比较公平地配置资源，维护国家利益。建议从如下几个方面考虑建立海岛使用权出让新模式。

1）建立海岛出让制度，提高海岛开发利用管理的规范性和公平性

根据《中华人民共和国海岛保护法》、国家海洋局《无居民海岛使用申请审批试行办法》、《国家海洋局关于在无居民海岛周边海域开展围填海活动有关问题的通知》《国家海洋局关于简易项目使用无居民海岛审批的意见》等法律规范，结合本省实际，制定海岛使用权

审批管理办法，加强海岛使用管理，规范海岛使用申请审批程序。

根据《中华人民共和国海岛保护法》《中华人民共和国招标投标法》《中华人民共和国拍卖法》等有关法律，结合广东省实际，制定本海岛使用权招标拍卖挂牌出让管理办法，充分发挥市场在资源配置中的决定性作用，提高海岛开发利用效率和公平性，维护国家对海岛的所有权和海岛使用权人的合法权益。

2）建立海岛抵押登记制度，制定登记操作流程

针对广东省海岛使用权管理和抵押融资的特点，广东省政府和海洋行政主管部门出台有关海岛使用权抵押登记的规章制度，完善抵押登记办法，制定合理有效、具有可操作性的海岛使用权流转管理条例；此外，要建立抵押登记档案管理和信息查询系统，设立电子台账，提高海岛使用权抵押登记工作的规范性、准确性和便捷性，为海岛使用权抵押贷款业务的开展做好相关配套工作。

3）建立海岛使用权市场交易体系，创造良好的市场环境

海岛使用权的变现能力直接决定着其作为抵押品的可接受程度。广东省政府和海洋行政主管部门需要建立海岛使用权市场交易体系，大力培育海岛使用权评估、交易中介机构，建立健全交易信息公开制度，促进海岛资产合理流转和海岛资源的优化配置。如条件具备，可建立海岛使用权公开交易有形市场或网上交易信息平台，组织海岛使用权流转招标、拍卖等挂牌交易活动，积极吸引社会力量和民间资本依法平等参与海岛使用权市场竞争，为开展海岛使用权抵押贷款业务创造良好的市场环境。

4）加强部门之间的沟通协调，积极拓展海岛使用权抵押业务

海洋行政主管部门和相关部门（如广东省政府金融办、银行、银监局等）之间要加强沟通协调，从而形成部门工作合力，协助解决海岛使用权人的融资困难，实现多方共赢。海洋行政主管部门需做好海岛使用权登记工作，切实加强对海岛使用权的使用、价值评估、使用权流转和处置等环节的监督管理，研究建立海岛使用权查询服务平台，建立和完善海岛使用权抵押贷款管理，积极拓展海岛使用权抵押业务，加大对海岛经济发展的金融支持力度。

13.2.3 加强广东省海岛防灾减灾系统建设

海岛地理环境独特，相对孤立地散布于海上，交通不便，基础设施共享性差。与陆地相比，其土地资源、森林资源有限，淡水资源严重短缺，生态系统十分脆弱。这些不利因素导致海岛发生灾害时受灾危害程度大。海岛是自然灾害较为严重的区域，但是，目前我国在海岛灾害的基础调查研究、监测技术、预报警报、应急体系和重大灾害的危机处理机制、减灾服务等方面，仍然处于落后甚至空白局面，海岛防灾减灾需要进一步加强（陈鹏等，2013）。

广东省具有漫长的海岸线，且绝大部分直接面向南海，缺少良好的掩护条件。随着广东省社会经济的不断发展，海洋灾害给沿海省市带来的威胁和损失也越来越大。根据国家海洋局发布的2000年至2013年《中国海洋灾害公报》，经统计，近13年来，登陆广东省的台风次数共计28次，居全国首位。仅2013年一年，广东省就有9次风暴潮过境，造成灾害的大

的风暴潮过程共计3次，各类海洋灾害造成直接经济损失约74.41亿元（人民币），位居全国首位。其中"天兔"台风风暴潮达到红色预警级别，造成直接经济损失累计约58.57亿元。从统计数据来看，在全国范围内，广东省受到海洋灾害影响的频率和强度相对较大，历年来受到的直接经济损失也相对较大，海洋灾害对广东沿海及海上社会经济活动及安全生产带来严重威胁。因此，有必要加强广东省海岛防灾减灾系统建设，完善海岛海洋防灾减灾体系建设，开展海洋灾害风险评估和区划工作，加强海岛海洋防灾减灾的宣传教育工作以及应对海洋灾害措施对策的研究。尽可能减少海洋自然灾害对海岛开发利用活动的影响，适时适地建设海岛防灾减灾综合示范区，切实保障人民群众生命财产安全，促进海岛社会经济全面协调可持续发展。

1）加强海岛海洋灾害观测和预警预报工作

按照统筹安排、共建共享、互联互通的思路，整合现有观测设施资源，合理布局海洋灾害观测站（点），积极构建海岸带、海岛、近海、外海和远洋观测体系。找出沿海产业集聚区、海洋灾害频发易发区和海洋灾害防御薄弱点，加强重点开发保护海岛的海上浮标、综合观测平台和观测站（点）建设，加强移动应急观测设施设备配置。加强风暴潮、海啸、赤潮、灾害性海浪等灾害关键预警预报技术研究与应用，建立海洋灾害精细化数值预警模式。建设完善海岛与陆地联网的灾害监测预警、预报系统，加强海上救援体系建设。建立海岛灾害的监测、情报、预报、预警和防御信息网络系统，增强对灾害的快速反应及科学决策能力，提高减灾实效。具体做法如下。

一是加强监测体系建设。实行固定监测和流动监测相结合、传统监测与现代监测相结合、专业监测与群众监测相结合，对海岛灾害实施全方位、多角度、立体式监测。

二是加强预报体系建设。建立完善的灾害预报服务系统，面向社会公众开展短时、短期、中期连续滚动灾害预报。

三是加强预警体系建设。各地要广泛采用广播、电视、互联网、电话传真、报纸杂志、高音喇叭、手机群呼、鸣锣示警等有效形式，将重大灾害性天气、地质灾害、防洪防汛等信息以最快的速度发送到公众。

2）保护海岛防灾自然屏障

加强海岛防灾减灾基础设施建设，采取措施增强海岛抵御风暴潮和海啸等自然灾害的能力，保护好红树林和珊瑚礁等自然屏障或缓冲区。实施海岛防风、防浪、防潮重点工程，重点加强海岛避风港、渔港、防波堤、海堤、护岸等设施建设，加强海岛城镇排涝设施建设，加快海岛防护林体系建设。在海岛地区基本建成生态功能稳定、防灾减灾效果显著的生态防护林体系，以抵御海岛地区重大自然灾害，切实维护海岛地区生态安全；投入资金，对海岛资源进行考察，对重要的海洋灾害的屏障要严格保护，严禁砍伐红树林、破坏珊瑚礁和乱采砂石的现象发生。对于天然的挡浪坝、缓冲区要适时维护，使它们保持抗击或者缓冲海洋灾害的能力。加强海岛城镇排涝设施建设，重点做好城区防洪和排涝工程建设，提高抗洪减灾能力；防治海岛山洪和地质灾害，以巡查、监控和避险为重点，做好防范工作。

3）提高海岛灾害风险防范能力

组织开展海岛海洋灾害风险调查，实施海岛海洋灾害风险评估与区划工作，为合理布局海岛经济社会发展空间提供科学依据。全面调查广东省重点海岛各类灾害风险和减灾能力，查明主要的灾害风险隐患，基本摸清广东省海岛减灾能力底数，建立完善海岛灾害风险隐患数据库，为增强海岛防灾减灾能力提供依据。充分利用各有关部门的基础地理信息、经济社会专题信息和灾害信息，建设广东省海岛灾害信息共享及发布平台，加强对海岛灾害信息的分析、处理和应用。

建立完善灾害风险评估体系，把灾害风险的关口前移到灾前的风险分析、风险评估和风险应对计划。首先，对海岛上已建和在建的大型项目，如沿海核电站、化工企业、大型产业园区和城镇发展区，制定风险排查技术规则，探索建立风险排查制度，分批、分类开展风险排查工作，对发现的问题及时整改，消除安全隐患。其次，探索建立广东省新建海岛重点项目、产业园区海洋灾害风险评估工作机制，对在海洋灾害重点防御区内的海岛上设立产业园区、进行重大项目建设的，应在项目可行性研究阶段开展海洋灾害风险评估工作，并根据评估结果制定相应的防灾减灾对策措施，尽可能减少海洋灾害带来的不利影响。

4）增强海洋灾害应急处置能力

建立完善省、沿海市、县（市、区）三级海洋灾害应急指挥机构和应急指挥平台，形成指挥有力、运转高效、分工明确、配合密切的全省海洋灾害应急指挥体系。制定符合沿海各地实际的海洋灾害应急预案，建立健全应急预案的备案、检查、演练、评估制度，加强对预案的动态管理和实施情况的监督检查。风暴潮、海啸、灾害性海浪、赤潮及海上溢油、化学品污染及核泄漏（核辐射）等主要海洋灾害发生后，要迅速准确判断灾害性质、危害程度及发展趋势，按照相应灾种的应急响应要求，及时启动相应等级应急预案，有序组织应急疏散、人员转移、抢险救援和灾后救助工作。

加强海岛海洋灾害的应急保障准备，统筹民政、防汛防台、卫生、海事等各部门的资源，完善跨部门、跨地区、跨行业的救灾物资生产、储备、调拨和紧急配送机制，落实必要的海岛灾害应急物资、装备器材等。充分利用人防、水利、民政等部门建设的应急疏散场所和广场、绿地、公园、学校、体育场馆等公共设施，因岛制宜地规划建设海岛灾害应急避灾疏散场所。

由于海洋灾害应急反应牵扯到沿海众多行业，需要调动各方面的人力和物力，所以各级人民政府应当提高认识，将海洋灾害的应急反应纳入政府工作计划，各部门应当加强沟通和衔接，为海洋灾害的应急反应做好组织和物资准备。同时，应做好以下几个方面的工作。

一是建立统一领导、部门负责、协调应对的联动机制，逐步形成管理层次分明、调度指挥有序、责任明确、防御科学合理的工作流程。

二是开展广东省海岛综合灾害风险和防灾减灾能力调查，编制广东省海岛综合灾害风险区划，在台风、风暴潮、洪涝、滑坡、泥石流等灾害高发区建设社区避难场所。

三是编制海岛综合减灾应急预案，制定适合广东省情的海岛防灾、抗灾、救灾应急计划和措施，指导政府有关部门、厂矿企业及居民在灾难发生后及时做出正确的应急反应，协调各方行动，减轻灾害损失。

四是建立海洋灾害风险分析评估和决策服务系统，开展灾害（情）风险分析评估工作，为沿海经济社会发展提供决策服务。

五是建设广东省海岛灾害监测预警系统和应急指挥中心，完善相应的应急预案，建立完善的省、市、县三级海岛灾害应急管理平台。

六是制定防御海洋灾害应急执行计划，开展海洋灾害区划，编制沿海地区大比例尺海洋灾害综合区划图、海洋灾害风险图、应急疏散图等。

5）建立海岛灾害应急指挥救援机制

加强海岛灾害应急救援指挥体系建设，建立健全统一指挥、分级管理、反应灵敏、协调有序、运转高效的管理体制和运行机制。加强省、市、县救灾物资储备网络建设。加强减灾救灾装备建设。加强海岛减灾救灾工作队伍和军队、武警、公安消防队伍等骨干救援队伍及专业救援队伍建设。建立完善社会动员机制，充分发挥群众团体、红十字会等民间组织、基层自治组织和公民在灾害防御、紧急救援、救灾捐赠、医疗救助、卫生防疫、恢复重建、灾后心理支持等方面的作用；制定减灾志愿服务的指导意见，全面提高减灾志愿者的减灾知识和技能，促进减灾志愿者队伍的发展壮大。

6）加强海洋防灾减灾知识普及

强化各级政府的防灾减灾责任意识，建立政府部门、新闻媒体和社会团体协作开展减灾宣传教育合作机制。建立海岛海洋防灾减灾教育长效机制，将海洋防灾减灾知识普及纳入国民素质教育体系，纳入文化、科技、卫生"三下乡"活动。结合海岛灾害特点，编制减灾科普读物、挂图和音像制品，推广先进减灾经验，宣传成功减灾案例，面向公众宣传减灾知识。深入开展"防灾减灾日"和"海洋宣传日"活动，积极推进海洋防灾减灾科普基地建设，将减灾知识纳入中小学教育内容，开展减灾的普及教育和专业教育，建成减灾科普教育基地。开展面向减灾工作者的教育培训，提高减灾队伍的整体素质。积极鼓励各类媒体开设海洋频道或专栏，加强海洋灾害识别、防御避险技能等知识普及，提高全社会特别是海洋防灾减灾重点地区、重点人员的防灾意识和自救互救能力。

结合各海岛地区灾情实际情况，通过广播、电视、科普活动、预警演习等，广泛深入地进行宣传教育，宣传海洋灾害的危害以及海洋减灾知识；进行公众减灾的基本技能训练，掌握防灾、救灾技能；对从事海上生产作业的人员、海岛周边的公务人员进行强制训练和培训；推动科技人员知识创新，掌握海洋灾害预报和防御的新技术、新方法。使干部和群众都明白，自觉采取各种防灾措施，避免在经济和社会发展过程中不自觉地加重灾情的盲目性。

13.2.4 加大海岛开发和保护资金的投入力度

1）创新海岛开发投融资机制

海岛开发项目资金需求大、建设周期长，而实践中可利用的融资渠道单一、融资成本高，导致一些项目投入产出不成比例、风险较高，融资成为无居民海岛开发能否顺利开展的关键（高巧依，2013）。为了避免海岛开发的短期行为和索取行为，提高海岛开发的科技含量和支撑，需要创新海岛投资风险机制，加大对海岛保护工作的资金投入力度，积极发挥政府财政性投资导向作用。广东省政府应积极发挥其宏观调控的重要作用，建立多渠道、多元化的投融资渠道，创新投融资模式，利用多种方式和途径吸引资金，建立稳定的投入机制，促进海岛的开发和海岛生态环境的修复。制定和出台优惠政策，拓宽融资渠道，创新融资模式，探索建立多渠道、多元化投融资机制，广泛吸纳民间资本投入海岛保护与利用，鼓励和引导政策性金融和商业金融支持海岛开发。探索建立无居民海岛使用权抵押贷款制度，鼓励产业投资基金、股权投资基金投资海岛开发项目。

同时，可以根据海岛开发项目资金需求大、建设周期长、未来收益不稳定的特点，分阶段采取不同的运作和融资模式，形成以财政资金、海岛出让金、政府债券、捐赠等为来源的产业基金解决基础设施建设项目，以企业资金、银行信贷、民间资金为主体来源的社会资金满足应用设施建设的资金要求，构建这种分阶段多元化融资机制可以丰富和拓展资金来源，为海岛开发提供雄厚而持续的资金保障，从而促进海岛开发的进程和成功率。在开发前期，政府要做好海岛开发规划，在条件允许的情况下，政府可先进行初期的基础设施建设，形成一个初步的投资环境，通过租赁等公开招标的形式，调动社会各方面的力量参与海岛的开发，后期的投资者要严格按照规划的要求进行建设，加强环境的保护。

2）设立海岛开发和保护专项资金

海岛的开发和保护需要加强保障制度建设，完善投入增长机制，不断提高政府投入海岛保护与建设资金的增速和规模，政府投入主要用于海岛基础设施建设、海岛人才队伍培养、海岛产业升级等关系海岛开发保护长远发展的工程项目。调动国家、地方和企业多种力量，增加海岛的基础设施工程和关联工程的投资建设，特别是在具有战略意义上的关联工程建设。逐步扩大海岛对外开放步伐，制定切实可行的配套政策，促进对广东省内外和国内外两个市场的开拓利用，推动市场资金和社会资金向海岛流动，借助外部投入满足广东省海岛开发保护对资金的需求。

海岛的开发和保护需要大量的资金，广东省有关部门应设立专项资金，专门用于海岛的开发和海岛生态环境的修复，保护和修复生态环境的专项资金要逐步增多，不断满足海岛开发的需要；规范专项资金的使用，任何单位或个人不能以任何名义对专项资金进行挪占和挤用，如有违反，将受到严格的处罚。专项资金的使用情况要定期公开，接受人民群众的监督，监管部门要定期或者不定期对专项资金的使用进行核查，确保专项资金的合理高效使用，不断提高海岛地区的人民生活水平，逐步推动海岛的持续健康发展。同时，广东省政府要在海岛开发政策上和技术上给予支持，积极吸引社会多方力量参与海岛的开发与保护，不断完善海岛的基础设施，不断推进海岛资源的高效合理利用，促进海岛经济的可持续发展。

3）建立海岛灾害多元化补偿机制

坚持多渠道、多层次、多方位筹集建设资金，积极开拓其他投资渠道，争取社会各方面对防灾减灾事业的投入和支持。逐步建立起以政府投入为主、社会投入为辅的投资机制。建立省、市、县三级防灾减灾投入保障体系，将防灾减灾事业投入纳入同级政府财政预算，并设立防灾减灾政府基金，专户存储，专款专用。鼓励和引导企业、社会团体、个人等社会资金对防灾减灾事业的支持与投入。积极探索市场经济条件下灾害保险机制建设，鼓励企业、个人参加灾害保险，提高社会对灾害的承受能力，逐步建立起政府主导、社会各方共同参与的海岛灾害救助和恢复重建的多元化补偿机制。大力实施科技防灾减灾战略，重视科技投入，加强学科交叉融合的灾害科学技术研究，充分发挥科学技术在减灾中的作用。

13.2.5　加强海岛开发利用人才和专业队伍建设

全面推进海岛开发利用管理人才战略实施，整体性开发海岛开发利用管理人才资源，扩充队伍总量，优化队伍结构，完善队伍管理，提高队伍素质。针对海岛经济建设方向，高校人才培养模式要突出重点、明确方向，提高学生自主创新能力，服务于海岛经济，着力抓好具有海岛特色的创新性人才培养。同时，要加大投入，强化人才环境建设，大幅度提高工资福利待遇水平，拓展人才进步空间，努力打造良好的工作和生活环境，为吸引、留住和更好地利用人才创造优越的条件。按照"不求所有，但求所用"的原则，制定优惠的配套政策，优化机制，积极吸纳岛外人才资源参与海岛的开发与建设，促进岛外与岛内两个方面人才资源的有机融合，实现优势互补和共同开发利用。

参考文献

财团法人台湾发展研究院. 澎湖县岛屿资源调查及开发评估先期规划 [R/OL]（2009-12）[2015-09-10] http：//3y. uu456. com/bp_ 73e2606nyt797950l87f_ 1. html.

蔡俊杨. 2011. 全国超级油轮通航量最大航道——大亚湾马鞭洲航道建"文明样板航道" [J]. 广东交通，02：48.

曹金芳. 2013. 基于适宜的有居民海岛开发利用方式的无居民海岛开发利用区域选划研究 [D]. 呼和浩特：内蒙古师范大学.

陈丹红. 2005. 关于我国海岛科学开发利用的政策思考 [D]. 武汉：武汉大学.

陈刚，熊仕林，谢菊娘. 1995. 三亚水域造礁石珊瑚移植实验研究 [J]. 热带海洋，14（3）：51-57.

陈烈，王山河，丁焕峰，等. 2004. 无居民海岛生态旅游发展战略研究——以广东省茂名市放鸡岛为例 [J]. 经济地理，03：416-418，429.

陈鹏，蔡晓琼，廖连招. 2013. 海岛灾害及其防灾减灾策略 [J]. 海洋开发与管理，11：8-12.

陈清秀，崔寿福. 2007. 红树林植物移植技术 [J]. 福建热作科技，32（1）：22-25.

陈秋明. 2009. 基于生态—经济的无居民海岛开发适宜性研究 [D]. 厦门：厦门大学.

陈粤超. 2008. 红树林造林技术 [J]. 湿地科学与管理，4（1）：48-51.

窦晓燕. 2014. 我国海岛生态保护立法研究 [D]. 长沙：湖南师范大学.

广东省海岛资源综合调查大队，等. 1995. 广东省海岛资源综合调查报告 [M]. 广州：广东科技出版社.

广东省海洋与渔业局. 2014. 梦圆无人岛——广东省首批可开发的60个无居民海岛掠影 [M]. 广州：广东海燕电子音像出版社.

国家海洋局北海分局. GB/T 12763. 3-2007 海洋调查规范 第3部分：海洋气象观测 [S].

国家海洋局第一海洋研究所. GB 17501-1998 海洋工程地形测量规范 [S].

国家海洋局第一海洋研究所. GB/T 12763. 2-2007 海洋调查规范 第2部分：海洋水文观测 [S].

国家海洋局第一海洋研究所. GB/T 12763. 9-2007 海洋调查规范 第9部分：海洋生态调查指南 [S].

海洋与渔业编辑部. 2014. 广东"十大美丽海岛"放鸡岛：风光旖旎，生态良好 [J]. 海洋与渔业, 08: 47.

韩建华. 2008. 沿海社区预防海洋灾害的路径选择: 基于对特呈岛的调查与思考 [J]. 海洋开发与管理, (6): 112-115.

韩立民, 王爱香. 2004. 保护海岛资源科学开发和利用海岛 [J]. 海洋开发与管理, (6): 30-33.

韩玲, 李斌, 顾俊凯, 等. 2008. 航空与航天摄影技术 [M]. 武汉: 武汉大学出版社.

贺义雄, 吕亚慧, 张晓旖. 2013. 无居民海岛价值评估理论与方法初探 [J]. 海洋信息, 04: 54-57.

黄小平, 黄良民, 李颖虹, 等. 2006. 华南沿海主要海草床及其生境威胁 [J]. 科学通报, 51 (增刊Ⅱ): 114-119.

Jack Clark. 2013. 英国怀特岛的智能化之路 [J]. 沈建苗编译. 计算机世界, 08: 19-32.

贾治邦. 2015. 论生态文明 (第二版) [M]. 北京: 中国林业出版社.

李纯厚. 2009. 南澎列岛海洋生态及生物多样性 [M]. 北京: 海洋出版社.

李锋, 徐伟, 梁湘波. 2014. 关于建立我国无居民海岛评估体系的几点思考 [J]. 海洋开发与管理, 03: 73-76.

李佼, 龚岳松, 郑晓阳. 2014. 浅谈上海市海域动态监视监测管理系统设计 [J]. 海洋开发与管理, 01: 14-18.

李娟. 2013. 中国特色社会主义生态文明建设研究 [M]. 北京: 经济科学出版社.

李龙强. 2015. 生态文明建设的理论与实践创新研究 [M]. 北京: 中国社会科学出版社.

李巧稚. 2004. 无居民海岛管理的关键问题研究 [J]. 海洋信息, 04: 16-20.

李向丽. 2013. 我国无居民海岛保护法律制度研究 [D]. 哈尔滨: 哈尔滨工程大学.

李颖虹, 黄小平, 岳维忠, 等. 2004. 西沙永兴岛珊瑚礁与礁坪生物生态学研究 [J]. 海洋与湖沼, 35 (2): 176-182.

李元超, 黄晖, 董志军, 等. 2008. 珊瑚礁生态修复的研究进展 [J]. 生态学报, 28 (10): 1-8.

力扬美景, 滨海度假发展模式研究一 [EB/OL]. (2011-07-15) [2015-09-10]. http://www.lymaking.com/news-info.asp?id=1237.

联合国教科文组织 (MAB). 1990. 人类属于地球 [M]. 北京: 北京出版社.

梁承红, 姜宏, 邢红宏. 2007. 反渗透海水淡化技术的发展与应用 [J]. 海军航空工程学院学报, 22 (4): 494-496.

梁军波, 陈睿. 2013. 海岛取水和海水淡化工艺研究及应用 [J]. 中国水运, 13 (3): 65-66.

林宁, 赵培剑, 丰爱平. 2013. 海岛资源调查与监测体系研究 [J]. 海洋开发与管理, 03: 36-40.

刘明. 国外岛群开发的启示 [EB/OL]. (2014-06-18) [2015-09-10]. http://www.oceanol.com/redian/shiping/2014-06-19/34803.html.

刘述锡, 王卫平, 孙淑艳, 等. 2013. 无居民海岛开发利用适宜性评价方法研究 [J]. 海洋环境科学, 05: 783-786.

刘锡清. 2000. 关于海洋岛屿的成因类型问题 [J]. 海洋地质动态, (8): 1-4.

刘勇, 黄海军, 严立文. 2013. 不同空间尺度下石臼陀岛海岸线提取的遥感应用研究 [J]. 遥感技术与应用, 01: 144-149.

罗美雪, 翁宇斌, 杨顺良. 2007. 福建省无居民海岛开发利用现状及存在问题 [J]. 台湾海峡, 02: 157-164.

麻德明, 丰爱平, 石洪华, 等. 2012. 无居民海岛功能定位初探 [J]. 测绘与空间地理信息, 03: 27-29.

麻红英. 2005. 打造世界最大人工海岛 阿拉伯联合酋长国迪拜的世纪计划 [J]. 科学生活, 04: 14-16.

马得懿. 2013. 无居民海岛开发融资机制探讨 [J]. 资源科学, 06: 1167-1173.

毛志华, 陈建裕, 马毅, 等. 2007. 东沙群岛卫星遥感 [M]. 北京: 海洋出版社.

莫万友. 2013. 无居民海岛开发利用的法律问题探析 [J]. 河北法学, 08: 63-67.

穆治霖. 2007. 从海岛生态系统和自然资源的特殊性谈海岛立法的必要性 [J]. 海洋开发与管理, (24): 44-46.

秦伟山, 张义丰. 2013. 国内外海岛经济研究进展 [J]. 地理科学进展, 32 (9): 1401-1412.

任洁. 2007. 海岛评估法律制度研究 [D]. 青岛: 中国海洋大学.

宋金萍. 2011. 新形势下完善社会救助体系建设的实践与思考 [J]. 辽宁行政学院学报, 12: 25-26.

宋维尔. 2010. 基于"岛群"单元的无居民海岛规划方法初探——以浙江省实践为例 [J] // 浙江省海洋学会、浙江省海洋与渔业局、国家海岛开发与管理研究中心. 2010 年海岛可持续发展论坛论文集.

宋永昌. 2001. 植被生态学 [M]. 上海: 华东师范大学出版社.

覃杰, 王汝凯. 2011. 大型孤岛式石化码头设计 [J]. 水运工程, 12: 65-68.

涂振顺, 杨顺良. 2013. 福建省无居民海岛保护与利用功能分类及兼容性浅析 [J]. 海洋开发与管理, 07: 18-21.

汪思茹, 常立侠. 2014. 我国无居民海岛开发管理情况简析 [J]. 海洋信息, 03: 45-48, 64.

王春益. 2014. 生态文明与美丽中国梦 [M]. 北京: 社会科学文献出版社.

王慧, 沈建锋, 张岗, 等. 2013. 海岛反渗透海水淡化技术发展现状与研究前景 [J]. 广州化工, 41 (11): 54-55, 105.

王坤林, 游亚戈, 张亚群. 2010. 海岛可再生独立能源电站能量管理系统 [J]. 电力系统自动化, 34 (14): 13-17.

王琪, 王爱华. 2014. 海岛权益维护中的海洋软实力资源作用分析. 中国海洋大学学报: 社会科学版, 01: 19-23.

王琪, 王刚. 2013. 基于产权视角的无居民海岛开发研究 [J]. 中共青岛市委党校. 青岛行政学院学报, 02: 24-30.

王书明. 2014. 海洋、城市与生态文明建设研究 [M]. 北京：人民出版社.

王小波, 夏小明. 海岛开发与保护的博弈 [N]. 中国海洋报, 2009-04-17.

毋瑾超, 仲崇君, 程杰, 等. 2013. 海岛生态修复与环境保护 [M]. 北京：海洋出版社.

吴俊. 放鸡岛：茂名滨海旅游开发的成功范例 [N]. 中国旅游报, 2010-10-13.

吴琼. 2013. 海岛及其周围海域监视监测指标体系研究 [D]. 青岛：中国海洋大学.

吴姗姗, 幺艳芳, 齐连明. 2010. 无居民海岛空间资源价值评估技术探讨 [J]. 海洋开发与管理, 27（3）：5-8.

吴姗姗. 2012. 无居民海岛评估的必要性与特殊性分析 [J]. 海洋开发与管理, 07：30-33.

吴仕存. 2006. 世界著名岛屿经济体讨论 [M]. 北京：世界知识出版社.

县彦宗, 吴玮, 胡建华, 等. 2014. 浙江省海洋灾害与防御对策 [J]. 海洋开发与管理, 10：106-109.

新加坡裕廊化工岛考察报告 [EB/OL]. （2010-11-07）[2015-09-10]. http：//wenku. baidu. com/link？url=q8y5b2cb2PlQIyJLTA6zjIY5NfITHpOyCJFUyIB48D2PAwKUJAC8h39 Seg-Trq73B5LR3B rVUAt5oDVald7n81myE s4qatYPLyTZHqj8HoCO.

许战洲, 罗永, 朱艾嘉, 等. 2009. 海草床生态系统的退化及其恢复 [J]. 生态学杂志, 28（12）：2613-2618.

杨顶田, 单秀娟, 刘素敏, 等. 2013. 三亚湾近10年pH的时空变化特征及对珊瑚礁石影响分析 [J]. 南方水产科学, 21（1）：1-16.

杨华. 2013. 基于生态系统保护的海岛开发模式研究 [D]. 青岛：中国海洋大学.

杨京平. 2005. 生态工程学导论 [M]. 北京：化学工业出版社.

幺艳芳, 齐连明. 2010. 无居民海岛使用权估价可行性及相关问题浅析 [J]. 海洋开发与管理, 27（5）：1-4.

甬文. 切实加强无居民海岛管理 [N]. 中国海洋报, 2005-01-11.

袁红英. 2014. 海洋生态文明建设研究 [M]. 济南：山东人民出版社.

曾江宁. 2013. 中国海洋保护区 [M]. 北京：海洋出版社.

张冠军, 张志刚, 于华. 2014. GPS RTK测量技术实用手册 [M]. 北京：人民交通出版社.

张光耀. 2012. 中国海岛开发与保护——地理学视角 [M]. 北京：海洋出版社.

张俊, 杨鹏桦. 茂名放鸡岛：私人开发滨海旅游的成功范例 [N]. 中国旅游报, 2012-08-22.

张志卫. 2012. 无居民海岛生态化开发监管技术体系研究 [D]. 青岛：中国海洋大学.

张中华, 夏增艳, 刘靖飙, 等. 2012. 海岛可再生能源发电系统总体设计 [J]. 海洋技术, 31（4）：87-90.

章守宇, 孙宏超. 2007. 海藻场生态系统及其工程学研究进展 [J]. 应用生态学报, 18（7）：1647-1653.

赵文静, 周厚诚. 2011. 广东省海岛旅游业发展的经济学分析 [J]. 海洋开发与管理, （1）：83-86.

中国海岛志编纂委员会. 2013. 中国海岛志：广东卷第一册 [M]. 北京：海洋出版社.

钟振波, 叶岳彪. 2010. 惠州港马鞭洲油码头概况及进港事宜 [J]. 航海技术, 01: 28-29.

周立. 2013. 海洋测量学 [M]. 北京：科学出版社.

周学锋. 2014. 基于建设海洋强国的无居民海岛管理研究 [J]. 经济地理, 01: 28-34.

朱淑琴, 席玲玲. 2010. 国外海岛旅游开发经验对海南国际旅游岛建设的启示 [J]. 湖北经济学院学报：人文社会科学版, 7 (5): 50-51.

Chapman, V. Chapman, D. 1976. Seaweeds and their Uses. New York: Chapman and Hall., 213-214.

Devi K A, Khan M Tripathi R. 2005. Sacred groves of Manipur, northeast India: Biodiversity value, status and strategies for their conservation. Biodiversity and Conservation, 14: 1541-1582.

Edgar W Garbisch. 2005. Hambleton Island restoration: Environmental Concern's first wetland creation project. Ecol. Eng., 24, 289-307.

Heyward A J, Smith L D, ReesM, et al. 2002. Enhancement of coral recruitment by in situ mass culture of juvenile corals. Mar. Ecol. Prog. Ser., 230: 113-118.

Kelley J T, A R Kelley, Pilkey O H. 1989. Living with the Coast of Maine: Duke University Press, Durham, NC, 174.

Rinkevich B. 1995. Restoration strategies for coral reefs damages by recreational activities: the use of sexual and asexual recruits. Restor. Ecol., 3: 241-251.

Rochefort L, Quinty F, Campeau S, et al. 2003. North American approach to the restoration of Sphagnum dominated peatlands. Wetl Ecol Manag 11: 3-20.

Schuhmacher H. 2002. Use of artificial reefs with special reference to the habilitation of coral reefs. Bonner Zool. Monogr., 50: 81-108.